LA COMÈTE DE HALLEY

Une révolution scientifique

Le temps des sciences

Claude ALLÈGRE	L'écume de la Terre
Jean-Pierre CHANGEUX	L'homme neuronal
Yves COPPENS	Le singe, l'Afrique et l'homme
Antoine DANCHIN	L'œuf et la poule
Pierre DOUZOU	Le chaud et le froid
Pierre DOUZOU	Les bricoleurs du septième jour
Pierre DOUZOU	Nouveaux regards entomologiques
Stephen Jay GOULD	Quand les poules auront des dents
Claude HAGÈGE	L'homme de paroles
Émile HÉNOCQ	Un mal étrange : l'allergie
François JACOB	Le jeu des possibles
Marc JEANNEROD	Le cerveau-machine
André LEROI-GOURHAN	Mécanique vivante
André LEROI-GOURHAN	Le fil du temps
André LWOFF	Jeux et combats
Philippe MEYER	L'homme et le sel
Philippe MEYER	La révolution des médicaments
Claude OLIEVENSTEIN	Destin du toxicomane
Jean-Claude PECKER	Sous l'étoile Soleil
Jean-Jacques PETTER	Le propre du singe
David et Ann PREMACK	L'esprit de Sarah
Jacques RUFFIÉ	Traité du vivant
Emilio SEGRÉ	Les physiciens modernes et leurs découvertes
Daniel WIDLÖCHER	Les logiques de la dépression

Paolo Maffei

LA COMÈTE DE HALLEY

Une révolution scientifique

traduit de l'italien
par Geneviève Cattan

FAYARD

Photo de couverture : la comète de Halley prise à l'Observatoire de Lowell le 5 mai 1910 (Lowell Observatory, Flagstall, Arizona).

A ma femme
qui a suivi tous mes livres
dès la première idée,
et m'a aidé à en faire
une réalité.

Glossaire de l'édition française

Aphélie/périhélie :

Point de l'orbite d'un corps du système solaire le plus éloigné du Soleil (respectivement le plus proche). Pour les orbites hyperboliques et paraboliques, l'aphélie est à l'infini.
D'après les lois de la Mécanique céleste établies par Képler, la vitesse d'un corps est minimale à l'aphélie et maximale au périhélie.

Chevelure ou coma (d'où le nom de comète) :

Région brillante de la comète située à l'origine de la queue et visible comme une tache lumineuse approximativement sphérique.
Cette nébulosité diffuse entourant le noyau est constituée de matière lumineuse (molécules) s'évaporant du noyau sous l'action du rayonnement solaire. La partie centrale, la plus brillante, de la chevelure (chevelure interne) est quelquefois improprement appelée « noyau ».

Magnitude :

Mesure de l'éclat (ou luminosité) d'un objet astronomique selon une loi logarithmique similaire à celle qui régit la sensibilité de notre œil (loi de Fechner). La magnitude (m) est ainsi reliée à la luminosité (L) par la relation $m = - 2.5 \log (L) + cste$. Plus un objet est faible, plus sa magnitude est élevée.
Cette loi a permis de conserver la classification d'éclat établie par les Anciens, sur la base des observations visuelles. Une étoile de première grandeur correspond à une magnitude 1,

de sixième grandeur à une magnitude 6. Les plus faibles étoiles visibles à l'œil nu sont de magnitude 6, celles accessibles aux plus grands télescopes de magnitude 24-25, près de 100 millions de fois plus faibles.

Magnitude apparente :
Magnitude déduite de l'éclat apparent d'un objet astronomique à une distance donnée. La magnitude apparente est fonction de la luminosité intrinsèque du corps et de sa distance. Plus un objet est loin, plus sa magnitude apparente est grande.

Magnitude absolue :
Magnitude d'un objet astronomique, rapporté à une distance de référence. La magnitude absolue permet de comparer la luminosité intrinsèque de deux corps, indépendamment de leur distance.
Pour les comètes, cette distance de référence est une distance égale à 1 UA de la Terre et du Soleil.

Noyau d'une comète :
Partie centrale de la comète, d'un rayon d'environ dix kilomètres, invisible depuis la Terre et constitué très probablement d'un agrégat de glaces (eau et gaz solidifiés) emprisonnant des poussières et blocs de roches (modèle de la boule de neige sale).
Loin du Soleil, la comète se réduit à son noyau invisible, froid et inactif. Près du Soleil, au contraire, le noyau chauffé par le rayonnement solaire laisse échapper gaz et poussières qui forment la chevelure et la queue, et donne ainsi naissance au phénomène lumineux appelé « comète ».

Nuage de Oort :
Nuage de comètes hypothétique, dont l'existence a été suggérée en 1950, par l'astronome hollandais Jan Oort. Ce nuage, situé à environ 50000 UA du Soleil, constituerait un gigantesque réservoir de plus de 100 milliards de petits corps dont la masse totale ne dépasserait cependant pas celle de la Terre.

Queue de comète :
Composante la plus spectaculaire de la comète semblable à

une écharpe lumineuse s'échappant de la tête de la comète dans une direction opposée au Soleil, et pouvant atteindre des dimensions imposantes (équivalente à la distance Soleil-Terre).
Les comètes possèdent en réalité deux queues (bien que quelquefois confondues en une seule), l'une rectiligne constituée de particules chargées (queue ionique), l'autre plus épaisse et courbée composée de fines particules (queue de poussières).

Tête de la comète :
Ensemble constitué du noyau et de la chevelure de la comète.

Unité astronomique (UA) :
Unité utilisée par les astronomes pour mesurer les distances à l'intérieur du système solaire. 1 UA correspond à la distance moyenne Terre-Soleil, soit approximativement 150 millions de kilomètres.
La planète la plus éloignée, Pluton, est ainsi à 46 UA du Soleil.

CHAPITRE PREMIER

Il était une fois, il y a longtemps...

Une nuit, que nous ne savons pas dater, dans un temps fort éloigné, une comète splendide apparut, pour la première fois. Ses premiers admirateurs furent peut-être les Assyriens-Babyloniens, installés dans leurs ziggourats, ou, encore avant, les Chaldéens de Ur, et d'autres villes très anciennes. Mais les hommes préhistoriques l'avaient peut-être déjà vue, du seuil de leurs cavernes, en levant vers le ciel leurs yeux hagards et terrifiés. En ces premières apparitions si lointaines, elle devait avoir un aspect fort impressionnant. Elle était mille fois, peut-être dix mille fois plus brillante qu'aujourd'hui. Le ciel était alors beaucoup plus sombre et transparent que le nôtre, et vierge de toute pollution, sans fumées industrielles ni lumières artificielles. Dans ce ciel-là, la possibilité de distinguer jusqu'aux nébulosités les plus ténues faisait que la queue estompée de la comète semblait notablement allongée, et le contraste du corps céleste lumineux sur le fond obscur donnait à l'observateur l'impression que la tête et la chevelure — majestueusement agressives — bondissaient vers lui depuis la voûte étoilée.

Quand la comète apparut-elle pour la première fois ? Nous ne le savons pas. Mais nous sommes sûrs qu'il y eut une première fois, c'est-à-dire une époque où elle *commença* à apparaître. En effet, et c'est le cas de toutes les comètes, celle qui porte le nom de Halley n'a pas été présente, même périodiquement, dans notre ciel, depuis des milliards d'années. Comme les planètes, les comètes ne sillonnent pas le ciel terrestre depuis cette lointaine nuit où les nuages, qui entouraient la Terre à peine formée, s'ouvrirent pour permettre au ciel étoilé de resplendir sur le sol encore aride et inerte.

Peut-être a-t-on soigneusement observé et enregistré la comète de Halley dès sa première apparition ? Peut-être, un jour, découvririons-nous cette observation consignée sur l'une des innombrables tablettes d'Ébla, ou de Babylone, qu'il nous faut encore mettre au jour et déchiffrer ? Quand bien même le trouverions-nous, rien ne pourrait nous assurer qu'il s'agit bien là du premier témoignage de la première apparition. Et les observations anciennes ne peuvent nous renseigner, puisque l'observateur l'ignorait lui aussi.

A cette époque, les astronomes ne savaient même pas que la comète reviendrait périodiquement. Leurs descendants ne s'en aperçurent pas, incapables qu'ils étaient, quand elle revenait, de la distinguer des autres comètes qu'ils voyaient apparaître, périodiquement ou sporadiquement. La comète n'avait ni aspect particulier, ni signe distinctif : au contraire, à chaque retour, selon les circonstances, son aspect différait. Il arrive que, d'un même endroit, on la voie mieux le soir, ou en pleine nuit ou, parfois, à l'aube. Il arrive aussi que dans son plus bel éclat, on la voie mieux de l'hémisphère boréal alors qu'à d'autres moments, ce privilège revient à l'hémisphère austral. Tout dépend des positions relatives de la Terre, du Soleil et de la comète, qui ne sont jamais identiques.

La tête d'une même comète peut sembler plus ou moins lumineuse ; sa queue, plus ou moins longue. Car c'est le Soleil qui développe la comète. Chaque fois qu'elle se rapproche de lui, il la modifie selon son activité du moment. Bref, une même comète, au cours de deux passages distincts, peut apparaître tout à fait différente et l'être réellement.

Mais même si notre comète avait été tout à fait reconnaissable, peu de gens auraient pu la voir car ses apparitions étaient entrecoupées de longs intervalles, aussi longs qu'une longue vie d'homme. Aujourd'hui encore, bien que la longévité ait considérablement augmenté, rares sont ceux qui réussissent à voir la comète deux fois dans leur vie. Et il ne s'agit ici que de « voir » la comète, qui n'implique pas que l'on se souvienne et que l'on confronte la première vision à la seconde, ce qui serait la « reconnaître ».

A cela s'ajoutait, en ces temps éloignés, un second obstacle bien plus important et qui empêchait que l'on « reconnaisse » alors la comète : on ne possédait pas la base conceptuelle nécessaire. Nous savons aujourd'hui que les comètes sont des corps célestes qui circulent autour du Soleil, comme la Terre ou les autres planètes, à cette différence que, pour la plupart, elles parcourent des orbites elliptiques très allongées, très amples. Seule une petite partie de leur trajectoire s'effectue aux abords du Soleil et de la Terre, le reste s'accomplit très loin, si loin qu'en décrivant leur orbite, les comètes s'affaiblissent jusqu'à disparaître complètement de notre vue. Aujourd'hui, tout cela est clair et connu. Nous le devons à la comète de Halley.

Mais les Anciens, eux, ne savaient pas.

LES COMÈTES DANS L'ANTIQUITÉ

Les Anciens avaient, sur les comètes, des idées très confuses. D'ailleurs, même celles qu'ils avaient sur les autres corps célestes étaient également fausses. Mais ils avaient plus ou moins réussi à ordonner leurs idées sur le Soleil, la Lune, les planètes et les étoiles en rassemblant tous ces corps dans un système du monde qui, en restant très éloigné de la vérité, expliquait du moins les apparences. Les Anciens étaient satisfaits puisque ce qu'ils voyaient était la réalité, et que le système du monde qui était le leur en était la représentation la plus logique.

En revanche, les comètes les désarçonnaient par leurs apparitions intempestives, leur façon de disparaître dans les rayons du Soleil ou de s'affaiblir progressivement dans le ciel nocturne comme si elles se consumaient ou s'évanouissaient, leurs mouvements irréguliers et étranges, hors de la bande zodiacale, parcourue par les planètes, leur chevelure bizarre dont la forme, la longueur et l'éclat variaient d'une nuit à l'autre. Les Anciens étaient si désorientés qu'ils ignoraient même si les comètes appartenaient au ciel ou à la terre, si, comme nous le dirions aujourd'hui, elles étaient des objets astronomiques, ou des phénomènes temporaires de l'atmosphère, voire des phénomènes optiques.

Des Chaldéens à Aristote

Attachons-nous d'abord aux Chaldéens, les amateurs d'astronomie les plus anciens que l'on connaisse. Dans un texte remontant au IIe ou peut-être au IIIe millénaire avant notre ère, dont nous avons recueilli des fragments datant du IIIe au VIIe siècles avant J.-C., il est question des comètes et des étoiles. A cette époque, on prenait donc les comètes pour des objets astronomiques. On lit aussi dans ce texte qu'à Babylone, depuis l'Antiquité, on considérait les comètes comme un signe de bons ou de mauvais augures : disparaissaient-elles vers le sud, alors elles apporteraient la pluie — et la récolte du sésame serait bonne —, mais si elle remontaient vers le nord, le blé ne germerait pas.

Sénèque, dans ses *Naturales Quaestiones* écrit vers 64, nous rapporte ce que prétendaient Épigène et Apollonios de Mindo, qui avaient étudié auprès des Chaldéens. On ne sait pas avec certitude si l'un et l'autre furent ses contemporains et s'ils vécurent à Rome sous Néron, ou s'ils vécurent quelques siècles plus tôt. Ce qui surprend Sénèque, c'est le désaccord entre leurs deux versions : Apollonios affirme que les Chaldéens identifiaient comètes et planètes et qu'ils avaient déterminé leurs orbites. Épigène, au contraire, soutient que les comètes sont des feux allumés par des tourbillons d'air. On trouvait très certainement chez les Chaldéens les deux explications.

Les Égyptiens ne nous ont rien laissé sur les astres chevelus, même s'ils semblent avoir été les premiers à les appeler ainsi. Diodore de Sicile, à la fin du Ier siècle, écrivait qu'ils pouvaient prévoir leurs apparitions, mais ses propos s'inscrivent dans un contexte plus astrologique qu'astronomique.

En revanche, les Grecs, qui exerçaient et développaient leur intelligence dans de nombreuses écoles de philosophie, discutaient de la nature et des systèmes possibles du monde. Ils cherchaient à expliquer rationnellement les corps et les phénomènes célestes et ils ont donné de multiples interprétations des comètes, dont certaines nous sont parvenues. Selon Anaxagore et Démocrite, les comètes se formaient quand deux planètes se rapprochaient. Les Pythagoriciens, eux, soutenaient qu'elles étaient des planètes à part entière, que nous ne pouvions voir la plupart du temps parce que — tel Mercure — elles se lèvent peu au-dessus de l'horizon. Hippocrate de Chios — qu'il ne faut pas confondre avec Hippocrate de Cos, le père de la médecine — et son élève Eschyle — homonyme du grand dramaturge — étaient du même avis, mais ils tenaient la queue pour un phénomène optique. Aristote, dans *Météorologiques,* rappela toutes ces idées, les discuta, les réfuta et exposa sa propre interprétation qui devait dominer le monde gréco-romain, la science arabe et l'Europe tout entière pendant près de deux mille ans. Comme d'autres philosophes avant lui, il expliqua les comètes au sein de son système du monde.

Il est bien connu que le système d'Aristote, dans ses grandes lignes en tout cas, domina la science et la culture du monde occidental jusqu'à ce que Copernic, Galilée, Kepler et Newton le détruisent et accomplissent la révolution culturelle la plus importante de l'histoire de l'humanité. Commencée il y a plus de 300 ans, cette révolution est encore en marche. Et ce n'est qu'aujourd'hui, grâce aux premiers voyages dans l'espace, que l'humanité prend enfin la mesure de cette révolution. Dans le système ancien du monde, l'univers, et la place de l'homme en son sein, étaient conçus sur un mode radicalement différent. La connaissance du système d'Aristote nous permet de mieux comprendre ce monde antique sous tous ses aspects, elle nous aide à mieux déceler ce qui doit être nécessairement conservé pour notre évolution, mais elle nous donne aussi l'occasion d'en éliminer les scories, inutiles et nuisibles.

Le système d'Aristote renferme des idées et des concepts déjà introduits par d'autres penseurs, comme celui des « éléments fondamentaux » qui, pour les philosophes présocratiques, étaient la terre, l'eau, l'air et le feu. Selon Aristote, le premier élément forme une sphère immobile au centre de l'univers. Autour, il y a l'eau, puis l'air et, plus haut que les autres, le feu. Au-delà du feu, se trouvent les sphères qui portent les corps célestes, parfaitement pures, si transparentes qu'elles en deviennent invisibles. La première est celle de la Lune, puis vient celle de Mercure et, successivement, Vénus, le Soleil, Mars, Jupiter et Saturne (figure 1.1.). Sur la dernière, on trouve les étoiles appelées fixes car leurs positions réciproques semblent immuables en regard du temps qui passe.

Tout ce qui est au-dessous de la sphère de la Lune constitue le monde sublunaire, où tout est caduc et corruptible. Les quatre éléments se mêlent de façon variée et forment ce que nous voyons autour de nous : les arbres, les pierres, les animaux, les océans, les nuages et, bien sûr, les hommes. Le mouvement naturel des choses est rectiligne, il va vers le haut ou vers le bas selon la nature du corps et le lieu naturel où celui-ci se situe. Les flammes vacillent vers le haut puisqu'elles tendent vers le lieu du feu, le plus élevé. La pluie tombe vers le bas, vers le lieu de l'eau, inférieur à l'air et au feu.

A partir de la sphère de la Lune, on trouve le monde translu-

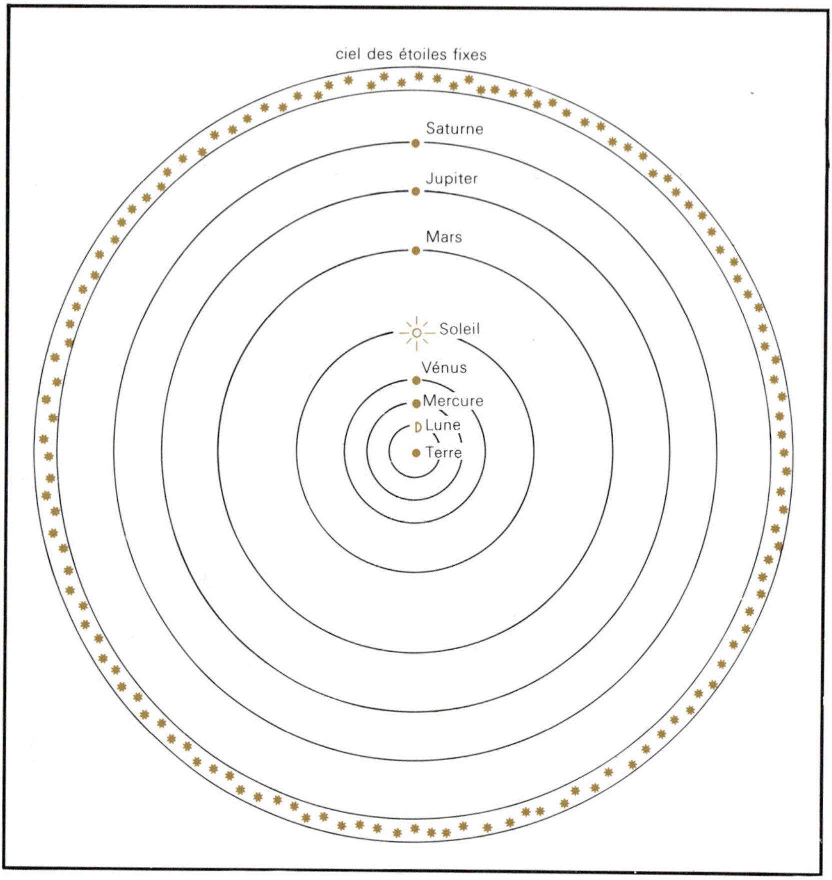

Fig. 1.1 Schéma du système d'Aristote.

naire, les cieux et les corps célestes, formés d'une substance immuable et incorruptible appelée éther. L'éther ne peut dériver d'aucun élément du monde sublunaire, ni même se transformer en eux : c'est une essence à part, la quintessence de l'univers. Dans le monde sublunaire, le mouvement naturel est rectiligne, il a un début et une fin, il est imparfait. Dans le monde translunaire, le mouvement est circulaire et uniforme, il est parfait puisqu'il se poursuit toujours égal à lui-même, il n'a ni début ni fin, il est à chaque instant complètement ce qu'il peut être.

C'est ainsi qu'Aristote (fig. 1.2) expliquait tout : la chute d'une pierre selon la verticale et le mouvement circulaire de la

Fig. 1.2 Aristote : son système du monde et ses idées sur les comètes dominèrent jusqu'au XVIIe siècle (*Kunsthistorischen Museum, Vienne*).

sphère céleste, les transformations des objets terrestres et l'immuabilité des cieux. Dans un tel système, où tout était réputé éternel et incorruptible au-delà de la sphère de la Lune, les comètes, leurs apparitions et leurs disparitions, leurs transformations, leurs orbites parfois tout à fait différentes de celles des planètes, ne pouvaient appartenir au monde translunaire. Voici comment l'expliquait Aristote dans *Météorologiques* : « Nous avons établi que dans le monde qui entoure la Terre, la première partie de ce qui est au-dessous des sphères circulaires est une exhalaison sèche et chaude. Cette exhalaison elle-même, avec une grande partie de l'air qui est au-dessous d'elle, et lui est contigu, est emportée autour de la Terre par la transplantation et le mouvement circulaire. Entraînée et mue de cette façon, dans la mesure où elle est convenablement mélangée, elle s'enflamme souvent et c'est pourquoi nous parlons aussi de la course des astres épars. Lorsque, dans une telle condensation, un principe igné fait irruption par suite du mouvement des corps de la zone supérieure du monde, sans que ce principe soit en quantité suffisante pour assurer une combustion rapide et complète, ni si faible qu'il s'éteigne rapidement, même s'il a une force convenable et une large emprise et qu'en même temps, une exhalaison bien mélangée monte de la terre vers cette zone de concentration, ce phénomène donne naissance à une comète, dont l'apparence varie suivant la forme que présente l'exhalaison [1]. »

Les comètes appartenaient donc au monde sublunaire. En d'autres termes, elles n'étaient pas des objets astronomiques. Elles étaient liées à la sphère du feu, à l'atmosphère et même à la terre, puisque les exhalaisons, qui tendaient vers le haut et s'enflammaient, pouvaient provenir de la Terre. Mais Aristote pensait qu'elles pouvaient être liées à des événements météorologiques. Il poursuit :

« On doit trouver la preuve que les comètes ont une composition ignée dans le fait que leur apparition annonce le plus souvent des vents et sécheresses. Car il est évident qu'elles ont pour origine la force qui pousse l'exhalaison et qui est si puissante qu'elle a nécessairement pour conséquence que l'air est plus sec et que l'humide qui s'évapore est divisé et dissous par l'ampleur de l'exhalaison chaude au point de ne plus pouvoir se condenser en eau. (...) Quand les comètes sont denses et nombreuses, les années sont sèches et venteuses ; le fait est bien connu. Lorsqu'au contraire, elles sont plus rares et d'une taille qui les rend peu distinctes, leurs effets n'ont pas la même intensité, encore qu'il se produise la plupart du temps une augmentation de la durée ou de la violence des vents [2]. »

Ce passage d'Aristote est de la plus haute importance car il a fait autorité pendant près de deux mille ans, interdisant tout effort vers la connaissance de la vraie nature des comètes. Pour découvrir celle-ci, il aurait fallu faire des observations systématiques et précises, des mouvements des comètes en particulier. Mais pourquoi l'aurait-on fait puisque celles-ci n'étaient pas des objets célestes, des corps immuables comme les étoiles ou les planètes, soumises à des lois rigoureuses, mais des choses passagères comme les nuages, aussi instables et transitoires qu'eux, même si elles duraient un peu plus longtemps ?

Le lien qu'établit Aristote entre les comètes et les phénomènes atmosphériques eut, avec le temps, une portée toujours

1. Aristote, *Météorologiques,* I-VII, Trad. Pierre Louis, Éd. Les Belles Lettres.

2. *Idem.*

plus grande. Les Grecs attribuaient aux phénomènes météorologiques des conséquences plus importantes qu'ils n'en avaient en réalité. Ces phénomènes avaient, selon eux, une grande influence sur la santé et pouvaient provoquer des épidémies. Les vents étaient liés aux tremblements de terre : en 373 avant notre ère, un tremblement de terre catastrophique détruisit les villes de Beris et Elis *, dans le golfe de Corinthe, et leurs ruines furent englouties par la mer. Une grande comète très lumineuse brillait alors dans le ciel. Selon la théorie d'Aristote, la comète ne provoque pas les tremblements de terre et les inondations, mais les deux phénomènes sont associés par des causes météorologiques concomitantes : en s'ouvrant, la terre provoque le tremblement de terre, et les gaz qui s'échappent des fentes s'élèvent vers le lieu du feu et s'allument dans la comète. Voilà pourquoi, quand on voyait une comète, on pouvait s'attendre à un tremblement de terre.

Comme l'atmosphère sèche qui était à l'origine des sécheresses, famines et pestes, contenait, dans des proportions plus grandes qu'à l'ordinaire, ce principe igné incendiaire de comètes, on associait ces dernières aux mêmes calamités — tout en sachant pertinemment qu'elles étaient le fruit d'une situation purement météorologique. Et, même si l'on savait qu'elles n'étaient la cause d'aucun malheur, on associa l'apparition des comètes à toutes sortes de catastrophes.

Les comètes étaient donc annonciatrices de danger. Mais ce n'est pas là le pire effet de la théorie d'Aristote. Quand, plus tard, celle-ci se répandit et fut universellement admise, elle se mêla à des croyances absurdes sur l'influence présumée directe des comètes. De signes avant-coureur de malheurs, elles devinrent la cause de ces malheurs. Dès lors, elles semèrent la terreur dans l'Europe tout entière, du Moyen Age à la Renaissance. Seule la comète de Halley réussit à briser cette chaîne de superstitions. Ne trouve-t-on pas, aujourd'hui encore, des gens qui tentent d'exploiter ces croyances, et d'autres qui s'y laissent prendre ? Heureusement, elles ne pèsent pas lourd et se consument dès que la comète disparaît de nos cieux.

Après Aristote, une voix isolée

L'explication d'Aristote reçut un bon accueil qui ne fut cependant ni immédiat, ni général. Si Zénon de Citium, fonda-

* Cité par Sénèque dans *Questions Naturelles,* II,7, « Des Comètes ». (N.d.É.)

Fig. 1.3 Sénèque, le grand penseur romain qui, le premier, eut des idées modernes sur les comètes (*Musée du Capitole, Rome*).

teur du stoïcisme, né quelques années avant la mort d'Aristote, soutenait encore que les comètes étaient des planètes même si leur vie était éphémère, les Stoïciens qui lui succédèrent appuyèrent au contraire la théorie d'Aristote. Parmi eux, Posidonios, le plus grand, le plus célèbre, qui vécut entre le IIe et le Ier siècle avant notre ère.

Posidonios fut l'un des hommes les plus versatiles qui soit. Il voyagea beaucoup : en Égypte, en Espagne, en Gaule, en Bretagne. Il s'intéressa aux mathématiques, à l'astronomie, à l'histoire, aux tremblements de terre et aux volcans. Il explora des mines, trouva la relation entre les phases lunaires et les marées, tenta d'améliorer la mesure de la circonférence terrestre et affirma qu'en allant toujours vers l'ouest, à travers l'Atlantique, on pouvait rejoindre les Indes. Cicéron et Pompée fréquentèrent, entre autres personnages illustres, l'école qu'il fonda à Rhodes, en 97 avant J.-C. De ses écrits, nous ne connaissons que quelques fragments, mais son œuvre connut une grande diffusion. Il fut très écouté et suivi par ses élèves et de nombreux auteurs de l'Antiquité. Usant de toute son autorité, il se révéla un excellent avocat de la thèse aristotélicienne sur les comètes auprès des Stoïciens et dans tout le monde gréco-romain.

Ce fut pourtant l'un des plus fidèles disciples d'Aristote qui, seul tout au long de ces siècles qui précédèrent l'époque moderne, arriva à concevoir, sur les comètes, des idées de base qui sont les nôtres.

Cet homme, c'est Sénèque (fig. 1.3), le célèbre philosophe précepteur de Néron, qui se suicida en 65 sur ordre de l'empereur. Parmi ses ouvrages, certains — comme les *Lettres à Lucilius*, l'essentiel des *Epistulae morales* — ont une telle valeur universelle qu'ils pourraient nous être adressés. En réalité, ils s'adressent aux hommes de tous les temps. Mais ce ne sont pas là des œuvres scientifiques. Seules les *Naturales Quaestiones*, écrites peu de temps avant sa mort, évoquent les phénomènes naturels : les feux, les eaux, les nuages, le vent, les crues du Nil, les tremblements de terre. Le dernier chapitre est consacré aux comètes.

Son raisonnement est moderne. Critique, non dogmatique, surtout dans le domaine des sciences, il veut considérer la science non pas comme un recueil de doctrines immuables, mais comme un ensemble de connaissances liées entre elles et en perpétuelle évolution : chaque époque en sait un peu plus, mais aucune ne pourra prétendre tout savoir.

Après avoir critiqué les théories précédentes et contredit, sur le sujet, Posidonios et les autres Stoïciens, Sénèque expose sa pensée. Il affirme d'abord qu'une comète n'est pas un feu qui s'allume soudain, mais une œuvre éternelle de la nature. Elle n'est pas un phénomène atmosphérique car ceux-ci sont instables et varient rapidement. Lui objecte-t-on que, si elles étaient des planètes, elles se déplaceraient comme elles dans le ciel, dans la bande zodiacale *? Il répond, et demande : « Qui impose une seule voie aux planètes ? » Et il poursuit :

« Vous estimez qu'une planète ne peut circuler dans le ciel que si elle a touché le zodiaque ? Une comète peut donc avoir une orbite tout autre, pourvu qu'elle pénètre dans le zodiaque par une de ses parties. Mais ce contact est possible, il n'est pas

* Le zodiaque, ou bande zodiacale, est une zone de la sphère céleste qui, par convention, s'étend sur 8,5° de part et d'autre de la trajectoire apparente du Soleil (plan de l'écliptique), et sur laquelle se déplace l'ensemble des planètes (à l'exception de Pluton). (N.d.E.)

nécessaire (...). Croyez-vous que dans ce corps immense et parfaitement beau de l'univers, parmi les étoiles innombrables qui ornent la nuit de leur parure variée et ne la laissent aucunement vide et inactive, cinq étoiles seulement ont le droit de se mouvoir librement et que toutes les autres restent là, figées et immobiles ? (...) Croire que la nature ne peut faire que ce qu'elle fait souvent, c'est se méprendre sur sa puissance. Elle ne montre pas fréquemment des comètes ; elle leur a attribué une autre place, d'autres temps, d'autres mouvements qu'aux autres astres. C'est qu'elle a voulu, par elles aussi, faire valoir la grandeur de son œuvre [1]. » Sénèque se demande pourquoi on ne connaît pas le parcours des comètes dans le ciel, comme on connaît celui des planètes. Sa réponse est des plus fines : parce que celles-là apparaissent rarement et n'ont jamais été bien observées, ni assez longtemps. Et il conclut :

« Pourquoi donc nous étonner que des comètes dont le monde nous offre si rarement le spectacle, ne soient pas encore soumises à des lois fixes, que nous ne sachions où commence et jusqu'où va une course dont le retour ne se fait qu'à d'immenses intervalles ? [2] »

Sénèque écrivait il y a presque deux mille ans. Il évoquait pourtant une réalité reconnue il y a deux siècles à peine. Qui plus est, ses questions — étonnantes pour son époque — ne doivent rien au hasard, comme en témoigne le reste du chapitre. Sénèque va même jusqu'à pressentir la bonne voie, la voie unique qui conduira à découvrir la nature astronomique des comètes.

« Le temps viendra où une étude attentive et poursuivie pendant des siècles fera le jour sur ces phénomènes de la nature [3]. » Mais, tristement, il conclut :

« A supposer qu'elle se donnât tout entière à la connaissance du ciel, une seule vie ne suffirait pas à de si vastes recherches et nous partageons inégalement entre l'étude et le vice le tout petit nombre d'années que nous avons ! Aussi faudra-t-il résoudre tous ces problèmes de longues successions de travailleurs [4]. »

Sénèque ne se fait aucune illusion : ce n'est pas à son époque

1. Sénèque, *Questions Naturelles,* II-7, « Des Comètes », trad. de Paul Oltramare, Paris, Éd. Belles Lettres.

2. *Idem.*

3. *Idem.*

4. *Idem.*

que ces recherches seront entreprises. Au début de l'avant-dernier paragraphe, il s'interroge : Quand maîtriserons-nous ces connaissances ? Et il affirme ne faire aucune confiance à ses contemporains, si dépravés, si peu enclins à l'étude et à la recherche, si peu adaptés, donc, à des tâches aussi ardues. Il conclut son chapitre par une amère constatation :

« Quand même nous nous appliquerions de toutes nos forces à ce travail, si notre jeunesse, assagie, s'y consacrait, si les aînés montraient la route et si les cadets la prenaient à leur suite, c'est à peine si nous parviendrions aux profondeurs dans lesquelles la vérité a été déposée, cette vérité que nous cherchons maintenant à la surface et d'une main molle [1]. »

Quelque temps après avoir écrit ces lignes, quelques mois peut-être, Sénèque se suicida sur ordre de l'empereur, l'un de ces jeunes dépravés craintifs et cruels, son ancien disciple Néron. Son chapitre sur les comètes demeura une voix isolée dans l'océan de l'Antiquité. Pas plus que ses contemporains, les générations qui suivirent n'entendirent son discours. Les hommes qui auraient pu le comprendre et y trouver un encouragement ne devaient naître que des siècles plus tard.

La consolidation d'Aristote

La connaissance des comètes ne fit plus aucun progrès après Sénèque. Elle se dégrada plutôt, sous l'influence de deux décadences significatives : celle des mœurs, comme l'avait prévu Sénèque, qui culmina jusqu'à l'écroulement complet du monde gréco-romain, et celle de la pensée scientifique, figée dans des concepts antiques, corrompue par les ésotérismes orientaux, embrouillée par une religion qui révolutionnait alors la société.

Dans le monde romain de l'époque impériale, la décadence des mœurs avait appauvri la pensée, alors que le développement technologique, essentiellement dû à l'application du patrimoine scientifique grec, donnait au peuple une certaine arrogance. Il était aisé d'accepter tout ce que les Anciens avaient dit et, au fond, n'avait-on pas découvert tout ce qu'il fallait savoir ?

La religion chrétienne bouleversait le domaine spirituel. Ses conséquences sociales étaient révolutionnaires, mais elle n'avait pas de base philosophique. C'est Aristote qui la lui fournit, dont les idées scientifiques étaient tout à fait convenables.

1. Sénèque, *idem.*

Après tout, la conception biblique du monde fait pour l'homme et dominé par l'empyrée, domaine de Dieu, s'accordait parfaitement avec la théorie aristotélicienne d'un univers centré sur la Terre, corruptible, entouré par un monde éthéré, éternel et incorruptible.

Si l'interprétation aristotélicienne des comètes resta presque inchangée et acquit même toujours plus d'autorité, c'est en grande partie grâce à cela. Pline, dans son *Histoire naturelle,* ouvrage encyclopédique monumental de 37 volumes, achevé en 77, parle également des comètes. Il ne connaît pas Sénèque, mort douze ans plus tôt, et il accepte les idées d'Aristote. Pourtant, ce n'est pas quand il décrit le monde sublunaire qu'il parle des comètes, mais dans les passages qu'il consacre aux astres. Il leur attribue des influences météorologiques, comme Aristote, et leur ajoute des influences astrologiques. Cet ouvrage de Pline faisait autorité sous la Renaissance, et on le trouvait en Europe vers 1500, dans de multiples éditions. Ainsi, aux XVIe et XVIIe siècles encore, la plupart des gens cultivés et, par leur intermédiaire, tous les autres, entretenaient sur la comète les idées qui étaient en vigueur depuis près de deux mille ans !

C'est Arrien qui, au IIe siècle, divulgua largement les idées d'Aristote, via Posidonios, dans une monographie sur les comètes dont nous possédons un fragment, grâce à Stobée. Mais c'est sans doute Claude Ptolémée (fig. 1.4) — astronome, mathématicien et géographe grec, qui vécut à Alexandrie au IIe siècle — qui, à travers son œuvre colossale de systématisation de l'astronomie et de la géographie antiques, assura à l'aristotélisme une nouvelle longévité de mille quatre cents ans.

Par la suite, Ptolémée contribua largement à compromettre toute tentative de recherche sur les comètes, et à accroître les erreurs et les préjugés. L'*Almageste,* son célèbre traité astronomique fondamental en 13 volumes, ne dit pas un mot sur les comètes, sans doute parce que, en accord avec Aristote, Ptolémée ne considérait pas celles-ci comme des objets astronomiques. Il en parle en astrologue. Comme tant d'autres qui observaient le ciel à son époque, Ptolémée était astronome et astrologue.

Les comètes dans l'astrologie

L'astrologie est née en Mésopotamie. Quand ? Comment ? On ne le sait pas avec exactitude, mais certainement à une époque très lointaine. On pense que l'astrologie profita d'un déve-

Fig. 1.4 Claude Ptolémée accepta et fit passer à la postérité le système géocentrique. En qualité d'astrologue, il contribua aussi à détériorer ultérieurement les idées sur les comètes (*Archives Alinari*).

loppement considérable de l'astronomie. Sur les milliers de tablettes trouvées à Ninive dans la bibliothèque d'Assurbanipal, au VIIe siècle avant notre ère, beaucoup indiquent des prévisions fondées sur les astres et mentionnent de véritables tests astrologiques de base, d'origine encore plus ancienne. Ces tablettes de Ninive nous rapportent qu'à travers les astres, on prédisait les vents, les tempêtes, les pluies, les inondations, les sauterelles, les récoltes, les infirmités dues aux famines, et aussi les guerres, les soulèvements, les révolutions de palais et les changements de règne. Les corps célestes les plus importants pour les prévisions étaient la Lune et le Soleil, mais on prenait en compte les phénomènes qui leur étaient liés, comme les halos, les éclipses et même les obscurcissements atmosphériques, leurs positions par rapport aux planètes et, enfin, les planètes elles-mêmes, Jupiter et Vénus en premier lieu. Deux mille ans déjà avant l'ère chrétienne, les astrologues mésopotamiens avaient découvert que Vénus était un seul corps céleste qui apparaissait alternativement comme une étoile du matin et une étoile du soir.

Aujourd'hui, l'astrologie est considérée, de façon simpliste, comme l'art de déterminer les différentes influences astrales sur le monde et de prévoir les événements qui en découleront dans l'avenir. L'astrologie babylonienne était bien plus complexe. Elle était l'émanation d'une religion astrale qui se fondait sur les calculs astronomiques les plus précis. Aussi étaitelle alors également religion et science. Et, comme l'a souligné F. Boll, elle a conservé cette caractéristique bien particulière pendant des millénaires. Si on considère aujourd'hui l'astrologie comme le résultat hybride d'un curieux mélange de ces deux domaines, il ne fait aucun doute que, jusqu'à Kant, le monde la perçut et la ressentit comme quelque chose de bien différent : sa double appartenance à la religion et à la science n'était pas la marque d'un défaut, mais d'un privilège.

On comprend donc que l'astrologie ait pu se développer à partir de la Mésopotamie, en profitant de l'expansion des cultes orientaux plus ou moins ésotériques, et de celle de l'astronomie, qui avait connu un réel développement sous le ciel pur de Babylone. Aux VIe et Ve siècles avant notre ère, elle pénétra en Inde et en Chine. En revanche, son infiltration fut plus lente dans le bassin méditerranéen, surtout à cause de la culture grecque dominante. Les Grecs étaient les fondateurs des sciences exactes. Ils croyaient aux jours fastes et aux jours néfastes, sans qu'il y ait là aucun lien avec le ciel. Leurs dieux n'étaient pas les produits d'une quelconque astrolâtrie, et les messages que les Grecs disaient recevoir de ceux-ci pouvaient apparaître n'importe où, dans le ciel ou ailleurs. Aristote ne s'occupait pas d'astrologie. Eudoxe, qui connaissait l'astronomie et la météorologie des Babyloniens, n'accordait aucun crédit aux astrologues de Chaldée. En somme, dans le bassin méditerranéen, l'astrologie fut globalement ignorée ou repoussée.

Cette situation demeura jusqu'au IIIe siècle avant J.-C. Au début de l'ère chrétienne, l'astrologie s'était en revanche répandue en Grèce et à Rome, et elle faisait partie des mœurs. Cela fut surtout vrai entre le moment où Alexandre le Grand, quand il investit le berceau de l'astrologie avec son armée, commença sans doute à utiliser celle-ci, et celui où Auguste fit publier son propre horoscope et frapper une monnaie à l'effigie du Capricorne, son signe zodiacal.

Quel chemin le monde occidental avait-il parcouru, en moins de trois siècles, pour subir une transformation aussi radicale ? Le peuple gréco-romain a sans doute été initié à l'astrologie au hasard des relations individuelles dues aux guerres et au commerce. Mais la classe cultivée l'a été, elle, par d'autres voies. D'abord par la traduction, en grec, d'un grand nombre de textes babyloniens, ce qui provoqua une ouverture importante. Le Chaldéen Bérose, établi dans l'île de Cos, écrivit un ouvrage, les *Histoires de Babylone,* qui, rapidement diffusé dans toute la Grèce, ne fut sans doute pas étranger au phénomène. Mais l'événement le plus important fut sans doute la parution, en Égypte, d'un ouvrage très détaillé sur l'astrologie, qui devint très vite le texte fondamental dans tout le bassin méditerranéen. Écrit en grec, avant 150 avant J.-C., ses auteurs présumés étaient Nechepso et Petosiris, un roi et un prêtre, qui n'en ont sans doute pas été les véritables auteurs, même si on retrouve au VIIe siècle avant J.-C. un pharaon du même nom. On ne sait pas quand l'ouvrage fut introduit à Rome. Si le premier auteur qui le cite est Pline, on présume qu'il devait déjà circuler largement avant 88, l'année où Pline publia son *Histoire naturelle.*

A peine installée dans le monde méditerranéen, l'astrologie connut des succès divers. Si elle se gagna maints partisans, ses détracteurs furent farouches. Mais quoi qu'il en soit, on ne peut nier son influence sur la culture et, aujourd'hui encore, sur les mœurs. Retracer l'histoire de l'humanité sans en rendre compte, ce serait ignorer nos racines mêmes.

Pour les Chaldéens, l'influence des comètes se manifestait surtout sur les récoltes. Mais Aristote ne reconnaissait d'influence aux comètes que sur les phénomènes météorologiques et ceux, très voisins, comme les tremblements de terre. Pline, qui vécut à Rome à une époque où tous, jusqu'aux sénateurs et même à l'empereur, consultaient et écoutaient les astrologues, voit en elles des astres influents, certes, mais que l'on peut déchiffrer. Il écrit :

« On attache beaucoup d'importance aux régions vers lesquelles la comète s'élance, à l'étoile dont elle subit l'action, aux formes qu'elle imite et aux lieux de son apparition : avec l'aspect d'une flûte, c'est un présage relatif, dit-on, à l'art musical ; tandis qu'elle concerne des mœurs dépravées dans les parties honteuses des constellations, le génie et le savoir quand elle forme un triangle équilatéral ou un rectangle avec des étoiles permanentes quelconques, et qu'elle verse des poisons lorsqu'elle se trouve dans la tête des dragons austral et boréal [1]. »

1. Pline, *Histoire naturelle* II-23, Trad. Jean Baujeu, Paris, Éd. Belles Lettres.

Claude Ptolémée fut, lui, plus explicite et, surtout, nettement plus influent. Il ne se contenta pas de systématiser l'astronomie ancienne en lui imprimant une organisation toute personnelle [1], il fit de même pour l'astrologie, à laquelle il tenta de donner des bases scientifiques. Sa *Tetrabible* est l'équivalent astrologique de l'*Almageste.* Publiée vers 155 en quatre livres, comme son titre l'indique, on la connaît aussi sous le nom de *Quadripartitum,* à partir du titre *Liber Quadripartitus* dont la première traduction, du grec en latin, fut publiée en 1484. La *Tetrabible* eut une carrière plus longue que l'*Almageste,* puisqu'on la trouve encore dans le commerce, traduite dans plusieurs langues, alors que les dernières éditions de l'*Almageste* furent publiées au XVIᵉ siècle.

Ptolémée commence par rappeler certaines influences connues, comme celles du Soleil, diurnes et saisonnières, ou les marées provoquées par la Lune. De là, il saute aux planètes, aux étoiles et autres corps et phénomènes célestes, dont les influences n'ont jamais été prouvées. Ce saut nous paraît arbitraire, aujourd'hui où nous savons ce que sont les planètes et les étoiles, plus ou moins éloignées de nous. Mais n'oublions pas qu'à l'époque, le système du monde tel qu'il était avait une échelle très réduite. La Terre était au centre de l'univers et tout était fonction de l'homme. Même pour les influences réelles, on ignorait les relations exactes entre une cause et un effet, et on se contentait de relations empiriques entre les phénomènes. Pour les marées, par exemple, on ne savait pas encore que la Lune exerçait, en vertu de l'attraction gravitationnelle, une action différente sur les océans et la terre selon sa position et sa distance. Mais on avait constaté que le niveau de la mer était plus ou moins haut selon que la Lune était pleine ou non. Pourquoi alors la Lune, qui exerçait une influence sur la mer, n'influerait-elle pas sur d'autres phénomènes, sur le monde vivant, l'homme compris ? Et pourquoi pas, à leur tour, les autres corps célestes ? En partant de ce type de raisonnement, on chercha les influences que ces derniers pourraient avoir. Et on trouva, ou plutôt on crut les avoir trouvées.

On établit un ensemble de règles pour en tenir compte dans le système complexe des configurations célestes, sans cesse dif-

---

1. R.R. Newton s'est livré à une vaste critique de l'œuvre astronomique de Ptolémée dans *The Crime of Claudius Ptolemy,* J. Hopkins University Press, Baltimore (1977).

férentes puisque les astres ne revenaient jamais aux mêmes positions. Ptolémée arguait de ce fait pour souligner combien était difficile la pratique de l'astrologie. Les corps n'avaient pas tous la même influence, et leurs effets pouvaient s'ajouter, se soustraire ou s'annuler. De toute façon, les effets combinés pouvaient donner un résultat global bien différent de celui de chaque corps, pris séparément. Et même si les corps célestes étaient les mêmes, leurs effets pouvaient varier selon la position qu'ils occupaient dans le ciel.

La *Tetrabible* devint pour les astrologues ce que l'*Almageste* avait été pour les astronomes. D'ailleurs, les uns se confondaient souvent avec les autres.

Voici ce qu'écrivit Ptolémée vers la fin du IIe livre de la *Tetrabible* sur les comètes :

« Pour pouvoir prédire les événements futurs, il nous faudra ensuite observer les comètes, celles qui arrivent au cours des éclipses comme celles qui arrivent n'importe quand, et déterminer celles que l'on appelle " outres ", " tonneaux ", " trompes " ou d'autres du même genre, puisqu'elles produisent des effets semblables à ceux de Mars ou de Mercure, c'est-à-dire les guerres, les grandes chaleurs, les mouvements impétueux, toutes choses succédant généralement aux comètes. Et nous pourrons savoir quels lieux seront menacés, et où elles auront le plus d'effets selon la partie du zodiaque où elles apparaissent, et l'inclinaison de leur chevelure. A la couleur et à la forme de la comète, on reconnaîtra ensuite l'espèce et le genre de la chose sur laquelle les effets doivent se produire [1]. »

Si le discours est moins générique que celui de Pline, il reste proche. En confrontant les textes, on ne peut imaginer que Ptolémée se soit inspiré de Pline ; on conclut donc que c'étaient bien là les idées qui circulaient alors à propos des comètes. Et par l'intermédiaire de Ptolémée, l'Antiquité légua ses idées à la postérité.

MOYEN ÂGE ET RENAISSANCE

De l'astrologie aux superstitions

Comme la plupart des philosophes grecs, Aristote avait donné des comètes une explication erronée, mais scientifique.

1. Ptolémée, *Tetrabible.*

Puisque la comète appartenait au monde sublunaire, il l'affublait d'influences météorologiques. Son discours restait donc parfaitement scientifique. En dotant les comètes d'influences astrologiques, on fit un pas de plus dans l'erreur.

Leurs influences présumées étaient prétendument régies par des règles célestes, ce qui gardait aux prévisions un caractère en apparence scientifique. Mais leur domaine s'était élargi au point que les conséquences n'avaient plus rien à voir avec la nature des comètes, même pas avec celle de l'époque. Cette nouvelle façon de voir les comètes fut rapidement connue de tous, elle subit même des transformations ultérieures.

Les comètes, que l'on avait un temps considérées comme un augure, bon ou mauvais, devinrent vite essentiellement menaçantes. A l'origine de cette transformation, ceux qui avaient vu une ou plusieurs comètes, véhiculaient auprès des adolescents et des enfants une tradition orale imprécise, où l'imagination jouait un rôle important dans la description de l'aspect et des détails et le souvenir déformait toujours plus ce qu'on avait vu, ou cru voir. Le peuple, inculte, croyait aux influences de l'astrologie ; il les transforma, les accrut et les enracina dans un système toujours plus instable qui n'avait rien à voir avec le reste du ciel. Même arbitraires, les règles d'interprétation perdaient de leur ampleur au point de céder finalement la place à des croyances incontrôlées et des terreurs irraisonnées. Bref, de l'astrologie, on tomba dans la superstition.

Le peuple se mit à faire les relations les plus extravagantes, les transmettant ou les inventant au cours des siècles. Quelques descriptions choisies au hasard dans un almanach populaire de 1668 (l'une des multiples éditions de l'*Almanach Perpétuel Benincasa)* illustrent cet état de fait mieux que n'importe quelle explication :

728

A Constantinople, il y eut une grande peste qui emporta plus de trois cent mille personnes, et on vit deux grandes comètes, dont l'une, le matin, avant le Soleil, et l'autre, après lui, le soir. Et à Brescia, un enfant est venu au monde avec deux dents.

984

En Italie, il y a eu une grande comète, et la faim et la peste se sont abattues sur le pays : et elle a emporté beaucoup de gens ;

en Flandre, on a vu un grand serpent voler dans le ciel et, à Gênes, un cheval a parlé ; à Pise, on a vu des hommes aux faciès de chien. [Il n'y eut pas de comètes, seulement l'apparition d'une étoile en plein jour, sans doute Vénus.]

1019

Sous l'empire d'Othon III, en l'année 1019, au mois de juin, à 9 heures, on vit une comète, et des poutres ardentes dans le ciel, puis apparut une immense figure de serpent, suivie d'un tremblement de terre. Othon ordonna que son fils ne lui succédât point comme empereur, mais qu'il y eût une élection.

1316

Dans Milan, on a vu plusieurs statues s'envoler, et on a entendu des voix effrayantes, et on a vu dans l'air un grand feu qui ressemblait à une grande galère ; à Constantinople, on a vu trois lunes, et trois comètes, trois mois, et la faim, et la peste ont causé de grandes calamités dans de nombreux pays. [Selon les chroniques de l'époque, il y eut deux comètes, ou peut-être une seule.]

1526

On vit une comète en forme d'épée, cela a duré du 13 août au 6 septembre, et les Turcs ayant vaincu le roi de Hongrie, ce dernier, en voulant fuir, se noya dans un fleuve marécageux, et les Turcs eurent alors la victoire et prirent Buda, ville de Hongrie. Charles V a épousé Isabelle d'Autriche, sœur du roi du Portugal.

Selon une légende qui se répandit après le XVIe siècle, on s'attendait, en l'an 1000, à la fin du monde. Le monde vivait dans l'incertitude, la peur, l'attente. Les historiens contemporains ont relativisé cette crise millénariste et montré que l'attente eschatologique avait duré pendant des siècles au Moyen Age. Mais, à propos de l'an 1000, A. G. Pingré a recueilli et rassemblé d'anciennes chroniques, et il écrit dans sa *Cométographie* :

« L'an 1000 de Jésus-Christ fut accompli en la quatrième année du règne de Robert ; il avait été fertile en prodiges, selon un très grand nombre d'historiens ; on avait éprouvé de grands tremblements de terre, une comète avait paru pendant neuf

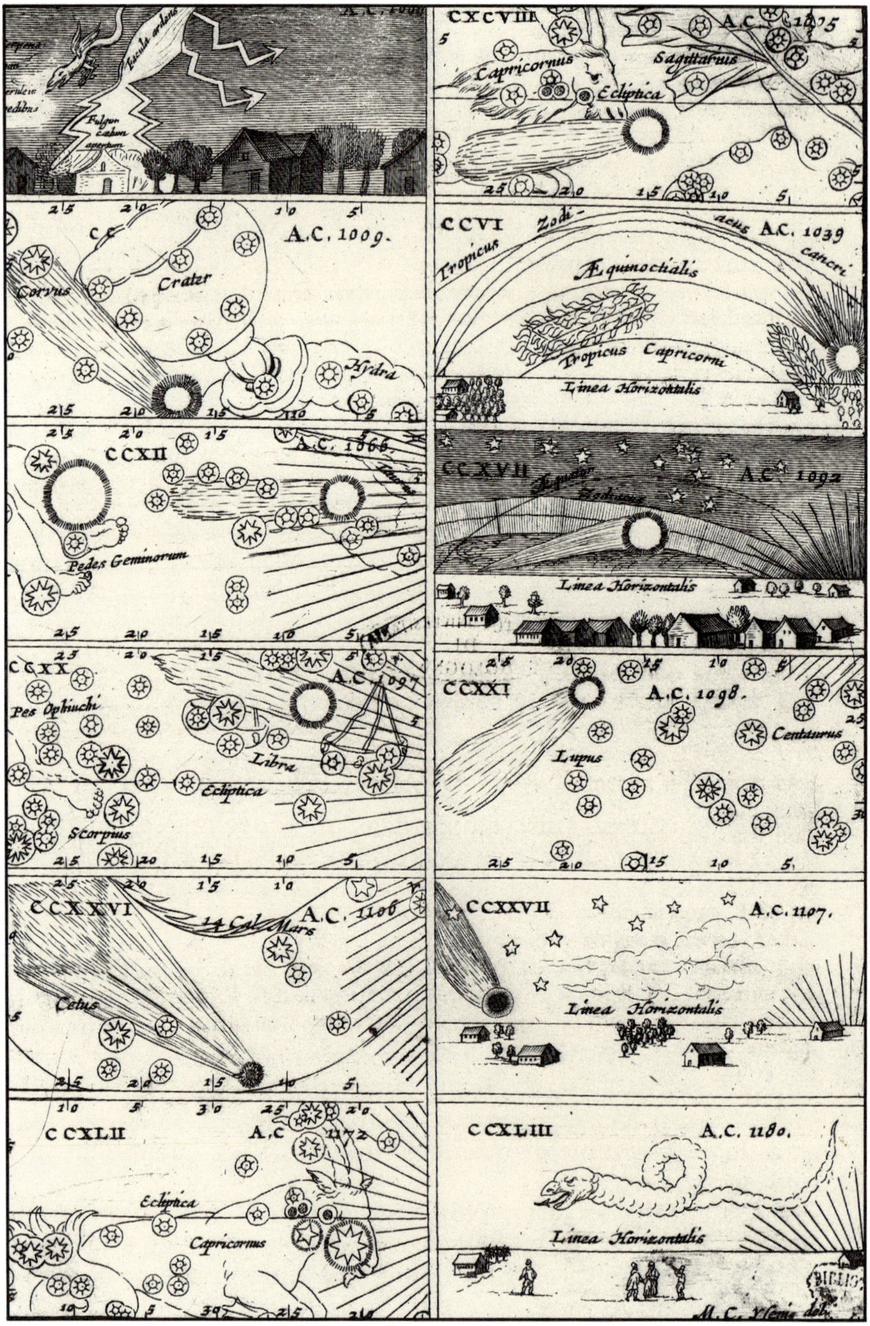

CXCVIII
A.C. 1005
Capricornus
Sagittarius
Ecliptica
CC
A.C. 1009.
Corvus
Crater
Hydra
CCVI
Zodi-
acus A.C. 1039
Tropicus
cancri
Æquinoctialis
Tropicus Capricorni
Linea Horizontalis
CCXII
A.C. 1066
Pedes Geminorum
CCXVII
A.C. 1092
Æquator
Zodiacus
Linea Horizontalis
CCXX
A.C. 1097
Pes Ophiuchi
Libra
Ecliptica
Scorpius
CCXXI
A.C. 1098.
Lupus
Centaurus
CCXXVI
A.C. 1106
14 Cal.
Mars
Cetus
CCXXVII
A.C. 1107.
Linea Horizontalis
CCXLII
A.C 1172
Ecliptica
Capricornus
CCXLIII
A.C. 1180.
Linea Horizontalis

Fig. 1.5 Ci-contre, diverses apparitions de comètes observées entre l'An Mil et 1180. Certaines furent réelles, d'autres ne sont que la preuve du pouvoir de l'imagination et de la peur en ces temps-là, en Occident (de Lubienietz, Theatrum Cometicum).

jours. La plupart de nos auteurs datent son apparition du 19 des calendes de janvier, ou du 14 décembre. Presque tous continuent ainsi : " Le ciel s'étant ouvert, une espèce de flambeau ardent tomba sur terre, laissant derrière lui une longue trace de lumière, semblable à un éclair. Son éclat était tel qu'il effraya non seulement ceux qui étaient dans les campagnes, mais même ceux qui étaient enfermés dans les maisons. Cette ouverture du ciel se refermant insensiblement, on vit la figure d'un dragon, dont les pieds étaient bleus, et dont la tête semblait croître toujours. " Ce météore ou *chasma,* joint à l'apparition de la comète, a répandu de l'obscurité sur l'existence même de la comète et sur le temps de son apparition. »

Une figure, publiée dans un ouvrage écrit quelque six cents ans plus tard (fig. 1.5) retrace le phénomène : c'est un autre exemple des effets de l'imagination sur la vision du ciel, et il semble même que la comète n'ait jamais existé, bien qu'on affirmât l'avoir vue pendant neuf jours.

L'imagination naissait souvent de l'aspect même des comètes. On les voyait telles des épées, ou des poignards, ou des cimeterres ou, dans tous les cas, des objets de mort (fig. 1.6). Elles étaient annonciatrices de malheurs et interprétées comme des signes du ciel par lesquels Dieu communiquait avec les vivants ; elles étaient aussi les messagères de la mort des rois ou des puissants.

L'imagination populaire n'avait, en ce domaine, pas de limites. Mais les rois, eux, étaient quelque peu flattés de voir que le ciel prenait part à leur naissance ou à leur décès. S'il est vrai que Néron en avait peur et tentait de détourner les mauvais présages en envoyant à la mort d'autres grands (Tacite, *Annales,* XV, 47), il n'est pas moins vrai que, en l'an 79, quand une comète apparut, l'empereur Vespasien — qui était pourtant au seuil de la mort — l'accueillit par une plaisanterie, et déclara qu'elle concernait sûrement le roi des Parthes, à la longue chevelure, et pas lui, qui était chauve.

Au Moyen Age, on prit ces signes plus au sérieux. Nous avons entre les mains une liste des comètes que les chroniqueurs de diverses époques associèrent à la mort des rois. Cer-

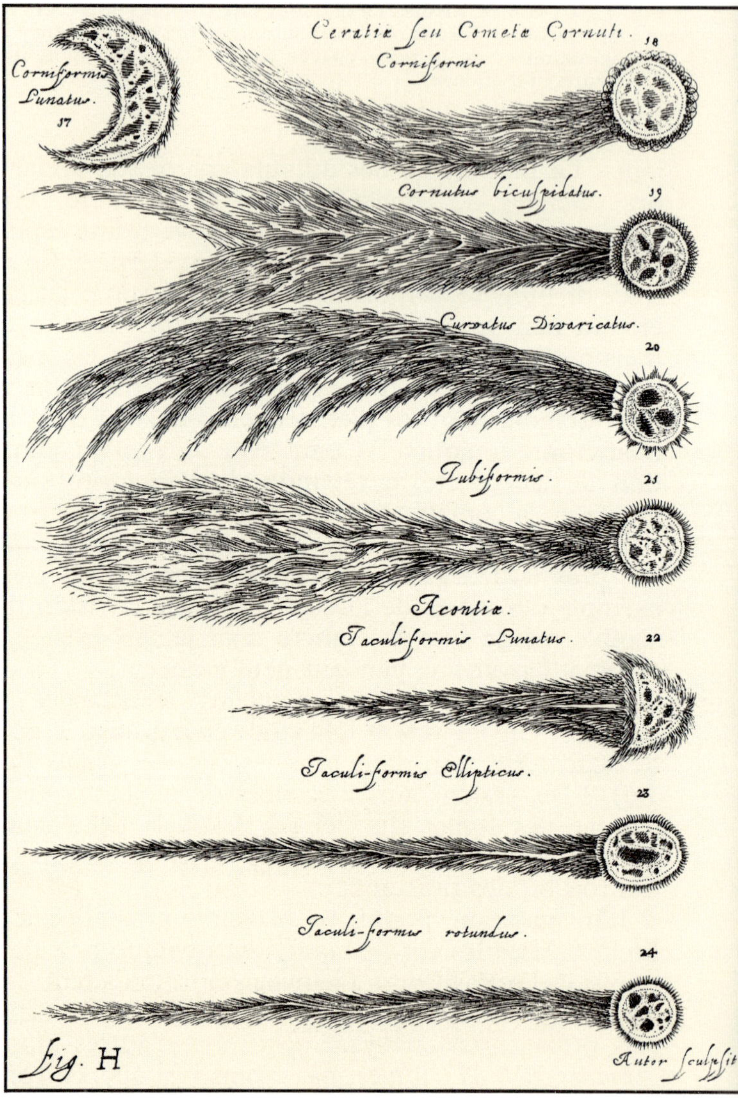

taines n'ont jamais existé, comme celle que l'on a enregistrée en 814 à l'occasion de la mort de Charlemagne. D'autres ne doivent qu'au hasard d'être liées à des événements de ce type. En ces temps-là, on ne comptait plus les rois et les puissants, et la moyenne de vie était bien plus courte qu'aujourd'hui. Les rois

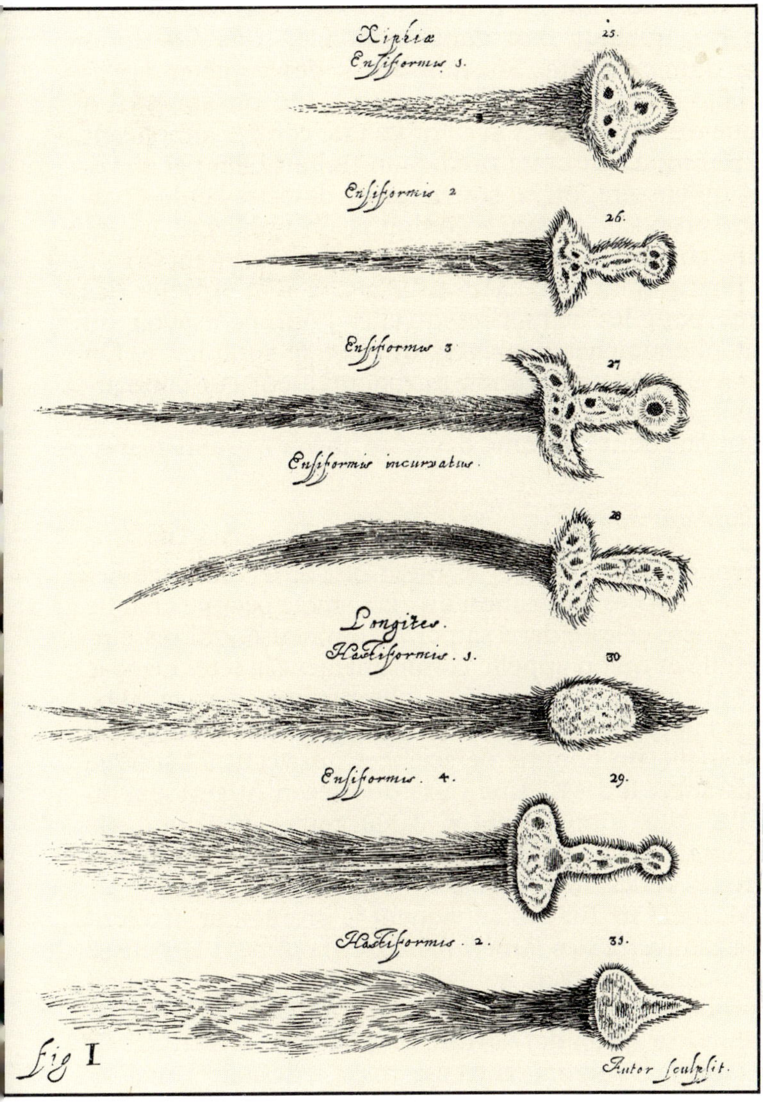

Fig. 1.6 Comètes de diverses formes, dessinées par Hevelius sur la base de traditions séculaires. Remarquer la ressemblance de certaines avec des flèches, des épées, des poignards (de Hevelius, *Cométographie*).

étaient particulièrement exposés puisqu'ils risquaient plus que les autres de mourir de mort violente. Comme l'a souligné R. A. Proctor, les deux dates ne coïncident pas souvent, et on a vu apparaître des comètes parfois trois ans avant que ne meure le roi dont elles étaient censées annoncer la mort.

Dans de telles conditions, il n'était pas très difficile de voir mourir un roi, quelque part dans le monde, trois ans après l'apparition d'une comète. Souvent aussi, des comètes apparaissaient sans qu'aucun roi ne meure. Quand on annonça à Henri IV que des astrologues avaient vu une comète annonçant sa mort, il rétorqua que cette prédiction finirait bien par s'avérer juste et qu'ensuite, on se souviendrait de cette seule occasion où leur pronostic s'était accompli et on oublierait toutes celles où une comète était apparue sans qu'il vienne à mourir.

On se limita donc, au Moyen Age, à n'interpréter les comètes que pour les influences qu'elles pourraient avoir ou comme des phénomènes passagers du monde sublunaire. On ne procéda à aucune observation astronomique. Leur connaissance ne progressa nullement, contrairement aux préjugés et aux superstitions dont l'homme devait se libérer à grand-peine.

Quelque chose qui bouge...

Nous savons que le premier élément de l'observation cométaire consiste à relever la position que la comète occupe chaque nuit sur la sphère céleste dans sa partie lumineuse, qui ressemble à une étoile et qu'on appelle communément la tête. Dans le monde occidental, les premières observations de ce type remontent à l'apparition de 1433. Nous les devons à Paolo dal Pozzo Toscanelli, un homme de sciences qui vécut à l'époque de la Renaissance. Il dressa une carte de l'océan Atlantique, où il situait l'Asie à « seulement » 3000 milles à l'ouest de l'Europe. Cette carte devait inciter Christophe Colomb à tenter de rejoindre les Indes en voyageant toujours vers l'ouest.

Mais Toscanelli ne fut pas seulement le promoteur involontaire de la découverte des Amériques. Cet homme à la pensée critique et toujours en éveil, solitaire et original, ne se souciait ni de l'approbation de ses contemporains, ni de sa gloire posthume : seule sa soif de savoir le poussait à l'étude. Il s'appuyait sur les auteurs anciens, mais n'hésitait jamais à contester leurs affirmations quand elles ne se fondaient pas sur la critique ou les expériences.

Fig. 1.7 Ci-contre, position et aspect de la comète observée par Paolo Toscanelli en 1433, du 4 au 31 octobre. C'est la première comète pour laquelle on pratiqua, dans le monde occidental, des observations astronomiques précises (position de la tête sur la sphère céleste, direction et longueur de la queue). La reproduction est extraite d'un manuscrit de Paolo Toscanelli dal Pozzo.

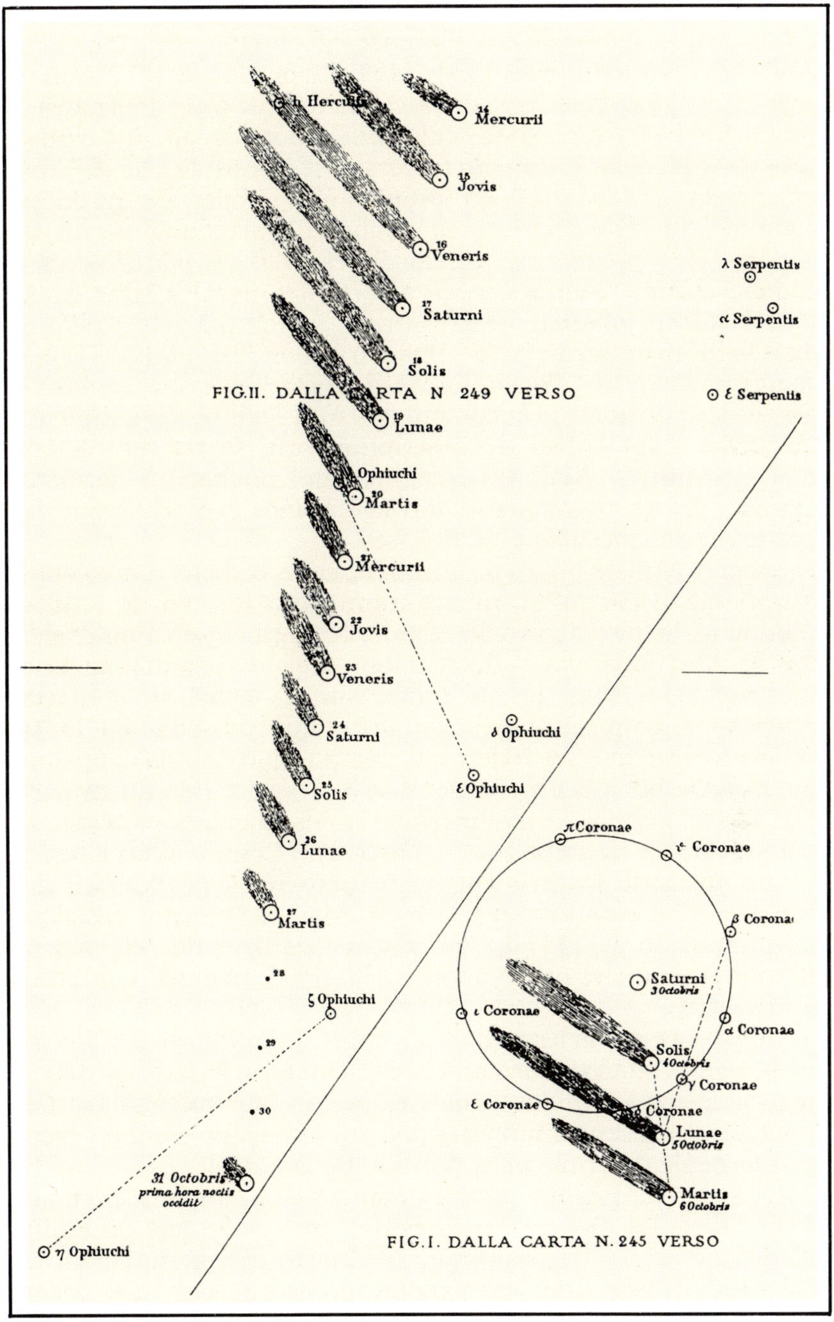

FIG. II. DALLA CARTA N 249 VERSO

FIG. I. DALLA CARTA N. 245 VERSO

Comme on peut le voir dans l'un de ses manuscrits, à la Bibliothèque nationale de Florence, il observa cinq comètes apparues dans les années 1433, 1449, 1456, 1457 et 1472. Seule celle de 1456 donne lieu, dans le manuscrit, à un tableau de positions. Les autres sont seulement reportées sur des cartes célestes qu'il avait lui-même tracées (il n'en existait pas de préimprimées à l'époque), en prenant des étoiles de position connue dans l'*Almageste*, en en ajoutant d'autres, qu'il mesurait à partir des premières. Toscanelli calcula les positions des comètes, simplement dessinées, à partir des mesures faites dans le ciel et non grossièrement estimées à l'œil nu. Il s'explique dans son manuscrit : *« ... immensi labores et graves vigilie magistri Pauli de Puteo Toscanello super mensura comete. »* Seules les positions de la comète de 1472, qu'il observa du 8 au 26 janvier, font l'objet de descriptions qui se réfèrent à des étoiles connues. Mais on imagine que, pour cette dernière comète, l'hiver rigoureux et son âge avancé l'empêchèrent de pratiquer des mesures plus précises.

Johann Müller observa, lui aussi, cette comète. Le célèbre astronome (1436-1476), mieux connu sous le nom de Regiomontanus inspiré de sa ville natale, Königsberg en Franconie, en fit bien une vaste description, mais ne donna aucune mesure. Dans l'un de ses traités sur les comètes, dont on retrouva le manuscrit après sa mort et qui fut publié en 1531, on trouve, en date du 20 janvier, une position dont la précision est comparable aux observations de Toscanelli. Elle est en parfait accord avec les deux autres positions calculées par Celoria sur la base des descriptions de Toscanelli. Comme nous l'avons dit, le savant florentin n'eut malheureusement pas le loisir de bien observer cette comète de 1472. Mais la première observation remontait à 1433 (fig. 1.7) et précéda donc de deux générations la première observation positionnelle cométaire publiée en Europe.

Ce ne sont pas là les seules raisons de l'importance de Toscanelli. Sans s'attarder sur l'aspect des comètes, il dessinait schématiquement les queues, mais respectait leur orientation. Le premier, il concentra son attention sur la tête, pressentant bien qu'elle seule déterminait la position de la comète.

De son côté, Regiomontanus, même s'il ne fut pas le premier à effectuer des mesures précises de comètes comme on le dit communément, eut néanmoins un autre très grand mérite : celui de penser que les comètes pouvaient être des corps

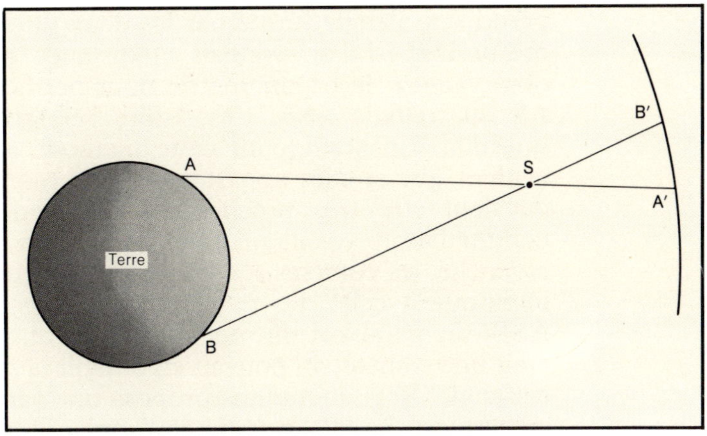

Fig. 1.8 Effet de la parallaxe diurne. Un même corps céleste S, une planète ou une comète par exemple, s'il est vu du point A ou du point B de la surface terrestre, se projettera sur la sphère céleste en deux points différents, selon les directions AA′ et BB′.

célestes, et de fournir la méthode pour mesurer la distance. Il avait compris que cette valeur pourrait prouver son affirmation.

Il appliqua la méthode de la correction de parallaxe, que nous expérimentons tous quand nous regardons autour de nous. Si nous regardons du coin de l'œil un objet proche, par exemple un tronc d'arbre projeté sur un fond lointain, quand nous tournons la tête vers la droite ou vers la gauche, nous avons l'impression qu'il se déplace sur des points différents par rapport au fond. L'arbre nous semblera bouger plus ou moins par rapport au fond, selon qu'il sera plus ou moins proche. Ainsi, à partir de notre déplacement réel et de celui, apparent, de l'arbre, nous pouvons calculer sa distance par rapport à nous. Faisons maintenant la même chose avec les corps célestes : supposons les étoiles si lointaines que nous puissions toutes les mettre à une distance infinie, et qu'il y ait en revanche, dans l'espace, un corps beaucoup plus proche, que nous voyons se projeter sur la sphère céleste au milieu d'elles. Si nous observons ce corps S d'un point A de la surface terrestre (fig. 1.8), nous le verrons se projeter dans une direction A′. Mais un autre observateur, placé dans un lieu B, assez loin de nous, le verra se projeter en B′, c'est-à-dire en un autre point de la sphère céleste. Plus l'objet sera proche de la Terre, plus grand sera l'angle formé par les deux directions. Cet angle est mesurable : si l'on connaît la distance qui sépare les deux observateurs, la trigonométrie nous permet de calculer le côté AS du triangle ASB, c'est-à-dire l'éloignement du corps en question. En appliquant cette méthode aux comètes, il était évident que si elles appartenaient au monde sublunaire, elles devaient être très proches, et l'angle devenait appréciable, comme l'arbre voisin sur fond de paysage lointain. Mais si, en revanche, les comètes semblaient se projeter dans une position identique à celle des étoiles, il devenait évident que l'angle ASB, dit parallaxe diurne, fût très petit. Donc, si le corps S était une comète, on pouvait en obtenir la distance en mesurant cet angle. Regiomontanus proposa une variante plus complexe de cette méthode*, et tenta de l'appliquer à la comète de 1472. Mais il ne réussit pas à démontrer qu'elle était à une telle distance qu'elle ne pouvait en aucun cas appartenir au monde sublunaire. Les observations de Toscanelli et Regiomontanus demeurèrent alors lettre morte, ou presque, et l'interprétation d'Aristote n'en fut nullement entachée.

L'ignorance persiste

Ainsi, les premières tentatives d'enquête scientifique sur les comètes n'eurent guère d'effet sur la théorie qu'en donnait le système du monde de Ptolémée, ni même sur les croyances et superstitions qui en faisaient de si redoutables phénomènes. A la fin du XVIe siècle, les idées en vigueur étaient encore celles du Moyen Age.

Martin Luther était persuadé que les comètes et les éclipses étaient des signes de la colère divine. Il tenta d'ailleurs de détourner les effets néfastes de la comète de 1532 par des prières. Paracelse, le célèbre médecin et alchimiste suisse, fut moins catastrophiste que lui, même s'il était tout autant convaincu de la signification religieuse des comètes. Il affirma, en 1531, que les comètes étaient des messagers du ciel, envoyés par Dieu pour annoncer aux hommes des événements, bons et mauvais. Jean Bodin, théoricien politique et économiste français qui s'intéressa aussi à la science, affirma, dans son ouvrage

* Plus l'angle était petit, plus la comète était loin. Rappelons que Regiomontanus introduisit l'usage des tangentes et créa le terme de « sinus ». En cela, il passa pour le père de la trigonométrie moderne. (N.d.É.)

Universale Naturae Theatrum, publié en 1594, que les comètes sont les âmes des gens illustres portées triomphalement au ciel. Après ce préliminaire, il en arrivait à une curieuse conclusion : alors que les âmes des chefs montaient au ciel sous la forme de comètes, les peuples, livrés à eux-mêmes, s'abandonnaient à la guerre civile qui entraînait famines et épidémies. Il arrivait ainsi à tout expliquer, et associait aux comètes la mort des gouvernants, les révoltes et les épidémies.

Ces idées fausses dominaient chez les meilleurs astronomes de l'époque. G. Peuerbach, maître de Regiomontanus et précurseur de l'astronomie allemande, croyait aux influences des comètes. Dans un traité écrit après l'apparition de la comète de 1456, il soulignait d'abord ses hésitations à faire des pronostics, parce qu'il jugeait impossible de faire des pronostics exacts, mais il poursuivait néanmoins en énumérant tous les malheurs qu'on associait, depuis longtemps, aux comètes.

Fig. 1.9 Représentation de la comète de 1528, d'après le célèbre chirurgien français Ambroise Paré (de A. Paré, De monstres et prodiges, 1571).

Nous avons déjà vu quelques exemples des influences que des personnes, pourtant cultivées et influentes, pouvaient attribuer aux comètes. Encore plus extraordinaires sont les descriptions de ce qu'ils affirmaient avoir vu. Nous nous contenterons de citer ici le célèbre chirurgien français Ambroise Paré, à propos de la comète de 1528, qu'il décrit et illustre (fig. 1.9) dans son ouvrage *De monstres et prodiges.* Cette description fut publiée en 1571, soit quarante-trois ans plus tard. Qu'on en juge :

« La comète étoit si horrible et si épouvantable et elle engendroit si grande terreur au vulgaire, qu'il en mourut aucuns de peur ; les autres tombèrent malades. Elle apparoissoit estre de longueur excessive, et si estoit de couleur de sang ; à la sommité d'icelle, on voyoit la figure d'un bras courbé, tenant une grande épée à la main, comme s'il eust voulu frapper. Au bout de la pointe il y avoit trois estoiles. Aux deux costés des rayons de cette comète, il se voyoit grand nombre de haches, cousteaux, espées colorées de sang parmi lesquels il y avait grand nombre de fasces humaines hideuses, avec les barbes et les cheveux hérissez. »

Quand les savants se mettaient à dire et propager de telles choses, il ne faut pas s'étonner que, comme nous le raconte Camille Flammarion dans son *Astronomie populaire,* en 1528 et 1577, nombre de gens « crurent si bien à la fin du monde, en 1528 et en 1577, qu'ils léguèrent leurs biens aux monastères, sans réfléchir pourtant suffisamment... car la catastrophe serait sans doute arrivée pour tout le monde. »

Trois coups de théâtre

Malgré une timide amorce d'observations sérieuses, et la proposition de Régiomotanus de mesurer les distances des comètes, rien n'empêcha les idées dominantes de continuer à circuler et à prospérer. Mais deux mines étaient enfouies dans l'édifice antique d'Aristote, qui allaient exploser.

C'est Jérôme Fracastor qui fit la première découverte importante. Ce médecin de Vérone, à qui l'on doit l'une des premières études sur la syphilis, observa aussi trois comètes, une en 1531 et deux en 1532. A partir de ses observations, il nota que dans les trois cas, quelle qu'ait été la position occupée dans le ciel par la comète, la queue de celle-ci était toujours dirigée dans le sens opposé au Soleil. Il annonça cette découverte dans un ouvrage, publié en 1538, et rappela que l'on disait déjà la

Fig. 1.10 Portrait de Tycho Brahé ***(Det Kongelige Bibliotek, Copenhague).***

même chose de la comète de 1472. Le phénomène avait donc été déjà remarqué, mais Fracastor le redécouvrit et lui donna toute sa mesure. Apianus* fit, lui aussi, cette même découverte (pl. I). Le résultat contrariait grandement la conception d'Aristote : en quoi un corps du monde translunaire comme le Soleil pouvait-il intervenir sur un objet du monde sublunaire comme la comète ?

Question déconcertante, mais elle ne troubla guère de monde à l'époque. Rares furent ceux qui se la posèrent. Après tout, ne connaissait-on pas déjà des phénomènes sublunaires liés au Soleil ? Le halo solaire est toujours centré sur le Soleil, par rapport auquel il a toujours le même rayon apparent. L'arc-en-ciel a son centre diamétralement opposé au Soleil. Rien d'étrange, donc, dans le fait que la queue de la comète soit toujours dans la direction opposée au Soleil.

* Peter Bienewitz dit Petrus Apianus vécut de 1495 à 1552. (N.d.É.)

Mais ce n'est là que le premier coup de théâtre. Le deuxième, plus brusque, prit tout le monde de surprise et fut aussi efficace qu'inattendu. Il ne concernait pas directement les comètes, mais il démolissait l'un des dogmes aristotéliciens les plus enracinés et nuisibles au progrès de la connaissance. Comme nous l'avons déjà vu, les Anciens pensaient que les cieux étaient éternels et incorruptibles, conviction sans doute suggérée par l'immuabilité physique du ciel étoilé, observé à l'œil nu pendant des siècles. Cette immuabilité, interprétée philosophiquement comme l'effet de l'incorruptibilité, eut pour conséquence l'abandon des observations, en particulier stellaires, pendant deux mille ans. Entre-temps, des novae* et supernovae étaient apparues, comme nous le savons aujourd'hui grâce aux observations faites dans le monde oriental. Pline parle de l'une d'entre elles et rappelle que, se fondant sur cette apparition, Hipparque décida de dresser le premier véritable catalogue d'étoiles, pour transmettre l'état du ciel à la postérité. Ainsi, les générations suivantes pourraient constater, ou non, les changements. Mais, pendant plus de mille six cents ans, personne ne vit aucun changement. Ceux qui les avaient vus les avaient interprétés comme des prodiges ou des phénomènes du monde sublunaire. Leurs chroniques témoignent de la confusion régnante ; elles ne consignent d'ailleurs rien de sérieux. L'observation du ciel se faisait dans un but exclusivement astrologique, pour l'orientation en mer ou dans les déserts, ou pour des calculs calendaires. L'observation physique n'avait aucun sens puisque la voûte étoilée était, et devait être, immuable.

C'est aussi ce que pensait Tycho Brahé (fig. 1.10), le très grand astronome danois (1546-1601) :

« Tous les philosophes en conviennent, les faits le confirment, dans la région éthérée du monde céleste, il n'y a aucun changement dû à la génération et à la corruption. Mais les cieux, et les corps éthérés qui sont dans les cieux, ne connaissent ni accroissement ni décroissance, ils ne changent ni en nombre, ni en dimension, ni en luminosité, ni sous aucun autre aspect. Ils restent toujours les mêmes [1]. »

Tandis qu'il renouvelait ainsi sa foi en Aristote, Tycho Brahé

---

* On appelle nova une étoile dont la brusque augmentation de l'éclat donne l'apparence d'être une nouvelle étoile. (N.d.É.)

1. Tycho Brahé, *Opera Omnia*,1913-1929, vol. 1, p. 16.

avait déjà constaté un phénomène extraordinaire qui l'incitait au doute.

Le soir du 11 novembre 1572, en rentrant de son laboratoire d'alchimiste, il leva les yeux vers le ciel étoilé qu'il connaissait à la perfection, et fut frappé de stupeur en voyant une étoile très brillante dans la constellation de Cassiopée, en un point où il savait qu'il ne devait y en avoir aucune. Pris de doute, il s'adressa aux serviteurs qui l'accompagnaient et leur demanda s'ils voyaient, eux aussi, cette étoile. Ces derniers, qui ne connaissaient ni le ciel, ni Aristote, n'avaient aucune raison de ne pas la voir et répondirent par l'affirmative. Doutant encore, Tycho Brahé interrogea quelques paysans de passage qui, tous, répondirent qu'ils voyaient une étoile, très brillante, à l'endroit même où il l'indiquait. Tous ses doutes étant levés, Tycho mesura en toute hâte la position de l'astre par rapport aux étoiles les plus brillantes de Cassiopée, en se servant d'un gros sextant qu'il venait à peine de fabriquer. Puis le ciel se couvrit. Nous imaginons sans mal l'impatience de Tycho au cours des jours et des nuits qui suivirent, et sa joie et son émerveillement quand, les nuages s'étant enfin dissipés, il constata que l'étoile était toujours là, à l'endroit même où il l'avait trouvée.

Quand il l'avait découverte, elle était aussi éclatante que Vénus à sa plus grande splendeur, et si l'on avait une bonne vue, on pouvait même l'apercevoir pendant la journée. Au mois de décembre, elle commença pourtant à s'affaiblir et, progressivement, tout au long des mois suivants. Mais quoique toujours plus faible, elle resta visible pendant dix-huit mois. Enfin, elle disparut. Tycho n'avait pas cessé de mesurer sa position et d'estimer son éclat. Il arriva finalement à une conclusion définitive : l'étoile n'avait pas démontré une parallaxe appréciable, elle était donc plus éloignée que la Lune et appartenait à ce monde translunaire qui n'aurait jamais dû s'altérer. Elle avait aussi changé de couleur, et s'était affaiblie jusqu'à disparaître. Il y avait donc au ciel des corps corruptibles et caduques ! La chose semblait extraordinaire, merveilleuse, incroyable. Si incroyable, d'ailleurs, que des gens n'y crurent pas. Tycho raconte d'ailleurs le comportement de J. Pratensis, un professeur de ses amis. Un soir, C. Dancey, envoyé français à la Cour du Danemark, invite Pratensis et Tycho à dîner. En écoutant Tycho parler de l'étoile nouvelle, Pratensis se mit à rire : il pensait que l'astronome plaisantait, et il appréciait la plaisanterie. Mais Tycho insista et dit que ce n'était pas du tout une plaisanterie. Finalement, il dit souhaiter que le ciel fût assez clair pour pouvoir démontrer aussitôt ce qu'il disait. Ils sortirent et virent l'étoile. On imagine aisément leur étonnement.

Au cours de la longue période de visibilité, d'autres personnes observèrent aussi l'astre. Quand il ne fut plus possible de nier son existence, on prétendit que c'était une comète sans queue, ou que sa queue était toujours dans la direction opposée à la Terre (ignorant ou oubliant ce que Fracastor, puis Apianus, avaient découvert). En tout cas, c'était un corps du monde sublunaire, en dépit du résultat sur la distance obtenu par Tycho : et tout le monde s'en trouva tranquillisé.

Ce n'est que cinq ans plus tard que se produisit le troisième coup de théâtre. Et c'est encore Tycho Brahé qui en fut l'auteur. A cette époque, il était installé dans l'île de Hveen, à 25 kilomètres environ au nord de Copenhague. Le roi du Danemark lui avait octroyé cette île pour y construire un grand observatoire, appelé Uraniborg. Il vivait donc là et pratiquait ses observations (pl. II-III). Le 13 novembre 1577, en fin d'après-midi, il était occupé à pêcher un peu de poisson pour son dîner dans l'un des viviers, quand il vit une étoile brillante, comme seule Vénus pouvait l'être. Or, il savait qu'à cette époque, Vénus n'était visible que dans le ciel du matin. Stupéfait, il attendit le coucher du Soleil et, dans le ciel obscurci, une magnifique queue longue de plus de 20° apparut alors. C'était une comète très lumineuse. On l'avait observée au Pérou dès le 1er novembre, elle était « lumineuse comme la Lune voilée par les nuages » ; au Japon vers le 2, et à Londres le 3. Mais Tycho ne le savait pas. Il ne pouvait que l'ignorer, en raison des communications de l'époque.

Le monde entier l'observa. En Europe, tous ceux qui s'occupaient d'astronomie la virent, la mesurèrent, en parlèrent. On a écrit à son sujet près de deux cents opuscules ou livres. Jamais chose semblable n'était arrivée, pour aucune autre comète. Mais le moment était important : depuis cette étoile apparue en 1572, on était beaucoup moins convaincu de l'incorruptibilité des cieux et tous, aristotéliciens et anti-aristotéliciens, regardaient en cette année 1577 vers l'astre nouveau avec appréhension, et leur interrogation était faite de crainte ou d'espoir.

Tycho observa la comète depuis le soir où il la vit pour la première fois jusqu'à la fin janvier 1578. Il publia les résultats de ses observations, dix ans plus tard, dans le *De Mundi aethe-*

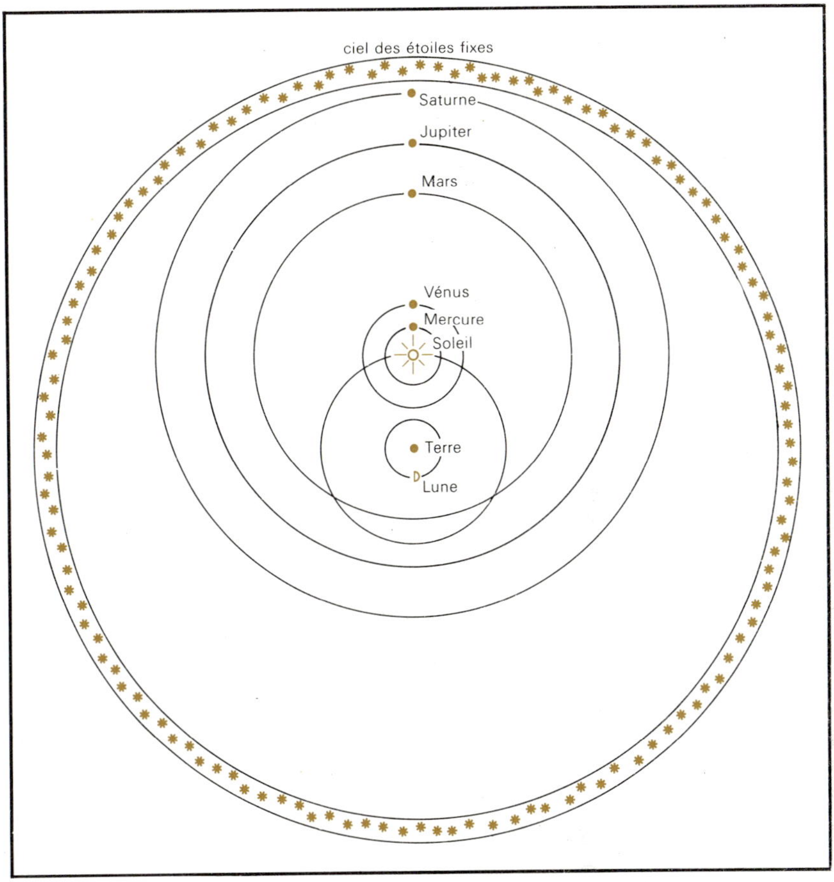

Fig. 1.11 Système du monde de Tycho Brahé.

rei recentioribus phaenomenis Liber secundus, qui est de illustri stella caudata ab elapso fere triente Novembris anno MDLXXVII usque ad finem Januarii sequentis conspecta. Cet ouvrage in quarto de 465 pages est divisé en dix chapitres. Tous étaient importants, mais le chapitre VI était décisif. Tycho faisait exploser là cette mine que Regiomontanus avait placée dans l'édifice aristotélicien. A l'aide de diverses méthodes de calcul de la parallaxe cométaire, Tycho ne réussit pas à en déduire avec précision sa valeur. Mais ses instruments lui permettaient un minimum d'erreurs et il put affirmer que la parallaxe était si petite qu'elle correspondait à une distance au

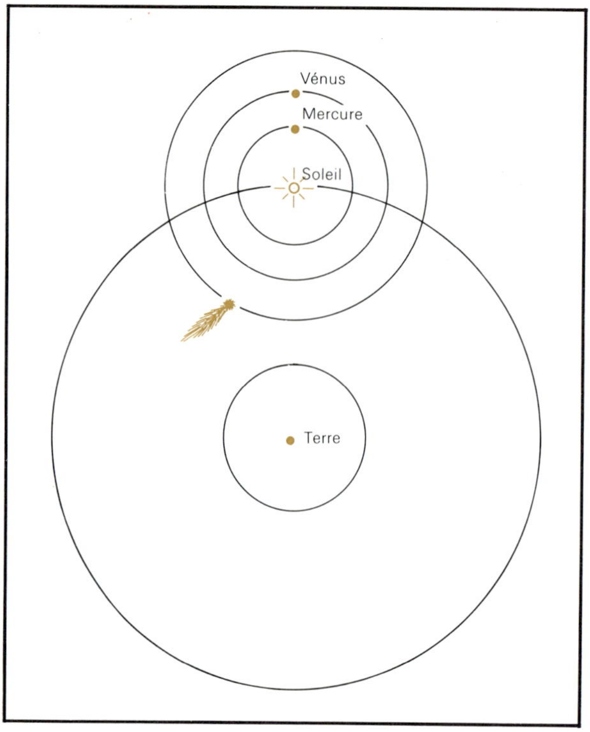

Fig. 1.12 Le mouvement d'une comète dans le système du monde de Tycho Brahé.

moins six fois plus grande que celle de la Lune. La comète n'appartenait donc pas au monde sublunaire. Le résultat extraordinaire que Regiomontanus n'avait pu atteindre faute d'instruments plus précis, ou parce qu'il n'avait pas vécu assez longtemps, Tycho l'obtenait enfin.

Pour expliquer le mouvement de la comète, Tycho l'inséra dans son propre système du monde, qui était différent et de celui de Ptolémée et de celui de Copernic, exposé dans le chapitre VIII de ce même ouvrage. D'après son système (fig. 1.11), la Terre est au centre de l'univers, et la Lune et le Soleil tournent autour d'elle. Mais tournent aussi autour du Soleil les planètes Mercure, Vénus, Mars, Jupiter et Saturne, et les comètes [1].

---

1. Ce système nous semble aujourd'hui un hybride des systèmes de Ptolémée et de Copernic. Mais, à l'époque où il fut conçu, il avait sa raison d'être. O. Gingerich a reconstruit en 1973 les considérations qui ont mené Tycho à le concevoir, à partir de l'examen des annotations autographes de Tycho sur son exemplaire de travail du *De Revolutionibus* de Copernic, aujourd'hui à la Bibliothèque du Vatican.

Le système géocentrique dans lequel s'inséraient les comètes devait, par la suite, être définitivement repoussé. Mais on franchissait enfin un grand pas qui allait permettre de connaître la réalité des comètes. Tycho les situait loin de la Terre, comme le Soleil et les planètes (fig. 1.12) et d'autres astronomes, comme M. Maestlin, H. Roeslin, Wilhelm VI Langravio d'Assia, Cornelius Gemma, étaient d'accord avec lui. Bref, les comètes devenaient enfin des astres du ciel, ce qu'en réalité, elles n'avaient jamais cessé d'être.

CHAPITRE II

La découverte de Halley

Tycho Brahé avait franchi la première étape importante vers la connaissance des comètes. Ce que Sénèque avait pressenti se trouvait démontré quinze siècles plus tard : les comètes étaient bien des corps célestes. Mais le philosophe ne s'était pas contenté de réfuter les idées dominantes de son temps, il avait ajouté que les comètes suivaient des routes bien définies, comme les planètes — mais dans le cas de celles-ci, la chose était admise depuis longtemps. A la fin de ses *Naturales quaestiones,* n'avait-il pas prédit : « L'homme viendra un jour, qui expliquera dans quelles régions courent les comètes, pourquoi elles s'écartent autant des autres astres, quelles sont leur grandeur et leur nature. »

Cet homme devait arriver quinze cents ans plus tard. L'histoire de l'humanité nous propose deux grands noms : Newton et Halley, deux savants qui vécurent entre la fin du XVIIe siècle et le début du XVIIIe. A cette époque, la connaissance du mouvement planétaire s'était considérablement développée, elle atteignait presque ses conquêtes actuelles. Nous allons d'abord voir comment se définissent aujourd'hui les orbites planétaires, et comment on peut suivre les planètes lors de leurs mouvements. Nous comprendrons mieux, ensuite, le rôle que jouèrent Newton et Halley dans la connaissance du système du monde et, plus particulièrement, des comètes. Enfin, nous pourrons mieux évaluer l'importance de la comète de Halley dans les progrès de l'astronomie et de l'humanité, cette comète que nous allons étudier et suivre pendant des millénaires.

LES ORBITES DES PLANÈTES

Le système de Copernic

Au XVIe siècle, outre les trois événements-coups de théâtre qui avaient permis d'avancer dans la connaissance du monde des comètes, un quatrième, d'une portée encore plus vaste, devait ruiner le système de Ptolémée et la conception ancienne de l'univers.

En 1543, parut un ouvrage intitulé *De Revolutionibus Orbium Coelestium.* Son auteur était Nicolas Copernic, chanoine, juriste, médecin et, surtout, astronome. On dit qu'il en

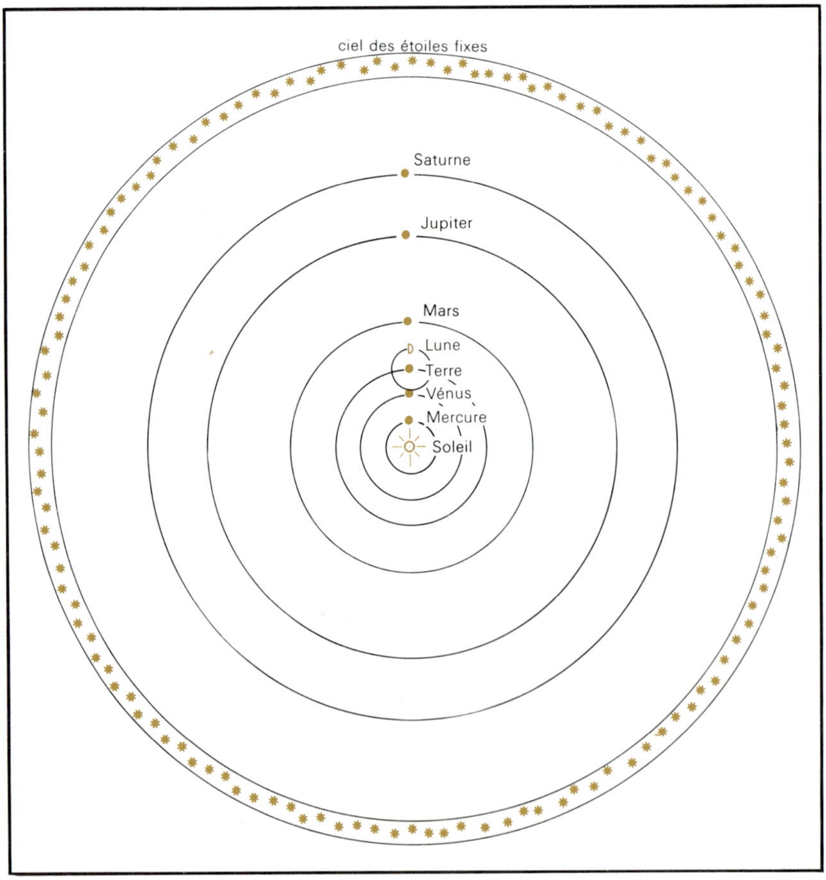

Fig. 2.1 Le système du monde copernicien.

vit le premier exemplaire sur son lit de mort. Cet ouvrage était le fruit des observations, méditations et calculs auxquels il avait consacré une grande partie de sa vie, ne se laissant convaincre de les publier qu'à un âge avancé. On comprend aisément ses hésitations, car son livre devait déclencher la plus grande révolution de l'histoire de l'humanité, bouleversant l'astronomie et la science tout entière, la société et la religion. Tout cela parce que l'homme allait simplement cesser d'occuper la position privilégiée qui était la sienne, au centre de l'univers, pour ne plus avoir qu'une position tout à fait quelconque.

Apparemment, le livre de Copernic n'avait rien de bouleversant. Il se contentait d'exposer un nouveau système du monde (fig. 2.1.) : au centre de l'univers, il y avait non plus la Terre, comme dans le système de Ptolémée, mais le Soleil. Autour du Soleil, six planètes : Mercure, Vénus, la Terre, Mars, Jupiter et Saturne. Puis, au-delà des planètes, très loin, le ciel et les étoiles fixes. La grande innovation consistait à faire de la Terre non plus le centre du mouvement de tous les corps de l'univers, mais de l'un d'entre eux seulement, la Lune. Le centre du mouvement du monde était le Soleil, autour duquel tournait la Terre.

On devait découvrir plus tard que les étoiles fixes n'étaient pas des points lumineux sur une sphère transparente, mais des corps semblables au Soleil, épars dans l'espace à des distances variées, parmi lesquels le Soleil n'occupait aucune position privilégiée. Le Soleil perdrait la place au centre de l'univers que lui avait assignée Copernic. Mais, pour l'époque, cette nouvelle conception du monde définissait déjà assez bien le système solaire.

Les lois de Kepler

Pour s'orienter dans le système solaire, il faut savoir, en premier lieu, comment sont disposées les planètes, quelles orbites elles décrivent, et comment. Copernic proposa une solution au premier problème, Kepler fournit les deux autres réponses.

Si l'ordre du système copernicien — le Soleil au centre du monde et, tout autour, par ordre de distance, Mercure, Vénus, Terre, Mars, Jupiter et Saturne — était bon, les mouvements des planètes étaient encore supposés circulaires et uniformes. Du coup, l'interprétation des observations n'était pas aisée : pour faire concorder théorie et observations, il fallait, dans le

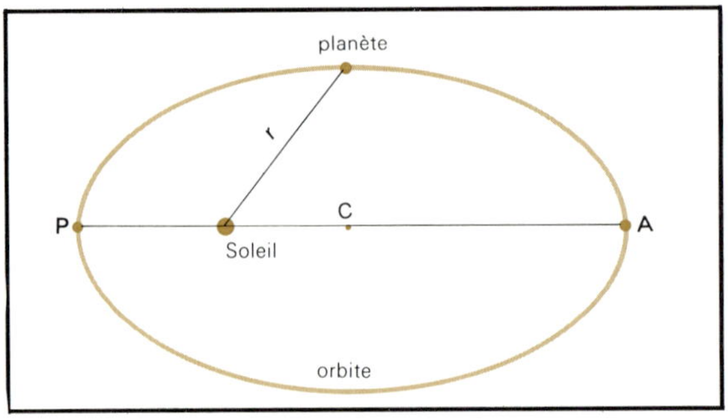

Fig. 2.2 Ellipse décrite par une planète dans son mouvement autour du Soleil. L'excentricité de l'ellipse a été considérablement accentuée pour mieux montrer le caractère elliptique de l'orbite. En réalité, les orbites planétaires sont presque circulaires. Les points P et A correspondent respectivement au périhélie et à l'aphélie.

modèle copernicien, recourir à un nombre plus élevé de structures et d'astuces que dans le système de Ptolémée.

Tycho Brahé tenta d'améliorer cette relation en introduisant son système et, par des observations toujours plus précises, de définir au mieux les mouvements apparents des planètes sur la voûte céleste. Malheureusement, le roi Frédérik du Danemark mourut en 1588. La vie de Tycho devint de jour en jour plus difficile et il fut contraint d'abandonner l'île de Hveen au début de l'année 1597. Après quelques pérégrinations, il s'installa à Prague, invité par l'empereur Rodolphe II, généreux défenseur des sciences. Mais, moins de trois ans après, il mourut. Son observatoire d'Uraniborg tomba en ruines ; par bonheur, les observations précises qu'il y avait faites pendant une vingtaine d'années ne furent pas perdues : en effet Tycho avait fait à Prague la connaissance de Kepler et il demanda au dernier de ses disciples d'utiliser ses observations.

Grâce à ces dernières, Kepler découvrit ce qui avait échappé à Copernic et à Tycho. Le système copernicien était juste, mais les mouvements planétaires n'étaient ni circulaires, ni uniformes. C'était la seule explication, la plus simple et la plus complète, des irrégularités observées dans leurs mouvements apparents. Grâce à elles, il découvrit aussi que les mouvements réels des planètes se déroulent selon trois lois, dont l'application ne nécessite plus aucun artifice pour expliquer les mouvements observés. Ces trois lois constituent un énorme bond en avant dans la connaissance de l'univers.

• Première loi : *les orbites des planètes sont des ellipses dont le Soleil occupe l'un des foyers.*

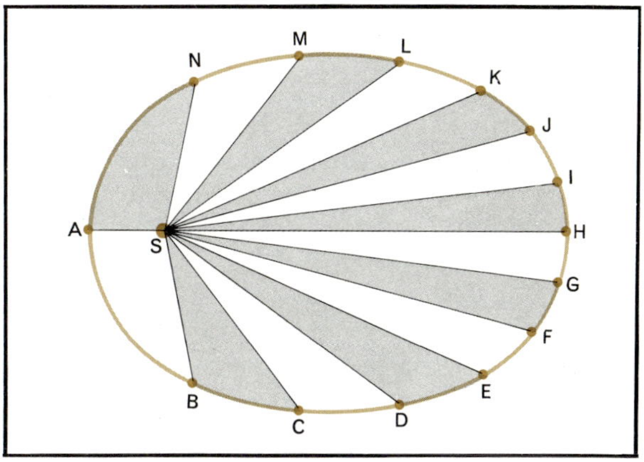

Fig. 2.3 La loi des aires. Une planète parcourt des arcs de son orbite en temps égaux, d'autant plus longs qu'elle est plus proche du Soleil, parce que le rayon vecteur qui va du Soleil à la planète doit parcourir des aires égales, représentées ici alternativement en blanc et en gris.

La figure 2.2 représente cette première loi de façon accentuée. En réalité, les excentricités des orbites* vont d'un minimum de 0,007 pour celle de Vénus, à un maximum de 0,249 pour celle de Pluton. Les orbites sont en général presque circulaires. Mais puisqu'elles ne le sont pas parfaitement, il y a, dans chacune d'elles, un point où la planète est le plus près du Soleil (périhélie), un autre où elle en est le plus loin (aphélie). Le rayon *r* tracé du centre du Soleil à celui de la planète qui gravite autour de lui s'appelle le *rayon vecteur.* Le segment CA, comme nous l'enseigne la géométrie, est le demi-grand axe.

• Deuxième loi : *les aires balayées par le rayon vecteur sont proportionnelles au temps mis à les décrire.*

Cela signifie donc, comme le montre la fig. 2.3, que plus une planète est proche du Soleil, plus rapidement elle décrit son orbite ; plus elle est éloignée du Soleil moins vite elle se meut.

• Troisième loi : *les carrés des temps des révolutions sidérales des planètes sont proportionnels aux cubes des grands axes de leurs orbites.*

En d'autres termes, plus les planètes sont loin du Soleil, plus elles se meuvent lentement sur leurs orbites respectives (fig.

---

* L'excentricité mesure l'aplatissement de l'orbite : plus une orbite est allongée, plus l'excentricité est grande ; elle est égale à zéro pour le cercle. (N.d.É.)

2.4). Dans la forme que Kepler lui a donnée, cette loi s'écrit :

$$\frac{P_1^2}{P_2^2} = \frac{a_1^3}{a_2^3}$$

où P_1 et P_2 sont les durées de révolution ou périodes des deux planètes considérées, tandis que a_1 et a_2 sont leurs demi-grands axes. Grâce à cette loi, si l'on connaît les temps que mettent les deux planètes pour parcourir leurs orbites respectives et la distance de l'une d'elles au Soleil, on peut déduire la distance de l'autre.

Ainsi la première loi nous dit quelle est la forme de l'orbite, la deuxième comment une planète tourne autour du Soleil, et la troisième comment les mouvements des planètes sont liés à leur distance au Soleil *.

Les éléments orbitaux

Chaque corps céleste décrit, autour du Soleil, une orbite tout à fait particulière. Cette caractéristique a permis, depuis l'Antiquité, de distinguer facilement chaque planète, puisqu'il en va de même pour son mouvement apparent, c'est-à-dire celui que décrit chaque planète dans le ciel quand on le voit de la Terre. Assurément, on a toujours pu reconnaître relativement bien chaque planète à son aspect, même à l'œil nu : Mars et sa cou-

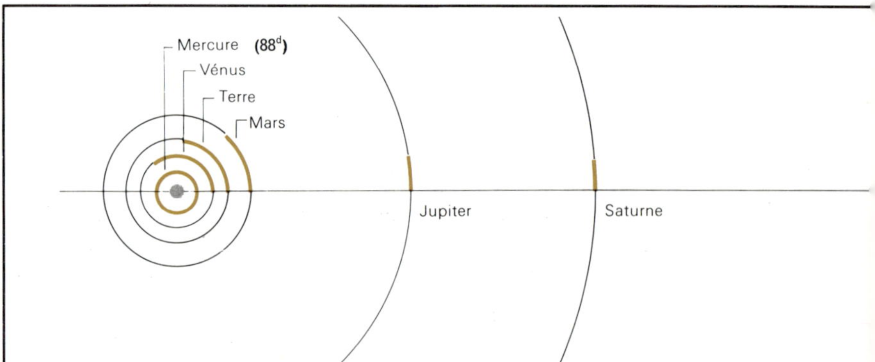

Fig. 2.4 IIIe loi de Kepler. Plus les planètes sont loin du Soleil, plus l'arc d'orbite parcouru dans l'unité de temps est bref. Les arcs signalés en gras

* Les deux premières lois de Kepler furent énoncées en 1609, la troisième fut formulée en 1619. (N.d.É.)

leur rouge orangé, Saturne et sa lumière « plombée », Jupiter et Vénus, presque toujours plus éclatantes que les autres planètes : la lumière de Vénus est plus chatoyante, celle de Jupiter plus douce.

Certains corps toutefois ont le même aspect, par exemple ponctuel, comme ces centaines de petites planètes découvertes dès 1801 entre les orbites de Mars et Jupiter. Car telles sont les comètes : toutes semblables, même dans leur grande diversité. Comment dès lors les distinguer ?

Le moyen le plus pratique et le plus sûr a toujours été le même : par leurs orbites. Ou, plus précisément, par certaines caractéristiques bien définissables qui font qu'une orbite est unique et ne ressemble à aucune autre. Les astronomes appellent ces caractéristiques les « éléments orbitaux ». Il n'est pas difficile de reconnaître ces éléments fondamentaux.

A l'origine, il y a toujours les observations, c'est-à-dire la façon dont nous voyons, de la Terre, une planète dans le ciel tandis que les deux corps décrivent leurs orbites respectives. Puisque nous observons au sol, nous prendrons donc des références liées à notre planète. Il nous faut d'abord préciser l'orientation de l'orbite dans l'espace. Quelle que soit sa forme, supposons qu'elle se situe entièrement sur un plan. Comme il est tout à fait improbable que son plan soit tout à fait le même

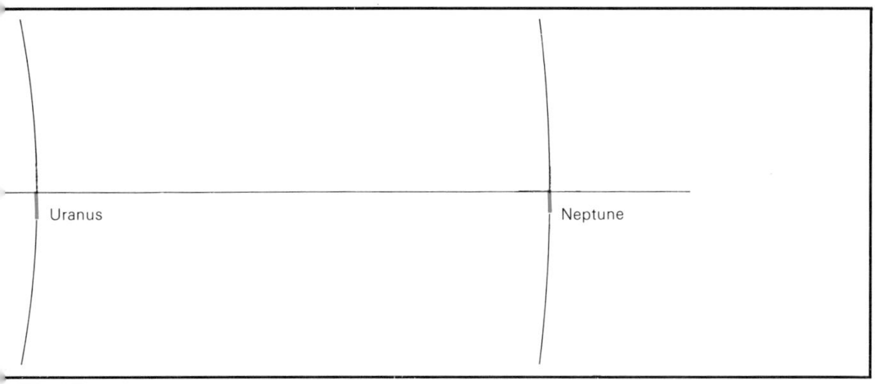

correspondent à un intervalle de 88 jours, le temps que met Mercure pour accomplir une révolution complète autour du Soleil.

que celui de l'orbite terrestre, les deux orbites se trouveront donc sur deux plans distincts, qui forment entre eux un certain

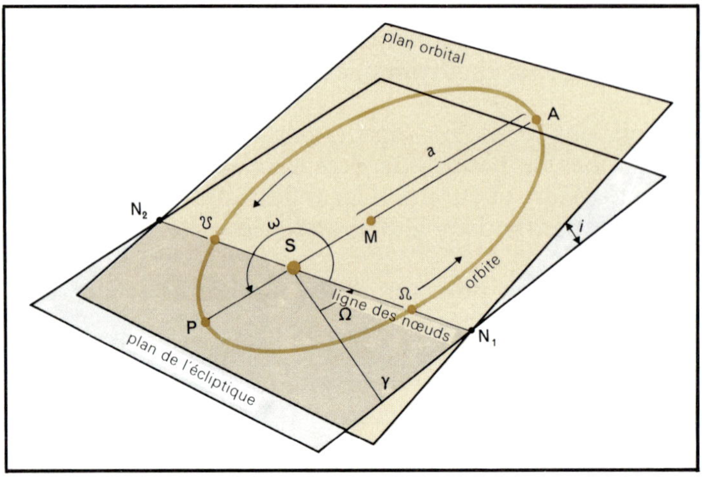

Fig. 2.5 Éléments orbitaux d'une planète. L'excentricité de l'ellipse a été exagérée. ☊ et ☋ représentent le nœud ascendant et le nœud descendant.

angle *i* (fig. 2.5) et se coupent selon une droite appelée *ligne des nœuds.*

Les nœuds sont les points d'intersection de l'orbite d'une planète avec le plan de l'orbite terrestre. Il y en a deux, selon que la planète passe de l'hémisphère sud dans l'hémisphère nord (nœud ascendant), ou inversement (nœud descendant). Puisque la Terre et la planète tournent autour du Soleil, le centre du Soleil appartient donc aux plans des deux orbites : il se trouve sur la ligne des nœuds, qui est le seul lieu commun aux deux plans.

Le plan de l'orbite que la Terre décrit autour du Soleil s'appelle *plan de l'écliptique.* Son intersection avec la sphère céleste se fait selon un très grand cercle, appelé écliptique. Comme nous l'avons vu, le centre du Soleil se trouve sur le plan de l'orbite terrestre. En le regardant de la Terre, il semble donc projeté dans le ciel sur l'écliptique. C'est pourquoi, au cours de l'année, pendant que la Terre accomplit sa révolution, le Soleil semble se déplacer en parcourant l'écliptique et en revenant à son point de départ quand la Terre a décrit un tour complet. La zone de la sphère céleste qui s'étend sur 8,5° de part et d'autre de l'écliptique se nomme zodiaque, et les constellations qui se trouvent, grosso modo, dans cette zone s'appellent les constellations zodiacales. Ce sont celles au milieu desquelles le Soleil semble se déplacer au cours de l'année [1].

Mais revenons à l'orbite de notre planète hypothétique et cherchons à en fixer l'orientation dans l'espace par rapport au plan de l'orbite terrestre. Nous pouvons le faire en nous aidant des deux premiers éléments orbitaux appelés i et Ω qui se définissent ainsi :

i = inclinaison du plan de l'orbite sur celui de l'écliptique. Il se mesure de 0° à 180°.

Ω = orientation de la ligne des nœuds. Elle se mesure, de 0° à 360° sur le plan de l'écliptique, en sens direct, du point γ appelé aussi point vernal (le point où se projette le centre du Soleil au moment de l'équinoxe de printemps) au point où se projette le nœud ascendant de l'orbite. C'est la longitude du nœud.

Il faut ensuite trouver l'orientation de l'orbite dans son plan, sa forme et sa dimension. Nous aurons besoin de trois autres éléments :

ω = distance angulaire entre le segment qui relie le centre du Soleil au périhélie, et la ligne des nœuds. Elle est mesurée à partir du nœud ascendant (de 0° à 360°) dans la direction du mouvement de la planète. C'est l'argument du périastre, ou longitude du périhélie.

e = excentricité (rapport entre la distance du centre de l'orbite au Soleil et le demi-grand axe).

a = demi-grand axe de l'orbite. On l'exprime en unités astronomiques (UA), c'est-à-dire en prenant pour unité de mesure la distance moyenne de la Terre au Soleil (1 UA = 149,6 millions de kilomètres).

Enfin, pour savoir en quel point de son orbite une planète se trouve à un moment donné, il faut connaître la date de son passage en un point de référence déterminé, en général son périhélie. On détermine facilement le moment du passage à partir des observations qui donnent le sixième et dernier élément orbital :

T = temps du passage au périhélie.

Pour localiser dans l'espace la planète qui nous intéresse, il ne nous reste qu'à connaître la vitesse à laquelle elle décrit son orbite. Il suffit pour cela d'appliquer la deuxième loi de Kepler.

1. La définition des constellations zodiacales communément donnée n'est pas exacte puisque le Soleil traverse amplement une autre constellation, Ophiucus, qui n'est pas considérée comme zodiacale.

Fig. 2.6 Isaac Newton à l'âge de 46 ans. Un portrait de Godfrey Kneller *(collection de Lord Portsmouth et des Trustees of the Portsmouth Estates).*

Il y a donc six éléments orbitaux d'une planète. Les deux premiers donnent la position du plan de l'orbite dans l'espace ; le troisième détermine l'orientation de l'orbite sur son plan ; le quatrième et le cinquième indiquent la forme et les dimensions de l'orbite. Le sixième, enfin, donne la date du passage au périhélie de la planète, à partir de laquelle, en connaissant sa vitesse de déplacement, on peut savoir en quel point de son orbite elle se trouve à n'importe quel moment. On ne définit pas autrement les routes dans l'espace, et c'est ainsi que nous savons où se trouve, à tout instant, la planète Jupiter, ou à quel moment précis la sonde Pioneer 10 est sortie du système solaire.

Le grand bond en avant de Newton

Tout ce que nous venons d'exposer en termes modernes était connu au XVIIe siècle, avant Newton.

Isaac Newton (fig. 2.6) vit le jour dans le château de Woolsthorpe, dans le Lincolnshire, en Angleterre, à Noël 1642. Près d'un an après la mort de Galilée, plus de douze ans après celle de Kepler. Il profita du double héritage et compléta leur œuvre en ajoutant ses découvertes aux leurs. A partir de l'ensemble, il bâtit une solide construction, véritable fondation de toute l'astrologie et de la cosmologie moderne.

Né prématurément, il était si petit que, comme disait sa mère, il aurait pu entrer sans peine dans un récipient d'un litre. Personne n'osait espérer qu'il survivrait plus de quelques heures. Il vécut pourtant jusqu'à 85 ans passés (1727), longévité qui lui permit d'apporter à l'humanité l'une des contributions scientifiques les plus importantes de tous les temps.

Il ne fut pas un élève très brillant. Entré au Trinity College de Cambridge après sa scolarité, il n'y excella pas particulièrement. Il échoua même à un examen qui devait lui permettre d'obtenir une bourse d'études, à cause de son médiocre niveau en géométrie. Mais les années 1665 et 1666 allaient bouleverser sa vie. Pour fuir une épidémie de peste, il dut rentrer à Woolsthorpe, son pays natal. Là, dans la paix et le bien-être de la campagne, il étudia et médita longuement. Il participa au progrès de l'algèbre en créant la méthode des fluxions, directe et inverse (notre calcul différentiel et intégral), il développa ses recherches d'optique et, surtout, ses propres idées dans le champ de la dynamique.

D'une réflexion sur la troisième loi de Kepler, il déduisit, comme il nous le dit lui-même, « que les forces qui maintiennent les planètes dans leurs orbites doivent varier en raison inverse des carrés de leurs distances aux centres autour desquels elles tournent ». En comparant alors la force nécessaire à maintenir la Lune sur son orbite, à la force de gravité à la surface terrestre, il trouva qu'elles coïncidaient « presque complètement ». Selon une anecdote rapportée par Voltaire, il aurait été mis sur cette voie en voyant une pomme tomber de l'arbre, et en imaginant ce qui se serait produit si le pommier avait allongé ses branches jusqu'à la Lune. Mais rien ne prouve que l'anecdote ne soit pas apocryphe.

En 1669, Newton fut élu professeur de mathématiques au Trinity College de Cambridge, qu'il avait fréquenté comme étudiant. Il découvrit que la lumière, qui semble blanche, est en réalité composée de plusieurs couleurs et, en constatant combien cette propriété rendait difficile la construction de la lunette, il inventa et construisit le premier télescope à réflexion qui, contrairement à la lunette, donnait des images non irisées *.

Mais ses découvertes et ses interprétations dans le domaine de l'optique ne furent pas accueillies avec chaleur et provoquèrent même des polémiques qui l'exaspérèrent et l'éloignèrent de la science. Dans une lettre datée de 1676, il dit sa décision de renoncer officiellement à celle-ci et de ne plus s'y consacrer que pour son propre plaisir. Il refusa même que ses résultats soient publiés avant sa mort. Mais quelque temps plus tard, il engagea une correspondance avec Robert Hooke, une exceptionnelle figure de savant, technicien et artiste, qui réveilla son intérêt pour la dynamique. C'est à ce moment de la vie et de l'œuvre de Newton qu'apparaît Halley.

L'œuvre d'Edmund Halley est moins connue que celle de Newton, mais elle est très importante. Né à Haggerston, qui n'était alors qu'un faubourg rural de Londres, le 29 octobre 1656, plus jeune que Newton donc, Halley s'intéressa à l'astronomie dès l'âge de seize ans. Il entreprit une correspondance avec John Flamsteed, fondateur de l'Observatoire de Greenwich et premier astronome royal, et constata très vite que, pour résoudre le problème des longitudes, essentiel pour la navigation au long cours, il fallait absolument connaître très précisément les positions des étoiles sur la sphère céleste. Trois astronomes y travaillaient déjà pour l'hémisphère nord : J. D. Cassini (dit Cassini Ier) à Paris, J. Hevelius à Dantzig et Flamsteed à Greenwich. Halley décida donc de consacrer son travail aux

* Dans les télescopes (dont la dénomination exacte devrait être télescopes réflecteurs), la surface collectrice de lumière est un miroir concave, de forme parabolique, qui réfléchit la lumière vers un point appelé foyer. Dans les lunettes (ou télescopes réfracteurs), au contraire, le collecteur de lumière est une lentille convexe qui courbe les rayons lumineux (par réfraction) pour les faire converger vers le foyer. Cette courbure légèrement différente selon la couleur de la lumière est responsable de l'irisation des images (aberration chromatique) qui n'existe pas pour les réflecteurs.

La lunette fut inventée vers la fin du XVIe siècle, sans doute par des verriers italiens, mais sa première utilisation astronomique date de Galilée (1609). Le premier télescope, construit par Newton en 1672, était constitué d'un miroir métallique de 2,5 cm de diamètre.

La piètre qualité réfléchissante des réflecteurs métalliques fit d'abord préférer les lunettes, jusqu'à la mise au point de l'aluminure chimique, par Foucault en 1856, qui permit la réalisation de miroirs en verre à haut pouvoir de réflexion. (N.d.É.)

étoiles de l'hémisphère Sud et, en novembre 1676, il abandonna ses études et s'embarqua pour Sainte-Hélène où il demeura jusqu'à 1678. Il fit plusieurs observations et dressa un catalogue de 341 étoiles. De retour en Angleterre, il présenta son catalogue à la Royal Society, et une planisphère du ciel austral au roi Charles II. Élu membre de la Royal Society, il fut, sept ans plus tard, nommé clerk, une charge qui n'existe plus aujourd'hui, et il eut la responsabilité des publications intitulées *Philosophical Transactions.* L'université d'Oxford, qu'il avait quittée sans achever ses études, lui remit sa licence. Flamsteed l'appela le « Tycho austral ». A vingt-deux ans, il était déjà un homme arrivé.

Mais Halley considérait que ses résultats n'étaient que le point de départ d'une longue recherche. Il se remit donc au travail et participa au progrès dans les domaines les plus divers : de l'astronomie à la physique terrestre, de l'archéologie aux mathématiques, de la relecture des documents anciens à la frappe des monnaies. Il parcourut les routes en qualité de diplomate. Il explora les mers, à la surface et sous l'eau. Enfin, en 1720, il succéda à Flamsteed au poste d'astronome royal et s'installa à Greenwich jusqu'à sa mort, en 1742.

Tout en ayant des activités multiples, Halley — à l'instar de Newton — s'interrogeait également sur le mouvement planétaire. En janvier 1684, à partir de la troisième loi de Kepler, il formula la conclusion que la force qui attire vers le Soleil une planète qui tourne autour de lui, diminue en proportion inverse du carré de la distance. Mais il ne put le démontrer. Quelques jours plus tard, au cours d'une conversation qu'il avait sur le sujet avec ses amis Robert Hooke et Christopher Wren (architecte et astronome), le premier affirma qu'il avait démontré la loi. Assertion importante, mais qui demandait qu'on la prouvât. Comme la discussion s'animait sans que l'un ou l'autre avance ses preuves, Wren promit un livre d'une valeur de 40 shillings au premier des deux qui réussirait, dans un délai de deux mois, à démontrer ce qu'il avançait. Ni Hooke, ni Halley ne remportèrent le prix. Hooke soutenait bien qu'il était en mesure de faire sa démonstration, mais on ne sache pas qu'il l'ait jamais faite.

En août de la même année, Halley se rendit à Cambridge pour interroger Newton sur le sujet. Il lui demanda quelles orbites décrivaient les planètes si elles étaient attirées par le Soleil avec une force variant en fonction inverse du carré de la distance. Newton répondit immédiatement : « Une ellipse. » Halley, stupéfait d'une telle rapidité, le pressa de lui dire comment il pouvait le savoir. Newton répondit : « Parce que je l'ai calculée. » Newton possédait la démonstration à 40 shillings ! Mais Halley était loin d'y penser en cet instant : ce qu'il voulait, c'était connaître cette démonstration en raison de son intérêt scientifique immense. Newton chercha en vain ses calculs dans ses papiers. Halley repartit, excité mais insatisfait. Newton se remit alors au travail, refit sa démonstration et l'adressa quelque temps après à Halley, qui était à Londres. Ce fut une bombe : Halley fut tellement impressionné qu'il retourna voir Newton à Cambridge et lui demanda de noter scrupuleusement ses résultats et de les publier. C'est ainsi que parallèlement à l'amitié qui naissait entre les deux savants, la théorie de l'attraction universelle se développa et se concrétisa*.

Newton savait à quel point sa découverte était essentielle, et combien elle révolutionnait les idées dominantes de son époque, en particulier la théorie des tourbillons de Descartes dont il était parti mais qu'il avait progressivement abandonnée. Il savait qu'il s'exposait à des polémiques et qu'il lui faudrait lutter pour l'imposer. Cela le décourageait de publier ses résultats. Mais devant l'insistance de Halley, Newton céda et, à la fin de l'année, il remit à celui-ci un certain nombre de documents aujourd'hui connus sous le titre de *De motu*, qu'Halley put présenter à la Royal Society. Ces documents exposaient les onze premières propositions de Newton sur la pesanteur.

Poussé par Halley qui l'aidait, le soutenait, l'encourageait, Newton écrivit ses *Principia* (le titre complet est *Philosophiae Naturalis Principia mathematica*), son œuvre fondamentale, présentée à la Royal Society le 28 avril 1686. Moins d'un mois plus tard, l'académie décidait l'impression du livre. Mais des difficultés surgirent. Hooke, avec lequel Newton avait échangé quelques lettres jusqu'en décembre 1680, l'accusa d'avoir plagié certaines de ses idées, dont la loi des inverses des carrés des distances. Newton réagit violemment, et décida que, dans ces conditions, il n'écrirait plus un mot sur le sujet. Halley dut user de toute son habileté diplomatique pour convaincre chacun des

---

* La loi de Newton veut que tous les corps matériels s'attirent mutuellement en raison directe de leurs masses et en raison inverse du carré de leurs distances. A l'échelle de la Terre, elle se traduit par l'existence de la pesanteur, force d'attraction de la Terre sur tout corps massif. (N.d.E.)

arguments de l'autre et faire admettre à Newton la part de sa découverte qui revenait à Hooke, et à d'autres. Newton l'ajouta explicitement dans son texte. L'incident clos, il acheva son ouvrage. Mais, faute de moyens, il ne put être imprimé. Là encore, Halley sauva la situation en prenant entièrement à ses frais la publication, la correction des épreuves et le contrôle des comptes.

En juillet 1687, enfin, les *Principia* furent tirés à quatre cents exemplaires. En exergue, quelques vers élogieux écrits en latin par Halley. L'ouvrage fut présenté au roi Jacques II et vendu aussitôt à travers toute l'Europe. Comme on pouvait s'y attendre, il révolutionna la science.

Grace à cet ouvrage, Newton prenait rang dans l'Histoire. A cela, il y a au moins trois bonnes raisons : la nouvelle conception du monde physique, l'originalité des méthodes qui permettaient de l'explorer et, surtout, la découverte de l'une des lois fondamentales qui le régissent. Nous avons tellement assimilé la vision newtonienne du monde et les nouvelles méthodes de recherche qu'elles font partie de notre culture. Mais sa loi fondamentale est encore discutée et fait encore l'objet de développements. Cette loi, nous le verrons par la suite, est devenue et reste, plus qu'aucun autre élément, le *deus ex machina* de l'histoire que nous racontons.

L'attraction universelle

Kepler avait trouvé ses lois empiriquement, à partir des observations de Tycho Brahé, mais il n'avait pas fourni d'explication. On était en droit de se demander : existent-elles ? C'est Newton qui les expliqua. Il montra, dans ses *Principia,* qu'il en avait compris l'importance, laquelle avait échappé à des hommes comme Galilée et Descartes. Par étapes successives, Newton arriva à formuler, au travers des lois de Kepler, la loi de l'attraction universelle.

Elle affirme que deux corps, avec des masses respectives m_1 et m_2, s'attirent avec une force directement proportionnelle au produit de leur masse et inversement proportionnelle au carré de la distance *r* qui les sépare. Elle s'exprime dans la formule suivante :

$$F = K \frac{m_1 m_2}{r_2}$$

où K est une constante que l'on appelle aujourd'hui constante de Newton.

Newton démontra qu'en partant de cette relation et en appliquant le deuxième principe de la dynamique, énoncé par Galilée, on pouvait déduire les trois lois de Kepler. C'est donc la force d'attraction universelle qui régit le mouvement des corps, et la loi de la gravitation est le fondement physique des trois lois du mouvement planétaire.

La nouvelle vision du système solaire était donc complète. Copernic en avait déplacé le centre de la Terre vers le Soleil, mais pour expliquer complètement le mouvement des planètes, il avait eu besoin de recourir à des mécanismes particulièrement complexes. Kepler avait, avec ses lois, dessiné le vrai système du monde, qui rendait parfaitement compte de toutes les irrégularités observées dans les mouvements planétaires. Enfin, Newton vint et démontra pourquoi les orbites et les mouvements des planètes étaient bien ceux que Kepler, et d'autres, avaient indiqués.

Mais la loi de la gravitation ne donnait pas seulement un sens physique aux lois de Kepler. Grâce à la gravité, Newton découvrait la première des quatre forces fondamentales qui régissent l'univers (les autres sont les interactions forte, faible et électromagnétique). Son importance est énorme, elle définit le mouvement de tous les corps célestes. C'est la gravitation, nous le savons aujourd'hui, qui règle la vie des étoiles. Et si elle n'était pas — si elle n'avait pas toujours été — beaucoup plus faible que la force électromagnétique, les étoiles, Soleil compris, dureraient beaucoup moins longtemps, et la vie n'aurait pas eu le temps de se développer sur la planète. Elle a donc déterminé jusqu'à notre possibilité d'exister*. C'est la gravitation qui régit l'univers, comme le démontrent la cosmologie moderne et les différentes théories de la relativité qui l'interprètent et l'appliquent jusque dans ses conséquences les

---

* Cette constatation est à l'origine du « principe anthropique » développé d'abord par R.H. Dicke en 1961, puis par B. Carter. Ce principe suggère que l'apparente coïncidence entre l'âge des étoiles nécessaires pour que la vie puisse se développer, et l'âge de l'Univers n'est nullement fortuite mais résulte d'un effet de sélection. En d'autres termes, le principe anthropique stipule que l'Univers a les propriétés et les lois qu'il connaît parce que nous sommes là pour l'observer. (N.d.É.)

plus extrêmes : supernovae, naines blanches,* trous noirs**

Tout cela remonte à Newton mais n'est valable qu'à une condition : il faut que la loi soit applicable dans l'univers tout entier. Nous supposons que oui car nous ne pouvons ni le confirmer, ni le démentir. Il n'y a d'ailleurs pas de raison qu'il en soit autrement. Dans l'hypothèse où la loi est applicable partout, nous l'appliquons aux orbites des étoiles doubles, à la contraction qui forme les étoiles et en règle ensuite la vie, pour calculer les masses de la galaxie et des amas de galaxies. Les résultats sont justes, logiques, et ils cadrent avec le reste de nos connaissances sans jamais démentir la loi. De plus, le fait que, selon la loi, le champ gravitationnel associé à une masse diminue toujours plus rapidement avec la distance, mais sans s'éteindre jamais, nous amène à affirmer que la force avec laquelle le Soleil attire un corps distant dans l'espace diminue toujours, mais ne cesse d'exister pour l'univers tout entier. Assurément, c'est vrai dans l'hypothèse, moderne, où il existe un champ gravitationnel et si la force ne se réduit pas à un simple rapport direct entre les deux seuls corps intéressés. Newton ne pouvait pas le démontrer directement. Il ne pouvait qu'affirmer que cela valait pour les planètes et les satellites, au moins jusqu'à Saturne, la planète la plus lointaine visible dans le système solaire. C'est ici que survient la comète de Halley qui permit de franchir d'autres obstacles et de démontrer que l'attraction du Soleil agissait jusqu'à des distances jamais atteintes par notre œil.

LES COMÈTES AU XVIIe SIÈCLE

Les succès remportés par le nouveau système copernicien, les lois de Kepler et les découvertes fondamentales sur les comètes (en particulier leur appartenance au monde translunaire), ne doivent pas nous laisser croire que ces idées nouvelles, qui surgissaient dans un climat de découvertes tout à fait extraordinaires et excitantes, furent facilement acceptées.

** On appelle naine blanche une étoile hypercondensée, de très petites dimensions et de densité élevée. (N.d.É.)

*** Le trou noir est un astre dont le champ de gravitation est tel qu'aucun rayonnement ne peut en sortir et qui ne se manifeste à l'observation que par son champ intense gravitationnel capable de capturer la matière qui l'entoure. (N.d.É.)

La majorité des gens les refusaient, allant même jusqu'à nier qu'il se fût agi de découvertes. Les uns soutenaient que les taches solaires n'étaient que des taches dans la lunette (le Soleil n'était-il pas incorruptible ?), les autres refusaient même de regarder dans la lunette pour y découvrir les satellites de Jupiter, soutenant que seule la Terre pouvait être le centre du système et qu'il ne s'agissait que de défauts optiques.

Si des hommes de la valeur de Galilée, Torricelli, Cesi, Descartes soumettaient l'héritage des Anciens à l'observation et à l'expérimentation, beaucoup d'autres coulaient habilement le nouveau dans l'ancien. Sous une apparence parfaitement logique, leurs raisonnements étaient fallacieux et ne s'appuyaient sur aucune vérification des faits.

Le Père Benedetto Castelli, ami et disciple de Galilée, fit un jour une expérience exemplaire sur une brique et, surtout, sur un célèbre philosophe aristotélicien... Il annonça à un jeune homme, élève de ce philosophe, que si l'on exposait au soleil une brique teinte moitié en blanc et moitié en noir, la partie noire échaufferait plus. Curieux de savoir quelle explication le philosophe donnerait au phénomène, il demanda à l'élève de lui poser la question, mais en lui soufflant le résultat inverse. Le philosophe, comme le rapporte Castelli, répondit aussitôt à son élève : « Oh... vous ne connaissez pas la raison ? Elle est pourtant simple. Je vais vous la donner. Et il se lança dans une explication enchevêtrée de blanc et de noir, et de petites bulles qui se trouvaient dans le blanc, et de mille autres choses subtiles que je ne saurais vous expliquer. Tout cela pour arriver à dire, en substance, pourquoi le blanc échauffait plus que le noir. » Quand le jeune homme rapporta la réponse de son maître au Père Castelli, ils en rirent tous les deux. Puis ils firent ensemble l'expérience et, en touchant du doigt, ils constatèrent que si la partie noire était brûlante, la partie blanche était demeurée presque fraîche. Le jeune homme retourna chez le philosophe aristotélicien pour lui rendre compte de l'expérience. Ce dernier affirma d'abord que c'était chose impossible, puis il exprima quelque doute et finit par démontrer, avec toute sa philosophie, pourquoi, bien entendu, la partie noire échauffait plus que la blanche. Et il le fit mieux — il n'eut aucun mal — qu'il n'avait, auparavant, démontré le contraire.

Cette anecdote nous rappelle à quel point, à cette époque, il était difficile, avec de tels philosophes, de faire admettre que les comètes étaient des corps célestes normaux, même s'ils étaient particuliers.

Les opinions les plus répandues

Depuis la comète de 1577, la guerre avait été déclarée aux fausses interprétations, surtout celle d'Aristote qui liait ces astres au monde sublunaire. Mais la nature astronomique des comètes ne fut pas universellement acceptée par les astronomes, ni sans conditions. Après nombre de discussions et de mémoires, l'opinion se dégagea qu'il existait deux types de comètes : les unes, sublunaires, les autres, translunaires. De plus, d'après Pingré, ceux qui croyaient aux influences des comètes se partagèrent à cette époque en trois types de sectes qu'il nomme : les théologiens, les astrologues et les physiciens. Dans le passé déjà, ces trois familles existaient. Mais elles n'avaient jamais été aussi vivantes qu'entre le XVIe et le XVIIe siècles. Elles subsistent, encore en notre siècle, dans l'opinion populaire ou sous d'autres formes.

L'interprétation théologique niait aux comètes le pouvoir naturel de provoquer des calamités, voire de les annoncer. Celles-ci étaient le fait de Dieu, qui les faisait apparaître quand il voulait châtier les hommes, ou les inciter à la pénitence, et elles témoignaient de son courroux devant les péchés de ses créatures. De telles conceptions remontent à Saint-Jean de Damas et à Bède le Vénérable, mais elles dominèrent pendant des siècles*.

L'interprétation astrologique attribuait aux comètes des influences directes. Comme pour les planètes, elles variaient en fonction de l'aspect et des positions occupées dans le ciel.

Pour quiconque a une connaissance, même rudimentaire, en astronomie, ces deux théories se passent de commentaires et ne méritent guère qu'on les réfute.

Arrêtons-nous en revanche sur la théorie physique qui, comme toute théorie physique qui se respecte, reliait et expliquait les influences les plus disparates, des tremblements de terre à la mort des rois. Une belle illustration nous en est donnée par Fortunio Liceti, aristotélicien, professeur de philosophie et de médecine aux universités de Pise, Bologne et Padoue, correspondant de Galilée qui lui portait de l'amitié

* Moine et historien anglais (v. 672-735). (N.d.É.)

même s'il ne partageait pas ses idées. Son ouvrage *De cometa annorum 1652 atque 1653* contient quelques-unes de ses idées les plus personnelles et rappelle la théorie physique des influences cométaires alors en vigueur.

Conformément à la théorie d'Aristote, les comètes sont considérées comme le fruit d'exhalaisons non pas atmosphériques mais terrestres, de type volcanique, sulfureux et bitumineux. Ces émanations agissent immédiatement sur les hommes, surtout sur ceux qui ont un tempérament sec et chaud, et suscitent la colère, la haine, les divisions, les guerres, les séditions et les conspirations, parfois même les pestes et autres épidémies. Quand elle arrive dans les régions supérieures de l'atmosphère, la matière exhalée par le sol devient comète et cesse alors de nuire aux hommes. Mais elle attire de nouvelles exhalaisons terrestres qui continuent à l'alimenter (la preuve en est que la comète dure des jours ou des mois) et qui nuisent à leur tour aux hommes. Pendant ce temps, la comète brûle. Comme elle est composée de terre et d'air, le feu attaque la terre, consume l'air et le transforme en un feu très léger. Ce feu, de par sa nature même, s'élève vers le lieu du feu où, enfin, il cesse alors de causer toute nuisance. Mais en brûlant, la partie terreuse de la comète se transforme en cendres qui retombent sur la terre, lesquelles assèchent toujours plus l'air et lui donnent le pouvoir d'altérer nos caractères. Et comme les cendres mettent un certain temps à retomber, elles peuvent entraîner, avec un retard de quelques mois sur l'apparition de la comète, épidémies, famines et guerres. Dans le cadre de l'interprétation physique, plus le retard était grand, plus les comètes étaient néfastes.

Voilà donc l'explication de tout : des mauvaises années, à la veille ou pendant l'apparition d'une comète ; et des mauvaises années, longtemps après. Restait à expliquer la mort des rois ou des autres grands. Selon Liceti, les rois mouraient parce qu'ils avaient un tempérament mélancolique, particulièrement sensible aux exhalaisons. Mais il existait aussi d'autres explications. En voici une : l'air est vicié, les oiseaux en sont les premières victimes parce qu'ils le respirent, et que l'air est leur élément de vie. Or les rois mangent beaucoup de gibier. Et le gibier, vicié, entraîne la mort du roi...

Aussi incroyable que cela puisse nous paraître, cette croyance était encore, au XVIIe siècle, partagée par la majorité des gens. Mais les rangs et les arguments de ceux qui se gaussaient de ces fadaises grossissaient, quelques astronomes avaient de nouvelles idées et accomplissaient des découvertes qui les rapprochaient toujours plus de la vérité.

Kepler, Hevelius, Dörfell

Le premier de tous les astronomes qui se consacrèrent à une meilleure connaissance cométaire, Kepler (fig. 2.7), est né à Weil der Stadt dans le Wurtemberg. Conçu à 4 h 37 le matin du 16 mai 1571, au cours de la nuit de noces de ses parents, il naquit le 27 décembre de la même année, à 14 h 30. Si nous connaissons ces détails tout à fait insolites sur sa naissance, c'est grâce à l'horoscope qu'il établit lui-même à l'âge de 25 ans. Cet homme de génie eut une vie mouvementée. Il dut déménager à plusieurs reprises à cause des guerres de religion, parce qu'il n'était pas payé régulièrement ou pour empêcher que sa vieille mère, accusée de sorcellerie, ne fût condamnée au bûcher. Il eut douze enfants, nés de deux mariages, et une

Fig. 2.7 Kepler, le grand astronome qui découvrit les trois lois sur les mouvements planétaires, eut, sur les comètes, des intuitions géniales. Il contribua à leur connaissance et nous a laissé des observations. Ici, un portrait que l'on trouve au Deutches Museum de Munich.

belle-fille de sa première femme qui, à l'âge de 23 ans, était déjà veuve pour la seconde fois. Il mourut le 15 novembre 1630 des suites d'une fièvre violente, sans doute une pneumonie, à Ratisbonne, au terme d'un long voyage à cheval entrepris pour solliciter auprès de l'empereur un paiement anticipé.

En dépit de toutes les adversités, il réussit à faire progresser l'astronomie, l'optique et les mathématiques grâce à ses nombreuses découvertes. Toute sa vie, il s'occupa d'astrologie, depuis ce jour de 1595 où, rédacteur d'un almanach gastronomique à Graz, il souhaita augmenter les ventes et commença à insérer dans la publication des prévisions astrologiques sur le temps, la politique et les événements exceptionnels. Il ne cessa qu'en 1628, quand il devint mathématicien et astrologue de Wallenstein. Il disait pourtant de l'astrologie qu'elle était la fille folle de l'astronomie, qui se prostituait pour entretenir une mère vertueuse mais pauvre. Quelque temps avant sa mort, il alla jusqu'à dénoncer les « superstitions astrologiques » et la « basse vénalité des astrologues ».

Étrange figure que celle de ce savant mystique, qui associa les vitesses angulaires des planètes aux intervalles musicaux, présentant ainsi les sphères célestes comme un système harmonique. Et parce qu'il croyait au lien entre l'harmonie du cosmos et les équilibres (ou déséquilibres) de l'homme, il croyait à l'astrologie : non pas l'astrologie méprisable qu'il pratiqua par nécessité économique, mais celle qui l'amena à entrevoir l'harmonie des sphères, déjà profilée dans l'ancienne école pythagoricienne. Bref, Kepler sut utiliser les idées contradictoires, religieuses et scientifiques de son époque en les reprenant et en les portant à un niveau génial. Il croyait au système copernicien qui ôtait à l'homme sa position privilégiée, mais il était encore convaincu du lien entre l'homme et les étoiles, établi à l'époque où l'homme était encore le centre de l'univers.

Il n'avait pas huit ans quand sa mère le conduisit sur une hauteur pour qu'il voie la comète de 1577. Il en fut impressionné et, plus tard, il observa et étudia deux comètes apparues en 1607 et 1618. Ses idées sont contenues dans le *De Cometis* de 1619. D'après Kepler, il y a autant de comètes que de poissons dans la mer, mais elles ne sont pas éternelles. La queue se forme sous l'action des rayons du Soleil, qui repoussent les particules de la tête — phénomène que seules les observations modernes ont démontré. Si la Terre traverse la queue, cela peut provoquer la peste. Nous savons aujourd'hui que si notre planète traverse effectivement la queue d'une comète, l'effet n'est pas celui prévu par Kepler. Mais, à son époque, Kepler faisait sienne la théorie des influences physiques.

Pour l'orbite, Kepler pensait que Tycho et son maître, Maestlin, s'étaient trompés quand ils avaient dit de celle de la comète de 1577 qu'elle était circulaire. Il s'était essayé à décrire l'orbite circulaire de la comète de 1697, mais les accélérations, les ralentissements et les arrêts de la comète dans son parcours apparent l'avaient convaincu de lui attribuer un mouvement rectiligne qui expliquait mieux les phénomènes observés que le mouvement circulaire. Il est étrange que Kepler, qui avait justement découvert le caractère elliptique des orbites planétaires autour du Soleil, n'ait pas pensé aux ellipses pour le mouvement cométaire, dont l'excentricité élevée pourrait laisser croire que les comètes avaient un parcours rectiligne, sur quelques arcs du moins.

Par la suite également, on continua à tenir les orbites des comètes pour rectilignes. J. Hewelcke, mieux connu sous son nom latinisé de Hevelius (fig. 2.8) [1], le pensa aussi dans un premier temps. Observateur doué, il commença ses recherches dès 1641, à Dantzig, installé dans l'observatoire qu'il s'était fait construire au-dessus de sa maison et qui devait être détruit en 1679, dans un terrible incendie. Hevelius ne se servait que rarement de sa lunette, mais il l'utilisa pour tracer la première série d'observations systématiques du sol lunaire, publiées en 1647 dans sa *Selenographia, sive Lunae descriptio, ecc.* Il fit lui-même les dessins et, à partir de ces dessins, il grava de magnifiques tables. Il calcula la plupart des mesures positionnelles d'étoiles à l'œil nu, avec l'aide d'instruments uniquement équipés d'alidades. En 1679, Halley lui rendit visite pour tenter de le convaincre d'utiliser la lunette, et de tempérer une polémique surgie à ce sujet avec Hooke. Les deux astronomes observèrent longtemps de conserve, Halley ajoutant une lunette aux instruments, Hevelius, déjà âgé, observant à l'œil nu et essayant de savoir quelles mesures seraient les plus précises. Chacun demeura sur ses positions. La chose n'a rien d'étonnant, et si l'on songe à l'imperfection des instruments optiques

1. On ignore son nom exact. Il en existe des dizaines de graphies, déduites de ses signatures ou des lettres qu'il reçut. Le nom que nous lui donnons est celui de sa famille, que l'on trouve communément aujourd'hui.

Fig. 2.8 Le célèbre Hevelius, qui étudia le ciel et observa les comètes. Dans un traité qu'il leur consacra, il pressentit qu'elles pouvaient se déplacer autour du Soleil selon des orbites paraboliques. Ici, dans un portrait qui se trouve au Deutches Museum de Munich.

de l'époque, on convient que le vieil astronome n'avait peut-être pas tort...

Hevelius observa donc assidûment les comètes. Il en enregistra neuf, dont deux qu'il découvrit. En bon aristotélicien, il pensa d'abord qu'elles étaient des phénomènes météorologiques. Puis, en mesurant la parallaxe de la comète de 1652, il fut convaincu de son appartenance au monde translunaire. Par d'autres observations, il arriva à la conclusion qu'elles ne pouvaient pas décrire des orbites circulaires, mais des trajectoires rectilignes, comme l'avait déjà noté Kepler. Puis il pensa que la trajectoire s'incurvait en se rapprochant du Soleil. Enfin, il convint qu'elle était tout simplement parabolique. Il ne parvint pas à cette conclusion grâce à ses observations, ni à un raisonnement physiquement correct, mais par comparaison avec la trajectoire d'un projectile éjecté d'un canon.

Il regroupa la plupart de ses observations, calculs et théories dans sa *Cometographie,* publiée en 1668. Il a illustré de ses gravures ce gros ouvrage dont le frontispice (fig. 2.9) campe le cadre général. Sur le fond, la maison de Hevelius et son observatoire. Au centre, Hevelius, assis, montre du doigt une orbite ressemblant à un segment conique mais décrivant, à l'une de ses extrémités, une courbe spiralée. A ses côtés, deux personnages qui montrent les théories d'Aristote et de Kepler sur les orbites rectilignes. Cette *Cometographie* renferme aussi l'histoire de toutes les comètes apparues de la naissance du monde à 1665.

Les faits relatés dans cette dernière partie sont souvent hérités de la tradition donc, pour l'essentiel, inexacts, faux ou tout simplement dénués de fondement. Hevelius publia ses observations ultérieures dans un autre ouvrage.

Il avait, sur la nature et l'origine de ces astres, des idées tout à fait erronées, plus ou moins conformes à celles qui circulaient alors à l'époque. Mais il avait, sur les orbites, franchi un pas important. Et quelque contestable qu'ait été sa méthode, il admettait que les comètes pouvaient décrire des orbites paraboliques.

G. A. Borelli était parvenu au même résultat, comme en témoigne une lettre adressée au prince Léopold de Toscane, le 4 mai 1665 : « Il me semble, écrivait-il, que le mouvement vrai et réel de la présente comète ne peut en aucun cas être une ligne droite, mais une courbe tout à fait semblable à une parabole, ce qui est étonnant. Et cela est démontré non seulement par le calcul, mais par une expérience mécanique que je referai pour S.A. dès mon arrivée à Florence. »

En 1680, une comète splendide apparut, qui fit beaucoup parler d'elle. Ce fut la première comète que l'on découvrit au télescope. G. S. Dörffel, pasteur protestant de Plauen en Saxonie, calcula son orbite en la considérant comme une parabole et en plaçant le Soleil au centre du foyer. Un autre grand pas venait d'être franchi. L'étape décisive était imminente, et ce fut justement la comète de 1680 qui allait entraîner la grande découverte.

NEWTON ET HALLEY

Newton et les comètes

Dans la dernière partie du Livre III des *Principia,* Newton parle des comètes. La conception ancienne s'est effondrée, le discours a un ton moderne, qu'il porte sur les orbites ou sur les caractéristiques physiques.

JOHANNIS HEVELII
COMETOGRAPHIA.

Fig. 2.9 Frontispice de la *Cométographie* de Hevelius. Au centre, l'auteur montre du doigt les orbites incurvées, selon sa théorie. A ses côtés, un étudiant montre les comètes chaotiquement réparties dans le monde sublunaire, selon la théorie d'Aristote. Un autre montre une comète qui parcourt une orbite rectiligne, selon l'affirmation de Kepler et, dans un premier temps, Newton. Dans le fond, la maison de Hevelius et sa terrasse-observatoire, qui seront détruites dans un incendie en 1679.

Newton affirme, démontre ou calcule plusieurs choses. D'abord, que les comètes sont plus éloignées que la Lune, et qu'elles se meuvent dans la région des planètes. Ensuite, qu'elles gravitent autour de la Terre le long de sections coniques (des ellipses, paraboles ou hyperboles) dont l'un des deux foyers (ellipses, hyperboles) ou le foyer unique (parabole) est occupé par le centre du Soleil. La vitesse à laquelle chacune parcourt sa propre orbite est telle que le rayon reliant le Soleil à la comète parcourt des aires égales en des temps égaux, selon la deuxième loi de Kepler sur les planètes. Newton montra ensuite que si l'on observe une même comète dans trois positions différentes, on peut calculer son orbite parabolique à partir de l'arc sur lequel la comète semble se déplacer.

Les paraboles et les hyperboles sont des courbes ouvertes. Toute comète qui parcourt une orbite de ce type passe une seule fois au voisinage du Soleil et de la Terre, puis s'éloigne dans l'espace interstellaire pour ne plus jamais revenir. Pour qu'une comète revienne périodiquement, il faut que son orbite soit elliptique, c'est-à-dire fermée. On considère pourtant qu'à proximité du Soleil, les orbites des trois types coïncident presque. Tant qu'elle ne s'en éloigne pas trop, il n'y a pas grande différence entre une orbite parabolique et une orbite elliptique à forte excentricité et grand axe. On peut calculer la première approximation avec une orbite parabolique. Sur le plan pratique, cela convient d'ailleurs, car le calcul des orbites paraboliques est beaucoup plus simple.

Newton proposa une méthode géométrique pour calculer le parcours observé d'une orbite cométaire, et il invita les astronomes à l'appliquer. Il le fit lui-même pour la comète de 1680, la première dont l'orbite fut calculée à partir de sa loi sur l'attraction universelle. Puisqu'on avait si bien représenté le mouvement de la comète de 1680, ou du moins l'arc de trajectoire observé par une orbite parabolique, on en arriva vite à penser que toutes les orbites étaient soit paraboliques, soit hyperboliques, soit elliptiques. On trouvait là l'explication des faits étranges qui avaient tant embarrassé les Anciens, comme l'apparition et la disparition en plein ciel ou les parcours les plus erratiques hors du Zodiaque, et les avaient poussés à ranger les comètes dans le monde sublunaire. En effet, si les orbites sont des paraboles ou des ellipses très excentriques, nous ne pouvons guère voir une comète tout au long de son orbite, mais seulement au point où elle est la plus proche de la Terre ; et puisque les comètes sont orientées dans toutes les directions, il est normal qu'elles se déplacent aussi en dehors du zodiaque, là où sont reléguées les planètes dont les orbites évoluent sur des plans peu inclinés par rapport à l'écliptique. Cette argumentation, et d'autres plus subtiles que nous n'aborderons pas pour l'instant, servaient de conclusion aux *Principia* dans l'édition de 1726.

Ces conclusions de Newton sur la nature et la physique des comètes, qu'il avait partiellement déduites de ses découvertes sur les orbites, étaient révolutionnaires et modernes. Il démontra que les comètes brillent parce qu'elles réfléchissent la lumière du Soleil. Il soutint que les noyaux des comètes sont solides, compacts et durables, et que les têtes sont entourées d'atmosphères très grandes où les parties les plus basses sont les plus denses ; que les queues sont formées d'une matière gazeuse, sans cesse émise par la tête, toujours dirigée à l'opposé du Soleil. Toutes ces affirmations sont encore valables de nos jours, en dehors de celle qui soutient que les comètes sont durables. Mais, après tout, rien dans l'univers n'est éternel, et peut-être pas l'univers lui-même. Et la permanence et la durée des choses ne sont que relatives.

Newton n'avait pas toujours eu, au sujet des orbites, les idées qu'il exposa ensuite dans ses *Principia*. Comme on le découvre à travers ses leçons d'algèbre, de 1676 à 1680, il avait lui aussi adopté le mouvement rectiligne et en développa même une théorie mathématique. Au début de 1681, il le soutenait encore. La comète de 1680 avait disparu dans les rayons du Soleil vers la mi-décembre, puis elle réapparut. Newton affirma qu'il s'agissait de deux comètes distinctes et, dans une lettre adressée à Flamsteed, datée du 16 avril 1681, il soutient que, parmi toutes les difficultés liées aux orbites courbes, « il en est une qui me pèse davantage : faire des comètes de novembre et de décembre une seule et même comète, cela signifie en faire une comète paradoxale. Si elle se meut sur une ligne courbe de cette façon-là, d'autres comètes doivent en faire autant, et pourtant on n'a jamais rien observé de tel, au contraire[1] ! »

Newton écrivit son *De Motu* entre août et décembre 1684, après la visite que lui rendit Halley. Il émettait la possibilité de l'orbite courbe. Il supposa que quelques comètes revenaient dans notre partie du système solaire, et suggéra une méthode pour s'en assurer. A la fin de 1684, Newton pensait donc que les comètes pouvaient décrire des orbites curvilignes. On ne sait pas quand il cessa de leur attribuer des mouvements rectilignes. Jusque-là, en effet, il ne pouvait imaginer qu'elles fussent attirées par le Soleil, sinon leurs orbites n'auraient pas été rectilignes. Il n'avait donc pas encore admis l'universalité de la gravitation, qu'il considérait comme un phénomène concernant exclusivement les planètes. Après avoir rédigé son *De Motu,* Newton demeurait indécis. En témoigne une lettre adressée à Flamsteed le 19 septembre 1685, où l'on apprend qu'il n'avait encore fait aucun calcul d'orbite cométaire. Mais en 1687, la première édition des *Principia* s'achève sur l'exposition de sa méthode de calcul des éléments orbitaux de la comète de 1680 à partir des positions observées, grâce à l'approximation parabolique. Les orbites des comètes devenaient des segments coniques et commençaient à jouer un rôle essentiel dans la théorie newtonienne de la gravitation.

La découverte de Halley

Newton s'était donc servi de la méthode de l'approximation parabolique pour déterminer l'orbite d'une comète dans le court arc de sa trajectoire observable de la Terre. C'était le cas le plus simple, car toutes les paraboles sont des courbes semblables et, avec la même table, on peut calculer les orbites de toutes les comètes dès lors que l'on connaît, pour chacune d'elles, sa plus petite distance au Soleil. Les calculs d'orbites elliptiques nécessitent, en revanche, une table pour chaque comète. Par ailleurs, dans l'arc observable, l'approximation

1. Lettre de Newton à Flamsteed, extraite de *The correspondence of Isaac Newton,* vol. II (1960), p. 364, reproduite dans *The Newtonian Revolution,* de I. B. Cohen, Cambridge University Press, 1980, chapitre 5.

parabolique correspond bien à l'orbite réelle, quelle qu'elle soit, en particulier jusqu'à l'époque de Newton : on n'avait suivi, en effet, les comètes qu'à l'œil nu, et l'arc de trajectoire observable avait toujours été relativement court.

Mais si on connaissait cette partie de l'orbite, le reste demeurait inconnu. On ne pouvait donc savoir si l'orbite réelle était effectivement une parabole, ou si elle se révélait elliptique à une grande distance, donc fermée. C'était la seule façon de confirmer que les comètes faisaient bien partie du système solaire, à l'instar des planètes. Mais contrairement à ces dernières, qui décrivent des ellipses presque circulaires, les comètes parcouraient sans doute des orbites si amples qu'elles les entraînaient à des distances très éloignées de la Terre et les faisaient disparaître à nos yeux pour des années ou des siècles. Pour connaître le tracé exact de l'orbite et résoudre le problème, Newton proposa une méthode dont la conception était très simple.

Si l'orbite était fermée, la comète, bien qu'invisible pour nous sur la plus grande partie de son parcours, devait périodiquement se rapprocher et être observable à plusieurs reprises. On ne pouvait identifier une comète à son seul aspect : les comètes sont toutes différentes, et une même comète diffère elle-même parfois selon le moment où elle passe, ou encore d'une nuit à l'autre. Pour reconnaître une comète, on ne devait donc pas se fier à son aspect, mais à son orbite, même limitée à l'arc observé. Même petit, restreint — ce qu'il était avant l'invention du télescope —, il était l'axe le plus important de toute l'orbite.

On sait aujourd'hui avec certitude que chaque comète parcourt une orbite particulière (fig. 2.10). Mais à l'époque de Newton, on jugeait déjà presque impossible que deux ou plusieurs comètes décrivent la même orbite. Une orbite — nous l'avons vu — est caractérisée par six éléments orbitaux, que l'on peut tous déduire des observations, à l'exception de l'excentricité. En donnant cette dernière pour égale à 1 (approximation parabolique), tous les autres éléments suffisent pour caractériser l'orbite. Reste une inconnue : la forme à grande distance de l'orbite, au cas où l'excentricité serait différente de 1, où l'approximation parabolique ne correspondait donc pas à la réalité. L'exentricité peut alors être supérieure, ou inférieure à 1. Dans le premier cas, cela signifie que l'orbite est une hyperbole, ouverte comme la parabole. Dans le second,

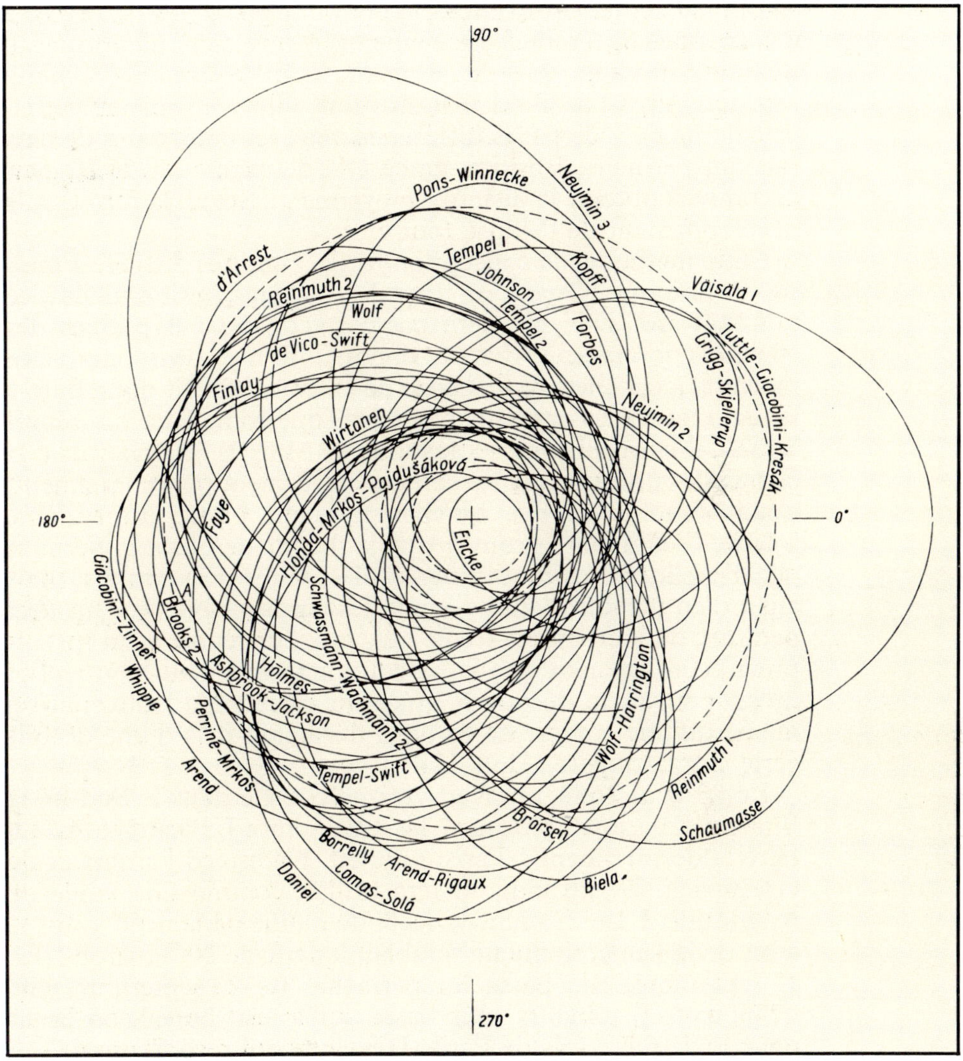

Fig. 2.10 Groupe d'orbites de comètes projetées sur le plan de l'écliptique (de B. Marsden).

elle est une ellipse, une courbe fermée, et la comète qui la décrit se rapproche périodiquement du Soleil.

La méthode newtonienne était donc la suivante : il fallait recueillir les éléments orbitaux dans les observations de comètes existantes, même anciennes, pourvu que leur précision soit bonne, et les confronter. Si, pour deux comètes observées à des époques différentes, les éléments se révélaient identiques, il ne pouvait s'agir que de la même comète apparue à deux reprises. Alors l'orbite devait être une ellipse et on pouvait en calculer la période par la différence entre les deux dates de passage au périhélie. Ensuite, grâce à la deuxième loi de Kepler, on pouvait obtenir la distance moyenne au Soleil, la forme et le développement de l'ellipse tout entière.

Cette méthode, de conception facile, était très difficile à mettre en pratique. Quand on avait les mesures positionnelles, ce qui était rare, elles n'étaient pas correctes pour la plupart des comètes observées. A cette époque, il n'y avait encore ni machine à calculer, ni méthode de calcul : il fallait donc faire à la main toutes les opérations pour chaque comète, ce qui représentait un travail long et fastidieux. Mais le jeu en valait la chandelle : prouver que les comètes revenaient périodiquement, c'était faire la preuve qu'elles faisaient partie du système solaire. C'était aussi prouver que la théorie de Newton permettait d'expliquer les mouvements planétaires déjà connus, mais aussi d'en prévoir d'autres, ceux des corps visibles sur un tout petit arc de leur trajectoire et qui, par leur retour à un instant prévu, confirmaient que le parcours invisible était bien réel et qu'on pouvait le découvrir grâce au calcul. Ne trouverait-on même qu'une comète de ce type, il s'agirait déjà d'une découverte extraordinaire. Alors Halley vint.

Le 23 août 1682, on avait vu une comète dans le Sud de la France. Trois jours plus tard, les astronomes J. Picard et Ph. La Hire la découvraient à Paris et, le 30, Flamsteed l'observait de Greenwich. Le 26 août, sa tête brillait comme une étoile de magnitude 2. Le 29, dans la seconde moitié de la nuit, avant le lever de la Lune, sa queue semblait longue de 30° environ [1]. Le 15 septembre, elle passa au périhélie. Le 22 septembre, elle s'éloignait et, toujours plus basse sur le ciel boréal, on la vit pour la dernière fois de Paris. Hevelius, qui reconstruisait son

1. Comme il nous arrivera toujours plus souvent de donner la longueur des queues de comètes, sachons que la paume d'une main, vue à la distance du bras tendu, correspond à 2° environ. Si l'on veut savoir de façon plus précise à quoi correspond sa paume, on peut la calibrer en utilisant deux étoiles et en calculant leur distance apparente en degrés au moyen d'un atlas. Pour éviter des calculs, il est préférable de choisir deux étoiles sur l'équateur céleste ou le long d'un cercle horaire. En ce cas, on calcule la séparation apparente à partir de l'atlas par une simple soustraction des deux positions.

observatoire détruit dans l'incendie de 1679, l'observa aussi. Mais c'est à Flamsteed que l'on doit les meilleures observations, qui la suivit de l'aube du 30 août au soir du 19 septembre.

Halley (pl. VIII), qui l'avait vue, en calcula les éléments orbitaux en appliquant l'approximation parabolique déjà utilisée par Newton. Il calcula aussi les éléments d'une autre comète, et les confronta. Il commença à soupçonner la comète de 1682 d'être déjà apparue dans notre ciel. Mais, pour confirmer son soupçon, il avait besoin d'autres observations. Le 28 septembre 1695, il écrivit à Newton : « Pourriez-vous me procurer les observations que M. Flamsteed a faites sur la comète de 1682, et en particulier celles du mois de septembre ? Je suis toujours plus convaincu que nous voyons en ce moment une comète qui est déjà revenue à trois reprises depuis 1531[1]... »

Mais Halley ne put mener rapidement à bien sa recherche. Ses multiples occupations le distrayaient sans cesse de ce travail. En 1696, il était nommé directeur-adjoint de l'Hôtel des Monnaies de Chester, en pleine réforme monétaire anglaise[2]. En novembre 1698, il appareillait sur le Paramour en qualité de commandant, pour effectuer des relevés dans le champ magnétique à diverses longitudes et latitudes. Au cours de ce long voyage aventureux, le commandant en second se mutina : il semble qu'il ait eu, à l'encontre de Halley, quelque rancœur personnelle. Halley rentra en Angleterre, livra le gradé à la cour martiale — qui le condamna — et repartit. Au cours de ce second voyage, il avança jusqu'à la latitude de — 52°, légèrement plus au sud que les îles Falkland. Soudain, il fut encerclé par de gigantesques icebergs, qu'un épais brouillard n'avait pas

1. « I must entreat you to procure for me of M. Flamsteed what he has observed of the Comett of 1682 particularly in the month of September, for I am more and more confirmed that we have seen that Comett now three times, since ye yeare 1531... »

2. Cette réforme s'imposait de façon urgente car les monnaies en cours, non crénelées et taillées à l'emporte-pièce dans une fine lame d'argent, étaient facilement sécables. On pouvait, en fondant les restes, récupérer le précieux métal. L'État racheta donc toutes les anciennes monnaies dans un délai au-delà duquel les nouvelles, crénelées et frappées dans un temps très court, furent mises en circulation. C'est Newton, nommé administrateur général de l'Hôtel des Monnaies de Londres, qui organisa et dirigea cette réforme.

permis de déceler. Sorti indemne de l'aventure, il remonta vers le nord et accosta enfin en Angleterre, en septembre 1700. Il rentrait avec une formidable moisson d'observations scientifiques. Il publia en 1701 les cartes du magnétisme terrestre qu'il avait pu tracer au cours de ce voyage.

Mais il ne resta pas longtemps en Angleterre. En 1701, on le chargea d'explorer la Manche. En 1702, la reine Anna l'envoya en mission à Trieste pour travailler à la construction des fortifications de la ville. Il remplit quelques missions de diplomate à Osnabrück, Hanovre, Vienne, et ne rentra qu'en 1703 chez lui, dans cette maison de Londres qu'en dehors de brefs séjours, il avait quittée depuis huit ans. En 1704, à la mort de J. Wallis, on lui offrit ce qu'il n'avait pu obtenir auparavant : la chaire de géométrie à Oxford.

En dépit de ses multiples activités, Halley ne délaissa pas complètement sa recherche sur les comètes et, en 1705, il put enfin présenter à la Royal Society son *Astronomiae Cometicae Synopsis,* publiée par la suite dans les *Philosophical Transactions.* L'opuscule d'une vingtaine de pages, dont près de la moitié étaient des tables et des exemples de calculs, était le fruit d'une « prodigieuse quantité de calculs ». Il avait calculé les éléments orbitaux de 24 comètes apparues entre 1337 et 1698, pour lesquelles il avait recueilli un nombre suffisant d'observations précises (fig. 2.11). Ce qu'il avait soupçonné quelque dix ans plus tôt fut confirmé : la comète de 1682 n'en était pas à sa première apparition. Mais laissons-le raconter sa découverte :

« Beaucoup d'éléments me poussent à croire que la comète de l'année 1531, observée par Apianus, est la même que celle que décrivent Kepler et Longomontanus en 1607, que j'ai revue moi-même et observée à son retour, en 1682. Tous les éléments concordent, sauf la période, qui est inégale. Mais l'écart n'est pas si grand qu'on ne puisse l'attribuer à des causes physiques. Le mouvement de Saturne, par exemple, est si perturbé par les autres planètes, en particulier par Jupiter, que son temps de révolution est incertain et peut varier jusqu'à plusieurs jours. Imaginons alors combien une comète peut être perturbée, elle qui va quatre fois plus loin environ que Saturne, et dont une faible augmentation de la vitesse peut changer l'orbite d'ellipse en parabole ! L'identification de ces comètes est confirmée par le fait qu'au cours de l'été 1456, on en vit une qui passa en direction rétrograde entre la Terre et le Soleil, à

Cometarum Omnium hactenus rite Observatorum, Motuum in Orbe Parabolico Elementa Astronomica.

Cometa Anni.	Nodus Ascend. gr. ' "	Inclin. Orbitæ. gr. ' "	Perihelion in Orbe. gr. ' "	Perihelion in Ecliptica gr. ' "	Latitudo Perihelii gr. ' "	Distantia Perihelia à Sole.	Log dist. Perihelia à Sole.	Temp. æquat. Perihelii Londini. die. h. '
1337	♊ 24. 21. 0	32. 11. 0	♉ 7. 59. 0	♉ 12. 45. 15	22. 40. 30 B	40666	9.609236	Junii 2. 6. 25
1472	♑ 11. 46. 20	5. 20. 0	♉ 15. 33. 30	♉ 15. 40. 20	4. 25. 50 A	54273	9.734584	Feb. 28. 22. 23
1531	♉ 19. 25. 0	17. 56. 0	♒ 1. 39. 0	♒ 0. 48. 15	17. 3. 05 B	56700	9.753583	Aug. 24. 21. 18½
1532	♊ 20. 27. 0	32. 36. 0	♋ 21. 7. 0	♋ 16. 59. 4[illegible]	15. 57. 00 B	50910	9.706803	Oct. 19. 22. 12
1556	♍ 25. 42. 0	32. 6. 30	♑ 8. 50. 0	♑ 11. 0. 00	31. 10. 20 B	46390	9.666424	Apr. 21. 20. 3
1577	♈ 25. 52. 0	74. 32. 45	♌ 9. 22. 0	♍ 7. 53. 00	29. 35. 20 A	18342	9.263447	Oct. 26. 18. 45
1580	♈ 18. 57. 20	64. 40. 0	♋ 19. 5. 50	♋ 19. 17. 10	64. 40. 0 B	59628	9.775450	Nov. 28. 15. 00
1585	♉ 7. 42. 30	6. 4. 0	♈ 8. 51. 0	♈ 8. 59. 1[illegible]	2. 55. 25 A	109358	0.038850	Sept. 27. 19. 20
1590	♍ 15. 30. 40	29. 40. 40	♏ 6. 54. 30	♏ 2. 55. 50	22. 45. 50 A	57661	9.760882	Jan. 29. 3. 45
1596	♒ 12. 12. 30	55. 12. 0	♏ 18. 16. 0	♏ 22. 44. 35	54. 44. 30 B	51293	9.710058	Julii 31. 19. 55
1607	♉ 20. 21. 0	17. 2. 0	♒ 2. 16. 0	♒ 1. 29. 40	16. 10. 5 B	58680	9.768490	Oct. 16. 3. 50
1618	♊ 16. 1. 0	37. 34. 0	♈ 2. 14. 0	♈ 6. 10. 00	35. 5[illegible]. 0 A	37975	9.579498	Oct. 29. 12. 23
1652	♊ 28. 10. 0	79. 28. 0	♈ 28. 18. 40	♊ 10. 41. 35	58. 14. 0 A	84750	9.928140	Nov. 2. 15. 40
1661	♊ 22. 30. 30	32. 35. 50	♋ 25. 58. 40	♋ 21. 37. 30	17. 17. 0 B	44851	9.651772	Jan. 16. 23. 41
1664	♊ 21. 14. 0	21. 18. 30	♌ 10. 41. 25	♌ 8. 40. 35	16. 1. 50 A	102575½	0.011044	Nov. 24. 11. 52
1665	♏ 18. 02. 0	76. 05. 0	♊ 11. 54. 30	♉ 24. 6. 35	23. 8. 0 B	10649	9.027309	Apr. 14. 5. 15½
1672	♑ 27. 30. 30	83. 22. 10	♉ 16. 59. 30	♋ 9. 26. 00	69. 27. 40 B	69739	9.843476	Feb. 20. 8. 37
1677	♏ 26. 49. 10	79. 03. 15	♌ 17. 37. 5	♋ 16. 21. 05	75. 44. 10 B	28059	9.448072	Apr. 26. 00. 37½
1680	♑ 2. 2. 0	60. 56. 0	♐ 22. 39. 30	♐ 27. 26. 50	8. 11. 10 A	00612½	7.787106	Dec. 8. 00. 6
1682	♓ 21. 16. 30	17. 56. 0	♒ 2. 52. 45	♒ 2. 0. 30	16. 59. 20 B	58328	9.765877	Sept 4. 07. 39
1683	♍ 23. 23. 0	83. 11. 0	♊ 25. 29. 30	♋ 10. 36. 55	82. 52. 00 B	56020	9.748343	Julii 3. 2. 50
1684	♐ 28. 15. 0	65. 48. 40	♏ 28. 52. 0	♐ 15. 15. 25	26. 35. 20 A	96015	9.982339	Maii 29. 10. 16
1686	♓ 20. 34. 40	31. 21. 40	♊ 17. 00. 30	♊ 16. 24. 00	31. 17. 35 B	32500	9.511883	Sept. 6. 14. 33
1698	♐ 27. 44. 15	11. 46. 0	♑ 00. 51. 15	♑ 0. 47. 20	0. 38. 10 A	69129	9.839660	Oct. 8. 16. 57

Fig. 2.11 La page des Philosophical Transactions de 1705, où sont réunies, dans un tableau, les 24 comètes dont Halley calcula les éléments orbitaux. Les angles sur l'écliptique sont mesurés à partir du début du signe zodiacal, selon l'usage de l'époque. Il faut remarquer la ressemblance des éléments orbitaux des comètes de 1531, 1607 et 1682, qui n'échappa pas à Halley et constitua la base de sa grande découverte.

peu près de la même manière : elle n'a pas été observée astronomiquement, mais à sa période et à sa façon de passer, j'en déduis qu'il s'agit toujours de la même. Je peux donc prédire en toute confiance son retour pour 1758. Si cela se révélait exact, il n'y aurait plus aucune raison de douter que toutes les comètes reviendront à leur tour[1]. »

1. Ac sane multa me suadent ut credam Cometam anni 1531 ad *Apiano* observatum, eu dem fuisse cum illo qui anno 1607 descriptus est à *Keplero & Longomontano,* quemque ipse iterum reversum vidi ac observati anno 1682. Quadrant Elementa omnia, ac sola inaequalitas perridorum adversari

La recherche de Halley, qui ne rencontra guère d'écho sur le moment, constituait un tournant décisif dans la connaissance des comètes. C'était comme s'il continuait une expérience commencée bien avant sa naissance et dont le résultat ne serait connu qu'après sa mort.

Les temps astronomiques sont généralement longs, et aucune influence n'est possible ni sur eux, ni sur la nature des corps que l'on suit dans le ciel. Il faut observer, attendre, observer encore. Les temps dépassent souvent largement les limites d'une vie humaine. C'est pourquoi le véritable astronome n'est jamais un homme isolé, même dans le temps. Il est un maillon essentiel d'une chaîne infinie de générations, dont chacune observe et transmet. Il étudie le passé et, par l'observation du présent, construit le passé des générations futures. Il recueille, sème, alors que le ciel, sur lequel nous ne pouvons exercer nulle influence, confirme ou infirme les découvertes, détruit sans le savoir une théorie millénaire par la seule apparition soudaine d'une étoile ou valide une théorie nouvelle par un phénomène que l'homme avait su prévoir.

Au début de sa relation, Halley évoque Sénèque, ses idées, sa certitude qu'un jour, un homme découvrirait dans quelle partie du ciel erraient les comètes. Il rappelle aussi les siècles révolus d'obscurantisme qui le séparent du grand philosophe romain, au cours desquels aucune observation utile n'a été faite pour l'amélioration de la connaissance. Sénèque, quand il écrivit ces mots, ne savait pas à qui il les adressait, et Halley n'eut peut-être pas conscience que c'était à lui et à son temps. Mais le relais était passé d'une main tendue vers le passé à une autre ouverte vers l'avenir, par-dessus le temps, par-dessus des siècles d'ignorance, de superstitions et de peurs.

---

videtur : haec autem tanta non est ut causis Physicis non possit attribui. *Saturni* enim motus à caeteris, praesertim Jove, ita interturbatur, ut per aliquot dies integros incertum sit huius Planetae tempus Periodicum. Quanto magis talibus erroribus obnoxius erit Cometa, qui quatuor pene vicibus altius excurrit *Saturno*, cuiusque velocitas, vel tantillum aucta. Orbem ab Elliptico in Parabolicum possit immutare ? Confirmatur etiam eundem esse potuisse ex eo quod anni 1456 aestate, conspectus fuerit Cometa eodem pene modo inter Solem & Terram transiens retrogradè : quem, licet a nemine observatus fuerit Astronomicè, ex periodo modoque transitus non diversum a praedictis extitisse conjicio. Unde ausim ejusdem reditum fidenter praedicere, anno scil. 1758. Quod si hoc evenerit, nulla amplius erit dubitandi causa, quin redire debeant caeteri. »

Dans la chaîne des générations, Halley devait à son tour passer le relais à d'autres, dans la longue chaîne des astronomes. Tout ce qu'il souhaitait voir advenir après sa mort, c'était la vérification de sa prévision du retour d'une comète qu'il était allée chercher dans le passé. Si cette comète revenait, les autres reviendraient également.

LA PRÉVISION DE 1758

Dans sa relation de 1705, Halley disait avoir déjà reconnu une comète périodique et pouvoir prédire son retour pour 1758. Sa conviction que les trois comètes n'en faisaient qu'une ne cessa de croître. Il notait en outre qu'en 1681, le rapprochement avec Jupiter avait été tel que la vitesse à laquelle la comète parcourait son orbite pouvait s'en trouver changée. Il pensait que la période suivante serait plus longue que d'ordinaire. Dans ses *Tabulae Astronomicae,* il prédisait une réapparition pour la fin de 1758 ou le début de 1759, et, inspiré par un sentiment patriotique, il ajouta : « C'est pourquoi, si elle revenait, en accord avec notre prévision, vers l'an 1758, la postérité impartiale devra reconnaître que c'est un Anglais qui en fit la découverte. »

Achevées en 1719, les *Tabulae Astronomicae* ne furent imprimées qu'en 1749, sept ans après la mort de Halley. Quand ses résultats furent connus, une dizaine d'années séparaient du retour de la comète, ou plutôt de l'époque où l'on pourrait constater, ou non, son retour. Ce serait la seule grande preuve des conclusions auxquellles Halley était parvenu. Son travail n'aurait statut de découverte — riche de conséquences — que si la comète revenait.

Sa prévision allait se réaliser avec une remarquable précision. Si la comète était revenue deux ans plus tôt, ou deux ans plus tard, on aurait pu croire à une autre comète, apparue par hasard aux alentours de la date prévue. La coïncidence des éléments orbitaux aurait pu, bien sûr, dissiper les doutes, mais la découverte n'aurait pas eu le caractère net et décisif qui fit taire à jamais les adversaires sceptiques de Newton et Halley. Car ils avaient encore des adversaires. Et la multitude d'indifférents étaient difficiles à convaincre.

Scepticisme et incrédulité

L'attente était grande, mais nombreux étaient ceux qui continuaient à hocher la tête. Quoi ! Halley n'était pas le premier qui prédisait l'apparition d'une comète ! Apianus l'avait bien fait, en conjuguant des détails de configurations planétaires, comme les conjonctions ou les oppositions, et les idées fausses de son époque, qui voulaient que les comètes fussent générées en de telles occasions. Mais ces prévisions concernaient la naissance des comètes, pas leur retour. Elles étaient dans l'ensemble fausses, bien qu'il arrivât que la prévision fût juste quand, par hasard, une comète apparaissait.

Le célèbre géomètre Jacques Bernoulli formula une théorie selon laquelle les comètes étaient sans doute les satellites d'une planète invisible, 250 fois plus éloignée du Soleil que Saturne. Il calcula ainsi que la comète de 1680 reviendrait le 27 mai 1719 dans le signe zodiacal de la Balance. Sans doute devons-nous considérer cette démonstration comme un péché de jeunesse de ce grand mathématicien qui n'était pas astronome et qui, après tout, était né en 1654 et devait mourir en 1705, l'année où Halley publia son résultat. Mais la théorie la plus extravagante fut certainement celle de Ch. Gallet, prêtre et astronome, dont certains se servirent même pour faire des prévisions. Selon lui, une étoile généralement invisible tournait autour du Soleil. Elle apparaissait parfois comme une comète, parfois, quand elle se projetait sur le disque, comme une tache solaire (il était encore trop difficile d'admettre, à l'époque, l'incorruptibilité du Soleil). Gallet affirmait avoir découvert le mouvement d'une étoile semblable, ce qui lui permettait de prévoir l'apparition d'une comète ou d'une tache solaire en utilisant des éphémérides détaillées qu'il ne communiqua pourtant jamais.

Malgré ces fâcheux précédents, et pour une tout autre raison, une certaine incrédulité s'installa quelque temps avant la date prévue par Halley.

En France, le système de Newton était connu et apprécié de l'Académie des sciences, mais il ne reçut pas un accueil immédiat. Newton développait sur le mouvement et l'attraction une conception éloignée de celle de Descartes, encore bien installée dans les mentalités. L'effet produit semblait ne pas avoir de cause. Pourtant, à force de comparaisons sérieuses et répétées avec d'autres théories qui cherchaient à concilier les mouvements cométaires et la théorie des tourbillons de Descartes, on avait fini par accepter les idées de Newton et de Halley. C'est Pierre Louis Moreau de Maupertuis qui, le premier, franchit le pas en publiant, en 1732, un *Discours sur les Figures des Astres,* où il confrontait clairement les systèmes cartésien et newtonien. Par la suite, il diffusa ces arguments dans la *Lettre sur la Comète,* au total quelques pages de vulgarisation publiées en 1742, qui permirent à de nombreux lecteurs de prendre connaissance du système de Newton, et de l'accepter. On utilisa la méthode newtonienne pour le calcul des orbites cométaires et, en 1743, P.Ch. Le Monnier publia la *Théorie des Comètes* fondée sur celle de Newton et contenant la traduction française des travaux de Halley.

Le milieu scientifique français était donc, dès le milieu du XVIIIe siècle, particulièrement sensible et favorable aux idées de Newton et de Halley. Mais les astronomes commencèrent trop tôt leurs recherches, en 1757, soit deux ans avant la date prévue par Halley. Ils ne trouvèrent pas la comète et ne firent en conséquence qu'accroître le nombre des incrédules et des adversaires de la théorie de Newton. On est en droit de se demander pourquoi ils se mirent si tôt en quête : la moindre des raisons n'était pas leur crainte de manquer un repérage aussi important.

Les perturbations

Il demeurait possible que la comète revînt avant la date prévue puisque, entre l'apparition de 1531 et celle de 1607, Halley avait trouvé une période de 76 ans et 2 mois, alors qu'entre celle de 1607 et celle de 1682, il ne s'était écoulé que 74 ans et 11 mois. Comme nous l'avons vu, Halley avait cru bon d'expliquer cette inégalité par l'influence de Jupiter.

Les deux premières lois de Kepler, en effet, sont rigoureusement valables dans l'hypothèse où n'existent que deux corps, par exemple le Soleil et une planète, ou une planète et un satellite. La troisième n'est rigoureusement valable que si les planètes, qui sont attirées par le Soleil et l'attirent à leur tour, même avec des effets moindres, ne s'attirent pas mutuellement. Dans la réalité, il n'en est rien. On doit donc prendre comme un point de départ de première approximation les orbites imposées par les lois de Kepler, appliquées à un système de plusieurs corps comme le système solaire. Si l'on tient compte des forces mineures qui agissent sur chaque corps, aucune orbite n'est rigoureusement keplerienne. Chaque planète s'éloigne plus ou moins de son orbite idéale (qu'elle décrirait si elle était seule avec le Soleil) selon la façon dont elle réagit, à chaque instant, à l'attraction de tous les autres corps du système solaire. Le Soleil a généralement une influence prépondérante en raison de sa masse, 1 044 fois supérieure à celle de la planète la plus massive. Mais la masse n'est pas tout : il y a aussi la distance, autre paramètre qui détermine l'entité de la force d'attraction. Or, au XVIIe siècle, on supposait que les comètes avaient une masse très petite.

Quand une comète se trouve assez loin de toutes les planètes, c'est l'attraction du Soleil qui domine et, en pratique, détermine son orbite. Mais quand elle passe près d'une planète, la masse planétaire, quoique très petite par rapport à celle du Soleil, agit avec assez de force pour attirer la comète vers elle, puisque son éloignement est moindre. Cela vaut surtout pour les planètes de masse très importante et plus éloignées du Soleil. Dans ce cas en effet, la force exercée par la planète sur la comète peut s'opposer à celle du Soleil non seulement parce que la masse est sensible, mais aussi parce que la comète est plus éloignée du Soleil que de la planète. Newton a démontré que la force d'attraction croît rapidement avec la diminution de la distance.

Ainsi, la comète est plus attirée par une planète dont la masse est largement inférieure à celle du Soleil mais qui lui est proche, que par le Soleil dont la masse est élevée mais qui est éloigné. L'orbite de la comète s'écarte donc de l'ellipse qu'elle décrirait s'il n'y avait qu'elle et le Soleil, pour se rapprocher plus ou moins de la planète. Lorsqu'à nouveau, elle s'éloigne de la planète, elle recommence à subir presqu'exclusivement l'attraction solaire. Mais l'ellipse qu'elle décrit alors n'est plus la même : en d'autres termes, ses éléments orbitaux ont changé.

Pierre Simon de Laplace précisa mieux l'influence que chaque corps exerce sur un autre corps céleste quand ils entrent en relation. Plus tard, il introduisit le concept de « sphère d'action » : sphère dont le centre est celui d'une planète, et où la force d'attraction de la planète sur un corps mineur, comme une comète, est prédominante par rapport à celle du Soleil. Quand une comète est à l'intérieur d'une telle sphère, il semble plus juste de considérer son mouvement par rapport à la planète, et le Soleil devient un corps perturbateur. Le rayon de la sphère d'action se formule ainsi :

$$\varrho_p = r_p \sqrt[5]{m^2{}_p}$$

où ρ_p, r_p et m_p sont respectivement le rayon de la sphère d'action, la distance de la planète au Soleil, et la masse de la planète exprimée en masse solaire. Si l'on insère dans la formule les valeurs numériques correspondant à chaque planète, on trouve que la plus grande sphère d'action n'est pas celle de la planète la plus massive (Jupiter), mais celle de Neptune : même si sa masse est inférieure à celle de Jupiter, Neptune subit moins, en effet, l'influence du Soleil puisqu'elle en est plus éloignée.

Si le mouvement cométaire pouvait être perturbé par les planètes, on pouvait donc expliquer l'inégalité de la période entre les passages de 1531 et 1682.

Halley, nous l'avons vu, l'avait intuitivement pressenti, mais les choses se déroulèrent de façon plus complexe et plus désordonnée qu'il ne l'avait sans doute imaginé.

LE RETOUR ET LE TRIOMPHE

Des calculs à la découverte

Halley, dans sa seconde relation, affirmait que la comète reviendrait à la fin de 1758 ou au début de 1759. Mais on avait des raisons de s'interroger sur l'exactitude de cette prévision, et de penser que le retour pouvait intervenir avant.

C'est Newton qui, le premier, émit des doutes sur la date prévue par Halley. « Si les comètes de 1607 et 1682 n'en font qu'une, écrivait-il, cette dernière réapparaîtra après soixante-quinze ans. » Pourquoi tant d'incertitude dans la formulation, puisque Newton connaissait l'hypothèse d'une période de soixante-seize ans, émise par Halley lui-même ?

Une autre voix s'éleva en faveur d'un retour anticipé. Leonhard Euler, dans un de ses ouvrages publiés en 1746, introduisit l'existence d'un « éther cosmique » qui aurait agi comme un frein sur la comète. C'était, pour lui, ce qui expliquait que la période avait été plus courte entre 1607 et 1682 qu'entre 1531 et 1607. La période suivante serait plus courte encore, et la comète reviendrait en 1757. Nous savons aujourd'hui que l'éther cosmique n'existe pas, mais à l'époque, on était tout à fait prêt à l'accepter. Euler jouissait d'une grande autorité, on ne pouvait négliger sa prévision. Il n'était pas non plus le seul à annoncer le retour de la comète pour 1757. D'autres que lui s'étaient fondés sur des hypothèses erronées, mais l'opinion publique crut à leurs pronostics.

Les observations de 1607 et de 1682 avaient été les plus précises et la période qui en résultait était la mieux connue, la plus récente. Cela pouvait justifier qu'on la prît pour la plus exacte. Et selon cette période, la comète devait passer au périhélie à la fin du mois d'août 1757.

On acceptait donc partout cette idée : la comète reviendrait. Ceux qui l'attendaient avec ferveur craignaient de la manquer. J.J. de Lalande (fig. 2.12) donna officiellement l'alarme dans le numéro de novembre 1757 des *Mémoires de Trévoux.* Avec cet esprit propre au Siècle des Lumières, il affirma d'abord que la comète était sûrement apparue en d'autres temps, s'appuyant sur sa propre conviction que les comètes sont des corps qui circulent autour du Soleil selon des orbites fortement

Fig. 2.12 J.J. Lefrançois de Lalande, célèbre astronome du XVIIIe siècle, commença par effectuer une énorme masse de calculs qui permirent de retrouver, lors de son retour en 1759, la comète signalée par Halley (Rapho).

elliptiques, et sur les résultats de Halley. Mais il poursuivait ainsi :

« Quand même les astronomes ne la verroient pas, ils n'en seroient pas moins persuadés de son retour ; ils savent que le peu de lumière et la grande distance de cette comète, peut être même le mauvais temps, pourroient nous en dérober la vue ; mais le public aurait peine à nous croire, il mettroit au nombre des prédictions hasardées cette découverte qui fait tant d'honneurs à la physique moderne, les dissertations renaîtroient dans les collèges, les dédains parmi les ignorans, les terreurs parmi le peuple. Et soixante-seize ans s'écouleroient avant qu'on eût trouvé l'occasion de lever tous ces doutes. »

Ainsi allaient les choses, et on ne peut en vouloir aux astronomes d'avoir pris toutes leurs précautions pour ne pas manquer le rendez-vous. Pour lever tous les doutes et favoriser une meilleure recherche, il fallait connaître avec plus de précision la date du retour. Halley avait dit pourquoi, à son avis, la comète pouvait avoir du retard. Pourquoi ne pas envisager la chose sous ce jour nouveau, en résolvant le problème des perturbations non plus seulement qualitativement, comme l'avait fait Halley, mais quantitativement ?

Alexis Clairaut (fig. 2.13) s'y attaqua *. Dès 1747, en appliquant la théorie de Newton à trois corps (le Soleil, la Terre et la Lune), il avait déjà réussi à prévoir, en le calculant, le mouvement lunaire avec une précision jamais atteinte auparavant. Mais dans le cas de la comète, les calculs étaient beaucoup plus importants. Il fallait d'abord calculer les distances de la comète à Jupiter et à Saturne (les deux planètes qui risquaient de la perturber davantage) de 1682 à la date présumée de son retour mais aussi pour toutes les révolutions précédentes, dans un intervalle de 150 ans. Ensuite, il fallait calculer les forces perturbatrices des planètes pendant tout l'intervalle, ce qui était encore plus long et compliqué. Ce travail ingrat fut confié à Lalande et Mme Hortense Lepaute, une excellente calculatrice, âgés de vingt-cinq ans. Ils firent, pendant six mois, des calculs, du matin au soir, ne s'interrompant que pour les repas. L'effort fut énorme et Lalande y perdit sa santé, contractant pendant cette période une maladie dont il ne se remit jamais.

---

* Mathématicien et astronome français (1713-1769) ; il fut envoyé par Maupertuis en Laponie pour y déterminer, en 1736, l'aplatissement de la Terre. (N.d.T.)

Fig. 2.13 Clairaut, le grand mathématicien qui fournit les éléments analytiques nécessaires au calcul de l'orbite de la comète de 1682. On put alors trouver la date du retour suivant *(Académie des Sciences, photo J. Colomb-Gérard).*

Mais le 14 novembre 1758, leurs efforts furent récompensés et Clairaut put présenter à l'Académie des sciences de Paris son *Mémoire sur la comète de 1682,* où il confirmait et précisait la prévision de Halley.

Sa relation débutait par les mots suivants, qui décrivent bien l'état d'esprit de l'époque :

« La comète, que l'on attend depuis plus d'un an, est devenue l'objet d'un intérêt beaucoup plus vif que le public n'en met ordinairement aux questions astronomiques. Les vrais amateurs des sciences désirent son retour, parce qu'il en doit résulter une très belle confirmation d'un système en faveur duquel presque tous les phénomènes déposent. Ceux qui se plaisent au contraire à voir les philosophes plongés dans l'incertitude et le trouble, espèrent qu'elle ne reviendra point, et que les découvertes, tant de Newton que de ses partisans, se trouveront de niveau avec les hypothèses que la seule imagination a enfantées.

Plusieurs personnes de cette dernière classe triomphent déjà, et regardent une année de retardement qui n'est due qu'à des annonces destituées de tout fondement, comme suffisante pour condamner les Newtoniens. »

Clairaut poursuivait en rappelant que la période de la comète, sur la base des passages précédents, était variable, et que c'était en ajoutant à 1682 sa plus petite valeur, 75 ans, qu'on avait obtenu celle de 1757, qui provoquait cette attente prématurée. Mais pour procéder correctement, il fallait connaître les causes de la variabilité de la période, et savoir que, si elle se réduisait parfois, elle pouvait s'allonger aussi. Lalande, en lui proposant son aide pour les calculs des perturbations, lui avait permis de résoudre le problème. Il était en mesure d'annoncer que le prochain passage de la comète au périhélie se produirait avec un retard de 518 jours sous l'effet de l'action de Jupiter, et de plus de 100 jours, à cause de Saturne. Il pouvait donc affirmer que la comète passerait au périhélie vers le 13 avril 1759. Cette date pouvait souffrir d'une erreur maximale d'un mois, en raison des perturbations secondaires dont on n'avait pu tenir compte.

Les résultats de Clairaut ravivèrent l'ardeur de la recherche. De nombreux astronomes reprirent leur chasse, chacun espérant découvrir la comète si, après avoir voyagé dans le système solaire, elle revenait réellement au voisinage du Soleil et de la Terre.

Et la comète revint. La nuit de Noël 1758, elle émergea à nouveau des ténèbres, comme un pâle point lumineux. Celui qui la découvrit n'était pas astronome, mais agriculteur à Prohlis, près de Dresde. Passionné d'astronomie, Johann Palitzsch la trouva avec sa lunette de 8 pieds. La prédiction se révélait exacte. Quelle émotion qu'un retour, si important pour l'histoire de l'humanité, prévu, calculé par des savants, ait d'abord été confirmé par un amoureux de l'astronomie, un astrophile, intermédiaire passionné entre ceux qui font de l'exploration de l'univers leur profession, et tous les autres hommes !

Les astronomes suivirent l'astre. A la mi-février, la comète disparut dans les rayons du Soleil. Le 13 mars, elle passa au périhélie. Elle réapparut au début d'avril, et tous purent la voir comme une étoile de magnitude 1. On estima sa queue, dans les moments de développement maximal et de là où on l'observa le mieux, à une longueur de près de 50°. Puis elle s'affaiblit et, les premiers jours de juin, disparut.

On calcula l'orbite à partir des observations et on obtint les éléments trouvés par Halley. Son passage au périhélie s'était vérifié dans les limites calculées et annoncées par Clairaut. Il n'y avait donc plus de doute : c'était bien la comète apparue en 1531, 1607 et 1682 qui, une fois de plus, revenait au voisinage de la Terre. La science triomphait. Ceux qui avaient tant travaillé, tant peiné pour la vérité, manifestaient leur joie. Les autres demeuraient stupéfaits.

Affirmation de la science

En dehors de cet enthousiasme bien compréhensible suscité par la prévision exacte, en quoi cette éclatante confirmation était-elle si importante pour les progrès de la science et le bien de l'humanité ? Les conséquences en furent nombreuses et diverses.

Dans le domaine de l'astronomie, la preuve de la périodicité des comètes démontrait qu'elles appartenaient bien au système solaire, comme les planètes. Sénèque l'avait pressenti, Newton l'avait affirmé. Le système du monde de Copernic gagnait en exactitude. Une comète périodique qui se déplace sur une orbite fortement elliptique ne pouvait pas se situer sur les anciennes sphères cristallines censées porter les planètes, sinon en les perçant. Même dans ce cas, elle n'aurait pu être portée par une sphère, ou un système de sphères, qui aurait dû rompre toutes les autres. Au XVIIIe siècle, cette preuve n'était plus nécessaire car les lois de Kepler étaient désormais acceptées, mais la comète confirmait que la théorie de Newton se fondait bien sur le phénomène physique. Le triomphe du système du monde entraînait celui de la force qui le régissait : la force de gravitation.

La comète de Halley prouvait l'existence de cette force et démontrait qu'elle était active à des distances inaccessibles à l'œil, au-delà même de Saturne, la dernière planète alors connue, en dehors même du système solaire de l'époque. Quelque vingt-deux ans après, William Herschel allait découvrir que le système solaire ne se limitait pas à Saturne et découvrir également trois autres planètes toujours plus lointaines *. Mais

* William Herschel (1738-1822) découvrit la planète Uranus (1781) et deux de ses satellites (1787), puis deux satellites de Saturne (1789). (N.d.É.)

à ce moment-là, la comète de Halley décrivait une orbite qui la portait jusque dans ces lieux inconnus.

En revenant peu de temps avant la date annoncée par Clairaut, la comète prouvait aussi que la force de gravité ne concernait pas les seuls corps les plus grands du système solaire, le Soleil, les planètes et les satellites. Et parce qu'on avait tenu compte des perturbations, on avait pu calculer l'orbite avec la plus grande précision : la valeur et la portée de la théorie de Newton en étaient renforcées. Clairaut commenta le retour de la comète et soutint que le système de la gravitation dont Newton s'était servi pour expliquer les lois des mouvements des corps célestes « n'avait plus à être vérifié que par rapport aux irrégularités de ces mêmes mouvements, qui devaient être une conséquence de la gravitation universelle aussi nécessaire que les premiers phénomènes généraux observés par Kepler et expliqués par Newton ».

La comète avait démontré qu'elle ne décrivait pas exactement une ellipse liée au Soleil, mais une orbite moins régulière, qui subissait aussi l'influence des autres corps du système solaire : loin de démentir la loi de la gravitation universelle, elle en constituait la plus évidente confirmation. Newton et Halley avaient tout prévu. Mais la validité de la théorie des perturbations appliquée à la comète qui revenait en leur obéissant montrait que la force d'attraction devait être replacée dans le cadre d'un champ associé à chaque masse : plus ou moins importante selon la valeur de cette masse, elle ne cessait jamais d'agir, même en s'éloignant du corps dont la masse la déterminait. Pour la première fois, on constatait l'universalité de la loi de la gravitation.

C'est ainsi que la première des quatre forces qui régissent l'univers se trouva définie sous tous ses aspects.

La déconfiture des superstitions

Tournant décisif dans la connaissance des comètes et du système solaire, le retour de 1682 éclaira d'un nouveau jour les rapports entre l'homme et les comètes.

Soudain, toutes les croyances, toutes les superstitions qui avaient dominé pendant des siècles se trouvaient démenties. On savait enfin que les comètes, loin d'être des phénomènes associés au sol terrestre et appartenant au monde sublunaire, étaient des corps célestes à part entière, qui circulaient dans les régions cosmiques les plus lointaines alors connues. Il n'y avait qu'un pas à franchir pour admettre, comme Halley, que si une comète était périodique, les autres pouvaient l'être aussi.

Comment avait-on pu dire de ces corps qui n'apparaissent que quand leur mouvement les rapproche de la Terre, indépendamment des événements présents ou à venir, qu'ils étaient des « signes du ciel », ou des « messages de Dieu » ?

Les fondements des théories théologique et physique s'écroulaient : les comètes étant des corps célestes éloignés, on ne pouvait plus penser d'elles qu'elles étaient nuisibles, comme les émanations terrestres et les phénomènes connexes. L'homme s'en trouva rassuré et libéré enfin de ces croyances stupides. En effet, tant qu'on avait attribué aux comètes de l'influence sur le tempérament humain et qu'on en avait fait la cause d'épidémies et de guerres, on n'avait pu que subir passivement ce qui devait advenir. Au lieu de vaincre l'adversité, quelle qu'elle fût, on lui avait opposé peureusement une molle résistance. Or, nombre de ceux qui croyaient à la théorie physique des influences cométaires étaient médecins. Fortunio Liceti, dont nous avons déjà signalé les étranges idées, avait enseigné la médecine dans les trois célèbres universités de Pise, Bologne et Padoue. Ceux qui avaient suivi son enseignement et celui des confrères qui partageaient son opinion, trouvaient certainement que l'écroulement de leur théorie constituait un préjudice à l'exercice de leur profession. Il entraîna, heureusement, la disparition des diagnostics sans fondement et permit à la recherche de trouver sa voie.

Par sa seule présence, la comète revenue annihilait toutes les superstitions. Mais tous ne se laissèrent pas convaincre si facilement, ni complètement. Les peurs qu'engendraient les comètes dans l'imagination populaire s'estompèrent mais demeurèrent tapies, aussi irrationnelles qu'au Moyen Age. Plus aucune théorie, fût-elle fausse, ne venait les étayer, mais plus tard, les anciennes théories physique, théologique et astrologique allaient se rallumer dans la forme que nous leur connaissons aujourd'hui. Bien sûr, ces bouffées de superstition ont perdu de leur virulence, elles nous amusent plus qu'elles ne nous inquiètent. Elles ne sont plus qu'un phénomène social, à l'écart de la science qui, elle, continue son chemin et rallie ceux qui sont enthousiastes de ses découvertes ou, du moins, de leurs applications technologiques. L'homme marche généralement avec lenteur dans le temps. Il accepte avec réticence les nouveautés, surtout les plus importantes et parfois les plus évidentes.

La connaissance avance lentement, dans des milieux très restreints. Newton et Halley ont heureusement fait place nette des vieilles idées, des superstitions et des préjugés. S'ils ont laissé l'homme libre de changer le style et la couleur de son chapeau, ils l'ont contraint à rénover ce qu'il couvre : la pensée.

Et c'est ainsi que cette comète, qui circulait dans le système solaire depuis un temps indéfini, que l'on avait peut-être observée dès la préhistoire, qui avait été expliquée avec la plus grande des extravagances, crainte, maudite — mais aussi étudiée — est devenue la comète de Halley.

CHAPITRE III

A la recherche du passé : de l'Europe à la Chine

La comète était donc revenue. Et elle était revenue parce qu'elle décrivait une orbite fermée, d'une période de soixante-dix-sept ans environ. Et elle reviendrait encore soixante-dix-sept ans plus tard, et encore soixante-dix-sept ans plus tard, et ce, pendant des siècles, pendant des millénaires. Son retour confirmait ses apparitions passées. On ne pouvait dire combien de fois elle était déjà apparue, mais pourquoi penser que 1531, l'année la plus reculée trouvée par Halley, marquait son point de départ ? Peut-être passait-elle au voisinage de la Terre et du Soleil depuis qu'elle s'était formée, en même temps que les autres corps du système solaire ? Cette époque, pour la fin du XVIIIe siècle, équivalait à la Création.

Ceux qui avaient peuplé ce monde avant nous l'avaient vue. Comme ils avaient vu les étoiles, la Lune et les planètes qui circulent. Mais ceux qui avaient vu la comète étaient bien moins nombreux puisqu'elle ne revenait que quelques jours tous les soixante-dix-sept ans. Personne ne l'avait reconnue, ni distinguée de ses compagnes, toutes semblables. Pourtant, elles devaient bien avoir frappé l'imagination populaire, elles qui avaient annoncé tant de guerres, de pestes, de changements de règne. Notre comète avait sûrement été signalée dans les chroniques des différentes époques et dans combien d'autres écrits, comme cela avait été le cas pour d'autres comètes, périodiques elles aussi.

On avait les moyens de retrouver trace de ses passages. Puisqu'on connaissait la valeur de sa période, en la soustrayant de la date de la dernière apparition observée, on pourrait trouver la date de la précédente, puis de l'autre encore, et ainsi de suite. Et en lisant les chroniques datées des mêmes époques, on devrait pouvoir confirmer ses apparitions et les dates précises.

LES PREMIERS ESSAIS

Telle qu'elle est énoncée, la méthode semble simple. En réalité, elle se heurte à de grosses difficultés en raison de la variabilité de la période, comme Halley l'avait pressenti. Il n'est pas possible de dater les passages, futurs ou passés, à partir de l'un quelconque d'entre eux, par de simples additions ou soustractions. Cela ne suffit pas. La variabilité de sa période, et une autre raison que nous examinerons sous peu, ont une conséquence incontournable : à chaque retour, les conditions d'observation de la comète se modifient considérablement. On peut la voir plus ou moins bien, de plus ou moins loin et, surtout, dans une partie du ciel, ou dans une autre, tout à fait différente.

Ces éléments font de chaque apparition une apparition unique et montrent qu'au ciel comme ailleurs, rien ne se répète. Puisque la comète n'a pas de signes particuliers de reconnaissance, il est impossible de la retrouver dans le passé uniquement à partir des descriptions de son aspect, ou des circonstances dans lesquelles elle a été enregistrée. Pour l'individualiser, nous n'avons qu'un seul moyen : son orbite décrite dans l'espace.

L'orbite de la comète de Halley

Il nous faut donc connaître son orbite, et savoir comment elle se situe par rapport à celle de la Terre. Sans ces éléments indispensables, nous serions dans l'impossibilité de poursuivre. Nous ne pourrions ni retrouver sa trace dans le passé, ni suivre ses passages dans le futur, ni prévoir comment s'effectuera le prochain passage, comment procéderont les sondes spatiales qui l'exploreront. Et ces éléments nous ouvrent la voie pour tenter de reconstruire sa véritable histoire.

L'idéal serait assurément de se trouver en un point de l'espace d'où l'on pourrait voir la Terre et la comète parcourant leur orbite. Mais la réalité n'est pas celle-là : les orbites n'apparaissent pas comme deux monorails suspendus dans l'espace, alors qu'on peut facilement les tracer sur une carte. Pour une fois, la représentation est plus claire que la réalité. La figure 3.1 donne la disposition des deux orbites, obtenue en dessinant celle de la comète sur la base de ses éléments orbitaux (voir le chapitre II). On comprend immédiatement, en regardant ce dessin, pourquoi il est impossible de la revoir dans les mêmes conditions à chaque passage.

Supposons que, pendant que la comète passe au périhélie, la

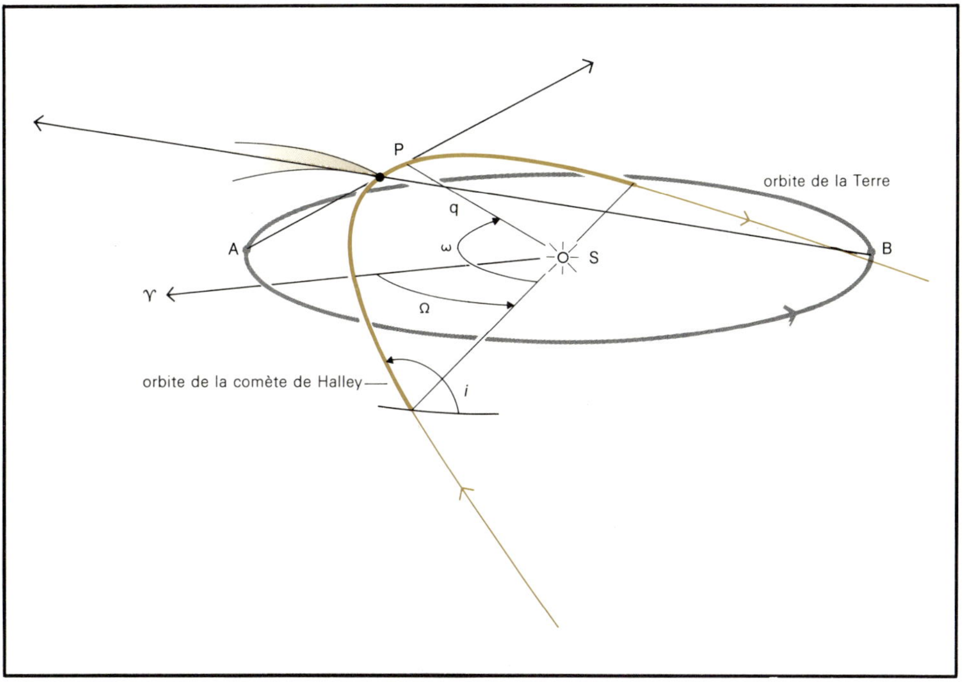

Fig. 3.1 Positions des orbites de la Terre et de la comète de Halley. La comète de Halley, vue de la Terre, apparaît dans des positions et des conditions différentes dans le ciel selon l'époque de son passage au périhélie. En première approximation, vu que tous les éléments orbitaux peuvent être considérés comme fixes en dehors de l'époque du passage au périhélie, les orbites de la comète et de la Terre peuvent être considérées comme fixes l'une par rapport à l'autre. Mais la date du passage au périhélie varie d'une fois à l'autre, et ne survient pas après un nombre entier d'années. On verra donc la comète dans des positions différentes, dans le ciel, en fonction de la position de la Terre sur son orbite. Si, par exemple, la Terre se trouve autour de A, on la verra projetée dans cette partie du ciel qui correspond à la partie droite de la figure. Si elle est, au contraire, autour de B, elle sera projetée vers la gauche. Les valeurs *i*, Ω, ω et *q* ne sont pas données car elles varient, même faiblement, avec le temps. Pour les 29 derniers passages, elles sont données dans le Tab. 3.VII (modifié à partir de *The Comet Halley Handbook*).

Terre parcourt l'arc de sa trajectoire autour de A. Au sol, nous verrons la comète se projeter dans le ciel dans une zone correspondant à la partie droite de la figure. Si la Terre s'était trouvée sur son arc autour de B, c'est de l'autre côté de la voûte céleste que nous aurions vu se projeter la comète, qui correspond à la partie gauche de la figure. En plus de sa position dans le ciel, sa distance à la Terre et au Soleil s'en trouveraient modifiées : peu dans le premier cas, grandement dans le second. On peut aisément imaginer tous les autres cas de figure, la comète passant au périhélie, la Terre se trouvant dans une position intermédiaire, etc.

Si la période cométaire correspondait à un nombre entier d'années, la Terre se retrouverait ainsi, au terme de chacune de ses révolutions, au même point de sa propre orbite, et nous reverrions la comète aux mêmes dates et projetée dans les mêmes points du ciel. Mais il n'en va pas ainsi. La période de la comète correspond à un certain nombre d'années plus une fraction. C'est pourquoi, quand la comète reviendra au même point de son orbite, la Terre aura déjà accompli un grand nombre de tours complets autour du Soleil mais elle aura aussi parcouru cet arc de sa trajectoire qui correspond à la fraction ajoutée de la période cométaire. Si la période était constante, cet élément n'empêcherait pas la recherche des passages du passé puisqu'on pourrait en déterminer la date avec précision. De plus, dans ce cas, la fraction d'année qui détermine le déplacement de la Terre serait, elle aussi, constante : on pourrait donc à chaque fois calculer la position de la Terre et, à partir de là, calculer la direction de l'apparition de la comète projetée sur la sphère céleste.

Mais la période n'est pas constante, en raison des perturbations exercées par les planètes tout au long du parcours qui parfois s'allonge, parfois se rétrécit, ce qui amène la comète à accomplir en plus ou moins de temps une révolution complète. Étant donné la variabilité de la période, nous ne pouvons donc déterminer quand, comment et où la comète apparut dans le passé.

Ce serait bien sûr possible si l'on connaissait parfaitement les paramètres orbitaux correspondant à un passage ; en tenant alors compte des perturbations planétaires, on calculerait la nouvelle orbite (par exemple pour le passage suivant) avec les valeurs corrigées de la période et de l'instant du passage au périhélie. Ce fut la méthode utilisée pour prévoir le retour de

1759, au prix d'un énorme travail. On aurait pu l'utiliser pour le passé, mais d'énormes difficultés pratiques rendaient l'exécution impossible. Il fallait refaire tous les calculs, en remontant dans le temps d'un passage à l'autre. Énorme travail. Et comment être sûr du résultat alors que la prévision de 1759, basée sur des observations positionnelles cométaires et planétaires bien plus précises que les anciennes, avait abouti à une erreur d'un mois ? On n'en avait guère les moyens. D'autant que l'erreur pouvait être le fait de causes indéterminées que les astronomes du XVIIIe siècle avaient déjà suspectées. Parmi elles, l'impossibilité de tenir compte des perturbations de planètes inconnues, situées au-delà de l'orbite de la dernière planète connue. Et cette crainte s'avéra fondée puisqu'en 1781, on découvrait Uranus, la nouvelle planète plus lointaine que Saturne.

Mais il fallait essayer d'obtenir un quelconque résultat. On recourut donc à un stratagème. Nous savons que la confrontation des éléments orbitaux nous permet d'identifier une comète. Pour les déterminer, quelques observations suffisent, en théorie trois, pourvu qu'elles soient bonnes. A l'époque, il arrivait qu'on n'en eût pas une seule de bonne. On pouvait tout au plus reconstituer assez grossièrement le parcours dans le ciel. Par ailleurs, nous l'avons vu, le parcours apparent peut sembler différent en fonction de l'endroit de son orbite où se trouve la Terre, et du passage au périhélie de la comète. Heureusement, même les observations les plus grossières peuvent nous amener à déterminer assez bien ce passage.

Il convient alors de procéder ainsi : on part d'un passage au périhélie bien connu concernant une apparition bien observée. En adoptant une période moyenne, on remonte dans le temps à la recherche de dates possibles. On essaie de calculer, pour toutes les comètes observées aux alentours de la date présumée, l'époque du passage au périhélie. Si on a pu le déterminer pour plusieurs comètes, on applique les éléments orbitaux de la comète de Halley calculés à l'occasion du passage le mieux observé et, en les complétant par les passages au périhélie de chacune desdites comètes, on calcule les parcours respectifs apparents sur la voûte céleste. Si pour l'une d'elles, le déplacement sur la voûte céleste satisfait le parcours apparent calculé, il s'agit de la comète de Halley. En effet, aucune autre, même avec le même périhélie, ne pourrait correspondre au mouvement apparent calculé puisque tous les autres éléments obtenus appartiennent en propre à la seule comète de Halley.

Les recherches de Pingré

Grâce à cette méthode qui n'exigeait pas d'observations nombreuses et précises, on pouvait espérer obtenir un résultat.

Halley lui-même avait tenté de remonter le temps. Il avait remarqué que l'orbite de la comète apparue en 1456, même mal calculée, semblait correspondre à celle des comètes de 1531, 1607 et 1682 qui, à son avis, n'en faisaient qu'une.

Plus tard, l'abbé A. G. Pingré, à qui l'on doit une imposante *Cométographie*, essaya de savoir si les soupçons de Halley étaient fondés. Il trouva deux observations en date du 6 juin 1456 dans un traité anonyme de 1458 et dans une chronique autrichienne. Ajoutées à celle de Halley, elles suffirent pour calculer l'époque du passage au périhélie. Ainsi, en appliquant la méthode exposée plus haut, Pingré put démontrer par son parcours apparent dans le ciel que la comète de 1456 était bien celle de Halley.

Il y avait donc cinq passages connus au périhélie. Entre eux, les intervalles étaient inégaux, mais les différences étaient minimes : l'écart le plus court était de 74,88 ans, le plus long de 76,49 ans. On pouvait donc adopter une période moyenne et, en partant du passage le plus reculé, donc celui de 1456, remonter dans le temps. Pingré s'y essaya. Il calcula sur ce mode d'autres dates, et les confronta avec les chroniques anciennes : il en fixa six. Pour lui, 1006 était une date presque sûre, les autres étaient seulement possibles, ou probables. En réalité, elles étaient toutes fausses [1].

Il y avait une faille dans la période. En utilisant une valeur moyenne, on pouvait tomber plus ou moins près de la date. On ne possédait ni les éléments orbitaux, ni le périhélie exact ou le parcours apparent pour les apparitions du passé, et les chroniques, médiocres, dont on disposait, n'étaient pas des observations : elles ne donnaient que la date où on avait vu une comète — date qui était souvent fausse, ou absolument imaginaire —, mais point de mesures positionnelles, sinon approximatives, et, rarement, les lieux où on avait signalé une comète.

Pingré connaissait la méthode, mais les moyens lui manquaient. Il lui fallait trouver — encore fallait-il qu'elles existas-

1. Précédemment, Lalande avait suggéré neuf dates, de 130 avant J.-C. à 1456. Seule cette dernière s'avéra exacte par la suite.

sent — des observations anciennes suffisamment précises pour atteindre son but. Pour son bonheur et le nôtre, il les trouva.

En 1759, quelques mois après le retour retentissant de la comète, le jésuite A. Gaubil mourait à Pékin. Ce missionnaire était un savant, expert en astronomie, qui avait envoyé en France un manuscrit intitulé « Catalogues de Comètes vues en Chine ». C'était un extrait, concis, limité au domaine astronomique, d'un ouvrage encyclopédique publié par Ma Duanlin en 1254 et remis à jour en 1586. Ce manuscrit, contenant des observations sur de multiples comètes, se trouvait à l'Observatoire de Paris. Pingré le consulta et s'en inspira largement pour la rédaction de sa *Cométographie.* Il y avait là, pour quelques comètes, assez d'observations pour qu'il tentât d'en calculer les orbites. Il réussit pour les comètes de 837, 1231, 1264, 1299, 1301 et 1337. Deux d'entre elles, 837 et 1301, n'étaient autres que la comète de Halley. Mais Pingré, qui voulait tant retrouver sa trace, s'était trompé et arrêté à 1066 : il ne sut donc rien de celle de 837.

Mais il avait franchi une nouvelle étape. Il résulte de sa *Cométographie* qu'entre 800 et 1350, 169 comètes sont signalées. Pingré réussit à calculer l'orbite de 6 d'entre elles en se servant exclusivement des observations chinoises [1], qui étaient déjà plus nombreuses et plus adaptées aussi au but recherché. Elles l'étaient presque autant que celles que nous établissons aujourd'hui.

On disposait enfin d'une source d'observations précises qu'on avait cherchée en vain dans le monde occidental. Pourquoi diable étaient-elles si précises ? En quoi l'astronomie chinoise se différenciait-elle de l'européenne ? Depuis quand l'Orient s'adonnait-il à de telles observations ? De quelles autres sources allions-nous pouvoir encore disposer ? Questions pertinentes, puisque l'astronomie chinoise est, aujourd'hui encore, fondamentale pour l'amélioration de notre connaissance de la comète de Halley.

1. Pour la comète de 1264, il utilisa aussi des observations européennes. Mais, seules, elles n'auraient pas été suffisantes.

LES OBSERVATIONS CHINOISES

La Chine antique

Jusqu'au début du XXe siècle, on pensait que l'histoire de la Chine remontait au IIIe millénaire avant notre ère, à une dynastie (les Xia) qui aurait régné entre 2000 et 1500 avant J.-C. A cette dynastie aurait succédé celle des Shang jusqu'à l'aube du premier millénaire avant J.-C., puis les Zhou (tab. 3.1). Les Zhou, originaires des régions occidentales, conquirent le territoire des Shang et, plus évolués, les remplacèrent. Les Shang, dont le royaume ne s'étendait peut-être que dans un rayon de quelques centaines de kilomètres autour de la capitale, avaient assis leur domination sur un système de type préféodal. Les Zhou poussèrent la féodalité à un niveau presque comparable à celui de l'Europe du Moyen Age et, sur ces bases, ils bâtirent un véritable empire.

Avec le temps, les fiefs devinrent des États féodaux semi-indépendants, puis de véritables États dans lesquels on trouve déjà l'absorption des minorités par les majorités, puis l'inévitable affrontement entre grands pour la suprématie absolue.

On arriva ainsi à la période des Royaumes combattants, qui va du Ve au IIIe siècles avant J.-C. Période de luttes, mais période féconde aussi pour tous les poètes et les philosophes qu'elle engendra. Ce fut à cette époque que fleurit la poésie, que vécut Confucius, que surgit le taoïsme. Tout au long de cette période, l'État de Qin se développa toujours plus et sa structure était non plus féodale, mais bureaucratique et centralisée. En 246 avant J.-C., le roi Zheng (259-210) qui, en vingt-quatre ans, avait vaincu et absorbé les six autres royaumes alors existant, accéda au trône de Qin. En 221 avant J.-C., il devint le chef d'un État unifié, assumant dès lors le titre de Shi huangdi qui signifie Premier Empereur. C'est d'ailleurs le nom de cet État de Qin, démesurément agrandi jusqu'à devenir un véritable empire, qui inspira à l'Occident le nom de Chine.

Qin shi huangdi fut un grand réformateur. Il donna une nouvelle dimension à l'ancien féodalisme en imposant le gouvernement bureaucratique de l'État de Chine, fait jamais contredit dans toute l'histoire chinoise. Il unifia les poids et mesures ; il commença la construction de routes à trois voies sur lesquelles circulaient des chariots à écartement unifié ; il compléta et unifia des ouvrages défensifs déjà existants et prolongea la Grande Muraille. Enfin, il se lança dans une entreprise dont les conséquences devaient être encore plus importantes et durables que toutes les autres : il uniformisa la langue écrite dans la forme qu'elle a encore de nos jours. Li Si, son conseiller légiste, habile et intelligent, fut le concepteur de la plupart des ouvrages réalisés. Mais il poussa aussi l'empereur à accomplir un acte irréparable pour la conservation de l'histoire chinoise antérieure : parce qu'il voulait déraciner le féodalisme jusque dans les mémoires et frapper les partisans de Confucius, il conseilla au souverain de proscrire les livres classiques, excepté ceux de médecine, d'agriculture et de divination. Les peines infligées à ceux qui n'obéissaient pas pouvaient aller jusqu'à la mort. De tous les ouvrages anciens, il ne demeura que la collection des Archives impériales. Hélas, quelques années après leur fondation, alors que la dynastie s'écroulait, les archives furent détruites au cours d'un incendie.

Qin shi huangdi mourut en 210 avant J.-C. La tombe où il fut enterré, découverte en 1974, est extraordinairement imposante. Il y fut enseveli en compagnie d'une armée en terre cuite de 10 000 soldats environ, de plus de 500 cavaliers, de 130 chars en bois, avec leurs équipements militaires et de vraies armes qui auraient pu être effectivement utilisées. Mais la puissance de l'empire ne lui survécut pas longtemps, et la dynastie qu'il avait fondée s'éteignit pratiquement avec lui.

En 202 avant J.-C., un officier de son armée, Liu Bang, condamné à mort, avait échappé à l'exécution. A la tête d'un groupe de rebelles, il conquit le trône et fonda la dynastie Han qui dura quatre siècles. Les chroniques et les histoires écrites à cette époque nous sont parvenues. C'est sous cette dynastie des Han occidentaux [ou Han antérieurs] qu'on tenta de récupérer ce que l'autodafé avait détruit. On rechercha les ouvrages qui auraient pu y échapper, mais sans grand succès. On fit alors appel à la mémoire de ceux qui avaient étudié l'histoire ancienne dans leur jeunesse, avant que Qin shi huangdi ne donnât l'ordre de tout brûler. Aujourd'hui encore, au travers des fouilles archéologiques, on continue à chercher des exemplaires d'ouvrages qui pourraient nous aider à reconstituer l'histoire la plus ancienne.

On comprend mieux pourquoi, récemment encore, on a pu commettre tant d'erreurs historiques à propos de cette époque

TAB. 3.I — CHRONOLOGIE ESSENTIELLE DE LA CULTURE ET DE L'ASTRONOMIE CHINOISES AU COURS DES DERNIERS TROIS MILLE CINQ CENTS ANS

Époque	Dynastie	Capitale	Événements	Événements astronomiques
1500 a. C.				
				Premiers enregistrements épars d'éclipses solaires
	SHANG		Ossements oraculaires	
1000 a. C.				
	CHOU (ZHOU)	Hao puis Lo		
			Confucius	Premiers enregistrements de comètes
500 a. C.				Observations régulières d'eclipses solaires
	ROYAUMES COMBATTANTS			Premiers catalogues stellaires
	CHHIN (QIN)	Hsienyang	Grande Muraille Unification de l'écriture	
		Chhangan	Premières liaisons avec l'Occident	
0	HAN	Loyang	Invention du papier	Premiers enregistrements de taches solaires
	TROIS ROYAUMES (SANGUO)	Chhengtu- Loyang- Chienyeh (Nankin)	Moulins à eau Invention de la brouette	

de la Chine ancienne. Jusqu'à la fin du XIXe siècle, on pensait que l'histoire chinoise remontait à cinq millénaires. On se fiait entièrement à des faits décrits à des époques ultérieures mais qui, soumis à une critique sérieuse et exigeante, développée depuis le début du XXe siècle, se sont révélés purement légendaires. On déplaça l'histoire chinoise documentée du IIIe millé-

TAB. 3.I — CHRONOLOGIE ESSENTIELLE DE LA CULTURE ET DE L'ASTRONOMIE CHINOISES AU COURS DES DERNIERS TROIS MILLE CINQ CENTS ANS (suite)

Époque	Dynastie	Capitale	Événements	Événements astronomiques
	CHIN (JIN)	Loyang-Chien-khang (Nankin)		Carte stellaire de Chhen Cho
500	DYNASTIES du NORD et du SUD (NANBEICHAO)	Chienkhang (Nankin)		
	SUI	Chhangan puis Loyang	Grand Canal Invention de l'Imprimerie	
	THANG (TANG)	Chhangan	1res mentions de la poudre à canon	
1000	CINQ DYNASTIES			
	SUNG (SONG)	Pienliang et Linan	Imprimerie à caractères mobiles	
			Marco Polo	
	YUAN	Khambalik (Pékin)		Invention de la monture équatoriale
1500	MING	Nankin puis Pékin		
			Premiers jésuites en Chine	
	CHHING (QING)	Pékin		
			Guerre de l'opium	
	RÉPUBLIQUE	Pékin		

naire à 1500 avant notre ère, gommant du même coup la dynastie Xia, que les Chinois situent à leur origine mais qui est considérée comme purement légendaire. De récentes recherches archéologiques témoignent pourtant de la présence de trois cultures, à l'époque et dans les régions mêmes où la tradition ancienne situent les Xia. La critique moderne douta même de la réalité de la dynastie Shang, mais les recherches entreprises au XXe siècle ont balayé tous les doutes grâce à une découverte d'une telle portée qu'elle a permis de faire toute la lumière sur l'ensemble de cette période la plus reculée.

Vers le XVIe siècle avant notre ère, une civilisation du bronze se développa dans le Ho-Nan. On en est sûr depuis les fouilles entreprises entre 1927 et 1936 dans la région de Anyang (qui a sans doute été l'un des principaux centres de production d'objets en bronze). Depuis deux décennies déjà, on avait fait dans cette région une découverte encore plus singulière. Les paysans trouvaient d'étranges « ossements » qu'ils vendaient à un homme du village, qui les revendait à son tour aux pharmaciens comme des « os de dragons ». Réduits en poudre, ils étaient utilisés pour faire des médicaments réputés combattre certaines indispositions. Entre la fin du XIXe siècle et le début du nôtre, des savants chinois et occidentaux s'aperçurent que ces os portaient des inscriptions d'une écriture très ancienne, mais déchiffrable. Ils saisirent leur signification et, du même coup, leur importance. C'étaient des instruments d'un procédé divinatoire consistant à écrire des questions sur des écailles de tortue, ou des omoplates d'animaux, qu'on chauffait avec un tison ou une barre rougis. Sous l'effet de la chaleur, des craquelures se formaient qui, selon les formes et les directions qu'elles prenaient, fournissaient la réponse. C'est un peu ce que l'on fait de nos jours avec les feuilles de thé ou le marc de café. Les devins de l'époque archivèrent ces documents qui nous donnent donc de précieuses informations sur la période la plus reculée de l'histoire chinoise.

Cette documentation modeste est riche d'enseignement, comme le prouve un fait étrange qui fit grand bruit parmi les historiens. Vers l'an 100 avant notre ère, le grand historien Sima Qian, en se fondant sur des sources anciennes, écrivit le livre *Shiji (Mémoires historiques)*, où il parlait de trente rois Shang. La critique moderne doutait fort que Sima Qian ait eu à sa disposition des sources anciennes. Or, on a retrouvé sur les ossements oraculaires de l'époque Shang une bonne partie des souverains, 23 sur les 30 dont parle Sima Qian. Du coup, l'existence de la dynastie Shang était prouvée et le *Shiji*, qui couvre une époque allant des temps mythologiques à 122 avant J.-C., a pu être versé au profit de l'histoire ancienne chinoise.

Mais, comme ce fut le cas très souvent, ces ossements oraculaires fournissent des informations indirectes, qui ne touchent que quelques rares sujets abordés par les questions des oracles. Heureusement, l'astronomie en fait partie. Grâce à ces ossements, nous avons pu connaître le calendrier en vigueur sous la dynastie Shang, et les éclipses solaires et lunaires. Selon J. Needham, deux de ces os (fig. 3.2) renseigneraient même sur l'apparition d'une nova apparue près d'Antarès à une époque hélas non précisée. La valeur de ces documents se trouve limi-

Fig. 3.2 Os oraculaire de l'époque de la dynastie Shang, où est rappelée une nova apparue près d'Antares (collection F. R. Stephenson).

tée par l'impossibilité d'une datation. Mais ce ne sont là que les miettes de l'astronomie chinoise ancienne, qui constitue en réalité un vaste corpus.

Signification de l'astronomie

Ce bref survol de l'histoire de la Chine la plus ancienne nous a montré combien elle comporte de lacunes. Pourtant, dès l'époque où les actes impériaux furent conservés — et l'histoire officielle des dynasties est connue jusque dans ses plus petits détails — les observations astronomiques se font nombreuses, détaillées et précises au point de constituer, pendant mille cinq cents ans, l'ensemble homogène le plus vaste de tous ceux que l'on connaît. Mais pourquoi cette relation entre l'astronomie et l'État ? Tout simplement parce que la première occupait dans l'administration du second une fonction essentielle.

En Chine, l'observation du ciel était très importante pour deux raisons : la lecture des prodiges du ciel, et la consultation du calendrier.

Selon les Chinois, le souverain recevait du ciel son mandat de gouverner. Ainsi, toutes les anomalies qui apparaissaient sur la voûte céleste étaient-elles considérées comme un avertissement à l'empereur qui avait transgressé la volonté du ciel. On trouve un exemple et une preuve de cette conception dans un édit impérial cité dans l'*Histoire de la Dynastie Han occidentale.* On peut lire : « Quand le prince des hommes n'est pas vertueux, un reproche apparaît, dans le ciel ou sur la Terre ; et des interventions et prodiges surviennent fréquemment pour l'informer qu'il ne gouverne pas bien. Notre expérience de gouvernement n'a duré qu'un temps bref, nous n'avons pas été corrects dans notre conduite et à partir du jour *Wu-shen* (5 janvier de l'an 29 avant J.-C.), il y eut une éclipse du Soleil et un tremblement de terre. Nous sommes tout à fait consternés. »

Pour découvrir les signes du ciel et prendre au plus tôt les précautions nécessaires, il fallait donc que l'observation fût continue. La motivation était d'ordre astrologique, même s'il ne faut pas prendre ce mot dans le sens d'influence céleste comme on l'entendit plus tard dans d'autres pays. De plus, l'astrologie chinoise, comme la babylonienne, avait un caractère officiel et concernait non pas les questions privées, mais les affaires publiques.

L'idée que le mandat du souverain était d'origine céleste

fournit aux Chinois la seconde raison de s'intéresser aux choses du ciel : le calcul du calendrier. Quand on constatait des événements importants pour le royaume, comme l'avènement d'une dynastie nouvelle, le nouvel empereur, dans la réforme des institutions qu'il instaurait rapidement, incluait également le calendrier pour prouver que le nouvel ordre institué se fondait sur une nouvelle disposition des influences célestes. Cette pratique, très répandue jusqu'au Ve siècle, s'affaiblit progressivement. Mais elle laissa la place à une autre pratique, celle de la correction des désaccords, même minimes, entre le calendrier et les phénomènes célestes observés.

Le calendrier utilisé par les Chinois était de type lunisolaire. Dans ce type de calendrier, l'accord entre le cycle lunaire (mensuel) et le cycle solaire (annuel) n'est pas direct puisqu'il n'y a pas un nombre entier de lunaisons dans l'année. C'est pourquoi le calendrier chinois devait être ajusté périodiquement par l'introduction d'un mois intercalaire. La promulgation du calendrier était une concession que le souverain faisait à la fin de chaque année, quelques mois avant que ne débute la suivante. De plus, toujours à cause du rôle important que jouaient les phénomènes célestes, les Chinois ne se contentaient pas, comme nous, d'un calendrier conventionnel, fondé sur le cours moyen du Soleil et de la Lune et utilisé dans un but purement civil et religieux. Ils voulaient que leur calendrier traduisît aussi les anomalies observées dans les mouvements apparents des deux astres et dans ceux des cinq planètes. Sans une prévision précise des phénomènes normaux, comment auraient-ils pu mettre en évidence les phénomènes prévisibles mais rares, comme certaines conjonctions planétaires ? Comment auraient-ils pu découvrir les anomalies, comme l'apparition d'une étoile nova ou d'une comète, qu'ils interprétaient au bénéfice de l'empereur et du gouvernement de l'État ? Leur système correspondait plus à nos éphémérides qu'à notre calendrier et, pour tenter de le relier sans cesse aux phénomènes célestes, on le réformait souvent. Mais pour une correction minime apportée, on finissait par accroître le désaccord.

Cela explique qu'au cours des deux derniers millénaires de l'histoire du monde, alors que l'Occident ne connaissait qu'une seule réforme du calendrier (celle du grégorien de 1582), la Chine en accomplit une cinquantaine.

Puisque les observations astronomiques jouaient un rôle important dans l'administration de l'État, il fallait qu'elles fussent régulières et minutieuses. De plus, pour comparer la cause et l'effet, et améliorer les prévisions futures en se fondant sur le passé, il fallait aussi que les observations fussent insérées et conservées parmi les documents les plus précieux de l'Empire. En agissant ainsi, même si les motivations n'étaient pas scientifiques, la Chine remplissait les deux conditions fondamentales de toute recherche astronomique : une observation continue du ciel, vierge de ces préjugés scientifiques qui vous poussent à ne voir ou à ne relever que ce que vous cherchez, et un archivage du matériel, pour conserver et transmettre aux générations suivantes toutes les observations, y compris celles qui ne semblent pas importantes pour les théories de l'heure. En effet, les Chinois considéraient que tout ce que l'on voyait dans le ciel était, ou risquait d'être, important. C'est une chose qu'aucun véritable astronome ne devrait jamais oublier, même si les raisons des observations sont différentes.

Observer, mais comment ? Et quoi ?

Depuis les temps les plus reculés, on nommait un Grand Historien *(Ta-shi)*. On a retrouvé ce titre sur les os oraculaires. La figure du Grand Historien remonte donc au moins au IIe millénaire avant notre ère. Sous la dynastie Zhou et, peut-être, à l'époque des Shang, le Grand Historien avait une double tâche : puisque les phénomènes naturels étaient étroitement liés aux affaires des hommes, il devait enregistrer les événements humains, mais également tout ce qui se passait dans la nature. C'est ainsi qu'il était à la fois astronome et astrologue et, par conséquent, conseiller du souverain. Sous les Han occidentaux, soit vers 200 avant J.-C., les affaires de l'État se compliquèrent et sa tâche devint si importante, si complexe qu'on la confia à un Office du culte propitiatoire (Thai-chhang). Dès lors, il y eut un Office astronomique et ce, jusqu'en 1912, quand se forma la République de Chine.

Cet Office fonctionna sans interruption pendant deux mille ans, pendant que se succédaient les dynasties, qu'éclataient les conflits et les scissions internes, et même pendant la période où la Chine, tombée sous la domination étrangère, n'était plus gouvernée par des Chinois, comme à l'époque des Mongols (XIIIe et XIXe siècles) ou de la dynastie Mandchoue — qui domina la Chine dès 1644. Cela montre le respect, la considération et la crainte que l'astronomie inspirait à tous, étrangers compris.

L'Office astronomique avait un observatoire (fig. 3.3) équipé d'instruments pour mesurer le temps et les positions astrales. Cet observatoire se trouvait dans la capitale et à l'intérieur de l'enceinte du Palais Impérial. Si on déplaçait la capitale de l'Empire, quand par exemple une nouvelle dynastie s'installait, on construisait un nouveau Palais Impérial et un nouvel observatoire. Toutes les observations chinoises n'ont donc pas été faites du même lieu, mais nous avons de bonnes raisons de croire que, dans tous les cas, elles l'ont toujours été de l'observatoire impérial. A chaque époque correspond, en effet, un lieu d'observations qui se confond avec la capitale.

Les phénomènes enregistrés, comme en témoigne le traité inséré dans l'*Histoire de la dynastie des Qin*, étaient les suivants : bruits semblables au tonnerre ; éclipses du Soleil ; halos et taches solaires ; changements de Lune (éclipses, halos, etc.) ;

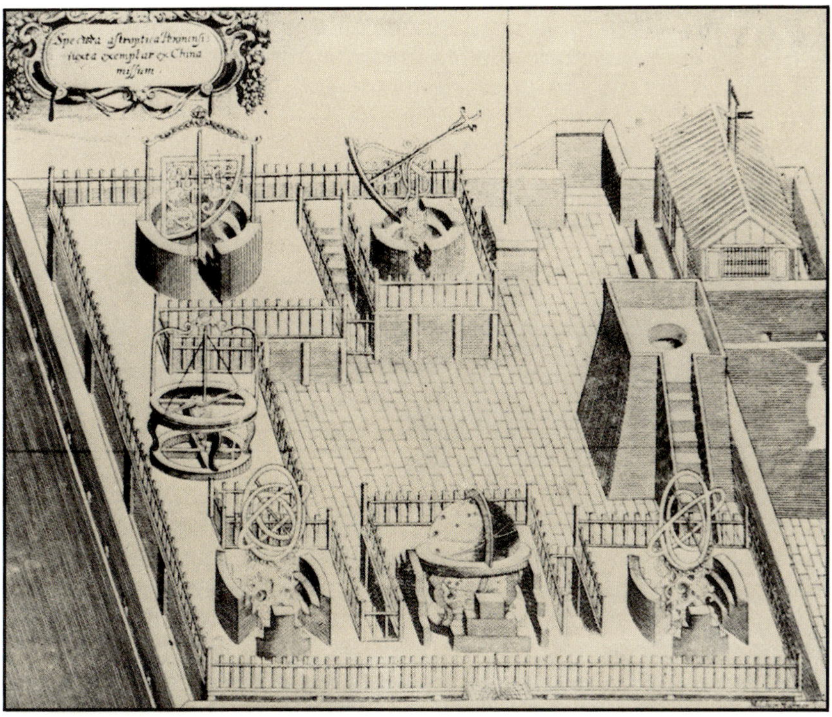

Fig. 3.3 L'observatoire astronomique de Pékin, réorganisé en 1674. La réalisation est due au jésuite Ferdinand Verbiest qui fut directeur de l'Office Astronomique Impérial (F. Verbiest, *Astronomia europaea*).

conjonctions planétaires ; apparitions diurnes et conjonctions de la Lune et des cinq planètes avec les diverses constellations ; étoiles « de mauvais augure » et étoiles « visiteuses » (comète et novae) ; météores ; nuages et vapeurs extraordinaires (aurores polaires). En pratique, toutes les observations possibles étaient faites à l'œil nu.

Les Chinois suivaient tout ce qui se passait dans le ciel, mais ils ne faisaient aucune distinction entre les phénomènes astronomiques et les autres (météorologiques, géo-physiques, etc.). D'ailleurs, c'est aujourd'hui encore le cas. Nombreux sont ceux qui confondent astronomie et météorologie, et il n'y a pas un seul astronome à qui l'on n'ait posé la question : « Toi qui regardes les étoiles, peux-tu me dire quand va cesser ce mauvais temps ? »

L'Office astronomique employait un personnel nombreux, diversement organisé et occupé. Le *Tang lin tien (Les six Classifications institutionnelles de la dynastie Tang)* et le *Zhouli (Rituel des Zhou)* nous renseignent en détail sur ce sujet.

Le *Zhouli,* qui regroupe les informations recueillies sous les Han occidentaux, au IIIe siècle avant J.-C., mentionne d'abord un astronome impérial qui suivait le ciel depuis la tour de l'Observatoire, afin de dresser le calendrier. Un second astrologue impérial avait pour mission d'observer les changements et les phénomènes célestes, et d'établir leur lien avec les neuf régions de l'Empire, les fiefs et les principautés. Ces deux charges étaient héréditaires. Un troisième fonctionnaire effectuait des observations d'ordre essentiellement météorologique, qui pouvaient aller jusqu'aux éclipses. Enfin, il y avait un préposé aux clepsydres, qui contrôlait les horloges à eau. Ces quatre fonctionnaires disposaient d'un nombre imprécis de personnes pour les aider dans leurs tâches.

Le *Tang lin tien,* postérieur au *Zhouli* de quelque neuf siècles*, est plus détaillé, mais il reflète aussi une structure légèrement modifiée. Les fonctionnaires administratifs étaient deux Grands Astrologues, dont les tâches habituelles étaient l'observation et le calendrier. Sous leurs ordres, huit personnes, dont deux vice-directeurs. On trouvait ensuite une section astrologique composée de deux professeurs, cinq observateurs, cent cinquante étudiants ; une section du calendrier, avec un

* La dynastie Tang régna de 618 à 907 de notre ère. (N.d.É.)

professeur, deux techniciens et quarante et un étudiants ; une section chargée de relever le temps, avec six professeurs, trente-sept techniciens, trois cent soixante étudiants ; puis deux cent quatre-vingts chargés des cloches ; cent soixante chargés des tambours. En tout, près de mille personnes travaillaient à l'Office astronomique.

Ce qui n'empêcha pas que, sous la dynastie Song, après plus de mille ans d'efficacité dans le fonctionnement de l'office, un département astronomique se crée, dont la tâche était exclusivement d'observation.

Peng Shen, qui fut Astronome impérial de 1068 à 1077, décrit brièvement comment s'organisaient les observations après l'institution de ce nouveau département : « Sous notre dynastie, fut fondé, à l'intérieur du Palais impérial, le Département astronomique, avec un clepsydre et un observatoire doté d'une sphère armillaire de bronze, tout à fait semblable à celle de l'Office d'astronomie et du calendrier. Les deux observatoires établissent des rapports que l'on confronte chaque soir. Le Département astronomique doit déclarer s'il y a eu, ou non, des vapeurs, des phénomènes insolites, des oppositions ou des conjonctions, des changements positionnels de corps célestes, etc., et présenter son rapport avant l'ouverture des portes du Palais. À l'aube, après l'ouverture des portes, les résultats de l'Office d'astronomie et du calendrier arrivent et on doit confronter et vérifier les deux rapports pour éliminer toutes les informations fausses. Mais, ces dernières années, les fonctionnaires des deux observatoires ont copié leurs informations les uns sur les autres avant de les remettre officiellement. Personne n'a trouvé cela étrange parmi ceux qui en ont été informés. »

Beaucoup plus tard, en 1698, Louis Le Comte décrivit comment se passaient les observations et raconta ce qu'il avait vu à Pékin : « Cinq mathématiciens passent toutes leurs nuits sur la tour à observer ce qui se passe dans le ciel ; le premier fixe le zénith, le second regarde vers l'est, un troisième vers l'ouest, le quatrième vers le sud et le cinquième vers le nord, de sorte que rien de ce qui arrive aux quatre coins du monde ne peut leur échapper. Avec une attention vigilante, ils prennent note des vents, de la pluie, de l'air, des phénomènes insolites comme les éclipses, ou les oppositions et les conjonctions des planètes, les feux, les météores et tout ce qui peut être utile. Ils font un compte rendu exact de tout cela, qu'ils portent chaque matin au surintendant des mathématiques, qui est chargé de les enregistrer. »

Le lien étroit entre les phénomènes célestes et l'art divinatoire donnait aux astronomes chinois du prestige et du pouvoir, mais il les contraignait à l'isolement et les soumettait au secret d'État. Dans le *Tang lin tien,* déjà cité, on peut lire : « Aucun instrument astrologique (comme les sphères armillaires et les clepsydres), aucun livre d'astrologie ne doivent quitter les offices, par crainte que des personnes non qualifiées n'en fassent un mauvais usage. »

Un siècle plus tard, un édit impérial promulgué le douzième mois de la cinquième année de règne de Khai Sheng (840) énonce textuellement : « S'il venait à notre connaissance que des fonctionnaires astronomes, ou leurs subalternes, entretiennent des relations avec des fonctionnaires de tout autre département du gouvernement, ou le peuple vulgaire, la chose serait considérée par nous comme une violation des règlements de sécurité auxquels on doit adhérer de façon rigide. Par conséquent, les fonctionnaires astronomiques ont le devoir de ne se mélanger sous aucun prétexte aux serviteurs civils et, en général, au peuple vulgaire. Laissons le censeur faire diligence. »

L'obligation de réserve dura autant que les observations elles-mêmes, c'est-à-dire jusqu'à la fin de l'Empire de Chine, en 1910. A l'aube de 1700 encore, dans une *Histoire des Mathématiques chinoises,* on peut lire : « Ceux qui avaient illégalement étudié l'astrologie et recueilli des livres et instruments d'astrologie furent sévèrement punis. »

La représentation du ciel

Les constellations chinoises n'étaient pas les nôtres, elles n'étaient pas non plus aussi étendues. Le ciel était subdivisé en plus de deux cent cinquante astérismes, c'est-à-dire des petits groupes d'étoiles. Comme pour nos constellations, leur nombre varia légèrement avec le temps. En 275, selon une estimation de l'astronome impérial, elles étaient au nombre de deux cent quatre-vingt-trois.

Cette fragmentation du ciel étoilé était une conséquence nécessaire de la conception astrologique. En effet, chaque groupe d'étoiles, ou tout simplement chaque étoile, était associé à des problèmes, des événements ou des figures terrestres bien déterminés. Parmi les constellations, on trouvait l'Empereur, le Prince héritier, le ministre des Travaux publics, les Eunuques de Cour, le Temple céleste, le Fleuve céleste, etc. L'apparition d'étoiles ou de comètes, les déplacements de corps nouveaux ou connus sur une voûte étoilée subdivisée de la sorte permettait de lire des messages clairs et précis dans le ciel. Les traités des premières histoires dynastiques rapportent des prévisions associées à la quasi-totalité des observations. D.H. Clark et F.R. Stephenson en ont choisi deux, qui méritent d'être données à titre d'exemple. Dans la première, extraite de l'*Histoire de la dynastie Han orientale,* il est dit :

« Huitième année (de la période de règne Yung Phing), dixième mois, (jour) *jen-yin,* le dernier jour du mois (16 décembre 65). Il y eut une éclipse du Soleil et elle fut totale. Le Soleil était à 11° en *Nan-tou. Nan-tou* représente l'État de Wu. Kuang-Ling, pour ce qui est des constellations, appartient à l'État de Wu. Deux ans après, Ching, roi de Kuang-Ling, fut accusé de tramer une rebellion et se suicida. »

Et voici ce qu'on peut lire dans l'*Histoire officielle de la dynastie Qin* :

« Cinquième année (de la période de règne Sheng-Phing), huitième mois, (jour) *ting-wei* (1er mai 361). La Lune envahit Saturne à *Chen.* Selon les normes des prévisions, cela signifiait la mort d'une personne importante. Le cinquième mois, Mu-ti (l'Empereur) mourut. »

Le phénomène relatif au second épisode est, bien sûr, une occultation de Saturne qui se produisit dans la constellation de *Chen,* notre constellation du Corbeau.

A partir de ces deux exemples, on peut voir comment on lisait un message bien précis selon le type de phénomène, les corps célestes impliqués et les régions du ciel concernées. En effet, pour les Chinois, on trouvait dans le ciel une représentation du monde terrestre, et il y avait une étroite correspondance entre les corps célestes et les phénomènes connexes et des personnes, des lieux ou des événements bien déterminés. Bien sûr, comme cela se produisit en Occident pour les comètes, même si l'événement prévu se vérifiait avec un retard de quelques années, on considérait que la prévision s'était réalisée.

Voyons maintenant un dernier exemple, en remontant à une époque relativement récente, il y a un peu plus d'un siècle. Dans les Annales chinoises de l'empereur Guangxu, en 1882, on peut lire ce qui suit, écrit dans le même style que deux mille ans auparavant :

« Huitième année de la période de règne Guangxu, huitième mois, jour *ting-chhou.* A la Grande Secrétairerie, un édit fut émis qui énonçait : " Quand on vit, l'an dernier, une étoile-balai (une étoile avec une queue), un décret impérial s'adressa aux fonctionnaires de la cour et du palais, leur ordonnant de faire consciencieusement leur devoir. Dans la deuxième décade du même mois, on vit de nouveau la comète au sud-est. C'était sans doute dû aux fréquentes erreurs commises par les employés de l'administration : les privations du peuple villageois n'avaient pas été présentées au trône de façon appropriée. Ordre est donné de mener une enquête approfondie. " »

Cet écrit montre combien était encore vivace, à l'aube de notre siècle, la pratique de soumettre l'administration de l'État aux phénomènes célestes. Quelques décennies plus tard, on allait assister à l'effondrement total de cette structure sociopolitique plurimillénaire.

Limites, décadence et importance de l'astronomie chinoise ancienne

A la faveur des connaissances historiques et de la science moderne, nous sommes en mesure d'estimer les qualités de l'astronomie chinoise, ses limites et l'importance de sa contribution, passée et à venir, à la connaissance de l'univers.

Comme nous l'avons vu, l'Office astronomique jouait un rôle important et employait un personnel nombreux, des astronomes pour la plupart. Mais l'obligation de réserve imposée par le caractère astrologique et politique du travail, ajoutée à celle qui leur était faite de vivre regroupés autour du Palais impérial puisqu'ils étaient virtuellement séparés du peuple et qu'ils représentaient l'intégralité de ceux qui s'occupaient d'astronomie en Chine, limitèrent notablement la diffusion de l'astronomie dans le reste du pays. En dehors de la cour impériale, on n'avait aucune connaissance des mouvements célestes, et ceux qui les connaissaient ne manifestaient aucun intérêt pour leur interprétation physique. C'est pourquoi la Chine, contrairement à ce qui se passa dans l'aire gréco-romaine et, plus tard, dans tout l'Occident, ne développa pas de systèmes du monde.

Certes on formula dans la Chine ancienne des théologies cosmologiques, mais elles étaient rarissimes et plus philosophiques qu'astronomiques. On en connaissait surtout trois, les plus répandues : celle du *t'ien kai* (le ciel est un dais), celle de l'*huen t'ien* (le ciel est une sphère) et celle du *sinan ye* (le fruit du travail de la nuit).

La première se fondait sur cinq principes, au nombre desquels celui, fondamental, du *yin-yang* (fig. 3.4), ces deux forces ou activités indissociables de l'univers : le yin est associé à l'obscur, au froid et à tout ce qui est féminin ; le yang, à la lumière, à la chaleur et à tout ce qui est masculin. Le contraste et l'alternance entre ces deux forces, les seules existant dans l'univers, engendrent le mouvement, la vie, la transformation des choses. Dans cette cosmologie, le ciel et la terre sont considérés comme des parallèles : dans une première version, vers le XVe siècle avant J.-C., ils étaient conçus comme deux plans ; dans une seconde, datant du Ier siècle, comme deux surfaces incurvées, mais toujours équidistantes en tous points.

La cosmologie *huen t'ien,* qui remonte au moins au début du IIe siècle, supposait la sphéricité du ciel, mais pas nécessairement celle de la Terre. La forme de cette dernière n'intéressa jamais beaucoup les Chinois, sauf à l'échelle locale.

La cosmologie *sinan ye,* aussi ancienne que les autres, est sans doute la plus intéressante. Pour elle, l'espace est vide et infini. Le Soleil, la Lune et les planètes voyagent dans l'espace sans être accrochés à rien. Se détachant du schéma rigide des deux autres cosmologies, elle refuse le dualisme Ciel-Terre et donne à chaque planète un niveau ou une orbite dans l'espace infini.

Fig. 3.4 Le symbole chinois du yin-yang.

Ce type de concept, révolutionnaire par rapport aux cosmologies alors en vigueur, ou ultérieures, dans le reste du monde, ne devaient se développer en Europe qu'à partir de la fin du XVIIe siècle. En dehors de ces trois cosmologies, il y en avait d'autres, mineures. Mais elles étaient considérées plus comme des théories philosophiques que scientifiques. Jamais les astronomes chinois ne furent conditionnés par une quelconque cosmologie. Les raisons qui les poussaient à observer le ciel étaient astrologiques et socio-politiques, pour la divination et le calendrier. Dans le *Li chou* (traité sur la préparation du Calendrier), il est écrit explicitement que les astronomes ne doivent s'intéresser « exclusivement qu'aux observations et au calcul du calendrier pour donner le temps exact au peuple. Que les cosmologies *huen t'ien* ou *t'ien kai* soient vraies, cela ne les concerne pas ». Une telle attitude peut nous sembler paradoxale, mais elle a permis que les Chinois effectuent, pendant des millénaires, des observations astronomiques objectives, sans qu'aucun préjugé ne vienne les influencer[1].

Ils ne se contentèrent pas de les faire, ils les firent fort bien. Elles étaient, nous l'avons vu, systématiques et exhaustives, en ce sens que, chaque nuit, tous les phénomènes visibles à l'œil étaient notés et enregistrés. De plus, elles étaient effectuées avec le plus grand soin. Même si nous ne possédons que les résumés, leurs observations semblent précises et détaillées. Il nous suffira de rappeler que, au IXe siècle (comme le signale T. Kiang qui a examiné les observations anciennes de la comète de Halley) la position de la tête cométaire était mesurée avec une précision d'un demi-degré en ascension droite.

Le début du XVIIe siècle marqua un tournant décisif dans les relations entre la science occidentale et la science orientale. La Chine cessa d'être un pays isolé, et les échanges avec l'Europe se firent aussi continus et réguliers que le permettaient, à l'époque, les distances. L'installation en Chine du père Matteo Ricci

1. Ce qui ne veut pas dire qu'elles furent toujours exactes et complètes. On connaît des cas de falsification (sur la date d'un phénomène par exemple), dues à des raisons astrologiques, ou à des événements enregistrés dans une seule province concernée par la région du ciel où le phénomène se manifestait. C'est sans doute le cas de l'étoile nova de 1408, apparue dans le Cygne. Mais les exceptions sont apparemment rares et aisément identifiables, parce qu'elles confirment la règle de la systématisation et de l'exhaustivité des observations chinoises.

et la fondation des missions de jésuites furent décisives. Le père Ricci comprit l'importance et la valeur que les Chinois accordaient à l'astronomie et au calendrier et divulgua en Occident les résultats obtenus. Il requit auprès de ses supérieurs, à Rome, un astronome capable d'aider les Chinois, surtout pour la révision du calendrier.

Le père Ricci, devenu Li Ma-Tou pour les Chinois, mourut en 1610 sans voir la réalisation de son souhait. Cette même année, Galilée publiait son *Sidereus Nuncius* dans lequel il présentait au monde les grandes découvertes qu'il avait faites en appliquant pour la première fois à l'astronomie la lunette à peine inventée. Quelques années plus tard, on connaissait ses découvertes jusqu'en Chine. Deux jésuites, partis de Lisbonne en 1618 pour arriver à Pékin en 1623, introduisirent sans doute la première lunette en Chine. Ils permirent aux Chinois de voir directement les merveilles célestes découvertes par Galilée, dont ils avaient déjà eu des échos. Ces deux missionnaires étaient le Suisse G. Schreck, et l'Allemand G. A. Schall von Bell. Le premier avait été l'élève de Galilée à Padoue, en 1603 et 1604, et membre de l'Académie de Lincei où il était entré, en 1611, à la septième place, juste après Galilée, inscrit quelques jours plus tôt à la sixième. Animé des mêmes intentions que le père Ricci, Schreck demanda à Galilée et Kepler de l'aider, surtout dans la réforme du calendrier chinois. Ce dernier lui donna des réponses précises et un exemplaire de ses ouvrages.

A cette époque-là, en Occident, la polémique entre les systèmes de Ptolémée et de Copernic battait son plein. Mais, hormis leurs divergences, tous deux s'appuyaient sur une théorie très développée qui permettait de calculer avec une remarquable précision les positions apparentes des astres sur la sphère céleste, et les phénomènes connexes. Et l'occasion de la démontrer se présenta. Le 21 juin 1629, il y eut une éclipse partielle du Soleil à Pékin. La veille, les représentants des diverses astronomies, chinoise, arabe et européenne, furent convoqués et priés de donner leurs prévisions. Les jésuites firent le pronostic le plus proche de la réalité, devançant dans leur précision les astronomes chinois, et l'empereur, sur proposition du Conseil privé (l'équivalent de notre conseil des ministres) chargea les jésuites de la réforme du calendrier.

Hélas, le père Schreck mourut quelques mois plus tard. Le père Schrall von Bell et le père G. Rho, qui lui succédaient, menèrent à bien leur tâche, avec l'aide d'un groupe d'érudits

Fig. 3.5 (A gauche) l'observatoire coréen, près de l'ancienne capitale Silla Kyong-Ju *(collection F. R. Stephenson).*
(Ci-contre) le même observatoire, vu par l'artiste Yong-hwan kim, à l'époque où l'on y faisait des observations *(collection Po Sung Kim et Korean Information Office, Washington, DC).*

chinois. En sept ans, ils regroupèrent et publièrent une collection impressionnante de livres de mathématiques chinois, d'après la science occidentale. Le père Schall von Bell publia en outre deux grandes cartes complètes du ciel étoilé, qu'entouraient quatorze figures représentant des instruments et des phénomènes astronomiques (pl. IV-VII). L'astronomie européenne confirmait sa suprématie. Les Chinois continuèrent leurs enregistrements quotidiens, mais ils se sentaient dépassés et s'en remirent de plus en plus aux Occidentaux.

En réalité, l'astronomie chinoise restait très importante et ne méritait pas d'être sous-estimée, pour toutes les raisons que nous avons énoncées plus haut, et pour une autre aussi : par son rayonnement au-delà des frontières de la Chine, elle avait constitué les bases et l'essence de toute l'astrologie extrême-orientale.

Les deux plus grands États, à l'est de la Chine, étaient la

Corée et le Japon, formés après l'Empire de Chine. Dans l'Antiquité, les populations de la Corée se divisaient en tribus qui, vers 50 avant J.-C., formèrent trois royaumes indépendants : *Silla,* au sud-est ; *Pâk-dje,* au sud-ouest ; *Koguryo,* au nord. Ces transformations se produisirent sous l'influence de la Chine. L'écriture chinoise, introduite à cette époque, ne s'installa partout que plus tard, vers le IVe siècle. En cette première période, dite des Trois Royaumes, les trois États s'affrontèrent sans discontinuer : entre eux, et avec la Chine et le Japon. Vers 700, le royaume de Silla s'allia aux Chinois pour vaincre les deux autres. Cette nouvelle donne dura deux siècles. Au IXe siècle, Silla commença à décliner et, en 918, le nouveau royaume de Ko-ryo se formait. En 936, Wang Kôn, son premier roi, unifiait le pays et fondait la dynastie Wang qui régna jusqu'en 1392. Alors, le général Li Sông-gye s'empara du pouvoir, fit de Keryon-san (l'actuelle Séoul) la nouvelle capitale et fonda la dynastie des Li, qui gouverna jusqu'à l'annexion par le Japon, en 1910.

Les observations astronomiques coréennes apparaissent bien plus tard que les chinoises, mais leur style est identique. Aux environs de Pusan, dans la région de l'ancienne capitale du royaume Silla, Kyong-Ju, il existe encore une construction astronomique isolée, construite en 647 sous la Période des Trois Royaumes (fig. 3.5). Elle portait le nom de *Chh omsong-dae*, ou Tour pour l'observation des étoiles. D'une étude faite en 1974, il ressort que la construction de la partie en forme de bouteille a nécessité trois cent soixante-six pierres, nombre qui coïncide avec celui des jours d'une année bissextile, en vingt-huit rangées superposées, ce qui correspond au nombre de maisons lunaires. En dépit des quelques doutes avancés par Kim Yong-Woom, qui a relevé ces coïncidences et d'autres encore, il semble que cette tour, haute de 10 mètres, ait bien été un observatoire astronomique, auquel cas nous aurions là le plus ancien observatoire existant aujourd'hui en Orient.

Vers l'an 1000, les observations coréennes avaient atteint leur niveau optimal. Entre-temps, depuis quatre siècles au moins, l'astronomie chinoise avait rayonné jusqu'au Japon. Les premières observations astronomiques japonaises remontent au VIIe siècle. A cette époque, la capitale se déplaçait d'un lieu à un autre à la mort de chaque empereur, encore que ce fût essentiellement dans la plaine de Nara. En 710, c'est d'ailleurs Nara qui devint la première capitale permanente. En 794, elle se transporta à Heian-Kyô (Kyôtô), qui resta la résidence de l'empereur du Japon jusqu'en 1869. On calqua les résidences impériales de Nara et Kyôtô sur le modèle chinois des Tang, alors au pouvoir, et l'écriture chinoise arriva aussi au Japon, au travers de la Corée.

Les observations astronomiques, assez fréquentes à partir du IXe siècle au Japon, furent organisées et effectuées sur le modèle chinois, sans jamais atteindre sa régularité et sa précision. Les Japonais n'y mettaient d'ailleurs pas une énergie comparable : les effectifs employés aux observations n'atteignaient pas le dixième de leurs collègues chinois, à peine quatre-vingt-huit personnes.

La Chine ne s'était donc pas contentée de pratiquer assidûment l'observation astronomique, elle l'avait aussi exportée dans d'autres pays. Et l'ensemble des observations orientales prend toute sa valeur en mettant à disposition, pour un même phénomène, diverses observations, faites indépendamment les unes des autres mais appliquant la même technique et la même langue. Et cet ensemble regroupe, pour mille cinq cent ans environ, les seules observations existantes d'étoiles, de planètes et autres corps célestes.

L'observation des comètes

Parmi la multitude de phénomènes observés et relatés par les astronomes chinois, figurent les apparitions de multiples comètes, au nombre desquelles se trouve bien entendu la comète de Halley, enregistrée à l'occasion de plusieurs retours. Les comètes étaient répertoriées comme des étoiles et s'ajoutaient à ces dernières que l'on connaissait déjà. Elles étaient regroupées en quatre familles :
kho-hsing : étoiles hôtes, ou étoiles visiteuses
po-hsing : étoiles rayées, ou étoiles denses
hui-hsing : étoiles-balais ou étoiles balayantes
chhang-hsing : étoiles longues.
Les premières étaient de vraies étoiles. Ce sont celles qui explosent soudain, et que l'on connaît aujourd'hui sous le nom de novae ou supernovae. En revanche, la plupart de celles qui appartiennent aux trois autres familles étaient des comètes.

Le terme communément employé pour une comète à la queue bien visible est *hui-hsing,* ou *hui* tout court. Dans l'*Histoire officielle de la dynastie Qin,* on trouve la définition suivante : « Ce corps est une espèce d'étoile dont la queue ressemble à un balai. Les petites comètes mesurent quelques pouces de longueur, mais les plus longues s'étendent à travers le ciel tout entier. »

Po-hsing, ou *po,* est le terme normal pour désigner une comète sans queue apparente, une espèce de flocon ou d'étoile nébuleuse comme la comète IRAS-Araki-Alcock, vue à l'œil nu au début du mois de mai 1983. Dans l'*Histoire* susdite, on décrit ce type de comète de la façon suivante : « Par définition, une comète qui s'oriente dans une direction en particulier est une comète *hui,* celle qui émet ses rayons de façon égale dans toutes les directions est une comète *po*[1]. »

---

1. Quelques auteurs modernes pensent que les comètes qui présentaient, en plus de leur queue, une queue dirigée vers le Soleil (comme la comète Arend-Roland d'avril 1957) entrent dans la classification des *po.*

Il est possible que les astres signalés comme *po* aient été des étoiles novae ou supernovae. Mais quand ils se déplacent apparemment dans le ciel d'un soir à l'autre, on peut les considérer comme des comètes.

La dénomination *chhang-hsing* était parfois utilisée à la place de *hui-hsing*, pour désigner une comète avec une queue. D.H. Clark et F.R. Stephenson, auteurs d'une recherche approfondie sur les supernovae dans l'histoire, pour les besoins de laquelle ils ont étudié surtout des sources orientales, affirment que, sauf exception, les *chhang-hsing* sont des comètes.

En 1978, on publia, en Chine, un document très précieux pour l'histoire ancienne des comètes. C'est un véritable atlas des comètes contenu dans un livre sur soie, découvert à Ma Wang Tui, dans les environs de Chang Sha, dans une tombe datant de 168 avant notre ère. Ce livre, qui consiste en un rouleau de soie d'un mètre et demi de longueur, contient des dessins de nuages, de phénomènes optiques atmosphériques, d'occultations lunaires et de groupes d'étoiles. La partie concernant les comètes, l'une des mieux conservées, comprend 29 dessins de comètes. Tous sauf deux, devenus illisibles, sont schématiquement reproduits dans la figure 3.6. Dans le rouleau original, chaque dessin s'accompagne du nom de la comète et d'une courte note sur ses implications astrologiques. Fait significatif, les dessins, quoique stylisés sur le mode oriental, sont schématisés et ne s'encombrent pas d'ornements étrangers. Dans les diverses formes, Hsi Tse Tsong a reconnu les trois types de queue et de tête communes aux classifications modernes de Bredichin et Orlov.

La critique historico-littéraire a permis de préciser que le contenu du livre n'est pas contemporain de la tombe, mais qu'il fut recueilli par un auteur Zhou à l'époque des Royaumes combattants. On peut les dater de 345 avant J.-C. environ : nous disposons donc désormais des plus anciens dessins de comètes connus à ce jour. La façon dont ils sont disposés et les commentaires qui les accompagnent laissent penser que l'observation et l'étude des comètes existaient déjà antérieurement à cette époque (IVe siècle avant notre ère) sur une certaine échelle.

Puisque nous connaissons les noms qui désignent les comètes, il n'est pas difficile de les rechercher dans les anciennes chroniques chinoises. La difficulté réside dans le fait de les retrouver, car les observations sont insérées dans de

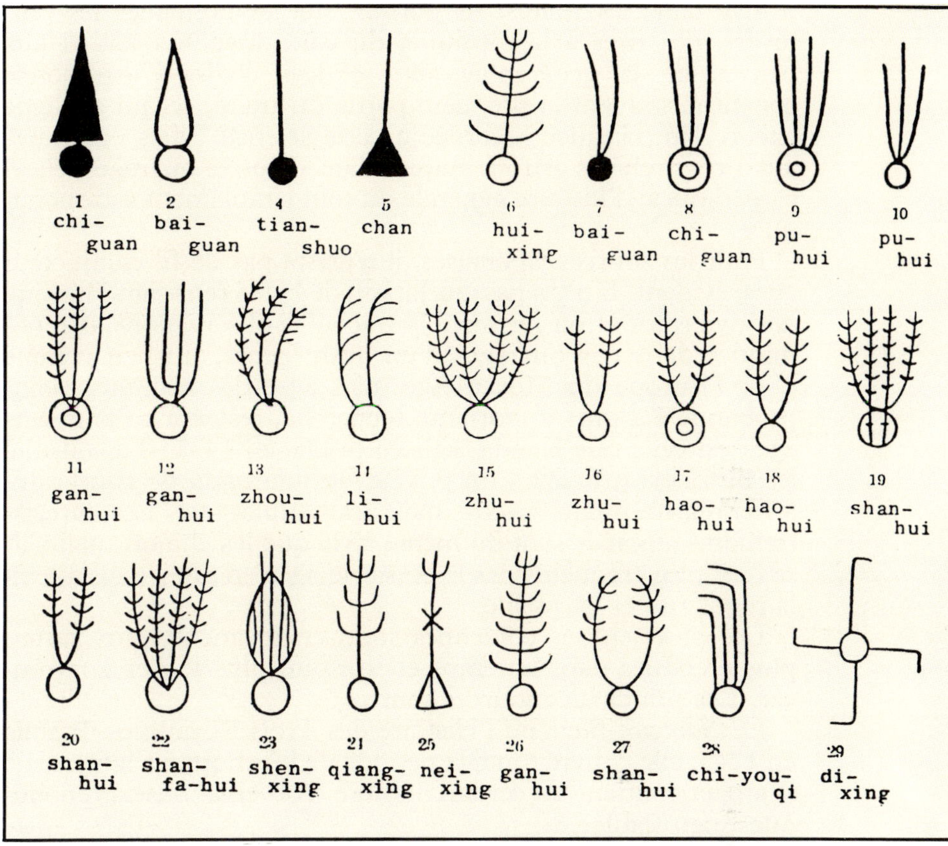

Fig. 3.6 Formes et noms des comètes extraits du Livre de Soie de Ma Wang Tui, la représentation cométaire la plus ancienne que l'on connaisse. On l'a trouvée récemment dans une tombe du IIe siècle av. J.-C., mais elle remonte au IVe siècle av. J.-C. La romanisation des noms de cette figure est faite dans le système pinyin.

nombreux ouvrages peu maniables. Mais il est un moyen de contourner la difficulté, grâce à quelque fil conducteur : les principales sources sont les histoires des dynasties, regroupées à différentes époques, qui courent sur plus de deux mille ans. Elles s'ordonnent en trois groupes :

Ti-shi : chroniques impériales.

Zi : traités.

Liezhuan : biographies.

La quasi-totalité des enregistrements astronomiques se

trouve dans les traités. Ils portent sur les domaines les plus divers, des rites à la musique, du calendrier aux lois et aux peines, de la géographie aux services civils. L'astronomie constitue souvent la première partie du traité, ce qui souligne encore l'importance accordée à cette science. Mais on trouve aussi ces archives astronomiques dans d'autres ouvrages, encyclopédiques, d'histoire générale ou tout simplement astronomiques.

Pour les sources japonaises, il n'existe pas de fil conducteur aussi évident. Il n'y a pas, au Japon, de livres retraçant l'histoire des dynasties et on retrouve la trace des observations astronomiques dans des ouvrages d'un autre genre, un peu comme pour l'Europe du Moyen Age mais avec des résultats moins probants. La plus importante recherche, restée à ce jour sans égal, est celle que Kanda Sigheru publia en 1935 : il a consulté les histoires, officielles ou privées, les journaux de courtisans, les enregistrements inscrits dans les temples, etc. Les enregistrements japonais sont du même style que les chinois mais s'ils se font plus fréquents dès le IXe siècle, ils n'en ont jamais atteint la régularité et la qualité.

Les observations coréennes sont, en revanche, plus vastes, plus étendues dans le temps et, surtout, plus faciles à retrouver. Les principales sources sont :

Le *Samguk-Sagi*, ou l'Histoire des Trois Royaumes. Établie en 1145, elle couvre toute la période de l'Antiquité à la dynastie Wang et contient un certain nombre d'observations astronomiques, peu fiables.

Le *Koryo-sa*, ou l'Histoire du Royaume de Ko-ryo. Complétée en 1451, après de nombreuses révisions, elle constitue la meilleure histoire de la période et contient un traité astronomique en trois parties.

Le *Yijo Sileok*, ou Véritables enregistrements, était rédigé à la fin de chaque règne. S'il est très détaillé, il ne consacre pas une place particulière aux observations astronomiques qui sont simplement énoncées par ordre chronologique au même titre que les affaires de la Cour et de l'État. La recherche est donc plus longue mais, par chance, nous trouvons dans le *Chungbo Munhon Pigo*, un ouvrage coréen ultérieur, des sommaires classifiés. Ce dernier ouvrage constitue donc un index fort utile.

Les multiples sources chinoises sont énumérées dans le tableau 3.II. Il faut le lire de la façon suivante : nous avons associé le titre et sa traduction, l'auteur, l'année où l'ouvrage fut terminé, la période à laquelle il se réfère. Pour mieux le situer dans son cadre historico-scientifique, on peut relire le tableau 3.II qui donne les périodes des principales dynasties, les événements historiques ou culturels les plus importants, et le nom des capitales qui correspond donc au lieu d'observations. Nous avons là, regroupées, la quasi-totalité des sources orientales qui nous fournissent des enregistrements de comètes, en particulier de la comète de Halley. Nombre d'entre elles ont fait l'objet de traductions et d'autres ouvrages, écrits dans une langue occidentale, rapportent des faits relatifs aux observations qui nous intéressent (voir la bibliographie du présent chapitre en fin de volume). Faut-il ajouter que nous sommes bien loin, aujourd'hui, d'avoir retrouvé tous les ouvrages, tout le matériel concernant l'astronomie ? Heureusement, depuis une dizaine d'années, une recherche systématique de tout événement astronomique signalé dans des centaines de volumes d'histoires chinoises locales a été organisée.

Dates et positions

Pour pouvoir utiliser les observations orientales, il faut savoir les lire avec précision, et localiser les phénomènes relatés dans le temps et dans l'espace. A quoi servirait de savoir qu'une comète brillante avec une longue queue est apparue dans le ciel si l'on ne peut déchiffrer ni où ni quand ?

Commençons par le temps. Comme nous l'avons vu, les Chinois utilisaient pour sa mesure soit un calendrier, soit divers types d'horloges. Sans entrer dans une étude approfondie de leur calendrier, nous chercherons à comprendre comment ils l'exprimaient. Une date était indiquée par le jour, le mois et l'année d'une période de règne. Un exemple : vingt-deuxième jour du septième mois de la première année du règne Wên-Ming. Prenons ces éléments l'un après l'autre.

Si le jour a 24 heures, comme le nôtre, le mois exprime le mois lunaire et, plus précisément, l'intervalle de temps compris entre deux nouvelles lunes consécutives. Cet intervalle étant égal à 29,5306 jours, il ne correspond donc pas à un nombre entier de jours. Les mois de 29 jours alternaient donc avec ceux de 30. Peut-être faisait-on commencer le mois, au tout début, dès l'apparition du premier croissant de lune dans le ciel du couchant, comme le faisaient les Hébreux ? Mais dès l'époque

TAB. 3.II — SOURCES CHINOISES ANCIENNES CONTENANT DES OBSERVATIONS COMÉTAIRES

Titre	Titre traduit	Auteur	Année[1]	Période couverte et notes
Chunqi	*Annales de Lu (Printemps-Automnes)*			772 a.C-481 a.C.
Shiji	*Mémoires historiques*	Sima Qian Sima Tan	v. 90 a.-C	VII — jusq. IIe s. a. C.
Hanshu	*Histoire des Han*	Ban Gu Ban Zhao	v. 100	VII s. av. J.-C. (?) — au déb. Ier siècle
Houhanshu	*Histoire des Seconds Han*	Fen Yeh	450	jusqu'à 220
Sanguozhi	*Histoire des trois Royaumes*	Zhen Zhou	v. 290	
Jinshu	*Histoire des Jin*	Fang Hsuän-Ling et autres	635*	jusqu'à 420
Sungshu	*Histoire des Liu Sung*	Shen Yo	500*	jusqu'à 478
Nanshi	*Histoire des dynasties du Sud*	Li Yanshou	670	420-589
Beishi	*Histoire des dynasties du Nord*	Li Yanshou	670	386-581
Nanqishu	*Histoire des Qi méridionaux*	Hsiao Tzu-Hsien	510	479-510
Liangshu	*Histoire des Liang*	Yao Chha et Yao Ssu-Lien	629	502-556
Chenshu	*Histoire des Chen*	Yao Chha et Yao Ssu-Lien	630	556-580
Weishu	*Histoire des Wei*	Wei Shou	572	386-556
Jinshu	*Histoire de la dynastie sept. Jin*	Li Tê-Lin et Li Pai-Yao	640	550-577
Zoushu	*Histoire de la dynastie Zhou sept.*	Linghu Tê-Fin	625	557-581
Suishu	*Histoire des Sui*	Wei Chêng	636*	
Xintangshu	*Nouvelle histoire des Tang*	Ouyang Xiu et Sung Chhi	v. 1061	
Jiutangshu	*Histoire ancienne des Tang*	Liu Xu	v. 945	
Tanglü shuyi	*Doc. essentiels des Tang*	Wang Po	961*	
Jiuwudai-Shi	*Histoire ancienne des 5 Dynasties*	Hsüeh Chü-Chêng	974	
Xinwudai-shi	*Histoire des 5 Dynasties*	Ouyang Xiu	1070	
Wudai-Shuyi	*Doc. essentiels des 5 Dynasties*	Wang Po	961	
Tangshi	*Histoire des Tang méridionaux*	Ma Ling Lu Yu	1105 1125-1210	
Songshi	*Histoire des Song*	Toktogha et Ouyang Xiuan	1345*	960-1279
Jinshi	*Histoire des Jin*	Toktagha et Ouyang Xiuan	1345*	1115-1243
Liaoshi	*Histoire des Liao*	Toktagha et Ouyang Xiuan	1350*	916-1125
Taiping Yulan	*Encyclopédie sous les Song*	Li Fang	983	section comètes et novae
Zizhi Tongjian	*Miroir complet pour l'illustration du gouvernement*	Sima Guang	1084*	402 a. C.-959 d.C.
Tongzhi	*Encyclopédie historique*	Zheng Qiao	v. 1150	chapitre sur les enregistrements astronomiques

TAB. 3.II — SOURCES CHINOISES ANCIENNES CONTENANT DES OBSERVATIONS COMÉTAIRES (suite)

Titre	Titre traduit	Auteur	Année[1]	Période couverte et notes
Tongjian Gangmu	*Tableau essentiel de l'hist. universelle*	Zhu Xi	1189	Version abrégée du Tableau, mais avec un matériel ajouté, observations citées par Pingré
Hsi Han Hui Yao	*Documents essentiels de la dynastie Han occid. ou ant.*	Hsü Thien-Lin	1211	
Tung Han Hui Yao	*Documents essentiels de la dynastie Han orient. ou post.*	Hsü Thien-Lin	1225	
Wenxian Tongkao	*Recherche historique des aff. publiques*	Ma Duanlin	1254	613 av. J.-C. — 1222 Source principale de Biot, Williams et Lundmark
Yuanshi	*Histoire de la dynastie Yuan*	Sung Lien	1370*	1206-1367
Mingshi	*Histoire de la dynastie Ming*	Xu Qianxue et autres	1739*	1368-1661
Ming Hui Yao	*Doc. essent. de la dynastie Ming*	Lung Wên-Pin	1865	
Hsü Thung Chien Kang Mu	*Vol. sup. Tableau essentiel de l'Histoire universelle*	Commission Impériale	1476	
Thung Chien Kang Mu Chhien Phien	*Vol. Prélim. Tableau essentiel de l'Histoire universelle*	Nan Xien	1595	
Hsü Wen Hsien Thung Kao[2]	*Sup. Recherche historique des affaires publiques*	Wang Chi	1586	1222-1644 supplément au Ma Duanlin ; source de Biot, Williams et Lundmark
Thien Wên Ta Chhêng Kuan Kheui Chi Yao	*Observ. essentielles des corps célestes avec des alidades*	Huang Ting	1652	
Gujin Tushu Jïcheng	*La Grande Encyclopédie illustrée*	Chen Menglei et autres	1726*	
Changshi	*Histoire ancienne*	Li Khai	1745	riche en enregistrements
Weishu	*Histoire de la dynastie Wei occ.*	Hsieh Chhi-Khun	1792	
Tangshu	*Histoire de la dynastie Tang*	Chen Chan	1753-1817	11 comètes du début du Xe siècle

1. On a indiqué par un astérisque l'année où l'ouvrage, écrit dans un laps de temps plus ou moins long, a été terminé.
2. Cette édition fut révisée au XVIIIe siècle, par les soins de l'Académie impériale, ce qui explique le petit nombre d'erreurs du catalogue de comètes de Williams dès 1222.

antérieure à 1000 avant J.-C., à l'époque de la dynastie Zhou, le jour de la nouvelle Lune était déjà calculé astronomiquement, comme le montrent les éclipses solaires (qui, comme nous le savons, se vérifient à la nouvelle Lune) enregistrées justement le 1er jour de chaque mois.

L'année se composait de douze mois lunaires et comme elle n'avait jamais 365 jours (très exactement : 365,2422), on rajoutait un mois tous les deux ans et demi environ. A l'époque de Confucius, le mois qui ouvrait l'année variait d'une région à l'autre de la Chine. Avec l'avènement de la dynastie Qin, on adopta le dixième mois pour débuter l'année, et cette pratique était encore en vigueur un siècle après l'instauration de la dynastie Han. Enfin, les Han occidentaux décidèrent que l'année débuterait par le premier mois, qui commençait à la deuxième nouvelle Lune après le solstice d'hiver, ce qui régularisa du même coup le système du mois intercalaire.

C'est toujours à la dynastie Han que remonte l'introduction des périodes de règne dans la date. Elles constituent une subdivision de l'intervalle de temps complet sous le règne d'un souverain. Instituées par l'empereur Wen (179-156 avant J.-C.), elles varient, en nombre et en durée, d'un empereur à l'autre. Il y en a en général deux ou trois par règne, mais on peut n'en trouver qu'une, ou plus de dix. Dès le VIIIe siècle, le Japon adopta à son tour ce système. En revanche, la Corée resta fidèle à la coutume chinoise antérieure à 179 avant J.-C. et persista à compter les années à partir de l'avènement d'un nouveau roi.

Une fois tous ces éléments connus, et à l'aide d'un tableau regroupant les empereurs, les périodes de règne et les lunaisons converties dans notre calendrier, nous avons établi des tables de conversion qui fournissent les équivalents entre les dates exprimées sur le mode chinois et celles des calendriers julien ou grégorien. Le vingt-deuxième jour du septième mois de la première année du règne Wen-Ming devient ainsi le 6 septembre 684.

Nos dates s'enrichissent parfois du jour de la semaine. Les Chinois le faisaient aussi, selon un système cyclique tout à fait indépendant du calendrier lunisolaire. Ce cycle n'est pas de sept jours comme le rythme semainier, mais de soixante. On obtenait le nom des soixante jours par la combinaison d'une série de dix symboles aux « racines célestes » et d'une autre, composée de douze symboles aux « ramifications terrestres ». On prenait deux symboles, un dans chaque famille (par exem-

TAB. 3.III – LE CYCLE SEXAGÉSIMAL CHINOIS

	tzu	*chhou*	*yin*	*mao*	*chhen*	*ssu*	*wu*	*wei*	*shen*	*yu*	*hsü*	*hai*
chia	1		51		41		31		21		11	
i		2		52		42		32		22		12
ping	13		3		53		43		33		23	
ting		14		4		54		44		34		24
wu	25		15		5		55		45		35	
chi		26		16		6		56		46		36
kêng	37		27		17		7		57		47	
hsin		38		28		18		8		58		48
jen	49		39		29		19		9		59	
kuei		50		40		30		20		10		60

ple le premier céleste associé au premier terrestre, puis le deuxième céleste et le deuxième terrestre, et ainsi de suite), mais, comme nous l'avons dit, il y avait dix symboles célestes, douze terrestres : donc, au onzième terrestre on associait à nouveau le premier céleste, etc. Le tableau 3.III donne toutes les combinaisons possibles et permet de connaître immédiatement le nom d'un jour à partir de sa position dans le cycle. Le quatrième jour est un *ting-mao,* le dix-neuvième est un *jen-wu.* Par ailleurs, à condition de connaître un jour du cycle et la date d'un autre jour de ce même cycle, on peut, à l'aide de ce tableau, trouver rapidement n'importe quelle autre date. Quand nous lisons par exemple qu'une comète est apparue un jour *ping-wu* du deuxième mois de la deuxième année de règne Khai-Chhêng, les tables de conversion indiquent le 22 mars 837. Si nous lisons ensuite que, quelque temps après, un jour *hsin-yu,* sa queue était longue de 15°, nous pouvons facilement dater ce jour : le jour *ping-wu* est le quarante-troisième du cycle, alors que le *hsin-yu* est le cinquante-huitième. Entre les deux, il y a une différence de quinze. Puisque le premier jour était le 22 mars 837, on peut dater celui où la queue apparut à 15° du 6 avril.

Comme on le voit dans les enregistrements d'éclipses trouvés dans les *Annales du Printemps-Automne* qui remontent à

772 avant J.-C., le cycle sexagésimal ne s'est jamais interrompu, du moins depuis cette époque. On a toutes les raisons de croire qu'il existait déjà à l'époque des Shang, il y a plus de trois mille ans. Il est donc précieux pour rapprocher, vérifier et interpréter les dates correspondant aux périodes de règne et établir les tables de conversion entre notre calendrier et le chinois.

Mais il reste une difficulté pour dater l'observation avec la plus grande précision possible : il nous faut savoir l'heure. Sans une bonne interprétation de l'heure, on risque une erreur qui peut aller jusqu'à un jour. Les chroniques chinoises donnent en effet presque toujours le jour, mais presque jamais l'heure de l'observation. Supposons alors que l'on ait entre les mains deux observations : la première a été faite le 9 mars, la seconde le 10. Supposons aussi que nous sachions de la première qu'elle a été faite tard dans la soirée, et la seconde vers le matin. Entre les deux observations, il peut y avoir quelques heures d'écart, comme il peut y avoir plus de vingt-quatre heures. Les Chinois changeaient-ils la date dès après minuit (premier cas), ou utilisaient-ils encore celle de la veille au soir (second cas) ? Après avoir étudié les dates fournies par les *Annales* chinoises pour cent trente-neuf occultations d'étoiles par la Lune (phénomène dont on peut déterminer l'heure par calcul), Kiang est arrivé à la conclusion qu'en général les Chinois utilisaient la même date, même après minuit. Il a pourtant trouvé trois périodes de l'histoire chinoise où on avait plus ou moins tendance à utiliser la nouvelle date (c'est-à-dire celle du lendemain), pour les événements survenus après trois heures du matin.

Une fois réglé le problème des mesures de temps, passons à celui des positions. Nous les calculons aujourd'hui en degrés et fractions de degrés, à partir de points connus. Les Chinois pratiquaient de même, mais ils ne les exprimaient pas toujours par un nombre, et leurs unités de mesure n'étaient pas les nôtres. En fin de volume, l'Annexe I regroupe toutes les constellations chinoises et les autres points de référence en dehors des étoiles. Mais voyons maintenant comment les Chinois mesuraient les angles et comment nous devons les interpréter dans notre système.

L'unité de mesure des distances angulaires est le degré chinois *(tu)*, légèrement inférieur au nôtre (1 *tu* = 360°/365,25 = 0°,9856). S'il a cet aspect étrange, c'est parce qu'on le calcule par rapport à l'année qui se compose, approximativement, de 365,25 jours. Le *tu* était utilisé pour mesurer les coordonnées d'un corps céleste. Là où nous faisons appel à la déclinaison et l'ascension droite, les Chinois se servent de la distance polaire et de la position à l'intérieur d'une maison lunaire (voir Annexe I) et les mesurent en *tu.*

Ils n'utilisaient jamais le *tu* pour exprimer les distances entre les divers corps célestes, les longueurs des queues cométaires ou celles des traces de météores, etc. Dans ces cas, qui nous intéressent pour la comète de Halley, ils utilisaient trois autres unités pour exprimer les mesures angulaires : le *tshun,* le *chhih* et le *chang.* La mesure fondamentale est le *chhih* (pied). Pingré pensait, comme les sinologues du XVIIIe siècle, que le *tshun* était un dixième de *chhih,* et que le *chang* valait dix *chhih.* On a émis quelques doutes sur ce dernier point mais, quel qu'il soit, il nous faut avant tout préciser la valeur du *chhih.* Il y a une quinzaine d'années encore, on pensait qu'il était égal à 1°[1]. Aujourd'hui, nous connaissons assez exactement son rapport au degré : Kiang, en 1972, réussit à le définir à partir de mesures positionnelles exprimées sur l'écliptique en *chhih* et en degrés[2]. Il lui donna comme valeur moyenne :

$$1 \textit{ chhih} = 1^{\circ},50 \pm 0^{\circ},24$$

En 1978, Bo Shu-ren trouva cette même valeur en étudiant quatre anciens enregistrements de rapprochements planétaires. On peut donc considérer qu'elle est entièrement confirmée[3].

Dans cette étude de 1972, Kiang émit des doutes sur la relation entre le *chhih* et le *chang,* estimant qu'un *chang* ne valait pas exactement dix *chhih.* Il nota que dans le TTKY, on avait, volontairement semble-t-il, évité d'utiliser le *chang* puisqu'on y lit, par exemple, treize *chhih* au lieu d'un *chang* et trois *chhih.* Et, à titre d'essai, il donna un *chang* = 12°.

La question ne me semble pas résolue ainsi. Ne disons-nous pas parfois cent vingt centimètres plutôt qu'un mètre et vingt centimètres ? Et nous avons d'autres preuves de la première interprétation : on peut trouver des sources différentes où la même longueur s'exprime par l'une ou l'autre unité de mesure. Si par exemple nous consultons Ho, nous trouvons que le 11 avril 837, la queue de la comète de Halley était longue de six

---

1. T. Watanabe fit, en 1953, une première retouche dans ce sens, qui resta presque inconnue, sans doute parce que son travail ne fut publié qu'en japonais.
2. Kiang, *Mem of R. Astr. Soc.,* vol. 76, p. 27.
3. Kiang, communication privée.

chang selon CTS, de soixante pieds selon HTS. La longueur du pied étant désormais connue, on sait que soixante pieds équivalent à 90°. Or soixante pieds correspondent aussi à six *chang* si l'on admet qu'un *chang* = 15°. Je crois donc opportun de continuer à adopter le critère des premiers sinologues, mais en attribuant au *chhih* la valeur que Kiang a calculée. Le tableau 3.IV résume tout ce que nous venons de dire et la dernière colonne comporte les valeurs adoptées dans cet ouvrage pour les quatre unités de mesure angulaire chinoises.

Comme nous l'avons dit, quand les positions cométaires sont données par rapport à des références fondamentales comme le bord d'une maison lunaire, les mesures sont exprimées en *tu* dans les documents originaux. Dans ce cas, quand nous exprimerons la phrase dans notre langue, nous utiliserons le mot « degré », sous-entendu chinois, d'autant que la différence avec notre degré est minime. Et le contexte éclairera le sens donné. Si on lit par exemple : « Dans le premier degré de Fang », il faudra comprendre : « Dans la quatrième maison lunaire (Fang), un degré chinois au-delà de l'étoile déterminante π du Scorpion. »

Il nous fallait donner ces précisions, et ajouter les informations pratiques sur le ciel étoilé chinois (Annexe I) pour permettre au lecteur d'interpréter directement les documents chinois que nous transcrirons intégralement. Mais il nous arrivera aussi de les exprimer dans notre langue, pour les confronter, autant que possible, aux observations faites au même moment en Occident.

TAB. 3.IV – UNITÉS DE MESURE ANGULAIRES CHINOISES

Nom		**Équivalent dans le système sexagésimal**	
		Kiang	**Adopté dans ce volume**
tshun	1/10 de chhih	0°, 15	0°, 15
chhih	Pied chinois	1°,50 ± 0°,24	1°,50
chang	10 chhih	12°	15°
tu	degré chinois	360°/365,25 = 0°,9856	0°,9856

Les résultats

Après tant de recherches pour les dénicher dans les textes anciens, après tant de travail pour que leur interprétation soit complète et ne néglige aucun des éléments qu'ils peuvent nous fournir, que pouvons-nous attendre de ces documents ? Ils nous enseignent d'abord que la comète est apparue et donnent une description sommaire, nuit après nuit, de sa forme, de sa direction et de la longueur de sa queue. En partant de ces éléments, et d'autres — si elle avait une ou plusieurs queues, sa couleur, etc. — on peut déduire des données physiques intéressantes. Plus importantes encore sont les informations sur les positions que la comète occupait dans son déplacement sur la voûte céleste : elles sont mesurées pour la tête, comme il se doit, et leur précision est parfois remarquable. A partir du mouvement apparent dans le ciel, on peut reconstruire son orbite dans l'espace et obtenir les éléments orbitaux. Cette donnée fondamentale nous a permis d'identifier la comète de Halley à l'occasion de ses retours successifs, alors que les observations européennes ne deviennent utilisables qu'au XVe siècle.

Tout ce matériel a donné aux astronomes l'occasion de reconstituer au plus près les passages de la comète de Halley dans le passé, de la suivre dans le temps et de découvrir des transformations insoupçonnables. C'est une recherche exaltante qui continue et rassemble autour d'une même table de travail (de nos jours, autour des meilleurs ordinateurs) des milliers de personnes qui vécurent à des époques différentes, ne se sont jamais connues mais apportent toutes une contribution essentielle. Nous sommes convaincus que ni l'ordinateur le plus performant, ni les méthodes de calcul les plus au point n'auraient permis que l'on reconstruise le passé de la comète à partir des seules observations modernes. Chaque maillon de la chaîne est indispensable : les mathématiciens qui, depuis Newton, ont développé les techniques de calcul ; les groupes d'astronomes qui ont assuré l'observation à toutes les époques, et dont les témoignages entrent aujourd'hui dans la mémoire de l'ordinateur ; et nous, qui ajoutons notre programme de calcul.

LA RECHERCHE AU XIXe SIÈCLE

Tentatives et succès

L'ouvrage du père Gaubil, dont Pingré se servit pour rédiger sa *Cométographie*, n'était qu'une traduction abrégée de celui de Ma Duanlin. Sa *Cométographie* était déjà en cours d'impression quand Pingré apprit l'existence d'une nouvelle traduction de Ma Duanlin, plus correcte et plus exhaustive. Il en prit connaissance, en dégagea tous les éléments nouveaux et les regoupa en annexe, à la fin de son premier volume. Mais il n'y avait pas, dans cette nouvelle traduction, le supplément que Ma Duanlin donnait dans son original et qui en constitue la partie la plus précise. Si Pingré fut le premier à donner les observations cométaires chinoises, celles-ci n'étaient pas les meilleures et son annexe ne dépassait pas l'an 1222.

Un demi-siècle plus tard, la situation s'améliora quand le sinologue Édouard Biot, fils du physicien Jean-Baptiste, entreprit une nouvelle traduction tout à fait exhaustive de Ma Duanlin. Enfin, on pouvait consulter à Paris l'ensemble des données, abondantes et précises, contenues dans les *Histoires* des dynasties. Édouard Biot ne se contenta pas de réunir dans deux catalogues toutes les observations de comètes, de 134 avant J.-C. à 1640, il s'intéressa plus particulièrement à la comète de Halley. En prenant pour point de départ le passage de 1456 et une période (moyenne) de soixante-seize ans, il remonta dans le temps et trouva des dates toujours plus reculées. Sans prétendre aucunement que ces dates fussent les bonnes, il fournit toutes les observations chinoises autour de l'année présumée, et l'intervalle croissait à mesure qu'il remontait dans le temps car il pensait, à bon escient, que plus il remonterait dans le temps, plus la variabilité de la période accroîtrait l'imprécision. Il arriva ainsi à 65 avant J.-C.

Grâce à ce travail, publié conjointement aux deux catalogues dans *La Connaissance des Temps* en 1846, mais dans lequel Biot ne se livrait à aucune identification, les astronomes qui ne connaissaient pas le chinois purent tenter d'isoler la comète de Halley.

P.E. Laugier fut le premier. En 1843 déjà, après avoir lu le manuscrit de Biot, il avait pu affirmer que la comète apparue en 1378 était bien celle de Halley. Cette nouvelle identification portait à sept le nombre de passages observés de la comète. Il semblait presqu'impossible d'en découvrir d'autres. Laugier terminait sa communication par cette note désespérée : « En remontant dans les anciens temps, l'astronome ne rencontre plus que des indications trop vagues pour les soumettre au calcul : il doit par conséquent conserver peu d'espoir d'y retrouver d'autres apparitions de cet astre qui, depuis longtemps, fait partie de notre système. »

Il faisait montre d'un trop grand pessimisme : trois ans plus tard, sur la base de nouvelles recherches, il pouvait affirmer que la comète de Halley était aussi apparue en 451, 760 et 1152. Si l'identification de 1152 est fausse, les deux autres sont confirmées. C'est bien la comète de Halley qui brillait au-dessus des Champs Catalauniques quand Attila fut vaincu par les Romains au cours d'une sanglante bataille. Encore elle qui apparut quand la puissance carolingienne s'affirma en France, et quand, Italie, celle des Lombards s'éteignait.

Laugier avait utilisé la méthode qui avait permis à Pingré de dater le passage de 1456. Quelques années plus tard, J. R. Hind l'utilisa de nouveau. En étudiant les chroniques anciennes, et principalement les chinoises, il retrouva la trace de la comète au cours d'une bonne dizaine de passages jusqu'à l'an 12 avant J.-C. Il crut l'avoir identifiée à quinze reprises mais, par la suite, le mois donné pour 912 et 837 se révéla faux. Quant aux passages de 1223, 608 et 373, l'erreur portait sur l'année. Dans ces cinq cas, l'objet identifié n'était pas le bon.

La prévision du futur

Pendant que certains astronomes cherchaient des dates dans les brumes obscures du passé, d'autres se lançaient dans l'aventure du futur et tentaient de fixer le retour suivant. Clairaut avait montré la voie, mais il s'était trompé d'un mois. C'était un succès et une erreur, un encouragement et un défi. La prévision était donc possible. Mais quelqu'un était-il capable de calculer la prochaine date du passage au périhélie avec une erreur inférieure à un mois ? Oui, sans doute. Mais qui ? Qui serait le plus habile, obtiendrait le plus petit écart grâce à son calcul ? Les Académies des sciences de Paris et de Turin se lancèrent dans la compétition en créant un prix récompensant celui qui obtiendrait le meilleur résultat.

La bonne méthode était celle de Clairaut : calculer l'orbite cométaire en tenant compte des perturbations planétaires. Elle s'était affinée grâce à la technique de la variation des éléments orbitaux, introduite par le mathématicien Joseph-Louis de Lagrange en 1783. Ce fut C.M.T. Damoiseau qui, le premier, publia son résultat. Cet officier d'artillerie de l'armée piémontaise trouva, en tenant compte des perturbations de Jupiter, Saturne et Uranus dans les deux révolutions successives au passage au périhélie de 1682, que le prochain passage surviendrait le 17,15 novembre 1835. Neuf ans plus tard, par d'autres calculs où il tenait compte aussi des perturbations dues à la Terre, il arriva à la date du 4,81 novembre 1835 [1].

Pendant ce temps-là, en France, G. de Pontécoulant accomplissait un travail analogue. Entre 1830 et 1835, il annonça successivement quatre dates : le 7,5, le 13,1, le 10,8 et le 12,9 novembre 1835.

La comète passa au périhélie le 16,4 novembre 1835, soit moins d'un jour avant le 17,15 novembre annoncé en premier lieu par Damoiseau avant qu'il n' « améliore » son résultat.

Damoiseau et Pontécoulant obtinrent respectivement les prix des Académies des sciences de Turin et Paris. Mais c'est O. A. Rosenberg qui accomplit la recherche la plus complexe et la plus complète : il calcula l'effet des sept planètes connues sur tous les éléments orbitaux, et conclut à la date du 12,040 novembre.

Pontécoulant se servit du passage au périhélie de 1835, comme base de calcul pour estimer le suivant : il trouva la date du 15 mai 1910.

Pendant ce temps, A. J. Angström, le célèbre physicien et astronome suédois, faisait une étrange constatation. En prenant toutes les dates des passages au périhélie fournies par Hind, de 12 avant J.-C. à 1835, il trouva que, dans cet intervalle de temps, la période moyenne de révolution était de 76,93 ans. Angström pensait que sa variation dépendait de deux éléments : l'un avait une amplitude de 1,5 an et une période de 2 650 ans ; l'autre, 2,3 ans d'amplitude et 782 de

1. Nous allons trouver désormais plusieurs dates exprimées en fractions décimales de jour, tels que les donnent les calculs. Pour transformer la partie décimale en heures et minutes, il suffit de la multiplier par 0,24 pour obtenir les heures et les centièmes d'heure qui, multipliés par 0,60, donneront aussi les minutes.

période. A l'aide de sa courbe empirique de variation périodique, il calcula les dates de passages au périhélie et trouva qu'elles correspondaient à celles que l'on avait observées, avec une erreur inférieure à un an. Apparemment, la période avait donc varié régulièrement et, par une extrapolation de la courbe, on pourrait prévoir la date du passage suivant au périhélie. On pourrait surtout retrouver la trace des apparitions survenues dans un passé plus reculé. Mais il en alla bien autrement que ne l'avait prévu Angström.

LE TOURNANT DÉCISIF

En décembre 1906, alors que la comète décrivait sa phase d'approche rapide vers le centre du système solaire, l'astronome A. C. Crommelin annonça à la Royal Society qu'en utilisant la courbe de Angström, on pouvait dater le prochain passage au périhélie en 1913,08. Or, entre cette date et celle de Pontécoulant, il y avait un écart de 2 ans et 8 mois. Crommelin était très inquiet. Il n'était pas sûr que la valeur déduite de la courbe d'Angström fût la bonne, c'était même sans doute une erreur. Mais si par hasard elle s'avérait bonne ? ou pas très éloignée de la vérité ? Peut-être Pontécoulant avait-il fait une erreur dans ses calculs ? Peut-être les deux dates étaient-elles fausses ? Si c'était le cas, fit remarquer Crommelin, quel formidable revers ce serait pour les astronomes ! Commettre une erreur largement supérieure à celles de leurs prédécesseurs de 1759 et 1835 !

Il paraît tout à fait incroyable qu'aucun autre astronome n'ait entrepris, parallèlement à Pontécoulant, un calcul analogue. Était-il concevable que, pour un passage qui allait se vérifier sous peu, on n'ait eu recours qu'à un seul homme alors que, pour 1835, pas moins de cinq personnes avaient calculé l'orbite ? Crommelin espérait que « quelques mathématiciens étaient déjà, à son insu, au travail. Sinon, quelqu'un pouvait encore se lancer dans l'entreprise, qui en aurait les capacités et le loisir ». Si personne ne se décida à assumer seul un tel travail, un des collègues de Crommelin lui proposa sa collaboration : c'était P. H. Cowell, un autre astronome anglais. Crommelin et Cowell étaient deux savants compétents et confirmés : le premier avait la quarantaine, l'autre trente-cinq ans. Ensemble, ils effectuèrent un énorme travail qui marqua une étape décisive dans l'étude de la comète de Halley.

Par un calcul préliminaire, ils trouvèrent très vite que la date de Pontécoulant était correcte en substance : l'erreur pouvait atteindre un mois au maximum. Ceci dit, il fallait considérer que le résultat de la variation calculée par Angström était faux. Or, cette variation passait fort bien par certains points correspondant à des dates du passé : cela signifiait donc que, parmi ces derniers, certaines étaient fausses. Crommelin et Cowell publièrent ces premiers résultats dans une note qui en annonçait beaucoup d'autres.

Entre-temps, la compétition faisait rage parmi les astronomes pour pronostiquer le passage de 1910. L'Astronomische Gesellschaft annonça qu'elle récompenserait celui qui trouverait la date la plus approchante par des calculs. Deux plis arrivèrent à l'Académie, avec, pour signature : « Isti mirantur stellam » et « Quod potui feci, faciant meliora potentes ». Le premier donnait la date du 16,6 avril 1910, le second l'anticipait de deux mois. La comète passa au périhélie le 19,68 avril, soit seulement trois jours et deux heures après la date prévue par le premier document. L'incognito fut levé au moment de la remise du prix : derrière la devise « Isti mirantur stellam » se cachaient Cowell et Crommelin. Leur prévision avait dépassé en précision celle de l'autre concurrent, mais toutes les précédentes aussi, à l'exception de celle que Damoiseau trouva fortuitement. On remercia les deux savants en leur remettant d'autres prix, des décorations, le diplôme ad honorem de l'Université d'Oxford. Mais ils en retirèrent surtout une extrême satisfaction.

Ce calcul ne fut pas leur seule contribution à l'étude de la comète de Halley, ni même la plus importante. Parce qu'ils avaient perçu le caractère erroné de certaines identifications du passé à travers la courbe inexacte de Angström, ils décidèrent de les vérifier en calculant les perturbations. Ils employèrent la méthode qui avait permis de calculer l'orbite du passage ultérieur en partant des observations passées et en intégrant les perturbations, déjà utilisée pour 1759, 1835 et 1910. En partant de la dernière orbite calculée sur la base des observations les plus précises jamais faites, ils reconstituèrent les orbites passées en tenant compte, pour chaque époque, des perturbations planétaires. Ensuite, ils calculèrent les dates des passages au périhélie, en les comparant aux chroniques anciennes.

Pontécoulant, par cette même méthode, était parvenu à 1531. Il était désormais certain que les comètes de 1456 et 1378 étaient la comète de Halley. Il fallait donc aller plus loin. Cowell et Crommelin le firent : ils intégrèrent analytiquement les équations du mouvement cométaire et utilisèrent la technique de la variation des éléments, exactement comme on l'avait fait pour prévoir les passages suivants. Mais leur travail se révéla long et pénible : il fallait avancer, pour un nombre toujours plus grand de passages, dans des époques où la confrontation des sources se faisait toujours plus rare et imprécise.

Ils supposèrent que l'excentricité *(e)* et l'inclinaison de l'orbite *(i)* étaient constantes dans le temps, et que le périastre (ω) et la longitude du nœud ascendant (Ω) variaient de façon uniforme, selon un rythme déjà calculé dans l'intervalle 1531-1910 où la comète avait été observée et étudiée. Ils calculèrent les perturbations dues à toutes les planètes, sauf Mercure, Mars et Pluton, et les appliquèrent au mouvement cométaire. Ils obtinrent des résultats excellents jusqu'en 1301. Ils utilisèrent ensuite des méthodes plus approximatives et remontèrent jusqu'à l'apparition de 240 avant J.-C., soit vingt apparitions supplémentaires. Au-delà, ils constatèrent une erreur d'un an et demi entre leur calcul et l'observation du passage au périhélie. Ils gardèrent donc la date du 15 mai de l'an 240 avant J.-C. comme la plus ancienne, et s'en tinrent là.

Tous ces résultats furent publiés dans les *Monthly Notices of the Royal Astronomical Society*, de 1907 à 1909. Ces onze relations (six sur le passage de 1910, cinq sur les précédents) ne se sont trouvés dépassées que par les travaux des vingt dernières années qui en sont d'ailleurs la continuation. Cowell et Crommelin ont marqué un tournant décisif dans l'étude de la comète de Halley car ils utilisèrent une méthode nouvelle pour l'époque mais aujourd'hui encore en vigueur, afin de retrouver trace des anciens retours. Grâce à cette méthode, toutes les dates dès 240 avant J.-C. se révélèrent enfin bonnes.

En connaissant l'année, en ayant des indications crédibles pour le mois et le jour, on pouvait mieux interpréter les anciens documents et établir avec plus de précision encore la date de chaque passage. On pouvait surtout identifier la comète de Halley au milieu des centaines d'autres qui avaient parcouru notre ciel pendant plus de deux millénaires.

LES DÉCOUVERTES MODERNES

Cowell et Crommelin s'étaient arrêtés à 240 avant J.-C., satisfaits de leurs résultats. Mais le désir de remonter plus loin, de trouver d'autres dates et de les confronter aux fragments d'histoire ancienne n'était pas éteint pour autant. Tôt ou tard, toute découverte nous conduit aux portes du mystère. Or, nous le savons, le mystère est fascinant.

Ce fut M. A. Viliew, un jeune astronome russe mort en 1917 à l'âge de vingt-sept ans, qui tenta, le premier, de franchir la barrière de — 240. Sur les traces de Cowell et Crommelin, il calcula les dates des cinq passages antérieurs, jusqu'en 623 avant J.-C. Ce premier essai n'eut guère d'écho, en raison de sa relative grandeur et surtout parce qu'aucune observation ne venait appuyer les calculs. On ne pouvait être sûr des dates.

La tentative de Kamienski

Quelques années plus tard, le Polonais M. Kamienski accomplit une tout autre démarche. En 1948, il annonça à l'Assemblée générale de l'Union astronomique internationale, à Zurich, qu'il s'apprêtait à explorer le passé sur deux millénaires, ou plus. Au prix de plus de dix ans de travail, il réussit à faire de son projet quelque chose d'assez accompli.

Il s'appuya sur les dates que Cowell et Crommelin avaient trouvées, et considéra une « comète moyenne » qui évoluait selon une période moyenne constante de 76,92 ans. Ensuite, pour chaque passage de 240 avant J.-C. à 1910, il calcula la différence entre la valeur de la période moyenne et la valeur réelle. Il inscrivit ses résultats sur un graphique qui donnait les écarts en fonction du temps, et trouva une courbe formée de la combinaison de deux courbes : l'une, de petite amplitude, avec une périodicité de 2000-2500 ans, l'autre, de plus grande amplitude, et une périodicité de 800 ans environ. Sa méthode et son résultat étaient analogues à ceux d'Angström, près d'un siècle plus tôt. Angström s'était servi des données de Hind et, nous l'avons vu, certaines dates étaient erronées. Kamienski s'était, lui, servi des dates exactes trouvées par Cowell et Crommelin.

Il prit pour base cette courbe, et remonta dans le temps. Il donna la liste des cent cinquante dernières apparitions, de 9541 avant J.-C. à 1910. Il disait pouvoir en prouver quelques-unes à partir de documents anciens. D'après lui, la comète de Halley était peut-être apparue dans le ciel de 1163 avant J.-C., quand la guerre de Troie éclata, ou en 1005 avant J.-C. avant que David ne construise le temple de Jérusalem, ou encore en 1783 avant J.-C. sous le règne de Hammurabi. Mais Kamienski se fondait sur des sources chinoises, hébraïques et babyloniennes bien vagues, bien incertaines, dont on ne sait pas, parfois, si elles font même allusion à une comète.

Négligeons les dates incertaines du passé pour n'en considérer qu'une qui a trait à l'avenir : celle du prochain passage. En 1962, Kamienski annonça qu'en appliquant sa méthode, il avait daté au 24 novembre 1986 le prochain passage au périhélie, avec une erreur de $\pm$ 36 jours.

En 1967, J. L. Brady et E. Carpenter publièrent leurs premiers résultats sur l'orbite cométaire de 1986. Leurs calculs se basaient sur près de cinq mille observations faites au cours des apparitions de 1759, 1835 et 1910, et leur résultat, même provisoire, semblait bon. Le passage au périhélie devait se situer le 5 février 1986 à 9 heures.

Il y avait plus de neuf mois d'écart entre les deux dates : le cas Angström se répétait. Pourtant, on était sûr des dates du passage au périhélie qui avaient permis de construire la courbe empirique. Certes, le propre des formules empiriques, même si elles sont fondées sur des dates sûres, c'est qu'elles ne sont bonnes que pour ces dates. En d'autres termes, puisqu'elles ne permettaient pas l'extrapolation, elles étaient inutiles à notre recherche. Pour retrouver la trace de la comète, il fallait un modèle dynamique du mouvement, et des observations sûres.

La dixième planète

La partie la plus importante d'une lettre réside souvent dans son post-scriptum : ce P.-S. d'un seul mot parfois ajouté au bas de plusieurs pages. C'est à peu près ce qui advint avec la relation que Cowell et Crommelin consacrèrent au retour de la comète, où ils datèrent le passage au périhélie du 16,61 avril 1910. Dans un post-scriptum daté du 5 mars 1910, ils ajoutaient : « A partir des observations, il semble que le T prédit soit 3,03 jours trop tôt. L'erreur, pour deux jours au moins, est due à des causes autres que des erreurs de calcul, ou de positions et de masses planétaires. »

Quand Clairaut avait prévu une erreur possible d'un mois, il avait pensé à des effets gravitationnels mineurs, qu'il avait négligés pour simplifier ses calculs, ou parce qu'ils étaient le fait d'une ou plusieurs planètes inconnues. Cowell et Crommelin, grâce à la grande précision de leurs calculs, découvrirent un nouvel aspect du mouvement de la comète de Halley : même un tenant compte de tout avec la plus grande rigueur, il restait une discordance inexplicable entre le mouvement réel et le mouvement calculé.

Cela ne concernait pas seulement le passage de 1910. En 1971, Brady et Carpenter étudièrent et commentèrent le mouvement de la comète de Halley de 1682 à 1986, et donnèrent enfin les circonstances précises de l'apparition de 1986. A partir de l'orbite qui expliquait mieux les quatre dernières apparitions, ils calculèrent de nouvelles valeurs pour les époques des passages au périhélie du passé. Tout en s'appuyant rigoureusement sur une orbite exacte, et même sur l'ensemble des orbites successivement décrites par la comète de 1682 à 1910, et en tenant compte aussi de l'attraction gravitationnelle de *toutes* les planètes, ils constatèrent que la comète était réellement passée, à chaque fois, avec un retard de quatre jours. C'était un peu plus que ce que Cowell et Crommelin avaient découvert pour le passage de 1910 et qui devait se révéler toujours plus évident. Pour harmoniser les valeurs et les observations, Brady et Carpenter ajoutèrent un terme séculaire empirique aux équations du mouvement, ce qui apportait la correction nécessaire. Ce terme remettait effectivement tout en place. Mais pourquoi était-il nécessaire ? A quoi était dû ce retard systématique ? Peut-être y avait-il un corps — une autre planète — qui attirait la comète mais n'avait jamais été découvert ? C'est ce que pensa Brady. La chose était plausible. D'ailleurs, en partant des perturbations du mouvement d'Uranus, n'avait-on pas déjà découvert deux planètes, Neptune et Pluton ? Brady calcula l'orbite et la masse de cette « nouvelle » planète, et publia ses résultats en 1972.

Leur étrangeté surprit immédiatement. La nouvelle planète décrivait une orbite tout à fait insolite, inclinée de 120° sur le plan de l'écliptique. Or les orbites de toutes les planètes se situent autour de ce plan, hormis Pluton qui, avec une inclinaison de 17°,3, fait déjà figure d'anomalie. En pratique, la planète de Brady se déplaçait sur une orbite de 60° d'inclinaison, en sens inverse à toutes les autres. Sa période de révolution était de quatre cent soixante-quatre ans, et sa plus grande distance au Soleil de 59,9 UA, bien plus grande que celle de Pluton qui est pourtant la plus éloignée que l'on connaisse. Sa masse était énorme : quatre fois celle de Saturne. Avec une telle masse, même si elle avait l'une des plus hautes densités planétaires, elle ne pouvait être que très grande et, en dépit de la distance, on aurait dû la voir sans problème.

La nouvelle se répandit. La presse, les radios et les télévisions mirent la moitié du monde en effervescence. Tous ceux qui étaient au courant voulaient en savoir plus : ils réclamaient soit un démenti, soit la confirmation de la découverte au télescope. Au cours de l'été 1972, les astronomes de Hertsmonceaux la cherchèrent dans le champ céleste indiqué par Brady, sans succès. Il en fut de même à l'Observatoire de Lick. Pourtant, on avait procédé par photographie et rejoint des étoiles beaucoup moins brillantes que n'était supposée l'être cette planète.

Pour compliquer encore la situation, deux nouvelles recherches aboutirent selon lesquelles si la planète de Brady existait, avec de telles caractéristiques, elle aurait dû perturber considérablement toutes les planètes du système solaire, Jupiter et les autres. Selon P. Goldreich et W. R. Ward, une telle planète aurait détruit la structure actuelle de cette partie du système solaire en à peine un million d'années. Et personne n'arrivait à croire qu'une planète aussi massive avait pu se former ou arriver de l'espace interstellaire, il y a seulement moins d'un million d'années. Bref, la planète qui aurait pu expliquer les retards de la comète de Halley ne pouvait pas exister. La question était close.

Qu'est-ce qu'une comète ?

Si ce n'était pas une planète, si ce n'était pas une masse inconnue présente dans le système planétaire, qu'était-ce donc qui déplaçait la comète en raccourcissant continuellement son temps de révolution ? C'est en étudiant le mouvement cométaire selon un nouveau point de vue qu'on résolut le problème.

On avait toujours considéré la comète comme un point matériel doté d'une masse, soumise aux seules forces gravitationnelles du Soleil qui la rappelait périodiquement à lui, et des planètes qui faisaient plus ou moins dévier son parcours. En réalité, une comète n'est pas un point, mais un corps, petit mais pas infinitésimal, et sa physique est tout à fait particulière. Il fallait tenir compte de tous ces éléments.

Les résultats à examiner étaient innombrables : pendant que les mathématiciens calculaient et recalculaient toutes les orbites de la comète, passées et futures, les astrophysiciens, pour chacun de ses passages, l'étudiaient sous d'autres points de vue. En dehors de celle de Halley, ils observaient et étudiaient aussi d'autres comètes, dont quelques-unes circulaient autour du Soleil avec des périodes beaucoup plus courtes.

Les problèmes à résoudre étaient nombreux et ils se posaient pour toutes les comètes : quelle est la structure d'une comète ? Pourquoi les queues se forment-elles ? Pourquoi leur aspect varie-t-il sans cesse ? Pourquoi ne voit-on pas toujours la queue et, quand elle est visible, pourquoi est-elle toujours dans la direction opposée au Soleil ? Quelle est la composition chimique d'une comète ? Quelle est sa condition physique ? Toutes ces questions étaient nées de l'étude du mouvement et de l'observation photométrique et spectroscopique.

Toute comète est formée normalement de deux parties : la tête et la queue. La première se compose essentiellement de deux éléments : le noyau et la chevelure (fig. 3.7). Le noyau

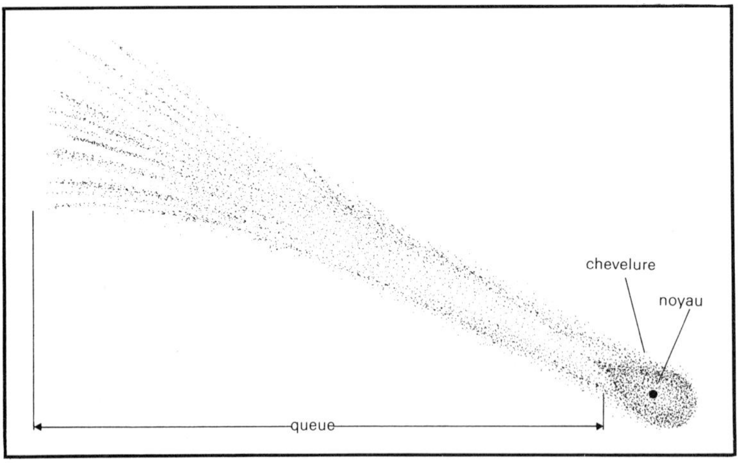

Fig. 3.7 Schéma des trois parties principales d'une comète : le noyau, la chevelure et la queue. Le vrai noyau solide est toujours trop petit pour être visible, même à l'aide des plus grands télescopes. Ce que l'on observe en général est un « faux noyau » qui correspond à la partie la plus lumineuse de la tête et se trouve autour du vrai noyau.

représente la partie la plus importante mais, étant donné sa petitesse, il est invisible, même au télescope. D'après des évaluations récentes faites avec des méthodes photométriques, le rayon, selon les comètes, va d'une centaine de mètres à une cinquantaine de kilomètres. Des gaz et des particules se détachent continuellement du noyau et, en se dispersant dans l'espace, viennent former la chevelure et la queue. Les dimensions des queues sont énormes : celle de la comète de Halley dépassa, en 1910, 100 millions de kilomètres. Mais il y en a eu d'autres plus longues : celle de 1811 (176 millions de kilomètres), celle de 1680 (240), celle de 1843 qui, avec ses 320 millions de kilomètres, détient le record absolu. Les queues varient d'une comète à l'autre, ou d'un retour à l'autre de la même comète et même, presque toujours, au cours d'un même retour de la même comète (fig. 3.9). Par ailleurs, les queues sont souvent multiples, même si toutes les comètes n'en ont pas sept comme celle que l'on vit en 1744.

Si les dimensions des comètes sont énormes, leur masse et leur densité sont en revanche très faibles. Le 1er juillet 1770, la comète de Lexell passa à peine à 2,5 millions de kilomètres de la Terre. Nous sommes presque sûrs que notre planète a traversé la partie la plus extérieure de la tête, mais personne ne s'en aperçut. Le mouvement de la Terre ne s'en trouva pas le moins du monde perturbé. Laplace en déduisit que la masse cométaire devait être inférieure à 1/5000e de la masse terreste. Quelques comètes présentent un éclatement du noyau : celle de West, en 1976, en a formé cinq. Quand un tel éclatement se produit, on peut déterminer les masses des morceaux par leurs perturbations réciproques. Il en résulte des valeurs très basses, jusqu'à un dizième de millionnième, ou un dizième de milliardième de la masse terrestre. Masses insignifiantes qui correspondent quand même, respectivement, à 600 mille milliards et 600 milliards de tonnes !

Plus de cent ans d'observations spectroscopiques cométaires ont permis de découvrir que la tête est composée d'une grande quantité d'hydrogène et des molécules C_2, CN, CH, NH, OH, etc. Ces radicaux chimiques instables ne se rencontrent pas facilement dans nos laboratoires. On savait depuis longtemps déjà que, dans les comètes, ils provenaient de la dissociation de molécules stables plus complexes, les molécules mères. On savait aussi que les molécules de CH_4, NH_3 et H_2O devaient être déjà présentes dans le noyau solide sous forme de glace.

Fig. 3.8 Différents aspects de la queue de la comète Mrkos (1957 d). L'auteur a obtenu les photographies au télescope de 60 cm de l'Observatoire de Loiano (Bologne), respectivement les soirs du 15, 26 et du 31 août 1957.

Mais, jusqu'en 1983, on n'avait découvert aucune de ces molécules[1].

Cette année-là, le 25 avril, le satellite I.R.A.S., sur orbite pour l'étude du ciel dans l'infrarouge, découvrait une étrange comète, pratiquement sans queue, qui se rapprochait rapidement de la Terre. Le 11, elle passait à 4,5 millions de kilomètres à peine : c'était le rapprochement le plus grand d'une comète, après celle de Lexell en 1770. La comète, découverte par deux astronomes amateurs, Araki, au Japon, et Alcock, en Angleterre, fut immédiatement prise en chasse par divers télescopes, grands et petits. Son rapprochement offrait en effet l'opportunité exceptionnelle de faire des observations tout à fait importantes. Jusque-là, dans les meilleurs cas, nos télescopes réussissaient à montrer deux points séparés d'une comète, distants de 1 000 kilomètres environ l'un de l'autre. Cette fois-ci, on pouvait séparer des points distants d'à peine 20 kilomètres. Il n'était pas question de découvrir le noyau dont le diamètre est inférieur, mais on allait pouvoir observer, pour la première fois, les régions immédiatement adjacentes, et analyser au spectroscope les composants gazeux.

1. Il y eut dans certains cas des découvertes suivies de démentis.

On découvrit ainsi plusieurs molécules comme celle de S_2 CS_2, H_2S^+ et, enfin, diverses molécules mères, NH_3, H_2O, HCO et H_2CO. Ces molécules se trouvent uniquement près du noyau, avant d'être dissociées en molécules filles sous l'effet de la radiation solaire. HCO, par exemple, a été relevé jusqu'à une distance de 1 000 kilomètres environ, ce qui correspond à peine au pouvoir de résolution d'une observation normale des comètes. On n'avait jamais pu observer, pour aucune autre comète, ni ces molécules mères, ni aucune autre.

Voyons maintenant les queues. L'analyse spectroscopique montre qu'elles sont formées de gaz et, parfois, de poussières. Comme les molécules sont toujours ionisées, il est plus exact de parler de queues de plasma. Le tableau 3.5 regroupe tous les éléments et composants découverts à ce jour dans les comètes. Les spectres ont montré que pour la tête, en plus des raies, il y a un continu dû à la lumière du Soleil réfléchie par les poussières. On en déduit qu'en plus des parties solides constituées de glaces volatiles, le noyau doit contenir des particules non volatiles.

Toutes ces découvertes, anciennes ou récentes, confirment l'interprétation du noyau qu'en donna F. L. Whipple, il y a plus de trente ans. Selon lui, quand elle est à grande distance du

Fig. 3.9 Variations rapides de la queue de la comète Burnham (1959 k), photographiées par l'auteur au télescope de 122 cm de l'Observatoire d'Asiago. Entre les deux photographies, prises pendant la nuit du 26 avril 1960, il y a une différence d'à peine 1 heure 15 minutes. Dans ce bref intervalle, la queue semble s'être « fermée ».

Soleil, la comète est formée d'un bloc unique où tous les gaz, développés au voisinage du Soleil, sont glacés à l'état chimique qui correspond aux molécules mères. Le bloc, composé de glaces de CH_4, NH_3, H_2O et, peut-être C_2N_2, englobe aussi une matière météorique non volatilisable, comme des silicates, des oxydes, des particules de carbone, des métaux. A mesure que la comète se rapproche du Soleil et que la chaleur s'accentue, la glace sublime toujours plus rapidement et entraîne des parti-

cules solides. Gaz et particules forment ainsi la chevelure et, sous l'effet du vent solaire, ils vont s'en détacher de façon continue et rapide, pour venir former la queue. A mesure aussi qu'elles s'éloignent du noyau, les molécules mères, sous l'effet de la radiation solaire ultraviolette, se dissocient en radicaux, se fractionnent en atomes, se transforment en ions (fig. 3.10).

Il n'était pas facile de confirmer directemnt cette théorie. Ce fut pourtant le cas, à deux reprises, en 1982 et 1983. Pour

TAB. 3.V — ÉLÉMENTS ET COMPOSÉS OBSERVÉS DANS LES COMÈTES[1]

TÊTE	CN, C_2, C_3, CH, NH, NH_2, $\boxed{NH_3}$, CO, OH, CS, CS_2, $\boxed{CH_3CN}$ *, $\boxed{HCN}$ *, $\boxed{H_2O}$, $\boxed{HCO}$, S_2, $\boxed{H_2CO}$ * CO^+, CH^+, CO_2^+, N_2^+, OH^+, Ca^+, H_2O^+, CN^+, C^+, H_2S^+ Na, Ca, Cr, Mn, Fe, Ni, Cu, K, Co, H, C, O, S
QUEUE DE PLASMA	CO^+, CH^+, CO_2^+, N_2^+, OH^+, $\dot{H}_2O^{+}$*, CN^+, C^+

1. Les molécules mères ont été entourées. L'astérisque indique que la découverte reste à confirmer.

qu'elle le soit de façon tout à fait convaincante, il fallait découvrir la présence de glace d'eau sur quelques comètes par observation directe. La recherche était complexe car quand les comètes sont proches du Soleil, la glace sublime en molécules de vapeur aqueuse, trouvées effectivement à l'état de ions. Mais un groupe de chercheurs de l'université d'Arizona réussit à confirmer cette théorie, en avril-juin 1982, par des observations infrarouges de la comète Bowell. On avait découvert cette comète en 1980, très au-delà de l'orbite de Jupiter. Alors qu'elle allait sortir pour toujours du système solaire après avoir été mise sur une orbite ouverte, hyperbolique, sous l'effet des perturbations de Jupiter, on trouva la glace. Cette comète, que personne ne pourra jamais plus observer, a rendu directement évidente la présence d'un noyau de glace.

L'interprétation de Whipple s'est de nouveau confirmée à propos de la comète IRAS-ARAKI-Alcock. En photographiant la partie de la tête la plus proche du noyau au télescope de 1,82 m de Asiago, C. Cosmovici et S. Ortolani ont fait une découverte singulière, bien évidente dans la représentation des densités en fausses couleurs qu'en donne la planche IX. A proximité du noyau, trop réduit pour être visible, les gaz se répartissent selon une petite queue qui, contrairement à ces grandes queues bien connues, se dirige vers le Soleil. Dans l'interprétation de Whipple, le phénomène s'explique facilement. En effet, la partie du noyau de glace directement exposée à l'action du Soleil s'évapore beaucoup plus vite que la par-

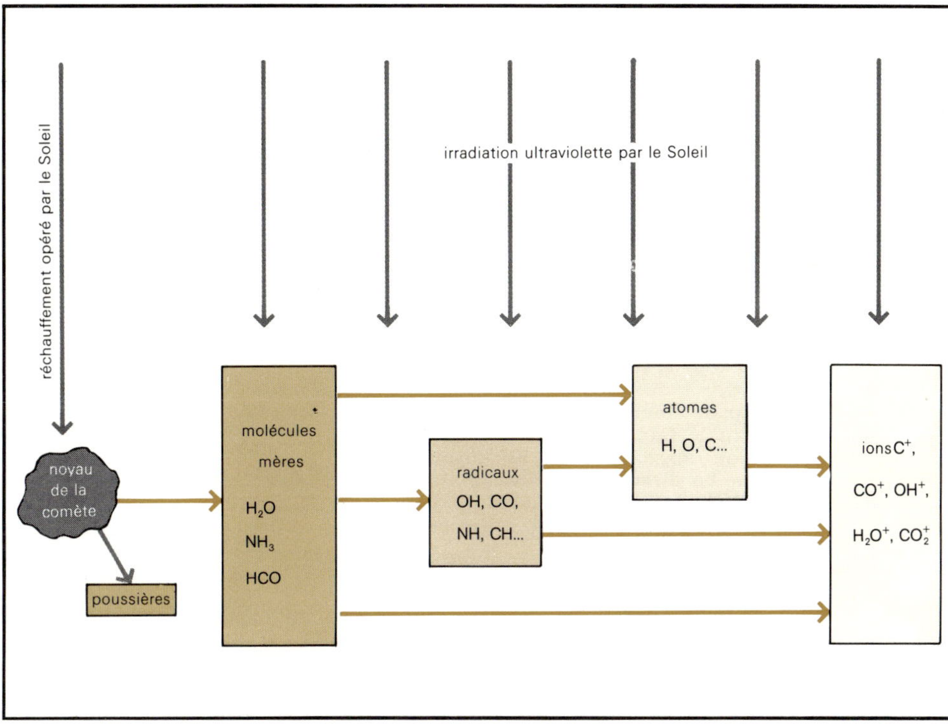

Fig. 3.10 Évaporation des molécules mères du noyau sous l'effet du réchauffement solaire, et leurs clivages successifs à des distances croissantes, sous l'action de l'irradiation ultra-violette provenant du Soleil (modifié par J. Crovisier, *L'Astronomie,* 95, 231, 1981).

tie opposée, plus froide. Et si la direction de la queue n'est pas tout à fait celle du Soleil, c'est, nous le verrons bientôt, dû à la rotation du noyau.

Les forces non gravitationnelles

Le modèle de noyau proposé par Whipple, appelé à juste titre la « boule de neige sale », explique fort bien le retard de quatre jours à chaque retour de la comète de Halley sans qu'on ait besoin de la planète de Brady. Mais avant de voir comment Whipple l'explique, rappelons que l'anomalie périodique ne concerne pas la seule comète de Halley. On l'avait déjà découvert dans la première moitié du XIXe siècle, à travers le mouve-

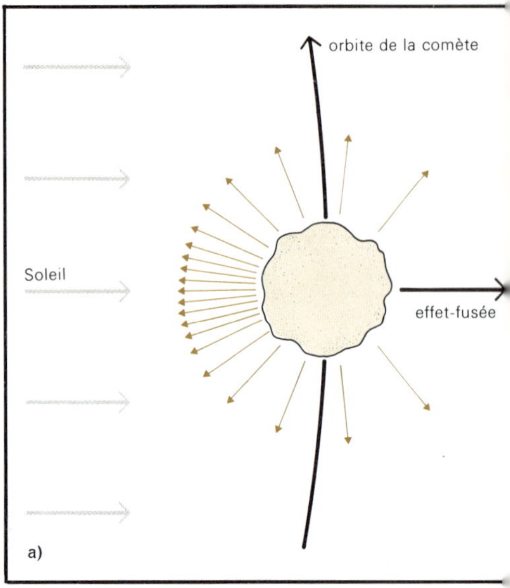

Fig. 3.11 Modèle du noyau à réaction pour expliquer les forces non gravitationnelles agissant sur la rotation du noyau. La radiation solaire provoque la sublimation de la glace et expulse des molécules (flèches de couleur) avec un effet-fusée qui tend à éloigner le noyau de la comète du Soleil (a). Si le noyau tourne sur lui-même dans la direction de son mouvement autour du Soleil, la réaction pousse la comète loin du Soleil (b) et la période augmente. Si le noyau tourne en direction opposée (c), la comète est freinée (F. L. Whipple, © *Scientific American,* février 1974).

ment d'une comète qui revient tous les 3 ans et 3 mois : J.F. Encke avait trouvé que sa période perdait 2 heures et demie à chaque retour. Entre 1968 et 1971, G.B. Marsden et Z. Sekanina, en étudiant sur ce modèle les orbites de dix-huit comètes, ont trouvé que seules deux d'entre elles étaient parfaitement régulières, et que leur déplacement n'était gouverné que par les forces purement gravitationnelles qui agissent dans le système solaire. Toutes les autres comètes sont soit en avance, soit en retard. Le modèle de Whipple explique le phénomène, mais aussi pourquoi certaines comètes devancent leur retour et d'autres le retardent.

Admettons que, sous l'action de l'énergie solaire, on vérifie sur un noyau de comète une violente explosion. Étant donné la masse, cette explosion pourrait imprimer au noyau une brusque poussée vers la partie opposée. La comète se comporterait alors comme un navire spatial au cours de la phase d'allumage d'un moteur à réaction. Or, selon le modèle de Whipple, point n'est besoin de recourir aux explosions, qui n'expliqueraient que les variations irrégulières. Il suffit de savoir que les gaz normalement expulsés à grande vitesse impriment continuellement au noyau cométaire une poussée dans la direction opposée au Soleil (fig. 3.11 a). Elle devrait donc s'éloigner du Soleil

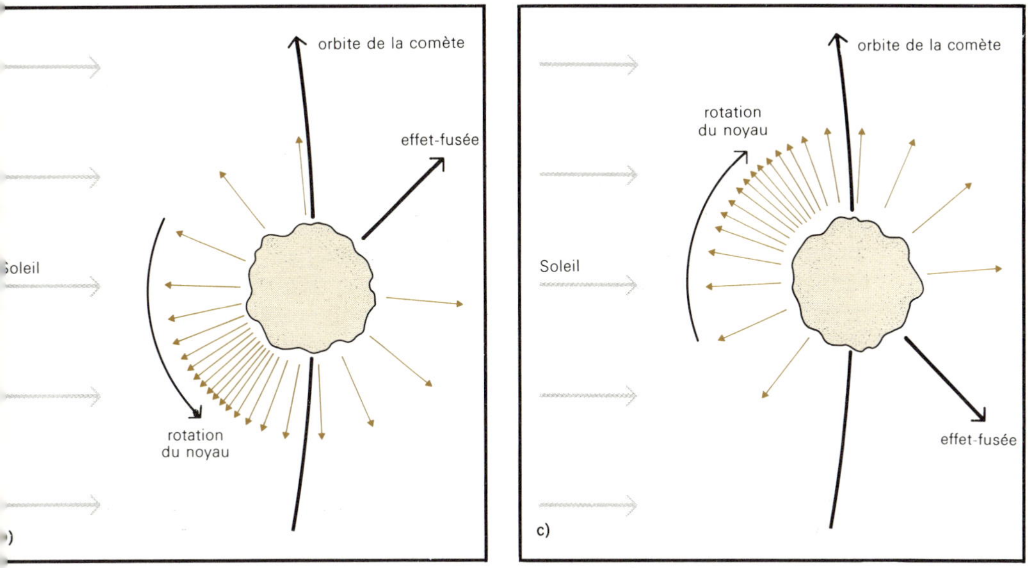

selon une orbite à peine plus ample. Ce qui n'explique pas les deux cas observés, mais Whipple estime qu'il suffit d'admettre que le noyau est doté d'une rotation axiale pour nous placer dans les options correspondant respectivement aux figures 3.11 b et 3.11 c. Dans la première, avec une rotation en sens direct, l'effet-fusée se manifeste à l'avant et la comète subit une accélération ; dans la seconde, avec une rotation rétrograde, l'effet se manifeste à l'arrière, et la comète ralentit.

Selon le modèle de Whipple, les comètes ne se comportent plus comme des planètes lourdes et inactives, où le mouvement ne se détermine que par la gravitation universelle, mais comme nos très légères sondes spatiales où une force non gravitationnelle engendrée par l'allumage ou l'extinction d'une ou plusieurs fusées peut modifier l'orbite. Pour la sonde, c'est l'homme qui manœuvre ces forces afin d'imprimer le cap voulu. Pour les comètes, c'est le Soleil qui, sans but particulier, active le mécanisme quand la comète se rapproche de lui.

En procédant de la sorte, T. Kiang et P.A. Wayman ont affirmé, en 1973, qu'on n'avait pas besoin de faire appel à une planète inconnue pour expliquer le retard de 4 jours de la comète de Halley. On pouvait obtenir ce résultat par des impulsions tangentielles successives sur le noyau quand la comète est au plus près du Soleil. Ainsi le modèle de Whipple relie et expose, dans une vision unitaire, les résultats obtenus par la mécanique céleste et la physique, le mouvement, la structure et l'activité du noyau. Dès lors, on comprend pourquoi aucune théorie uniquement basée sur les forces gravitationnelles ne peut permettre de suivre dans le temps le mouvement cométaire *. On comprend aussi pourquoi les formules empiriques trouvées pour un intervalle de temps donné ne valent pas en dehors de cet intervalle, et pourquoi des recherches comme celles de Angström et Kamienski ne donnent pas de bons résultats pour des époques extrapolées.

On pourrait croire que les forces non gravitationnelles, au contraire des forces gravitationnelles, ne sont pas quantifiables, et qu'elles agissent un peu n'importe comment. Ce n'est pas le cas. Marsden et Sekanina, en étudiant des comètes à courte période pour lesquelles on disposait de nombreux retours, ont trouvé certains comportements. Et autre chose aussi : dans de nombreux cas, à mesure que le temps passe, les manifestations non gravitationnelles diminuent ; dans certains cas, elles augmentent. Cette découverte les a conduits à perfectionner le modèle de la « boule de neige sale » : ils ont supposé l'existence de deux types de noyaux cométaires. Seraient du premier type les noyaux des comètes formées par une matrice météorique spongieuse, imprégnée de neige de substances volatilisables (de l'eau surtout) et entourée d'une enveloppe de glace mélangée à des particules de poussière. En perdant avec le temps la matière volatilisable soumise aux explosions, ils ne peuvent plus être influencés par des forces non gravitationnelles puisqu'ils se réduisent à la seule matrice solide. En revanche, les comètes sans noyau solide, composés exclusivement de substances volatilisables et de particules de poussières libres, seraient du second type. En perdant de la masse avec le temps, ils sont toujours plus influencés par les forces non gravitationnelles jusqu'à complète dissolution.

Pour la comète de Halley, Kiang est arrivé à prouver par la suite que, au cours du passage au périhélie, les résidus étaient

---

* L'autre modèle de comètes, dit « du banc de sable », développé dans les années cinquante par L. A. Lyttleton, a en effet dû être abandonné. Dans ce modèle, où il n'existe pas de noyau solide mais seulement un nuage dense de particules, l' « effet-fusée » ne peut s'appliquer et il devenait impossible d'expliquer les inégalités du mouvement des comètes. (N.d.É.)

réellement dus aux forces non gravitationnelles, c'est-à-dire à l'effet-fusée. Et il a découvert aussi que ces forces ne s'étaient guère modifiées au cours des vingt-deux derniers passages. Bref, chaque fois que la comète passe au voisinage du Soleil, elle est soumise à une force supplémentaire qui jaillit de la comète même et modifie légèrement son orbite. Mais cette force n'a pas beaucoup changé, du moins depuis 1 700 ans.

LES RECONSTRUCTIONS RÉCENTES

Finalement, parce qu'ils avaient les idées plus claires et des moyens sophistiqués pour étudier le mouvement de la comète de Halley et ses variations possibles, les astronomes pouvaient envisager de remonter une fois de plus dans le temps et tenter de dater ses apparitions dans le passé avec une précision toujours plus grande.

Les recherches de Yeomans et Kiang

Pour arriver à la conclusion que la comète de Halley est soumise à des forces non gravitationnelles, Kiang se servit de ses propres résultats, obtenus deux ans auparavant.

En 1972, il publia un travail dans lequel il renouvelait la recherche de Cowell et Crommelin ; il perfectionna leur méthode et se servit d'autres observations chinoises anciennes. Cette recherche et celles de Brady et Carpenter ont été les premières de l'ensemble plus récent sur les reconstructions du mouvement dans le passé. On découvrait enfin quelque chose de plus, après Cowell et Crommelin, en utilisant les ordinateurs modernes qui permettaient l'application des techniques de calcul. Sans eux, la vie entière de plusieurs astronomes n'eût pas suffi.

Kiang découvrit d'abord que la perturbation moyenne de la longitude du nœud ascendant (Ω) était de 1° environ pour chaque révolution, et non, comme on le pensait jusque-là, de 0°,15 à peine. Il s'aperçut ensuite que la part de Mercure et de Mars n'était pas négligeable, et il recalcula l'orbite perturbée en tenant compte de toutes les planètes, de Mercure à Pluton. Il calcula les perturbations de Jupiter jusqu'au second ordre par rapport à sa masse ; il tint compte des perturbations séculaires dans les orbites planétaires, et des perturbations périodiques les plus importantes dans les orbites de Jupiter et Saturne. Avec un calcul aussi fin, il put donner des éléments orbitaux plus précis que jamais, pour toutes les apparitions du passé : de 240 avant J.-C. à 1910. Ces nouveaux résultats ont permis de constater à quel point les différentes apparitions étaient liées par le calcul, mais ils ont conduit aussi à une évaluation exacte de l'effet des forces non gravitationnelles sur le mouvement moyen au cours des onze dernières périodes. Kiang était en mesure de préciser que les forces non gravitationnelles s'étaient manifestées par un allongement de la période de 4,1 jours pour chaque retour.

Il a amélioré plusieurs dates des passages au périhélie en utilisant d'anciennes observations chinoises, en particulier un ensemble important daté de 837 et exploité pour la première fois par lui. A cette occasion, Kiang a fait remarquer qu'au IXe siècle, les Chinois mesuraient l'ascension droite à un demi-degré près.

En 1977, D.K. Yeomans étudia à son tour le mouvement orbital de la comète de Halley. Quatre ans plus tôt, il avait développé et approfondi l'étude du modèle de la fusée avec Marsden et Sekanina. En appliquant ce modèle et en utilisant les meilleures observations de 1607 à 1911, il découvrit que les corrections applicables à l'orbite sous l'effet des forces non gravitationnelles correspondaient à un échappement de gaz d'un noyau cométaire formé de glace d'eau. Il confirma aussi le résultat de Kiang en trouvant qu'au cours du dernier millénaire en tout cas, ces forces avaient été indépendantes du temps. Ce qui lui permit de reconstruire les orbites de la comète pour l'intervalle de temps entre 837 et 2061. Hélas, il ne put aller au-delà de 837 : cette année-là, en effet, la comète et la Terre eurent un rapprochement étroit, de 6 millions de kilomètres, et il n'était pas possible d'obtenir avec précision les éléments orbitaux pour les années antérieures, sans une confrontation avec des observations positionnelles sûres et précises.

A la fin de 1981, Yeomans et Kiang publièrent ensemble de nouveaux résultats toujours plus précis sur les retours du passé. Partis d'une orbite basée sur les observations de 1759, 1682 et 1607, ils ont intégré numériquement le mouvement orbital en tenant compte de toutes les perturbations planétaires et des forces non gravitationnelles. Ils ont considéré ces forces comme si elles étaient dues à un effet-fusée d'un noyau de glace d'eau qui « expulse » des gaz sous l'action de la chaleur solaire. La masse de calculs, énorme, a été confiée à un ordinateur et, en s'appuyant sur les passages au périhélie des années 837, 374 et 141, mieux observés que les autres, Yeomans et Kiang ont enfin réussi à franchir le mur de 240 avant J.-C. pour arriver à 1404 avant notre ère.

Cela ne veut pas dire, bien sûr, que les passages antérieurs à 240 avant J.-C. aient été identifiés. Seules les dates ont été calculées, mais elles devraient être beaucoup plus exactes et permettre de mieux identifier d'autres apparitions. Malheureusement, le catalogue de Ho Peng Yoke, qui offre le plus grand nombre d'observations détaillées pour l'époque, ne signale que 18 apparitions cométaires avant 240 avant J.-C. Parmi elles, seule celle de 467 avant J.-C. correspond très probablement à la comète de Halley. La période antérieure à 240 avant J.-C. est encore pleine de lacunes, et la chose s'explique quand on examine les nouveaux éléments orbitaux à partir de 1404 avant J.-C.

Comme nous l'avons déjà signalé, de la Terre on n'observe pas tous les retours de la comète de la même façon. Puisque l'on connaît aujourd'hui les circonstances de chaque passage, depuis 1404 jusqu'à nos jours, on s'aperçoit que les apparitions ultérieures à 240 avant J.-C. furent plus globalement favorables. En effet, pour que l'on voie la comète dans toute sa splendeur, il faut qu'elle passe assez près de la Terre, et que cela se produise quand elle se projette dans le ciel sombre de la nuit et non dans le ciel clair du crépuscule. Or, parmi les vingt-neuf retours, de 240 avant J.-C. à 1910, il y en eut quatorze où la comète fut visible en pleine nuit, la distance à la Terre étant inférieure à 37 millions de kilomètres. Sur les seize passages de 1404 à 240 avant J.-C., il n'y en eut que deux où cela se produisit.

De plus, comme la plupart de ses compagnes, la comète de Halley est plus brillante après son passage au périhélie. Si l'on considère alors les rapprochements étroits entre la comète et la Terre qui se sont vérifiés après le passage au périhélie, on en trouve huit entre 240 avant J.-C. et 1910, et pas un seul entre 1404 et 315 avant J.-C.

Pour conclure, la dernière reconstruction de Yeomans et Kiang explique assez bien aussi pourquoi on manque cruellement d'observations antérieures à 240 avant J.-C. En donnant des éléments précis jusqu'au XVe siècle avant notre ère, cette recherche nous montre qu'elles manquent peut-être tout simplement parce que la comète fut peu apparente, et qu'on ne la remarqua pas au cours de ses apparitions. En d'autres termes, il n'y a pas d'enregistrement de la comète parce que ceux qui l'entrevirent ne lui accordèrent que peu d'importance ou même, tout simplement, parce que personne ne l'a vue.

Les Chinois modernes

Les recherches de Kiang montrent à quel point les Chinois nous aident encore dans la connaissance de la comète de Halley. En effet, cet astronome chinois, installé depuis des années en Irlande, n'est pas un cas isolé. Qu'il nous suffise de rappeler Ho Peng Yoke, qui travaille à l'Université de Hong Kong, ou les recherches actuellement menées en République populaire de Chine. Là, des astronomes, parfaitement conscients du patrimoine fabuleux constitué par les documents anciens, encore partiellement non dévoilés, apportent une aide importante en publiant des observations de taches solaires, d'éclipses, de comètes, de novae et supernovae faites dans le passé.

La publication de Y.C. Chang, datée de 1978, est d'un intérêt remarquable pour la comète de Halley. Sa recherche s'est déroulée sur deux fronts : astronomique et historique. La partie astronomique a été confiée à un groupe de chercheurs du Laboratoire planétaire de l'Observatoire de la Montagne de Pourpre, qui ont calculé le mouvement cométaire au cours des trois derniers millénaires. Ils ont intégré les équations du mouvement, en partant des éléments orbitaux de 1910 calculés par Brady et Carpenter sur la base de 3085 observations faites dans 60 observatoires, pendant un intervalle de temps ininterrompu de 20 mois — et compte tenu des perturbations dues aux planètes, de Vénus à Pluton (la masse de Mercure fut ajoutée à celle du Soleil), mais pas des forces non gravitationnelles. En fin de travail, Chang a pu fournir les dates des passages au périhélie, en remontant de 1910 à 1057 avant J.-C. Son calcul s'arrêta là. En effet, à cette date remontent, d'après les estimations de Chang, les plus anciens témoignages historiques utilisables.

Chang ne cherchait pas seulement à confirmer astronomiquement les époques calculées pour les passages à travers des chroniques datées déjà connues ; il voulait aussi pouvoir dater un événement avec la plus grande précision quand les circonstances astronomiques permettent de le situer très exactement dans le temps.

Le passage de 1057 avant J.-C., qui fait reculer de huit siècles le plus ancien observé, est aussi un exemple idéal de la méthode de Chang. Dans le chapitre consacré aux stratagèmes militaires de Huai Nan Tzu, le *Livre du Prince Huai Nan*, on peut lire :

« Le roi Wu marche sur Chou (des Yin), il est tourné vers l'est et salue (la planète) Jupiter, il arrive au (fleuve) Chhi et celui-ci déborde, il rejoint le (mont) Kung Thou et celui-ci s'effondre ; une comète apparaît, qui restitue sa prise au peuple de Yin. »

Les historiens chinois n'ont pas encore réussi à établir la date exacte de cette campagne militaire. Selon les uns, elle eut lieu en 1122 avant J.-C., selon les autres, en 1027 avant J.-C. D'autres encore pensent qu'elle eut lieu dans la période intermédiaire, en 1075, en 1066 ou en 1055 avant J.-C. En revanche, tous sont d'accord sur le moment de l'année : les deux premiers mois après le solstice d'hiver.

Chang avait déjà étudié les dates inscrites sur les bronzes des Chou occidentaux, et fait une recherche sur les calendriers des dynasties Yin et Chou, en classifiant les enregistrements d'éclipses lunaires et solaires mentionnés sur les ossements oraculaires découverts dans les anciennes localités des Yin. Il en avait conclu que la période la plus crédible pour la campagne de Wu était la période intermédiaire.

A travers le calcul du 40ᵉ passage de la comète avant celui d'aujourd'hui, il trouva que cette campagne se situait entre la fin de 1058 et le début de 1057 avant J.-C., aux mois de Tsi, Chou, Yin et Mao, soit au cours des quatre lunaisons dont la première contient le solstice d'hiver. Il trouva aussi qu'entre la seconde moitié du mois Chou, et la première moitié du mois Mao, la place de la comète était favorable à une meilleure visibilité dans le ciel oriental le matin, et qu'elle était sans doute très brillante. La tête (appelée « poignée », assimilant peut-être la comète à une épée) était à l'est, et la queue pointait vers le nord-ouest.

La même chronique donne une autre indication astronomique, qui fait allusion à Jupiter. Ce propos est d'ailleurs confirmé dans le classique *Kuoyn* de 522 avant J.-C. On y lit : « Quand le roi Wu marche sur Chou, Jupiter est en *Chhun huo* (le faisan flamboyant). » Autour de l'époque où, selon Chang, la comète de Halley passa au périhélie (7 mars 1057 avant J.-C.), la position de Jupiter dans le ciel était en *Chhun huo*, alors qu'elle ne l'était pas pour toutes les autres dates proposées par les historiens. Les deux événements astronomiques rappelés dans la phrase du *Huai Nan Tzu* permettraient donc d'identifier la comète de Halley, mais aussi de fixer la date de l'expédition de Wu en établissant un point sûr dans la chronologie.

Malheureusement, Yeomans et Kiang pensent que ce passage est intervenu le 3 décembre de l'an 1059 avant J.-C., soit un an et trois mois avant la date de Chang. Mais il n'est pas dit que Yeomans et Kiang aient raison. Il peut y avoir une erreur, due aux forces non gravitationnelles. Les deux savants ont toujours adopté la valeur avérée au cours des derniers 1 700 ans, mais peut-être n'était-elle pas valable mille ans plus tôt ? Si elle avait subi une variation au point de conduire à une erreur, la date trouvée par Chang, sans tenir compte des forces non gravitationnelles, pourrait se révéler la plus proche de la vérité. Et un écart d'un peu plus d'un an n'est pas grand-chose quand il s'agit d'époque aussi reculée, au terme d'une période qui remonte si loin dans le temps et dont une extrémité, incertaine, est à plus de 800 ans de là.

Brady s'est livré, lui aussi, à une reconstruction, qu'il publia en 1982. Il a donné les éléments orbitaux jusqu'en 2647 avant J.-C. et, en se basant sur quelques références dans des textes anciens, il a tenté quelques identifications, en partie contestées. Le tableau 3.VI présente et confronte les dates de Yeomans et Kiang, de Brady et de Chang pour les 40 derniers passages au périhélie. Deux choses nous frappent : il n'y a accord entre les trois groupes qu'à partir de 164 avant J.-C. ; au-delà, les résultats de Brady s'écartent toujours plus des deux autres, avec une différence de plus de dix ans pour le 40e passage. Il semble donc raisonnable de s'appuyer, au moins pour les dates les plus reculées, sur les résultats de Yeomans et Kiang et de Chang.

L'orbite de la comète de Halley au cours des deux derniers millénaires

Comme nous l'avons vu en confrontant les résultats de Chang, Yeomans-Kiang et Brady, s'ils divergent sur les dates les plus anciennes, c'est de moins en moins le cas à partir de 240 avant notre ère. C'est en effet dès cette époque qu'on commence à pouvoir les confirmer par des observations disponi-

TAB. 3.VI — DATES DES 40 DERNIERS PASSAGES AU PÉRIHÉLIE DE LA COMÈTE DE HALLEY SELON LES CALCULS LES PLUS RÉCENTS

	Chang (1978)	Yeomans et Kiang (1981)	Brady (1982)
−1	1910 19 avril	1910 20,18 avril	1910 19,68 avr.
−2	1835 11 nov.	1835 16,44 nov.	1835 15,94 nov.
−3	1759 7 mars	1759 13,06 mars	1759 12,55 mars
−4	1682 9 sept.	1682 15,28 sept.	1682 14,79 sept.
−5	1607 27 sept.	1607 27,54 oct.	1607 26,80 oct.
−6	1531 19 juil.	1531 26,24 août	1531 25,59 août
−7	1456 28 avr.	1456 9,63 juin	1456 8,97 juin
−8	1378 7 oct.	1378 10,69 nov.	1378 10,87 nov.
−9	1301 17 oct.	1301 25,58 oct.	1301 26,40 oct.
−10	1222 7 nov.	1222 28,82 sept.	1222 29,12 sept.
−11	1145 18 juin	1145 18,56 avr.	1145 17,86 avr.
−12	1066 4 mai	1066 20,93 mars	1066 19,52 mars
−13	989 9 oct.	989 5,69 sept.	989 2,99 sept.
−14	912 8 juil.	912 18,67 juil.	912 16,59 juil.
−15	837 6 janv.	837 28,27 fév.	837 27,88 fév.
−16	760 19 avr.	760 20,67 mai	760 21,78 mai
−17	684 27 nov.	684 2,77 oct.	684 6,73 oct.
−18	607 2 avr.	607 15,48 mars	607 18,20 mars
−19	530 18 oct.	530 27,13 sept.	530 26,89 sept.
−20	451 29 juin	451 28,25 juin	451 25,79 juin
−21	374 21 janv.	374 16,34 fév.	374 12,56 fév.
−22	295 18 mars	295 20,40 avr.	295 22,54 avr.
−23	218 8 mars	218 17,72 mai	218 27,56 mai
−24	141 13 fév.	141 22,43 mai	141 10,24 avr.
−25	65 23 déc.	66 25,96 janv.	66 19,97 fév.
−26	12 av. J.-C. 27 nov.	12 av. J.-C. 10,85 oct.	12 av. J.-C. 8,64 oct.
−27	87 av. J.-C. 15 août	87 av. J.-C. 6,46 août	87 av. J.-C. 10,40 juil.
−28	163 av. J.-C. 20 janv.	164 av. J.-C. 12,57 nov.	164 av. J.-C. 22,38 juin
−29	240 av. J.-C. 2 août	240 av. J.-C. 25,12 mai	241 av. J.-C. 30,64 nov.
−30	315 av. J.-C. 6 déc.	315 av. J.-C. 8,52 sept.	317 av. J.-C. 15,78 oct.
−31	391 av. J.-C. 8 déc.	391 av. J.-C. 14,37 sept.	393 av. J.-C. 22,19 avr.
−32	466 av. J.-C. 2 sept.	466 av. J.-C. 18,24 juil.	468 av. J.-C. 16,05 juil.
−33	540 av. J.-C. 1er nov.	540 av. J.-C. 10,83 mai	544 av. J.-C. 10,57 avr.
−34	615 av. J.-C. 1er juil.	616 av. J.-C. 28,50 juil.	620 av. J.-C. 5,17 oct.
−35	690 av. J.-C. 20 déc.	690 av. J.-C. 22,28 janv.	694 av. J.-C. 1,66 nov.
−36	762 av. J.-C. 11 janv.	763 av. J.-C. 5,53 août	769 av. J.-C. 13,79 mai
−37	834 av. J.-C. 12 mars	836 av. J.-C. 9,31 mai	845 av. J.-C. 29,45 déc.
−38	908 av. J.-C. 27 juin	911 av. J.-C. 20,22 mai	918 av. J.-C. 31,78 oct.
−39	983 av. J.-C. 17 août	986 av. J.-C. 2,56 déc.	993 av. J.-C. 15,39 mars
−40	1057 av. J.-C. 7 mars	1059 av. J.-C. 3,66 déc.	1069 av. J.-C. 13,67 juil.

bles, dont le nombre et la qualité nous permettent souvent un calcul précis des éléments orbitaux. Pour les deux derniers millénaires, nous avons donc des résultats dignes de foi, et nous pouvons voir si ces éléments ont varié, et comment. En d'autres termes, nous sommes en mesure de savoir en quoi la forme de l'orbite, sa position dans l'espace et sa façon de la décrire ont changé.

Le tableau 3. VII, extrait du *Catalogue des orbites cométaires* de B. G. Marsden (édition de 1982), mentionne l'année, le mois et le jour du passage au périhélie pour 29 passages, de 240 avant J.-C. à 1910. Pour chaque passage, le tableau indique la plus petite distance au Soleil en unités astronomiques (il suffit de la multiplier par 149,6 pour l'obtenir en million de kilomètres) ; l'excentricité ; la période, exprimée en années et dizièmes d'années ; le périastre ω ; la longitude du nœud Ω ; l'inclinaison *i*, tous exprimés en degrés et fractions décimales de degrés.

De 240 avant J.-C. à 1682, les éléments ont été calculés sur la base de 161 observations obtenues entre 1607 à 1759, et de

TAB. 3.VII — ÉLÉMENTS ORBITAUX DE LA COMÈTE DE HALLEY DE 240 AV. J.-C. À NOS JOURS [1]

Année	*T* mois, jour et fraction de jour	*q* en UA	*e*	P en an. et fract.	ω en ° et fract.	Ω en ° et fract.	*i* en ° et fract.	E (époque)
240 av. J.-C.	Mai 25,12	0,5854	0,9676	76,7	88,10	30,10	163,46	Juin
164 av. J.-C.	Nov. 12,57	0,5845	0,9677	76,9	89,10	31,35	163,70	Nov. 15
87 av. J.-C.	Août 6,462	0,58561	0,96768	77,1	90,764	33,306	163,335	Août 23
12 av. J.-C.	Oct. 10,849	0,58720	0,96737	76,3	92,544	35,191	163,584	Oct. 8
66	Janv. 25,960	0,58510	0,96755	76,5	92,637	35,416	163,572	Fév. 6
141	Mars 22,434	0,58314	0,96784	77,2	93,678	36,506	163,433	Mars 24
218	Mai 17,723	0,58147	0,96798	77,4	94,132	37,194	163,569	Avri 29
295	Avr. 20,398	0,57591	0,96875	79,1	95,226	38,398	163,363	Avr. 25
374	Fév. 16,342	0,57719	0,96859	78,8	96,494	39,865	163,538	Mars 1
451	Juin 28,249	0,57374	0,96891	79,3	97,011	40,496	163,475	Juin 25
530	Sept. 27,130	0,57559	0,96871	78,9	97,565	41,260	163,390	Oct. 8
607	Mars 15,476	0,58083	0,96804	77,5	98,782	42,546	163,472	Mars 18
684	Oct. 2,767	0,57958	0,96815	77,6	99,132	43,085	163,413	Sept. 29
760	Mai 20,671	0,58184	0,96785	77,0	99,980	43,972	163,439	Juin 2
837	Fév. 28,270	0,58232	0,96781	76,9	100,084	44,215	163,443	Mars 10
912	Juil. 18,674	0,58016	0,96807	77,4	100,759	44,931	163,307	Juil. 14
989	Sept. 5,688	0,58191	0,96789	77,1	101,466	45,845	163,395	Août 19
1066	Mars 20,934	0,57450	0,96887	79,3	102,455	46,909	163,108	Mars 8
1145	Avr. 18,561	0,57479	0,96879	79,0	103,686	48,338	163,220	Avr. 2
1222	Sept. 28,823	0,57421	0,96884	79,1	103,831	48,588	163,188	Oct. 15
1301	Oct. 25,582	0,57271	0,96893	79,1	104,482	49,436	163,072	Nov. 9
1378	Nov. 10,687	0,57620	0,96837	77,8	105,277	50,304	163,109	Nov. 5
1456	Juin 9,633	0,57970	0,96800	77,1	105,816	51,150	162,886	Juin 28
1531	Août 26,239	0,58120	0,96775	76,5	106,957	52,340	162,914	Août 14
1607	Oct. 27,5406	0,583615	0,967490	76,1	107,5314	53,0535	162,9020	Oct.24
1682	Sept. 15,2807	0,582608	0,967923	77,4	109,2054	54,8522	162,2657	Août 31
1759	Mars 13,0608	0,584447	0,967679	76,9	110,6899	56,5287	162,3689	Mars 21
1835	Nov. 16,4387[2]	0,586542	0,967386	76,3	110,6855	56,8025	162,2552	Nov. 18
1910	Avr. 20,1777[2]	0,587189	0,967297	76,1	111,7170	57,8467	162,2151	Mai 9

1. Les éléments sont ceux que B.G. Marsden a adoptés dans *Catalogue of cometary orbites* (1982).
2. E = date exprimée en temps des éphémérides

863 observations, effectuées directement dans l'intervalle de 1759 à 1910. La dernière colonne indique l'époque E, qui donne la date de valeur des éléments orbitaux calculés pour le passage. Cette précision est nécessaire car, comme on peut le voir facilement en parcourant les colonnes de ce tableau, les éléments orbitaux varient plus ou moins en fonction du temps. Ceux donnés pour chaque ligne du tableau 3. VII correspondent donc à un instant bien déterminé, le même pour tous, signalé par le terme Époque.

A l'aide de ce tableau, on constate aisément, par une simple soustraction entre deux dates successives, que le temps écoulé entre deux passages successifs au périhélie n'a pas toujours été identique. Après l'année 451, la comète employa 79,25 ans à revenir, alors qu'entre 1835 et 1910, il ne s'écoula que 74,42 ans. Ce sont là les deux intervalles respectivement le plus long et le plus court rencontrés entre deux passages successifs au périhélie au cours des derniers 2 200 ans. Étant donné la variabilité de la période, il n'est pas possible de répondre par un nombre précis à la question que l'on pose sans cesse aux astronomes : « Quand la comète de Halley revient-elle exactement ? » On constate aussi les différences périodiques en lisant la colonne correspondante dans le tableau 3. VII ; mais il apparaît alors que les valeurs fournies par P ne sont pas les mêmes que celles obtenues en faisant la différence entre les dates de deux passages successifs. Cela est dû au fait que les valeurs indiquées dans la colonne P sont instantanées. P est donc la valeur de la période que la comète semblait avoir à l'instant E, et qu'elle aurait rigoureusement observée si elle avait été soumise à la seule attraction solaire. La différence entre cette période et le temps employé réellement par la comète pour revenir au périhélie après avoir accompli sa révolution, est due à l'action de toutes les forces, telles les attractions planétaires et les forces non gravitationnelles, qui ont perturbé sa marche en venant s'ajouter au Soleil.

La période est variée, comme tous les autres éléments. Mais certains le sont si peu qu'on peut les considérer comme constants : dans le tableau 3.VII, on voit que l'excentricité est restée presque constante, avec une différence d'à peine 0,00051 entre les deux valeurs extrêmes, en 451 et 1910. La distance minimale au Soleil a, elle aussi, très peu varié : entre la valeur minimale de 1301 et la maximale de 1910, il n'y a qu'une différence de 2 167 700 kilomètres, à peine 2,5 % (la plus

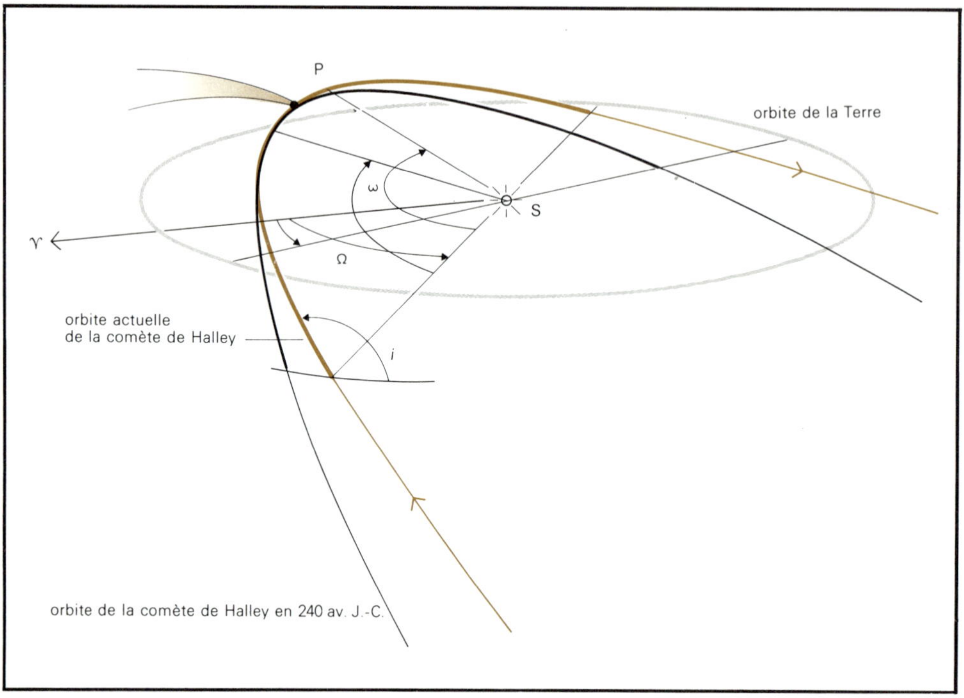

Fig. 3.12 Les principales variations de l'orbite de la comète de Halley. En couleur, l'orbite actuelle. En noir, celle de l'an 240 av. J.-C.

petite distance au Soleil est, en moyenne, de 86 731 000 kilomètres).

L'inclinaison entre le plan de l'orbite terrestre et celui de la comète n'a pas non plus beaucoup changé, d'1°,25 à peine. Pourtant, elle a lentement mais sûrement diminué. Nous avons là une variation qui, avec le temps et les millénaires, risque de devenir considérable. Les variations des angles Ω et ω sont au contraire tout à fait sensibles. La longitude du nœud Ω a augmenté de 27,75° avec, en moyenne, un degré à chaque révolution. Le périastre a augmenté de 23,62°. Ce sont là les deux principaux changements de l'orbite de la comète de Halley au cours des deux derniers millénaires, les seuls que l'on ait représentés dans la figure 3.12.

En dehors de ces changements, il en est d'autres qui sont dus, par exemple, à des déformations locales de l'orbite à l'occasion d'un rapprochement avec les planètes. Cela s'est surtout vérifié dans les plus anciens passages, où elle passait près de l'orbite de planètes géantes, mais dans d'autres cas aussi. Le 11 avril 837, la comète passa à peine à 6 millions de kilomètres de la Terre. Elle apparut très brillante. Sa tête brillait comme Jupiter à son maximum, et sa queue était longue de plus de 100°. Dans un cas pareil, même notre planète, avec sa pauvre masse et son voisinage solaire, réussit à altérer sensiblement l'orbite de la comète. Le retour de 837 a longtemps été un seuil infranchissable pour les astronomes modernes jusqu'à ce qu'ils trouvent enfin de bonnes observations de l'époque.

Nous sommes au terme de notre reconstruction de l'orbite de la comète de Halley dans le passé. Si nous jetons un dernier coup d'œil au tableau 3.VII, résultat accompli d'un travail qui dura plus de deux siècles, nous concluons que nous n'avons pas trouvé une seule orbite, mais plusieurs, une pour chaque retour, et que même si les différences ne sont pas importantes, elles existent.

L'orbite n'a pas subi un brusque changement chaque fois que la comète est revenue dans notre champ de visibilité. Elle s'est modifiée, lentement, continuellement, tout au long du parcours, surtout quand, loin du Soleil, elle passait plus près des grandes planètes, Jupiter, Saturne, Uranus, Neptune. On ne peut donc pas dire que la comète parcourait réellement des ellipses différentes et diversement orientées, mais une seule courbe qui n'a jamais été une conique parfaite.

L'orbite de la comète a toujours ressemblé à une ellipse, déformée ci et là par les perturbations planétaires, sans cesse distordue comme un fil électrique. Mais, contrairement à l'ellipse, elle n'a jamais réussi à se refermer sur elle-même, faisant coïncider les points d'arrivée et de départ après une révolution complète. Les déformations sont généralement faibles d'une période à l'autre, mais il est des exceptions. C'est pourquoi on l'exprime communément en termes d'orbite fermée et régulière.

Il y a une autre raison, que nous connaissons, pour laquelle le parcours réel de la comète dans l'espace ne s'inscrit pas dans le cadre d'une orbite fermée. Jusqu'à maintenant, nous avons pris pour référence des mouvements cométaire et terrestre le Soleil immobile. Mais qu'en est-il en réalité ? Le Soleil dévore l'espace à la vitesse de 250 km/sec., et tout le système solaire — la Terre, les autres planètes, la comète de Halley et ses pareilles

— se déplace avec lui à la même vitesse *. Si bien que, vu de l'extérieur du système solaire, la trajectoire de la comète de Halley est encore plus ouverte. C'est une espèce de spirale ovalisée qui avance dans l'espace, que la comète décrit continuellement sans jamais passer deux fois par le même point. Elle aussi subit le sort de tout ce qui existe, qui est que rien ne se reproduit jamais exactement, pas même le Soleil qui se lève chaque jour, alors que le système où nous vivons peut nous donner parfois l'illusion de la périodicité.

Mais, pour la comète de Halley, les astronomes tombèrent dans l'erreur inverse : bien qu'elle se rapproche réellement de la Terre et du Soleil périodiquement, personne ne s'était aperçu qu'elle était toujours la même : les conditions dans lesquelles elle apparaissait variaient d'une fois à l'autre et il a fallu attendre Halley pour découvrir la vérité. Et quand il l'annonça, combien le crurent ?

* Il est à noter que cette vitesse de 250 km/s est la vitesse de rotation d'ensemble de notre galaxie ; la vitesse du Soleil par rapport aux étoiles proches qui subissent ce même mouvement de rotation est beaucoup plus faible, de l'ordre de quelques dizaines de km/s. (N.d.É.)

CHAPITRE IV

La comète de Halley dans l'histoire

Voir le passé

Nous allons imaginer que nous sommes nés il y a trois mille ans et que nous avons toujours vécu dans un endroit tranquille et serein (y compris dans le sens météorologique), par exemple sur une île méditerranéenne, autosuffisante et si peu convoitée qu'aucune querelle n'est jamais venue la troubler. Pendant ces trois mille ans, nous allons imaginer que nous avons suivi tous les phénomènes célestes : de la répétition fréquente des phases lunaires aux conjonctions planétaires les plus rares et les plus intéressantes, des éclipses solaires et lunaires aux pluies d'étoiles filantes. Nous aurons assisté aux apparitions de plusieurs comètes. En trois mille ans, elles se comptent par centaines : faibles, éclatantes, aux queues longues, courtes, multiples, droites, courbées. Et nous avons eu la chance de voir plusieurs fois la comète de Halley. Une bonne quarantaine de fois, sauf si elle nous échappa à quelque passage parce qu'elle était trop faible, trop australe ou, tout simplement, masquée par une couche persistante de nuages. En dehors de toute autre considération, quelle occasion astronomique fantastique de voir directement dans le ciel, autant de fois, ce corps céleste si célèbre et rare ! Et pourtant, semblable aventure ne nous aurait offert qu'une infime partie des multiples visions que nous avons pu reconstruire parce que nous sommes nés il y a quelques décennies et que nous possédons les connaissances scientifiques et historiques actuelles.

Si nous avions vécu trois mille ans en revoyant tous les soixante-dix-sept ans la comète de Halley, isolés du monde et ignorant sa périodicité, nous ne l'aurions jamais identifiée parmi les autres et les aurions toutes considérées comme occasionnelles. Bref, nous n'aurions même pas su que nous la revoyions ! Aujourd'hui, nous savons qu'elle est périodique, et nous avons reconstruit ses passages dans le passé. Nous pouvons donc recueillir tous les témoignages datés des mêmes époques. Ils sont rares, parfois fragmentés, mais ils sont sûrement plus significatifs que les impressions d'un individu quelconque qui aurait vécu trois mille ans près de nous et se serait contenté de regarder la comète comme nous l'avons fait pendant des millénaires.

Chaque fois qu'elle est revenue, nous pouvons savoir ce qui se passait : ce que l'on croyait important, ce qui le fut vraiment. Et puisque nous connaissons sa physique et savons reconstruire son orbite, nous pouvons la situer dans son cadre naturel : ce n'est pas la voûte céleste où la projettent nos yeux, mais l'espace profond dans lequel, périodiquement, elle passe près du Soleil, heurte de sa queue les planètes, ou se rétrécit en un bloc de glace, froid, obscur, inerte.

Nous avons les moyens de reconstituer tout cela, du moins partiellement. Mais comment ? Le calcul nous donne les passages, les documents historiques deviennent des reportages. Et, en partant de ces derniers, toujours grâce au calcul, on peut déduire toutes les autres circonstances astronomiques. Nous pouvons la situer dans son cadre et la voir, comme si nous avions vécu trois mille ans, avec les yeux de nos contemporains d'un moment. C'est bien plus beau, bien plus excitant que de l'avoir vue si longtemps sans la comprendre. C'est notre privilège d'être venus au monde il y a peu, un privilège qui nous fait regretter de n'être pas nés plus tard encore, quand nous en saurons encore plus. Quand nous pourrons voyager flanc à flanc avec elle, ou sur sa surface et, bien à l'abri dans notre capsule, lire un livre qui nous raconte 1986, quand les premières sondes expérimentales tentaient l'aventure de l'accostage, ou ses passages plus anciens, quand on ne savait même pas qui elle était.

Nous pouvons aujourd'hui remonter plus de deux mille ans, les deux derniers millénaires de la vie de cette comète, et saisir le plaisir de méditer sur nos acquis, qui est l'une des deux plus grandes émotions du savoir avec l'expérience du mystère. Profitons-en sans plus tarder et relisons l'histoire détaillée de ses retours successifs.

Les moyens disponibles. Comment s'en servir ?

Pour relire son histoire, nous devons nous en donner les moyens. Puisque nous connaissons les époques des passages, nous pouvons consulter les documents anciens. Mais où les trouver ? Pour l'Orient, nous l'avons vu, dans les histoires des dynasties chinoises, coréennes et japonaises. L'Occident nous offre des écrits d'auteurs disparates : des poètes et prosateurs latins et grecs, des astronomes, des chroniqueurs, des moines du Moyen Age qui furent des témoins oculaires et les porte-parole de tous ceux qui admirèrent, observèrent et craignirent la comète. Cette armée d'ombres jaillit du passé pour venir à notre rencontre, mais le dialogue n'est plus possible. Ils parlent une autre langue ou un autre langage, et avant de devenir une source historique, ils ont vécu, comme nous vivons aujourd'hui. Quand ils parlent de la comète, ce n'est pas pour les raisons qui nous font les interroger, mais à d'autres fins, bien différentes.

La plupart des documents anciens recueillis au cours des quatre derniers siècles sont regroupés dans des ouvrages spéciaux qu'on appelle *Cométographies.* Celle de J. Stumpf, publiée à Zurich en 1548, fut sans doute la première du genre. C'est un volume in-folio en deux parties, où les apparitions de nombreuses comètes sont soigneusement mentionnées. Cette cométographie fut accueillie avec intérêt et rééditée en 1586 et 1606. Elle suscita d'autres cométographies, toujours meilleures. Quelque huit ans plus tard, J. Lavather publiait la sienne : elle comprenait, dans l'édition originale, 117 comètes de l'époque d'Auguste à 1556 et, dans les deux traductions allemandes de 1618 et de 1681, toutes celles qui étaient apparues entre-temps. La cométographie de J. B. Riccioli, publiée en 1651 dans son *Almagestum Novum,* est bien connue aussi : elle comprend 154 comètes apparues de 480 avant J.-C. à 1651. Quant au traité de Hevelius de 1668, déjà signalé, il consacrait aux comètes des descriptions longues et abondantes.

Mais l'ouvrage le plus important et le plus vaste de ce type est sans aucun doute le *Theatrum Cometicum* de Stanislas Lubienietz. Ces deux gros volumes in-folio de plus de 1 540 pages ont été publiés à Amsterdam en 1667. Ils se partagent en trois chapitres. Le premier, dont on découvre le superbe frontispice dans la figure 4.1, concerne la comète de

Fig. 4.1 Frontispice de la 1re partie du *Theatrum Cometicum* de Stanislas Lubienietz.

1664-1665 et regroupe toute la correspondance entre l'auteur et de nombreux astronomes et personnalités européens sur le sujet. La véritable cométographie compose le deuxième chapitre, qui retrace l'histoire de toutes les comètes apparues depuis l'époque du déluge jusqu'en 1665. Le troisième chapitre est un recueil de tous les jugements portés sur les effets des comètes à toutes les époques, accompagnés des commentaires de l'auteur. Lubienietz pensait que les comètes annonçaient toujours de grands événements, mais qu'elles apportaient le bien pour les bons, le mal pour les méchants : *bona bonis* et *mala malis.* Ces deux phrases sont inscrites aux deux angles supérieurs du frontispice. Au-dessous, on voit une comète et, dans l'angle à gauche, un arc en ciel et une main offrant un rameau d'olivier ; l'angle de droite montre un éclair et une main portant un flambeau. Cet ouvrage, riche de dates et de citations, l'est aussi d'illustrations. Mais il a peu de valeur astronomique car il n'est que le reflet d'une époque où les comètes n'étaient pas encore étudiées sur le plan astronomique. Si les illustrations sont belles, la plupart sont fausses, elles ne sont que des reconstitutions à partir de descriptions qui remontent souvent à plus d'un millénaire. Nous en reproduisons quelques-unes, non dans un but documentaire mais pour montrer comment ce phénomène était vécu en ces temps-là et comment, au XVIIe siècle, on imaginait la comète de Halley alors que les dessinateurs n'avaient pas d'image. Cet ouvrage signale aussi la comète mais, parce qu'on ne la distinguait pas encore des autres, il n'y a, à son sujet, aucune référence particulière. Nous constatons aussi que si elle est rappelée à l'occasion de certains retours seulement, il n'est jamais question d'orbite hyperbolique, alors que c'est le cas pour d'autres, en particulier les comètes de 1472, 1533 ou 1577.

D'autres cométographies succédèrent à celle de Lubienietz, comme le catalogue de J. Zahn, édité à Nuremberg en 1696, et le mémoire de D. Troili, un ouvrage d'érudition publié à Sienne, qui regroupe et commente des extraits d'ouvrages anciens, ou des cométographies antérieures comme celles de Riccioli et Lubienietz. Contrairement à ce qu'affirment J.C. Houzeau et A. Lancaster dans leur monumentale *Bibliographie générale de l'astronomie* (vol. II, col. 695), Troili ne couvre pas la période qui va de l'ère chrétienne à 1770. La première partie de son mémoire, publiée en 1767, va de l'Antiquité la plus reculée à la naissance du Christ ; la seconde, en 1771, du début de l'ère chrétienne à 1577. Quant à la troisième partie, annoncée par l'auteur à la fin de la deuxième, on n'en a pas retrouvé trace.

Mais c'est la *Cométographie* de Pingré qui est la plus intéressante car ses critères sont clairement astronomiques. Ces deux volumes, publiés à Paris en 1783 et 1784, s'articulent en quatre parties. La première est l'histoire de toutes les idées sur la nature des comètes, de l'Antiquité à l'adoption de la théorie newtonienne, après le retour de la comète de Halley en 1759. La troisième traite de la nature des comètes, de leurs orbites et de leurs retours, de leurs effets possibles, des chevelures et des queues. La quatrième expose la théorie des mouvements cométaires et les techniques qui permettent de calculer les orbites en s'aidant de la théorie de la gravitation universelle. Mais la deuxième partie est, de loin, la plus intéressante : nous l'utiliserons d'ailleurs largement dans notre reconstruction des passages antérieurs. Pingré parle de toutes les comètes, depuis celle, légendaire, qui serait apparue trois jours avant la mort de Mathusalem, jusqu'aux deux comètes de 1784 [1]. Il distingua des groupes de témoignages sur les apparitions : les crédibles, les peu sûrs ou les tout à fait incertains. Il fit la synthèse de toutes les nouvelles qui concernaient les comètes, cas par cas, évitant les redites mais traduisant intégralement, quand il le fallait, les originaux. Il signala tous les auteurs qui en avaient parlé et arriva à un total de 615 sources.

Après cette cométographie, il n'y eut plus d'ouvrage général de ce type, mais des recueils partiels. On peut citer les trois traductions de sources chinoises publiées par Biot en 1846, l'ouvrage de Williams en 1871, toujours sur les sources chinoises, et un autre, de Ho Peng Yoke, édité en 1962. Ce dernier fournit les traductions en anglais d'un très grand nombre de sources chinoises, coréennes et japonaises, portant sur 581 comètes apparues entre le XIVe siècle avant J.-C. et 1600. L'ouvrage de Williams y est révisé et corrigé. Il y a d'autres ouvrages de synthèse sur les orbites cométaires et leur nature physique. Rappelons ceux de Ph. Carl (1864), J. G. Galle (1894), J. Holetschek (1896-1917) et S. K. Vsekhsvyatskii

---

1. On démontra plus tard que la seconde était un « faux astronomique ». A sa façon de la présenter, Pingré, qui ajouta ces deux comètes à son second volume en cours d'impression, semble avoir eu quelques doutes.

(1958). On trouvera en fin de volume une bibliographie détaillée de toutes nos sources.

Pour commencer, voyons comment se sont faites la lecture et la transcription de ces documents, et donnons les indications indispensables pour utiliser les faits, en particulier bibliographiques.

La base bibliographique est fournie par Ho (xe siècle avant J.-C. - 1600 après J.-C.) et Pingré (xe siècle avant J.-C. - 1759). S'y ajoutent, de temps à autre, d'autres ouvrages fondamentaux, utilisés pour divers passages de la comète. Nous avons signalé à la fin de chaque passage, par un sigle ou le nom de l'auteur en entier, le document utilisé. Il suffit de se reporter à la bibliographie du chapitre IV en fin de volume pour retrouver les références complètes. Nous signalons la page qui concerne le passage en question, sauf quand tout l'ouvrage s'y rapporte. Les sources occidentales anciennes sont intégralement reportées dans le texte jusqu'en 1451 ; au-delà, en raison de leur très grand nombre, cela n'a plus été possible, sauf exception. On peut les retrouver dans la *Cométographie* de Pingré.

La bibliographie orientale est signalée à la fin des observations soit par les initiales du titre de l'ouvrage en chinois (comme on le voit dans la première colonne du tableau 3.II), soit par le titre entier de l'ouvrage coréen ou japonais. Nous signalons les traductions anglaises des textes chinois anciens que Williams publia, par un W suivi d'un chiffre correspondant dans l'ouvrage en question à celui de la comète de Halley. Mais nous n'avons utilisé cette source que pour quelques confrontations, l'ouvrage de Ho l'ayant désormais remplacé. Cette bibliographie sera surtout utile à ceux qui auraient envie de relire dans la langue les extraits que nous n'avons pu, la plupart du temps, transcrire ici, pour des raisons évidentes de place [1].

1. Plusieurs systèmes de romanisation des idéogrammes chinois ont été élaborés et mis au point en Occident. Les Chinois modernes, après de longues années d'étude, ont introduit le pinyin dans l'usage international depuis 1979. Nous avons préféré, ici, utiliser le système de Needham, qui correspond, sauf très rares modifications, à celui de Wade-Giles, fort répandu. Nous avons fait ce choix pour les raisons suivantes :

a) C'est le système que Needham a utilisé dans son ouvrage en sept volumes, *Science and Civilisation in China* (Cambridge University Press), l'ouvrage le plus vaste sur la science et la technologie chinoises, très connu et en cours de publication dans le monde entier.

b) C'est celui qu'a adopté Ho, notre principale source orientale, pour

Grâce aux éléments d'observation qui nous sont parvenus, nous pouvons savoir comment la comète fut perçue au cours de ses différents passages. La date observée au périhélie est celle que Kiang a calculée. Elle ne coïncide pas exactement avec celle qu'il obtint avec Yeomans en se basant sur la théorie et les observations faites au cours de trois millénaires, et que nous donnons dans le tableau 3.VII.

Sous la date de chaque passage, nous donnons donc les deux dates (calculée et observée), ainsi que les dates de pleine Lune vers l'époque de l'apparition qui nous aident à retrouver la façon dont on voyait alors la comète, et à expliquer par certaines illuminations du ciel soit des apparitions tardives soit certaines disparitions prématurées.

Jusqu'en 1531, les dates sont exprimées dans le calendrier julien. Au-delà, donc à partir de 1607, c'est le grégorien.

Pour certains passages particulièrement intéressants et bien observés, nous avons adopté les éphémérides et les cartes de H. Mucke établies sur la base des éléments orbitaux calculés par Brady et Carpenter pour retracer sur la voûte céleste le parcours de la comète. Chaque carte donne, en plus des positions de la comète, celles du Soleil pour chaque jour de l'année et, plus exactement encore, celles qu'il occupait le jour même où sont données les positions. Ce qui permet de voir clairement les positions respectives de la comète et du Soleil dans le ciel : quand elle est visible à l'aube ou au crépuscule et qu'elle disparaît parce qu'elle se rapproche trop du Soleil, ou quand elle reste visible toute la nuit parce qu'elle est au voisinage du pôle céleste. Les positions rapportées dans ces figures donnent une idée de l'orientation de la queue qui se trouve sur le plus grand cercle comète-Soleil du côté opposé au Soleil. Enfin, par confrontation des différentes cartes, on constate à quel point deux passages peuvent sembler différents : alors qu'en 1378, la comète alla finir dans les parages du pôle nord céleste, en 1759, elle apparut tellement australe qu'il fallut utiliser une carte de l'hémisphère Sud et, en 1835, elle redevint circumpolaire boréale et passa au nord de la Grande Ourse.

---

toutes les citations chinoises, titres des sources compris.

c) Il se rapproche le plus de ceux déjà utilisés dans d'autres ouvrages occidentaux, comme ceux de Pingré et Williams, contrairement au pinyin.

d) Dans toute la bibliographie qui nous intéresse, le pinyin n'est utilisé que par Kiang et Chang.

Les passages les plus reculés

Il n'est pas facile d'identifier les retours antérieurs à 240 avant J.-C. et les résultats sont douteux. Seuls ceux de 1057 (déjà cité) et 466 avant J.-C. sont identifiables. Nous pourrions saisir les plus petits indices et, à l'aide de calculs sophistiqués, les transformer en dates assez fiables, mais pouvons-nous nous contenter de phrases tirées de visions ou de récits légendaires ? Même si un extrait, historiquement digne de foi et bien situé dans le temps, nous permet d'affirmer qu'une comète est passée à l'époque calculée d'un passage, qui nous prouve qu'il s'agit bien là de la comète de Halley ? Lubienietz nous a montré, dans sa *Cométographie,* qu'elle n'a été visible que très rarement et la reconstruction de ses apparitions les plus reculées prouve que les conditions de son observation n'ont pas toujours été favorables. Qui pourrait nous garantir que vers les dates calculées, une autre comète, plus éclatante que la comète de Halley, n'a pas brillé dans le ciel, et que l'extrait ne concerne pas cette autre ? Les cas ne sont pas rares où, un peu avant ou un peu après notre comète, une autre, plus visible, est passée. Rappelons celles de 65, 607, 1680 et 1910. Même si nous connaissons l'année où une comète est apparue, il faut pouvoir reconstruire son parcours dans le ciel et, surtout, que ce parcours coïncide avec les éléments orbitaux calculés pour l'époque en question. Or, nous ne commençons à avoir ces données que pour 240 avant J.-C. Et ce premier passage d'une longue série nous montrera, avec un peu d'imagination et de solides bases, comment la comète de Halley a circulé dans l'histoire de notre monde.

240 avant J.-C.

(T_{calc} = 25,12 mai ; pleine Lune : 9 mai, 8 juin.)

« Dans la septième année du règne de Shih Huang, une comète *(hui)* apparut d'abord à l'est. On la vit ensuite au nord. Pendant la cinquième Lune, on la vit seize jours à l'ouest. » (Sc. 6/2b et 15/33b ; WHTK 286/3a ; w 10.)

Cette petite phrase salue l'entrée de la comète dans notre histoire. Elle est extraite de la grande encyclopédie de Ma Duanlin. Shih Huang n'était autre que Qin shi huangdi, qu'on appelle aussi le Grand Unificateur. A cette époque, il était encore le roi Zheng de l'État de Qin. Ce n'est pas un hasard si la première chronique sûre d'un passage de la comète remonte à cette époque-là : c'est en effet le Grand Unificateur qui ordonna que l'on brûlât tous les livres, annihilant du même coup presque tous les documents historiques de la Chine plus ancienne qui auraient sans doute pu nous renseigner sur des passages antérieurs. Le roi Zheng n'accéda au pouvoir suprême qu'après vingt-six ans de règne, mais on compte ses années dès 246 avant J.-C. : la septième correspond donc à l'an 240 avant J.-C. La cinquième Lune, Kiang l'a précisé, indique le mois qui commence le 24 mai. Et avec l'aide des éléments calculés par Yeomans et Kiang, on déduit que la comète passa au périhélie le 25 mai à 13 heures.

On peut reconstruire le passage de la façon suivante : la comète apparut à l'Orient, dans le ciel du matin, à une date qui n'est pas précisée, mais sans doute peu avant le 25 mai. Puis elle se déplaça vers le nord et devint visible pendant une bonne partie de la nuit, voire toute la nuit, dans l'hémisphère terrestre boréal bien sûr, et selon la latitude. Enfin, elle resplendit dans le ciel du soir, après le coucher du Soleil. La dernière phrase montre qu'elle a dû briller assez pour qu'on la suive pendant plus de deux semaines.

On dut sans doute aussi la voir en Occident. La première guerre punique et la troisième guerre de Syrie s'achevaient à peine. Dans le monde méditerranéen, la paix était revenue. A Rome, on assistait à la première représentation dramatique : une œuvre que Livius Andronicus avait adaptée du grec. Conventionnellement, on date de cette année-là l'institution de la bibliothèque de Pergame, et le début de la construction de l'Asclépiade de Cos. Nous n'avons plus ni l'une ni l'autre aujourd'hui, mais tout ce qui a été fait, ou existait déjà à cette époque n'a pas été complètement détruit. Ceux qui visitent le Musée des Thermes de Dioclétien, à Rome, trouveront une statue dite « la Fanciulla di Anzio » (la Jeune Fille de Antium), que l'on date de cette année-là. Nous pouvons imaginer son sculpteur admirant la comète de Halley dans le ciel. Archimède la vit-il ? Presque certainement. Il avait coutume de profiter de la fraîcheur du soir pour regarder le ciel calme du couchant et a dû la retrouver, chaque soir plus faible.

La comète allait désormais vers son aphélie lointain.

164 avant J.-C.

(T_{calc} = 12,57 novembre ; pleine Lune : 3 octobre, 2 novembre, 2 décembre.)

Quand la comète de Halley revint, les Han étaient déjà empereurs de Chine et leur dynastie devait durer plus de quatre siècles. Le monde occidental était en pleine organisation. Rome, qui avait définitivement vaincu les Macédoniens à Pydna, s'imprégnait toujours plus de culture grecque. Le consul Lucius Emilius Paolus avait rapporté de Grèce des œuvres d'art d'une rare beauté. On avait construit l'Arc d'Octavia, orné de chapiteaux de bronze et, avec les livres de Persée, constitué la première bibliothèque de Rome. Outre les livres, un écrivain grec s'installait à Rome. Polybe, envoyé comme otage de la Ligue achéenne, devint par la suite le grand historien de l'expansion romaine en Méditerranée. Entre-temps, en Palestine, la révolte grondait contre les Séleucides. Judas Maccabée, chef des insurgés, vivait son âge d'or et, en 164 avant J.-C., il réussit à occuper temporairement Jérusalem et à reconsacrer le Temple.

C'est justement cette année-là que revint notre comète. Mais nous n'avons, à ce jour, aucun témoignage sûr de son passage. Seuls deux indices — mais sont-ils dignes de foi ? — nous mettent sur la voie : le premier est un signe étrange que l'on découvrit dans un ouvrage de 1679, *le Prodigiorum Liber* de Giulio Ossequiente. On y lit :

« Alors que Titus Sempronius Gracchus et M. Iuventius Talma étaient consuls, on vit, la nuit, le Soleil à Capoue ; à Pésare, on vit une espèce de Soleil au cours de la nuit. »

Le second est une observation chinoise exposée comme suit :

« En un jour *jen-yin* du premier mois de la deuxième année de la dernière période du règne Hsiao-Wên, une comète (*thien-chhan*) apparut au sud-ouest. » (CHS 26/25a ; HHHY 28/1b.)

Si la phrase est bien circonstanciée, son interprétation pose problème car la date devrait correspondre au 6 février 162 avant J.-C. Or, selon Chu Wên Hsin, l'année serait 163 avant J.-C. En ce cas, l'objet observé en Chine pourrait correspondre à celui que l'on observa en Italie. Mais, rond, il aurait dû correspondre à une comète *po*, et non à une *thien-chhan* (lance céleste). Peut-être les observations n'ont-elles pas été faites le même jour, ce qui pourrait expliquer l'aspect différent ?

R. F. Stephenson, H. Hunger et K. Yau ont trouvé un autre témoignage qui coïncide avec le passage au périhélie. Ces observations, inscrites sur une tablette babylonienne assez abîmée, sont incomplètes. Voici ce que l'on a pu traduire :

« La comète qui était d'abord apparue à l'est sur le sentier de Anu dans la zone des Pléiades et du Taureau... après cela... à l'ouest, et elle passa le long du sentier de Ea. »

La position cométaire nous indique qu'il s'agit du huitième mois lunaire (du 21 octobre au 19 novembre de l'an 164 avant J.-C.). L'allusion initiale semble indiquer qu'on avait déjà vu la comète au cours du mois précédent (21 septembre-20 octobre). Les sentiers de Anu et Ea correspondent respectivement à la zone équatoriale de la sphère céleste (entre + 15° et — 15° de déclinaison), et à la zone méridionale au sud de la déclinaison — 15°. L'époque coïncide parfaitement avec la date du passage au périhélie calculée par Yeomans et Kiang. Ce passage se trouve donc confirmé.

Les deux premiers témoignages rappelés plus haut ont soit dérapé dans le temps, soit, plus probablement, relaté d'autres phénomènes célestes : peut-être une autre comète ?
(Ho, p. 143 ; Pingré I, p. 267 ; Stephenson.)

87 avant J.-C.

(T_{calc} = 6,46 août ; T_{obs} = 2,50 août ; pleine Lune : 25 juillet, 24 août.)

La comète repassa au périhélie en 87 avant J.-C. Cowell et Crommelin, en trouvant cette date en 1908, franchissaient pour la première fois le seuil de 12 avant J.-C. atteint par Hind. Selon les plus récents calculs de Yeomans et Kiang, c'est le 6 août à 11 heures qu'elle passa au plus près du Soleil.

Les Chinois l'ont observée et signalée. Ils écrivent :

« En automne, au cours du septième mois de la deuxième année du règne Hou Yuan, une comète (*po*) apparut à l'est. » (TCKM 5/69a ; w 36.)

La période indiquée va du 10 août au 8 septembre de l'an 87 avant J.-C., et correspond parfaitement à la date calculée. Ces jours-là, à peine passée au périhélie, elle dut être très lumineuse mais, comme une *po*, sa queue devait être ou très courte ou très faible.

Pour ce passage, Stephenson, Hunger et Yau ont trouvé d'autres observations babyloniennes. Voici ce qu'il en reste sur une tablette très endommagée : « Le douzième jour (du cinquième mois) au cours de la première partie de la nuit, une comète... au cours du quatrième mois, jour après jour, un coude... Elle se trouvait entre le nord et l'ouest, et sa queue était de 4 coudes. »

La première date correspond au 23 août qui pourrait être la date de la dernière observation. Mais on vit aussi la comète au cours du précédent mois (du 13 juillet au 11 août). Sa longueur devait être de 10° environ, puisque l'équivalent angulaire du coude est 2°-2,5°.

On a vu la comète en Italie aussi. Cicéron la cite dans son *De Natura Deorum* : « (Les comètes) qui prédirent, récemment, de grands malheurs dans la guerre d'Octave. »

Pline, dans son *Histoire naturelle,* poursuit : « C'est, dans l'ensemble, une espèce d'étoile porteuse de terreur qui ne se calme pas facilement : comme au temps des guerres civiles, sous le consulat d'Octave. »

C'étaient, en effet, des temps de luttes et de sang. L'année précédente, alors qu'il allait quitter l'Italie pour affronter Mithridate VI, Sylla s'était vu intimer l'ordre de renoncer au commandement de l'expédition, et de le céder à Marius. Pour toute réponse, il marcha vers Rome à la tête de ses troupes cantonnées en Campanie, et la guerre civile éclata. Marius s'enfuit, et Sylla, à Rome, put renverser la situation à son avantage. Mais, entre-temps, Athènes s'était réveillée et avait fait alliance avec Mithridate. Au printemps de l'an 87 avant J.-C., Sylla partit pour la Grèce après avoir pris ses dispositions et assisté à la nomination des nouveaux consuls. L'un, Octave, était fidèle à Sylla, mais l'autre, Cinna, était un partisan de Marius. Et la paix ne dura pas longtemps : il y eut, entre les hommes de Sylla et ceux de Cinna, un affrontement armé et, en un seul jour, le Forum et les rues alentour furent jonchés de milliers de cadavres. Cinna s'enfuit et réussit à regrouper un nombre important de gens en armes qui, avec les exilés conduits par Marius, fondèrent une armée de six mille hommes. Rome fut prise d'assaut. En juin, le Sénat capitula, et Marius et Cinna firent une entrée triomphante à Rome. Ce furent cinq jours de massacres et de terreur dans Rome et toute l'Italie. Le consul Octave, qui était resté seul après la fuite de Cinna, fut tué.

Alors que ces massacres se poursuivaient, la comète de Halley réapparut comme Cicéron nous le rappelle. Mais l'astre n'était pas responsable de la haine réciproque des factions qui se disputaient le pouvoir. Il ne les connaissait pas. Et même si un hypothétique voyageur était « à bord » de la comète et observait la Terre avec un télescope semblable à ceux dont se servent les astronomes aujourd'hui, quel profit en aurait-il retiré ? Nos guerres sont de bien petites choses et dès que l'on s'éloigne des régions convoitées, elles disparaissent complètement.

La comète, imperturbable, passa près de la Terre et du Soleil puis retourna se perdre dans l'obscurité des grands lointains. (Barrett, p. 93 ; Cow. et Cr. V, p. 668 ; Ho, p. 145 ; Pingré I, p. 274.)

12 avant J.-C.

(T_{calc} = 10,85 octobre ; T_{obs} = 5,50 octobre ; pleine Lune : 5 août, 4 septembre, 3 octobre, 2 novembre, 1er décembre.)

Quand la comète de Halley revint, la paix régnait sur Rome. Ce fut même la période la plus tranquille de toute l'histoire romaine. Cette année-là, seules deux expéditions militaires étaient en route vers la Pannonie, contre les populations germaniques installées entre le Rhin et l'Elbe. Mais ces épisodes étaient isolés, et lointains. Les pays méditerranéens, après tant de luttes, jouissaient des bienfaits de la paix. Ils étaient pris de cette fièvre de construire qui s'empare toujours des hommes quand s'éteint celle de détruire. C'est l'année où Auguste, en pleines manœuvres politiques pour concentrer tous les pouvoirs, devint Grand Pontife. Entre-temps, il avait fait construire ou restaurer des dizaines de temples et assuré une meilleure protection de la ville contre les crues du Tibre en draguant et endiguant le fleuve. Il donnait un nouveau visage à Rome et pouvait se vanter d'avoir transformé une ville de briques en une ville de marbre. On travaillait à l'Autel de la Paix, terminé trois ans plus tard. La tombe de Caïus Cestius fut construite comme une pyramide, fait étrange pour Rome, et les dernier travaux autour du Théâtre de Marcellus, inauguré l'année suivante, battaient leur plein. La manie de la construction ne concernait pas seulement Rome : en Palestine, Hérode le Grand faisait surgir de terre une cité entière qui, en l'honneur d'Auguste, fut appelée Césarée, et les Nabatéens commencèrent à construire leurs premiers temples rupestres de Petra.

Rome, où Virgile était mort depuis sept ans déjà, voyait

s'épanouir Horace, Ovide et Properce. Mécène, le bienfaiteur de la culture, était encore vivant.

Mais Marcus Vipsanius Agrippa, gendre d'Auguste et son meilleur collaborateur pour les transformations de la ville, s'éteignit. Et ce deuil est rappelé parallèlement à l'apparition de la comète. Nous pouvons lire : « Sous le consulat de M. Valerius Messala Barbatus et de P. Sulpicius Quirinus, avant la mort d'Agrippa, on vit pendant plusieurs jours une comète ; elle était comme suspendue au-dessus de la ville de Rome ; par la suite, elle sembla se réduire en plusieurs petits flambeaux [1]. »

Si l'on excepte la dernière phrase qui est peut-être le fruit de l'imagination ou la conséquence d'un ornement, la citation semble sûre puisqu'on vit l'astre « pendant plusieurs jours ». Mais elle ne suffit pas à identifier la comète.

En revanche, les informations en provenance de la Chine sont abondantes et précises. Voici ce que l'on a pu reconstruire à l'aide de diverses sources : « Dans la période de règne Yuan-Yen, première année, septième mois, jour *hsin-wei*, une comète (*po*) fut vue dans la vingt-deuxième maison lunaire, qui marchait sur *Wu-Chu-Hou.* Ensuite, elle apparut au nord de *Ho-Shu* et se déplaça vers *Hsien-Yuan* et la division *Thai-Wei.* Après quoi, elle voyagea au rythme de 6° par jour environ. On la vit le matin à l'est. Au treizième jour, elle apparut le soir à l'ouest. Elle viola *Tzhu-Fei, Chhang-Chiu, Pei-Tou* et *Chen-Hsing,* sa flamme pénétra encore la division *Tzu-Wei* en laissant *Ta-Huo* derrière elle, à sa droite. Ensuite, elle rejoignit la Voie lactée avec sa queue qui balayait la région aux confins des étoiles *Hou* et *Fei.* Elle alla ensuite vers le sud et viola *Ta-Chio* et *Shé-Ti.* Quand elle rejoignit la division *Thien-Shih,* son mouvement ralentit. Ses rayons pénétrèrent dans le Marché Céleste et, dix jours plus tard, elle alla vers l'ouest. Au cinquante-sixième jour, elle sombra avec le Dragon Bleu. » (CHS 27/3, 3/28a ; TCKM 7/29a ; WHTK 286/6a ; HHHY 20/10a ; HAN SHU PU CHU 27/3, 3/23a ; w 51.)

Ce message pourrait se traduire et se compléter comme suit : le 26 août de l'an 12 avant J.-C., une comète apparut dans les environs des Gémeaux et se déplaça entre les étoiles ϑ, ν, τ des Gémeaux, passa au nord de Castor et Pollux en se dirigeant vers cette rangée d'étoiles constituée par la partie antérieure de

1. Dion Cassius, *Histoires romaines,* Liv. 54.

la constellation du Lion et de quelques étoiles du Petit Lion et du Lynx. Elle passa au milieu de ζ, μ, ε du Lion, la Grande Ourse et Saturne. Elle alla vers le sud et passa près de Arcturus et d'autres étoiles de la constellation du Bouvier. Quand elle rejoignit la zone du Serpent et d'Ophiuchus, son mouvement ralentit et, dix jours plus tard, elle inversa sa marche en allant vers l'ouest. Cinquante-six jours après qu'on l'avait vue pour la première fois, elle se trouvait dans le Scorpion et, en se couchant dans cette constellation avec le Soleil, devint invisible. »

Il est presque sûr qu'après tous ces jours où elle côtoya étroitement le Soleil, elle est redevenue visible le matin, avant le lever du Soleil. Mais elle s'était déplacée très au-dessous de l'équateur céleste et seuls les habitants de l'hémisphère austral ont dû la voir. Nous ne possédons hélas aucun document de ce type sur les comètes, nous ne savons même pas s'il y eut, ou non, des enregistrements d'apparitions.

Ce passage, si bien décrit par les chroniques chinoises, est le premier de ceux qui favorisent une bonne reconstruction du parcours dans le ciel (fig. 4.2). A partir de ces observations, Pingré tenta, en vain, d'identifier cette comète et celle de 1661. Hind, en revanche, réussit à le faire, et ce fut là le plus ancien passage qu'il retraça.

Hélas, les chroniques chinoises donnent très peu de dates : le 26, jour de son apparition, le 7 septembre où elle devint visible dans le ciel du soir, et le 20 octobre, jour de sa disparition parce qu'elle était trop proche du Soleil et trop basse sur l'horizon. Mais la continuité de la description nous permet de déduire qu'elle fut suivie aux alentours de la pleine Lune, les 4 septembre et 3 octobre. Elle devait être très lumineuse puisqu'elle a été suivie pendant cinquante-six jours au moins.

Holetschek trouva une grande similitude entre ce passage et celui de 1835 et il chercha à profiter de ce parallèle pour préciser la magnitude et l'aspect de la comète. Mais ces éléments dépendent grandement de l'activité solaire et en l'absence d'éléments sur le sujet, il semble prudent de ne pas se hasarder dans des extrapolations qui pourraient se révéler fausses.

Quelqu'un a pensé que l'étoile apparue aux rois mages à l'occasion de la naissance du Christ et qui devait les guider jusqu'à Bethléem, pouvait être la comète de Halley. Sans doute faut-il exclure cette hypothèse car, même s'il est vrai que la date qui fixe le début de l'ère chrétienne, indiquée par le moine Denis le Petit, est fausse, nous sommes presque sûrs que le

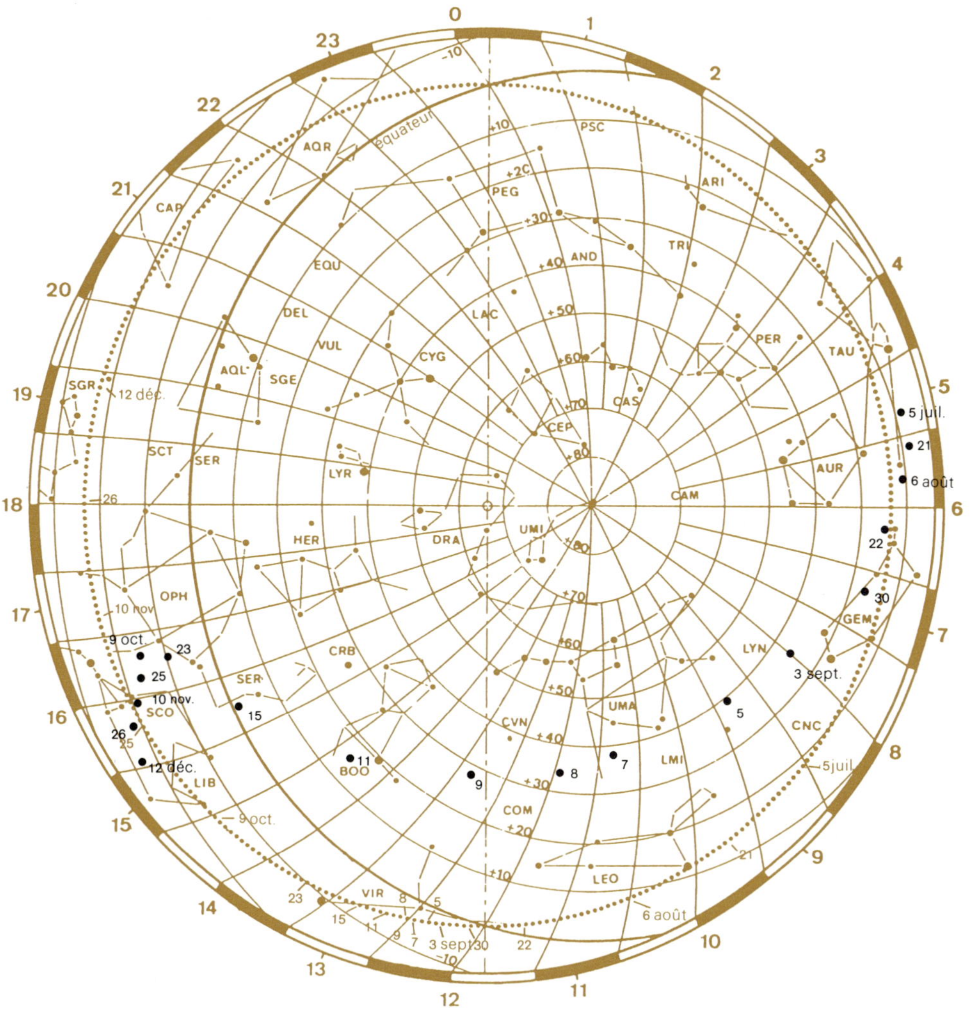

Fig. 4.2 En noir, déplacement de la comète de Halley dans le ciel, du 5 juillet au 12 décembre de l'an 12 av. J.-C., selon les éphémérides calculées par Mucke.

Christ est né entre 5 et 7 avant notre ère, sûrement pas plus tôt. Ensuite, il n'y a aucune raison de penser que l'étoile dont parle l'Évangile selon Mathieu était une comète. Si, de nos jours, la comète fait partie de toutes les crèches et symbolise Noël, nous verrons par la suite que cette version n'a surgi qu'au XIVe siècle,

à cause de la représentation de Giotto. L'Évangile parle d'une étoile, et les anciennes figures de la Nativité ou de l'Adoration des mages représentent bien une étoile, la plupart du temps à huit rayons. D'ailleurs, on peut difficilement accepter que l'étoile ait été un objet céleste quelconque (comète, nova, supernova) quand on lit la description évangélique. Mais il existe sur le sujet toutes sortes de livres et d'articles auxquels nous renvoyons le lecteur curieux. Qu'il nous suffise de dire que la comète de Halley n'annonça pas la naissance du Rédempteur, même si elle traversa le ciel à peine cinq à six ans avant la date qui partage en deux les âges de l'humanité.
(Barrett, p. 97 ; Biot III, p. 83 ; Chang, p. 124 ; Ho, p. 147 ; Holetschek I, p. 352 ; Muck, p. 15 ; Pingré I, pp. 280 et 580, Vek, p. 91.)

Notre ère
66

(T_{calc} = 25,96 janvier ; T_{obs} = 26,50 janvier ; pleine Lune : 30 janvier, 28 février, 30 mars, 28 avril.)

Les chroniques chinoises de l'année nous donnent quelques références et, d'abord : Un jour *wu-tu* du douzième mois, huitième année de la période de règne Yung-Phing, on vit une étoile visiteuse à l'est. (HHS com. 20/2/2b ; WHTK 294/6b.)

Puis : Un jour *wu-shen* du premier mois, neuvième année du règne Yung-Phing, une étoile visiteuse apparut en *Chhien-Niu* (neuvième maison lunaire), elle mesurait huit *Chhih*, et disparut après cinquante jours. (HHS 20/2/2b ; WHTK 294/6b ; THHY 16/2b ; w 61.)

Le commentaire HHS ajoute : Elle passa le *Nan-Tou* (huitième maison lunaire), *Chien-Hsing, Chi* (septième maison lunaire) et *Fang* (quatrième maison lunaire). Elle passa *Chio* et *Khang* (première et deuxième maisons lunaires) et rejoignit *I* (vingt-septième maison lunaire). Elle était dirigée vers l'est.

Tous ces faits, si nous les exprimons dans notre langage, signifient que le 20 février de l'an 66, une comète apparut dans la constellation du Capricorne. Elle était longue de 12°. Elle passa par le Sagittaire, Ophiuchus et la Vierge avant de rejoindre la Coupe. On la vit jusqu'au 11 avril. Si l'on tient compte de la première citation, qui n'est pas en désaccord avec le reste, on peut dire qu'on vit aussi la comète le 31 janvier. Par la confrontation avec le parcours calculé, on voit que la comète en question fut sans doute celle de Halley. Selon Yeomans et Kiang, elle passa au périhélie le 25 janvier à 23 heures. Toutes les observations concernent donc la période qui suit le passage au périhélie.

Si l'on accepte l'observation du 31 janvier, on peut s'étonner qu'elle n'ait plus été vue pendant les vingt jours qui ont suivi. Or c'est possible car les premiers jours de février, elle était très proche du Soleil et disparut sans aucun doute un certain temps dans sa lumière.

Dans les années proches de ce passage, d'importants événements survenaient en Occident, qui sont encore dans nos mémoires. Le 19 juillet 64, un terrible incendie se déclara à Rome, qui dura une dizaine de jours. Néron saisit le prétexte pour lancer une action aussi dure que sanglante contre les Chrétiens. En 65, la Conjuration de Pison s'organisait et était aussitôt démasquée : Tacite raconte que les gens y participaient sans distinction de classe, d'origine, d'âge ou de sexe. La répression s'abattit sur plus de victimes encore car Néron, par crainte qu'elle ne s'étende, donna la mort sans discernement, réfugié dans son palais où il se méfiait même de ses gardes. Il le fit souvent pour satisfaire une rancœur ou une antipathie personnelle de vieille date. Dans son sillage, des citadins, des esclaves, des affranchis se mirent à accuser des innocents. C'est ainsi que Sénèque et le poète Lucain furent contraints au suicide. L'année suivante, quand la comète réapparut en 66, la répression était toujours terrible. Caïus Petronius et Tigellin, préfet du prétoire et ami et bras droit de Néron, se suicidèrent aussi.

66, c'est aussi l'année où la révolte éclata en Judée : opprimée par la politique méprisante du procureur romain Gessius Florus, elle se souleva derrière le parti nationaliste des Zélotes. La guerre éclata quand la garnison romaine de Jérusalem fut massacrée, à la fin de l'été. Les opérations militaires commencèrent réellement avec l'arrivée d'une armée commandée par Vespasien. Comme nous le savons, la guerre se termina en septembre 70, par la chute de Jérusalem vaincue par Titus, le fils de Vespasien qui, entre-temps, s'était fait élire empereur.

De nombreux comètographes ont fait, surtout dans le passé, le lien entre la Conjuration de Pison ou les événements de Palestine, et la comète de Halley. C'est le cas de Lubienietz, dans son *Theatrum Cometicum* (fig. 4.3), qui représente la comète au-dessus de Jérusalem selon la description qu'en fit

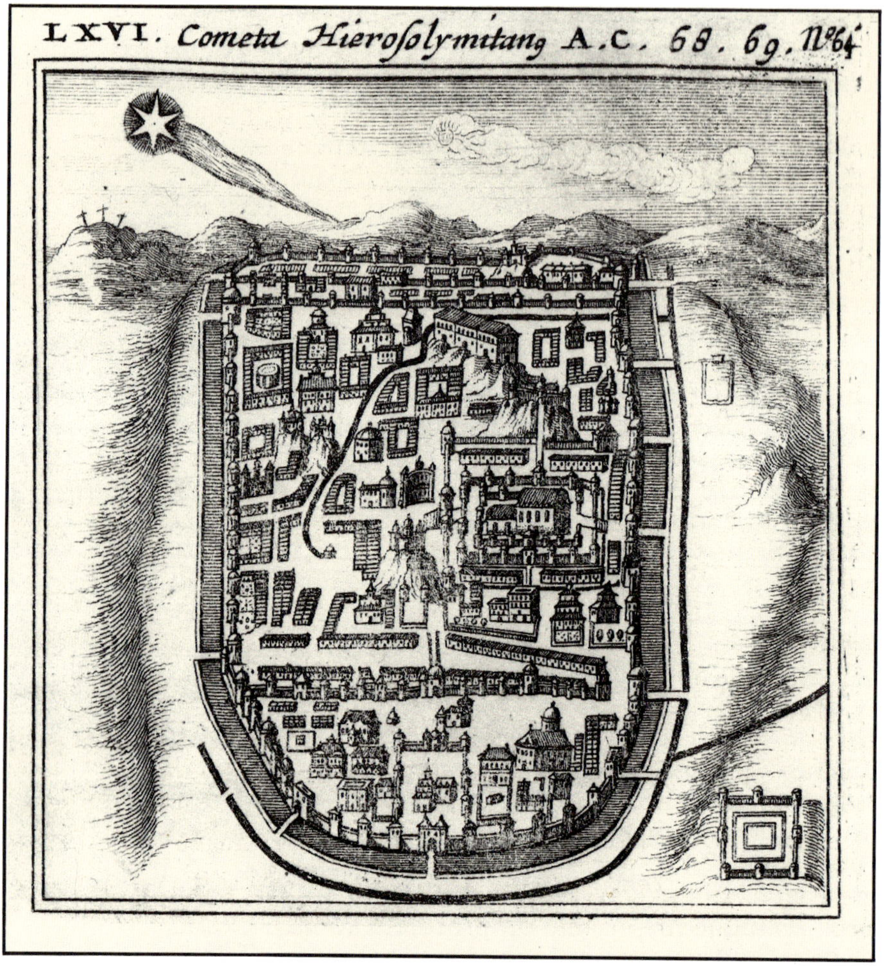

Fig. 4.3 La comète au-dessus de Jérusalem représentée dans le *Theatrum Cometicum* de Lubienietz. Même si l'on fait abstraction des dates marquées en haut, il ne s'agit sans doute pas là de la comète de Halley.

l'historien Flavius Josèphe, et il lui donne comme dates possibles 68 et 69.

Examinons les deux arguments en commençant par la Conjuration de Pison. Dans son *Histoire Naturelle* (II, 92), Pline, en parlant des comètes, rappelle qu'il en apparut beaucoup « dans notre temps, à l'occasion de l'empoisonnement qui poussa Claudius César à céder l'empire à Néron, donc au cours de son principat, quand le phénomène se fit presque ininterrompu et menaçant. » En réalité, plusieurs comètes apparurent sous le règne de Néron en plus de la comète de Halley. Mais quand ? Pour le savoir avec certitude, nous ne pouvons nous baser sur les citations romaines, imprécises, souvent non datées et difficiles à dater. Pouvons-nous leur faire confiance ? Il y a sûrement de fausses observations (qui indiquent des phénomènes de nature diverse comme s'ils étaient des comètes), d'autres manquent (toutes les comètes n'étaient pas visibles, ou étaient interprétées comme des phénomènes météorologiques connus). En revanche, nous pouvons nous fier aux observations chinoises puisque, comme nous l'avons vu, le ciel était scrupuleusement observé par un groupe de fonctionnaires impériaux qui le connaissaient parfaitement et jouissaient d'un grand prestige. De plus, ces observations concordent entre elles, même quand les sources sont différentes. Enfin, elles coïncident avec les orbites calculées pour une comète périodique du type de celle de Halley.

Voyons donc quand, d'après les sources, les comètes apparurent dans la période qui va de la montée au pouvoir de Néron à la chute de Jérusalem, de 54 à 70. Il y en a neuf, pour les années 54, 55, 59, 60, 61, 64, 65, 66 et 70. Seules celles de 54, 60 et 64 sont citées et aisément datables chez les auteurs latins. Néron régna quatorze ans, du 13 octobre 54 au 9 juin 68. Pendant cet intervalle de temps, il en apparut donc plus d'une tous les deux ans. Néron en avait peur et il cherchait à détourner de lui les mauvais présages. Quand celle de 60 apparut, le bruit courut qu'elle annonçait un changement de règne. Il exila alors Rubellius Plaute, qu'il soupçonnait d'être son successeur. Suétone nous parle d'un autre procédé employé par Néron, beaucoup plus drastique. Dans ses *Vies des Douze César* (Néron, 36), il raconte :« Une comète, astre qui, d'après la croyance populaire, annonce la ruine aux puissances souveraines, s'était montrée plusieurs nuits de suite. Néron s'effraya de cette menace et, quand l'astrologue Balbilius lui eut appris que, d'ordinaire, les rois conjuraient de semblables présages en immolant quelque illustre victime et les détournaient loin d'eux sur la tête des grands, il décida la mort de tous les nobles citoyens ; ce qui, assurément, le confirma dans cette décision et la rendit en quelque sorte légitime, ce fut la divulgation de deux complots, dont le premier et le plus important, celui de Pison, se forma et fut découvert à Rome, le second, celui de Vinicius, à Bénévent. »

La comète en question fut sans doute celle de 65, que les astronomes chinois ont vue pour la première fois le 29 juillet et qu'ils suivirent pendant cinquante-six jours. Tacite écrit aussi en ce sens à propos d'une comète apparue en l'an 64 (*Annales*, XV, 47) : « A la fin de l'année (64) on ne parla que de prodiges, avant-coureurs de malheurs imminents : coups de foudre plus fréquents que jamais, apparition d'une comète, phénomène que Néron expia toujours en répandant un sang illustre. »

La comète de 64, que les Chinois ont suivie pendant soixante-quinze jours à partir du 3 mai, ne fut pas très grande. Celle de 65 était en revanche plus étendue, visible plus longtemps et à cette époque, Néron voyait des conjurations et des ennemis partout. Même les paroles de Tacite « A la fin de l'année » s'adapteraient mieux à la comète de 65 qu'à celle de 64. Mais Tacite a peut-être été imprécis pour l'époque de l'année, ou bien il a commis une erreur et son allusion concerne la comète de 65, comme Suétone. Il est difficile d'imaginer une troisième comète, que les Romains auraient vue entre les deux autres, mais qui aurait complètement échappé aux astronomes chinois.

Quoi qu'il en soit, les sources romaines ne concernent pas le passage de 66 : Tacite se réfère explicitement à 64 et Suétone, dans son allusion aux deux conjurations, nous suggère 65. Cela ne veut pas dire que notre comète n'a pas été vue en Occident, mais nous ne pouvons rien assurer à son propos. Et nous pouvons encore moins l'associer au nom de Néron au travers des citations de Tacite et de Suétone, bien que cela ait souvent été fait par erreur, encore récemment.

Venons-en maintenant à l'apparition de Jérusalem d'après le témoignage de Flavius Josèphe. Dans son ouvrage *La Guerre juive*, il parle de deux phénomènes célestes. Dans le chapitre V du VIe livre, inséré comme un instant de réflexion sur le passé dans le cours de la description de la dernière bataille pour la ville, il nous dit : « Ainsi le peuple fut alors dupé par des charlatans et de faux prophètes, sans plus s'occuper ni ajouter foi aux signes manifestes qui présageaient d'une ruine imminente. Comme s'ils avaient été étourdis par le tonnerre et aveuglés, au sens propre et figuré, ils ne comprirent pas les admonestations du dieu quand, sur la ville, apparurent un astre en forme d'épée et une comète qui dura une année, ou quand, avant que n'éclatent la rébellion et la guerre... à la neuvième heure de la nuit, l'autel et le temple furent auréolés d'une telle splendeur qu'il semblait que l'on fût en plein jour, et le phénomène dura une demi-heure. »

Ce prodige (l'illumination de l'autel et du temple), daté du début de la guerre, peut nous laisser supposer que les deux autres phénomènes célestes survinrent aussi vers cette époque, et non au moment de la chute de Jérusalem. Dans les deux cas, il devait s'agir de comètes : dans l'un, parce que c'est dit explicitement ; dans l'autre, parce qu'aucun objet céleste ne peut ressembler plus à une épée qu'une comète. Dans le monde gréco-romain, les comètes portaient des noms divers selon leur forme, dont *xiphias*, qui veut dire « en forme d'épée ». En nous référant toujours aux observations chinoises citées plus haut, aucune de ces deux comètes ne peut être celle de 70 qui apparut entre le mois de décembre et janvier 71, alors que la ville était déjà tombée depuis quatre mois. Auparavant, il y eut les comètes de 60, 61, 64, 65 et 66. Celles de 60 et 61 nous semblent trop antérieures. Celle de 64 apparut le 3 mai, sa queue était longue de 3°, soit six fois le diamètre de la Lune, et elle dura soixante-dix jours. Celle de 65 apparut le 29 juillet, sa queue était longue de 37° et on la vit pendant cinquante-six jours. Enfin, en 66, on constate deux apparitions : le 31 janvier, une « étoile visiteuse », guère mieux identifiée, visible à l'est et, le 20 février, une comète longue de 12° et visible pendant cinquante jours. Ces deux observations, comme nous l'avons vu, furent attribuées à la comète de Halley. La référence de Flavius Josèphe contient certainement une erreur dans la durée car on ne vit aucune de ces comètes pendant plus de deux mois et demi. On n'a d'ailleurs jamais vu aucune comète à l'œil nu pendant des temps beaucoup plus longs, jusqu'à un an comme l'affirme l'historien juif Flavius Josèphe. En outre, « sur la ville » ne signifie pas grand-chose quand on n'a pas le lieu d'observation. A moins de comprendre que, vus de la ville, les deux corps apparaissaient au zénith ? Mais, dans ce cas, ils n'auraient pas pu y rester longtemps, pas plus de deux à trois jours, et seulement quelques heures la nuit, même si l'on prend une large zone autour du zénith. Les données de l'historien sont donc bien vagues et exagérées, et l'identification avec la comète de Halley est tout sauf sûre.

Peut-être fut-elle réellement l'une des deux comètes citées par Flavius Josèphe ? Nous ne savons pas laquelle. Par ailleurs, il n'est pas exclu qu'elle n'ait été ni l'une ni l'autre, et que les comètes signalées par l'historien soient au contraire celles de 64 et 65. C'est ce que nous suggèrent divers éléments : la première fut celle que l'on vit le plus longtemps, la seconde, celle que l'on vit le mieux. La première, plutôt courte, ressemblait peut-être plus que les autres à un glaive romain, cette épée que les Hébreux de Jérusalem avaient toutes les raisons de craindre. En outre, les deux sont apparues à des périodes particulièrement favorables aux observations astronomiques, alors que la comète de Halley a pu disparaître assez facilement : en effet, elle fut moins visible ou moins durable et apparut à une période de l'année où le ciel est soit couvert, soit variable. Et même si on l'a vue par une nuit quelconque, puisqu'elle a ensuite été invisible pendant quelques autres nuits, son apparition a sans doute été moins efficace psychologiquement.

En conclusion, nous ne pouvons prouver que l'une des deux comètes signalées par Flavius Josèphe a bien été celle de Halley. Nous ne pouvons même pas affirmer que ce fut celle que Lubienietz a représentée et datée de 68 ou 69, années au cours desquelles, selon les enregistrements chinois, il n'y eut pas de comètes visibles à l'œil nu. La représentation de Lubienietz est doublement fausse, puisqu'elle l'est aussi sur le plan astronomique : elle montre la queue de la comète tournée vers l'horizon, ce qui est impossible à moins de l'observer en plein jour.

Aucun argument ne suffit donc à étayer la thèse de Chang, selon lequel le passage de 66 a bien été enregistré en Occident. Il nous semble plus raisonnable de n'admettre les références romaines que pour l'apparition de 87 avant J.-C.

(Barrett, p. 100 ; Chang, p. 124 ; Ho, p. 150 ; Holetschek I, p. 352 ; Pingré I, p. 288.)

141

(T_{calc} = 22,43 mars ; T_{obs} = 22,35 mars ; pleine Lune : 10 mars, 9 avril, 8 mai.)

Lorsque nous visitons le Forum romain, nous longeons, à gauche, le mur imposant du Temple d'Antoine et Faustine qui regarde, sur la Voie Sacrée, sa splendide colonnade en haut d'un imposant podium. C'est l'année où ce temple fut consacré et construit que la comète de Halley réapparut.

Faustine, femme de l'empereur Antonin le Pieux, venait de mourir. Divinisée, elle donna d'abord son seul nom au Temple avant qu'on n'y ajoutât, vingt ans plus tard, celui de l'empereur. Hadrien avait adopté Aelius Hadrianus Antonionus pour lui succéder à l'empire, trois ans plus tôt à peine. Cette année-là, Hadrien mourut et, un an plus tard, sa dépouille était accueillie dans le mausolée, splendide et gigantesque, commencé en 132 et qui est devenu le Castel S.Angelo (Château Saint-Ange). La civilisation gréco-romaine décadente s'enrichissait d'ouvrages magnifiques dont les seules ruines suscitent encore admiration et émerveillement. L'empereur Hadrien avait été, lui aussi, un architecte génial : il avait reconstruit le Panthéon, édifié le Temple de Vénus et Rome, très original, et construit une villa, près de Tivoli, où étaient reproduites les beautés des civilisations méditerranéennes qui l'avaient frappé. Nous pouvons voir là les fidèles copies des caryatides de l'Érechtéion d'Athènes qui ont encore leurs bras et leurs mains alors que les originaux, hélas, sont amputés. Et, dans Athènes même, Hadrien, tout en respectant la très belle vieille ville de Thésée, développa un nouvel ensemble architectural, la Ville d'Hadrien, riche de villas, de temples et d'œuvres d'art. Athènes, comme Rome, continua à s'enrichir et à s'embellir grâce surtout à Hérode Atticus, cet homme éclairé, de culture grecque, fortuné et généreux, qui fut aussi consul romain, deux ans après le passage de la comète de Halley. Hérode Atticus construisit l'Odéon aux pieds de l'Acropole, et le Stade de l'Ilissos, encore utilisés de nos jours. Il donna une fontaine élégante à Olympia, et, à Corinthe, une nymphée qui embellit considérablement la fontaine de Pyrène.

C'est aussi en ces temps-là que fut achevé un ouvrage d'un tout autre genre : l'*Almageste* de Ptolémée. Moins visible que certaines constructions, il allait pourtant durer plus que les pierres de nombre de monuments nés à la même époque que lui.

Les temps étaient paisibles et l'activité culturelle bouillonnante. Mais c'étaient aussi les années des premiers éboulements qui se transformeraient sous peu en avalanches et forger une histoire qui deviendrait grande et se répandrait dans le monde entier. La comète de Halley était repassée depuis peu quand les chrétiens construisirent, sur le tombeau de l'apôtre Pierre, dans la nécropole du Vatican, un édifice élégant, première esquisse de ce qui allait devenir la basilique de Constantin, puis la basilique Saint-Pierre, la plus grande et la plus importante de toutes nos églises chrétiennes. Le christianisme connaissait les premiers signes de l'hérésie et des schismes. Les premiers agnostiques apparaissaient et, en 144, un an avant le retour de notre comète, Marcion se séparait de l'Église de Rome et fondait sa propre communauté : il affirmait que le Dieu de l'Ancien Testament était incompatible avec le Dieu bon et rédempteur du Nouveau.

Des populations entières se déplaçaient : en Bretagne, les Brigantes, une population établie dans ce qui serait aujourd'hui la région de York, se révoltaient contre Rome. Les populations de Calédonie se pressaient vers le sud. Le soulèvement fut réprimé, et on éleva une nouvelle ligne de fortifications à 100 kilomètres environ au nord de la Vallée d'Hadrien. En cette première moitié du deuxième siècle, on assistait à des migrations de populations germaniques du nord, plus particulièrement les Goths, qui commencèrent à s'établir sur les territoires compris entre la Vistule, les Carpathes et le Don. C'étaient les premiers signes, imperceptibles, d'un mouvement qui devait très vite investir et bouleverser Rome et le mouvement antique.

On assistait également aux premières relations entre les deux grandes cultures existantes, l'occidentale et l'orientale, qui avaient connu, et connaîtraient encore pendant de nombreux siècles, des développements différents. Les premiers marchands romains arrivèrent en Chine occidentale dès la seconde moitié du siècle et pratiquèrent directement leur commerce, ne passant plus par des intermédiaires. Ce grand pas s'accomplit grâce à la médiation fructueuse de l'État des Kûsana, composé de territoires appartenant aux cultures iranienne et indienne.

Quelque quinze ans plus tôt, les Chinois avaient observé et enregistré soigneusement ce passage de la comète de Halley dans ce style que nous connaissons : « Le deuxième mois, la sixième année de la période de règne Yung-Ho, jour *ting-ssu*, une comète (*hui*) apparut à l'est mesurant de 6 à 7 *chhih* ; elle était de couleur bleu-blanc, pointait vers le sud-ouest en direction de *Ying-Shih* (treizième maison lunaire) et *Fên-Mu*. Un jour *ting-chhou*, la comète fut à 1 *tu* dans *Khuei* (quinzième maison lunaire), mesurant 6 *chhih*. Un jour *kuei-wei*, elle apparut au crépuscule, et passa *Mao* et *Pi* (dix-huitième et dix-neuvième maisons lunaires) au nord-ouest. Un jour *chia-shen*, elle fut à *Tung Ching* (vingt-deuxième maison lunaire) et ses rayons s'étendaient jusqu'à *San-Thai*. On la perdit de vue quand elle arriva au milieu de *Hsien-Yuan*. » (HHS 20/2/21a ; TCKM 11/36a ; WHTK 286/8b ; THHY 16/8b ; w 70.)

Comme l'a remarqué Pingré, ce passage a été enregistré dans le WHTK de Ma Tuan-Lin avec une erreur de datation. En l'an 141, aucune comète n'est mentionnée, alors que l'on parle d'une comète qui suivit ce même parcours en 132.

A l'aide de la description donnée par Ho, de quelque complément et du calcul, on peut reconstituer le passage de la façon suivante : le 27 mars 141, la comète de Halley fut découverte en Chine dans le ciel du matin ; sa queue était longue de 9 à 10°, d'un blanc bleuté, dirigée au sud-ouest vers les constellations de Pégase et du Verseau. Passée au périhélie le 22 mars à 10 heures, elle recommençait déjà à s'éloigner du Soleil. Le 16 avril, elle entra en Andromède ; sa queue était longue de 9°. Dès lors, son mouvement apparent fut très rapide. Le 22 avril, elle apparut dans le ciel du soir et passa au nord-ouest des Pléiades et du Taureau. Le 23 avril, elle était dans les Gémeaux. Elle passa ensuite dans le Cancer alors que sa queue s'étendait vers la Grande Ourse. Quand elle arriva au milieu des étoiles du Lion, on la perdit de vue. Ceci dut se produire en mai.

On peut imaginer qu'au début du mois de mai, la comète était si faible que la lumière de la Lune la masquait. Ensuite, la Lune partie, elle n'était plus visible à l'œil nu. Holetschek, auquel nous devons cette remarque, nota que ce passage ressemblait à celui de 1759 et, sur cette base, il estima que, le 27 mars, elle devait être de magnitude 3,5 alors que les 22 et 23 avril, elle atteignait la magnitude 0. Elle brilla apparemment beaucoup au cours des nuits du 16 au 23 avril.

Le monde occidental a-t-il observé ce passage ? Sans doute, car la comète fut tout à fait visible à l'œil nu pendant un certain temps, mais il n'en est resté aucune preuve écrite. L'*Histoire des Auguste* rappelle, dans le passage consacré à Antonin le Pieux, les malheurs qui s'abattirent sur ces temps et dit qu' « une comète apparut ». Mais nous savons, grâce aux sources chinoises, qu'il en apparut cinq au cours du règne d'Antonin le Pieux, en 141, 149, 153, 154 et 158. A laquelle se réfère l'*Histoire des Auguste* ? A celle de Halley ? C'est possible.

(Chang, p. 124 ; Ho, p. 152 ; Holetschek I, p. 354 ; Pingré I, pp. 292, 293 et 584.)

218

(T_{calc} = 17,72 mai ; T_{obs} = 17,50 mai ; pleine Lune : 29 mars, 28 avril, 27 mai, 26 juin.)

Le retour de 218 est le dernier enregistré sous les Han. Après plus de quatre cents ans, la puissante dynastie chinoise qui avait vu apparaître six fois la comète de Halley s'effondrait. L'empire éclata en trois parties, et les trois royaumes s'affrontèrent pendant près d'un demi-siècle.

La chronique chinoise nous dit :

« Au cours du troisième mois de la vingt-troisième année de la période de règne Chien-An, une comète (*po*) apparut le matin à l'est. Après plus de vingt jours, elle apparut le soir à l'ouest. Elle pénétra et traversa *Wu-Chhé, Tung-Ching, Wu-Chu-Hou, Wên-Chhang,* les étoiles *Hou* et *Fei* de *Hsien-Yuan* et la division *Thai-Wei.* Les rayons pointaient vers *Ti-Tso.* » (HHS 20/3/11b ; TCKM 14/53b ; WHTK 286/11a ; THHY 16/11b ; w 86.) (17)

Hélas, le jour où elle apparut n'est pas précisé. On déduit simplement que cela a dû se produire entre le 13 avril et le 12 mai de l'an 218. Selon les calculs de Yeomans et Kiang, elle passa au périhélie le 17 mai à 17 h 28. En cette période de plus de vingt jours où on la vit, elle traversa le Cocher, la zone de ϑ, ν et τ des Gémeaux, elle passa par les étoiles η et γ du Lion et rejoignit la division *Thai Wei* qui correspond à la Vierge et au Lion *. Le passage par la constellation de la Grande Ourse (*Wên-Chhang*) est à exlure pour la tête et, comme le souligne Kiang, doit concerner la queue.

L'Occident la vit aussi. Avant la mort de Macrin, Dion Cassius rappelle qu' « on vit assez longtemps une comète, et une autre étoile, dont la queue s'allongea d'ouest en est pendant plusieurs nuits, provoquant une grande panique [1] ». Je pense que les « deux » comètes correspondent aux apparitions du matin et du soir. La seconde confirme l'apparition du soir puis-

---

* Le nom donné aux étoiles les plus brillantes par les astronomes est le nom de la constellation dans laquelle elle se trouve, précédé d'une lettre de l'alphabet grec indiquant son éclat. Ainsi α Lyrae (étoile α de la constellation de la Lyre) est l'étoile la plus brillante de cette constellation, β Orionis, la deuxième plus brillante d'Orion ; γ Persei, la troisième plus brillante de Persée, etc. (N.d.E.)

1. Dion Cassius, *op. cit.*, Liv. 78.

que la queue était « allongée d'ouest en est » et la tête se situait du côté du Soleil, dans la zone du couchant, donc plus à l'ouest.

Les temps concordent parfaitement : Macrin, comme nous le savons, avait fait assassiner Caracalla en avril de l'année précédente et s'était proclamé empereur. A la mi-mai de l'an 218, pourtant, les légions de la Gaule élisaient empereur Heliogabale (Elagabal), le quatorzième cousin de Caracalla. Macrin se dressa contre lui mais, abandonné par ses propres troupes, il fut capturé et tué (7 juin).

La comète de Halley fut sûrement visible pendant un mois environ, entre la mi-avril et la fin mai. Selon Dion Cassius, on la vit donc peu avant la mort de Macrin.

De toutes les chroniques occidentales, celle-ci est considérée comme la plus fiable, avec celle de 87 avant J.-C.

(Barrett, p. 103 ; Hind, p. 57 ; Ho, p. 154 ; Kiang, p. 55 ; Pingré, p. 296.)

295

(T_{calc} = 20,40 avril ; T_{obs} = 20,50 avril ; pleine Lune : 17 avril, 16 mai, 14 juin.)

C'est Hind qui, le premier, signala ce passage, comme il signala les quatre précédents. Il suggéra les premiers jours d'avril pour le passage au périhélie.

Les observations chinoises nous disent :

« Au cours du quatrième mois, cinquième année de la période de règne Yuan-Khang de l'empereur Hui-Ti, une comète *po* apparut en *Khuei* (quinzième maison lunaire), se prolongeant jusqu'à *Hsien-Yuan* et à la division *Thai-Wei.* Elle traversa *San-Thai* et *Ta-Ling.* » (CS 13/19a ; S SHU 24/1b ; WHTK 286/15a ; w 116.)

Pingré, qui connaissait déjà les faits principaux, fit une objection : pour que le parcours soit régulier, la comète devait se déplacer de *Khuei* à *Ta-Ling*, puis à *San-Thai, Hsien-Yuan* et enfin *Thai-Wei.* Kiang améliora la connaissance de ce passage en 1972 en calculant une nouvelle orbite. Il en résulte que la comète pouvait être en *Khuei* uniquement au cours des trois premiers jours de mai, et que le passage au périhélie devait être daté entre le 17 avril et le 2 mai. Il adopta le 20,5 avril et, en partant du parcours ainsi calculé, trouva que la comète ne passa pas par *San-Thai*, ni ne rejoignit *Thai-Wei*, mais, sa

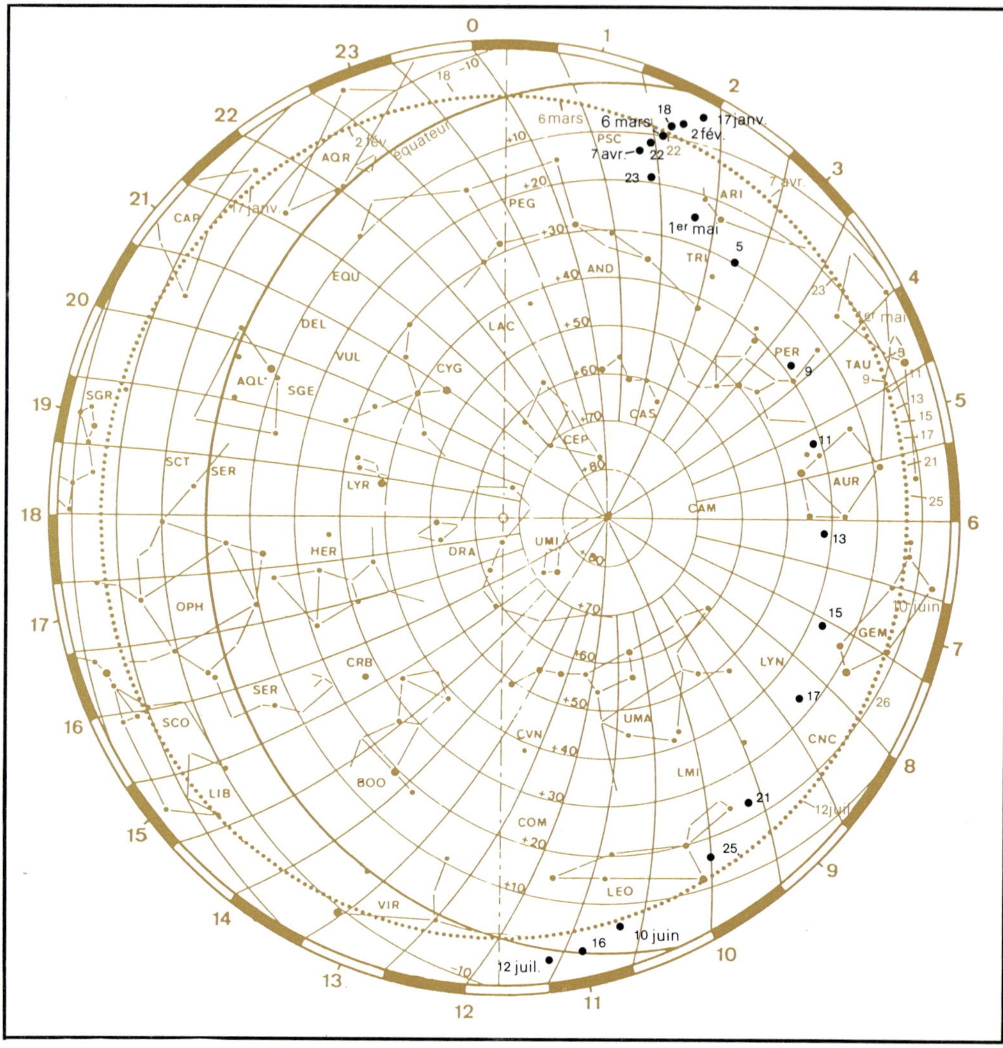

Fig. 4.4 Déplacement de la comète de Halley dans le ciel (en noir) du 17 janvier au 12 juillet de l'an 295, selon les éphémérides calculées par Mucke.

queue avait pu le faire. Enfin, il faut noter que l'année donnée par Williams (295) est fausse. Nous pouvons reconstituer le passage ainsi :

La comète (fig. 4.4) apparut dans les trois premiers jours de mai 295, après son passage au périhélie, dans la constellation d'Andromède, et elle parcourut le ciel en passant par la constellation de Persée jusqu'à rejoindre celle du Lion et la division *Thai-Wei*, correspondant au Lion et à la Vierge. Selon la reconstruction de l'orbite, cela dut se produire à la fin du mois de juin. On l'observa donc pendant cinquante jours environ. Mais nous ne connaissons pas cet intervalle de temps par une information directe : nous ne pouvons le calculer que par des combinaisons entre l'indication chinoise du parcours total et le calcul actuel de l'orbite.

Sur ce retour, en effet, la Chine ancienne ne nous a pas donné d'observations détaillées. Quant au reste du monde, il ne nous en a pas donné du tout : même pas la vague signalisation d'une comète cette année-là. Pingré rapporte les observations chinoises, mais en ce qui concerne l'Occident, il ne cite aucune comète entre celle de 218 (de Halley) et une seule (présumée ?) en 307. Troilus, au IIIe siècle, rappelle aussi quatre comètes jusqu'en 220 et passe aussitôt à 307.

Le monde occidental vivait de grands événements : Dioclétien venait de réformer la structure administrative et gouvernementale de l'Empire, toujours plus menacé par les Barbares. En 271, Alamans et Vandales s'étaient introduits jusqu'en Italie centrale mais, arrêtés sur le feuve Métaure, ils avaient été vaincus à Pavie. Les Romains, terrorisés, avaient élevé des remparts sur dix-huit kilomètres pour protéger l'énorme ensemble urbain qui s'était développé en toute sécurité à l'extérieur des vieux murs, construits plus de six siècles auparavant. Pour que l'Empire soit mieux gouverné et protégé, Dioclétien partagea le pouvoir impérial suprême entre deux Auguste et deux César, qui résidaient dans quatre capitales proches des frontières à défendre. Il établit des préfectures et des diocèses, renforçant la séparation des pouvoirs civil et militaire.

C'est autour de ces années-là que le royaume de Kûsana s'effondra et disparut. Les Huns, que les Chinois du Nord affrontaient depuis des siècles, commencèrent à apparaître dans la région de l'actuel Kasachistan. En Éthiopie, aux environs de la ville d'Aksoum, un important empire commercial se développait tandis que, plus au nord, en Égypte, quelques hommes, suivant l'exemple d'Antoine — mieux connu aujourd'hui sous le nom de saint Antoine le Grand — se retiraient dans le désert et abandonnaient les tourments d'un monde chaotique en désagrégation pour se consacrer à la prière et à la paix de l'âme.

La comète de Halley passa au-dessus de ce monde. Peut-être fut-elle ignorée de la majorité ? Sans doute, puisque les ouvrages et les chroniques ne la signalent même pas. Mais peut-être un autre peuple, lointain et ignoré de nous, l'observa-t-il ? A cette époque-là, ce peuple vivait l'une de ses périodes les plus éclatantes : les Maya d'Amérique centrale. Ce peuple, qui avait soigné son calendrier au point de lui donner alors une précision supérieure à tous les autres, ne pouvait pas ne pas connaître parfaitement le ciel, ne pas enregistrer les phénomènes insolites comme l'apparition des comètes. Grâce à leur position géographique et à la qualité de leur ciel, les Maya devaient d'ailleurs la voir mieux que les Chinois, même quand elle était plus éloignée, ils devaient donc la suivre plus longtemps. L'ont-ils vue ? Enregistrée ? Hélas, les « conquistadores » ont, par la suite, détruit la grande majorité des documents et si les Maya ont observé la comète, nous n'avons aucun moyen de le savoir.

(Hind, p. 57 ; Ho, p. 158 ; Kiang, p. 55 ; Pingré I, p. 595.)

374

(T_{calc} = 16,34 février ; T_{obs} = 17,40 février ; pleine Lune : 13 février, 14 mars, 13 avril, 12 mai.)

Quand la comète revint, le monde occidental n'était plus le même. Après les dernières persécutions, les plus sanglantes, sous l'empereur Dioclétien, les Chrétiens avaient obtenu de l'empereur Constantin la liberté de culte. Dès 313, leurs chants liturgiques pouvaient résonner librement dans les premières basiliques. A Milan, l'année où revint la comète, Ambroise, un homme juste non encore baptisé, fut proclamé évêque par le peuple. Entre-temps, Théodose, le futur empereur, combattait les Quades et les Wisigoths qui, sous la poussée des Huns, se pressaient jusqu'aux confins danubiens de l'Empire.

Malgré l'importance et la gravité de ces événements, qui étaient l'expression la plus manifeste et la plus violente d'un monde en gestation et d'un autre en désagrégation, nous devons concentrer notre attention sur la comète et, plus précisément que d'ordinaire, sur l'identification du passage. En effet, les sources chinoises (les seules, comme dans la plupart des cas) sont confuses, erronées même, et le travail de reconstruction a été long et pénible. Retraçons-le sans nous attarder sur les détails, ni sur les méthodes qui ont permis de corriger les erreurs.

Dans son travail de 1850, Hind, le premier, identifia la comète en datant le passage au périhélie au début novembre 373. Cette évaluation, basée sur une observation chinoise du 24 octobre que seul Pingré cite, était fausse. Pourtant, Cowell et Crommelin l'acceptèrent et, en 1908, la précisèrent : 7 novembre 373. Mais dès 1911, Hirayama, après avoir discuté quelques erreurs du texte chinois, fixa la date du passage au périhélie au 13 février 374, soit trois mois plus tard que Hind. Or cette nouvelle date fut calculée sur la base des observations d'une comète autre que celle du 24 octobre 373, qui n'a peut-être même jamais existé.

Mais voyons ce que nous avons pu recueillir à ce jour, et comment Ho et Kiang ont réussi, ces dernières années, à nous éclairer sur ce passage. Voici, dans la version de Ho, les données disponibles :

« Un jour *ting-ssu* du premier mois de la deuxième année de la période du règne Ning-Khan de l'empereur Hsiao-Wu-Ti, une comète *po* apparut en *Nü* et *Hsü* (dixième et onzième maisons lunaires). Elle passa ensuite par *Ti*, *Khang*, *Chio*, *Chen*, *I* et *Chang* (troisième, deuxième, première, vingt-huitième, vingt-septième et vingt-sixième maisons lunaires). Un jour *ping-hsü* du troisième mois, on vit la comète en *Ti* (troisième maison lunaire) comme une *hui.* » (CS 13/20b ; CS 9/4b ; S Shu 25/2a ; WHTK 286/17a ; w 133.)

Les chapitres d'astronomie du CS et du S Shu disent également « le premier mois » mais, comme le fait remarquer Ho, un jour *ting-ssu* ne tombe pas dans le premier, mais dans le deuxième mois. Par ailleurs, Ho relève que la *Chronique* de l'empereur Hsiao-Wu-Ti contenue dans le CS, tout en ne fournissant pas la date, affirme explicitement qu'on vit une comète au cours du deuxième mois. Dans la première phrase, on doit donc lire « deuxième » mois à la place de premier. La comète apparut donc le 4 mars 374. Il est clair que Williams avait déduit sa date fausse (9 mars 373) de l'observation « première année de la période de règne Ning-Khang » donnée par Ma Duanlin. Le TCKM contient aussi une erreur sur l'année en affirmant : « Au cours de la première année de la période de règne Ning-Khang, on vit une comète. »

Après ces précisions de Ho, Kiang a pu, en 1972, améliorer encore la connaissance du passage. Par un examen préliminaire des observations, il calcula la date du 18,5 février pour le passage au périhélie et, sur cette base, il calcula les perturbations.

Puis, à partir de la vitesse du mouvement cométaire vers le 2 avril, il estima que la date du périhélie pouvait être encore améliorée si l'on ôtait 2,5 jours. Enfin, en collaboration avec Yeomans, il fournit comme instant calculé la huitième heure du 16 février 374 dans un travail publié en 1981. En prenant les éléments de Yeomans et Kiang, on s'aperçoit que les observations chinoises concordent avec le parcours reconstruit par calcul.

On peut donc reconstituer le passage : après son passage au périhélie, la comète apparut le 4 mars dans le Verseau, presque sans queue. Le 2 avril, elle était dans la Balance, et sa queue était développée. Elle passa ensuite par la Vierge, le Corbeau, la Coupe et l'Hydre femelle. L'orbite calculée montre qu'elle se trouva dans l'Hydre femelle de la mi-avril à la fin mai, et comme c'est la dernière constellation nommée, on peut en déduire que c'est là qu'on la perdit de vue. Elle dut donc être visible pendant un temps compris entre quarante-cinq et soixante-quatre jours. Selon les éphémérides de Mucke, calculées sur la base des éléments orbitaux de Brady et Carpenter qui diffèrent peu des plus récents, elle fut à son éclat maximum (de magnitude — 3) entre le 27 mars et le 2 avril, alors que le 4 mai, elle était de magnitude 4, c'est-à-dire sur le point de disparaître. En tenant compte aussi du résultat photométrique de Mucke (à prendre avec beaucoup de précautions, comme toutes les valeurs photométriques calculées pour les comètes), on peut penser qu'on vit la comète pendant soixante jours environ. En tout cas, avec des informations pauvres et erronées, ce passage a pu être reconstruit.

Une dernière précision sur ce passage qui a donné tant de mal aux astronomes : Vsekhsvyatskii, en relatant des recherches basées sur une autre identification erronée de Pingré, affirme qu'on découvrit la comète de Halley en janvier 374, dans le Scorpion. Or la référence est complètement fausse : la comète était, à cette époque-là, dans le Verseau, à une distance apparente de plus d'un quadrant.

(Cow. et Cr. V, p. 669 ; Hind, p. 57 ; Hirayama II, p. 193 ; Ho, p. 160 ; Kiang, p. 54 ; Mucke, p. 18 ; Pingré I, pp. 302 et 598 ; Vsek, p. 92 ; Ye. et K., p. 643.)

451

(T_{calc} = 28,25 juin ; T_{obs} = 24,50 juin ; pleine Lune : 31 mai, 30 juin, 20 juillet, 28 août.)

Une nuit de juin de l'année 451. Une nuit comme les autres, dans le monde entier. Une nuit pleine d'angoisses, de terreurs, de douleurs, de mort, dans une plaine de la Gaule du Nord. Le terrain est jonché de milliers et de milliers de cadavres, d'hommes et de chevaux, épars ou enchevêtrés en masses informes de chairs déchirées. Partout des armes brisées et ensanglantées, des ornements éparpillés, des vêtements en lambeaux, des harnais précieux et des objets guerriers en tout genre, couverts de terre, à moitié détruits par le feu ou déjà en cendres. Les râles des mourants, les plaintes ou les hurlements inhumains des blessés déchirent l'air.

La longue journée s'était déroulée au milieu d'une bataille féroce, acharnée, sanglante. Ce n'étaient pas deux armées qui s'affrontaient, mais une multitude d'hommes en proie à la fureur. La bataille avait été terrible. Quelques années plus tard, en Orient, on écrivait que « personne n'avait survécu à l'exception des chefs des deux parties et de quelques partisans, mais les fantômes de ceux qui étaient tombés au combat poursuivaient la lutte et, pendant trois jours et trois nuits, on les crut vivants et on entendait clairement le fracas de leurs armes ».

Après tant de fatigues, tant de peines, tant de sang, les deux groupes de survivants se retirèrent dans des camps opposés, chacun étant convaincu de sa propre défaite. Le chef des barbares, réfugié avec ses troupes au centre d'un cercle de chars, fit rassembler les selles et les ornements : il voulait en faire un bûcher où il se jetterait dès le lendemain matin si par malheur les ennemis réussissaient à forcer le barrage et tentaient soit de le capturer, soit de le tuer. Les ennemis étaient, eux aussi, inquiets : les Romains et les Wisigoths, alliés, s'étaient d'abord rangés du même côté du champ de bataille mais, au cours des affrontements, ils s'étaient trouvés séparés par suite de la défaite des Alains, au centre. Théodoric, le vieux roi des Wisigoths, était tombé au combat, et son fils Thorismond, redoublant de courage et de férocité, avait suivi les ennemis jusqu'à leur refuge, au milieu de leurs chars. Désarçonné, il ne dut sa survie, dans un combat nocturne, qu'à ses compagnons et à ses vertus guerrières qui l'avaient conduit à des imprudences qui auraient pu lui être fatales. Aetius, chef des Romains, ignorait la victoire de ses alliés et continuait à combattre les ennemis disséminés à travers la plaine. De retour au camp des Wisigoths, il attendit le lever du jour, se protégeant seulement d'une mince couche de boucliers.

Aux lumières de l'aube, quand ils verraient l'horrible carnage et constateraient que les morts ennemis étaient, de loin, les plus nombreux, Aetius, Thorismond et leurs soldats comprendraient qu'Attila et les Huns étaient enfin vaincus et que leur invasion de la Gaule prenait fin en ces Champs Catalauniques. Mais la nuit cachait encore dans ses ténèbres l'inconnue du lendemain, et les combattants, à bout de forces, vivaient dans la crainte de la bataille du lendemain, qui ne semblait que suspendue pour la nuit.

Au cours de cette attente, la comète de Halley surgit et se dirigea vers le sommet du ciel.

On la voyait déjà depuis plusieurs nuits, et quelques chroniques occidentales parlent d'elle. Pingré les a résumées et commentées ainsi : « En la vingt-huitième année du règne de Valentinien III, Attila vint dans les Gaules & y fut défait par Aétius. Une Comète commença à paroître le 10 de Juin. Le 29 du même mois, après qu'on l'eût vue de grand matin à l'orient, on commença à l'observer du côté de l'occident, après le coucher du Soleil : le 1er août [1], elle se montroit à l'occident. Il y eut une éclipse de Lune le 27 de septembre. D'autres Écrivains rapportent l'apparition de la Comète aux années 448, 449, 450, 452, 453 & tous y ajoutent une éclipse de Lune. Il y en eut une en effet en 451, non le 27, mais le 26 septembre au soir, ou la nuit du 26 au 27. Saint-Isidore rapporte aussi cette comète au temps de la défaite d'Attila ; mais il regarde l'éclipse comme surnaturelle ; d'autres Anciens font aussi mention de l'éclipse, vue du côté de l'orient. Olahus fait précéder la journée de Châlons ou la défaite d'Attila par l'apparition d'une Comète & par deux éclipses de Lune ; la première de ces deux éclipses étoit arrivée le 2 Avril au matin. Ces éclipses décident l'année de l'apparition de la Comète. »

Sur cette base et à l'aide de quelques observations chinoises publiées par Biot, Laugier avait déjà dit, en 1846, que cette comète était celle de Halley. Après avoir noté que l'an 451 était bien daté par les deux éclipses lunaires du 2 avril et du 26 septembre, il reporta les quelques données chinoises dont il disposait et, en tenant compte de l'ensemble, il arriva à la conclusion que, le 14 mai, la comète devait avoir une longitude astronomique d'environ 35°. Le 29 juin, pour les pays au nord de 45°, donc au nord du Po, elle devait être presque circumpolaire car,

1. Lire le 1er juillet.

tout en étant visible bien avant le lever du Soleil, elle était aussi visible le soir, au début de la nuit, à l'Occident. En datant le passage au périhélie au 3,5 juillet 451, il estima que ses calculs concordaient avec les observations.

Hind, Cowell et Crommelin acceptèrent le résultat de Laugier, et la connaissance de ce passage ne s'améliora guère pendant une centaine d'années. Pourtant, au XXe siècle, on a trouvé et confronté d'autres sources chinoises. Voici ce que nous savons aujourd'hui grâce à elles sur cet événement lointain :

« Au cours du cinquième mois de la vingt-huitième année de la période de règne Yuan-Chia, une comète *hui* apparut en *Chüan-Shê.* Elle entra ensuite dans la division *Thai-Wei,* avança vers *Ti-Tso,* pénétra en *Shiang-Hsiang,* balaya *Phing-Hsing* et sortit par *Tuan-Mên* (le Pont Principal). Elle disparut en *I* et *Chen* (vingt-septième et vingt-huitième maisons lunaires). » (S Shu 26/8b ; ws 105/3/23b ; WHTK 286/18b ; w 149.)

Ma-Duanlin (WHTK) dit aussi que la comète apparut un jour *i-mao,* le quatrième mois de la vingt-huitième année de la période de règne Yuan-Chia en *Mao* (dix-huitième maison lunaire). Cette phrase, exprimée dans notre langage, signifie que la comète apparut le 17 mai dans les Pléiades. Williams donne aussi cette date, qui anticiperait la première observation de vingt-quatre jours par rapport aux observations européennes. Mais Kiang pense qu'il y a une erreur. En se basant sur tous les faits d'observation, européens et chinois, rappelés jusqu'ici, il a calculé les circonstances de ce passage et reconstruit le parcours dans le ciel. Il en résulte que la comète ne peut pas avoir été dans les Pléiades le 17 mai. Or si on corrige le jour *i-mao* (Ma-Duanlin) en jour *chi-mao,* la date devient le 10 mai, jour de la première observation européenne. Ce jour-là, selon les éphémérides de Kiang, elle devait justement se trouver dans les Pléiades.

Voici donc comment nous pouvons reconstituer ce passage. La comète apparut le 10 juin dans les Pléiades, avec une queue sensible (c'était une comète *hui*). Elle coupa la constellation de Persée et avança vers Hercule (mais ne la rejoignit pas). Le 24 juin, elle passa au périhélie. Elle se déplaça ensuite aux environs de δ du Lion, puis de η de la Vierge, balaya de sa queue la Vierge et l'Hydre femelle, entra enfin dans la constellation du Corbeau où elle disparut. Selon les éphémérides, elle rejoignit cette position vers la mi-août. A cette époque, elle commença à apparaître très proche du Soleil. Elle disparut donc ces jours-là dans la lumière du Soleil. Il résulte qu'on la vit environ soixante-cinq jours, dont quatorze avant son passage au périhélie, le reste après. Dans l'ensemble, ce passage fut très favorable aux observations (comme c'est le cas de tous ceux qui surviennent l'été), même si la comète resta à 75 millions de kilomètres de la Terre : la plus grande valeur de sa distance minimale à notre planète au cours des deux derniers millénaires.

Nous avons maintenant une vue plus aisée de la façon dont le phénomène céleste accompagna les événements sanglants qui se déroulaient sur la Terre, en Occident. Les Huns, conduits par Attila, envahirent la Gaule au printemps de 451. Le 7 avril, Metz était conquise. Ils massacrèrent la population, pillèrent églises et maisons, incendièrent ce qui était resté debout et poursuivirent leur chemin, ne laissant que de la terre brûlée là où s'étendait une ville florissante. A partir du Rhin, ils avancèrent sur Aurelianum (l'actuelle Orléans) qu'ils pensaient conquérir facilement avec l'aide de rebelles locaux. Mais la trahison fut découverte à temps, et les Huns furent contraints de donner l'assaut à la ville. C'est au cours de cette bataille que l'on commença à voir la comète de Halley. Au début, elle apparut le matin, puis toujours plus avant dans la nuit. Son éclat augmenta continuellement parce qu'elle échappait aux lumières de l'aube, se rapprochait rapidement de la Terre et du Soleil et que les nuits étaient sans lune. La nouvelle Lune tomba le 15 juin, le jour où les assiégés virent arriver l'armée libératrice : c'était l'armée romaine conduite par Aetius. Elle n'avait de romaine que le nom, car la plupart des combattants étaient des barbares établis dans des territoires romains : Saxons, Burgondes, Armoricains et d'autres encore. Simultanément, une armée de Wisigoths, conduite par Théodoric, s'avançait aussi. Attila, surpris dans une position inconfortable, s'enfuit, poursuivi par les alliés. Il s'arrêta enfin dans une plaine de la Champagne actuelle, qui lui sembla idéale pour engager sa cavalerie redoutable. On ne connaît ni le lieu, ni la date exacte de l'affrontement mais selon Bury (*Later Roman Empire*, I, 292), la bataille s'est sans doute déroulée vers le 20 juin.

Aujourd'hui, la scène nous apparaît dans toute sa cruauté, avec ses vivants et ses morts, et ces groupes épars qui se battent encore sous la faible lumière d'une Lune dans son premier quartier. Au coucher de la Lune, rouge près de l'horizon, la comète, déjà surgie, prend tout son éclat en se détachant toujours plus de l'obscurité infinie de la nuit. Elle devait être remarquable et Mucke a calculé que sa tête était d'environ — 3, comme Jupiter à son maximum. Les témoignages de l'époque le prouvent aussi et rappellent qu'on l'observa également les nuits de pleine Lune, le 30 juin.

C'est sous cette Lune que les Huns survivants se replièrent. L'année suivante, on les retrouva en Italie, où ils détruisirent Aquilée, Altino et Concordia Sagittaria. Les survivants des massacres se réfugièrent sur quelques îles de la proche lagune et formèrent le premier noyau de ce qui allait devenir l'une des plus belles villes du monde : Venise.

Pour qui croyait que les comètes étaient des signes du ciel, cette apparition, au milieu de ces terribles événements, dut donner l'image d'un spectre assoiffé de sang. C'est d'ailleurs pour cela que, contrairement aux habitudes, les chroniques occidentales de l'époque signalent son passage. Mais nous savons aujourd'hui que le reste du monde connaissait essentiellement la paix, et que rien de remarquable ne se produisit. Et puisque la comète avait trouvé une Europe de paix au cours de ses passages antérieurs, il fallait bien qu'elle coïncide avec une période de guerres cruelles. Ce fut le cas en 451.

(Biot III, p. 81 ; Chang, p. 124 ; Ho, p. 163 ; Kiang, p. 54 ; Laugier III, p. 187 ; Mucke, p. 19 ; Pingré I, pp. 312 et 601.)

530

(T_{calc} = 27,13 septembre ; T_{obs} = 26,70 septembre ; pleine Lune : 24 août, 23 septembre.)

Pour reconstruire ce passage, on s'est d'abord servi des écrits occidentaux. Trop imprécis, ils ont conduit à l'erreur. Théophanes, Malala, Georges Cedrène, Glycas et Zonare en furent victimes. Voilà ce que rapporte Pingré de leurs informations : « On vit du côté de l'occident, pendant vingt jours, une comète très grande & très effrayante ; elle étendoit ses rayons, c'est à dire sa queue, vers la partie la plus élevée du ciel ; en conséquence, on lui donna le nom de Lampadias, parce qu'elle ressemblait à une lampe ardente. Théophanes dit qu'elle parut dans la neuvième indiction, donc en 531. Malala en place l'apparition sous le consulat d'Oreste & de Lampadius, & Cédrène dans la quatrième année du règne de Justinien, caractères qui semblent convenir à l'an 530. Selon Zonare, elle a paru en la cinquième année de Justinien, donc en 531. Théophanès et Malala font suivre immédiatement la conclusion de la paix entre les Perses et les Romains, & cette paix n'a été conclue qu'en 532. Enfin, une Comète fut vue à la Chine pendant la neuvième Lune de la quarante septième année du cinquante quatrième cycle, c'est à dire vers le mois d'Octobre 530. On peut donc douter à quelle année il faut rapporter l'apparition de cette Comète. »

Halley et Newton, sur la base des seules données occidentales, pensaient que cette comète correspondait à un retour de la célèbre, de la grande comète de 1680 à laquelle Halley avait attribué une période de révolution de cinq cent soixante-quinze ans. Dans cette hypothèse, on pensait qu'elle avait déjà été observée en 43 avant J.-C., en 531 et en 1106. Pingré exposa quelques raisons qui le portaient à exclure cette identification, mais il employa ensuite plus de deux pages à dire que les comètes avaient peut-être été au nombre de deux, dont celle de 1680 qui serait passée en 530-531 sans que personne ne la voie.

Précisons tout de suite que Newton et Halley ne disposaient pas des observations chinoises, et celle que Pingré cite, extraite d'un ouvrage de Ph. Couplet, ne correspond pas à la vérité. Ni Biot, ni Williams ne rapportent d'observations chinoises de comètes à ces dates.

C'est Hind qui, le premier, pensa que la comète était apparue en 530 (et non 531), et qu'elle était celle de Halley. Il la donna comme une hypothèse ouverte sur le doute, qu'il avança en proposant comme époque du passage au périhélie les premiers jours de novembre, sans trop insister sur ce résultat. Pourtant, ses calculs l'avaient convaincu d'une chose : la comète de 530 ou 531 n'avait pas été celle que l'on vit en 1680.

Cowell et Crommelin, dans leur reconstruction des passages anciens, ne pouvant calculer la date exacte du passage au périhélie de 607 par manque d'observations, partirent de celui de 451, qui était bien établi, et fixèrent pour le suivant la date du 15 novembre 530. Ils acceptèrent donc la comète de 530 comme celle de Halley. Ils furent les premiers, mais les circonstances qu'ils donnaient n'étaient pas exactes. Elles ne purent être précisées que bien plus tard, quand on trouva des observations chinoises. Comme toujours, notre meilleure source est Ho. Il dit :

« En un jour *chai-wu*, septième mois, troisième année de la période de règne Yung-An de l'empereur Chuang-Ti, une comète *hui* apparut le matin au nord-est, à la distance de 1 *chang* à l'est de *Chung-Tai*. Elle mesurait 6 *chhih* de longueur et était d'une pure couleur blanche. Elle allait vers le nord est et pointait au sud-ouest. En un jour *ting-yn*, elle était 1 *chhih* au nord-ouest de l'étoile supérieure de *Hsia-Thai*. Elle disparut le matin. En un jour *kêng-tzu*, on la vit le soir au nord-ouest, qui mesurait 1 *chhih* et pointait au sud-est. Elle se tourna graduellement vers *Ti* (troisième maison lunaire). Un jour *chi-wei*, le huitième mois, on la vit à peine. Un jour *kuei-hai*, elle disparut complètement » (WS 105/4/25b ; TCKM 31/45b.)

Cette version signifie que le 29 août 530, une comète, visible à l'aube dans le ciel du nord-est, apparut. Elle était à 15° à l'est des étoiles μ et λ de la Grande Ourse. Elle apparut blanche et longue de 9°. Elle avançait vers le nord-est, mais sa queue était pointée vers le sud-ouest. Le 1er septembre, elle était à 1°5 au nord-ouest de ν de la Grande Ourse. Puis elle cessa d'être visible le matin. Mais le 4 septembre, on la vit le soir au nord-ouest avec une queue longue de 1°5 (c'est-à-dire très courte), dont la pointe était dirigée vers le sud-est. Elle se déplaça graduellement vers la Balance. Le 23 septembre, on la vit à peine et, le 27, elle disparut.

En 1972, Kiang se basa sur ces observations et publia une reconstruction très soignée du passage, relevant même quelques incongruités. Selon lui, la position du 29 août et la direction du mouvement (vers l'est) sont incompatibles avec la position donnée au 1er septembre. Kiang admet pour exact ce dernier élément, et interprète le premier comme purement indicatif des alentours des étoiles μ et λ de la Grande Ourse. En tenant compte des deux dates où la comète disparut le matin et réapparut le soir, il trouva la date de la conjonction avec le Soleil et, conséquemment, fixa à 12 h, le 24 septembre, l'instant du passage au périhélie.

Sur ces bases, Kiang se posa la même question que Pingré : à quelle année font référence les observations byzantines ? Puisque les observations chinoises concordent parfaitement avec l'orbite calculée à partir des perturbations, l'hypothèse la plus simple est de considérer l'affirmation de Malala sur l'année 530 comme bonne. L'écrit byzantin qui signale une comète au mois de septembre, visible pendant vingt jours à l'ouest, se réfère donc bien à la comète de Halley et s'accorde aux observations chinoises. Nous avons vu là un exemple de la méthode

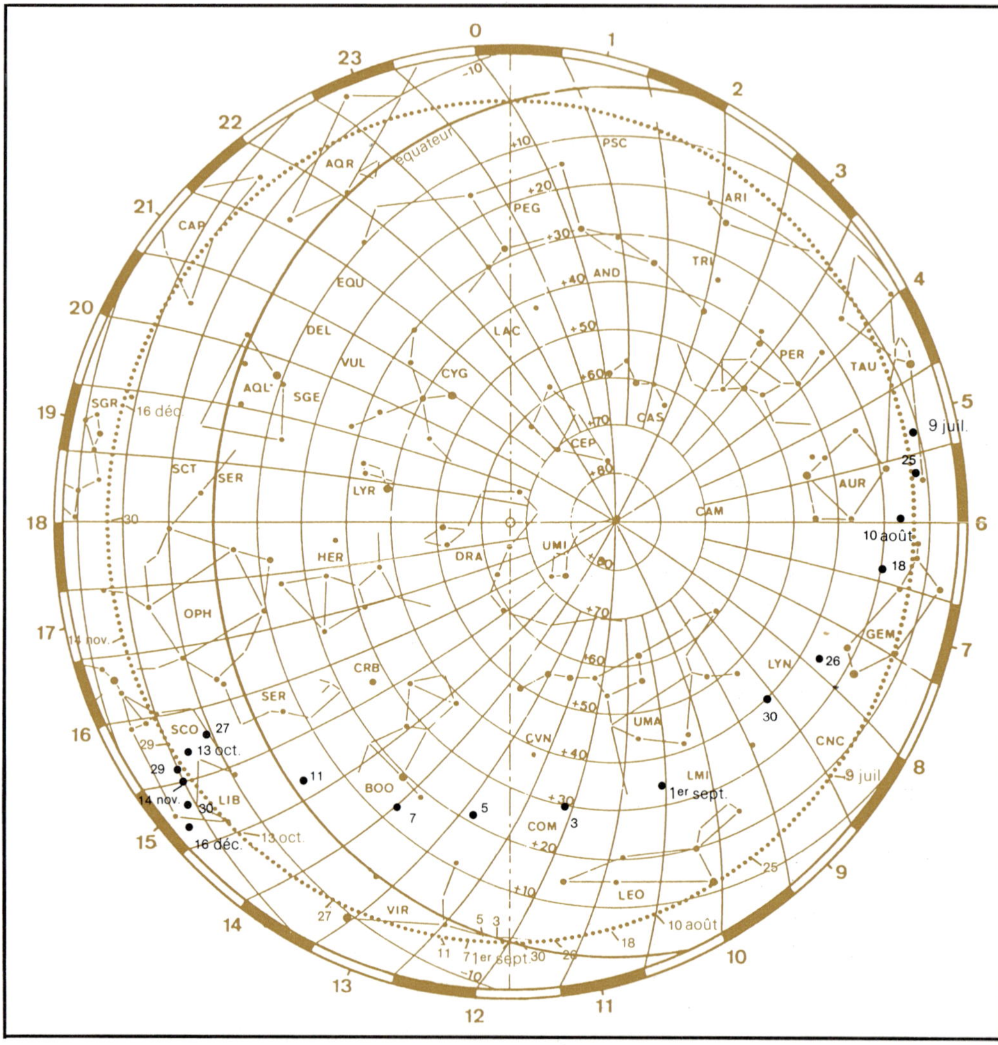

Fig. 4.5 Déplacement de la comète de Halley dans le ciel (en noir) du 9 juillet au 16 décembre 530, selon les éphémérides calculées par Mucke.

qu'il faut utiliser pour découvrir, au sein de multiples sources, la plus crédible : pour le même phénomène céleste, il faut confronter les enregistrements indépendants les uns des autres faits par des peuples qui s'ignoraient.

Yeomans et Kiang, après cette recherche de 1972 et en recalculant tous les passages de la comète de Halley, trouvèrent qu'elle était passée au périhélie le 27 septembre à 3 heures, soit le jour même où elle disparut. Pour mieux faire concorder toutes les observations, ils fixèrent l'époque observée du passage au périhélie au 26 septembre à 17 heures. Nous pouvons donc conclure qu'à l'occasion de ce retour, on suivit la comète pendant trente jours, tous situés avant le périhélie.

Comme nous l'avons vu, les chroniques byzantines rapportent que la comète fut terrifiante. Peut-être terrifia-t-elle en effet beaucoup de gens, mais il ne se passa rien de particulièrement terrible dans le monde. Après son dernier passage, l'Empire romain d'Occident était tombé, et le retour de 530 marqua la première apparition de la comète au Moyen Age. Les circonstances de la chute de l'Empire romain furent complexes, elles avaient mûri et s'étaient développées pendant des siècles, et notre comète n'y était pour rien : en ces années-là, elle voyageait vers son aphélie et se trouvait au-delà de l'orbite de Neptune. Ses compagnes, signalées par les chroniques chinoises (en 467 et 483), n'étaient pas plus responsables de l'effondrement de l'Empire romain, qui se produisit en 476. Les comètes ont manqué là une belle occasion !

Poursuivons notre parallèle entre l'histoire de la comète et l'histoire de l'humanité. Alors qu'en 530 il ne se passe rien d'extraordinaire, de 530 à 607, date du retour suivant, des événements de la plus grande importance vont se dérouler dans le monde occidental, sur les cendres du précédent. En 530, alors que la comète brillait dans le ciel, Benoît de Nursie, qui avait abandonné Rome et sa vie corrompue et insipide, qui avait même quitté son cher Subiaco, vivait les dernières années de sa vie à Mont-Cassin. Il s'y était construit un refuge, pour lui et les moines qui l'accompagnaient, avec des arbres taillés dans le Bois sacré de Jupiter et Apollon, et les édifices des deux temples. Là, il écrivit la Règle de l'Ordre et poursuivit son œuvre de conservation et de sauvetage de la culture que ses disciples allaient imiter pendant des siècles. L'épisode de saint Benoît n'est pas un cas isolé pour l'époque : la vie monacale se développait, des abbayes surgissaient en Europe et en Italie qui devinrent des lieux de prière et de retraite, où l'on conservait tout ce que le christianisme tolérait de l'ancienne culture.

L'héritage romain imprégnait aussi l'Empire d'Orient. Trois ans avant le passage de la comète de Halley, Justinien avait accédé au trône. Cet empereur fut un homme faible, mais il eut le grand mérite d'avoir su conserver, adapter et ajourner l'une des plus grandes richesses de Rome : sa loi. C'est de sa cour corrompue, dominée par l'impératrice Theodora, que sort le Corpus Iuris Civilis, véritable somme du droit romain. Justinien voulut aussi poursuivre la tradition romaine en réalisant un ouvrage architectonique imposant : la monumentale église Sainte-Sophie à Constantinople. Il crut pouvoir faire renaître l'Empire d'Occident en défaisant les Vandales et les Goths et en reconquérant Rome. Mais les Byzantins avaient beau représenter l'Empire romain en Orient, ils n'étaient pas romains. La fin de la guerre, qui dura de 535 à 553, trouva des Goths anéantis, une Italie prostrée, dévastée par la misère et la peste, et des Byzantins vainqueurs d'une partie de la péninsule. Les villes de la pentapole resurgirent et refleurirent, Ravenne en particulier où subsistent, aujourd'hui encore, des fragments intéressants de cette splendeur oubliée.

Mais l'Italie vivait une nouvelle menace : l'invasion des Lombards. Ce fut la plus massive, la plus étendue et la plus longue de toutes les invasions barbares. Les populations qui avaient survécu à l'écroulement de l'Empire romain se mêlèrent aux envahisseurs et c'est ainsi, de cette fusion des peuples italiques et germaniques, que l'Italien contemporain est né. Il ne ressemble ni à son voisin, ni à ses ancêtres romains, pas plus que l'Américain d'aujourd'hui ne ressemble à l'Européen dont il est issu.

Dans le chaos qui la submergeait, Rome se sentait abandonnée et voyait des ennemis partout. Il ne restait plus qu'une ville de l'immense Empire d'autrefois : une ville désertée avec ses monuments qui commençaient à tomber en ruine, moins peuplée qu'à l'époque de la République, quand les gens vivaient à l'intérieur de l'étroite enceinte des murs serviens. La seule autorité qui tentait de subvenir aux besoins de la population et la défendait de ses ennemis et de ses faux amis, était son évêque. C'est à ce moment-là que commença, de fait, le pouvoir temporel des papes, surtout avec le grand Grégoire Ier, descendant de la souche noble romaine de la « gens Anicia ».

Pendant ce temps, dans l'Orient proche, une nouvelle religion se développait rapidement et prenait une grande valeur politique : l'Islam, fondé par Mahomet, né vers 570, envahissait et réunissait des peuples que les Arabes n'avaient pu, jusque-là, conquérir par d'autres moyens.

En Chine, après la Période des Trois Royaumes, il y avait eu la deuxième unification, la troisième partition et enfin, en 581, avec la dynastie Sui, la troisième unification. Les Sui, voulant maintenir l'unité du pays, entreprirent la construction d'un ouvrage aussi imposant que nécessaire : le Grand Canal, qui reliait le centre politique du nord, au sud, productif. Sa construction dura des siècles. Dans la phase initiale, cinq millions et demi de paysans y ont travaillé, surveillés par cinquante mille gardes. La chronique rapporte que plus de deux millions d'hommes y furent « perdus », sans plus. Peut-être sont-ils morts des suites d'une épidémie ? ou des terribles privations qu'ils enduraient ?

En Extrême-Orient, il y avait aussi de grandes nouveautés religieuses. C'est à cette période que le bouddhisme, apparu en Chine au Ier siècle et accepté par le peuple enthousiaste aux IVe et Ve siècles, s'imposa en Corée où, dès 529, il fut proclamé religion d'État dans le royaume de Silla. Ces années-là, ou vers 550, il pénétra aussi au Japon.

Aussi éloignée de notre monde que de la Chine, la grande civilisation maya, en Amérique centrale, vivait alors la période de son histoire la plus éclatante.

Pendant que ces événements se déroulaient un peu partout sur la Terre, la comète de Halley avait décrit un tour presque complet de son orbite et elle était sur le point de revenir.

(Cow. et Cr. V, p. 666 ; Hind, p. 56 ; Ho, p. 164 ; Holetschek I, p. 358 ; Kiang, p. 54 ; Pingré I, p. 315.)

607

(T_{calc} = 15,48 mars ; T_{obs} = 13,00 mars ; pleine Lune : 17 février, 19 mars, 18 avril, 17 mai, 15 juin, 15 juillet.)

La dynastie Sui avait unifié la Chine pour la troisième fois, mais elle s'effondra en 618, après avoir gouverné le pays de façon drastique. Elle ne dura qu'une demi-année de la comète de Halley environ. Au cours de ce bref pouvoir, alors que la construction du premier tronçon du Grand Canal était en cours, la comète revint.

La reconstitution de ce retour est sans aucun doute l'une des plus embrouillées. Il n'existe pas de sources occidentales et les chinoises laissent souvent perplexes. En effet, comme Pingré le rapporta, il y eut trois comètes observées en Chine en 607, dont deux à la même période.

Puisque Ho présente les observations chinoises dans leur forme la plus complète, ne nous arrêtons pas sur les citations de Pingré et leur commentaire. Commençons l'histoire de cette apparition par le premier essai d'identification de Hind.

En tenant compte de la période moyenne et de la date du retour suivant (684), Hind estima que la comète devait être passée en 607. Il déduisit l'orbite réelle des données d'observation portant sur les diverses comètes chinoises et en conclut qu'aucune ne pouvait être celle de Halley. Il pensa alors à une comète apparue en 608, que Ma Duanlin rappelle. Hélas, ce dernier ne précisait pas la date de l'apparition. Mais Hind estima que le parcours observé (du Cocher au Scorpion à travers la partie la plus basse de la Grande Ourse) pouvait correspondre à celui de la comète de Halley, avec un passage au périhélie en octobre ou aux premiers jours de novembre. Il le fixa au 19 octobre 608.

En 1908, Cowell et Crommelin, dans leur reconstruction des passages les plus reculés à partir du calcul des perturbations, jugèrent la date de Hind prématurée d'un an et demi au moins. Le passage avait dû se produire dans la première moitié de 607. Décidément, les observations de 607 étaient confuses. Elles semblaient concerner au moins deux comètes différentes et quelqu'un disait même que, cette année-là, il y en avait eu pas moins de quatre. On situa la comète de Halley au printemps et, au terme du calcul des perturbations, on choisit la date du 20 mars pour son passage au périhélie.

En 1962, Ho publia un groupe d'observations plus complet, que Kiang commenta, quelque dix ans plus tard, dans sa reconstruction. Examinons d'abord ce que dit Ho :

« Un jour *hsin-hai* du troisième mois, troisième année de la période de règne Ta-Yeh (4 avril 607), une comète *chhang-hsing* apparut à l'ouest en s'étendant à travers le ciel, et elle passa par *Khuei* (quinzième maison lunaire : Andromède, Poissons), Lou (seizième maison lunaire : Bélier), *Chio* (première maison lunaire : α et ζ de la Vierge) et *Khang* (deuxième maison lunaire : Vierge). Elle disparut, mais réapparut un jour *hsin-wei* du neuvième mois (21 octobre) au sud. Elle s'étendit même à travers les cieux par *Chio* (première maison lunaire : α, ζ de la Vierge) et *Khang* (deuxième maison lunaire : Vierge), mais balaya *Ti-Tso* (Hercule) dans la division *Thai-Wei* et pénétra dans toutes les autres maisons lunaires à l'exception de *Shen* (vingt et unième maison lunaire : Orion). Elle apparut pendant le reste de l'année avant de disparaître. » (Sui 21/36a ; WHTK 286/21a ; w 172.)

Le *Pei Shih* fournit un compte rendu quelque peu différent : « Un jour *ping-tzu*, le premier mois de la troisième année de la période de règne Ta-Yeh (28 février), on vit une comète *chhang-hsing* qui s'étendait à travers les cieux en *Tung-Pi* (quatorzième maison lunaire : Pégase) avant de disparaître après vingt jours. » (PS 12/7b.)

Puis il continue : « Un jour *chi-chhou*, deuxième mois (13 mars), une comète *hui* apparut en *Tung-Ching* (vingt-deuxième maison lunaire : Gémeaux) et *Wên-Chhang* (Grande Ourse). Elle passa par *Ta-Ling* (Persée), *Wu-Chhé* (Cocher), et *Pei-Ho* (Gémeaux) avant d'entrer dans la division *Thai-Wei*, et balaya les étoiles antérieures et postérieures de *Ti-Tso* (Hercule). Elle cessa d'être visible après plus d'une centaine de jours. » (PS 12/8a ; WHTK 286/21a ; w 171.)

Et voici maintenant comment Kiang commenta ces observations en se basant aussi sur sa reconstruction de l'orbite :

« Les observations de 607, comme le notèrent Cowell et Crommelin, sont décidément embrouillées, et l'introduction d'un autre objet, dont Ho dit qu'il a été vu dès le 28 février pendant 20 jours, ne simplifie pas les choses. Si nous prenons les éléments pour leur valeur nominale, aucun ne peut être la comète de Halley. Par ailleurs, les calculs de Cowell et Crommelin, et les miens, par la méthode des perturbations, indiquent que le passage au périhélie est survenu à un moment quelconque de mars cette année-là. La meilleure candidate pourrait être celle que l'on vit en *Tung-Ching* et *Wên-Chhang* (υ, ∅ et ϑ de la Grande Ourse), mais il nous faut prendre la date *i-chhou* de WXTK plutôt que la *chi-chhou* de PS, et supposer que « deuxième mois » est une correction de « troisième mois » [dans les idéogrammes respectifs, la seule différence réside dans un petit tiret horizontal]. La date devient alors le 18 avril (et non le 13 mars), qui correspond à 35 jours environ après le passage au périhélie.

J'adopte donc T = 14,5 mars 607 pour mon calcul des perturbations. Les éphémérides indiquent alors un réajustement final de — 1,5° (pour la date finale du T_{obs}), et la position calculée pour le 18,6 avril devient $\lambda = 81{,}3^\circ$ $\beta = +\ 8{,}9^\circ$ qui entre bien dans *Tung Ching*. De plus, la distance à la Terre calculée étant d'environ 0,08 UA, la queue pouvait bien arriver jusqu'à *Wên-Chhang*. La description donnée par les documents de son passage à travers *Ta-Ling* (β de Persée), *Wu-Chhé* (Cocher) et *Pei-Ho* (α et β des Gémeaux) est à peine compatible avec le parcours calculé si nous conservons les deux premiers événements à une date antérieure au 18 avril. Et l'entrée dans la division *Thai-Wei* est impossible sur la base des présentes éphémérides. »

Les observations à notre disposition pour cette apparition sont donc bien pauvres. Et la situation ne pourra pas s'améliorer tant que nous ne trouverons pas d'autres documents, ou que nous n'interpréterons pas mieux ceux qui existent.

(Cow. et Cr. V, p. 666 ; Hind, p. 56 ; Ho, p. 167 ; Kiang, p. 53 ; Pingré I, pp. 327 et 606.)

684

(T_{calc} = 2,77 octobre ; T_{obs} = 28,50 octobre ; pleine Lune : 1er août, 30 août, 28 septembre, 29 octobre.)

Il serait intéressant de savoir quels messages destinés à l'empereur les astronomes chinois lirent dans l'apparition de 684. Cette année-là, en effet, un événement extraordinaire se produisit en Chine qui ne devait plus jamais se renouveler : une femme occupa le trône. Une femme inflexible, indomptable, qui ne recula devant rien, pas même le crime, pour s'emparer du pouvoir. Elle s'appelait Wu-Zhao, mais on la connaît mieux sous le nom de Wu-Zetian, c'est-à-dire l'impératrice Wu.

Concubine de l'empereur Thai-tsung, elle devint, à sa mort, celle de son fils. Ce dernier mourut aussi et elle devint impératrice de fait : en 683, elle installa et déposa tour à tour deux de ses fils pour, finalement, usurper le pouvoir. En 684, à l'âge de soixante ans, elle accédait elle-même au trône. La chronique rapporte ses mérites et les erreurs qu'elle commit au cours des vingt ans où elle régna. Il doit bien exister aussi des chroniques rappelant les messages que lui envoyait le ciel, mais, à ce jour, on n'en a pas retrouvé trace dans les volumineuses histoires des dynasties. Nous ignorons même s'il en est quelque part question dans les documents disponibles. On peut imaginer que, cette année-là, les astronomes de la cour furent bien embarrassés car en dehors de la « nouveauté » au pouvoir, des phénomènes insolites eurent lieu dans la seconde moitié de l'année. Les abrégés chinois nous en parlent, comme les chroniques européennes et, pour la première fois aussi, les Japonais. Toutes les observations ont été faites indépendamment, sans qu'il y ait eu échange d'informations entre les observateurs, étant donné les distances qui les séparaient les uns des autres.

Commençons par les chinoises :

« Le vingt-deuxième jour du septième mois de la première année de la période de règne Wên-Ming, une comète *hui* mesurant plus de 1 *chang* apparut à l'ouest. Après quarante-neuf jours, elle disparut. »

Le CTS continue :

« Le vingt-neuvième jour du neuvième mois de la première année de la période de règne Kuang-Chê, une étoile semblable à une demi-Lune fut vue à l'ouest. » (CTS 36/6b ; HTS 32/6*a* ; THY 43/3a ; WHTK 286/22b ; w 186 ; w 187.)

Ce sont de bien pauvres informations, privées des références habituelles aux constellations et maisons lunaires.

Voici maintenant le document japonais :

« Le vingt-troisième jour du septième mois de la douzième année de Temmu-tenno, on observa une comète *hui* qui mesurait plus de 10 *chhih.* Au cours du onzième mois, une comète *po* apparut au centre du ciel et évolua en compagnie de *Mao* (dix-huitième maison lunaire) jusqu'à la fin du mois, où elle disparut. » (Dainihonshi ch 359 ; K ; Nihongi tr. Aston vol. II pp. 364 et 367.)

Voyons enfin les observations occidentales. Lubienietz dit qu'une « horrible comète apparut pendant trois mois entiers ». Paul Diacre, dans sa *Chronique des Lombards,* affirme que sous le pontificat de Benoît, entre Noël et l'Épiphanie, une étoile aussi voilée que la Lune derrière un nuage apparut la nuit, par un ciel pur. Puis, en février, à la mi-journée, une étoile d'un grand éclat surgit de l'Occident et déclina vers le Levant.

La dernière phrase concerne presque sûrement le passage d'un météore qui n'a rien à voir avec la comète. Mais les autres observations ne peuvent pas plus se référer toutes au même objet. Voyons pourquoi.

Transcrivons d'abord les documents chinois et japonais dans notre langage.

Les Chinois affirment que le 6 septembre 684, une comète apparut à l'ouest avec une queue longue de plus de 15°. Elle disparut le 24 octobre. Puis ils ajoutent que le 11 novembre, on vit une étoile semblable à une demi-Lune à l'ouest.

Les observations japonaises disent que le 31 août 684, on observa une comète longue de plus de 15°. Au cours du onzième mois, du 12 décembre 684 au 10 janvier 685, une comète sans queue apparut, qui avançait en même temps que les Pléiades (de toute évidence, dans les mouvements de révolution diurne de la sphère céleste) et disparut à la fin du mois.

Dès le siècle dernier, Hind, en se référant à la première observation déjà traduite par Biot, estima que la comète de Halley avait dû passer en 684 et, si elle avait atteint sa distance minimale au Soleil en octobre, on pouvait l'avoir observée dans la position donnée par les Chinois en septembre et au début d'octobre. Plus tard, il date du 18 octobre le passage au périhélie.

Cowell et Crommelin, en 1908, acceptèrent son identification mais, dans leur reconstruction des passages anciens, ils estimèrent que la date était plutôt le 26 novembre 684. Plus tard, en reliant les observations et le point de référence calculé du 26 novembre, on jugea que tout concernait bien la comète de Halley, sans voir qu'il y avait des faits incompatibles entre eux.

Flammarion, qui admit le 26 novembre pour le passage au périhélie, écrivit que la comète apparue vers Noël dans les Pléiades pouvait bien être celle de Halley, que Lubienietz avait représentée et qui avait été suivie d'une épidémie de peste, de guerres et de famine. Wen Shion-Tsu, dans sa relation sur les observations chinoises de la comète de Halley publiée en 1934, en se basant sur la seule observation du 11 novembre contenue dans les *Annales de la dynastie Tang,* affirma qu'elle concernait bien la comète de Halley, qui passa au périhélie le 26 novembre conformément à ce qu'avaient trouvé Cowell et Crommelin. Ho lui-même, après avoir rapporté les observations chinoises de septembre et novembre, les rapprocha et dit que, selon Chu Wên Hsin, elles pouvaient se référer à la comète de Halley.

Mais un examen plus attentif et des reconstructions d'orbite récentes prouvent qu'il ne s'agit pas d'un seul objet, et que toutes les observations ne concernent pas la seule comète de Halley.

Considérons d'abord l'objet apparu dans les Pléiades. L'occident l'appelle étoile, les Chinois et les Japonais la nomment *po*, c'est-à-dire sans queue. Comment considérer comme une comète un objet qui se confina dans les Pléiades et ne se déplaça pas entre les étoiles au cours du mois où il fut visible ? C'est une anomalie. De plus, d'après les éphémérides déduites des éléments orbitaux calculés par Brady et Carpenter, par Kiang et par Yeomans et Kiang, la comète de Halley n'était pas dans les Pléiades entre Noël et l'Épiphanie, mais dans la Balance, à l'opposé dans le ciel.

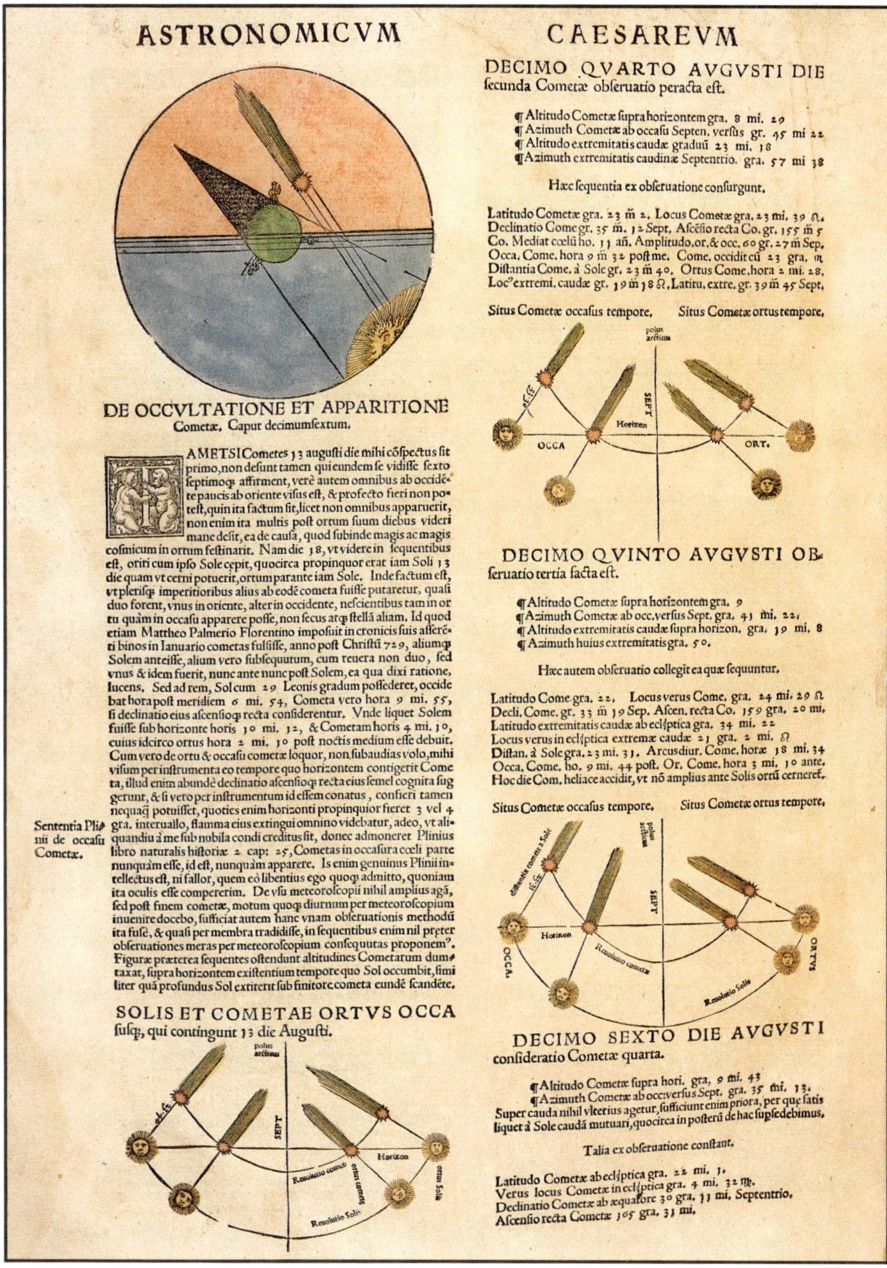

ASTRONOMICVM CAESAREVM

DE OCCVLTATIONE ET APPARITIONE Cometæ. Caput decimumſextum.

TAMETSI Cometes 13 auguſti die mihi cõſpectus ſit primo, non deſunt tamen qui eundem ſe vidiſſe ſexto ſeptimoq; affirment, verè autem omnibus ab occidẽte paucis ab oriente viſus eſt, & profecto fieri non poteſt, quin ita factum ſit, licet non omnibus apparuerit, non enim ita multis poſt ortum ſuum diebus videri mane deſit, ea de cauſa, quod ſubinde magis ac magis coſmicum in ortum feſtinarit. Nam die 18, vt videre in ſequentibus eſt, oriri cum ipſo Sole cępit, quocirca propinquor erat iam Soli 13 die quam vt cerni potuerit, ortum parante iam Sole. Inde factum eſt, vt pleriſq; imperitioribus alius ab eodẽ cometa fuiſſe putaretur, quaſi duo forent, vnus in oriente, alter in occidente, neſcientibus tam in ortu quàm in occaſu apparere poſſe, non ſecus atq; ſtellã aliam. Id quod etiam Mattheo Palmerio Florentino impoſuit in cronicis ſuis aſſerẽti binos in Ianuario cometas fulſiſſe, anno poſt Chriſtũ 729, aliumq; Solem anteiſſe, alium vero ſubſequutum, cum reuera non duo, ſed vnus & idem fuerit, nunc ante nunc poſt Solem, ea qua dixi ratione, lucens. Sed ad rem, Sol cum 29 Leonis gradum poſſederet, occidebat hora poſt meridiem 6 mi. 54, Cometa vero hora 9 mi. 55, ſi declinatio eius aſcenſioq; recta conſiderentur. Vnde liquet Solem fuiſſe ſub horizonte horis 10 mi. 12, & Cometam horis 4 mi. 10, cuius idcirco ortus hora 2 mi. 10 poſt noctis medium eſſe debuit. Cum vero de ortu & occaſu cometæ loquor, non ſubaudias volo, mihi viſum per inſtrumenta eo tempore quo horizontem contigerit Cometa, illud enim abundè declinatio aſcenſioq; recta eius ſemel cognita ſuggerunt, & ſi vero per inſtrumentum id eſſem conatus, confieri tamen nequaq̃ potuiſſet, quoties enim horizonti propinquior fieret 3 vel 4 gra. interuallo, flamma eius extingui omnino videbatur, adeo, vt aliquandiu à me ſub nubila condi creditus ſit, donec admoneret Plinius libro naturalis hiſtoriæ 2 cap: 25, Cometas in occaſura cœli parte nunquàm eſſe, id eſt, nunquàm apparere. Is enim genuinus Plinii intellectus eſt, ni fallor, quem eò libentius ego quoq; admitto, quoniam ita oculis eſſe comperetim. De vſu meteoroſcopii nihil amplius agã, ſed poſt finem cometæ, motum quoq; diurnum per meteoroſcopium inuenire docebo, ſufficiat autem hanc vnam obſeruationis methodũ ita fuſè, & quaſi per membra tradidiſſe, in ſequentibus enim nil pręter obſeruationes meras per meteoroſcopium conſequutas proponem⁹. Figuræ præterea ſequentes oſtendunt altitudines Cometarum dumtaxat, ſupra horizontem exiſtentium tempore quo Sol occumbit, ſimiliter quã profundus Sol extiterit ſub finitore cometa eundẽ ſcandẽte.

Sententia Plinii de occaſu Cometæ.

SOLIS ET COMETAE ORTVS OCCAſuſq;, qui contingunt 13 die Auguſti.

DECIMO QVARTO AVGVSTI DIE ſecunda Cometæ obſeruatio peracta eſt.

¶ Altitudo Cometæ ſupra horizontem gra. 8 mi. 29
¶ Azimuth Cometæ ab occaſu Septen. verſus gr. 45 mi 22
¶ Altitudo extremitatis caudæ graduũ 23 mi. 18
¶ Azimuth extremitatis caudinæ Septentrio. gra. 57 mi 38

Hæc ſequentia ex obſeruatione conſurgunt.

Latitudo Cometæ gra. 23 m̃ 2. Locus Cometæ gra. 23 mi. 39 ♌.
Declinatio Come gr. 35 m̃. 12 Sept. Aſcẽſio recta Co. gr. 155 m̃ 5
Co. Mediat cœlũ ho. 11 añ. Amplitudo. or. & occ. 60 gr. 27 m̃ Sep.
Occa. Come. hora 9 m̃ 32 poſt me. Come. occidit cũ 23 gra. ♍
Diſtantia Come. à Sole gr. 23 m̃ 40. Ortus Come. hora 2 mi. 28.
Loc⁹ extremi. caudæ gr. 19 m̃ 18 ♌. Latitu. extre. gr. 39 m̃ 45 Sept.

Situs Cometæ occaſus tempore. Situs Cometæ ortus tempore.

DECIMO QVINTO AVGVSTI OBſeruatio tertia facta eſt.

¶ Altitudo Cometæ ſupra horizontem gra. 9
¶ Azimuth Cometæ ab occ. verſus Sept. gra. 41 mi. 22.
¶ Altitudo extremitatis caudæ ſupra horizon. gra. 19 mi. 8
¶ Azimuth huius extremitatis gra. 50.

Hæc autem obſeruatio collegit ea quæ ſequuntur.

Latitudo Come. gra. 22. Locus verus Come. gra. 24 mi. 29 ♌
Decli. Come. gr. 33 m̃ 19 Sep. Aſcen. recta Co. 159 gra. 20 mi.
Latitudo extremitatis caudæ ab eclíptica gra. 34 mi. 22
Locus verus in eclíptica extremæ caudæ 21 gra. 2 mi. ♌
Diſtan. à Sole gra. 23 mi. 31. Arcus diur. Come. horæ 18 mi. 34
Occa. Come. ho. 9 mi. 44 poſt. Or. Come. hora 3 mi. 10 ante.
Hoc die Com. heliace accidit, vt nõ amplius ante Solis ortũ cerneret.

Situs Cometæ occaſus tempore. Situs Cometæ ortus tempore.

DECIMO SEXTO DIE AVGVSTI conſideratio Cometæ quarta.

¶ Altitudo Cometæ ſupra hori. gra, 9 mi. 43
¶ Azimuth Cometæ ab occ: verſus Sept. gra. 35 mi. 13.
Super cauda nihil vlterius agetur, ſufficiunt enim priora, per quę ſatis liquet à Sole caudã mutuari, quocirca in poſterũ de hac ſupſedebimus.

Talia ex obſeruatione conſtant.

Latitudo Cometæ ab eclíptica gra. 22 mi. 1.
Verus locus Cometæ in eclíptica gra. 4 mi. 32 ♍.
Declinatio Cometæ ab æquatore 30 gra. 11 mi. Septentrio.
Aſcenſio recta Cometæ 165 gra. 31 mi.

Une page de l'*Astronomicum Caesareum* de Apian où sont reportées les observations de la comète de 1535, effectuées les 13, 14, 15 et 16 août. Toutes les figures montrent la queue de la comète dans la direction opposée au Soleil (Bibliothèque de Trivulce).

PL.II

L'Observatoire d'Uraniborg que Tycho Brahé fit construire au centre de l'île de Hveen, octroyée à vie par le roi du Danemark au grand astronome. Situé vers le centre de l'île, à une altitude de 50 mètres au-dessus du niveau de la mer, il fut fondé le 8 août 1576 et, dès le mois de décembre, Tycho y commença ses observations. Mais il semble que la construction n'ait pas été achevée avant 1580. Le bâtiment mesurait 30 mètres de long. La statue d'un cheval volant doré (Pégase) constituait, à 19 mètres du sol, le point le plus haut. En 1584, un second observatoire, appelé Stellaeborg (ci-contre), fut construit. Là, les instruments étaient installés dans des pièces souterraines pour les abriter des vents violents qui

balayaient souvent l'île. Protégés par des coupoles, on ne les sortait qu'en cas d'absolue nécessité pour pointer les astres. En plus de ses deux observatoires, Tycho disposait d'un atelier pour ses instruments, d'une papeterie et d'une imprimerie pour la publication des résultats de ses recherches et de celles de ses nombreux étudiants. Il y avait, dans l'île, un village, une église, plusieurs petits lacs et viviers, des arbres fruitiers et du gibier en nombre. Tycho travailla dans cet observatoire pendant plus de vingt ans. Quand il dut quitter l'île, en 1597, les deux bâtiments furent laissés à l'abandon. Aujourd'hui, en dehors d'un musée, il ne reste plus rien de la splendeur passée, soumise aux intempéries et à l'incurie des hommes (KGL Bibliotek Copenhague).

PL. IV

IV III

II I

Le ciel chinois d'après la reproduction en huit bandes due au Père Schall von Bell, dans l'éblouissante version en couleurs conservée à la Bibliothèque du Vatican. Les cartes célestes, fruit d'un travail de groupe long et patient, furent publiées à Pékin en 1634. Selon l'usage chinois, il faut lire de droite à gauche. Ainsi, les deux hémisphères, en haut et en bas, par lesquels se termine la bande IV à gauche, sont complétés par ceux qui commencent la bande V à l'extrême droite du tableau suivant. Ils représentent les cartes générales de l'écliptique et de l'équateur. Les deux plus grands hémisphères, qui ont, dans l'original, un diamètre de 1,70 m, représentent le ciel boréal et le ciel austral. Les 28 lignes droites qui convergent vers le pôle céleste (au centre) indiquent les 28 maisons lunaires chinoises, alors que les douze lignes courbes qui partent du pôle de l'écliptique (plus à gauche et en haut du précédent) définissent les signes du zodiaque. La bande I contient (de haut en bas) : une carte des oppositions et conjonctions de Jupiter au cours d'une révolution autour du Soleil ; un théodolite de l'écliptique ; une carte des oppositions et conjonctions de Mars au cours de sept révolutions autour du Soleil ; un compas azimutal ; une carte des oppositions et conjonctions de Vénus au cours de cinq révolutions de la planète autour du Soleil. La bande II contient les cartes des oppositions et conjonctions de Saturne (en haut) et de Mercure (en bas), respectivement en une et trois révolutions autour du Soleil (photo Bibliothèque du Vatican).

VIII

Cette table est dominée par l'hémisphère céleste austral et montre la contribution européenne dans la rédaction de l'ouvrage, y compris dans les objets célestes — notamment par la présence des deux Nuages de Magellan. La bande VII contient, en plus de la dernière tranche du ciel austral, la carte des variations de latitudes de Saturne (en haut), et celle des variations de latitude de Mercure (en bas). La bande VIII, la dernière à gauche, comprend, du haut vers le bas : la carte des variations de latitude de Jupiter ; un théodolite équatorial ; la carte des variations de latitude de Mars ; un sextant ; la carte des variations de latitude de Vénus. Les cartes furent exécutées par Wu Ming-chu, un haut fonctionnaire de l'Office astronomique. Hsü Kuang-chhi, disciple du Père Ricci, ministre suprême de l'empereur et président du ministère des Rites, et du Père Schall von Bell, y apporta quelques corrections et explications. Wu Ming-chu illustra surtout les racines profondes de l'astronomie chinoise. Le second justifia les innovations européennes en parlant de la subdivision des étoiles en six classes de magnitude, des avantages de la lunette qui permettait d'en découvrir d'autres, restées invisibles jusqu'alors, et de l'utilisation des instruments. Tout ceci fait de cette représentation céleste, haute de 1,70 m et longue de 4,46 m en tout, le monument le plus significatif qui nous soit parvenu et qui témoigne de la rencontre entre l'ancienne astronomie chinoise et la nouvelle astronomie européenne (photo Bibliothèque du Vatican).

VI V

Edmond Halley dans un portrait à l'huile exécuté en 1721. Le savant, âgé de soixante-cinq ans, était, depuis peu, astronome royal (National Portrait Gallery).

Fig. 4.6 L'astre apparu dans les Pléiades en décembre 684, dessiné près d'un millénaire plus tard dans la *Cométographie* de Lubienietz. Il ne s'agit sûrement pas de la comète de Halley.

Selon Kiang, cet objet « semblable à une demi-Lune vu à l'ouest le 11 novembre » n'était pas la comète de Halley. Les plus récents calculs montrent que la comète est passée au périhélie le 2 octobre à 18 h 30, mais pour correspondre à l'observation citée par Kiang, cela ne peut s'être produit avant le 26 octobre.

Les enregistrements de septembre et octobre exigent que le passage au périhélie ne soit pas postérieur au 30 septembre, sinon la comète aurait été difficilement observable le soir du 6 septembre, à l'ouest. Cette condition s'accorde bien avec les observations qui donnent, pour le passage au périhélie, la date du 28 septembre 684. On peut donc conclure que la comète observée au cours des mois de septembre et octobre fut bien celle de Halley.

Il nous faut tenir compte aussi de l'iconographie : l'apparition de 684 a été représentée dans deux dessins que nous reproduisons dans un seul but : mettre en garde. L'un (fig. 4.6) est extrait du *Theatrum Cometicum* de Lubienietz, publié en 1667, l'autre (fig. 4.7), du *Liber Chronicorum* de H. Schedel, édité à Nuremberg en 1493. Le premier montre l'astre apparu dans les Pléiades, dans la constellation du Taureau, et le représente selon une description. Mais, nous l'avons vu, il ne s'agit pas de la comète de Halley. Lubienietz ne soulève d'ailleurs pas la question : son livre fut publié alors que Halley n'avait que onze ans.

L'autre dessin, en revanche, se réfère sûrement à la comète de Halley. Dans le texte, il est dit que la comète resplendit trois mois consécutifs, ce qui ne peut concerner l'astre apparu dans les Pléiades vers Noël, beaucoup moins durable. En réalité, on a dû voir la comète de Halley près de deux mois, mais peut-être l'auteur de la chronique a-t-il exagéré ? D'autres auteurs rappellent une comète qui apparut en 684 et dura trois mois, mais tous sont postérieurs à la date de publication du *Liber Chronicorum.*

La figure 4.7 est l'exacte reproduction photographique de la xilographie originale. Elle est légèrement différente de la reproduction communément donnée, qui ne ressemble parfaitement à aucune des onze autres xilographies de comètes insérées dans le *Liber Chronicorum,* chaque fois que de tels astres sont rappelés jusqu'en 1472. La reproduction courante est donc une nouvelle gravure « embellie ».

Quoi qu'il en soit, ni l'une, ni l'autre de ces gravures ne représente la comète de Halley car même la plus ancienne fut

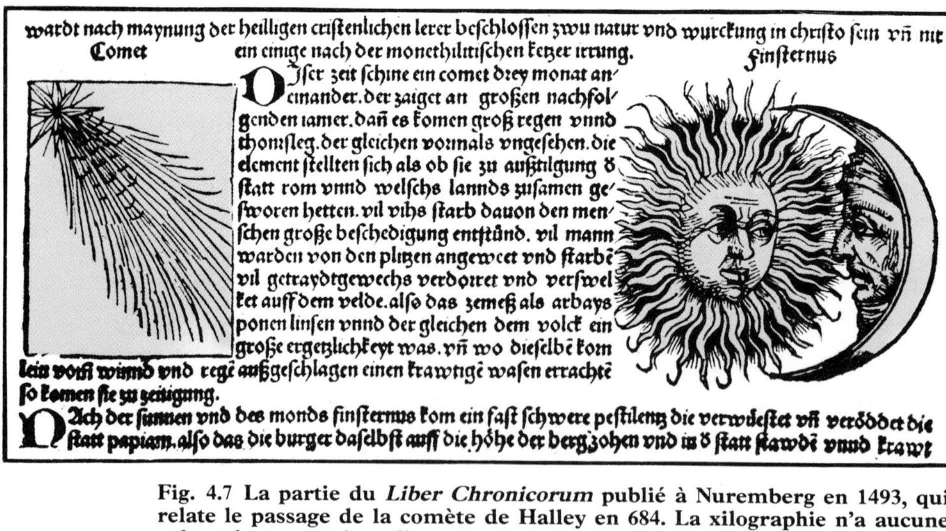
wardt nach maynung der heilligen cristenlichen lerer beschlossen zwu natur vnd wurckung in christo sein vñ nit ain einige nach der monethilitischen ketzer irrung.

Comet

Finsternus

DIser zeit schine ein comet drey monat aneinander. der zaiget an großen nachfolgenden iamer. dañ es komen groß regen vnnd thonrsleg. der gleichen vormals vngesehen. die element stellten sich als ob sie zu außtilgung d' statt rom vnnd welschs lannds zusamen geswuoren hetten. vil vihs starb dauon den menschen große beschedigung entstünd. vil mann warden von den plitzen angeweet vnd starbẽ vil getraydtgewechs verdorret vnd verswelket auff dem velde. also das zemeß als arbays ponen linsen vnnd der gleichen dem volck ein große ergetzlichkeyt was. vñ wo dieselbẽ kom lein woll wimd vnd regẽ außgeschlagen einen krawtigẽ wasen etrachtẽ so komen sie zu zeitigung.

NAch der sunnen vnd des monds finsternus kom ein fast schwere pestilenz die verwüestet vñ verödet die statt papiam. also das die burger daselbst auff die höhe der berg zohen vnd in d' statt krawdẽ vnnd krawt

Fig. 4.7 La partie du *Liber Chronicorum* publié à Nuremberg en 1493, qui relate le passage de la comète de Halley en 684. La xilographie n'a aucune valeur documentaire, elle sert uniquement de symbole pour appeler l'attention du lecteur sur le texte, de même que la figure de droite, reportée pour indiquer qu'il est aussi question, dans ces lignes, d'éclipses de Soleil et de Lune.

exécutée quelque huit siècles après son apparition, par un artiste qui ne l'avait jamais vue et, sans documentation iconographique originale, la représenta selon un schéma standard déjà adopté pour cinq autres comètes : un graphisme comme tant d'autres, utilisé pour attirer l'attention du lecteur sur le sujet.

(Biot III, p. 80 ; Cow et Cr V, p. 665 ; Flammarion VI ; Hind, p. 56 ; Hirayama I, p. 130 ; HO, p. 170 ; Kiang, p. 53 ; Mucke, p. 22 ; Pingré I, pp. 333 et 609 ; Wen, p. 191 ; Ye et K., p. 643.)

760

(T_{calc} = 20,67 mai ; T_{obs} = 22,50 mai ; pleine Lune : 5 mai, 3 juin, 3 juillet.)

Dès qu'on parle de l'Orient fabuleux et évocateur, dès qu'on rêve d'une ambiance vivante, pleine de couleurs et d'aventures, bref, dès qu'on pense aux « Mille et une nuits », une ville surgit, au premier plan : Bagdad. Cette ville de rêve n'existe plus aujourd'hui. Il nous arrive d'imaginer qu'elle n'a jamais existé que dans les livres, dans les récits de Shéhérazade ou dans les films de Hollywood. Parfois, au contraire, on a l'impression qu'elle a toujours été là, comme ces contes de fée qui nous racontent des lieux et des époques indéfinissables. La réalité n'est ni l'une, ni l'autre de ces impressions : cette ville riche, florissante et cosmopolite fut un centre culturel et commercial important qui déclina en 1258, quand elle tomba sous la domination mongole. Elle vint au monde à une date bien précise : fondée en 762 par le Calife al-Mansûr, elle fut construite en quatre ans. Quand la comète de Halley revint au voisinage de la Terre, deux ans plus tôt, il n'y avait encore qu'un petit village à la place de Bagdad.

La naissance de Bagdad ne fut pas un événement isolé. L'année où al-Mansûr posait la première pierre de Bagdad, l'Italie commençait la construction du Petit Temple Lombard de Cividale du Frioul, et l'église Sainte-Sophie de Bénévent. Ces ouvrages, mineurs par leurs dimensions et l'étendue de l'entreprise, prouvent que ces siècles étaient moins obscurs qu'on le laisse entendre. Par ailleurs, la culture était florissante et tout à fait inhabituelle un peu partout dans le monde.

L'humanité n'a jamais connu une paix complète et globale. Çà et là, à cette époque, éclataient des troubles, des révoltes, des guerres locales ; les changements de pouvoir s'accompagnaient de répressions et de massacres. En Occident, bouleversements politiques et actions militaires se succédaient, qui mettaient alors en scène des Lombards, des Francs, des Byzantins et la Papauté.

Autour de 760 surtout, la première période des peintures rupestres de Cappadoce se développa et, à l'abbaye de Flavigny, les miniatures des Évangiles témoignaient d'un caractère artistique tout à fait nouveau. En Chine, une époque de grande splendeur de la peinture s'achevait par la mort de Wu-Tao-Tzu, que l'on considère comme le plus grand peintre de tous les temps : son œuvre est vaste et variée, son style fort et gracieux à la fois. En 759, Wang-Wei, l'initiateur de la peinture délicate et transfigurée du paysage, l'un des plus grands poètes de l'Époque Tang aussi, s'éteignait tandis qu'au Japon, un remarquable ouvrage poétique voyait le jour : un recueil de 4 500 poésies anciennes environ, connu sous le nom de *Recueil des dix mille Feuilles.*

Les astronomes de l'Époque Tang nous ont laissé une description d'une précision exceptionnelle du retour de la comète. Voici le passage intégral :

« Une nuit *ting-ssu* du quatrième mois de la troisième année de la période de règne Chhien-Yuan, une comète *hui* apparut à l'est à la cinquième heure. Elle était de couleur blanche et mesurait 4 *chhih.* En partant entre *Lou* et *Wei,* c'est-à-dire entre la seizième et la dix-septième maisons lunaires, elle avança rapidement vers l'angle nord-est du ciel en traversant *Mao, Pi, Tsui, Shen, Tung-Ching, Yü-Kuei* et *Liu,* de la dix-huitième à la vingt-quatrième maisons lunaires, et *Hsien-Yuan,* avant de rejoindre une position à 7 *tshun* environ de *Yu-Chi-Fa* de la division *Thai-Wei.* Après plus de cinquante jours, elle disparut. » (Cts 36/8a ; HTS 32/6b ; THY 43/3b ; WHTK 286/23a ; w 194.)

L'Europe la vit et l'enregistra aussi. Relisons Pingré :

« En la vingtième année du règne de Constantin, le Soleil fut éclipsé un vendredi, 15 du mois d'août, vers la dixième heure du jour. En la même année, une Comète très éclatante, imitant la figure d'une poutre, parut durant dix jours du côté de l'orient, et ensuite à l'occident durant vingt et un jours. »

Certains parlèrent de deux comètes distinctes, l'une le matin, l'autre le soir. D'autres lièrent l'événement à l'an 761 où le 15 août tombait pourtant un samedi, et non un vendredi comme en 760. Ces inexactitudes nous portent à ne voir dans les sources européennes qu'une preuve de son passage, et nous invitent à utiliser les observations chinoises pour reconstruire les différentes phases de l'événement historique.

Exprimés dans notre langage, les faits chinois nous signalent que pendant la nuit du 16 mai, entre 3 h et 5 h du matin, une comète blanche avec une queue longue de 6° apparut dans la constellation du Bélier. Les soirs suivants, elle se déplaça sur la voûte céleste en passant par les Pléiades, le Taureau, Orion, les Gémeaux, le Cancer, l'Hydre femelle et le Lion jusqu'à atteindre une position à 1° environ de β de la Vierge. Plus de 50 jours après la nuit de son apparition, elle ne fut plus visible.

Le premier qui identifia ce retour fut Laugier, en 1846. Il fixa au 11 juin le passage au périhélie. Hind était du même avis, Cowell et Crommelin aussi, mais ils déplacèrent au 15 juin le passage au périhélie.

Kiang, sur la base de toutes les données disponibles aujourd'hui, a précisé qu'on avait dû apercevoir la comète le 16 mai à 15 h 30 en Temps Universel, dans une région comprise entre $\alpha = 15°$, $\delta = +17°$, et $\alpha = 23°$, $\delta = +22°$ [1]. En tenant compte de toutes les autres positions, il en conclut qu'elle était passée au périhélie le 22 mai à 12 heures. Nous ignorons la date de la dernière observation, nous savons seulement qu'on la vit pendant plus de 50 jours, soit jusqu'après le 5 juillet. Mais nous connaissons l'endroit exact où elle disparut : 1° de β de la Vierge. Avec ces données, Kiang a pu déterminer la position au 9 juillet : $\alpha = 158{,}2°$, $\delta = 7{,}3°$, à peine plus d'1° de β de la Vierge. Ce fut probablement cette nuit-là qu'elle disparut et que les Chinois la perdirent de vue.

Elle était désormais à plus de 230 millions de kilomètres de la Terre et sa course ralentie l'entraînait vers les zones les plus éloignées de notre système planétaire.

(Cow et Cr IV, p. 513 ; Ho, p. 171 ; Holetschek I, p. 364 ; Kiang, p. 53 ; Laugier III, p. 186 ; Mucke, p. 22 ; Pingré I, p. 336.)

837

(T_{calc} = 28,27 février ; T_{Obs} = 28,27 février ; pleine Lune : 24 février, 26 mars, 24 avril.)

---

1. Les positions sont données pour l'équinoxe de l'époque.

Dans les annales où l'homme a conservé les faits les plus marquants de son histoire, il est curieux de constater que les événements les plus extraordinaires de l'année 837 ne se produisirent pas sur Terre, mais au ciel : il y eut trois éclipses du Soleil et, d'après les Chinois, plusieurs « étoiles visiteuses ». Mais le phénomène le plus intéressant fut l'apparition d'une comète très lumineuse, dont la queue balayait plus de la moitié du ciel et se déplaçait si rapidement qu'elle parcourut le ciel tout entier en cinq jours seulement. A un moment, sa tête disparut quelques jours au-dessous de notre horizon parce qu'elle s'était fortement déplacée dans l'hémisphère céleste austral. Mais sa queue pointait, très longue, semblable à une flamme blanche et pâle dont le haut était emprisonné par la terre. Cela ne dura que quelques jours au bout desquels la comète émergea à nouveau, mais elle s'affaiblit rapidement et disparut.

Le spectacle étonna le monde. En Europe, divers historiens et chroniqueurs ont relaté son apparition. Un écrivain anonyme de l'époque nous dit qu'en pleines fêtes pasquales (Pâques tombait, cette année-là, le 1er avril), une comète apparut dans le signe de la Vierge, dans cette zone qui comprend la robe de la Vierge, le Corbeau et la queue du Serpent. La comète n'avança pas vers l'orient comme les sept planètes (l'auteur anonyme entend par là les cinq planètes connues alors, le Soleil et la Lune), mais « au contraire, chose bien surprenante, elle parcourut en vingt-cinq jours les signes du Lion, du Cancer et des Gémeaux. Enfin, elle déposa sa splendeur et sa longue chevelure dans la tête du Taureau, sous les pieds du Cocher. »

L'empereur Louis le Pieux, qui savait que cet auteur anonyme connaissait l'astronomie, l'interrogea sur la signification de ce prodige. L'anonyme tenta de le rassurer en citant les phrases des Saintes Écritures « Ne craignez pas les signes du ciel qui épouvantent les foules. » L'empereur répondit qu'on ne devait rien craindre en dehors de celui qui nous avait créés, l'étoile et nous, et que nous ne louerions jamais assez sa clémence qui daignait nous reprocher par de tels moyens notre inertie de pêcheurs impénitents. Puis il convoqua son clergé et exigea que l'on fît des aumônes aux pauvres et aux serviteurs de Dieu, qu'ils fussent moines ou enfants de chœur. Il demanda aussi à tous ceux qui le pouvaient de célébrer des messes solennelles. Il s'inquiétait moins pour lui que pour l'Église qui lui était fidèle.

Cet astre exceptionnel était la comète de Halley, qui émergeait avec une majesté inhabituelle. Pourquoi cette apparition extraordinaire ? La raison en est simple : au cours des deux derniers millénaires, la comète passa généralement entre 15 et 75 millions de kilomètres de la Terre, sauf en l'an 66 où elle fut à 6 millions de kilomètres à peine. Or en 837, elle fut encore plus proche : 5 millions et 800 mille kilomètres. L'événement se produisit le 9 avril à 19 heures et perturba sensiblement son mouvement orbital en raison de l'attraction que la Terre développa, au point de provoquer une discontinuité entre l'orbite décrite avant et après ce rapprochement. Ceci explique pourquoi, lorsque l'on procéda à reculons pour calculer l'orbite, ce passage sembla infranchissable et empêcha que l'on datât les passages antérieurs. Mais grâce au caractère exceptionnel du phénomène, nous avons réuni assez d'éléments pour être aujourd'hui en mesure de reconstruire dans des conditions idéales l'orbite de la comète en 837.

Les observations chinoises sont tout aussi exceptionnellement abondantes et précises. Nous pouvons donc retracer soigneusement le parcours apparent et reconstituer fidèlement l'orbite réelle.

Les enregistrements se trouvent, comme toujours, dans différents textes. Jusqu'à la première moitié du XXe siècle, la source la plus appréciée était le Xintangshu *(Nouvelle histoire de la dynastie Tang)*. C'est d'ailleurs là que, tour à tour, Ma-Duanlin, Pingré, Biot, Williams et Ho Peng Yoke puisèrent. Mais ce dernier, dans son travail de 1862, publia aussi une traduction de la relation contenue dans Tangshu *(Vieille histoire de la dynastie Tang)*, plus détaillée. Étant donné l'abondance du matériel, nous ne reporterons pas, pour ce passage, les traductions intégrales, mais une combinaison des diverses sources, corrigée par confrontations réciproques et racontée comme s'il s'agissait du journal des observations.

22 mars Une comète *hui* apparaît dans le premier degré de *Wei* (douzième maison lunaire). La queue pointe à l'ouest en direction de *Nan-Tou.* Longueur de la queue supérieure à 10,5°.

24 mars La comète apparaît au sud-ouest de *Wei.* Ses rayons ont grandi, en longueur comme en intensité, pointant toujours vers l'ouest.

29 mars Elle est au huitième degré de *Hsü* (onzième maison lunaire).

5 avril Elle se trouve au 3,5 degré de *Hsü* (onzième maison lunaire).

6 avril La queue dépasse la longueur d'un *chang* et on la voit se déplacer vers l'ouest à 1,5° de *Hsü* (onzième maison lunaire), pointant graduellement vers l'ouest. Elle est longue de 15°.

7 avril On la trouve au neuvième degré de *Nü* (dixième maison lunaire). La queue est longue de plus de 2 *chang* (plus de 30°) et large de plus de 3 *chhih* (c'est-à-dire de plus de 4,5°).

8 avril Elle est au quatrième degré de *Nü* (dixième maison lunaire). Elle a augmenté, en longueur comme en largeur.

9 avril On la voit au dixième degré de *Nan-Tou* (huitième maison lunaire). Sa queue est longue de 5 *chang*, soit 75°. Elle se partage en deux : l'une pointe vers *Ti* (La Balance), l'autre enroule *Fang* (le Scorpion).

11 avril On la trouve au septième degré de *Kang* (deuxième maison lunaire). Sa queue mesure 6 *chang* (90°), mais elle n'est plus ramifiée.

12 avril Elle va au nord-ouest en pointant sa queue vers l'est.

14 avril Elle mesure 8 *chang* (120°) : elle se déplace vers le nord-ouest et pointe à l'est vers le quatorzième degré de *Chang* (vingt-sixième maison lunaire).

17 avril La comète est encore visible, mais sa luminosité est réduite par la lumière de la Lune et ses rayons ont diminué.

28 avril Elle apparaît à la droite de *Hsien-Yuan* en pointant vers l'est, et se situe à 10° de *Chang* (vingt-sixième maison lunaire). Sa queue est longue de 3 *chhih* (4,5°).

L'observation du 17 avril est japonaise. Dès le 12, on a suivi la comète à partir du Japon. Les observations de la dernière période furent certainement contrariées par la Lune, pleine le 24 avril. Entre-temps, toujours plus éloignée, elle s'était intrinsèquement affaiblie et, après le 28 avril, ne fut plus observable.

Dans la *Recherche historique des Affaires publiques,* de Ma-Duanlin, après l'observation du 28 avril, on peut lire : « Il est normal pour une comète de pointer vers l'ouest quand elle apparaît le matin, et vers l'est quand c'est le soir. Jamais aucune n'a pointé vers les quatre directions et pénétré dans autant de constellations que celle-ci. »

A lire cette phrase, on pourrait penser que les Chinois

savaient, des siècles avant Fracastor et Apian, que la queue des comètes est toujours orientée dans la direction opposée au Soleil.

Après cette note, Ho poursuit en rapportant les observations suivantes :

« Un jour *chia-shen* (29 avril), une " étoile visiteuse " apparut sous *Tung-Ching* (vingt-deuxième maison lunaire). Un jour *wu-tzu* (3 mai), une " étoile visiteuse " apparut séparément dans *Tuan-Mên* (le Pont Principal) près de *Phing-Hsing*.

Un jour *ping-wu*, du quatrième mois (21 mai), l' " étoile visiteuse " sous *Tung Ching* disparut.

Un jour *kuei-yu* du cinquième mois (17 juillet), l' " étoile visiteuse " dans *Tuan-Mên* disparut.

Un jour *jen-wu* (26 juin), une " étoile visiteuse " ressemblant à une comète *po* apparut du côté de *Nan-Tou* (huitième maison lunaire) et *Thien-Yo*.

Un jour ting-yu, huitième mois (9 septembre) une comète *hui* apparut en *Hsü* et *Wei* (onzième et douzième maison lunaire). » (HTS 32/7a ; WHTK 286/24a ; WHTK 294/10b ; w 205 à 211.)

Il n'était pas facile d'identifier notre comète au milieu de tous ces corps célestes. Hind, par exemple, pensait que la comète était l' « étoile visiteuse » observée dès le 29 avril. Flammarion, lui, croyait qu'elle était passée quelques mois avant celle qui inquiéta Louis le Pieux c'est-à-dire la bonne. Mais la description la plus déconcertante est celle de l'auteur anonyme, selon lequel elle était apparue dans une région du ciel où elle ne se trouva en fait qu'une dizaine de jours plus tard, et aurait suivi un parcours opposé à celui que relèvent les observateurs chinois. C'est à partir de cette description que Lubienietz dessina la comète.

En 1972, Kiang résolut définitivement le problème. En partant de toutes les observations chinoises et en tenant compte de perturbations planétaires, il reconstruisit l'orbite et le parcours dans le ciel en confrontant ensuite les positions observées et les positions calculées, pour chaque nuit où on observa la comète en Chine. A travers cette orbite calculée, il déduisit la date du passage au périhélie (28, 27 février 837) et les positions que la comète occupa dans le ciel aux dates où d'autres étoiles ou comètes y firent leur apparition. Il les confronta ensuite à celles que donnaient, même approximativement, les enregistrements chinois et en déduisit qu'entre le 28 avril et le 9 septembre,

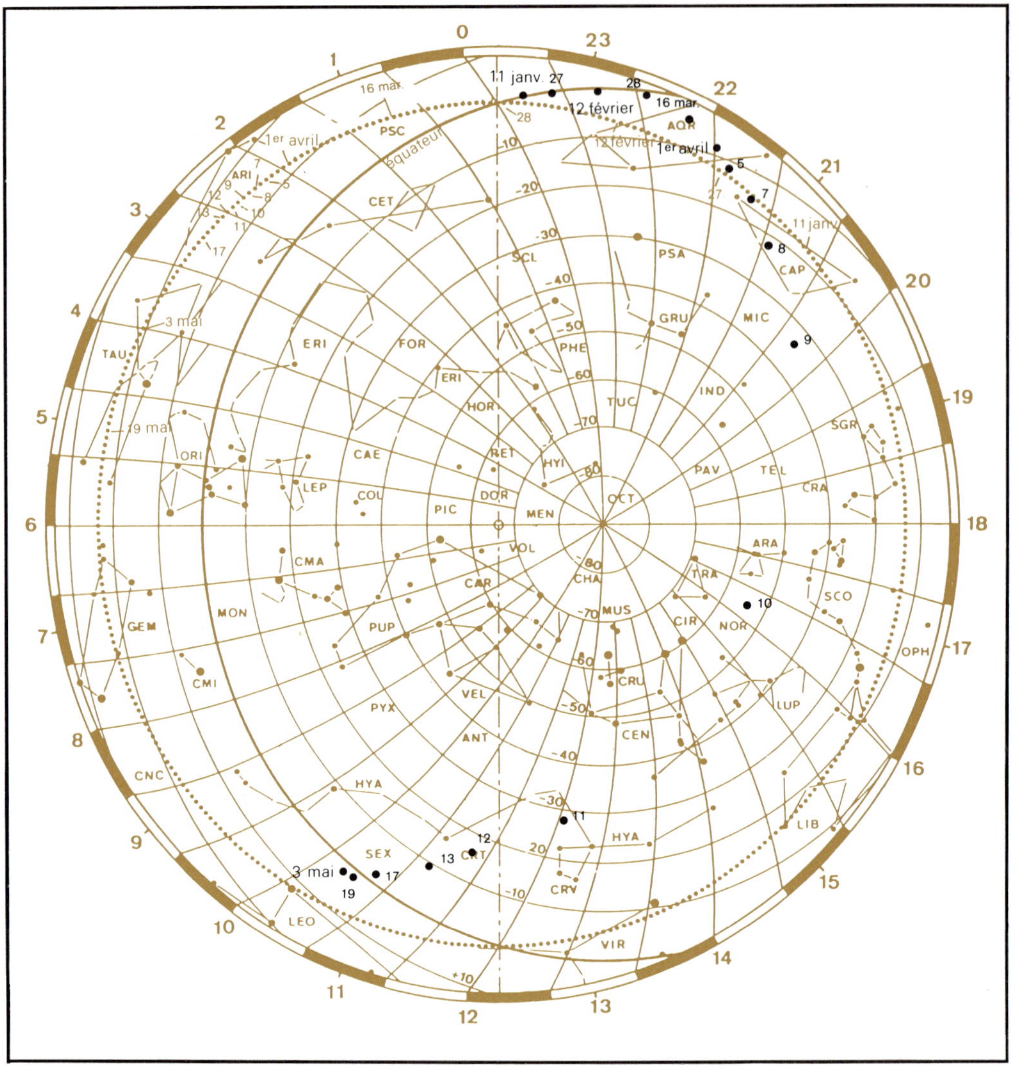

Fig. 4.8 En noir, parcours de la comète de Halley sur la sphère céleste au cours du passage de 837, comprenant un arc de trajectoire antérieur et postérieur à la période de visibilité à l'œil nu. Noter que, dans la période de meilleure visibilité, sa tête s'est toujours maintenue dans l'hémisphère austral.

quatre autres objets étaient apparus, aucun ne correspondant à la comète de Halley.

Ce fut donc le 22 mars qu'elle apparut, après être passée au périhélie : elle s'éloignait déjà du Soleil et se rapprochait rapidement de la Terre. On la vit d'abord (fig. 4.8) dans la constellation du Verseau, puis dans le Sagittaire. Sa queue grandit, se ramifia puis se réunifia. Elle alla jusque dans l'hémisphère austral, à travers le Centaure, remonta en traversant l'Hydre femelle et rejoignit enfin le Lion, où on la perdit de vue. Si l'on s'en tient aux observations chinoises, on ne la vit que pendant trente-sept jours, ce qui paraît singulièrement court si l'on songe à l'importance de son apparition. En réalité, il faut se rappeler qu'elle ne fut aussi visible que parce qu'elle passa très près de la Terre, mais elle s'éloignait déjà du centre du système solaire. On n'aurait pas pu la voir avant car elle était trop lointaine et, en février, elle était trop proche du Soleil sur la sphère céleste. La seule période de visibilité court donc sur 22 jours après le passage au périhélie quand son éclat et sa dimension réelle étaient déjà amoindris alors que, de la Terre, elle semblait énorme en raison de la proximité.

Voilà donc pourquoi on ne la vit pas plus longtemps. Mais à l'occasion de ce retour, le hasard a voulu que ses effets soient grossis et multipliés, surtout en Occident. Qu'il nous suffise de rappeler les circonstances : la comète est très proche de la Terre, d'autres astres sont visibles au cours des mois suivants, et le tout tombe dans une des plus sombres périodes d'obscurantisme en Europe. Les communications d'un pays à l'autre sont dangereuses, les informations rares, le pouvoir réduit en miettes, les luttes perpétuelles, l'ignorance sans limite : tout est propice à faire naître les peurs. En cette année 837, le ciel a dû terroriser nos ancêtres.

(Biot III, p. 78 ; Cow et Cr IV, p. 512 ; Flammarion VI, p. 224 ; Hind, p. 55 ; Ho, p. 173 ; Holetschek I, p. 366 ; Kiang, p. 51 ; Pingré I, p. 341 ; Troili, p. 73 ; Ye et K, p. 638.

912

(T_{calc} = 18,67 juillet ; T_{obs} = 9,50 juillet ; pleine Lune : 4 mai, 2 juin, 2 juillet.)

La comète revint en 912. Nous en sommes sûrs uniquement parce qu'elle ne peut avoir sauté un passage, mais les observations sont rares et imprécises.

C'étaient des temps obscurs. La papauté entrait dans une période de décadence. Les populations européennes étaient divisées. Les hommes, stratifiés par le féodalisme, s'affrontaient à l'intérieur d'une même classe, ou d'une classe à l'autre. A ceci s'ajoutaient des incursions, voire de véritables invasions des peuples périphériques.

Depuis 700 déjà, les Vikings, qui descendaient de la Scandinavie sur leurs navires légers et rapides, étaient arrivés jusqu'aux côtes septentrionales de la Gaule. Encore avant, les Anglais et les Saxons, partis de la zone orientale de la péninsule du Jutland, avaient envahi la Bretagne et s'étaient substitués à un peuple pacifique et chrétien. Les Arabes avaient conquis la partie méridionale de l'Espagne et institué un émirat dont le siège était à Cordoue.

Entre 911 et 912, ces conquêtes devaient jouer un rôle décisif dans la future histoire de l'Europe. A Cordoue, la montée au trône de Abd ar-Rahmân III an-Nasir marquait le début d'une période de grande splendeur culturelle. En Orient, les Arabes remportaient une victoire militaire importante en détruisant la puissante flotte byzantine. Mais le succès le plus significatif, même s'il fut moins éclatant en ces temps-là, est celui que remportèrent les Vikings, appelés Normands, les Hommes du Nord. En 911, rentrant d'une expédition en Angleterre, ils remontaient la Seine et, conduits par leur chef Rollon, assiégeaient Paris qui n'était encore qu'un simple comté. Vaincus par les comtes de Paris et de Bourgogne, les Vikings concluaient alors un accord avec le roi et obtenaient la concession, sous forme de fief, des terres environnant Rouen. En contrepartie, les Hommes du Nord reconnaissaient Charles comme roi et s'engageaient à ne plus se livrer à un assaut quelconque sous son règne. C'est ainsi que la Normandie est née, alors que la comète allait réapparaître.

De ce monde en effervescence, encore trop occupé par le développement des cultures nouvelles pour produire les fruits de la civilisation, nous ne pouvons guère attendre qu'il ait fait des observations précises de phénomènes astronomiques comme l'apparition de comètes. D'ailleurs, même dans le passé, l'Occident n'en avait pas fourni, pour les raisons culturelles et scientifiques que nous connaissons. Bien sûr, il y eut quelques relations mais elles n'avaient pas un but scientifique et, souvent, les événements terrestres influaient sur la datation, quand ce n'était pas sur le choix même des phénomènes célestes enregistrés.

Voici ce que Pingré a retenu des récits de chroniqueurs européens pour ce passage de 912 : « L'empereur Alexandre régna à Constantinople depuis le 11 mai 911 jusqu'au 7 juin 912 ; sous son règne on vit une Comète durant quinze jours du côté de l'occident : on l'appeloit Xiphias, parce qu'elle avait la figure d'une épée. Un seul auteur byzantin lui donne quarante jours de durée. Selon les auteurs latins, elle parut durant environ quatorze jours, vers le nord-ouest, au mois de mars. Quelques-uns la rapportent à l'an 911, ce qui ne peut être, puisque Alexandre ne régnoit pas encore, et qu'il est plus que probable que les Grecs et les Latins parlent d'une seule et même comète. »

Mais ces informations ne suffisent pas pour l'identification de la comète et, hélas, cette fois, les informations orientales sont rares.

Le WHTK et le Xutangshu nous disent :

« Un jour *jen-shen* (13 mai), la comète apparut en *Chang* (vingt-sixième maison lunaire correspondant à l'Hydre femelle), et un jour *chia-hsü* (15 mai), elle apparut dans l'astérisme *Ling Thai* (Lion). »

D'autres sources nous donnent l'information suivante :

« La nuit d'un jour chia-hsü le quatrième mois de la deuxième année de la période de règne Chhien-Hua de Liag-Thai-Tsu (15 mai), une comète *hui* fut aperçue à l'ouest de *Ling-Thai* (Lion). » (CWTS 139/3b ; WTSC 59/3a ; WTHY 10/18a ; WHTK 286/26a ; Hsü Thang Shu 14/1b ; w 233.)

Enfin, un document japonais relate :

« Le troisième jour du sixième mois de la douzième année de règne Engi (19 juillet), une comète *hui* apparut au nord-ouest. Le huitième jour (24 juillet) elle apparut au sud-est. La neuvième nuit (25 juillet), elle réapparut au nord-ouest et le douzième jour (28 juillet), la comète fut vue à l'ouest. » (*Dainihonshi*, ch. 359 ; K.)

Les observations ne sont pas d'accord sur les jours où cette comète apparut : les occidentales la fixent au début du printemps, les chinoises en mai et les japonaises en juillet. Mais les astronomes modernes ont quand même réussi à en tirer des éléments. Hind écrit : « En 912, en mai, on vit une comète en Chine, dans le Lion, près de l'étoile χ. On la vit aussi en Europe. Si nous fixions le passage au périhélie au début avril, l'orbite de la comète s'accorderait, avec des altérations négligeables, à cette position vers les 13 ou 14 mai. »

C'est ce que firent Cowell et Crommelin. En prenant pour date le 1er avril 912, en accord avec Hind, ils calculèrent les perturbations planétaires pour l'intervalle entre 912 et 989, et obtinrent la période de 28 181 jours. Et comme la date du passage au périhélie de 989 pouvait, nous le verrons, être calculée assez exactement, ils fixèrent celle de 912 par soustraction au 20 juillet. Cette date était postérieure de près de quatre mois à celle que Hind avait trouvée. Cowell et Crommelin considérèrent qu'il avait fait une identification douteuse et conclurent que Hind devait s'être trompé d'époque. En recalculant les perturbations sur la base de leur nouvelle date, ils fixèrent ultérieurement au 19 juillet l'époque du passage au périhélie.

Kiang reprit la question en 1972 puis, en collaboration avec Yeomans, en 1981. Ses premiers calculs montrèrent qu'on pouvait avancer la date de Cowell et Crommelin de 10 jours. Il donna donc le 9 juillet 912 à 12 heures pour le passage observé au périhélie. Mais, en accord avec Hind, Kiang pensait que l'observation chinoise du 15 mai impliquait un passage au périhélie vers le début du mois d'avril. La contradiction demeurait donc, et elle était d'autant plus déconcertante que les observations chinoises, japonaises et européennes, faites à des moments différents, donnaient des positions que la comète de Halley aurait pu parfaitement occuper en fonction de son orbite et de la position de la Terre.

Kiang fit une suggestion intéressante : un fragment s'était peut-être détaché du noyau de la comète qui parcourait l'orbite, mais trois mois avant le noyau principal. Dans ce cas, les observations européennes et chinoises se référaient au fragment, alors que les japonaises commentaient le corps principal, visible plus tard et passé au périhélie vers le 9 juillet. Par la suite, en faisant abstraction du corps secondaire hypothétique, il trouva encore une autre solution.

En supposant que les enregistrements chinois concernent bien la comète de Halley, les dates fournies sont effectivement les 13 et 15 mai, qui ne concordent pas avec les éphémérides. Kiang nota pourtant que si on les déplaçait de 60 jours, en admettant que les deux jours du cycle sexagésimal étaient bons mais pas le mois, on arrivait à des dates correspondant dans notre calendrier aux 12 et 14 juillet. En ce cas, tout concordait et la plus grande harmonie régnait entre les observations chinoises, les éphémérides calculées, et les observations japonaises [1]. C'est ce qu'il fit dans son travail de 1981, en collaboration avec Yeomans. Avec ce procédé, le passage au périhélie calculé tombe le 18 juillet à 16 heures, concordant avec le résul-

1. Kiang, communication privée.

tat de Cowell et Crommelin, et le passage observé devient le 9 juillet à 12 heures.

C'est, à ce jour, l'interprétation qui me semble la meilleure. (Cow et Cr IV, p. 511 ; Hind, p. 55 ; Ho, p. 178 ; Kiang, p. 51 ; Pingré I, p. 353, p. 618 ; Troili, p. 76 ; Ye et K., p. 638.)

989

(T_{calc} = 5,69 septembre ; T_{obs} = 9,00 septembre ; pleine Lune : 21 juillet, 19 août, 18 septembre.)

Ce passage a un point commun avec celui de 1986 : il est le dernier d'un millénaire. Comme aujourd'hui, l'époque était de grande incertitude. Dans une grande partie de l'Europe, le particularisme engendrait le chaos. L'Empire byzantin était déchiré par la guerre civile, des nuages sombres s'amoncelaient sur la Chine. Mais alors, comme aujourd'hui, l'époque était agitée et les événements qui se déroulaient allaient avoir un grand retentissement sur l'histoire du millénaire suivant. Mais les contemporains du moment ne pouvaient pas le savoir.

L'année où la comète revint, la sœur de l'empereur Basile II de Constantinople épousa le prince de Kiev, Vladimir. L'événement ne fut pas seulement mondain, comme on pourrait le croire : il scellait une alliance qui allait avoir une énorme portée politique, religieuse et culturelle. Cette même année, les Byzantins l'emportaient définitivement sur les rebelles, déjà vaincus un an plus tôt. Le Prince de Kiev avait aidé à la victoire. Quelque temps auparavant, il s'était converti au christianisme et avait introduit la liturgie et la langue slave-orthodoxe sur ses terres. C'est alors que l'Église russe se forma, qui s'organisa sur le modèle byzantin, avec un évêque métropolite résidant à Kiev. La littérature russe, qui utilise l'alphabet cyrillique à peine importé de l'Orient proche, prend sa source à cette époque.

Le christianisme poursuivait son rôle culturel et pacificateur en Occident. En France comme dans une grande partie de l'Europe occidentale, les peuples vivaient dans un état d'insécurité constante en raison de l'anarchie du pouvoir public et des luttes continues entre les nobles. Au Puy, en 990, soit un an après le passage de notre comète, un Synode rassemblé dans l'intention de pacifier les âmes réussit à obtenir de plusieurs nobles qu'ils respectent la « paix de Dieu ». Mais la France connut un événement beaucoup plus important en ces années-là : Hugues Capet, comte de Paris et fondateur d'une dynastie qui devait durer près d'un millénaire, fut élevé au trône de France. C'est à ce moment-là que Paris devint définitivement la capitale.

Quand la comète revint, l'An Mil était proche, mais il restait quand même onze ans et ceci devrait suffire pour ne pas l'impliquer dans la légende, surgie au XVIe siècle et si répandue encore aujourd'hui. Voyons les observations habituelles, en commençant par les orientales que nous trouvons dans trois pays.

• Observations chinoises : un jour *ting-hai*, septième mois, deuxième année de la période de règne Tuan-King (12 août 989), une comète *hui* apparut au nord-ouest de *Pei-Ho*. Elle développa quelques rayons et une queue qui pointait au sud-ouest. (SS 56/24b ; WHTK 294/11b : dans le WHTK, on parle de sixième mois au lieu de septième.)

Un jour *wu-tsu*, septième mois, deuxième année de la période de règne Tuan-Kung (13 août 989), une comète hui apparut en *Tung-Ching* (vingt-deuxième maison lunaire) et *Chi-Shui*. Sa couleur était bleu pâle, et sa chevelure brillante s'allongeait peu à peu. La comète apparut le matin au nord-est ; dix jours plus tard, on la vit le soir au nord-ouest. Elle traversa *Yu-Shê-Thi*. Après trente jours, elle arriva à *Khang* et disparut. (SS 56/21b ; HTCKM 2/72b ; WHTK 286/26b ; w 241.)

• Observations japonaises : le premier jour, sixième mois, première année de la période de règne Eiso (6 juillet 989), une comète *hui* apparut à l'est et à l'ouest. Le treizième jour du septième mois (16 août 989), elle apparut à l'est, mesurant environ 5 *chhih* (soit 7,5°). Elle dura plusieurs jours. (Dainihonshi, ch. 359 ; K.)

• Observation coréenne : un jour *chia-wu-* neuvième mois, huitième année de Söngjong (18 octobre 989), on vit une comète *hui*. (Koryö-sa, ch. 47.)

Kiang a travaillé sur toutes ces observations et reconstruit l'orbite réelle et le parcours apparent. Hind avait accepté pour date de passage au périhélie celle que Burchardt avait calculée, le 12 septembre 989. Cowell et Crommelin l'avaient d'abord fixé au 9 septembre, puis ils le déplacèrent au 15. Kiang basa son calcul des perturbations pour la période 1066-989 sur la date T = 9 septembre 989. Ainsi, il trouva que l'accord entre les positions observées et celles qu'il avait calculées était parfait et ne nécessitait pas de réajustement ultérieur. On doit considérer les dates du 6 juillet (japonaise) et du 18 octobre (coréenne) comme erronées ou ayant trait à d'autres objets célestes. En effet, selon les calculs de Kiang, à ces dates-là, les distances comète-Terre étaient respectivement de 1,9 et 2,0 UA, et les distances comète-Soleil de 1,4 et 1,0 UA, toutes trop élevées pour qu'on puisse voir la comète à l'œil nu.

Dans ses grandes lignes, le passage de 989 peut donc être reconstruit de la façon suivante : la comète fut visible du 12 août au 12 septembre. Elle apparut entre les Gémeaux et le Cocher. Vers la mi-août, on la vit dans le ciel de l'aube, et sans doute aussi autour de la pleine Lune, le 19 août. La Lune était pourtant, ces jours-là, dans la partie du ciel opposée à celle où se levait la comète. Puis on la vit le soir, après le coucher du Soleil, dans le ciel occidental : elle passa près des étoiles η, τ et ν du Bouvier, proche d'Arcturus, et rejoignit enfin la constellation de la Vierge où elle disparut.

Nous pouvons maintenant voir ce que disent les chroniques occidentales, moins fiables.

L'une (G. Elmacinus, *Histoire sarrasine*) parle d'une comète qui serait apparue le 28 juillet en Occident et dura au moins 20 jours. On la voyait toutes les nuits et, finalement, elle disparut. L'époque concorde, mais la position indiquée est du côté opposé à celle que les Chinois enregistrèrent. Or cette dernière correspond à la position calculée, y compris pour les dates antérieures au 12 août. L'hypothèse de Pingré selon laquelle la comète chinoise d'août (celle de Halley, comme l'on sait aujourd'hui) pouvait être apparue du côté opposé puis, en se déplaçant dans un mouvement rétrograde, aurait fini dans la position observée à partir du 12 août, cette hypothèse, donc, n'est pas acceptable. Par ailleurs, si nous acceptons l'affirmation qui fixe la période de visibilité à plus de 20 jours, cela signifierait que pendant plus de 5 jours, chaque nuit on a vu dans le ciel deux comètes. Pourquoi un événement aussi extraordinaire ne nous aurait-il jamais été signalé par les Chinois ou d'autres Européens ? Pour chacune de ces nuits, est-il pensable qu'ils n'en aient observé qu'une s'il y en avait bien deux ? La meilleure explication est qu'il y a une erreur dans la source occidentale et qu'on y a tout simplement écrit « occident » pour « orient ».

Hepidannus *(Annales Hepidanni, Monachi S. Galli),* dans un autre témoignage, affirme que le jour de la Saint-Laurent (10 août) de l'année 995, on vit une comète. Les éditeurs du

Recueil des Historiens de France pensent que l'apparition de cette comète doit être reportée à 989 car, selon eux, Hepidannus retarde tous les faits qu'il rapporte dans cette partie de la chronique de six ans. Pingré n'était pas prêt à accepter ce glissement, d'autant que l'apparition d'une comète en 995 était confirmée par Florent de Winchester. Mais jusqu'à quel point pouvons-nous considérer comme valable le vague témoignage de ce Florent, alors qu'entre 990 et 998 aucune comète n'est signalée ni par les Chinois, ni par les Japonais ? Si l'on accepte le glissement d'Hepidannus, la première observation de ce passage serait fixée au 10 août. Si on accepte celle de Elmacinus, elle se retrouverait au 29 juillet. Dans ce cas, il faudrait comprendre pourquoi les Chinois ne l'ont pas observée du 28 juillet au 12 août. La solution la plus plausible paraît être celle d'une longue période de mauvais temps, correspondant au climat chinois de mousson, humide et pluvieux l'été.

(Biot III, p. 77 ; Cow et Cr IV, p. 510 ; Hind, p. 55 ; Ho, p. 181 ; Kiang, p. 51 ; Pingré I, p. 358 ; Ye et K., p. 643.)

1066

(T_{calc} = 20,93 mars ; T_{Obs} = 23,50 mars ; pleine Lune : 14 mars, 13 avril, 12 mai, 10 juin.)

Que de fois a-t-on associé, en Occident, la comète de Halley à des peurs vagues et injustifiées ! Pour son retour de 1066, on l'associa à un événement de réelle portée historique : l'invasion de l'Angleterre par les Normands, la dernière que subirent les îles britanniques. Plus personne ne réussit, par la suite, à y mettre un pied en qualité d'envahisseur. Cette année-là fut terrible, pleine de péripéties, de luttes, de changements qu'il nous faut résumer en quelques lignes.

Le 5 janvier, Edouard, roi d'Angleterre, mourut. Il fut canonisé plus tard sous le nom d'Edouard le Confesseur. Sa couronne était convoitée à la fois par le roi de Norvège, Harald, et le duc de Normandie, Guillaume, auquel le comte de Wessex, Harold, l'avait apparemment promise en lui jurant fidélité. Mais Harold agit différemment : il s'empara de la couronne et bannit du royaume son frère Tostig, qui se mit au service du roi de Norvège. Les deux prétendants envahirent l'île : le 25 septembre, Harold affronta les Norvégiens à Samford Bridge et les vainquit dans une bataille où son frère et le roi Harald trouvèrent la mort. Mais à peine trois jours plus tard, à

Pevensey Bay, l'armée normande débarqua, conduite par Guillaume. Harold et son armée allèrent aussitôt à la rencontre du nouvel envahisseur, qu'ils affrontèrent, le 14 octobre, à Hastings. Cette fois, les envahisseurs furent les vainqueurs. Harold mourut au champ de bataille, et son armée fut défaite. La voie était ouverte pour la conquête du trône d'Angleterre et, le jour de Noël, Guillaume de Normandie, devenu Guillaume le Conquérant, fut couronné roi d'Angleterre dans la nouvelle abbaye de Westminster, construite sous le règne d'Edouard le Confesseur.

Aux mois d'avril et de mai, alors que se déroulaient ces événements et que les moments cruciaux approchaient, la comète de Halley réapparut, splendide comme elle l'avait rarement été. Les chroniqueurs et les historiens de l'époque associèrent l'astre aux événements d'Angleterre et la maudirent, tel ce moine anglais qui écrivait : « Te voilà ! Te voilà donc, source de larmes pour tant de mères ! Je t'ai vue il y a longtemps, mais je te revois aujourd'hui plus terrible encore : tu menaces ma patrie de la ruine totale. »

La comète ne fut pas seulement décrite et maudite. On la représenta aussi dans une tapisserie devenue célèbre sous l'appellation de Tapisserie de Bayeux, où sont représentés les événements de cette année-là en 58 scènes : la mort et les funérailles d'Edouard le Confesseur, le débarquement des Normands en Angleterre, la bataille de Hastings, etc. La chronique raconte que cette tapisserie, longue de 70 mètres et haute de 50 centimètres, fut brodée par la duchesse Mathilde, femme de Guillaume, et sa cour féminine au cours des longs jours où son mari partit à la conquête du trône d'Angleterre. La trente-deuxième scène (fig. 4.9) représente un groupe de personnes montrant du doigt la comète, tournée vers le roi Harold qui, à droite, se lève pour aller combattre les envahisseurs. Dans la tapisserie, la comète ne paraît pas menaçante, elle semble au contraire indiquer la route contre Harold. Mais il ne faut pas oublier que cette tapisserie est l'œuvre de Normands et que si les Anglais vivaient sous la menace des deux envahisseurs, les Normands, eux, s'embarquaient, sûrs d'eux, au cri de *Nova stella, novus rex !*

Cette apparition de 1066 fut certainement l'une des plus spectaculaires. Mais le fait qu'on en ait tant parlé dans les chroniques occidentales ne prouve rien, sinon qu'on l'associa en effet aux événements historiques de l'époque. Pour savoir

Fig. 4.9 La comète de Halley, à l'occasion de son passage de 1066, Tapisserie de Bayeux (avec l'autorisation de la ville de Bayeux).

quand elle apparut exactement, comment, dans quelles régions du ciel, il nous faut consulter les observations d'Extrême-Orient où, justement, il ne se passait pas grand'chose.

• Observations chinoises : un jour *chi wei* du troisième mois, de la troisième année de la période de règne Chhin-Phing (2 avril 1066), une comète *hui* apparut en *Ying Shih* (étoile déterminante α de Pégase). On la vit le matin à l'est : elle était longue de 10° et pointait vers le groupe *Wei* (étoile déterminante α du Verseau), au sud-ouest. Elle s'étendait jusqu'à *Fên-Mu* (groupe d'étoiles γ, η, ζ et π du Verseau). Peu à peu, elle se déplaça plus rapidement vers l'est, s'approcha du Soleil et disparut. Jusqu'au soir d'un jour *hsin-ssu* (24 avril) où elle apparut au nord-ouest, mais sans ses rayons. La comète avança encore plus vers l'est. De plus, il y avait une vapeur blanche large d'environ trois pieds ($4{,}5^{\circ}$) qui reliait les étoiles *Tzu-Wei* (les circumpolaires) et l'astérisme *Fang* (β et π du Scorpion). Ensuite, la comète [qu'on relise la correction déjà citée de Kiang] avança vers l'est, passa *Wên-Chhang* (γ, Φ, ϑ de la Grande Ourse) et *Pei-Tou* (δ, ε de la Grande Ourse) et pénétra en *Wei* (étoile déterminante μ^1 du Scorpion). Un jour *jen-wu*

(25 avril), l'étoile reprit une chevelure ; sa queue était longue de plus d'un *chang* (15°) et large de trois *chhih* (4,5°). Elle indiquait le nord-est. Elle traversa *Wu Chhê* (α, β, ϑ, ι du Cocher et β du Taureau). La vapeur blanche se partagea en deux, traversa obliquement le ciel et passa sur le Fleuve boréal (α et β des Gémeaux), *Wu Chu-Hou* (τ, υ, Φ, ϑ, ι, des Gémeaux), le groupe *Hsien Yuan* (α, δ, η, ζ, du Lion), le *Thai-Wei* (ceinture d'étoiles qui entouraient le β du Lion), le trône des Cinq Souverains (β du Lion) et les Cinq Dignitaires (cinq petites étoiles à l'ouest de ρ et δ de la Vierge), embrassant les maisons lunaires *Chio* (étoile déterminante α de la Vierge), *Khang* (étoile déterminante χ Vierge), *Pi* (étoile déterminante α^2 de la Balance) et *Fang* (étoile déterminante π du Scorpion). Un jour *kuei-wei* (26 avril), la queue était longue de 15 *chhih* (22,5°), l'étoile avait autour d'elle une vapeur en forme de balai, grande comme un dixième de boisseau. De la maison lunaire *Ying-Shih* (étoile déterminante α de Pégase), elle avança vers *Chang* (étoile déterminante 39 υ^1 de l'Hydre femelle), traversant en tout quatorze maisons lunaires. On la vit pendant soixante-sept jours. Alors, l'étoile, la vapeur, la comète, tout disparut. (SS 56/22b ; WHTK 286/27b ; HTCKM 5/15b ; w 249. Dans le HTCKM, lire « troisième mois » au lieu de « deuxième mois »).

A ces observations, il faut en ajouter une, contenue dans le *Liao-Shih* :

« Un jour *jen-wu*, troisième mois, deuxième année de la période de règne Hsien Yung (24 avril), on vit une comète à l'ouest. » (Liao-Shih 22/4a ; HWHTK 212/58a ; w 272.)

Enfin, on trouve deux autres positions dans la biographie de l'empereur Ying-Song contenue dans l'*Histoire de la Dynastie Song*, qui étaient inconnues jusque-là : « Le 24 avril, la comète est en *Mao* (dix-huitième maison lunaire), le 25 avril en Pi (dix-neuvième maison lunaire). »

- Observations japonaises :

1) La deuxième année de l'époque Chiryaku, troisième mois, sixième jour (3 avril 1066), on vit une comète à l'est. Elle était longue de 7 pieds (10,5°) *(Itidaiyôki.)*

2) Le matin du sixième jour, du troisième mois (3 avril), on vit une comète à l'est. Le premier jour du quatrième mois (27 avril), on la vit à l'ouest le soir. (*Husôryakki*, vol. 29.)

3) Le sixième jour du troisième mois de la deuxième année de la période de règne Chiryaku (22 avril), une comète *hui* de 7 pieds (10,5°) apparut à l'est. Elle disparut après vingt jours,

mais une autre réapparut à l'ouest cinq jours après. (*Dainihonshi*, ch. 359 ; K.)

- Observations coréennes : Un jour *ting chhou*, troisième mois, vingtième année de Munjong (19 avril), une étoile comme une lune surgit du nord-ouest. Elle se transforma aussitôt en une comète. (*Koryôsa*, ch. 47.)
- Observations occidentales : On les trouve chez une soixantaine d'auteurs différents. Donnons d'abord les époques auxquelles, d'après eux, on la vit pour la première et la dernière fois, et les diverses estimations de la durée de l'apparition. Commençons par la version de Pingré, que nous avons complétée parfois par des éclaircissements et des ajournements.

Selon divers auteurs anglais, elle apparut au début de l'année. Mais, en ce temps-là, l'année commençait à Pâques pour les Anglais. Alors qu'on avait vu la comète dès le 2 avril en Orient, on ne la signala en Occident que vers les fêtes de Pâques. Quelques auteurs, non contemporains, disent qu'elle apparut le jour même de la Pâque, alors le 16 avril. D'autres se limitent à dire qu'on la vit pendant les fêtes de Pâques. Certains fixent son apparition à toute la semaine des fêtes. Selon d'autres historiens, en majorité contemporains, elle commença à apparaître le 18, le 23, le 24, le 25 ou le 26 avril. Il est donc indéniable qu'on la vit en Occident au cours du mois d'avril : on a même quelque raison de penser qu'elle était déjà très belle.

Dans l'Empire romain d'Orient, on ne vit la comète que pendant le mois de mai. C'est en tout cas ce que les auteurs byzantins, et quelques latins, disent simplement : elle apparut au mois de mai. Peut-être le ciel fut-il couvert au-dessus de Constantinople à la fin avril ? Ou les auteurs ont-ils indiqué mai parce que la plus grande partie de l'apparition se déroula au cours de ce mois ? Un auteur latin rapporte que la comète apparut alors que le printemps déclinait *(declinante jam vere)*, chose qui ne peut rien signifier d'autre que : au cours des derniers jours d'avril et au mois de mai.

Les historiens sont aussi partagés sur la durée qu'ils le sont sur la date de l'apparition. Selon un écrivain allemand, elle n'apparut que quelques nuits, cinq jours si l'on en croit un Français. Les Anglais fixent la durée à huit jours, un autre Français à neuf, encore un autre à douze. Plusieurs Allemands et Normands vont jusqu'à quatorze ou quinze. Pour certains, elle apparut pendant plus de vingt jours ; selon des Italiens et certains Allemands, on la vit jusqu'à trente jours. Les Grecs sont d'accord pour dire qu'on la vit quarante jours. Les Allemands du Sud assurent qu'elle fut longtemps visible (*diu visus est* ou *multis diebus,* selon un Français). Enfin, dans l'*Historia Francicae fragmentum,* on lit qu'elle apparut pendant trois mois *(1066 eodem tempore cometes apparuit fere per trium spacium mensium).* Struyck, convaincu que cette comète était bien celle de 1665, n'accepta pas une si longue durée et estima que même celle que les Grecs donnaient était trop étendue. « Les auteurs byzantins ont coutume d'attribuer généralement une durée de quarante jours à leurs comètes », écrit-il. Mais Pingré observa que :

« 1° L'autorité des Byzantins est ici confirmée par celle des Allemands orientaux, et par celles des Annales chinoises.

« 2° La raison qu'allègue Struyck, pour infirmer l'autorité des Byzantins, est d'autant moins décisive qu'il ne s'agit ici que de Jean Curopalate, de Glycas et de Zonare ; ce sont les seuls Grecs qui parlent de la comète de 1066. Or, de toutes les comètes que j'ai recueillies de ces trois auteurs, je ne trouve que celle de 1066 dont ils prolongent l'apparition jusqu'à quarante jours. Ce n'est donc point par habitude qu'ils lui accordent une si longue durée. La comète a été vue en Chine jusqu'au 7 de juin. En Grèce et dans la partie orientale de l'Allemagne, on la vit pareillement jusqu'en juin. C'est le mauvais temps ou l'inattention qui l'aura fait perdre de vue beaucoup plus tôt en Angleterre, en France, en Italie, et dans une partie de l'Allemagne. »

L'objection de Struyck est dont rejetée, mais il faut aussi écarter la durée de trois mois donnée par l'auteur français : peut-être voulait-il seulement dire qu'on la vit au cours des mois d'avril, mai et juin ?

Au début de ce siècle, les témoignages européens s'enrichirent d'un nouveau document, court mais bien circonstancié. C'est Giacomo Bevilacqua, chanoine et archiviste de la cathédrale de Viterbe, qui le trouva en 1910. Cette note, ajoutée à un code en parchemin manuscrit du XIe siècle, contient la copie d'une *Regula Canonicorum* faite sous Louis le Pieux. La comète est signalée comme suit : « Dans l'année 1066 de l'Incarnation du Seigneur, le cinquième jour d'avril, une étoile comète apparut au lever du jour en Orient, et elle flamboya pendant quinze jours, soit jusqu'au 19 avril. Et cette même comète apparut en Occident vers le soir du 24 avril, semblable à une Lune obscurcie, avec une queue qui s'étendit comme une fumée presque jusqu'à la moitié de la hauteur du ciel et brilla jusqu'aux calendes de juin. »

Ce document nous prouve qu'on vit la comète pendant presque aussi longtemps en Italie et en Chine. Quant à cet enregistrement retrouvé à la fin des *Regula Canonicorum*, il n'est pas aussi étrange qu'il semble. A cette époque, il n'y avait ni journaux, ni revues consacrés au sujet, pas même de registres d'observation. Alors des copistes, des hommes cultivés ou de simples curieux signalaient les événements qu'ils jugeaient exceptionnels et importants dans tous les espaces vides qui leur tombaient sous la main : les livres qu'ils copiaient, les registres comptables, les actes notariaux, etc. Les cas de ce type sont nombreux et qui sait combien de richesses encore à découvrir recèlent les archives royales, municipales ou religieuses, éparpillées dans toute l'Europe !

Kiang a parfaitement reconstruit le passage. Il s'est appuyé sur le matériel oriental, qu'il accepta après quelques interprétations ou rectifications. Il supposa d'abord que le long arc décrit à travers les étoiles et signalé dans les descriptions des 24 et 25 avril, se rapportait non à la tête de la comète, mais seulement à sa queue. Il avait déjà fait allusion à cette correction quand il avait rapporté les observations. Pingré, faute d'avoir interprété les textes de la sorte, croyait à une erreur. Kiang affirma ensuite que les points fondamentaux étaient au nombre de quatre, à savoir :

I — La comète apparut le matin du 2 avril en *Ying-Shih* (treizième maison lunaire, étoile déterminante α de Pégase).

II — Elle réapparut au nord-ouest le soir du 24 avril.

III — Le 25 avril, elle traversa *Wu-Chhé* (le Cocher).

IV — Le 7 juin, elle disparut en *Chang* (vingt-sixième maison lunaire, étoile déterminante μ de l'Hydre femelle).

En utilisant aussi les observations de la queue, il réussit à poser les limites ultérieures à la position de la comète, et reporta les positions des observations dans un tableau (voir la bibliographie). Selon lui, la troisième relation japonaise, telle qu'elle se présente, ne concordait pas avec la relation chinoise détaillée ; mais elle pourrait s'harmoniser si l'unique date donnée explicitement (22 avril) était avancée de vingt jours pour donner le 2 avril. En tenant compte de ce glissement, l'enregistrement impliquerait la disparition de la comète dans les rayons solaires le 22 avril. Cette donnée, en même temps que la réapparition de la comète au nord-ouest le soir du 24 avril, limite le temps de la conjonction aux trois jours : les 22, 23 et 24 avril. En tenant compte de ceci, et de la position de la queue au soir du 25 avril, Kiang calcula comme instant observé du passage au périhélie le 23 mars 1066 à 19 h 20.

Il avait utilisé les seules sources orientales rapportées par Ho. Mais si l'on considère aussi les deux autres sources japonaises publiées par Hirayama, on voit que la première donne comme date le 3 avril, qui s'harmonise avec la correction. De plus, à mon avis, la date doit être fausse dans l'observation coréenne car l'aspect et la position de la comète correspondent à ceux qu'elle avait lorsqu'elle émergea à nouveau des rayons solaires, le soir, après les 22, 23 et 24 avril.

Nous avons tous les éléments pour reconstituer les circonstances astronomiques du passage de 1066. Les jours précédant le 23 mars, quand la comète s'approcha du Soleil, on ne put la voir de la Terre. Après le 23 mars, elle recommença à s'éloigner rapidement du soleil et se rapprocha de la Terre d'où elle sembla éclatante. Son déplacement apparent sur la voûte céleste l'amena à disparaître dans les rayons solaires. Elle passa à une distance minimale de quatorze millions de kilomètres (l'une des plus faibles), et réapparut plus brillante qu'avant. On continua à la voir pendant un mois et demi, révélant divers phénomènes. Mais désormais elle s'éloignait. Enfin, elle disparut.

Les descriptions chinoises sont peu claires à propos des phénomènes démontrés par la comète quand elle réapparut le soir. En relisant les descriptions du 24 et du 25 avril, ne nous étonnons pas que Pingré les ait commentées ainsi : « Il règne ici une confusion de comète, d'étoile, de vapeur qu'il n'est guère possible de dissiper. Tout ce que je puis conjecturer, c'est que le 24 et le 25 avril, outre la comète, il a paru un ou plusieurs météores, et que Ma-Duanlin ou quelque historien qu'il aura copié, rassemblant tout ce qu'il avait trouvé d'épars, tant sur les météores que sur la comète, a fait un seul tout, et en a construit ce labyrinthe, où il est difficile de ne se pas égarer. »

Par la suite, Holetschek et Stein interprétèrent autrement les observations pour tenter de sortir du labyrinthe. Selon le premier, quand la comète réapparut le 24 avril, elle ressemblait à une étoile parce que, dans la lumière du crépuscule, sa queue et sa chevelure n'étaient pas visibles. Selon Stein, le 24 avril, quand la comète apparut, elle sembla une nébuleuse ronde, grande comme une pleine Lune, avec une condensation au centre. Puis elle se développa, la queue divisée en plusieurs bras, selon les observations chinoises sur la « vapeur blanche » et les textes occidentaux comme l'*Historia Normannorum* écrite vers 1070, pour laquelle les bras étaient au nombre de trois. Sans doute fut-elle très lumineuse, en raison aussi de sa proximité de la Terre. Mais si on la compara à une lune, ce n'est pas à cause de l'éclat de sa tête mais de son diamètre, comme le suggère le document de Viterbe (« semblable à une Lune obscurcie »). D'ailleurs, on peut le calculer en tenant compte des possibles paramètres photométriques et des distances comète-Soleil et comète-Terre, même dans les meilleurs moments.

En tout cas, ce fut un passage tout à fait historique, dans tous les sens du mot, pour l'Occident. Il fut tellement remarqué qu'aujourd'hui encore, nous trouvons des enregistrements qui nous avaient échappé pendant des siècles. Rappelons-en deux, retrouvés au début des années trente. Ils sont dus à deux chroniqueurs de Mont-Cassin, et nous avons pris plaisir à les rapporter dans leur style facilement compréhensible.

Leone Marsicano écrivait : « Per eaos dies (mai 1066) stella quam cometam vocant, ingentem retro se facem gerens, spatio viginti amplius dierum, apparuit. » Amato de Montecassino rappelle : « En cel an (1066) apparut un merveillouz signe pour ceste forte aventure [l'invasion de l'Angleterre par les Normands] et bataille qui estoit à venir. Car l'estoille qui se clame comete apparut molt de nuiz, et tant de fulgore qui resplendissoit comment la Lune. »

Ces moines qui, comme tout le monde, reliaient abusivement la comète aux événements d'Angleterre, ne soupçonnaient pas que cet astre était celui que Benoît de Nursie avait vu alors qu'il posait la première pierre de l'abbaye dont ils vivaient l'âge d'or. Cinq cent trente-six ans s'étaient déjà écoulés, sept révolutions complètes ou sept années de la comète, et l'astre qu'ils voyaient était toujours le même qui revenait, et non un signe du ciel annonçant de terribles événements terrestres. Mais ils ne le savaient pas et, en admirant le phénomène insolite, ils ne perçurent pas l'impalpable fil qui les reliait au saint, fondateur de leur ordre et de leur abbaye.

(Addeo ; Biot III, p. 76 ; Coelum, Cow et Cr. III, p. 377 ; Hind, p. 54 ; Hirayama I, p. 131 ; Ho, p. 184 ; Holetscheck I, p. 375 ; Kiang, p. 50 ; Mucke, p. 26 ; Pingré I, p. 373, p. 623 ; Stein I, p. 268 ; Ye et K, p. 637.)

1145

(T_{calc} = 18,56 avril ; T_{obs} = 21,25 avril ; pleine Lune : 9 avril, 8 mai, 6 juin, 6 juillet.)

Nous sommes en l'été de l'an 1145. Nous pénétrons dans une pièce d'un palais de l'ancien Japon. Nous trouvons un journal et en lisons les dernières pages, achevées depuis quelques jours :

« Seconde année de l'Époque Tenyô.

« Quatrième mois

« Quinzième jour (9 mai) — Ce matin, on a vu une comète. Sa queue était longue d'environ 20 pieds (30°) et dirigée vers l'ouest.

« Vingtième jour (13 mai) — Moronaga vient et rapporte que l'on a vu la comète depuis la nuit du 4 courant (27 avril), et que les gens disent qu'elle était déjà apparue depuis le dernier jour du dernier mois (24 avril).

« Vingt et unième jour (14 mai) — Moroyasu vient et dit que ce matin, on n'a pas vu la comète.

« Vingt-troisième jour (16 mai) — On a vu la comète en direction de Kanoto. La queue était longue d'environ 5 pieds (12,5°), et dirigée vers l'est ; par ailleurs, l'extrémité était masquée par les nuages et sa longueur n'a pu être déterminée correctement. Je suis sorti par la porte et je l'ai vue.

« Vingt-quatrième jour (17 mai) — Nuit limpide. La queue de la comète est longue d'environ 20 pieds (30°).

« Vingt-cinquième jour (18 mai) — Je suis allé au Palais Impérial. Mituhusa y était allé aussi et avait raconté à Sa Majesté que la comète avait disparu à l'est et était réapparue à l'ouest le vingt-troisième jour.

« Cinquième mois

« Septième jour (30 mai) — La lumière de la comète s'est peu à peu affaiblie.

« Douzième jour (4 juin) — La comète a été vue, mais sans queue. Le huitième jour, sa lumière était faible et les neuvième, dixième et onzième jours, le ciel était nuageux. Moronaga dit que c'est une chose extraordinaire qu'une comète puisse rester brillante après avoir perdu sa queue.

« Seizième jour (8 juin) — La queue de la comète est longue d'environ 3 pieds (4,5°). Peut-être sa queue n'était-elle pas visible pendant la nuit du douzième jour parce que la Lune était éclatante près de la comète.

« Sixième mois

« Septième jour (28 juin) — Moroyasu vient et raconte qu'on a vu la comète le vingt-sixième jour du dernier mois (18 juin), dès lors et jusqu'à la dernière nuit, le ciel est resté couvert. Ensuite, bien que le ciel fût pur, elle ne fut plus visible. »

Cette description, tirée d'un journal de *Hudiwara-no-Yorinaga,* se rapporte à la comète de Halley, vue une fois de plus par des hommes qui émergent tels des fantômes d'un monde que nous avons du mal à imaginer. Il n'en reste plus rien, depuis longtemps, pas même des cendres. Mais par leurs paroles, leurs actions, leur observation d'un objet que d'autres hommes allaient encore voir et revoir, leur mémoire est présente.

Du Japon, nous avons d'autres témoignages :

« Le cinquième jour du quatrième mois de la première année de la période de règne Kyuän (28 avril), une blanche comète *hui,* qui mesurait plus de 10 pieds (15°) apparut à l'est et viola *Khuei* (quinzième maison lunaire). Le seizième jour (9 mai), ses rayons mesuraient environ 20 pieds (30°) et pointaient vers l'ouest. Le vingtième jour (13 mai), on ne la vit pas. Le vingt-troisième jour (16 mai), elle réapparut à l'ouest et mesurait environ 5 pieds (7,5°), pointant vers l'est. Le vingt-quatrième jour, 17 mai, elle mesurait environ 20 pieds (30°). (*Dainihonshi,* ch. 359 ; K.)

D'après un document coréen :

« Un jour *ping-shen* du quatrième mois de la vingt-troisième année de Injong (14 mai), une comète *hui,* mesurant plus de 10 pieds fut observée pendant quinze jours au nord-ouest. » (*Koryô-sa,* ch. 47.)

Les observations chinoises sont fragmentaires, mais si on les réunit, elles forment un cadre assez complet. D'un premier groupe, on sait que : « Un jour *wu-yin* du quatrième mois de la quinzième année de la période de règne de Shao-Hsing (26 avril), on vit une comète *hui* à l'est. Un jour *ping-shen* (3 juin), elle apparut de nouveau dans la longitude de *Shen* (vingt et unième maison lunaire). Un jour *ting-ssu* du cinquième mois (4 juin), elle se transforma en une « étoile visiteuse ». Sa couleur était bleu-blanc. Un jour *jen-hsü* (14 juin), elle s'arrêta sur le bord et surveilla *Chang* (vingt-sixième maison lunaire). Un jour *ting-wei* du sixième mois (9 juillet), elle disparut. » (SS 56/23b ; WHTK 286/29a ; HTCKM 14/82b ; w 260 et 261.)

Ces sources ne fournissent aucune indication pour le mois de mai alors que le *Chin-Shih* nous dit : « Un jour *ping-shen* du quatrième mois de la cinquième année de la période de règne Huang-Thung (14 mai), une comète *hui*, longue de plus de 10 pieds, apparut au nord-ouest. Elle disparut un jour *jen-hsü* du cinquième mois (14 juin). » (*Chin-Shih* 20/6b ; HWHTK 212/58a.)

Nous avons enfin quelques enregistrements européens selon lesquels, au mois de mai, on vit une comète dans la partie occidentale du ciel. Elle était très grande, et dura longtemps. Selon le calendrier ambrosien publié par L. A. Muratori (vol. II, p. 2), elle commença à apparaître dès le 15 avril. Si l'on accepte cette date, l'intervalle de temps au cours duquel on l'observa est majoré de neuf jours par rapport à celui que l'on obtient des relations japonaises. C'est sans doute à cette occasion que le premier dessin de la comète fut exécuté. C'est en tout cas le plus ancien que l'on connaisse (fig. 4.10). C'est une représentation stylisée que l'on a trouvée dans le *Livre des Psaumes* de Eadwine, du nom du moine qui la dessina dans le manuscrit d'un recueil de psaumes. En ce cas encore, il semble que l'apparition ait été figurée à cet endroit parce qu'il y avait un espace vide. En effet, ni le dessin, ni le commentaire n'offrent

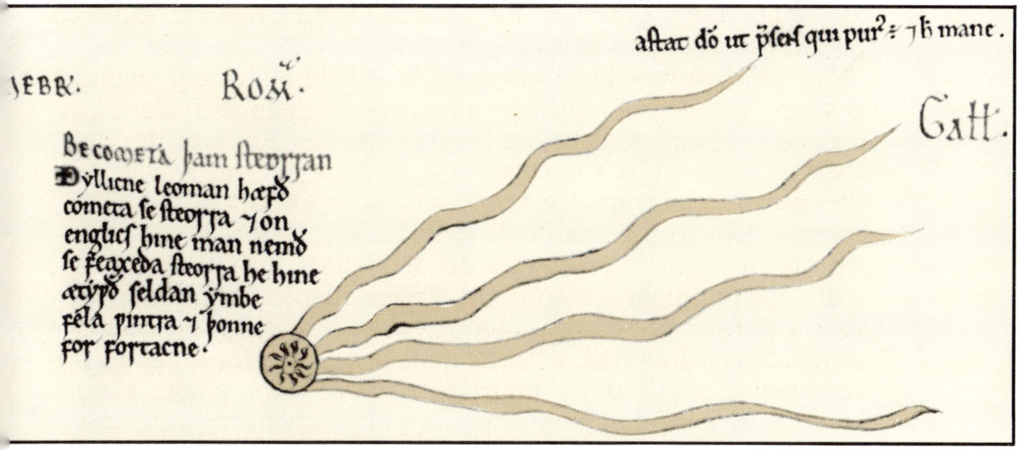

Fig. 4.10 Représentation possible de la comète de Halley en 1145, dans le *Livre des Psaumes* de Eadwine (collection *Le Scienze*).

la plus petite relation avec les versions latines du psaume qui se trouvent sur la même page. L'identification n'est pas certaine, mais la biographie du moine et les éléments stylistiques font penser que ce dessin fut exécuté en 1145 ou peu après, c'est-à-dire au moment où la comète passa. Et elle fut sûrement très lumineuse puisqu'on la vit même quand la Lune fut pleine (les 8 mai, 6 juin et 6 juillet).

Hind l'identifia comme celle de Halley et, en datant le passage au périhélie au 19 avril, il estima que toutes les observations s'expliquaient, à savoir : sa découverte dans le crépuscule du matin vers le 15 avril, l'accroissement de son éclat vers la fin du mois, sa disparition vers la première semaine de mai et sa redécouverte dans le ciel du soir, au nord-ouest, le 14 mai. Enfin, son affaiblissement graduel dans l'Hydre femelle en juin, jusqu'à sa totale disparition.

Plus tard, Cowell et Crommelin, en remontant dans le temps à partir du passage de 1222 et en appliquant le calcul des perturbations, trouvèrent entre 1145 et 1222 une période de 28 280,6 jours : elle devait donc être passée au périhélie le 6,4 avril 1145, soit 12,6 jours avant la date définie par Hind.

Mais en 1972, Kiang, en tenant compte de toutes les observations chinoises et japonaises, conclut que la conjonction avec le Soleil s'était produite le 13 mai et, en partant de cette date, il fixa au 22 avril le passage au périhélie, qui était plus proche de la valeur de Hind que de celle de Cowell et Crommelin. Actuellement, on peut estimer que la date la plus exacte pour le passage au périhélie observé est le 21 avril 1145 à 6 heures, résultat publié par Yeomans et Kiang en 1981.

Les observations chinoises sont, là, inhabituellement vagues et rares. La Chine traversait alors une période difficile. Les régions du Nord avaient été envahies par les Tartares de Jürchen qui, dès 1126, fondaient la dynastie Chin qui n'avait de chinoise que le nom. En fait, les Chinois étaient dominés et asservis. Une grande partie de leurs terres cultivées avaient été réduites à l'état de pâturages ou de chasses des Jürchen, les seuls qui portaient les armes et avaient, dans chaque famille, un ou plusieurs esclaves chinois. La culture et la civilisation chinoises continuèrent à fleurir dans le sud, où les Sung gouvernaient à partir de la nouvelle capitale Hang-Chou. C'est sans doute pourquoi, pour ce passage et le suivant, les informations sont contenues et dans l'Histoire de la dynastie Sung et dans celle de la dynastie Chin. Mais ni les unes ni les autres ne sont aussi précises et riches en faits que celles que nous connaissions pour les précédents passages.

La Chine avait donc perdu sa partie Nord et vivait une nouvelle mise en ordre qui allait durer jusqu'à l'invasion des Mongols. L'Europe traversait, elle aussi, une période de troubles : c'était l'époque de la deuxième croisade. Les Byzantins furent contraints de s'allier à leurs amis-envahisseurs, les Turcs, pour repousser les croisés, qui devaient être définitivement vaincus en 1149. Partout, des luttes éclataient : en Angleterre, en Espagne, à Rome même, entre la ville et la papauté. Mais, parallèlement, la culture connaissait un grand développement : c'est l'époque des premières constructions dans le splendide style cistercien, des premières traductions d'œuvres arabes, surtout scientifiques, l'époque des ménestrels et des troubadours aussi. C'est là que remontent les premiers éléments historiques sur la ville de Moscou : pourtant, après la décadence de Kiev, c'est Novgorod qui était la ville la plus importante. Et, quelques années après le passage de la comète de Halley, le prince Igor Svjatoslavitch en devenait le prince. Il est bien connu pour ses expéditions contre les Polovtsiens, ces populations turques établies au nord de la mer Caspienne et de la mer Noire. Ses aventures ont fait l'objet d'un poème épique dont s'inspira Borodine dans sa célèbre œuvre lyrique. Mais les Polovtsiens restèrent là où ils étaient : ce n'est qu'en 1222 qu'ils durent s'en aller, sous la pression des Mongols, et se déplacer vers l'Occident. 1222, l'année où la comète de Halley revint.

(Biot III, p. 74 ; Cow. et Cr. III, p. 376 ; Hind, p. 54 ; Hirayma I, p. 131 ; Ho, p. 188 ; Holetscheck I, p. 379 ; Kiang, p. 47 ; Pingré I, pp. 393 et 627.)

1222

(T_{calc} = 28,82 septembre ; T_{obs} = 30,80 septembre ; pleine Lune : 23 août, 22 septembre, 22 octobre.)

Le 15 octobre 1222, un homme d'une quarantaine d'années, pauvre, misérablement vêtu, prenait la parole devant une foule immense réunie sur la place centrale de Bologne. Il était faible et malade. Il devait mourir quatre ans plus tard. Mais sa voix fut entendue de tous, soutenue par le seul silence de chacune des milliers de personnes qui l'écoutaient. Événement mémorable pour la ville tout entière. Thomas de Split, alors étudiant à l'université de Bologne, en parle ainsi : « A la fête de l'Assomption de la Mère de Dieu, alors que j'étais étudiant à Bologne, je vis saint François qui prêchait devant le Palais public, sur la place où s'étaient rassemblés la plupart des citadins. Il commença son discours par ces mots : anges, hommes, démons, et il parla si bien de ces trois esprits, si opportunément, que le discours de cet homme sans culture (hominis ydiotae) surprit les savants présents dans l'assistance. Il n'adopta pas la méthode d'un prédicateur, mais plutôt celle d'un homme qui parle au peuple : et le contenu de ses paroles était une incitation à gommer les inimitiés et à renouveler les pactes de paix. Son habit était misérable, sa personne aussi, son visage sans beauté. Mais Dieu donna tant d'efficacité à ses paroles qu'il convainquit plusieurs groupes de nobles de faire la paix entre eux, alors qu'ils se haïssaient pour la plupart et qu'ils avaient répandu le sang. La révérence, la dévotion de tous à son égard furent si grandes qu'hommes et femmes se précipitèrent vers lui pour toucher un pan de son vêtement, ou en emporter un morceau. »

Ce jour-là, on revit la comète de Halley. D'un retour à l'autre, depuis les temps de la Rome républicaine et du Premier empereur de Qin, nous sommes arrivés à l'époque de saint François d'Assise. Le christianisme vivait une période de renaissance : Dominique de Guzman était mort depuis un an, Antoine de Padoue enseignait la théologie à Bologne et prêchait du Maroc à l'Italie et à la France.

Mais la renaissance ne fut pas seulement religieuse : en 1222 justement, un groupe d'étudiants émigrés de Bologne fondèrent à Padoue la deuxième université italienne. Dans l'Europe entière, les universités fleurissaient : à Paris, Toulouse, Montpellier, Oxford, Cambridge. A Salerne, l'École de médecine, florissante depuis plus d'un siècle déjà, était officiellement reconnue par Frédéric II qui fonda aussi l'Université de Naples en 1224. A sa cour de Palerme, la première école poétique en langue vulgaire voyait le jour : c'est la célèbre École sicilienne dont faisaient partie Jacopo da Lentini, Pier delle Vigne, Giacomino Pugliese et le monarque lui-même, écrivain et poète.

Alors que le vent de la renaissance culturelle soufflait sur l'Europe, l'Asie était balayée par une tempête qui descendait des steppes du Nord. Les Mongols, conduits par Gengis-Khan, avaient conquis la Chine du Nord et occupé Pékin. Quelques-uns avaient atteint la mer Caspienne et la Basse-Volga après s'être emparés d'une grande partie de l'Asie centrale. Ogödei, troisième fils de Gengis-Khan, succéda à son père quand ce dernier trouva la mort, en 1227, au cours du combat victorieux qui l'opposa aux Hsi-Hsia. Ogödei affronta ensuite les Jürchen et, à la tête de son armée, il devait conquérir et saccager Kai-feng, la capitale de la Chine du Nord, en 1233. Il chassa alors les Chin.

Quand la comète de Halley revint, la dynastie existait toujours et les astronomes enregistrèrent l'apparition, comme le firent d'ailleurs ceux de la dynastie Sung en Chine du Sud. Examinons donc toutes les observations de ce passage dans l'ordre où elles sont placées chronologiquement. Il y a d'abord les observations européennes. Pingré les résume ainsi : « En automne, c'est-à-dire au mois d'août et de septembre, on vit une étoile de première grandeur, fort rouge et accompagnée d'une grande queue qu'elle étendoit vers le haut du ciel, en forme de cône extrêmement aigu : elle paroissoit fort près de la Terre : on l'observa (d'abord) vers le lieu où le Soleil se couche au mois de décembre. Le 15 août, jour de la première apparition de cette comète (peut-être à Milan), la Lune fut comme morte ; elle n'avoit plus d'éclat, et elle joignit la comète. On vit ensuite cette comète à l'Occident, et même vers le nord, avant la fin du mois d'août. »

Selon Cowell et Crommelin, à la place de « d'abord » que Pingré ajoute entre parenthèses, il faudrait lire « enfin ». Quoi qu'il en soit, la conjonction avec la Lune (elle joignit la comète) reste problématique.

Nous reviendrons sur les observations européennes après avoir lu les orientales.

• Observations coréennes : « Un jour *jen-shen,* le septième mois de la neuvième année de Kojong (3 septembre), apparut une comète dans *San-Thai* avec la queue qui pointait à l'ouest et mesurait environ 3 pieds.

Un jour *ting-chhou* du huitième mois (8 septembre), elle apparut au nord-ouest et mesurait environ 20 pieds. Un jour *wu-yin* (9 septembre), on la vit pendant la journée. » (*Koryô-sa,* ch. 47.)

• Observations japonaises : « Le premier jour du huitième mois de la première année de la période de règne Tei-ô (7 septembre), une comète *hui* apparut au nord-ouest. Le huitième jour (14 septembre), on la vit au contraire à l'ouest. » (*Dainihonshi,* ch. 359 ; K.)

« Dès la nuit du premier jour du huitième mois (7 septembre), une comète apparut au nord-ouest (*Hyakurensyô,* vol. 13.)

« Le deuxième jour du huitième mois (8 septembre), on vit une comète à l'ouest. » (*Kôneudairyakki.*)

« La première année de l'époque Dyôô (Tei-ô), le deuxième jour du huitième mois (8 septembre), on vit une comète en direction *Inu* (nord, 60° à l'ouest). L'étoile centrale était grande comme une demi-Lune, et de couleur blanche. La queue était rouge et longue de plus de 17 pieds (34°). Elle fut visible chaque nuit à partir de celle du deuxième jour jusqu'à celle du douzième. » (*Adumakagani,* vol. 26.)

« Le huitième jour du huitième mois (14 septembre), on vit une comète à l'ouest. » (*Rekidaikôkj,* vol. 5.)

• Observations chinoises : « Un jour *chi-mao* du huitième mois de la sixième année de la période de règne Hsing-Ting (10 septembre), une comète apparut entre *Chiao* et *Khang* (première et deuxième maisons lunaires), *Yu-Shê-Thi* et *Chou-Ting,* pointant vers *Ta-Chio* (Arcturus). Elle disparut un jour *ting-wei* le neuvième mois (8 octobre). » (Chin Shih 20/17b, HWHTK 212/58b ; w 276.)

La relation se poursuit dans *le Sung-Shih* où il est dit :

« Un jour *chia-wu,* le huitième mois de la quinzième année de la période de règne Chia-Ting (25 septembre), une comète *hui* apparut en *Yu-Shê-Ti.* Ses rayons mesuraient 3 pieds (le WHTK dit 30 pieds) et sa structure brillait comme Jupiter. Elle dura deux mois, et disparut après avoir traversé *Ti, Fang* et *Hsiu* (troisième, quatrième et cinquième maisons lunaires). La comète disparut un jour *jen-hsü* du neuvième mois (23 octobre). » (SS 56/24a ; WHTK 286/30a ; HTCKM 18/78b ; w 265.)

La reconstruction a été très complexe, et il reste encore des points à éclaircir. En 1850, Hind, en procédant à reculons, trouva que la comète devait être passée au périhélie en juillet 1223, et il l'identifia avec celle qui apparut tous les soirs, pendant huit jours, avant la mort du roi Philippe Auguste.

Cowell et Crommelin, en reconstruisant les observations du passé en 1908, prirent en première approximation la date de Hind, et, sur cette base, ils calculèrent les perturbations dues à Jupiter et Saturne. Ils trouvèrent qu'entre le passage de 1301, déjà identifié avec une grande précision, et celui de 1222, vingt huit mille neuf cent vingt-quatre jours devaient s'être écoulés qui, soustraits de l'époque du passage au périhélie de 1301, donnèrent la date du 15 août 1222 pour le périhélie précédent. Ils découvrirent ainsi que la date de Hind était fausse, mais aussi qu'en même temps que la comète de Halley, une autre comète, bien plus visible et plus durable, était apparue. Ils travaillèrent longtemps à ce passage et, en tenant compte des observations chinoises, ils trouvèrent successivement les 14 et 22 août, puis le mois de septembre et enfin, le 10 septembre 1222. Ils estimèrent que la marge d'erreur sur cette dernière date pouvait atteindre plusieurs jours. Ils firent aussi remarquer que la comète avait sans doute été vue en Chine au mois d'août, sinon il y aurait eu entre les deux affirmations chinoises une contradiction : on l'avait vue pendant deux mois, et elle avait disparu le 8 octobre (le 23 octobre d'après les éléments disponibles à ce jour). Cette remarque me semble juste et je pense qu'on peut l'expliquer par le fait que nous n'avons entre les mains que les abrégés chinois, et non les observations originales.

La connaissance de ce passage s'est notablement améliorée après que Kiang l'a reconstruit, en 1972, sur la base des observations orientales les plus complètes aujourd'hui disponibles, publiées par Ho et intégralement reproduites ici, et des japonaises qu'Hirayama publia. Kiang partit de la dernière date obtenue par Cowell et Crommelin pour le passage au périhélie : 10,5 septembre 1222. Il trouva que, en faisant une correction de + 15 jours, l'orbite calculée satisfaisait parfaitement les observations chinoises. Par la suite, il obtint une adaptation encore meilleure pour le 3 et le 7 septembre, en donnant comme date observée de passage au périhélie le 1er octobre 1222.

Nous pouvons donc, sur la base des observations orientales, reconstruire le passage comme suit (fig. 4.11) : on vit la comète le 3 septembre en Corée près des étoiles μ et λ de la Grande Ourse. Elle avait une queue longue de 4,5° dirigée vers l'ouest. Selon les Japonais, le 8 septembre, elle était au nord-ouest, sa tête était blanche et elle ressemblait à la Lune dans son premier quartier, alors que sa queue était rouge et longue de plus de 30°. On la vit encore toutes les nuits jusqu'au 18 et, le 9 septembre, on la vit franchement de jour, ce qui fut sans doute favorisé par sa position aux environs du pôle nord céleste. Cependant, du moins à partir du 10 septembre, les Chinois durent commencer de l'observer. Le 25 septembre, elle passa près du petit groupe d'étoiles η, τ et υ de la constellation du Bouvier : sa tête resplendissait comme Jupiter et sa queue apparaissait longue de 4,5° ou, selon Ma-Duanlin, franche-

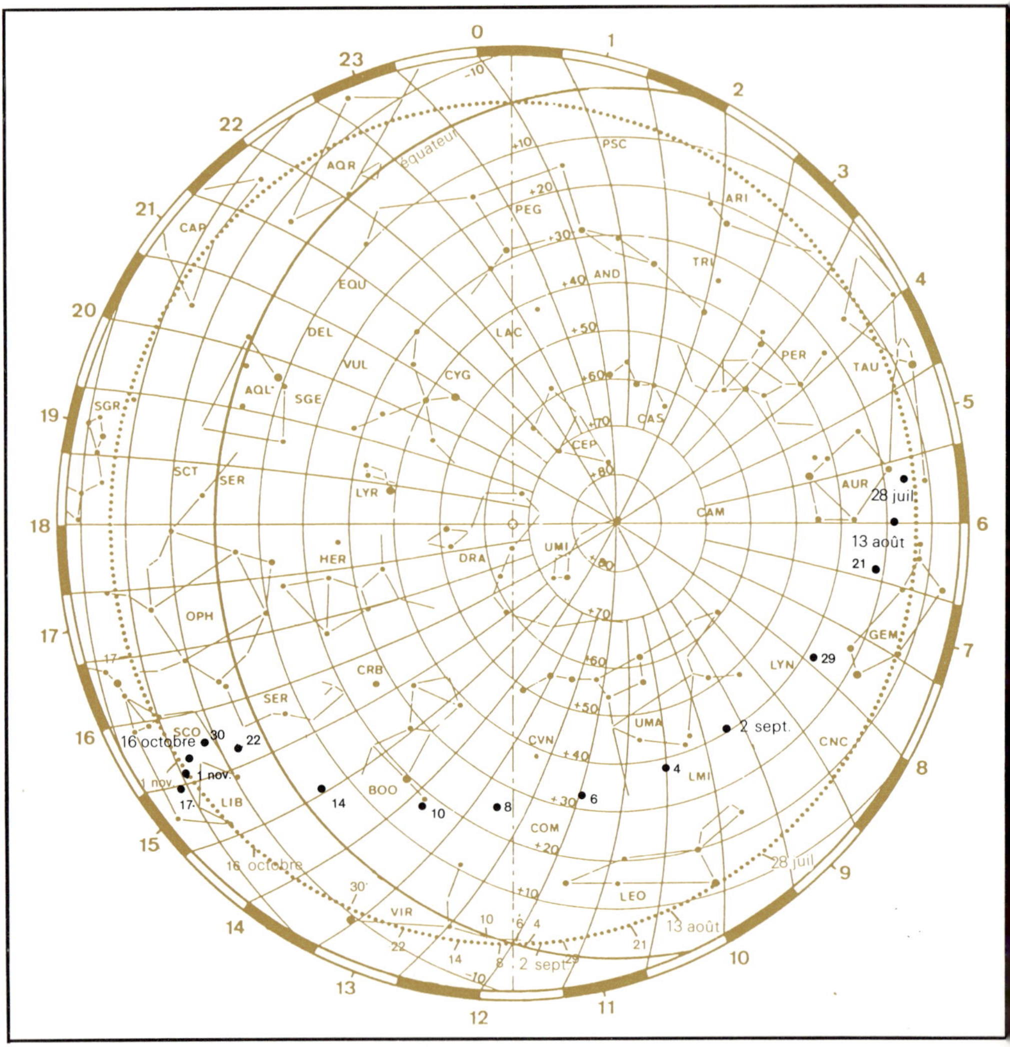

Fig. 4.11 En noir, parcours de la comète de Halley sur la sphère céleste au cours du passage de 1222.

ment de 45°. Le 23 octobre, après avoir traversé la Balance et rejoint le Scorpion, elle disparut.

Cette reconstruction explique bien les observations orientales et se base sur une date du passage au périhélie qui diffère de trois jours à peine de celle que Yeomans et Kiang ont calculée en 1981 dans leur reconstruction de tous les passages du passé. Mais elle ne concorde pas avec les observations européennes qui laissent quelque peu perplexe. En effet, avec une telle orbite, au mois d'août, elle aurait dû être visible le matin. On ne s'explique pas comment elle put apparaître proche de la Lune le jour de l'apparition, puisque celle-ci, vers son premier quartier, n'était visible que le soir. Cowell et Crommelin pensaient que la phrase « la Lune joignit la comète » concernait en fait la lunaison suivante. C'est possible. En tout cas, ce serait passionnant de relire directement toutes les chroniques européennes rappelées par Pingré, et encore plus excitant de trouver de nouvelles sources qui nous apprendraient quelque chose de plus, ou de plus précis.

(Biot III, p. 74 ; Cow. et Cr. II, p. 173 ; Cow. et Cr. III, p. 374 ; Hind, p. 53 ; Hirayama I, p. 132 ; Ho, p. 191 ; Kiang, p. 47 ; Pingré I, p. 399, p. 629 ; Ye et K, p. 636.)

1301

(T_{calc} = 25,58 octobre ; T_{obs} = 24,53 octobre ; pleine Lune : 20 août, 19 septembre, 18 octobre.)

Après le passage de 1301, on commence à trouver des enregistrements assez détaillés, même en Europe. Il y a d'abord une description de Giorgio Pachimere, écrivain byzantin qui vécut entre 1242 et 1310 : il la vit et en rappelle l'apparition en vers latins. Voici leur traduction en prose française : « L'automne avait égalé la nuit au jour, et le Soleil, dans son mouvement annuel, avait rejoint les étoiles de la Vierge, quand une comète, apparue du côté de la Thrace, commença à étendre sa belle chevelure vers la partie orientale du ciel. Au début, on la vit du côté occidental : en prenant sa course à ce point, elle décrivait tous les jours des cercles inégaux, apparaissant plus avant dans la nuit, se montrant plus haute et s'approchant toujours plus du pôle du monde. Elle ne suivait le parcours d'aucune étoile fixe ; chaque nuit, on la voyait se lever toujours plus vers la partie la plus haute du ciel. En revenant enfin sur le lieu où, au début, elle avait fait resplendir sa chevelure, sa queue se décomposa et elle-même cessa d'être visible. »

Les historiens latins disent que la comète apparut au mois de septembre, du côté occidental, dans le signe du Scorpion. Selon certains, pendant un mois ; selon d'autres, seulement pendant quinze jours. Sa chevelure est parfois tournée vers l'est, parfois vers le sud.

En revanche, la description contenue dans le manuscrit de Cambridge sur les comètes est beaucoup plus précis et détaillé. Dans la traduction française de Pingré, voilà ce qu'un observateur anonyme y affirme : « Elle parut dès le 1er de septembre, et fut vue durant plus d'un mois. Le dernier du même mois, une heure quarante minutes après le coucher du Soleil, on compara son lieu avec celui de trois étoiles connues ; et l'on trouva qu'elle étoit en 20° du Scorpion, avec une altitude boréale de 26°. Sa longitude étoit presque la même que celle de Mars. (Cette planète, selon les Tables de Halley, étoit alors en 21,5° du Scorpion). La longitude de la comète croissoit toujours vers l'est, mais sa latitude diminuoit. Lorsqu'elle commença à paroître, sa queue étoit tournée vers le nord ; elle se tourna ensuite par l'est du côté du sud, et elle s'étendoit jusqu'à l'étoile Altair du Vautour volant (α de l'Aigle). Le premier jour qu'on vit cette comète, sa latitude étoit de plus de 20° ; le jour de la Sainte-Foy (6 octobre), à l'heure susdite, le lieu de la comète étoit dans un degré du Sagittaire, avec une latitude de 10° au nord. »

Ce compte rendu est beaucoup moins précis qu'il n'en a l'air : M. Dunthorne pensa que le chiffre 2, qui exprime le nombre de degrés de la latitude boréale, avait été modifié par une autre main et qu'à l'origine on devait lire 16°. Comme nous l'avons vu en effet, l'auteur anonyme dit que la latitude de la comète était de 20° au 1er septembre, et que cette latitude diminuait de jour en jour. Mais peut-être faut-il rectifier autrement, c'est-à-dire que la diminution quotidienne de la latitude n'est comprise qu'à partir de la fin de septembre ? En effet, selon Pachimere et les annales chinoises que nous verrons sous peu, la latitude devient en principe de jour en jour plus septentrionale. Ce qui est d'ailleurs prouvé par les reconstructions les plus récentes du passage, à travers les éléments orbitaux calculés pour l'époque.

Cette erreur ne semble pas être la seule dans les observations européennes. Ainsi, Pingré obtint des éléments orbitaux bien différents de ceux de la comète de Halley parce qu'il ne s'était servi que des seules sources européennes. En 1842, Laugier, en combinant les européennes et les chinoises, obtint des éléments semblables à ceux de la comète de Halley, sauf la longitude du nœud qui divergeait de 90°. Enfin, Hind, en 1850, en utilisant les seules observations chinoises, trouva que les éléments correspondaient à ceux de l'orbite de la comète de Halley.

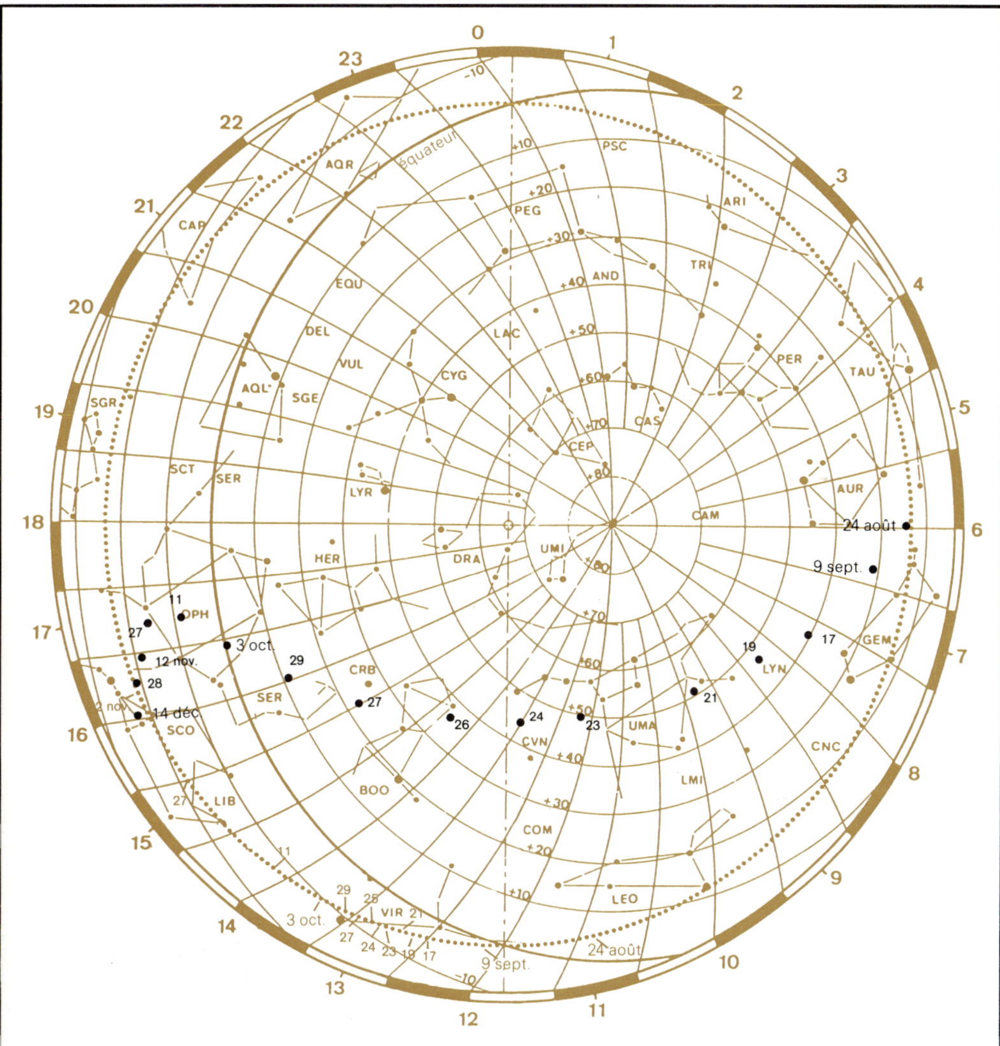

Fig. 4.12 En noir, parcours de la comète de Halley sur la sphère céleste en 1301. Selon les résultats les plus récents de Kiang, il faudrait faire glisser les dates de deux jours vers la droite.

Passons à l'examen des observations chinoises, et des coréennes que l'on a trouvées plus récemment.

• Observations chinoises : « D'un jour *kêng-chhen* du huitième mois à un jour *i-chhou* du neuvième mois de la cinquième année de la période de règne des Ta-té (du 16 septembre au 31 octobre 1301), une comète *hui* apparut dans 24 *tu* et 40 *fen* de *Tung-Ching* (vingt-deuxième maison lunaire correspondant à une partie de la constellation des Gémeaux), rejoignant la grande étoile de *Han-Ho*. Elle était de couleur blanche et mesurait 5 pieds de longueur. Elle formait une ligne droite dans la direction nord-ouest. Elle traversa *Wên-Chhang* (ν, φ, ϑ, ι de la Grande Ourse), entra dans l'enceinte de *Pei-Tou* (δ de la Grande Ourse) et balaya *Thai-Yang* (*Thai Yang* est κ de la Balance). [Peut-être veut-il dire *Thai-Yang-Shou* = χ de la Grande Ourse]. Avec le temps, elle balaya *Pei-Tou* (δ de la Grande Ourse), *Thien-Chi* (ε, ζ d'Hercule et ξ de la Couronne boréale), la division *Tzu-Wei* (Dragon, Petite Ourse, Girafe), *San-Kung* (21 et 24 des Chiens de Chasse) et *Kuan-So* (Couronne boréale), mesurant plus de 10 pieds. Puis elle rejoignit la partie à l'est de *Pa-Shu* dans la division *Thien-Shih* (Hercule, Aigle, Serpent, Ophiuchus), arriva au sud de *Liang* (δ de Ophiuchus) et *Chhu* (α de l'Autel) et au-dessus de l'étoile *Sung*

4.13 La comète représentée par Giotto (ci-contre), dans la chapelle des Scrovegni de Padoue (archives Alinari), comparée à un dessin de celle qu'on observa en 1652 à proximité de l'étoile Rigel. Noter la grande ressemblance entre la peinture et le dessin scientifique, due au fait que dans les deux cas on a cherché à exécuter une représentation tout à fait fidèle à l'original.

(κ de Colombe) mesurant un pied avant de disparaître après une apparition totale de quarante-six jours. » (YS 48/27b ; HTCKM 24/21b ; HWHTK 212/60a ; B ; w 282.)

- Observations coréennes : « Un jour *wu-yin* dans le huitième mois de la vingt-septième année de règne de Ch'ungnyöl Wang

(14 septembre 1301), apparut une comète en *Pei-Tou* (δ de la Grande Ourse) et dans la division *Tzu-Wei* (Dragon, Petite Ourse, Girafe). Un jour *jên-wu* (18 septembre), elle apparut en *Pei-Tou* (δ de la Grande Ourse). Un jour *i-wei* (1er octobre), on la vit en *Shang-Thai* (ι et κ de la Grande Ourse), puis elle entra dans la division *Thien-Shih* (Hercule, Aigle, Serpent, Ophiuchus). Un jour *kuei-mao* du neuvième mois (9 octobre), on l'observa dans la division *Thien-Shih.* » (*Koriô-sa,* ch. 47.)

Selon ces observations, la comète fut sûrement visible du 14 septembre au 31 octobre, et on la suivit jusqu'à l'extrême limite. En effet, contrairement à ce qui arriva si souvent quand la période de visibilité se trouvait raccourcie à cause de la pleine Lune, cette fois elle disparut dans un ciel sombre, juste avant la nouvelle Lune qui tomba le 1er novembre.

Elle ne dut pas être très longue. Au début, elle était de 7° environ, elle atteignit ensuite 15° et, peu avant sa disparition, elle était réduite à 1,5° à peine. Elle fut pourtant assez brillante, puisque la phrase « rejoignant la grande étoile de Nan-Ho »

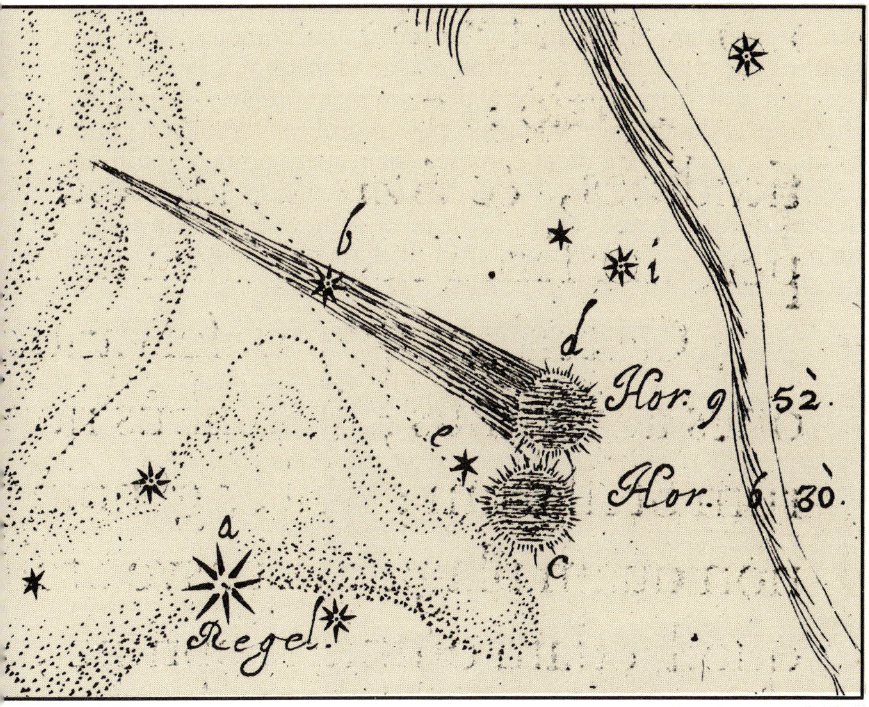

veut dire qu'elle l'égala en magnitude Et *Nan-Ho* est Procyon, de magnitude 0,35.

A partir de l'affirmation chinoise selon laquelle, le 16 septembre, la comète était à 24 *tu* et 40 *fen* du début de la vingt-deuxième maison lunaire, Kiang a calculé que son ascension droite était de 109,23°. En calculant ensuite l'orbite pour la période du 16 septembre au 31 octobre, il trouva que les observations concordaient exactement avec le parcours obtenu. Le seul point qu'il souleva fut que, parfois, les positions données par les chroniques anciennes ne se réfèrent pas à la tête, mais à la queue. Yeomans et Kiang ont fixé la date du passage au périhélie au 24 octobre 1301 à 12 heures.

En 1979, ce passage a connu une renommée particulière, en dehors même du milieu des astronomes, à la suite d'une recherche faite par Mlle R. J. M. Olson. Selon cette étudiante, l'« étoile » que Giotto a peinte dans l'*Adoration des Mages* de la chapelle des Scrovegni, à Padoue, est une représentation de la comète de Halley, que le peintre aurait vue en 1301. Il est vrai qu'avant Giotto, l'étoile des Mages était toujours une véritable étoile, la plupart du temps à huit branches. Ce fut Giotto qui, le premier, lui donna la forme d'une comète : non pas symbolisée, mais réaliste, comme si elle était photographiée, ou dessinée par quelqu'un qui a déjà vu des comètes (fig. 4.13). Bien sûr, Giotto ne manqua pas d'ombrer l'étoile à huit branches dans la tête de la comète, par respect pour la tradition liturgique. L'étoile de Bethléem est devenue une comète depuis qu'il l'a peinte ainsi. C'est pour cela, et pour cela seulement, que la comète est aujourd'hui dans toutes les crèches et qu'elle symbolise Noël (fig. 4.14).

Fig. 4.14 Représentation d'une crèche moderne. La comète que Giotto introduisit en fait désormais partie.

Mais comment pouvons-nous assurer que la comète peinte par Giotto est bien celle de Halley et pas une autre ? Quand elle passa, en 1301, la chapelle des Scrovegni n'était pas encore construite, et bien qu'il y ait plusieurs écoles sur la date de l'exécution des fresques, il est sûr qu'en 1313 elles étaient terminées, puisqu'à cette date, nous avons des écrits témoignant de leur existence. La plupart des critiques disent qu'elles furent exécutées entre 1304 et 1306. En particulier les scènes de la vie du Christ, dont fait partie l'*Adoration des Mages,* que Giotto a peintes sans doute entre 1304 et 1305. Giotto a probablement subi l'influence d'une comète qu'il avait vue avant 1301. En effet, vers cette date, les cométographies en relevèrent quelques-unes. Dans le tableau 4.1, j'ai regroupé toutes celles qui furent enregistrées, en Orient et en Europe, entre 1293 et 1313. La date la plus haute dans le tableau correspond à l'époque où le cycle des fresques était déjà sûrement terminé. La plus basse correspond au plus ancien enregistrement valable avant la réalisation des fresques. Selon les sources orientales, en remontant dans le temps, nous ne trouvons en effet une autre comète qu'en 1277, et elle ne fut pas très visible.

Giotto représenta certainement une comète qui apparut alors qu'il peignait les fresques, ou qu'il avait vue précédemment et qui l'avait frappé. De toutes les comètes antérieures à la réalisation des fresques, la plus imposante fut sans aucun doute celle de 1264, avec une queue de plus de 150°, presque capable de franchir le ciel d'un point à l'autre de l'horizon en passant par le zénith. Mais, cette année-là, Giotto n'était pas encore né.

Le cadre offert par le tableau 4.1 est intéressant, certes, pour l'étude et la recherche de la comète de Giotto, mais aussi parce que, si l'on compare les documents orientaux et occidentaux d'une même période, on peut noter qu'en ces temps-là, si ces derniers étaient les plus nombreux, ils étaient bien peu fiables puisqu'on avait tendance à associer les comètes et les événements terrestres, quitte à inventer quelque apparition ou à déplacer une date. Leur nombre croissait grâce à des comètes qui n'ont jamais existé, ou que d'autres écrits ont enregistrées à d'autres dates. Il y a toutes les chances pour que les comètes enregistrées à l'automne des années 1300, 1302 et 1303 ne soient en fait que celle de 1301 : elle s'est maintenue dans la saison, mais l'année a changé.

Dans la peinture de Giotto, la queue est assez longue, mais

TAB. 4.I - COMÈTES OBSERVÉES EN ORIENT ET EN EUROPE ENTRE 1293 ET 1313 ET LEUR POSSIBLE RELATION AVEC LA PEINTURE DE GIOTTO

Lieux (1)	Enregistrements orientaux (Ho Peng Yoke)	Queue	Enregistrements européens (Pingré)	Commentaire
C Co J	1293 7 nov.-23 déc.	env. 2°		
			1294 On parle de diverses comètes annonciatrices d'événements futurs	N'ont peut-être pas existé
			1296 Comète longtemps apparue pour annoncer la mort de l'empereur Adolphe (en réalité en 1298)	N'a peut-être pas existé
Co J	1297 12 mars-au-delà du 25 mars	> 9°	1297 Adolphe fut tué le 15 juin et on vit une étoile chevelue (Adolphe fut tué le 2-7-1298)	*Possible*
C J	1297 14 sept.-18 sept.	1°,5		Trop courte
			1298 Comète qui annonça la mort de l'Archevêque de Trève (9-12-1299) ; apparut pendant 12 nuits peut-être en novembre	N'a peut-être pas existé
C Co J	1299 24 janv.-?	2°	1299 Fin janvier-5 mars	Trop courte
J	1299 23 oct. de 3 h à 5 h du matin On n'a que des observations japonaises, et pour un seul jour.	30°		Météore ?
			1299 4 Comètes, l'une après l'autre, la nuit de Noël	Météores
			1300 Septembre. « La terrible comète de l'année du Jubilé »	Peut-être la comète de Halley de 1301
C Co	1301 14 sept.-1er nov.	15°	1301 1er sept.-6 oct.	Celle de Halley ?
			1301 1er déc.-15 déc. (ou plus) visible en Occident après le coucher du Soleil jusqu'à minuit	*Possible*

TAB 4.I - COMÈTES OBSERVÉES EN ORIENT ET EN EUROPE ENTRE 1293 ET 1313 ET LEUR POSSIBLE RELATION AVEC LA PEINTURE DE GIOTTO

Lieux (1)	Enregistrements orientaux (Ho Peng Yoke)	Queue	Enregistrements européens (Pingré)	Commentaire
			1302 Juil.-Quand Matteo Ier Visconti perdit le pouvoir on vit une comète au nord, la queue dans la direction de Milan	Peut-être n'a-t-elle pas existé
			1303 Comète en automne avant la mort de Mathilde, la sœur de l'empereur Albert	Peut-être celle de Halley en 1301
C Co	1304 3 fév.-18 avr.	> 1°,5	1304 Comète visible au nord	Trop courte
Co	1304 24 déc.-30 déc.			Trop peu durable et vue uniquement en Co
			1305 16 avr.-21 avr. Grande comète à queue longue vers Pâques	Tombe à la date la plus probable pour la réalisation des fresques. On ne la vit qu'en Europe car elle dura peu et le ciel était couvert en Orient. Si nous étions sûrs de sa réalité, elle serait *possible*
Co	1307 24 août		1307 Comète 1311 Quand Henri VII assiégea Brescia, on vit, en France, un astre inconnu et menaçant	
			1312 Comète vue pendant 14 jours 1313 Avant la mort de Henri VII, le jour de l'Épiphanie, on vit une étoile chevelue brillante, suivie d'une éclipse de lune (éclipse qui eut lieu le 14-12-1312)	
C Co J	1313 13 avr.-?		1313 20 avr.-Comète visible pendant 15 jours	

C = Chine, Co = Corée, J = Japon

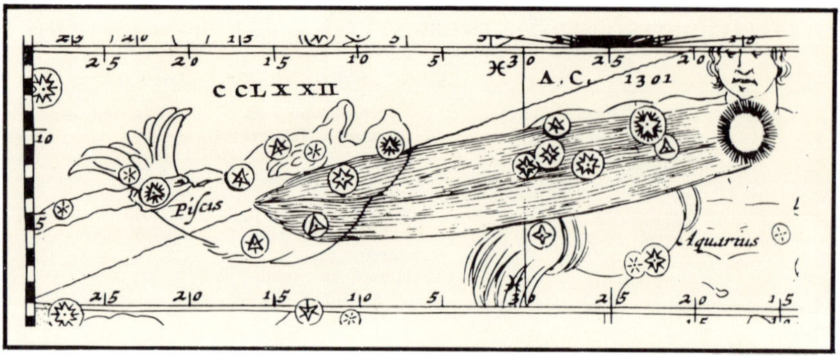

Fig. 4.15 La seconde comète de 1301, représentée dans le *Theatrum Cometicum* de Lubienietz.

pas trop. La queue réelle a donc dû apparaître longue d'au moins 10°, mais pas supérieure à 30°-40° (on peut s'en faire une idée en faisant l'expérience de la paume de la main). Si on exclut les comètes trop courtes, celles qui n'ont peut-être jamais existé et les météores, il en reste quatre : une en 1297, deux en 1301 et la dernière en 1305.

Celle-ci pourrait être la candidate la plus plausible. En effet, les critiques d'art datent de cette période la réalisation des fresques, et la comète a été très visible. Mais il y a deux problèmes : pourquoi une queue si longue ? Pourquoi seuls les Européens la relatent, créant un doute sur son existence même ? Son apparition a été si brève qu'on peut penser à une comète passée très près de la Terre, donc visible, mais visible quelques jours seulement au cours desquels le ciel chinois serait resté couvert. Il faudrait trouver de sérieuses preuves de son existence et des détails plus précis sur son apparition. Pour l'instant, il est plus prudent de l'écarter.

Si on l'exclut, il en reste trois qui n'ont pu être peintes que de mémoire. Celle de 1297 a bien existé puisqu'on a des enregistrements européens, chinois et japonais. Sa queue était assez longue, mais elle ne fut visible que quelques jours et même si Giotto l'a vue, il a dû, dans son souvenir, la superposer à celle qui apparut quatre ans plus tard : plus grande, plus lumineuse, plus durable, notre comète de Halley, qui fut visible du 14 septembre au 31 octobre au moins. Je trouve donc assez naturel de penser que quand Giotto a peint une comète dans son *Adoration des Mages* de la chappelle des Scrovegni, il a bien peint celle de Halley, comme le suggère Mlle Olson. Mais il y a une contradiction entre le témoignage pictural et le témoignage écrit. Giotto a peint la comète en rouge, alors que les Chinois ont écrit qu'elle « était de couleur blanche ». Et cette contradiction ne fait que s'accroître si l'on pense que, dès que la comète de Halley disparut, les chroniques européennes en ont enregistré une autre.

Voici ce que Pingré écrivit à propos de cette seconde comète de 1301 : « Avant Noël, on vit une comète du côté de l'Occident, après le coucher du Soleil ; elle se couchoit avant minuit ; elle parut durant quinze jours. Le premier de décembre elle étoit dans le Verseau ou dans les Poissons. En Islande, on la vit depuis le commencement jusqu'au milieu de l'hiver. A Berhgen, en Norvège, elle fut vue avant le Carnaval, et à Rome avant la fête de Pâques. Si cela est, elle a dû paraître plus de quinze jours. Un Italien dit en général qu'en 1301 on vit des comètes. »

Ne peut-on imaginer que cette seconde comète ait servi de modèle à Giotto, au lieu de la première, donc au lieu de celle de Halley ? Bien sûr. Après tout, c'est bien elle qui est apparue entre Noël et l'Épiphanie, et la fresque de Giotto relate l'adoration des mages. On pourrait expliquer ainsi la contradiction de la couleur. Si l'on trouvait une chronique de l'époque affirmant que sa couleur était rouge, plus aucun doute ne subsisterait. Pour le moment, en tout cas, l'hypothèse que je retiens pour la plus simple et la plus probable est que, dans son souvenir, Giotto a mêlé les deux comètes pour n'en faire qu'une et que, pendant le mois de novembre où le ciel est souvent couvert, on a cru l'avoir simplement perdue de vue. J'ai connu plusieurs personnes qui, en se remémorant la comète de 1910, la confondaient ou l'identifiaient à celle qui était apparue trois mois plus tôt pendant quelques jours. Or, la seconde comète de 1301 fut plus longtemps visible que la première de 1910, et plus proche que celle de Halley. En 1301 aussi, ceux qui ont dû prendre les deux comètes pour une seule ne devaient pas être rares. Giovanni Villani, par exemple, qui écrivit : « Dans ladite année (1301), au mois de septembre, une étoile comète avec de grands rayons de fumée à l'arrière, apparut au ciel, visible le soir vers l'ouest. Elle dura jusqu'à janvier. »

Villani n'était pas un astronome qui notait ses propres observations, mais un chroniqueur qui rapportait des faits certifiés et des opinions couramment répandues. Il n'exprimait donc sans doute pas sa propre impression, mais celle des autres personnes autour de lui.

Il n'est donc pas exclu que Giotto ait cru voir une seule comète ou qu'en tout cas les deux aient été liées dans son souvenir. N'oublions pas qu'en ces temps-là la distinction entre les deux comètes se faisait sur des critères peu stables, bien différents de nos critères modernes de l'orbite. En Europe, si une comète venait à apparaître le matin, puis le soir, elle était souvent éclatée en deux comètes différentes. Et gardons aussi à l'esprit que la comète de Halley n'était pas encore une comète tout à fait particulière.

Il demeure que cette comète qui se profile sur le ciel étroit de la fresque est la première représentation réaliste de ces corps célestes que l'on connaisse en Occident. Elle nous parle bien sûr de la mode vestimentaire et de l'architecture alors en vigueur, à une époque déjà proche de la nôtre. Celle du premier Jubilé célébré par le pape Boniface VIII, celle aussi des premiers États-Généraux, réunis par le roi de France Philippe le Bel où les représentants de la noblesse, du clergé et de la bourgeoisie brûlèrent publiquement une Bulle papale, en réaction contre Boniface VIII.

Mais c'est également le monde secoué par les luttes qui opposaient alors Guelfes et Gibelins et bouleversaient Florence. On les connaît parce qu'elles tourmentèrent atrocement Dante Alighieri. A travers l'une des plus grandes œuvres littéraires de l'histoire de l'humanité, la *Divine Comédie*, il devait les faire vivre pour l'éternité. Comme Homère et Shakespeare, Dante a su donner toute sa force et toute son actualité à une œuvre qui s'appuie pourtant sur un système dépassé du monde, en élevant l'écriture à un niveau jamais atteint auparavant et en campant, avec une vérité et une intensité remarquables, les hommes de toujours.

C'est justement au moment où la comète de Halley revint que Dante se rendit à Rome, accompagné de deux ambassadeurs des Guelfes, pour y rencontrer Boniface VIII. Il ne devait plus jamais fouler le sol de Florence. Frappé par une injuste condamnation après la victoire des Gibelins, il fut contraint à l'exil pour le reste de sa vie. Il alla d'une ville à l'autre jusqu'à ce que la mort le surprenne à Ravenne, où il était l'hôte de la famille des Polenta.

En cet automne 1301, au cours de son voyage, ou peut-être déjà à Rome, il a dû tourner ses regards vers sa ville, au nord, et voir cet astre qui s'apprêtait à faire une fois de plus son « tour de boa » autour du Soleil pour s'éloigner aussitôt vers les confins du système solaire. De ces lointains espaces, il ne reviendrait que soixante-dix-sept ans plus tard. Alors, dans un monde différemment peuplé, Dante ne serait plus cet homme exilé et errant. En 1378, quand la comète de Halley revint, Dante était déjà un grand homme du passé.

(Chambers, Cow et Cr. I, p. 124 ; Hing, p. 52 ; Ho, p. 195 ; Holetscheck I, p. 385 ; Kiang, p. 46 ; Laugier I, Laugier III, p. 185 ; Muncke, p. 29 ; Olson, Pingré I, p. 420 et p. 423 ; Ye et K, p. 637.)

1378

(T_{calc} = 10,69 novembre ; T_{obs} = 9,02 novembre ; pleine Lune : 7 septembre, 7 octobre, 5 novembre.)

Les chroniques et les témoignages européens du retour de 1301 avaient donc été abondants et précis, même si c'est plus en apparence qu'en substance. En 1378, en revanche, il n'y eut presque pas d'observations. Pingré la signale vaguement. Il commence par rappeler qu'une comète fut observée en Chine au cours de la neuvième Lune de 1378, commencée le 22 septembre, et ajoute qu'on la vit aussi en Europe. Puis il rapporte que le 29 septembre, cette comète se rapprocha de la Grande Ourse, entre le Bélier et le Taureau, et note l'incongruité de l'affirmation. Il ajoute alors que son mouvement était rapide et contre l'ordre du firmament. Enfin, il dit qu'on ne la vit que pendant cinq jours.

Les sources chinoises, moins nombreuses qu'à l'ordinaire, nous enseignent que :

« Un jour *chia-hsü*, le neuvième mois de la onzième année de la période de règne des Hung-Wu, apparut une étoile au nord-est de *Wu-Chhê*. Elle émettait des rayons longs de plus de 10 pieds, et balayait *Nei-Chhieh*. Elle entra ensuite dans la division *Tzu-Wei*, balaya les cinq étoiles du pôle Nord (*Pei-Chi*), viola l'étoile *Shao-Tsai* à la paroi orientale, puis entra dans la division *Thien-Shih*. Elle resta en *Thien-Shih* jusqu'à ce qu'elle disparaisse, une nuit nuageuse d'un jour *chi-wei*, le dixième mois. » (MS 27/6b ; HWHTK 215/32a ; B ; w 346 ; HWHTK l'appelle une « étoile visiteuse ».)

Si nous l'avions observée, nous aurions dit la même chose de la façon suivante : le 26 septembre 1378, une comète apparut au nord-est du petit groupe d'étoiles α, ß, ϑ et ι du Cocher et ß du Taureau. Sa queue était longue de plus de 15° et balayait les étoiles π, ο, τ de la Grande Ourse. Elle entra ensuite dans la zone de la Girafe, de la Petite Ourse et du Dragon, balaya les étoiles γ et ß de la Petite Ourse, passa près de l'étoile η du Dragon et, enfin, entra dans la zone des constellations d'Hercule, du Serpent et d'Ophiucus. Elle y resta jusqu'à sa disparition, dans la nuit nuageuse du 10 novembre. En conclusion, on la vit pendant quarante-cinq jours.

A partir de ces observations, Laugier, en 1843, réussit à calculer les éléments orbitaux. Ce fut le premier pas vers la découverte des passages anciens, après celui de 1456 que Halley tenta lui-même mais que Pingré réalisa. Profitant de la traduction des observations chinoises de Biot, Laugier réussit à trouver un ensemble d'éléments orbitaux qui concordaient avec les positions observées et correspondaient assez bien à ceux de la comète de Halley. Après plusieurs essais, il estima que le passage au périhélie devait s'être produit le 8 novembre 1378, à 18 h 50.

Hind, comme Cowell et Crommelin, accepta le résultat de Laugier mais, plus d'un siècle plus tard, Kiang, dans sa reconstruction des passages du passé, se pencha sur ce retour. Il commença par considérer que les deux observations positionnelles étaient bonnes : l'une au 26 septembre, l'autre à une date non précisée, entre le 26 septembre et le 10 novembre, où la comète passa près de η du Dragon. Il donna ainsi la position exacte au 26 septembre à 14 h 40, et détermina celle qui correspondait à la plus petite distance à η du Dragon et qui, selon lui, avait dû se produire le 2 octobre à 19 h 20. Enfin, en comparant ses résultats à ceux de Laugier, il put conclure que les deux parcours apparents sur la voûte céleste, celui qu'il avait trouvé par ses éléments et celui qui résultait des calculs de Laugier, étaient proches, même si la longitude du nœud (Ω) et le périastre (ω) de Laugier étaient supérieurs aux siens (respectivement de 5,0° et 2,0°). La date du passage au périhélie ne varia pas non plus tellement puisque la valeur la plus récente est T_{obs} = 9 novembre 1378 à 0 h 50, soit à peine cinq heures de plus que celle que Laugier fixa.

Cela veut tout simplement dire qu'au cours de ce passage, la comète et la Terre furent toujours liées dans l'espace de sorte que leurs parcours apparents semblaient presque identiques, même si les orbites étaient assez différentes. En d'autres

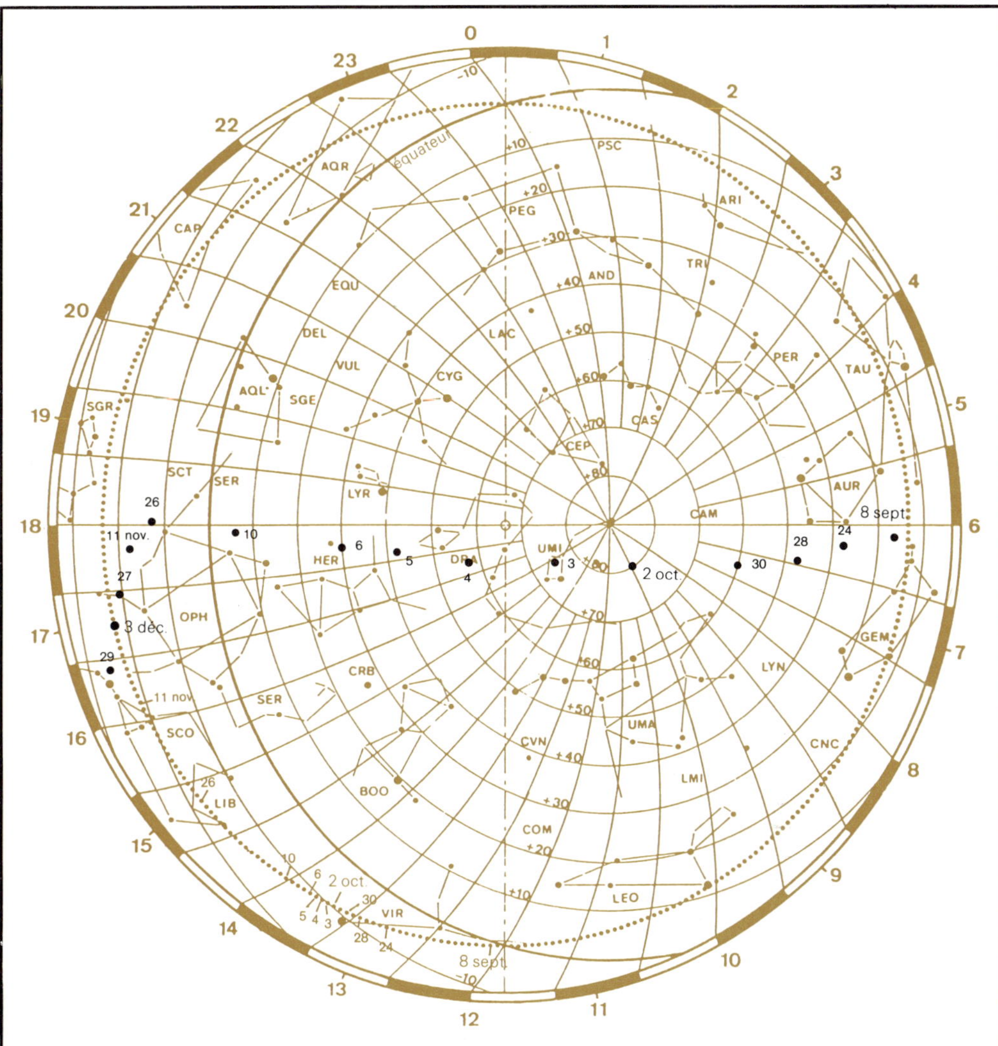

Fig. 4.16 En noir, parcours de la comète de Halley sur la sphère céleste en 1378. Selon les résultats de Kiang, il faut faire glisser les dates de deux jours vers la droite.

termes, les observations n'autorisent pas une bonne détermination des éléments orbitaux pour ce passage.

Ce fut donc un retour assez malheureux, qui ne permet pas

une bonne étude de l'orbite, ni de la comète elle-même, à peine signalé en Europe, rarement rappelé en Chine.

Ce n'est pas une exception en ces temps-là : l'époque ne fut pas riche en comètes, surtout en comètes visibles. Si c'était nécessaire, on pourrait avancer cet argument pour prouver à quel point il n'y a pas de lien entre ces astres et les événements qui se déroulent sur la Terre. Vers 1301, en effet, l'humanité vécut des événements de portée historique, à l'échelle locale comme à l'échelle mondiale.

En Chine, les Mongols, après une domination qui dura plus d'un siècle, étaient renversés, et la nouvelle dynastie Ming s'installait. Plus à l'est, Tamerlan, au prix de massacres et de violences inhumaines, était sur le point de conquérir la Perse, l'Irak, l'Arménie, la Géorgie, l'Anatolie, une partie de la Syrie et de l'Inde. Samarkand, la capitale de son royaume, connaissait un formidable développement littéraire et artistique, encore plus important sous le règne du petit-fils de Tamerlan, Ulüg Beg, célèbre astronome, protecteur des sciences et des arts. Au nord-ouest, Novgorod, la Lituanie et les Cavaliers teutoniques s'affrontaient. En Italie, c'était l'époque des Seigneuries, et des luttes entre Venise et Gênes pour la domination de la Méditerranée occidentale. L'année précédant le retour de la comète, le pape Grégoire XI, cédant aux exhortations de la princesse de Suède, Brigitte, et de Catherine Benincasa (mieux connues aujourd'hui sous les noms de Sainte-Brigitte et Sainte-Catherine de Sienne), consentait à quitter Avignon et à replacer le siège de la papauté à Rome. L'année suivante, il mourait. Le 8 avril, un pape italien fut élu, qui prit le nom d'Urbain VI. Mais les Français ne le reconnurent pas et, le 20 septembre, ils élirent un autre pape, Clément VII. Voici comment, l'année même où la comète de Halley repassa près du Soleil, le schisme d'Occident fut déclenché.

Florence connut aussi une année mémorable, en raison de la révolte des Ciompi et de l'élection de Michele de Lando comme gonfalonier d'un gouvernement populaire. Mais Florence ne vivait pas seulement à l'heure des luttes : en ces années-là, on construisit le magnifique palais de la Seigneurie, qui abrite aujourd'hui des chefs-d'œuvre de la sculpture comme le grand salon à ciel ouvert. En Angleterre, Chaucer, l'auteur bien connu des *Contes de Canterbury,* s'était attelé à un ouvrage des plus vastes et des plus durables : la langue anglaise. Il connaissait et appréciait les œuvres de Dante, Boccace et Pétrarque et, en accomplissant pour sa langue ce que Dante avait fait pour l'italien, il éleva le dialecte au niveau de langue. Ainsi, ces deux langues sont nées dans l'intervalle de temps qui sépara deux retours de la comète de Halley.

(Biot III, p. 72 ; Ho, p. 199 ; Holetschek I, p. 392 ; Kiang, p. 46 ; Laugier II, Pingré I, p. 442 ; Ye et K, p. 644.)

1456

(T_{calc} = 9,63 juin ; T_{obs} = 9,10 juin ; pleine Lune : 20 mai, 18 juin, 17 juillet.)

Quand elle revint en 1456, la comète de Halley ne fut pas aussi extraordinairement visible qu'en 66, 837 ou 1066. Si l'on en croit les observations orientales, elle fut belle, mais pas exceptionnelle. Elle n'apparut ni très lumineuse, ni très longue, même si ce fut l'un des retours les plus favorables comme tous ceux où le passage au périhélie se produit au mois de juin. Mais ce passage allait marquer l'histoire de l'astronomie, et l'histoire tout court, et on peut y lire un cas exemplaire de l'erreur d'information historique.

Commençons par les témoignages qui découlent de l'observation :

• Observations chinoises : « Un jour *jen-hsü* du quatrième mois de la septième année de la période de règne de Ching-Thai, une comète hui apparut au nord-est en *Wei* (dix-septième maison lunaire). Elle était longue de 2 pieds et pointait vers le sud-ouest. Un jour *kuei-uy* du cinquième mois, sa longueur crût jusqu'à plus d'un *chang*. Un jour *wu-tzu*, elle apparut au nord-ouest en *Lio* (vingt-quatrième maison lunaire), mesurant plus de 9 pieds, balayant et violant les étoiles de *Hsien-Yuan*. Un jour *chia-wu*, elle apparut en *Chang* (vingt-sixième maison lunaire) ; longue de plus de 7 pieds, elle balayait la partie nord de la division *Thai-Wei* et avançait vers le sud-ouest. Un jour *jen-yin* du sixième mois, elle entra dans la division *Thai-Wei* et mesurait plus d'un pied. » (MS 27/9b ; HWHTK 212/64a ; MHY, p. 1319 ; w 311.)

Aujourd'hui, nous dirions que, le 27 mai 1456, une comète apparut dans la constellation du Bélier. Sa queue mesurait 3,5° et était dirigée vers le sud-ouest. Le 7 juin, elle dépassait 15°. Le 22 juin, elle apparut au nord-ouest de l'Hydre femelle ; sa queue était longue de plus de 14° et balayait les étoiles du Lion, du Petit Lion et du Lynx. Le 28 juin, elle apparut dans l'Hydre femelle, longue de plus de 10°, et balaya la partie nord du groupe de constellations Chevelure, Vierge et Lion. Elle avança vers le sud-ouest et, le 6 juillet, alors qu'elle mesurait encore 1,5°, elle entra dans le groupe Chevelure-Vierge-Lion.

• Observations coréennes : « Un jour *jen-shen* du cinquième mois de la deuxième année de Sejo (6 juin 1456), on vit une comète *hui*. On la vit : un jour *kuei-yu* (7 juin), un jour *chia-hsü* (8 juin), un jour *i-hai* (9 juin), un jour *wu-yin* (12 juin), un jour *chi-mao* (13 juin), un jour *i-yu* (19 juin), un jour *wu-tzu* (22 juin), un jour *hsin-mao* (25 juin), un jour *chia-wu* (28 juin) et un jour *i-wei* (29 juin). » (*Sejo Sillok*, 4/2a et 4/9a.)

• Observations japonaises : « Le vingt-septième jour du quatrième mois de la deuxième année de la période de règne des Köshö (31 mai 1456), une comète *hui* longue de 3 pieds, c'est-à-dire de 4,5°, apparut le matin au nord-est. Plus tard, on la vit au nord-ouest. Elle apparut jusqu'au premier jour du septième mois (3 juillet). » (K.)

• Observations européennes : Elles furent très nombreuses pour ce passage, même si, pour la plupart, elles sont imprécises ou erronées. Trois d'entre elles ont pourtant permis à Pingré, comme nous l'avons vu dans le chapitre III, de trouver les éléments orbitaux et de confirmer définitivement ce que Halley soupçonnait, à savoir que cette comète n'était qu'une nouvelle apparition de celle qui était déjà passée en 1531, 1607 et 1682. La plupart des historiens affirment qu'elle apparut le 1er ou le 2 juin ou, plus généralement, les premiers jours de ce mois. Un seul dit qu'elle fut visible à partir du 29 mai. A part les Polonais, qui la trouvèrent médiocre, tous sont d'accord dans leur description de la comète : grande, terrible, d'une dimension extraordinaire, avec une queue très longue qui couvrait deux signes zodiacaux, soit 60° [1] (fig. 4.17).

La queue n'apparut pas toujours de la même longueur : elle varia de 30 à 100 paumes, pour disparaître complètement certains jours. Début juin, la tête était ronde comme un œil de bœuf, et la queue en sortait, déployée comme une queue de

---

1. Lubienietz la décrit ainsi : « *Comete inauditae magnitudinis toto mensu Junii apparuit cum praelonga cauda ita ut duo fere signa coeli comprehenderit.* » Lalande, en soulignant la longueur exagérée indiquée par Lubienietz, suggère que l'on comprenne « duo signa » non pas par deux signes du zodiaque de 30° chacun, mais tout simplement par deux constellations où l'on voyait la comète, qui pouvaient s'étendre sur un arc mineur.

Fig. 4.17 Comment apparut la comète de Halley en 1456, d'après Lubienietz. Le dessin, exécuté quelque deux siècles plus tard, suit la description, sans aucun doute exagérée, selon laquelle la comète s'étendit sur deux signes zodiacaux. En effet, comme on le voit dans la figure, alors que la tête se trouve entre Castor et Pollux, la queue arrive jusqu'à Denebola, dans le Lion.

paon. Selon certains, elle semblait dorée, selon d'autres, pâle et blanchâtre. D'autres encore ont écrit qu'elle ressemblait parfois à une flamme scintillante, comme si elle était surmontée de plusieurs petites étoiles.

Bien sûr, sa position par rapport au Soleil et à la Terre, l'activité solaire et la phase de la Lune (pleine le 18 juin) influencèrent, comme toujours, son apparence.

Les premiers jours de juin, elle surgit trois heures et demie environ avant le lever du Soleil, et on la vit dans la lumière de l'aurore. A la mi-juin, on la vit au nord, sa queue orientée vers le sud. Dès lors, elle fut visible le soir, après le coucher du Soleil. Vers le 16 juin, dans l'Europe du Nord, elle fut franchement circumpolaire et on put la voir pendant toute la nuit. On la vit ensuite, toujours plus faible, jusqu'aux premiers jours de juillet, mais aucun historien ne nous donne la date exacte des dernières observations européennes.

Les chroniqueurs européens, c'est évident, font de la comète une description bien plus impressionnante que les astronomes chinois. On la dit « terrible », ce qui n'a pas de sens en astronomie, et on affirma que la longueur de sa queue atteignait 60°, soit quatre fois la plus grande longueur enregistrée par les Chinois. Les raisons de cette différence sont non pas astronomiques, mais tout simplement terrestres. La comète apparut partout de la même façon, mais les Occidentaux la virent sans cesse déformée et exaltée parce qu'ils croyaient voir en elle un présage, une menace, un message, en ces temps de grands malheurs.

Trois ans plus tôt, le 29 mai 1453, les Turcs, conduits par Mahomet II, avaient conquis Constantinople au terme d'une terrible bataille où Constantin le Paléologue, le dernier empereur byzantin, trouva la mort. Les dernières places de l'Empire romain d'Orient tombèrent l'une après l'autre et quand la comète apparut, les Turcs marchaient sans faiblir sur l'Europe. Le pape Calixte III organisa des processions et des prières spéciales. Le 4 juillet, les Turcs prirent Belgrade d'assaut, mais le 22, après un véritable carnage de deux jours, le commandant de l'armée chrétienne, Hunyadi, réussit à les vaincre et à les chasser. Il mourut peu après, usé par l'énorme effort de la bataille engagée. Ce jour-là, la comète avait désormais disparu, mais au cours du mois précédent, mois d'attente et de peurs, elle a certainement joué un rôle important dans l'imaginaire du peuple.

On a tendance à croire que la chrétienté la perçut comme un mauvais présage. On a dit que le pape l'avait associée aux Turcs dans ses prières, et certains écrivirent même qu'il était allé jusqu'à l'excommunier [1]. En réalité, la chrétienté l'analysa comme un signe favorable. Dans son *Histoire de la Pologne*, G. Dlugloss affirme que beaucoup y voyaient un présage de la défaite des Turcs. Nous trouvons un autre témoignage qui va dans ce sens chez Nicola de Fara, biographe de Saint-Jean de Capistran qui prêcha sans grand succès une croisade contre les Turcs. Pour lui, le ciel incitait à protéger la foi chrétienne, lui qui avait fait apparaître en juin deux comètes semblables à des trombes célestes, l'une avant l'aurore, qui impressionna le monde en raison de sa grandeur, l'autre, identique, visible après le couchant. Et il ajoutait que tout ceci faisait savoir aux serviteurs de Dieu, au travers de la révélation divine, qu'ils vaincraient glorieusement les Turcs. Ces témoignages, même s'ils furent sûrement écrits après la victoire des chrétiens, restent d'un grand intérêt.

Mais l'Europe ne se limitait pas à celle que les Turcs envahissaient. Dans la lointaine Angleterre, s'ouvrait la longue lutte entre les deux maisons de York et Lancaster, appelée Guerre des deux Roses. Les luttes, les conflits et les affrontements entre factions et puissances ennemies se déroulaient dans

1. On peut considérer comme nulle cette argumentation : le père Stein a fait une étude complète et documentée sur le sujet, publiée en 1909. L'Annexe I reconstruit rapidement cette histoire.

d'autres pays aussi. Pourtant, l'Europe, l'Italie en particulier, traversait l'un de ces moments rarissimes où la culture fleurit sous tous ses aspects. Elle engendra des chefs-d'œuvre qui ne cessent d'étonner et d'enchanter la postérité. Alors que les Turcs devenaient les maîtres de ce qui n'était plus, depuis longtemps, que les restes d'un monde fini, l'Humanisme et la Renaissance redécouvraient, ressuscitaient et réinventaient ce même monde.

C'est l'époque des Rossellino, Andrea Mantegna, Luca de la Robbia, Mino da Fiesole, Leon Baptiste Alberti, Paolo Uccello, Andrea del Castagno, Benozzo Gozzoli, Filareti, Pollaiolo. Quand la comète passa, Agostino di Duccio travaillait aux décorations du temple de Malatesta à Rimini et, l'année suivante, il commençait son chef-d'œuvre architectural : la façade de la petite chapelle de Saint-Bernardin à Pérouse. Trois ans plus tard seulement, Cosimo le Vieux faisait surgir, à Florence, l'École platonicienne, animée par Marsile Ficin. Et tous ces grands ouvraient le chemin à d'autres grands qui vivraient leur temps. En 1456, quand revint la comète, Leonard de Vinci avait quatre ans. En 1475, Michel-Ange naissait, qui put voir la comète à son retour, en 1531. Raphaël, né en 1483 et mort trente-sept ans plus tard, ne la vit jamais. Comme lui, tant d'autres dont la vie fut trop brève.

Nous l'avons déjà vu, la comète de Halley fut parmi celles qu'observa et étudia Paolo dal Pozzo Toscanelli entre 1433 et 1472. Le manuscrit de ses observations se trouve à la Bibliothèque nationale de Florence, et G. Celoria l'étudia. La partie concernant le retour de 1456 se compose de six feuillets, 237 A, 238 A, 246 A, 257 B, 258 A et 258 B du Code de Magliabecchi. La première n'est pas un écrit de Toscanelli, mais une lettre de Avogario, recopiée par Toscanelli, dont le contenu est déconcertant.

Pietro Buono Avogario, mathématicien et lecteur à l'université de Ferrare, était un amateur reconnu d'astrologie judiciaire. Le contenu de la lettre écrite le 17 juin 1456 est, justement, astrologique. Il rappelle les différents types de comètes, ce qu'elles signifient selon leur aspect, leur couleur, la partie du ciel où elles apparaissent, et comment elles sont interprétées. Mais pourquoi Toscanelli jugea-t-il cette lettre si importante qu'il la recopia et la conserva ? La réponse est suggérée par le feuillet 238 A : il commence par une espèce de petite échelle dont on déduit que Toscanelli se proposait d'étudier la comète de Halley du point de vue astrologique. Comme il l'affirme lui-même, il projetait d'en parler en cinq chapitres. Dans le premier, il voulait dire quels noms on lui donnait, en quel lieu et dans quel signe du zodiaque on l'avait vue ; dans le deuxième, il dirait sa nature, son origine et ce qui la provoquait ; dans le troisième, ce qu'elle indiquait ; dans le quatrième, où et dans quelle partie du monde ses effets s'étaient produits ; dans le cinquième, enfin, quand se situait son origine et combien de temps devaient durer les événements qu'elle indiquait.

A voir ces deux feuillets, et deux autres qui ne concernent pas les comètes mais font partie de ce même Code de Magliabecchi, Toscanelli croyait, semble-t-il, en l'astrologie et s'y intéressait.

Si la seconde affirmation est vraie, la première ne l'est, en revanche, aucunement. Toscanelli a refusé l'astrologie, nous en avons la preuve, entre autres, par Marsile Ficin et Giovanni Pico. Ils rapportent qu'il ne croyait pas aux naissances et aux horoscopes, qu'il trouvait cet art incertain et fallacieux, et quand il se rappelait qu'il était arrivé à ses quatre-vingt-cinq ans alors que son horoscope lui prédisait une vie courte, il se mettait à rire.

Mais s'il ne croyait finalement pas à l'astrologie, c'est parce qu'il s'y était intéressé. Aujourd'hui, il nous est facile de la réfuter : il suffit de connaître, par le biais de l'astronomie, les distances, la véritable disposition dans l'espace et la réalité physique des corps célestes. Mais à l'époque de Toscanelli, le système du monde de Ptolémée, limité et géocentrique, rendait pour le moins plausible les influences des astres, et on ne trouvait d'argument pour contrer l'astrologie qu'en la pratiquant en même temps que l'astronomie qui, à l'époque, était presque exclusivement positionnelle. Toscanelli, comme nous l'avons dit, n'acceptait ni ne repoussait aucune information a priori, avant de l'avoir passée au crible de l'expérimentation et de la critique. Pourquoi aurait-il agi autrement pour l'astrologie ? A partir des témoignages et de ses cartes, on peut donc conclure qu'il la pratiqua certainement, mais sans y croire, ou en y croyant de moins en moins, à mesure que le temps passait. Par ailleurs, tout s'est réduit à quelque expérience sans suite, puisque sur tout ce que Toscanelli se proposait de faire à propos de la comète de 1456, seule une courte rédaction de la première partie du premier chapitre nous est parvenue. Presque certainement, il n'a rien écrit d'autre. C'est le seul document qui a, aujourd'hui encore, une valeur scientifique puisqu'il fournit les premières observations positionnelles précises de cette comète.

Elles sont entièrement contenues dans le feuillet 246 A. Et, contrairement aux descriptions générales auxquelles nous avaient habitués les astronomes du passé, Toscanelli nous donne là les mesures positionnelles de la tête cométaire sur la sphère céleste, pour les jours où il l'observa. Ce sont les premières mesures soignées des positions cométaires que l'on connaisse, peut-être aussi les premières qui aient été faites. En effet, nous ne connaissons pas les observations orientales originales, alors qu'en Europe, Toscanelli releva les premières positions pour les comètes de 1443 et 1449-1450. Mais dans ces deux cas, il a seulement reporté les comètes sur des cartes célestes tracées par lui-même. Pour la comète de Halley, en revanche, il donne directement les longitudes et les latitudes de la tête pour chaque jour d'observation.

Le tableau 4.II est une reproduction de l'original de Toscanelli, dans lequel six dates sont précisées jusqu'à l'heure et la minute. Les degrés de longitude sont comptés, selon l'usage à l'époque, à partir du début du signe zodiacal où se trouvait l'objet à mesurer. Dans ce cas, c'est la tête de la comète. Nous avons décidé de le reproduire parce que, sous sa sécheresse apparente, c'est toute la nouvelle astronomie de la comète de Halley qui transparaît. L'écrit original, qui se trouve à la bibliothèque de Florence, est un document historique mais, ici, en la rencontrant après tant de passages observés de façon si différente, elle retrouve le caractère de primeur qu'elle eut à cette époque. Elle nous parle de quelque chose qui surgit, et qu'y a-t-il de plus beau qu'une naissance ? Elle a la fraîcheur de la nouveauté, et la force de tout ce qui a un devenir : le pouvoir suggestif de ce qui n'a jamais été et de tout ce qui n'existera peut-être jamais.

Ces observations, dans leur précision et leur forme, sont égales ou supérieures à celles de Regiomontanus sur la comète de 1472, et même à celle d'Apianus pour le retour de 1531. Comme le montre le tableau 4.II, Toscanelli observa la comète du 8 juin au 8 juillet. La figure 4.18 est la reproduction du feuillet 258 faite par Celoria, où il reporta les étoiles indiquées par Toscanelli et les positions de la tête de la comète (en couleurs), du 20 juin au 5 juillet.

A partir de ces éléments, Celoria a calculé comme instant du passage au périhélie le 8 juin 1456 à 5 heures. Pingré, en pre-

TAB. 4.II — TABLE DES OBSERVATIONS DE LA COMÈTE DE HALLEY COMPILÉE EN 1456 PAR PAOLO TOSCANELLI DAL POZZO

1456	Iunii die	LOCA COMETE VISA	
		Tauri	Septentrio
hora 7	8	26^g 30^m	15^g 0^m
	9	29 20	15 25
		Geminorum	
...	10	2 0	16 0
...	11	5 0	16 5
...	12	8 0	16 40
hora 7	13	12 30	16 40
...	15	23 40	15 45
...	16	29 45	15 20
		Cancri	
Secunda noctis	17	12 30	14 10
...	18	18 40	14 50
2^h 34^m	19	24 50	15 20
		Leonis	
1^h 26^m	20	1 50	15 50
hora	21	...	...
2^h 0^m	22	10 0	12 0
...	23	...	...
...	24	16 50	9 40
...	25	...	...
1^h 12^m	26	23 20	6 40
...	27	27 30	6 50
		Virginis	
...	28	1 5	7 0
...	30	5 0	6 0
	Iulii		
...	1	6 40	5 0
...	2	8 15	4 0
...	3	9 0	3 10
...	4	10 0	2 40
...	5	11 0	2 0
...	8	13 45	0 3

nant les trois observations européennes assez précises que nous avons déjà rappelées, avait trouvé 22 heures, toujours ce 8 juin. Hind adopta aussi cette valeur, en 1850, alors que Cowell et Crommelin, en 1907, prenaient celle de Celoria, calculée en 1884 sur la base des observations de Toscanelli. Kiang s'est, lui aussi, servi de ce résultat dans le commentaire des observations

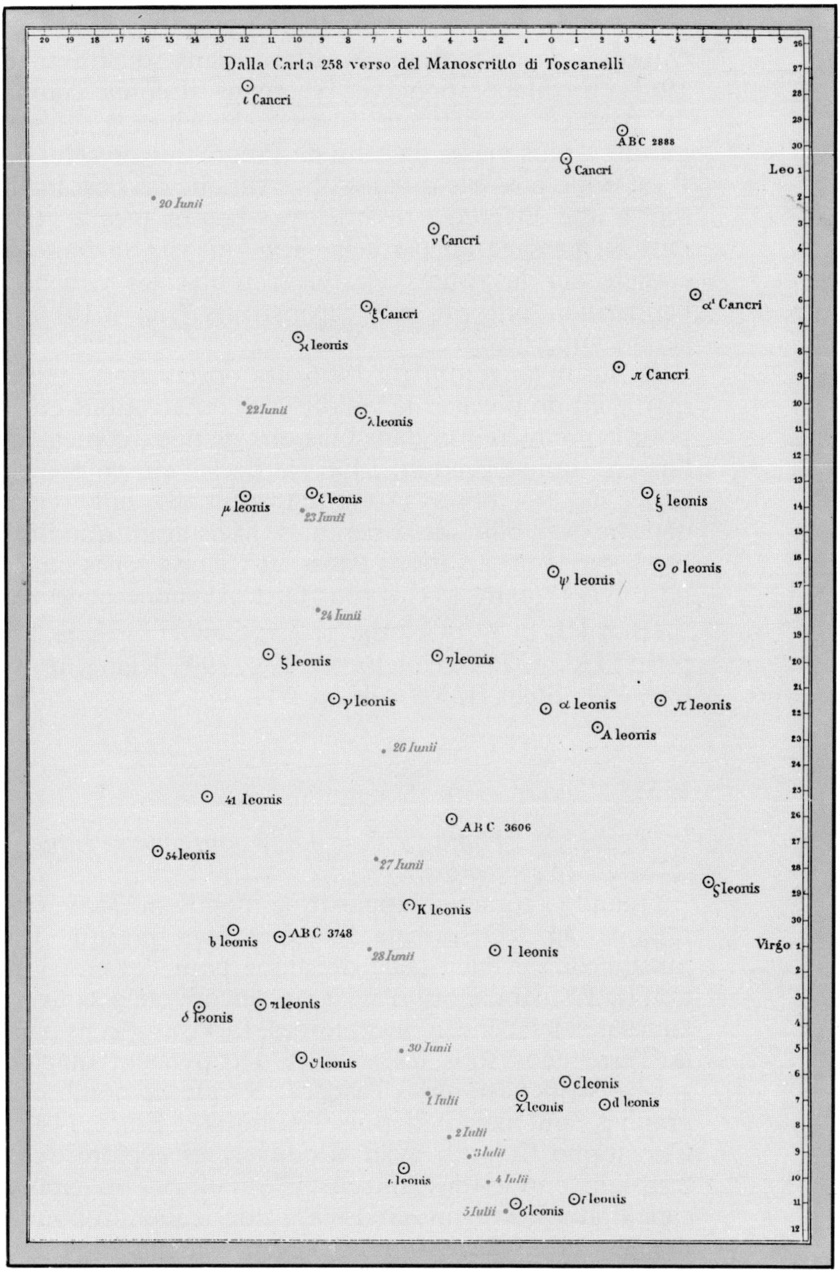

Fig. 4.18 Comment la comète de Halley se déplaça en 1456 entre les étoiles du Cancer et du Lion, selon les observations de Toscanelli (verso de la carte 258 du manuscrit de Toscanelli).

chinoises de ce passage. Pourtant, dans son travail publié en 1981, en collaboration avec Yeomans, il donne comme instant du passage au périhélie observé le 9 juin à 2 heures et 24 minutes, plus voisin de celui de Pingré que de celui de Celoria. Il est donc possible que les observations de Toscanelli conduisent à une différence de quelques heures avec le véritable instant du passage au périhélie. En tout cas, la trajectoire de la comète sur la voûte céleste, et toutes les circonstances de l'apparition ont pu être reconstruits (fig. 4.19) mieux que jamais auparavant.

Si, jusqu'au retour de 1456, les observations chinoises permettaient de prouver la validité des observations européennes, pour la première fois dans l'histoire de notre comète, c'est enfin l'inverse qui se produit. 1456 fut décisif sur ce point car, cette année-là, les observations européennes ont rejoint, voire dépassé la fiabilité des orientales. Mais avant que Pingré n'utilise les trois observations citées, et Celoria celles de Toscanelli, retrouvées quatre siècles plus tard, personne ne le savait.

(Biot III, p. 71 ; Celoria, p. 20 ; Cow et Cr I, p. 121 ; Hind, p. 52 ; Ho, p. 203 ; Holetschek I, p. 399 ; Kiang, p. 46 ; Pingré I, p. 459 ; Stein II, Ye et K, p. 644.)

1531

(T_{calc} = 26,24 août ; T_{obs} = 25,80 août ; pleine Lune : 29 juillet, 27 août, 26 septembre.)

Quand la comète réapparut, le monde moderne était en son premier âge. Désormais l'histoire était presque universelle, puisqu'elle devenait celle du globe pour l'essentiel, à l'exception de l'Australie qui n'avait pas encore été découverte, et des zones polaires, encore inexplorées. Les Européens parcouraient la Terre dans tous les sens et découvraient qu'elle est une sphère suspendue dans l'espace, ce que de nombreux cosmographes soutenaient depuis l'Antiquité. Entre 1492 et 1504, Christophe Colomb avait découvert et exploré de nouvelles terres, inconnues des Anciens. C'est, dit-on, un exposé de Toscanelli aux Portugais, en 1474, selon lequel on pouvait rejoindre les Indes du sud en voyageant toujours vers l'ouest, qui renforça son désir de tenter l'aventure. Alors que ses quatre voyages le convainquaient que les terres rejointes n'étaient pas les Indes orientales, Amerigo Vespucci, en 1499 et 1502, explo-

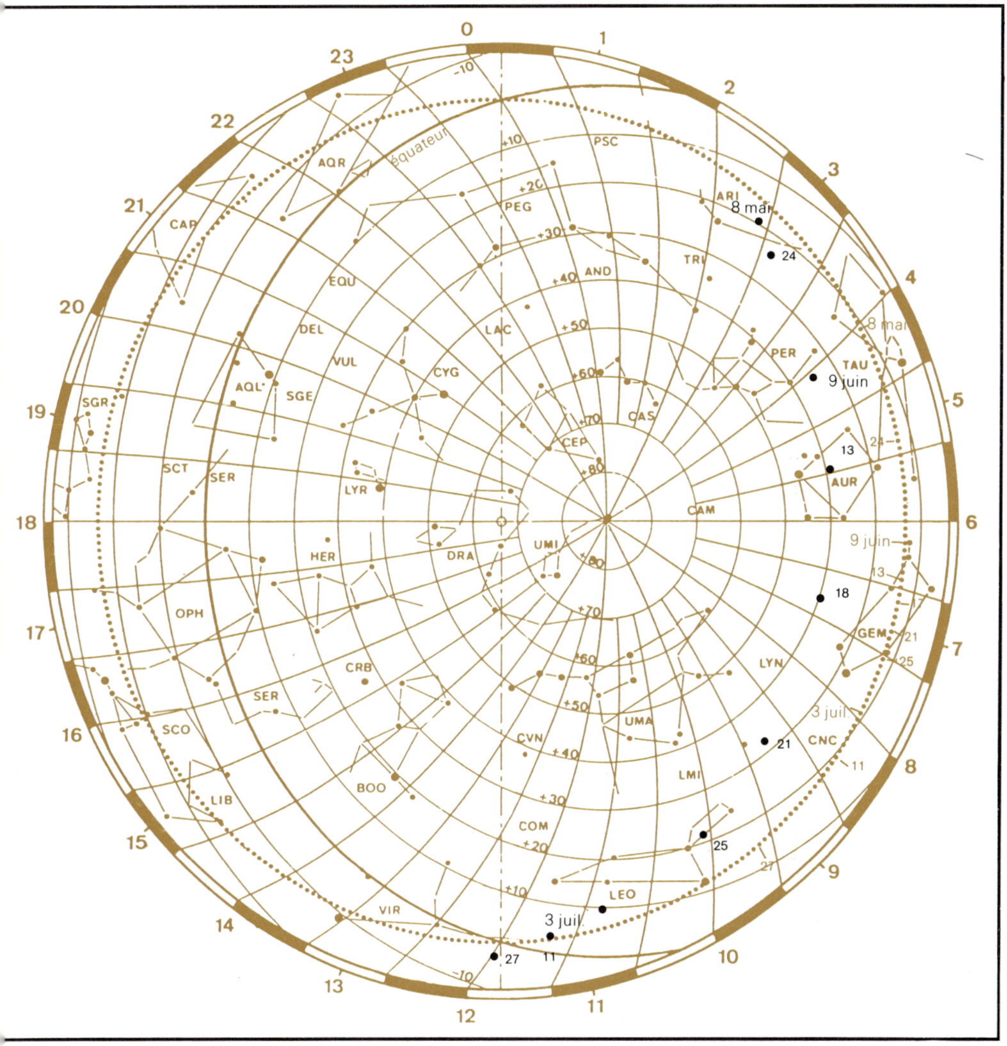

Fig. 4.19 En noir, parcours de la comète de Halley sur la sphère céleste du 8 mai au 27 juillet 1456. La période de visibilité à l'œil s'étendit du 27 mai au 8 juillet.

rait à deux reprises cette même partie du « nouveau monde » et toute la côte orientale d'un nouveau continent austral qui porte son nom : l'Amérique. On explorait aussi l'Orient, en découvrant de nouvelles terres. Entre 1497 et 1498, après avoir navigué tout autour de l'Afrique, Vasco de Gama rejoignait Calicut, en Inde.

Mais c'est surtout avec l'extraordinaire entreprise de Ferdinand de Magellan que l'exploration atteignit des sommets : un des cinq navires appartenant à la même flotte qui avait quitté le port de San Lucar au Portugal le 20 septembre 1519, accosta à nouveau à San Lucar le 6 septembre 1522, après avoir fait le tour de la terre en voyageant toujours vers l'Occident. L'Europe découvrait ainsi qu'entre les Indes nouvelles (occidentales) et les Indes anciennes (orientales), il existait un océan (Pacifique), beaucoup plus vaste que ceux qu'ils avaient déjà parcourus. Du coup, la thèse de Ptolémée sur une grande péninsule au sud-est de l'Asie ne tenait plus. Mais, surtout, pour la première fois, on avait embrassé matériellement le monde entier.

Déjà presque trente ans plus tôt (en 1493), deux grandes puissances s'étaient partagé, sur le papier, des terres et des mers encore inconnues, avec la médiation du pape Alexandre VI. Voici comment, de cette première partition du monde en une zone espagnole d'exploitation territoriale et une zone portugaise de découvertes et de commerce, le colonialisme est né : ce régime qui permit à quelques peuples et cultures — assurés de leur supériorité — de dominer, voire asservir, d'autres peuples et d'autres cultures.

Avec la découverte matérielle de la Terre, qui allait entraîner d'énormes développements commerciaux, politiques et culturels, une autre découverte prenait forme. Au début, elle passa presqu'inaperçue mais, plus tard, aujourd'hui surtout, elle allait se développer jusqu'à avoir des conséquences profondément révolutionnaires : la Terre n'est pas le centre de l'univers. Cette nouvelle conception mûrit chez Copernic entre 1507 et 1543, l'année où fut publié son *De Revolutionibus Orbium Coelestium.*

Le monde d'aujourd'hui surgissait, à travers l'expansion et les découvertes, mais aussi dans la destruction, les luttes et le renouveau. Quand la comète de Halley revint, c'était l'époque des guerres entre Charles Quint et François Ier. Quatre ans plus tôt, Rome avait été occupée et saccagée pendant neuf mois, à l'exception du château Saint-Ange d'où le pape Clément VII, qui résistait aux Lansquenets de Charles Quint, assistait, impuissant, à toute l'horreur. Mais ce terrible moment de la Ville Éternelle, et les guerres mêmes entre Charles Quint et François Ier, ne sont que des épisodes historiques circonscrits à des périodes brèves, face à l'énorme révolution religieuse qui s'accomplit, à cette époque toujours. Luther, déjà moine agostinien, professait des idées nouvelles. Le 15 juin 1520, le pape Léon X avait condamné ses thèses dans une bulle que Luther, le 10 décembre, brûla publiquement sur la place de Wittenberg. Neuf ans plus tard, le protestantisme allait s'étendre sur l'Europe tout entière, déjà déchirée par les conflits religieux. Le Sac de Rome, en 1527, avait été d'autant plus terrible que les Lansquenets étaient tous de fervents luthériens.

L'une de ces guerres frappa la Suisse, en 1531 justement, l'année où réapparut la comète. Elle commença en septembre, tout de suite après le passage, et se termina par la bataille de Kappel, entre les troupes de protestants de Zurich, conduits par Zwingli, et celles des cantons catholiques. Zwingli mourut au combat, ses partisans furent vaincus mais, le 23 novembre, la guerre civile se termina par la reconnaissance de l'autonomie religieuse de chaque canton. C'est ainsi qu'aujourd'hui encore, certains sont protestants (Zurich, Genève, Berne, Basile), d'autres catholiques (Lucerne, Fribourg).

Cette année-là fut vraiment riche d'événements dont on sent, aujourd'hui encore, les conséquences, même si, alors, on les considéra de plus ou moins grande importance, même s'ils passèrent tout simplement inaperçus. C'est l'année où Clément VII, en pleine lutte contre les hérétiques, institua l'Inquisition au Portugal. C'est aussi l'année où le roi d'Angleterre, Henri VIII, devant le refus du pape de lui accorder son divorce d'avec Catherine d'Aragon pour épouser Anne Boleyn, se proclama chef suprême de l'Église de son pays et provoqua le schisme anglican. Au début de l'année, Francisco Pizarro partit de Panama à la conquête de l'Empire des Incas, immense et pacifique, à la tête de moins de deux cents hommes. En deux ans à peine, il réussit à soumettre l'une des civilisations les plus éclatantes qui se soient jamais développées sur notre terre. Peut-être détruisirent-ils aussi des observations astronomiques, comme celles que nous donne l'ancienne Chine ? Ce n'est pas impossible, ces peuples pratiquaient sûrement l'astronomie. En tout cas, il est certain que l'Europe aurait pu tirer de cette rencontre une grande richesse culturelle, alors qu'on n'en rapporta que de l'or. Ajouté à celui que Cortez avait pris au Mexique, il provoqua sur notre continent l'une des plus gigantesques inflations de l'histoire de l'économie.

En matière d'économie, il y eut d'autres événements qui permirent à la société capitaliste de s'asseoir sur ses deux pôles : la richesse et la pauvreté. En 1531, à Angers, la plus grande place économique et commerciale du moment, on ouvrit une nouvelle Bourse où, pour la première fois, on échangea des valeurs, c'est-à-dire des titres de crédit, en plus des marchandises. Dans d'autres pays, on prit les premières mesures modernes pour discipliner, contenir et combattre la misère. A Lyon où, deux ans plus tôt, il y avait eu un grand soulèvement des pauvres, on institua l'Aumône générale, qui plaça la ville à l'avant-garde dans le domaine de l'assistance. Aux Pays-Bas, un édit de Charles V organisa un système d'assistance et interdit la mendicité. En Angleterre, une loi fut énoncée qui établissait le recensement des pauvres, des vieux et des malades autorisés à mendier dans certaines localités. Ce n'était pas beaucoup, mais on commençait à prendre acte de l'existence d'une population qui, dans l'impossibilité de produire, n'en constituait pas moins une charge économique à prendre en compte.

C'est dans ce climat créé par tous ces événements, qu'au cours de l'été 1531, la comète de Halley revint sillonner les cieux de notre planète. En Orient, on l'observa selon les méthodes habituelles, et on consigna pareillement son passage.

• Observations chinoises : « Un jour *i-ssu* du sixième mois intercalaire de la dixième année (de la période de règne de Chia-Ching), une comète *hui* apparut en Thung-Ching (vingt-deuxième maison lunaire), mesurant plus de 1 pied et balayant la première étoile de *Hsien-Yuan.* Peu à peu, sa longueur augmenta. Quand elle atteignit *I* (vingt-septième maison lunaire), elle mesurait plus de 7 pieds et balayait *Thai-Tsun* au nord-est. Elle entra dans la division *Thai-Wei,* balaya *Lang-Wei.* Elle parcourut les degrés de *Chio* (première maison lunaire) et, en allant vers le sud-est, elle effleura la deuxième étoile boréale du groupe *Khang.* Elle diminua graduellement de diamètre et, après trente-quatre jours, elle disparut. » (MS 27/11a ; HWHTK 212/66b ; MHY ch 68 ; B ; w 325.)

En clair, l'apparition eut lieu le 5 août 1531, dans les Gémeaux ; la comète était longue de 1,5° et elle effleurait χ du Lion. Sa longueur augmenta et quand elle atteignit la constellation de la Coupe, elle mesurait plus de 11° et, au nord-est, balayait l'étoile ψ de la Grande Ourse. Elle entra dans le groupe d'étoiles autour de Denebola en balayant de sa queue la Chevelure de Bérénice. En allant vers le sud dans la région de l'Épi, elle effleura l'étoile φ de la Vierge. Peu à peu, elle sembla se redresser et, le 8 septembre, elle disparut.

• Observations coréennes : « Un jour *kêng-hsü* du sixième mois intercalaire de la vingt-sixième année des Chungiong (10 août 1531), une comète *hui* apparut en dehors de la paroi de la division *Thai-Wei.* Sa queue s'étendait sur plus de 10 pieds et sa couleur était blanche. » (*Chungbo Munhôn Pigo,* 6/27b.)

Cette observation unique parle de la couleur de la comète et dit que la queue était longue de 15°, soit plus que ne l'avaient observé les Chinois. Mais la position, comme l'a relevé Kiang, est celle que la comète devait rejoindre douze jours plus tard.

• Observations japonaises : « Le vingt-septième jour du sixième mois de la quatrième année de la période de règne Kyôroku (9 août 1531), une comète *hui* apparut au nord-est entre 5 et 7 heures. Elle mesurait 5 pieds (soit 7,5°), et elle était bleu-blanc. Au cours du septième mois, elle glissa vers le nord-est. » *(K.)*

Venons-en maintenant aux observations occidentales.

B. Vapovio dit que la comète apparut le 1er août, alors que pour Ludovico Guicciardini, la première observation européenne remonterait bien à la fin juillet. Un auteur de l'époque écrit que, le 25 juillet, on vit à Rome une traînée de feu et deux comètes apparurent. Mais Pingré pense aussi qu'il s'agit d'un météore, et non de deux comètes. On la vit jusqu'au 3 septembre ou, plus généralement, selon quelques auteurs, jusqu'au début de septembre. Elle apparut dans de meilleures conditions vers la mi-août, et Paracelse se rappelle l'avoir vue. Pietro Apianus l'observa aussi et, à cette occasion (comme il le rappelle dans le chapitre I), il découvrit, comme de son côté Fracastor, que la queue des comètes est toujours dans la direction opposée au Soleil. Le 13 août, il l'estima longue de 15°, en accord avec l'observation coréenne. Apianus effectua aussi des mesures positionnelles. Pour déterminer les positions occupées par la tête de la comète sur la sphère céleste, il choisit toujours l'heure où l'étoile Arcturus passe par la première verticale, c'est-à-dire par le plus grand cercle sur lequel se trouve le zénith et les points est et ouest. On pouvait donc calculer l'heure de l'observation, exprimée en temps moyen du méridien de Ingolstadt, la ville bavaroise où Apianus fit ses observations. Il mesurait la hauteur de la comète sur l'horizon et l'azimut, de l'ouest vers le nord. Le tableau 4.III donne, pour cha-

TAB. 4.III - POSITIONS DE LA COMÈTE DE HALLEY EN 1531
SELON LES OBSERVATIONS DE APIANUS, RÉUNIES PAR E. HALLEY

Août	Temps		Hauteur observée		Azimut observé		Longitude				Latitude		
	h	m	°	′	°	′	signe	°	′	″	°	′	″
13	8	26	7	56	49	26	4	20	16	0	23	30	10
14	8	22	8	29	45	22	4	24	41	31	23	18	15
15	8	19	9	0	41	21	4	29	1	0	23	1	30
16	8	15	9	43	35	13	5	5	36	15	22	21	40
17	8	11	10	14	30	46	5	10	19	40	21	47	0
18	8	7	10	39	24	42	5	16	37	0	20	36	15
22	7	54	11	25	7	34	6	3	49	0	16	20	40
23	7	50	11	26	3	50	6	7	25	30	15	13	40

que observation, le jour et l'heure de l'observation [1], la hauteur et l'azimut mesurés par Apianus, la longitude et la latitude calculées à partir de ces éléments avec une simple transformation de coordonnées. Le tableau est celui que refit Halley, qui calcula les données de la deuxième colonne et recalcula celles de la cinquième et de la sixième avec une précision plus grande qu'Apianus, qui ne disposait pas encore des logarithmes.

Les observations d'Apianus, qui vont du 13 au 23 août, furent partiellement illustrées par Lubienietz plus d'un siècle plus tard (fig. 4.20). Il cessa sans doute son observation dans les jours qui suivirent, car la comète s'était affaiblie et la Lune, pleine le 27 août, était trop éclatante. Ce sont des observations assez grossières, en raison de la méthode qu'il utilisa et de l'imprécision de ses instruments. Mais elles furent assez bonnes pour que Halley puisse calculer les éléments orbitaux de la figure 2.11, et découvre, en les comparant avec ceux des comètes de 1607 et 1682, qu'ils correspondaient tous à une seule et même comète. Mais le parcours sur la voûte céleste (fig. 4.21) a été déduit de l'orbite définitive calculée à partir de toutes les observations des six derniers passages.

Fracastor a, lui aussi, observé et décrit ce passage. Il a parlé d'une comète observée au mois de septembre de l'année 1531. Mais tout ce qu'il rapporte concorde parfaitement avec les observations d'Apianus et avec la reconstruction des circons-

1. Les heures sont comptées à partir de midi. En lieu et place de 8 h 26′, on doit donc lire 20 h et 26′, etc.

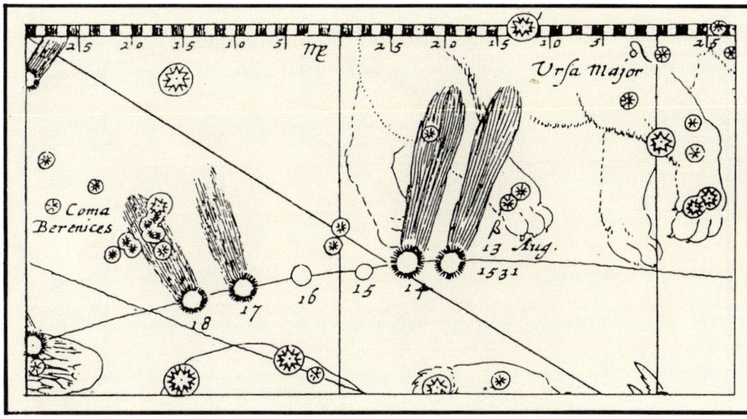

Fig. 4.20 La comète de Halley entre le 13 et le 18 août 1531, telle qu'elle fut dessinée dans l'ouvrage de Lubienietz sur la base des observations d'Apianus.

tances de l'apparition sur la base des éléments orbitaux. On peut donc penser, comme le suggéra Pingré, que Fracastor écrivit ou se rappela mal le mois, mais pas les jours, et que, pour rendre ses observations acceptables, il suffit de lire « août » chaque fois qu'il écrit « septembre ».

Pour ce passage aussi, Kiang néglige presque complètement les observations orientales. Il dit textuellement : « Les observations chinoises, coréennes et japonaises sont données par Ho-547. Elles ne sont pas assez précises pour être utilisées. » En effet, même si les observations d'Apianus sont imprécises, et si celles de Fracastor font une confusion dans le mois, les rapports des observations sont qualitativement différents. Les observations orientales dont nous disposons, même les meilleures, ne sont rien d'autre que de simples descriptions de positions que nous pouvons transformer, plus ou moins bien, en positions chiffrées alors que les observations européennes, dès 1531, constituent de véritables mesures dont les astronomes ont trouvé et donné eux-mêmes les valeurs. Et si, en 1435, Toscanelli était encore l'exception, désormais l'observation est systématique et publique. Les différences, d'un passage sur l'autre, ne seront plus que quantitatives, en ce sens que les valeurs qui expriment les positions calculées par les astronomes européens, seront toujours plus précises.

Biot III, p. 71 ; Ho, p. 209 ; Holetschek I, p. 418 ; Kiang, p. 46 ; Pingré I, p. 487 ; Ye et K, p. 644.)

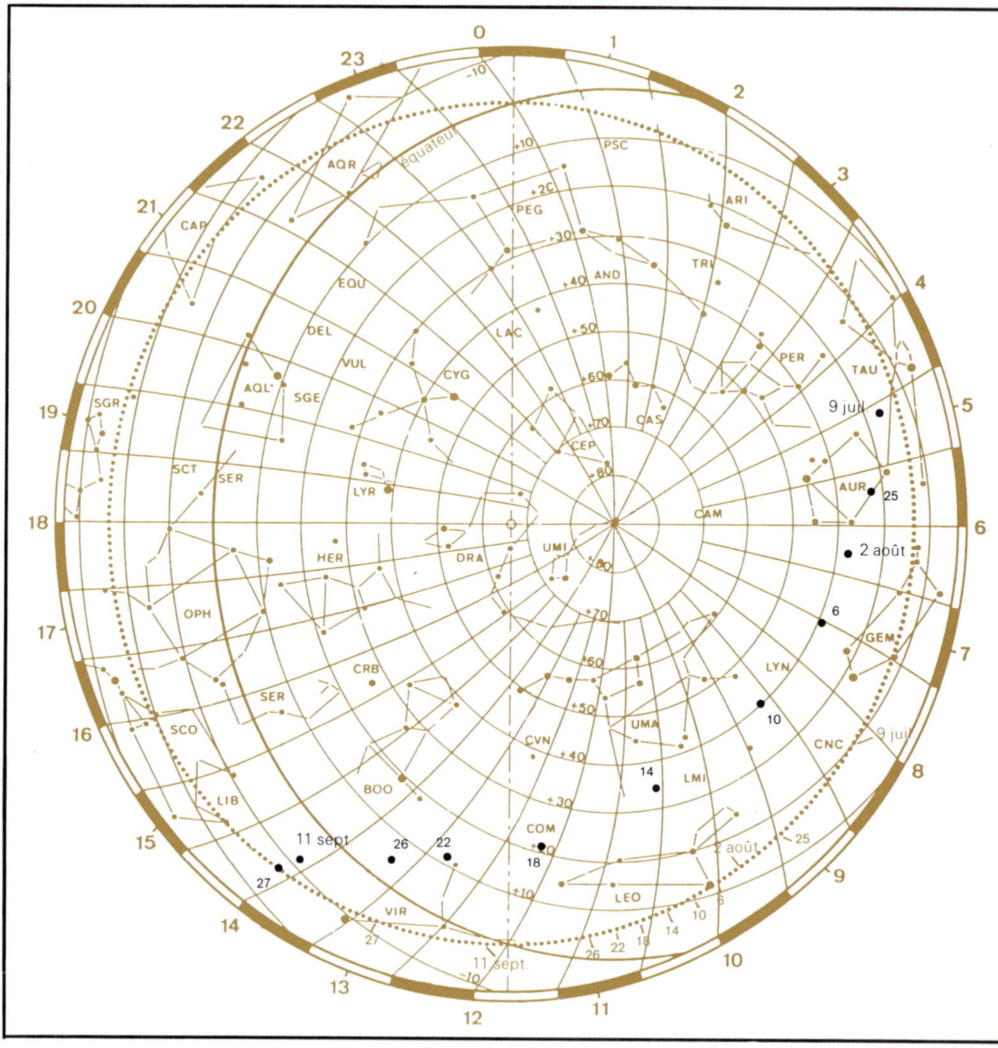

Fig. 4.21 En noir, parcours de la comète de Halley sur la sphère céleste au cours de son apparition de 1531.

1607

(T_{calc} = 27,54 octobre; T_{obs} = 27,06 octobre; pleine Lune :5 septembre, 5 octobre.)

Le passage de 1607 fut observé par de grands astronomes dont le plus prestigieux, Kepler. Le soir du 26 septembre, l'astronome allemand la découvrit après minuit, à la fin d'un spectacle de feux d'artifice, quand, à la demande d'un ami, il tourna son regard vers les étoiles. Mais il ne fut pas le premier qui la signala car, comme il l'apprit par la suite, un moine de Schwaben l'avait déjà observée le soir du 23.

Kepler l'estima plus grande et plus lumineuse que les étoiles voisines. Il ne signala pas de queue, mais il interrogea d'autres personnes qui lui dirent en avoir vu une. Le lendemain matin à 3 heures, il la vit en effet clairement : elle était assez longue. Il la suivit jusqu'au 26 octobre. Il n'utilisait pas d'instruments, mais estimait la position à l'œil nu en prenant des étoiles pour référence et le temps à l'horloge publique. Ses observations sont pourtant précises, et ses résultats intéressants : il trouva la parallaxe beaucoup trop insignifiante pour que l'objet en question fasse partie du monde sublunaire.

De ses observations, on peut déduire que vers le 1er octobre, la comète fut en conjonction avec le Soleil et que son mouvement apparent ralentit pour devenir, finalement, rétrograde. Après le premier jour, on vit toujours mieux la queue, ce qui incita Kepler à penser que la comète se rapprochait du Soleil (elle passa en effet au périhélie le 27 octobre), même si elle parcourait une ligne droite, comme il le dessina et le publia (fig. 4.22). Son *De Cometis libelli tres* (1619) contient ses résultats.

Alors que Kepler observait la comète depuis Prague, Longomontanus la suivit de Copenhague et Malmö. Ses observations sont regroupées dans l'annexe de l'Astronomie danoise, publiée

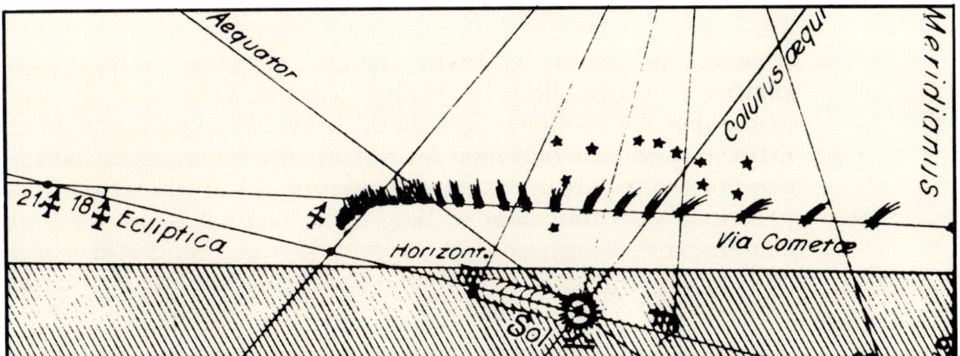

Fig. 4.22 Mouvement apparent de la comète de Halley en 1607, tracé par Kepler.

en 1622. On retrouvera bien plus tard d'autres observations importantes que firent W. Lower et T. Harriot. Manuscrites, elles furent publiées par le baron von Zach dans le premier *Supplementband zum Berliner Jahrbuch.*

Les Chinois observèrent, eux aussi, la comète. Ils furent même les premiers, puisqu'ils la signalent dès le 21 septembre. Ils ont, à ce jour, gardé cette primauté, mais ont été largement dépassés par les Européens pour la dernière observation : s'ils la virent jusqu'au 12 octobre, l'Europe continua ses observations régulières pendant quatorze autres jours. Selon Hind, c'est G.W. Wendelin qui la vit le dernier, le 5 novembre. Par leur nombre et leur qualité, les observations européennes ont été nettement supérieures aux orientales [1].

Nous avons parlé des observations de Kepler. Voyons maintenant celles d'autres observateurs qui nous permettront d'avoir une vision globale de ce passage.

Longomontanus commença à enregistrer la comète le 28 septembre. Il estima que sa tête avait l'éclat de Jupiter, mais l'aspect plombé de Saturne. Sa queue semblait assez longue et dense, peut-être plus compacte que les queues des autres comètes, avec le même aspect de la tête, « livide et subsaturnien ». Elle devait être de magnitude zéro. Lower, le soir précédent, avait estimé son noyau aussi brillant que les étoiles principales de la Grande Ourse, de magnitude 2 environ. D'ailleurs, Thomas Harriot, le 1er octobre, confirmait l'accroissement constant de sa luminosité puisqu'il dit que la comète avait le « corpus aequale Arcturo », soit une tête encore autour de 0^m.

Harriot, cet homme aux multiples intérêts, donna beaucoup à la science. On ne le juge pas à sa juste valeur, car il fut trop réservé. Astronome et mathématicien, il observa les taches solaires et les satellites de Jupiter, comme Galilée, mais il ne publia pas ses résultats. Fondateur de l'école anglaise d'algèbre, il fut le premier à exprimer les expressions algébriques par des symboles plutôt que des raisonnements. Il introduisit aussi les notations qui nous sont si familières, comme les indices, et, semble-t-il, les signes $>$ et $<$ pour « plus grand » et « plus petit ». A vingt-cinq ans, il alla en Virginie et fut le premier

1. Les quelques observations chinoises que nous rapportons sont contenues dans MS 27/12b ; w 340 ; Biot I.

Anglais qui étudia et décrivit l'histoire naturelle de l'Amérique du Nord. C'est lui qui rapporta du Nouveau Monde les plants de tabac et de pomme de terre. Tous ces détails de sa vie sont aussi peu connus que ses observations de 1607, qui sont pourtant les plus complètes et les plus précises.

Examinons-les en partant des cinq estimations de la magnitude de la tête :

1er octobre	corpus aequale Arcturo	$0^m,0$
8 octobre	corpus lucidum 2.mag	2^m
9 octobre	corpus 2.mag et satis clarum	2^m
13 octobre	corpus minus 2.mag	$2^m,3$
23 octobre	corpus = p fere (ζ Ophiucus)	$2^m,8$

Sa dernière estimation concorde parfaitement avec l'annotation de Kepler sur la tête qui, dans le crépuscule du 22 au 26 octobre, vers la fin de l'apparition, devint toujours plus petite et ressemblait plus à une nébuleuse qu'à une étoile. Elle était presque égale à l'étoile du genou d'Ophiucus, soit environ 2,7 m.

On vit mieux la queue, presqu'absente au début, après la pleine Lune du 5 octobre. D'abord courte, elle fut toujours plus longue pour atteindre 8° à 10°.

Mais les mesures positionnelles de Harriot sont d'une telle précision qu'elles aidèrent le jeune Bessel, plus de deux siècles après, à obtenir les éléments orbitaux les plus exacts. Bessel utilisa dix observations : une de Kepler, une de Longomontanus et huit de Harriot. Son résultat fut amélioré en 1972 par Kiang qui, après un examen scrupuleux, conclut qu'il devait y avoir une erreur horaire dans l'observation du 28 septembre et que le passage au périhélie, que Bessel avait fixé au 26 octobre à 17 h 34, devait être retardé de 8,16 heures. Il arriva donc au 27 octobre à 1 h 30.

La figure 4.23 montre comment la comète de Halley apparut en 1607, selon un dessin d'Hevelius, publié dans sa *Cométographie.* La figure 4.24 indique, elle, comment la comète et le Soleil se déplacèrent sur la voûte céleste, du 24 août au 14 décembre, selon un schéma déjà adopté pour d'autres passages. A cette époque, un astronome célèbre que nous n'avons pas croisé parmi les admirateurs de la comète, accomplissait de grandes révolutions : Galileo Galilei. L'observa-t-il ? Ce qui est sûr, c'est qu'il fut informé de son apparition par deux de ses

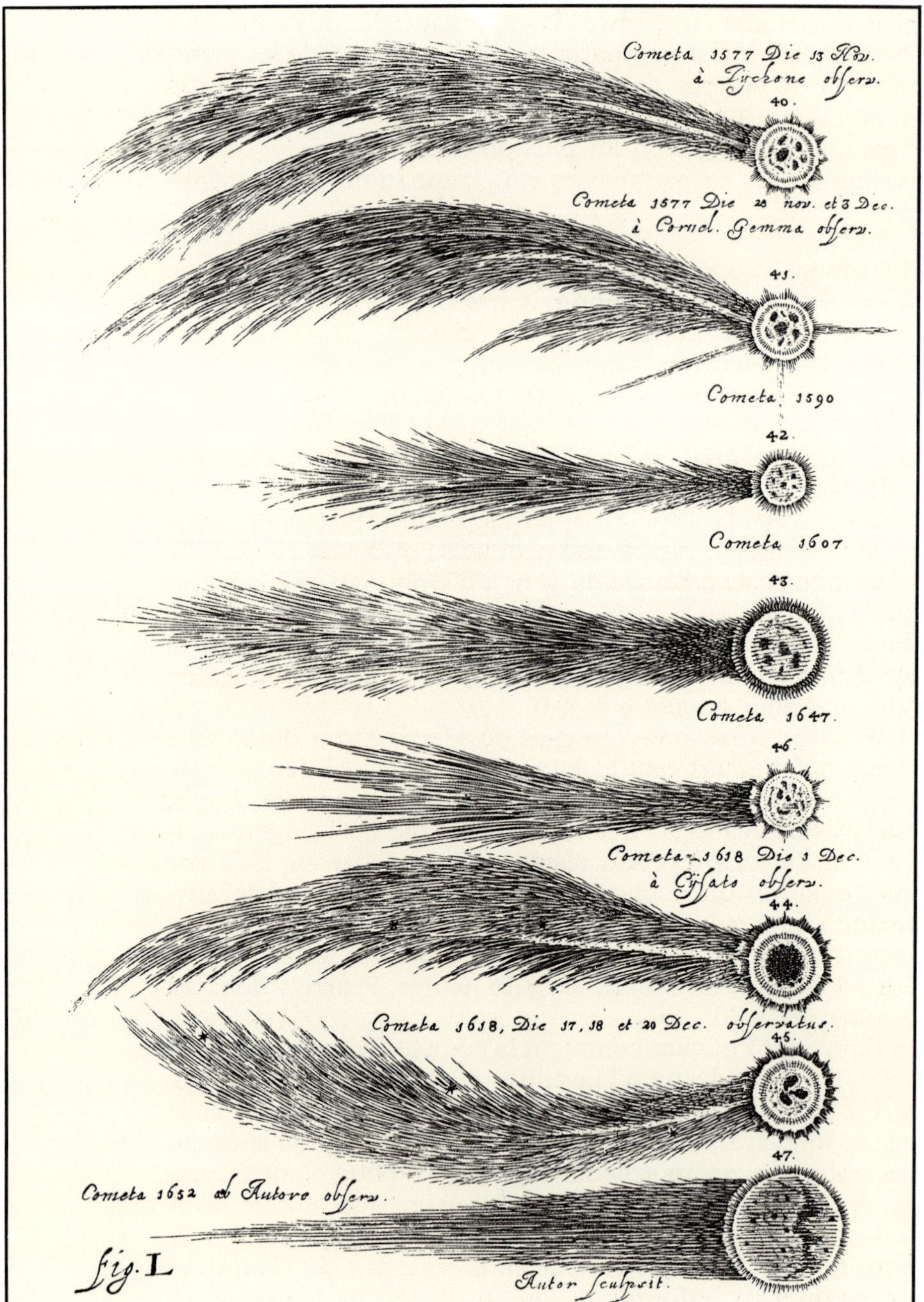
Cometa 1577 Die 13 Nov. à Tychone observ.
40.
Cometa 1577 Die 28 nov. et 3 Dec. à Cornel. Gemma observ.
41.
Cometa 1590
42.
Cometa 1607
43.
Cometa 1647.
46.
Cometa 1618 Die 1 Dec. à Cysato observ.
44.
Cometa 1618, Die 17, 18 et 20 Dec. observatus.
45.
47.
Cometa 1652 ab Autore observ.
Fig. L
Autor sculpsit.

amis au moins. Raffaello Galterotti lui écrivit une lettre, le 20 octobre 1607, de Florence : « Je vous fais part de la naissance d'une comète : elle est apparue le 27 septembre 1607 vers 7 heures de la nuit dans la Grande Ourse et correspond à 18° du Lion. En trois jours, elle marcha vers midi au point de passer au-dessus d'Arcturus et de former, avec lui et la lumière de la Couronne, un triangle parfait. Puis, en trois semaines, elle a accompli autant de chemin à travers le Serpent qu'elle en avait fait les trois premiers jours. Hier soir, elle était au voisinage de l'étoile de la cuisse gauche d'Ophiucus et en allant couper l'écliptique à 15° du Sagittaire environ, elle renouvela ce qu'avait fait l'autre comète de 1604. »

Le père Benedetto Castelli envoya à son confrère D. Ermagora de Padoue des observations plus détaillées et plus précises, dans une lettre datée du 24 octobre qu'il demandait à ce dernier de bien vouloir remettre à Galilée. Le père Castelli se trouvait à l'époque à Cava dei Tirreni où se tenait le chapitre général de son Ordre. Grand dignitaire, il y assistait. Il observa la comète plusieurs soirs et voilà ce qu'il écrivit :

« Très Vénérable Père Très Respecté,

« Le 10 du mois d'octobre courant, me retrouvant dans une loggia, le soir, en plein air, comme j'en ai l'habitude pour regarder les étoiles, je vis une lumière, je veux plutôt dire une comète, dans la partie occidentale. Elle avait la grandeur des étoiles de la première magnitude encore que, quelque peu obscurcie, elle ne faisait pas trop belle figure, avec une queue ou une irradiation tendue justement vers l'Orient, qui s'en allait, diminuant de splendeur dans son extrémité de sorte qu'on ne pouvait pas très bien se représenter sa longueur. Mais, en gros, elle semblait avoir 7° environ. Parce que j'étais dans les appartements de mon Révérend — ma chambre est adjacente à la sienne — je ne pus, ce soir-là, faire d'autres observations. Et pour d'autres occurrences, à mon grand déplaisir, la chose ne me fut plus possible jusqu'au 11. Le 12, je constatai du mieux que je pus que ladite apparence se retrouvait justement dans la ligne d'équinoxe du 237e degré, commençant par la section du premier degré du ♈ avec l'équinoxe. Le soir suivant, il ne me fut pas possible de l'observer. Le 14, elle s'était déplacée entre

Fig. 4.23 (Ci-contre), la comète de Halley au cours de son passage de 1607, dessinée et gravée par Hevelius dans sa *Cométographie*, avec cinq autres comètes apparues entre 1577 et 1652.

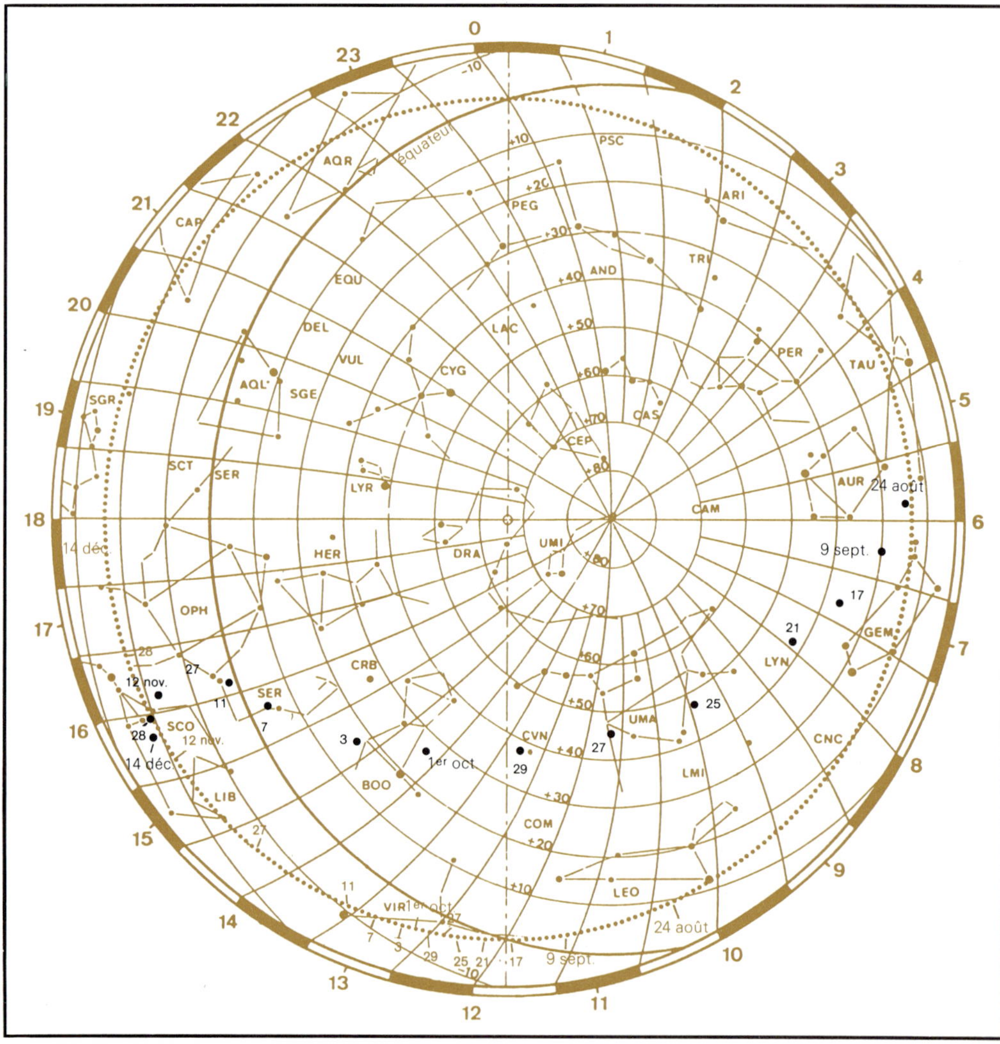

Fig. 4.24 **En noir, parcours de la comète de Halley sur la sphère céleste du 24 août au 14 décembre 1607. L'arc de trajectoire observé va du 23 septembre au 26 octobre.**

l'étoile de magnitude 3 qui est dans la main gauche d'Esculape, et cette autre, plus méridionale, qui prend place entre le pied du Scorpion et les cuisses d'Esculape. De la sorte, en étant plus occidentale que lesdites deux étoiles, elle formait avec elles un isocèle dont la base était la distance entre les deux étoiles. La perpendiculaire de la comète à la base était la troisième partie de ladite base. Le 15, elle s'était déportée plus au sud, au point qu'elle formait un losange avec l'isocèle de la veille : dès lors, je me suis demandé si, le 12, elle n'avait pas été plutôt en 236, et non en 237, car ceci correspondrait mieux à un mouvement décrivant un cercle plus grand. Les soirs suivants, elle se fit toujours plus méridionale, jusqu'à ce que, le temps ayant changé, une si plaisante vision me fût enlevée : nous sommes le 24 maintenant, le Soleil s'est déjà rapproché et une montagne se dresse à l'horizon qui nous empêche de mieux voir notre site, si bien que je ne puis faire d'autre observation le soir. Je soupire en pensant à l'ampleur de votre horizon, et plus encore à celle de votre conversation. Je raisonnerais volontiers avec vous de vive voix, de la comète et d'autres choses aussi, que je glane ici et là dans ma journée.

Vous me feriez plaisir en me donnant des nouvelles de mon cher M. Galilée et, si vous le pouvez, communiquez-lui cette lettre. Au cas où S.S. aurait noté la susdite apparente en faisant une observation plus exacte, j'aimerais en avoir copie. Écrivez-lui que j'ai le désir de le servir, conformément aux grands mérites qu'on lui connaît. »

Galilée, nous en sommes sûrs, eut cette lettre entre les mains puisqu'on l'a retrouvée dans ses papiers. Au verso, comme à son habitude, Galilée avait écrit le nom de l'expéditeur : « D.Ben.^{to} »

Mais on ne sait quand même pas si Galilée observa, ou non, la comète. A cette époque, il était très pris par la polémique qui l'opposait à Balthazar Capra au sujet de son *Compas Géométrique et Militaire*, et il était plongé dans l'étude de l'armature des aimants. D'ailleurs, il ne s'intéressait pas tellement à l'observation des comètes qu'il ne considérait pas comme des objets astronomiques. Par la suite, il devait longuement exposer ses idées sur les comètes en polémiquant avec le père Grassi, plus proche que Galilée de la réalité. Dans cette lettre du père Castelli, on note qu'il dit de la comète qu'elle n'est qu'une « apparence », en conformité aux opinions de Galilée.

Mais nous vivions là les dernières décennies de l'ancien système du monde. Il y avait bien encore quelques personnes qui pensaient que les comètes n'étaient pas des corps célestes, mais un siècle plus tard, Halley publierait son travail où il annoncerait que l'astre, suivi depuis deux millénaires, était un corps circulant autour du Soleil comme les planètes et, obéissant à la loi de la gravitation universelle, il revenait tous les soixante-dix-sept ans.

(Biot I, p. 56 ; Delambre, pp. 285 et 474 ; Holetschek I, p. 446 ; Kiang, p. 45 ; Pingré II, p. 3, Vsek, p. 113.)

1682

(T_{calc} = 15,28 septembre ; T_{obs} = 14,80 septembre ; pleine Lune : 18 août, 16 septembre.)

Quand la comète apparut en 1682, l'Europe était encore impressionnée par celle qui était passée en 1680 et avait été bien visible. Elle ne suscita donc pas l'intérêt de la précédente. Comme l'écrivit plus tard Lalande, « on ignoroit que la plus petite alloit devenir la plus intéressante, et qu'elle seroit célèbre pour jamais, lorsque nous aurions appris, par elle, à connoître toutes les autres ».

Les Jésuites d'Orléans, les premiers, la virent le 23 août. Cassini la suivit du matin du 26 août au 21 septembre et ses observations furent regroupées et publiées en 1759 par Cassini II. Hevelius, qui avait engagé un groupe d'observateurs chargés de ne pas quitter le ciel des yeux, fut avisé par l'un d'eux et la vit à 3 heures, ce même matin du 26 août. G. S. Dörffel la suivit depuis Plauen, du 25 août au 12 septembre. Quand il la vit pour la première fois, la queue semblait à peine longue de 2°, mais sa tête était déjà de magnitude 1, éclat qu'elle n'outrepassa jamais.

Les jours qui suivirent la découverte, on put l'observer encore le matin, puis le matin et le soir et, enfin, au mois de septembre, le soir seulement. Son parcours apparent sur la voûte céleste et sa position par rapport au Soleil sont indiqués dans la figure 4.25. Son éclat oscilla de 1^m à 2^m. Le 20 septembre, elle atteignit la magnitude 3. La longueur de sa queue sembla égale ou supérieure à 10° du 27 août au 2 septembre. Sa longueur maximale, estimée par Picard le matin du 29 août à Paris, avant le coucher de la Lune, était de 30° environ. Après le 8 septembre, sa longueur parut toujours inférieure à 3°, sans doute réduite par l'éclat de la Lune, pleine le 16 septembre. La pleine Lune précédente avait eu lieu le 18 août, et ceci explique sans doute qu'on ne l'ait pas découverte plus tôt. A cette époque, l'éclat de la comète augmentait rapidement, on ne la vit donc que quand elle était déjà à son maximum.

pourrait présager : bien que je n'ignore pas que de tels météores proviennent de causes naturelles, ils sont souvent aussi les présages de malheurs imminents. »

On trouve un commentaire similaire dans le journal de John Evelyn, un ami de Thoresby. Il est écrit cinq jours plus tôt : « 20 août [30 août] 1682. Cette nuit, je vis une autre comète près du Cancer, très brillante, mais avec une queue moins longue que celle de la précédente. »

Par « précédente », Evelyn entendait, bien sûr, la grande comète qui avait impressionné le monde entier en 1680. Et, poursuivant, il commenta ainsi l'apparition de la comète de 1682 : « Ce que celle-ci peut présager, seul Dieu le sait. Mais un autre phénomène de ce genre me revient. Je me souviens d'avoir vu un autre phénomène semblable à l'époque du procès du grand comte de Strafford, qui précéda notre rébellion sanglante. Je prie Dieu de détourner Ses punitions ! Récemment, nous avons eu différentes comètes et, bien que je sache qu'elles apparaissent pour des raisons naturelles et n'agissent pas (sur la Terre), je ne peux les sous-estimer. Elles peuvent être des avertissements de Dieu, comme elles sont communément les messagères de Ses reproches. »

Si la comète de Halley pouvait susciter ce genre de craintes chez ceux qui les considéraient quand même comme des phénomènes naturels, imaginons ce qu'elle déchaînait de terreurs chez une personne inculte ! Sans que nous ayons besoin de forcer notre imagination, lisons ce prospectus qui circula à l'occasion de ce retour en Europe centrale, où la comète avait affolé une grande partie de la population (fig. 4.28). Il y a là une illustration de ce que nous sommes capables de voir dans le ciel quand nos fantasmes et nos peurs influencent notre œil. Un exemplaire de ce prospectus se trouve à l'observatoire de Pulnitz, en Allemagne du sud :

Titre : Représentation détaillée et véritable description du phénomène céleste terrifiant et de la surprenante étoile merveilleuse observée en Hongrie et dans les pays limitrophes.

Texte : Cher lecteur, tu as sous les yeux un terrible phénomène céleste, et d'autres événements (énumérés dans le rapport fidèle qui suit), au moyen desquels le Dieu Tout-Puissant a épouvanté notre Hongrie bien-aimée et, en même temps, averti la Chrétienté d'avoir à faire pénitence. Cette merveille céleste a été vue pour la première fois le 1er janvier 1682, au-dessus de la forteresse de Neuhäusel. Le 10 février, et quelques jours de

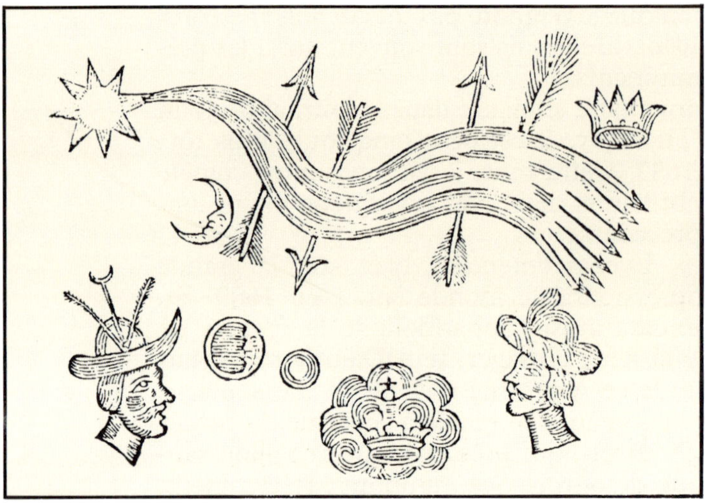

Fig. 4.28 Figure mise en tête du tract qui circulait en Europe centrale en 1682. La comète est reproduite avec force imagination et détails inventés.

suite de la même année, on l'a observée à Leopoldstatt au-dessus des montagnes Galtgozienser à 4 heures du matin.

L'étoile pointait vers la Moravie, sa queue vers la Turquie. Elle était très grande et brillante, non pas comme le feu, mais blanche comme la lumière de la Lune. Sa queue avait des courbes serpentant comme un éclair. Elle était transpercée de plusieurs flèches et, vers la fin de la queue, il y avait quelque chose qui ressemblait à un éventail de plumes turc. Sa queue se terminait par sept pointes de flèches dirigées contre la Turquie. Sur la fin de la queue, il y avait une couronne, tandis qu'on voyait une autre couronne entourée de nuages au-dessous de la partie centrale de la comète. Dans les parages, apparurent la tête de deux Turcs et quelques faces de Lune, qui étaient en partie comme des balles. A vue d'œil, la longueur entière du prodige était de vingt bras.

L'observation a été gênée par la splendeur du Soleil qui (en surgissant) déroba très vite le spectacle à nos yeux. Nous sommes sûrs que le phénomène céleste était un terrible avertissement pour la Nouvelle Année ; son interprétation, nous la laisserons à Dieu Tout-Puissant qui tourne ses flèches menaçantes vers les ennemis de son Église et dont la grâce nous donne un cœur vigilant et emporte loin de nos maisons toutes nos misères.

Méditation : Avec raison Dieu avertit par de terribles prodiges.
Quiconque leur résiste ou les méprise
En continuant sa route honteuse dans la disgrâce
Et celui qui ne veut jamais recevoir la grâce du Seigneur,
Parce qu'il a toujours refusé cette grâce.
Fais attention, faible monde, et laisse que cette merveille
T'entraîne à la pénitence.

La lecture de cette feuille est tout à fait impressionnante. Les erreurs de date, la déformation de l'aspect de la comète, les détails rajoutés pour laisser encore plus libre cours à l'imagination sont arbitraires et typiques du Moyen Age.

Ces témoignages sont particulièrement significatifs car ils démontrent que même si on était désormais convaincu que les comètes étaient bien des phénomènes naturels, la peur de ce qu'elles pouvaient annoncer, calamités ou signes de Dieu pour blâmer ou avertir les hommes, était encore universellement répandue. On ne l'extirperait que si on arrivait à démontrer que, dans certains cas au moins, le phénomène était périodique. Il y eut des gens courageux qui s'y risquèrent dès ce passage. Picard nota que le parcours apparent de la comète de 1682 ressemblait à celui de la comète apparue en 1531, et il l'écrivit dans une lettre publiée à Padoue en 1682. Il utilisa cette ressemblance pour mettre en garde les astrologues italiens qui s'apprêtaient à y lire de funestes présages. Il avait compris que s'il s'agissait d'une seule et même comète apparue deux fois, c'est-à-dire d'un corps céleste qui revenait régulièrement parce qu'il parcourait une orbite fermée, la croyance astrologique et divine des comètes en serait mortellement frappée. Mais il ne put, malheureusement, le démontrer ; il ne put même pas, nous l'avons vu, terminer ses observations. C'est Halley qui le fit, laissant à la postérité la joie d'une vérification essentielle et plus que nécessaire.

(Classen, Eddington, Hawks, Holetschek I, p. 490 ; Lalande, p. 38 ; Ledger, Lwt, Lynn II, Pingré II, p. 28, Rosenberger.)

1759

(T_{calc} = 13,06 mars ; pleine Lune : 13 janvier, 12 février, 13 mars, 12 avril, 12 mai, 10 juin.)

Le retour de 1759 advint à une époque tout à fait significative. L'Europe connaissait les troubles de la Guerre de Sept ans, mais elle vivait aussi le Siècle des Lumières. La Raison retrouvait enfin ses droits : comme rarement dans l'histoire, les hommes en saisissaient l'importance fondamentale pour la connaissance du monde, et ils vivaient cette redécouverte de toute leur énergie. Hume en Angleterre, Lessing en Allemagne, Genovesi en Italie étaient des points de référence pour la pensée. En 1755, Kant avait publié, anonymement, le petit volume *Theorie des Himmels,* dans lequel il acceptait les idées de Newton et jetait les bases de la cosmogonie moderne. Les structures philosophiques, religieuses, scientifiques et politico-sociales étaient en effervescence et, parfois, subversives. Les forces conservatrices tentaient de s'y opposer, mais nombre de monarques, qui avaient compris l'importance et la force de ce réveil culturel, se disputaient les savants. En passant facilement d'un pays à l'autre, ces derniers favorisèrent l'échange et l'expansion des idées nouvelles. Académies et sociétés scientifiques fleurissaient à Erfurt, Munich, Gottingen, Turin. A Londres, on avait créé le British Museum en 1753. A Moscou, l'Université était fondée à l'initiative de Lomonossov, un esprit éclectique bien de son temps, et elle porte aujourd'hui son nom. Le King's College était créé en Amérique, qui allait devenir la Columbia University.

Mais c'est surtout en France que se trouvaient toutes les nouvelles idées. Dès 1751, l'Encyclopédie de Diderot et d'Alembert était publiée, cette œuvre immense à laquelle collaborèrent les plus grands penseurs français du XVIIIe siècle. Parallèlement, la culture nouvelle se répandait à travers les ouvrages de Rousseau, Volaire, Condillac, Helvetius, Buffon, Montesquieu. Dans les milieux cultivés, le français supplantait peu à peu le latin. En effet, le latin était encore le seul véhicule autorisé de la culture. Cette langue universelle constituait le premier cas de suprématie d'une langue « officielle » sur une langue nationale.

Dans cette atmosphère où la raison s'appuyait sur la science pour s'affirmer, le retour d'un corps céleste, prévu rationnellement, représentait une victoire splendide de l'esprit du temps. Sans compter que le corps céleste en question était l'un de ceux qui avaient été le plus associés à l'obscurantisme et à l'irrationnel. Pour la première fois, on attendait le retour de la comète. Si les conservateurs souhaitaient qu'il n'eût pas lieu, les savants, anxieux et confiants à la fois, craignaient qu'il ne convainquît pas tout le monde.

Nous avons déjà rappelé les initiatives de Lalande et Clairaut, leurs calculs fixant à la mi-avril 1759 le passage au périhélie et l'annonce officielle qu'en avait fait Clairaut en novembre 1758. Cette prévision s'appuyait uniquement sur la théorie. Pour devenir une découverte et se trouver confirmée, il fallait calculer les époques et la trajectoire de la comète dans le ciel afin de ne pas la manquer. Mais la date du passage au périhélie n'était pas sûre, et il y avait autant de parcours prévisibles que de dates possibles.

L'un des premiers qui appliquèrent cette méthode pour chercher la comète fut le Hollandais D. Klinkenberg. Depuis plus de sept ans, il calculait les principaux points de quatorze parcours différents qui correspondaient à autant d'hypothèses sur le passage au périhélie entre le 19 juin 1757 et le 15 mai 1758.

Mais J.N. Delisle (fig. 4.29), le célèbre astronome français qui avait passé plus de vingt ans en Russie où il avait fondé l'observatoire de Saint-Pétersbourg, affronta le problème différemment et de façon plus originale.

Dès son retour en France, en 1747, il travailla à l'observatoire de la Marine à l'hôtel de Cluny, et compta parmi ses nombreux élèves, Messier et Lalande. Delisle partit de l'idée que pour savoir où la comète réapparaîtrait, il fallait savoir quand, c'est-à-dire combien de temps avant son passage au périhélie. Il fallait donc déterminer le moment où elle serait assez proche du Soleil pour qu'il l'éclaire et la rende visible à nos yeux. Delisle se référa aux rapprochements de 1531, 1607 et 1682 et puisque, pour ce retour de 1759, on pouvait trouver sa trace à la lunette avant qu'elle ne devienne visible à l'œil nu, il en conclut qu'on pourrait la voir entre vingt-cinq et trente-cinq jours avant son passage au périhélie. Il prit pour orbite celle de 1682 et calcula en quel point orbital elle se trouverait trente-cinq jours avant ce passage au périhélie. Sa projection sur la voûte céleste ne dépendait plus alors que de celle de la Terre. Comme nous l'avons vu (fig. 3.1), la Terre se déplaçant au cours de l'année, le point de l'orbite en question se projette sur divers points de la voûte céleste. Delisle détermina, pour toute l'année, de cinq jours en cinq jours, les positions apparentes à la date présumée du rapprochement. Il répéta la chose au cas où le rapprochement se produirait vingt-cinq jours avant le passage au périhélie et dessina une autre courbe. Puis il reporta sur une planisphère céleste tous les points trouvés, qui se dis-

Fig. 4.29 Les acteurs des retrouvailles de la comète de Halley en 1758-1759. Palitzsch (à gauche), l'astronome non professionnel qui, le premier, la découvrit ; Messier (ci-contre, à gauche), le professionnel débutant qui la trouva, indépendamment du premier, près d'un mois plus tard ; Delisle (ci-contre, à droite), le célèbre astronome qui n'a pas su perdre.

posèrent en deux courbes ovales, l'une plus grande que l'autre. On pouvait ainsi savoir où il fallait chercher la comète dans le ciel, n'importe quelle nuit de l'année. Quand on l'aurait repérée, on pourrait calculer la date de son passage au périhélie : il suffirait alors de voir sur quelle courbe elle se situait, sur la « 25 » ou sur la « 35 ». Si c'était une autre courbe, une simple interpolation des deux suffirait à donner le nombre de jours recherché.

Delisle confia la recherche au jeune Charles Messier (fig. 4.29) qui avait déjà travaillé pour lui en 1751 comme dessinateur et copiste. Messier la chercha pendant un an et demi,

suivant entre-temps une autre comète*. Le 26 mai 1758, en effet, De la Nux, qui se trouvait sur l'île de Bourbon ** dans l'océan Indien, avait découvert une comète très lumineuse dans la lumière du crépuscule. Les Européens ne la virent et ne la suivirent que plus tard, après son passage au périhélie, quand elle était déjà très affaiblie. On crut d'abord que cette comète était celle de Halley, qu'on attendait impatiemment, mais les observations montrèrent une orbite tout à fait différente. Messier suivit la comète de De la Nux du 15 août au 2 novembre, et accomplit une série d'observations précises qui lui permirent d'en calculer l'orbite exacte. Il continuait quand même à chercher la comète de Halley, mais il n'eut pas de chance car, aux mois de novembre et décembre, le ciel de Paris fut tout le temps couvert.

* Charles Messier (1730-1817) découvrit 21 comètes et dressa en 1781 un catalogue de 103 nébulosités galactiques ou extragalactiques. (N.d.É.)

** La Réunion. (N.d.É.)

Plus à l'est, les observateurs eurent plus de succès. Les 25 et 27 décembre, Johann G. Palitzsch (fig. 4.29) la vit, le premier, de Prohlis, près de Dresde, qui brillait dans le ciel de la Saxonie. Il en informa immédiatement le Dr Hoffman, qui put l'observer à son tour pendant la nuit du 28. A Leipzig, après une longue période où le ciel resta couvert, un autre astronome l'observa les 18 et 19 janvier 1759. Après s'être assuré qu'il s'agissait bien de la comète de Halley, il dressa une espèce d'éphémérides jusqu'au 13 mai. Ses résultats furent aussitôt publiés dans un opuscule, mais les astronomes français n'en eurent pas connaissance. On peut trouver étrange qu'une nouvelle aussi importante ne se soit pas immédiatement propagée, mais il faut rappeler qu'en plus des communications très mauvaises à l'époque, une guerre frappait justement la Saxonie.

Enfin, le 21 janvier, la nuit fut pure et claire, même à Paris. Messier, qui explorait le ciel dans la zone indiquée par Delisle, avec un télescope newtonien de 4,5 pieds, vit une nébuleuse faible vers 7 heures du soir, qui ressemblait à la comète qu'il avait suivie quelques mois auparavant. Elle était à proximité de l'étoile λ des Poissons et semblait un petit flocon de magnitude 7, au diamètre de 2′ et 15″, sans queue. Peut-être n'était-ce pas la comète, mais vraiment une nébuleuse ? Messier la dessina, en détermina la position par rapport aux étoiles voisines, et attendit la nuit suivante pour voir si elle s'était déplacée. Il n'y avait pas, à l'époque, de catalogues détaillés d'objets pouvant ressembler à des nébuleuses au télescope, et que l'on confondait abusivement avec des comètes. Messier en dressa d'ailleurs un plus tard, qui regroupait les objets à écarter dans la chasse aux comètes, ce qui lui permettait de contrôler immédiatement si une nébulosité était ou non une comète sans avoir à attendre la nuit suivante. C'est ainsi que, sans le vouloir, il dressa le catalogue des plus beaux objets célestes, signalés de nos jours par un M suivi d'un numéro. Et c'est ce M, initiale de son nom, qui le rappelle encore au souvenir de tous ceux qui étudient le ciel.

Mais revenons à ce soir de janvier 1759. La nuit passa, le jour suivant aussi et enfin, le soir du 22, Messier put revoir la petite nébuleuse de la veille au soir. Elle s'était vraiment déplacée. C'était une comète, et puisqu'elle se situait dans la zone prévue, elle était sans aucun doute celle qu'on espérait. Messier l'observa encore au cours des nuits des 22, 23, 24, 25, 27, 28 et 31 janvier, au milieu des nuages, puis les 1er, 3 et 4 février. Les

26, 29 et 30 janvier, le ciel était complètement couvert, puis le 2 février, puis, sans discontinuer, du 5 au 10. Enfin, le 11 février, Messier réussit à revoir la comète et à en mesurer la position une fois de plus. Mais elle était basse sur l'horizon quand on regardait à l'ouest de l'observatoire de la Marine. Le 12 février, profitant d'une éclaircie vespérale, il la vit après le coucher du Soleil, quelques minutes. Elle était basse sur l'horizon et se perdait au milieu des cheminées. Messier en estima la position. Le 13 février, le ciel était à nouveau couvert. Le 14, il put l'observer, haute d'à peine 6° sur l'horizon, et en estima la position par rapport à l'étoile A du Poisson. Le 15 et le 17, le ciel était très pur, mais Messier ne réussit pas à la voir. Toujours plus proche du Soleil, elle se couchait désormais alors que la lumière du crépuscule était si intense qu'elle ne permettait plus de la voir.

Les observations de Messier suffisaient grandement pour affirmer qu'il s'agissait bien de la comète tant attendue. Mais Delisle lui interdit d'en faire une communication. Ainsi, en dehors des cinq observations allemandes, personne ne sut rien de la découverte lors de cette première apparition, et seul Messier avait pu la suivre.

Delisle calcula, grâce à ces observations, en quel point la comète réapparaîtrait après la conjonction avec le Soleil. Il estima qu'elle devait passer au périhélie le 10 mars, vers 4 heures du soir, et qu'on la reverrait vers la fin du même mois. Mais il ne donna ses résultats à personne. Il écrivit même une lettre au père Mayer, professeur de mathématiques à Heidelberg, pour prendre des nouvelles d'une comète annoncée dans une gazette de Bruxelles. Le 20 février, Mayer lui répondit en lui donnant des détails sur ladite comète, qui était celle de l'été 1758. Dans la même lettre, il informait Delisle qu'on avait retrouvé la comète annoncée par Halley et que, le 24 janvier, à Leipzig, on avait publié un mémoire comportant les premières observations et un tableau des positions prévues.

Au cours du mois de mars, la comète fut invisible car elle était trop proche du Soleil. Son apparition n'avait pas été annoncée, et les nouvelles d'Allemagne n'étaient pas encore connues : Pingré et Lalande exhortaient le public à la rechercher en indiquant les points où on pourrait la trouver. Dans une lettre du 6 mars 1759, publiée dans les *Mémoires de Trévoux*, Lalande donna les positions de cinq jours en cinq jours dans différentes séries, chacune correspondant à différentes dates de passage au périhélie. Il avait effectué ce travail sur la seule base de ses calculs et de ceux de Clairaut (dans lesquels l'époque du passage au périhélie comportait une erreur d'un mois), sans savoir qu'on avait déjà vu la comète. Il craignait fort que cette découverte, si importante pour le progrès de l'humanité, n'échappât à l'œil. Delisle et Messier assistaient à tout cela sans broncher : l'un parce qu'il l'avait décidé, l'autre peut-être seulement parce que le premier l'empêchait de parler.

Entre-temps, la comète passa au périhélie. Selon les calculs les plus récents, cela s'est produit le 13 mars à 1 h 27. S'éloignant toujours plus du Soleil, elle se déplaça sur la voûte céleste et, échappant à sa lumière, elle réapparut dans le ciel du matin. C'est De la Nux qui, le premier, la vit. Il l'observa le 26 mars depuis son île de Bourbon. Le 28 mars, quelques marins la virent à Lisbonne, puis Zanotti, à Bologne, au milieu des nuages.

A Paris, le ciel était couvert, mais on était en pleins préparatifs. Dès le soir du 31 mars, Delisle, qui savait bien sûr que la comète réapparaîtrait tout près de l'horizon, avait fait transporter ses instruments de l'observatoire de la Marine de l'hôtel de Cluny au collège des Jésuites, plus élevé. Et, dans la nuit du 31 mars au 1er avril, à 3 h 52, il vit la comète, en compagnie de Messier, dans le ciel de l'aube. Ce même jour, il reçut la lettre du père Mayer contenant les nouvelles des observations allemandes de décembre-janvier et il autorisa enfin Messier à communiquer la nouvelle aux astronomes. Messier s'exécuta aussitôt. Comme le signala Pingré, ils n'avaient guère les moyens de garder plus longtemps le secret car, dans le pli que le père Mayer adressa à Delisle, il y avait aussi une lettre pour l'abbé Lacaille, et cette lettre disait quand et où la comète réapparaîtrait. A charge pour Delisle de transmettre le pli.

La découverte manquée contraria beaucoup Delisle qui chercha à minimiser l'importance de celle de Palitzsch. Dans une lettre qu'il adressa au *Journal des Savants*, datée du 16 juin 1759, il s'étonnait qu'un paysan ait pu découvrir cette comète à l'œil nu, sans la chercher ni en avoir la moindre idée, un mois avant Messier qui la cherchait au télescope depuis si longtemps. Il attribua cette bizarrerie au fait qu'il avait fait très beau en Saxonie, alors que Paris était resté dans le brouillard. Et puis, Palitzsch avait pu embrasser d'un seul coup d'œil le ciel tout entier, alors que l'astronome ne peut examiner qu'une petite partie du ciel à la fois, et il l'avait sans doute manquée pour cette raison.

Sur le plan de l'observation, ce discours n'est guère juste. Qui empêche l'astronome qui observe au télescope de regarder aussi à l'œil nu ? De plus, quand il balaye à la lunette une région du ciel, il doit veiller à ce que, pour chaque observation, un bout du champ coïncide au champ de l'observation précédente. Mais l'argumentation de Delisle est encore plus tendancieuse quand on sait que Palitzsch a bien découvert la comète au télescope. Comme Olbers le raconta plus tard dans le *Berliner Jahrbuch* de 1828, Palitzsch savait que la comète allait revenir et il la cherchait avec une lunette de 8 pieds de longueur focale, en même temps qu'il suivait la Merveilleuse de la Baleine (Mira Ceti), célèbre variable près de laquelle il découvrit enfin la comète, dans la nuit du 25 décembre 1758. Dans sa lettre, Delisle faisait remarquer que la comète était plus proche de la Terre le 25 décembre qu'au début janvier. Mais même ce dernier argument ne peut entacher la découverte de Palitzsch car, en dépit de cette plus grande proximité, la comète était plus faible en décembre 1758 puisqu'elle était plus éloignée du Soleil. En effet, on estime qu'à cette époque, elle était de magnitude 8,5 environ, alors qu'elle était de 7 environ quand Messier la trouva, près d'un mois plus tard.

L'épisode ne troubla pas Delisle. Mais l'Académie s'émut du fait que la comète ait été retrouvée et suivie en France depuis janvier sans que communication en ait été faite. Quelques astronomes en arrivèrent à considérer comme non avenues les observations que Messier avait effectuées pour la première période. « Cette rigueur est peut-être excessive, écrivit Pingré. On ne peut sans doute excuser l'espèce d'égoïsme exclusif, par lequel de l'Isle vouloit s'attribuer à lui seul une découverte aussi précieuse pour l'Astronomie cométaire : mais cette ridicule prétention ne touchoit en rien au fond des observations de M. Messier ; elles n'en étoient pas moins bonnes en elles-mêmes ; aussi l'Académie n'a fait aucune difficulté de les insérer toutes dans ses Mémoires. »

Finalement, tout rentra dans l'ordre. Et le temps redonna à chacun sa place. Mais nous regrettons que la découverte de Palitzsch n'ait pas été connue plus tôt, et celle de Messier communiquée au moment où il la fit, car nous pourrions sans doute disposer aujourd'hui d'un plus grand nombre d'observations avant le passage au périhélie.

Après la réapparition, les observations sont très riches. Lalande put enfin observer cette comète qui lui avait donné tant de mal. Selon sa description, le 2 avril, dans un ciel que le vent du Nord avait rendu exceptionnellement pur au-dessus de Paris, elle était bien visible à l'œil nu, et sa tête ressemblait à une étoile de magnitude 3. Le noyau, vu au télescope de 2 pieds, était très brillant, ses contours mal définis et sa grandeur frôlait la moitié de celle de Jupiter. Elle était entourée d'une atmosphère dense en forme de nébuleuse ovale, allongée du côté opposé au Soleil. Lalande l'observa encore les 7 et 8 avril, puis, de nouveau, en mai.

Pingré apprit le 1er avril qu'on avait vu la comète en Saxonie dès le 25 décembre, et que Messier l'avait observée dès janvier. L'observation concordait avec quelques lettres que Cassini et Lacaille avaient reçues de Suisse et de Hollande. Il calcula donc des éphémérides jusqu'au 20 avril. Il observa ensuite la comète le 6 avril, et calcula un nouveau tableau en fixant le passage au périhélie au 13 mars. Enfin, le 28 avril, il remit à l'Académie une troisième table calculée jusqu'au 31 mai.

Messier observa la comète les 1er, 2, 6 et 7 avril ; les 8 et 9, au milieu des nuages ; puis les 14, 15 et 17 avril. Mais même si elle s'éloignait du Soleil, on l'observait de plus en plus mal dans l'hémisphère boréal car sa déclinaison était toujours plus australe. Le 18 avril, elle disparut sous l'horizon de Paris. De tous les passages que nous avons suivis pendant deux millénaires, celui-ci fut le plus défavorable pour l'hémisphère boréal. Il suffit, pour s'en convaincre, de jeter un coup d'œil à la trajectoire sur la voûte céleste (fig. 4.30). Pourtant, on l'observa au sud de Paris : en Avignon, jusqu'au 20 avril ; à Lisbonne, l'abbé Chevalier le fit pendant dix jours, du 5 au 22 avril. Entre le 22 et le 28 avril, invisible d'Europe, elle fut suivie de l'hémisphère austral. Le père Cœurdoux, à Pondichéry, l'observa les 25, 28 et 30 avril ; De la Nux, les 20, 21, 22, 25, 26, 27 et 28 avril.

Mais elle reprit entre-temps son ascension et réapparut dans le ciel de l'hémisphère boréal : le soir du 28 avril, on l'observa de Lisbonne. Le 30, Pingré la vit de Paris, vers 9 h 30, profitant d'une trouée de courte durée dans les nuages. Entre le 1er mai et le 3 juin, on ne compte plus ceux qui la virent et l'observèrent : Cassin II, de Thury ; Lacaille, Maraldi, Lalande, Messier et d'autres, de Paris ; Bonin et du Lague, de Rouen ; de Ratte, de Montpellier ; le père Morand, d'Avignon ; Darquer, de Toulouse ; les pères Pézenas et Lagrange, de Marseille ; Bevis et Munckley, d'Angleterre ; Klinkenberg, Gabri et Lulofs, de

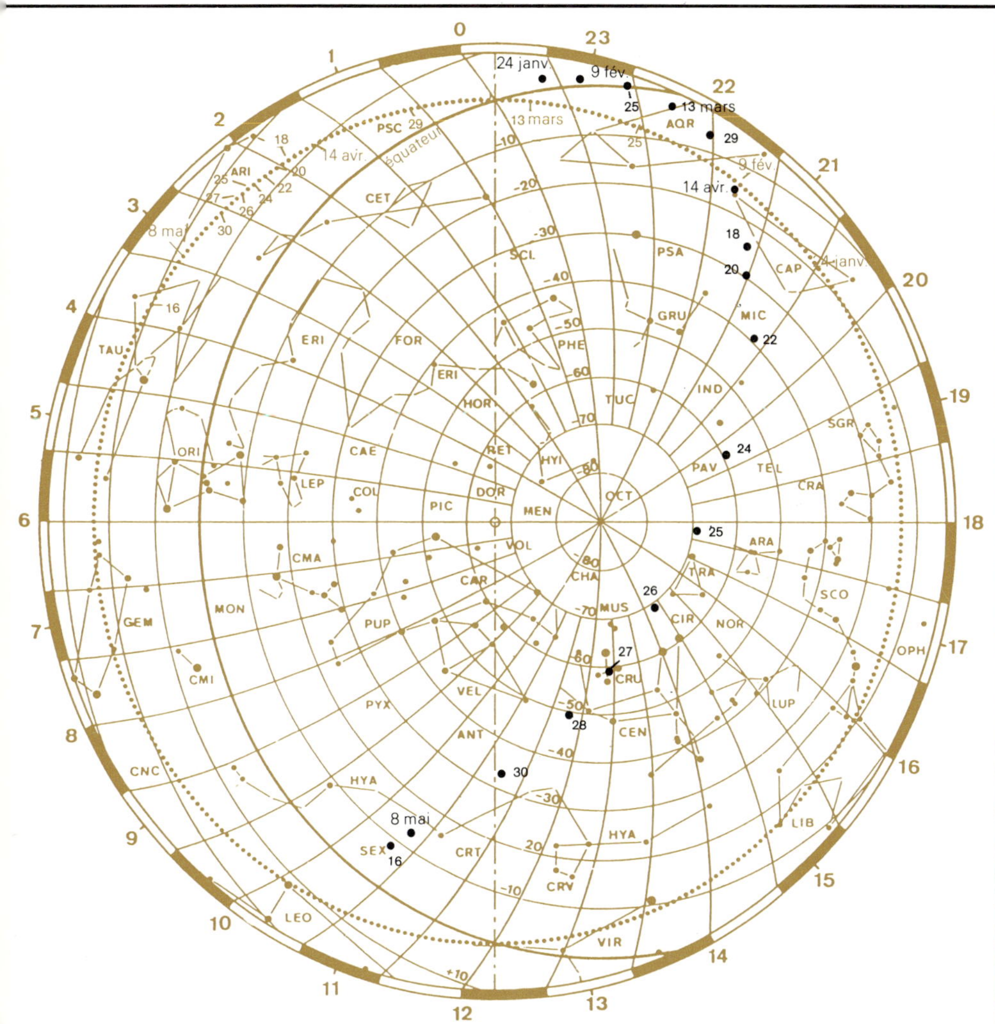

Fig. 4.30 En noir, parcours de la comète de Halley sur la sphère céleste au cours du passage de 1759. Noter que pour toute la période de bonne visibilité à l'œil nu, elle se maintint toujours au-dessous de l'équateur céleste. Les observations depuis notre hémisphère furent donc soit mauvaises, soit impossibles.

Hollande ; Chevalier, de Lisbonne ; le père Hell, de Vienne ; les pères le Sueur et Jacquier, de Rome.

Tous l'attendaient, cette dernière apparition dans le ciel du nord. Mais la comète déçut leur attente. Comme on peut le lire dans l'Histoire de l'Académie des sciences, Paris espérait le 1er mai, que l'aspect de la comète serait à la hauteur de sa célébrité. Les Tuileries et le Pont-Royal étaient noirs de spectateurs qui, en voyant briller Vénus, au maximum de son éclat dans la région du couchant, crurent contempler la comète qui, elle, n'était qu'un petit astre, invisible dans le crépuscule. La comète à la mode décevait ses astronomes de circonstance : juste punition pour ceux qui regardent si peu le ciel qu'ils ne savent même pas identifier Vénus !

Mais elle fut quand même étudiée, et l'Académie de Paris reçut des observations en provenance de l'Europe tout entière y compris l'Angleterre, patrie de Halley.

Comme nous l'avons dit, elle ne fut jamais très visible de Paris. Selon les observations de Messier, elle avait, le 1er avril, une tête brillante, mais une queue à peine plus longue qu'un demi-degré (à peine plus que le diamètre apparent du Soleil ou de la Lune) ; le 14 mai, sa tête était de magnitude 4, sa queue de 3° et 15′. Le 22, elle était à peine visible à l'œil nu.

Dans le ciel austral, en revanche, elle apparut bien plus belle. Elle avait une tête brillante, et une queue que De la Nux estima de 8° le 21 avril, de 25° le 28, de 33° le 1er mai et, carrément, de 47° le 5 mai. On pouvait en effet la voir bien plus haut sur l'horizon et dans l'obscurité de la pleine nuit. C'est pourquoi, alors que, le 14 mai, Messier voyait de Paris une queue à peine plus longue que 3° (6 fois le diamètre de la Lune), De la Nux observait encore une queue de 19°. Messier la suivit jusqu'au 3 juin, où elle cessa d'être visible, trop affaiblie intrinsèquement et à cause du clair de Lune. C'est Chevalier qui fit, à Lisbonne, la dernière observation, le 22 juin. Après cette date, plus personne ne la vit. Elle s'était retirée dans l'obscurité des zones les plus éloignées du système solaire après être passée tout près de la Terre : pour la première fois, elle avait joué son véritable rôle.

(Delisle ; Carl, p. 367 ; Histoire A.R. ; Holetschek I, p. 550 ; Lalande, p. 40 ; Gallé, p. 171 ; Messier ; Mucke, p. 59 ; Olbers ; Pingré II, p. 63 ; Vsek, p. 128.)

1835

(T_{calc} = 16,44 novembre ; pleine Lune : 8 août, 7 septembre, 6 octobre, 5 novembre, 5 décembre, 4 janvier, 2 février, 2 mars, 1er avril, 30 avril, 30 mai.)

La comète revint en 1835. Alors qu'elle accomplissait sa révolution autour du Soleil, de nombreux changements intervenaient sur terre. A son dernier retour, Louis XV régnait sur la France. Maintenant, c'était Louis-Philippe. Entre les deux souverains, la Révolution française, toute l'épopée napoléonienne, la Restauration. Un monde s'était écroulé, un nouveau naissait. Et cette même comète de Halley, en revenant en 1759, avait symbolisé la victoire du siècle des Lumières qui avait joué un si grand rôle dans la naissance de ce nouveau monde, plus rationnel et moins injuste. Le monde occidental dans son ensemble avait beaucoup changé : entre 1774 et 1782, les colons d'Amérique du Nord s'étaient insurgés contre la mère patrie, et les États-Unis d'Amérique étaient nés.

Au cours de ces soixante-seize ans, l'astronomie avait aussi fait de grands progrès. William Herschel avait découvert Uranus, une planète importante qui intéressait directement le mouvement cométaire et, surtout, il avait commencé à explorer le cosmos à travers les premiers grands télescopes. Il n'avait pas pu étudier le retour de 1759, à l'époque il avait à peine vingt et un ans, venait d'arriver en Angleterre et ne pensait pas encore à l'astronomie. Mais son fils John l'observa et l'étudia en 1835, depuis le Cap où il résidait. Et, avec lui, tant d'autres astronomes.

La recherche commença dès décembre 1834. Or on ne découvrit la comète qu'au cours de la nuit du 5 au 6 août 1835, à Rome. C'est E. Dumouchel qui la trouva près de l'étoile ζ du Taureau. Elle apparaissait comme un petit flocon nébuleux à peine perceptible. Le 8 août, jour de pleine Lune, la comète qui n'était visible que dans la dernière partie de la nuit, fut masquée par son éclat, et ce, plusieurs nuits de suite. Le 20 août, W. Struve la trouva grâce à l'appareil réfracteur de 23 cm de l'observatoire de Dorpat. Entre le 21 et le 31 août, on la vit dans plusieurs observatoires et, dès lors, les principaux astronomes de l'époque la suivirent jusqu'au 19 mai 1836.

A la fin août, elle était encore dans le Taureau. En septembre, elle traversa les Gémeaux et rejoignit le Cocher qu'elle parcourut jusqu'au début octobre. Le 5, elle était dans le Lynx, le 8 dans la Grande Ourse (fig. 4.31). Ces jours-là, on pouvait la voir toute la nuit depuis l'hémisphère terrestre septentrional puisqu'elle était circumpolaire. Entre-temps, elle se rapprochait du Soleil et de la Terre, et, le 12 octobre, passa à la distance minimale de 28,4 millions de kilomètres.

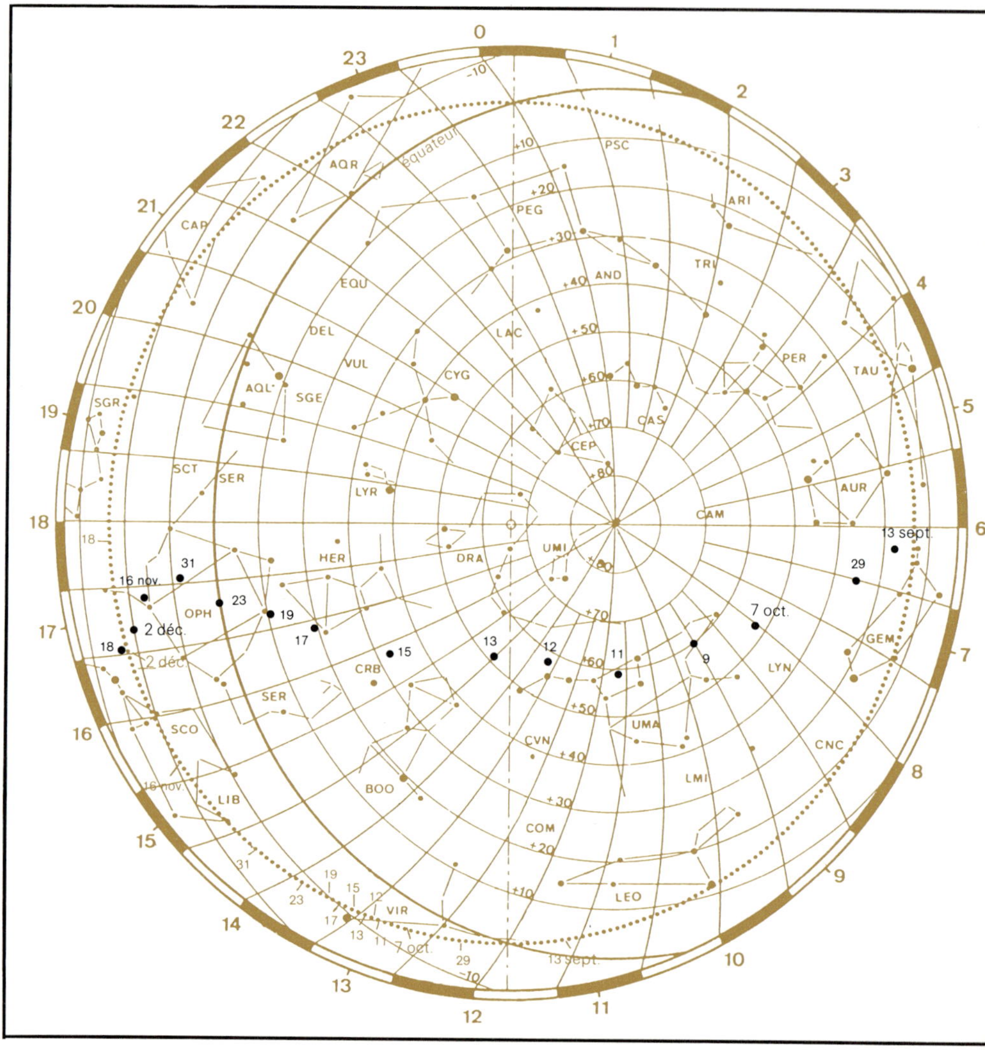

Fig. 4.31 En noir, parcours de la comète de Halley sur la voûte céleste dans la période du passage au périhélie de 1835, au cours duquel on l'observa fort bien de l'hémisphère terrestre boréal. Ensuite (mais ce n'est pas indiqué ici), elle fut mieux observable de l'hémisphère austral.

Quand on la découvrit à l'observatoire du Collège romain, elle n'était qu'un pâle petit flocon, si faible que, les jours suivants, on la perdit de vue, même au télescope, en raison de la Lune éclatante. Mais parce qu'elle se rapprochait toujours plus rapidement, elle apparut aussi plus lumineuse. Le 23 septembre, Wilhelm Struve et son fils Otto la virent, les premiers, à l'œil nu. Le lendemain, elle était plus brillante, bien qu'inférieure à 4,5. Smyth la vit à l'œil nu le 25 septembre, avec peine, puis plus du tout, jusqu'au 2 octobre. Quand il la revit, elle était bien visible. Le 9 octobre, on l'estima à 2,4 ; le 10, à 2,0. Le 12, Amici, à Florence, estima que sa tête était plus brillante que toutes les étoiles de la Grande Ourse, soit d'environ 1,5. Le 18 octobre, selon Airy qui l'observait de Cambridge, elle était comparable à Altair, c'est-à-dire de 0,9, mais, le 22 octobre, Bessel l'estima autour de 3. Le 8 novembre, elle était encore plus faible. On l'évalua entre 4 et 5 et à la veille de son passage au périhélie, le 15 novembre, elle semblait de 5.

C'est en octobre 1835 qu'elle fut le plus apparente. A ce moment-là, W. G. Todd, de Chicago, alors âgé de quatorze ans, fut si frappé par le phénomène qu'il consacra ensuite toute sa vie à l'astronomie. En 1910, au moment de revoir la comète après tant de temps, il s'en souvint ainsi : « Quand on commença à la voir, la comète apparut à l'ouest, tout de suite après le coucher du Soleil, la tête au nord et la queue au sud, presque horizontale, très au-dessus de l'horizon et juste une longueur au sud du Soleil. On pouvait clairement la voir chaque jour, après le couchant, et elle fut longtemps visible, peut-être un mois ou plus encore. En cette époque, elle semblait très proche de nous, et très grande aussi, et on la voyait bien dans le ciel avant que n'apparaissent les étoiles. Sa queue était très large, mais pas très longue. Très inférieure à celle de la comète de 1843. »

Au mois d'octobre, après avoir traversé la constellation du Bouvier, elle passa par celles de la Couronne boréale et d'Hercule et, vers le 20 octobre, entra dans Ophiucus pour y rester jusqu'à la fin du mois. Le 16 novembre, elle passa au périhélie et disparut peu après, immergée dans les rayons du Soleil. Le dernier qui l'observa fut Koller, depuis Kremsmünster, le 22 novembre. Le 30 décembre, Kreil la revit à Milan. En janvier 1836, elle se trouvait dans le Scorpion, puis elle passa dans le Centaure en avançant toujours plus vers l'hémisphère austral jusqu'à rejoindre la déclinaison de — 32°. Ensuite, elle remonta en traversant les constellations de l'Hydre femelle et de la Coupe, et elle fut à nouveau bien observable, même de l'hémisphère boréal d'où on la suivait depuis le 30 décembre. Pourtant, de la fin janvier aux premiers jours de mai, les meilleures

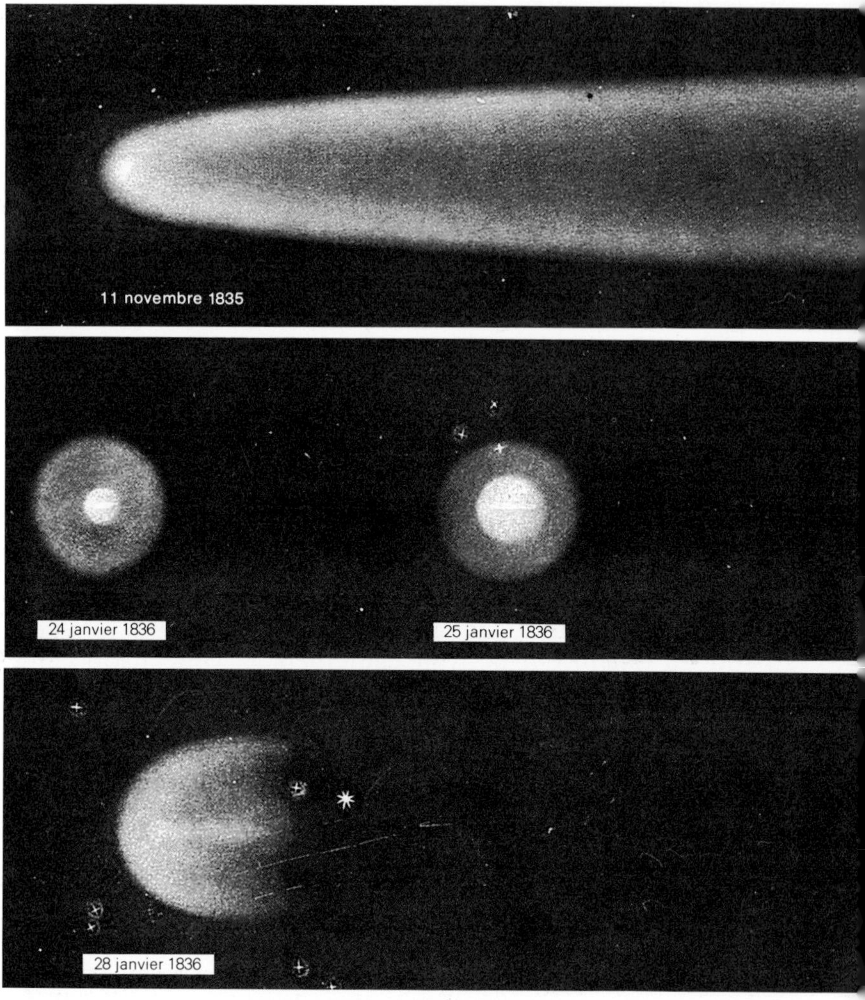

Fig. 4.32 La comète de Halley telle qu'elle apparut le 11 novembre 1835 et se révéla au télescope, sans queue et très faible, du 24 janvier au 1er février 1836, selon les dessins de Piazzi-Smith.

observations furent effectuées au Cap de Bonne-Espérance, privilégié par sa position australe. Maclear et son assistant, C. Piazzi-Smith, la suivirent attentivement dès l'aube du 25 janvier (fig. 4.32). Sa tête était à nouveau assez brillante, de magnitude entre 2,3 et 3,0, mais on ne trouvait pas trace de queue. J. Herschel, qui l'observa dès le lendemain, s'étonna

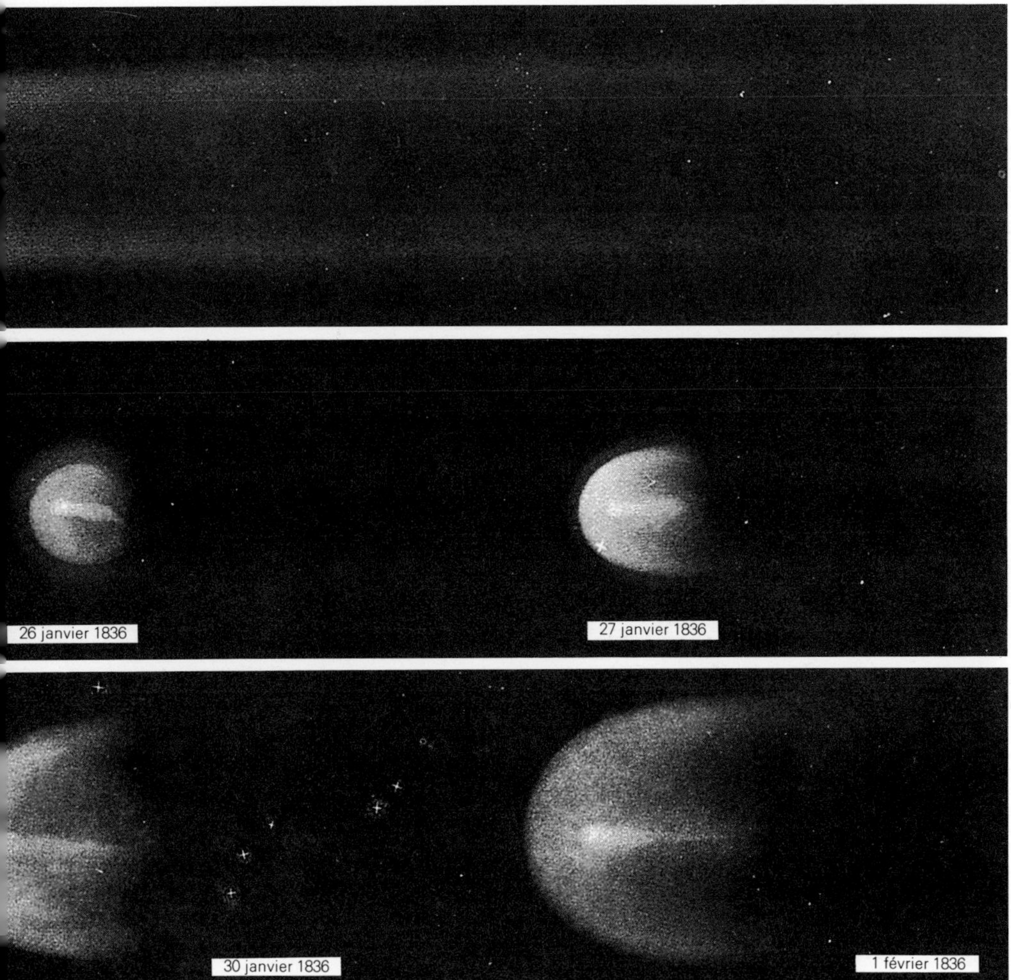

aussi de l'absence de queue. Cas étrange, contraire à la norme qui veut que toutes les comètes développent leur queue surtout après le passage au périhélie. Et le plus extraordinaire, c'est qu'avant de passer au périhélie, elle en avait bien une !

La première trace de queue fut décelée par W. Struve, le 24 septembre. Le 29, il observa bien distinctement une queue

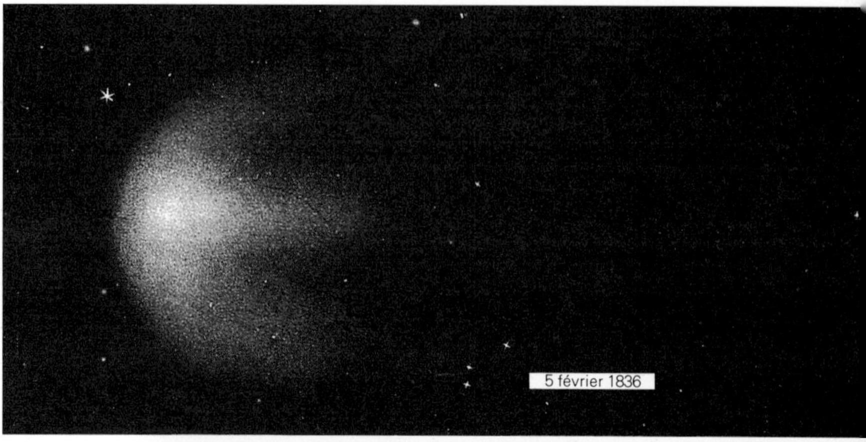

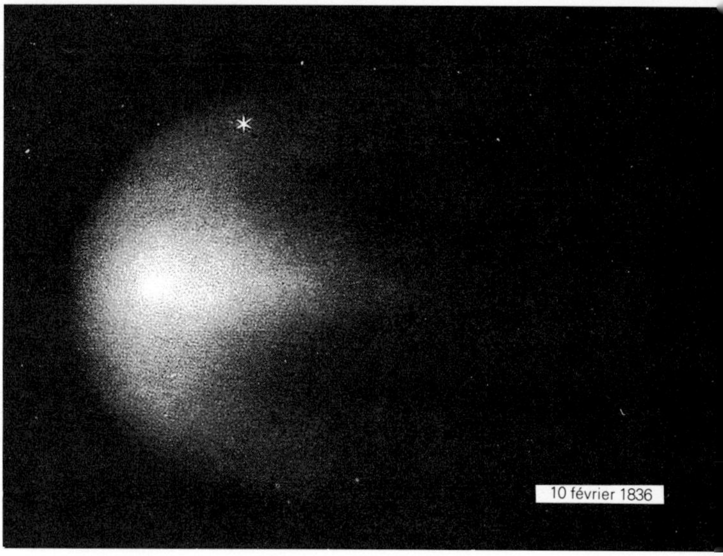

Fig. 4.33 La comète de Halley entre le 5 et le 12 février 1836. La tête apparut toujours plus étendue, estompée et faible. Dessins de Piazzi-Smith sur la base des observations faites à l'Observatoire royal du Cap de Bonne-Espérance.

longue de 34′ : à peine plus que le diamètre apparent de la Lune. Le 3 octobre, sa longueur atteignait 76′, alors que le 10, elle était de 2°. Le 14 octobre, toujours selon Struve, elle dépassait 20°. H. Schwabe, à Paris et à Dessau, l'estima également à 20°. Le 16 octobre, elle n'était plus qu'à 10-12°. Le 24 octobre, selon Müller, elle était de 7° mais, le 26, Schwabe, dans d'excellentes conditions de transparence, l'estima à 10° soit 15 millions de kilomètres. En prenant en compte toutes les estimations, la

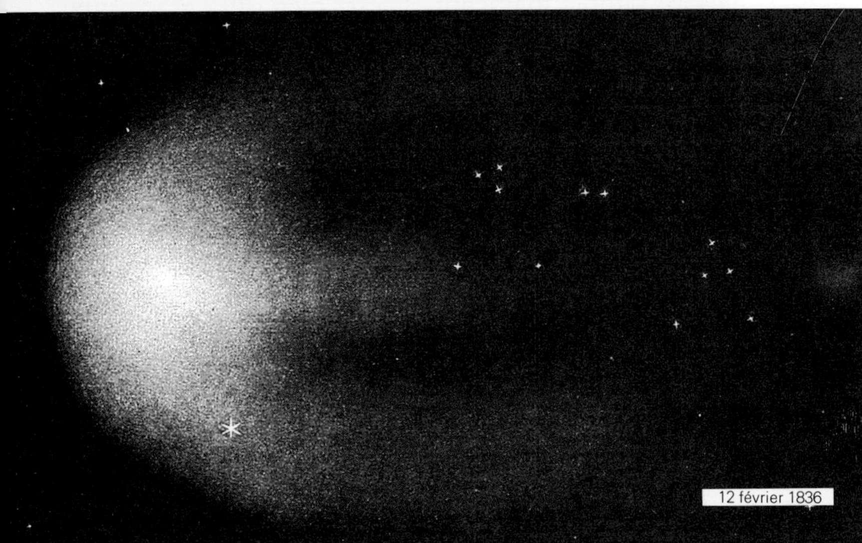

longueur apparente maximale semble avoir été de 25° (13 millions de kilomètres). Valeur modeste pour une grande comète. Sans compter que, à l'époque où elle l'atteignit, vers la mi-octobre, il manquait encore trente jours avant son passage au périhélie. Quand elle y passa, donc au moment où les queues cométaires sont le plus développées, sa longueur avait déjà diminué.

Au cours de la réapparition de janvier-février, quoique sans queue, elle fit preuve d'une certaine activité. Sa tête qui, dans un premier moment, sembla parfaitement ronde, avec un halo rond aussi, démontra une forme parabolique dès le 26 janvier (fig. 4.32). Du noyau, on voyait partir un corps elliptique, allongé selon l'axe de la parabole, plus brillant que le reste de la tête, qui s'affina jusqu'à apparaître comme une petite comète à l'intérieur de la grande et, à la fin, s'estompa et s'évanouit. L'enveloppe parabolique s'élargit rapidement (fig. 4.33). D'un soir à l'autre, elle sembla toujours plus ample et plus faible. Les 17 et 18 février, la tête de la comète était encore visible à l'œil nu puis elle disparut. On la suivit quelque temps encore au télescope, jusqu'au 19 mai 1835. C'est Boguslawsky qui, le dernier, la vit de Breslavia.

Les observations avaient duré neuf mois et demi, ce qui ne s'était jamais produit auparavant. C'est, bien sûr, grâce aux éphémérides précises et au télescope, qui avaient permis qu'on la découvre à temps et qu'on la suive au-dessous des limites de visibilité à l'œil nu.

Si le passage de 1835 reste étrange en raison du comportement de la queue de la comète, il est surtout important pour une autre raison dans l'histoire des comètes. On la voyait depuis des siècles et des siècles, mais le passage de 1835 marque la première observation physique de la comète de Halley.

Voyons d'abord la tête. Jusque-là, on n'avait jamais pu l'observer avec des télescopes assez grands, capables de fournir des images nettes, même avec un fort grossissement. En 1835, les choses étaient différentes : le phénomène le plus intéressant fut une espèce de bande lumineuse qui semblait sortir du noyau et était tournée vers le Soleil. Le premier qui la vit dans sa forme embryonnaire, le 29 septembre, et la décrivit, fut W. Struve. Bessel la suivit de Kœnigsberg, du 2 au 26 octobre, et exécuta une série de dessins (fig. 4.34 a. et b.), dont il résulte qu'elle variait en aspect et en direction. Bessel nota en outre que, du côté opposé au noyau, il semblait y avoir moins de matière lumineuse. Schwabe, le pharmacien de Dessau devenu célèbre pour sa découverte du cycle solaire, remarqua aussi que le noyau semblait émettre sa lumière vers le Soleil qui repoussait ensuite la matière lumineuse, en la séparant en deux branches composant une queue en forme d'arc. Une série de ses dessins montre ces transformations, souvent très rapides, situées dans la tête.

De la tête, Bessel passa à l'examen et à l'étude de la queue. Il commenta les résultats obtenus pour la comète de Halley et ceux de deux autres comètes observées dans les années 1744 et 1811. Il arriva à la conclusion que les phénomènes des queues cométaires aussi étendues que celles qu'on avait observées, ne peuvent s'expliquer que par une force répulsive, qui éloigne la matière du Soleil. Et cette force est notablement supérieure à la force de gravité. Une force égale ou à peine différente ne pourrait expliquer que des chevelures plus ou moins circulaires. Sur les comètes, outre la gravité, d'autres forces agissaient donc, qui s'exerçaient dans des directions peu différentes de celle du rayon vecteur mais dans la direction opposée au Soleil. En partant de ces résultats, Bessel jeta les bases de la théorie mécanique des formes cométaires résultant du mouvement des particules : quand elles quittent la tête d'une comète, elles se voient soumises aux forces répulsives et à la force de gravité.

Bessel nota aussi qu'une même comète peut avoir deux queues qui prennent leur origine dans le noyau, en sortent dans la même direction mais se transforment ensuite en une queue longue et droite, et une autre plus courte et fortement incurvée. Cela s'était produit pour les comètes de 1769, 1807 et 1811. Pour expliquer le phénomène, il avança que les particules émises par le noyau devaient être de familles différentes et, pour chacune, la force de répulsion solaire devait prendre une valeur particulière. Plus tard le Russe F.A. Bredichin reprit et développa cette théorie. On la connaît aujourd'hui sous le nom de Bessel-Bredichin. La nature de la force répulsive n'était pas très claire, et sa complexité ne devait se révéler que peu à peu, dès le début du XXe siècle. Mais les observations que Bessel avaient faites sur la comète de Halley permettraient de la découvrir. C'était là la chose la plus importante.

Ces résultats ne sont pas les seuls importants de ce passage : il faut ajouter celui d'Arago qui, dans la nuit du 23 octobre 1835, découvrit la polarisation chromatique de la lumière et ses conséquences sur la nature de la matière qui la composait. Les observations positionnelles classiques s'en trouvèrent améliorées, et en quantité et en qualité. Brady et Carpenter, dans le travail qu'ils publièrent en 1967, en utilisèrent 1 517.

Pour la première fois, la comète de Halley n'avait pas été négligée comme un phénomène atmosphérique de peu d'importance, ni crainte parce qu'elle annonçait des malheurs, ni interprétée comme un message céleste. On ne l'avait pas non plus attendue, comme en 1759, pour qu'elle prouve qu'elle

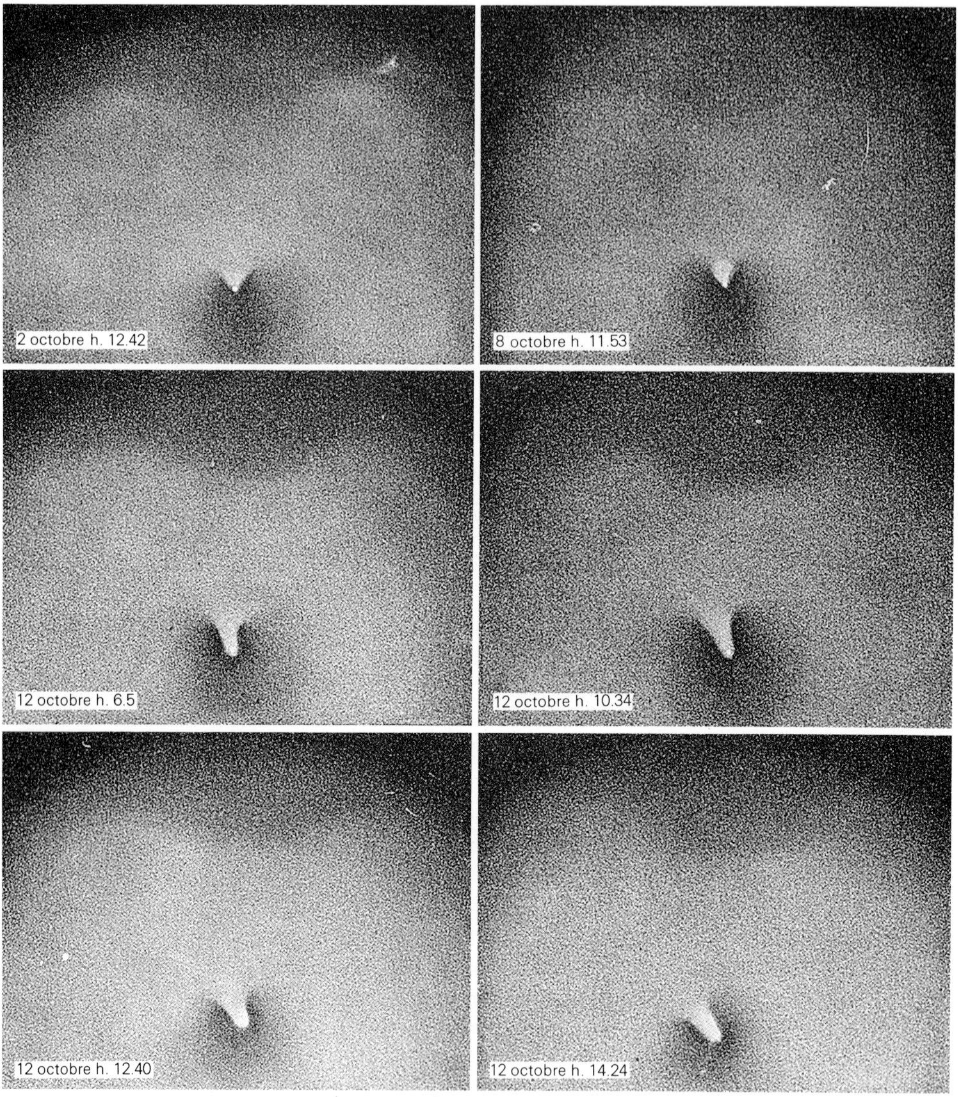

Fig. 4.34 La tête de la comète de Halley dessinée par Bessel entre le 2 et le 25 octobre formation des têtes et des queues cométaires.

était bien ce qu'elle avait toujours été. En 1835, enfin, on l'observa comme on observe tout corps céleste digne d'observation. Et cette étude dépassionnée porta immédiatement ses fruits.

(Bessel I, Bessel II, Carl, p. 369 ; Gallé, p. 199 ; Lynn I, Mucke, p. 68 ; Schwabe, Vsek, p. 161.)

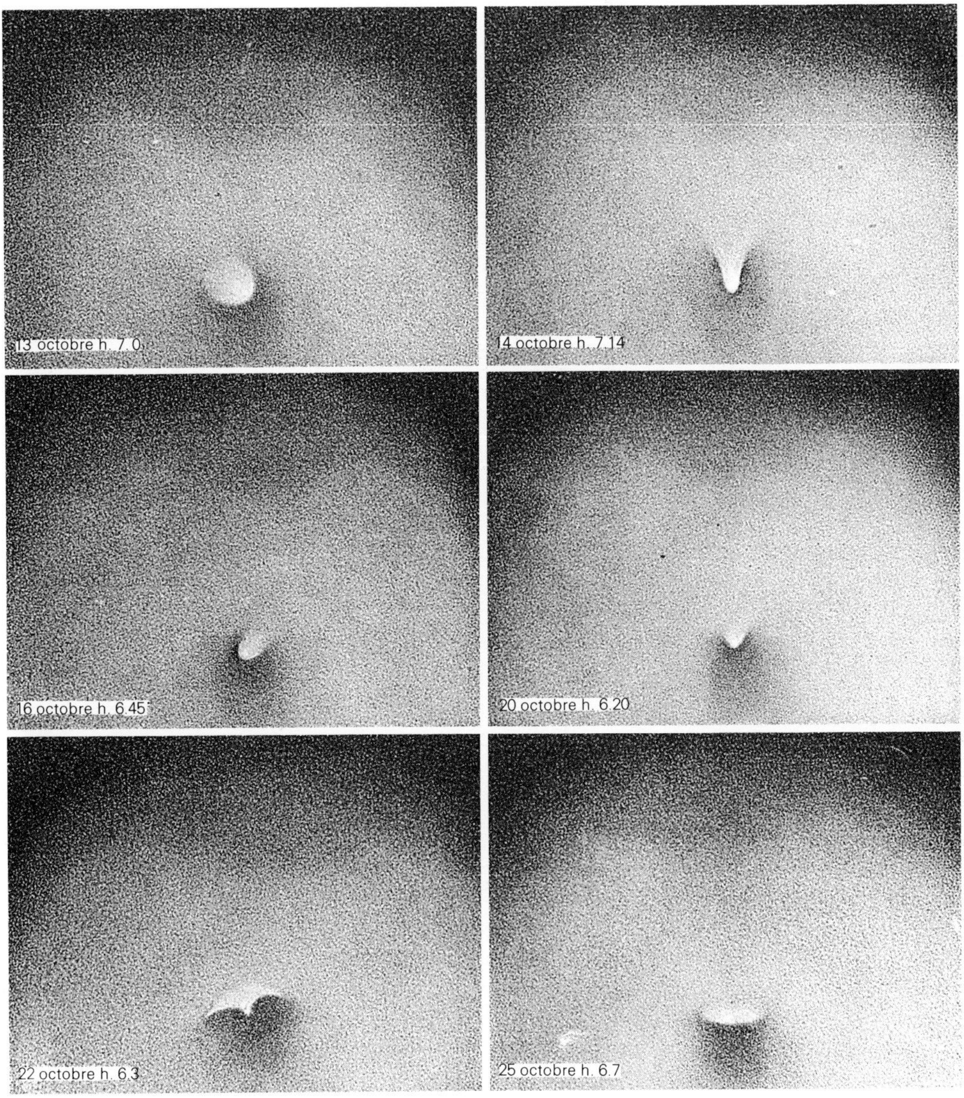

1835. A partir de ces observations, Bessel réussit à formuler la théorie physique de base sur la

1910

(T_{calc} = 20,18 avril ; pleine Lune : 24 février, 25 mars, 24 avril, 24 mai, 22 juin.)

Le retour de 1910 fait partie de l'histoire vécue. Nos parents, nos grands-parents l'ont souvent évoqué, et parmi ceux qui ont vu la comète en 1910, il en est qui attendent de la revoir en 1986. Leur souvenir est lié à une époque heureuse de progrès, sans guerre. Une époque de grandes certitudes. Les gens pensaient presqu'exclusivement au travail et au plaisir. Bien sûr, tous ne vivaient pas dans le bonheur. Il y avait encore beaucoup d'injustices sociales, de pauvreté, de désordres, de révoltes violemment réprimées. Mais ceux qui vivaient bien en cette époque ne se souciaient pas trop des autres, ils ne s'inquiétaient pas des quelques « têtes chaudes ». Et les autres, ceux qui participaient aux troubles populaires, même s'ils souffraient rageusement de leur situation, préparaient dans l'enthousiasme les lendemains qui chantent pour eux et leurs enfants. En somme, le monde entier, et en particulier l'Europe, était peuplé de gens heureux ou qui espéraient l'être sous peu. C'était la « Belle Époque ».

Mais elle allait se terminer : au début du mois de mai 1910, le roi d'Angleterre, Édouard VII, mourut. C'était l'une des figures les plus représentatives de son époque et l'un des hommes qui avaient le plus aidé à maintenir la paix. Un an plus tard, l'équilibre était rompu : la guerre italo-turque éclata, qui se solda par la conquête de la Tripolitaine ; en Chine, l'Empire plurimillénaire était renversé et la République, proclamée. Dès lors, les guerres succédèrent aux guerres jusqu'à culminer dans la Première Guerre mondiale : la « Belle Époque » était bien morte.

Ce fut au cours de la dernière éclaircie, entre 1909 et 1910, que la comète de Halley réapparut. Ce qui se passait sur terre alors qu'elle s'en rapprochait et tout au long de la période de visibilité, nous n'avons plus besoin d'aller le chercher dans les livres : les journaux et les revues nous le racontent, qui traînent encore dans quelque tiroir ou grenier de nos maisons.

La machine et la technique étaient en train de conquérir définitivement la société. En 1909, deux expéditions avaient rejoint, pour la première fois, le pôle Nord. C'est aussi cette année-là que fut organisé le premier Giro d'Italia (Tour d'Italie cycliste). En 1910, le premier vol aérien régulier pour passagers était inauguré en Allemagne, avec des dirigeables Zeppelin et, en Amérique, Henry Ford, qui avait déjà révolutionné la production automobile en créant les chaînes de montage, ouvrait la voie de la motorisation de masse avec son fameux modèle « T ». Aux États-Unis encore, la même année, dans un faubourg de Los Angeles, Hollywood, naissait l'industrie du cinéma américain.

La culture aussi était touchée par la machine : en 1909, dans un « Manifeste » que *le Figaro* publia, Marinetti annonçait la naissance du mouvement futuriste. L'année suivante, c'était au tour de la peinture de se déclarer futuriste : son programme s'opposait aux « Académies » et exaltait la nouvelle civilisation de la machine. La même année, Kandinsky peignait sa première aquarelle abstraite, et Stravinsky composait l' « Oiseau de Feu » pour les fameux ballets russes que Diaghilev venait de créer à Paris. On ne connaît pas toutes les facettes du monde culturel de l'époque, elles ne sont pas toutes perceptibles, mais c'est encore à cette époque que Maria Montessori publia son ouvrage fondamental sur la pédagogie, et que Russel et Whitehead commençèrent la publication des *Principia Mathematica*, ouvrage fondamental de la logique contemporaine. Voilà donc dans quelle ambiance, dans quelle époque la comète de Halley réapparut en 1910.

Grâce aux techniques d'observation et à l'étude des comètes, l'astronomie avait fait un grand pas. Pour la première fois, on pouvait suivre la comète avec de très grands télescopes, comme le réflecteur d'1,5 m de diamètre de Monte-Wilson, et les deux réfracteurs de 91 cm et 102 cm de Lick et Yerkes, aujourd'hui encore les plus grands au monde. On pouvait observer la comète grâce aussi à deux nouvelles techniques : la photographie, qui allait permettre d'en fixer l'image, et la spectroscopie, qui aiderait à connaître sa composition chimique. Après le passage de 1835, deux grandes comètes étaient apparues en 1843, 1858 et 1882 ; grâce à elles et à d'autres encore, la connaissance cométaire avait beaucoup progressé. Et on allait enfin pouvoir appliquer tous ces nouveaux moyens à la comète de Halley.

Les astronomes qui se préparaient à l'observer étaient nombreux. Plusieurs observatoires et sociétés astronomiques organisèrent des expéditions dans des lieux où les conditions d'observation étaient optimales. En août 1908, l'Astronomical and Astrophysical Society of America (American Astronomical Society) forma un comité chargé de coordonner les observations à l'échelle mondiale, que G.C. Comstock présidait. Pour pouvoir suivre la comète 24 heures sur 24, il fallait de nombreux observatoires, bien situés en longitude. Mais entre la Californie, siège des observatoires les plus occidentaux des États-Unis, et le Japon, il y avait un grand vide de 7 heures :

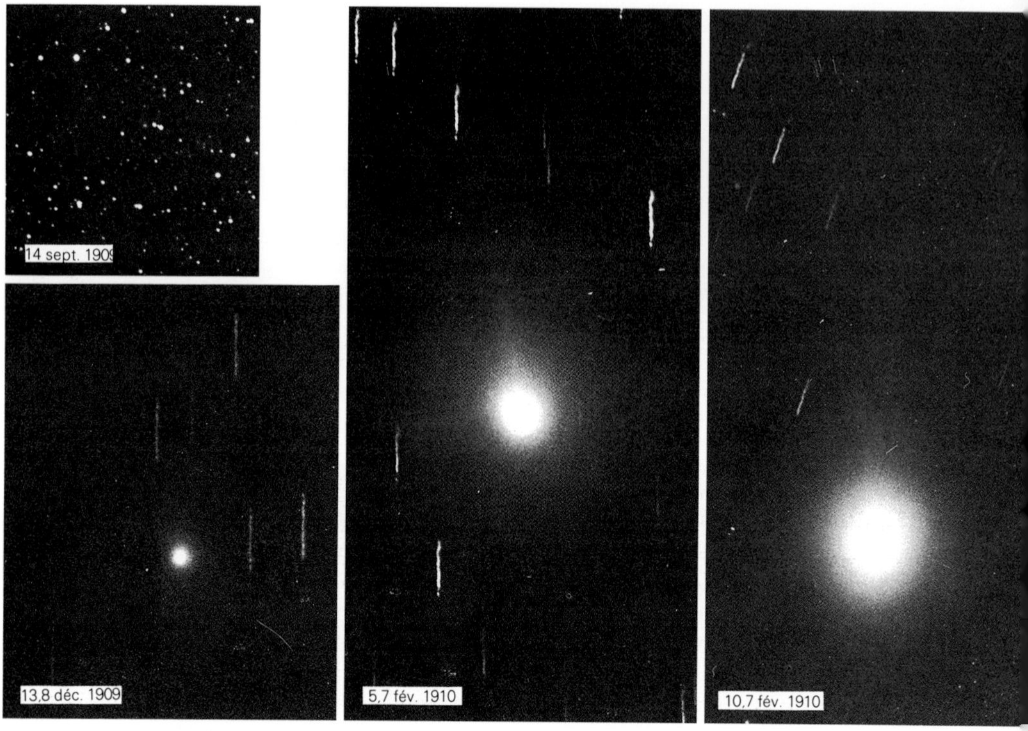

Fig. 4.35 Quelques photographies de la comète de Halley de l'Observatoire de Lick, en Californie, prises entre le 14 septembre 1909 et le 23 avril 1910 *(Lick Observatory).*

l'océan Pacifique. Le comité organisa une expédition aux îles Hawaï. Ainsi, tout était prêt, dans les deux hémisphères et à toutes les longitudes : on avait calculé l'orbite, prévu la date du passage au périhélie, repéré la trajectoire dans le ciel. On pouvait passer à l'action.

Le premier pas consistait à découvrir au plus tôt l'astre qui s'approchait. Le premier qui fit une recherche photographique fut J. H. Metcalf, de l'observatoire de Taunton, entre mars et décembre 1908. Recherche inutile, tout comme celle de O. J. Lee, avec le réflecteur de 61,5 cm de l'observatoire de Yerkes, entre le 22 décembre 1908 et le 19 janvier 1909. Ne la trouvant pas, il en conclut qu'elle devait être encore de magnitude inférieure à 17.

C'est Max Wolf qui la trouva, la nuit du 11 septembre 1909, à l'observatoire de Heidelberg, sur un cliché obtenu en pose d'une heure avec le télescope réflecteur de 72 cm, près de

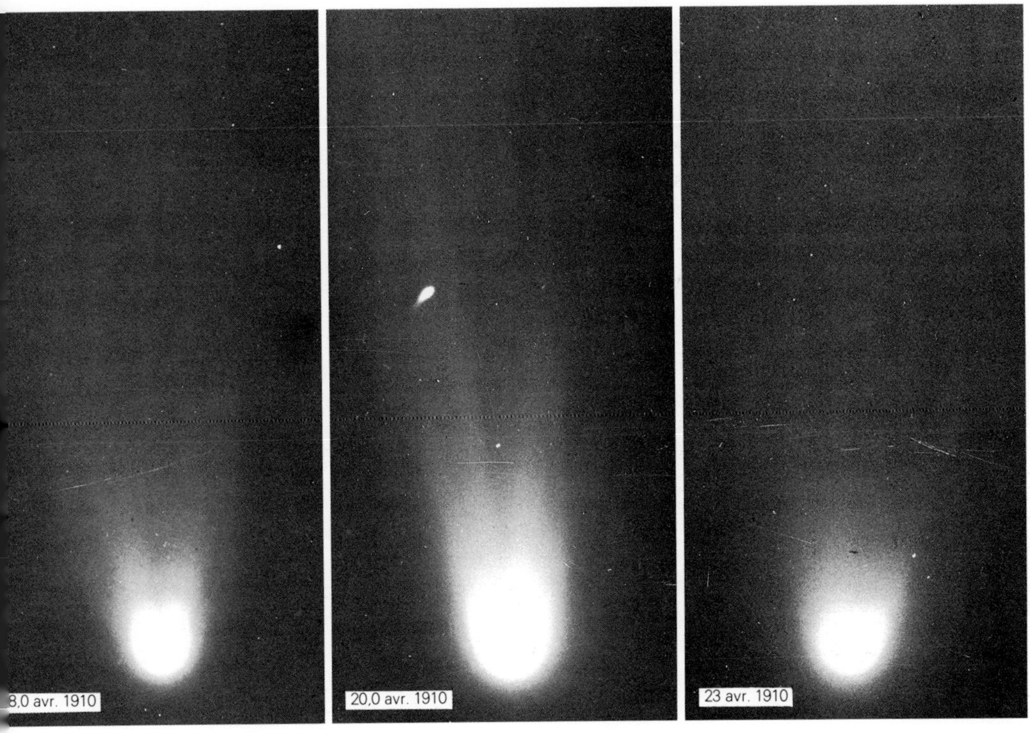

l'étoile γ des Gémeaux. Elle était encore à 508 millions de kilomètres du Soleil, à 539 millions de kilomètres de la Terre. Jamais encore, on ne l'avait vue d'aussi loin : sa distance au Soleil était supérieure au double de celle de Mars. Wolf l'annonça et on put la repérer sur deux photographies précédentes : l'une faite le 24 août à Elewan, en Égypte, l'autre le 9 septembre, à Greenwich.

Dès la nouvelle connue, les plus grands télescopes du monde se tournèrent vers cette région du ciel. A l'observatoire de Lick, la première photographie fut obtenue au cours de la nuit du 12 septembre. La comète démontrait un noyau de 3″ environ, mais la nuit suivante, on enregistra une chevelure de 6″ environ (fig. 4.35). Le soir du 16 septembre, S. W. Burnham réussit à l'observer de visu avec le réfracteur de 1 m de Yerkes. Le 17, E. E. Barnard la vit et l'estima de magnitude 15,5.

On l'observa dans les observatoires de Lick, de Yerkes et

dans tous ceux qui étaient installés un peu partout dans le monde. Le 20 novembre, C. Wirtz, avec le réfracteur de 49 cm de Strasbourg, la découvrit allongée, mais une vraie trace de queue n'apparut que vingt-trois jours plus tard, longue de 1',5 à peine, sur une photographie de l'observatoire de Lick. Elle fut plus évidente dès le 4 février mais, le 11, elle avait encore une longueur d'à peine 10' et, le 28, de 20', soit seulement les deux tiers du diamètre apparent du Soleil ou de la Lune. Le 22 octobre, toujours à Lick, on obtenait le premier spectre.

Entre-temps, la comète se rapprochait toujours plus rapidement de la Terre et du Soleil. Le 6 décembre, sa distance au Soleil était encore de 360 millions de kilomètres, le 5 janvier, de 300, le 4 février, de 224 et, le 6 mars, de 165, soit à peine plus que celle de la Terre. Entre la mi-mars et la mi-avril, elle fut invisible, étouffée par la lumière solaire. Quand elle réapparut, au début de la seconde décade d'avril, peu de temps avant son passage au périhélie, on n'avait plus besoin de télescope pour la voir.

Le 11 février déjà, Max Wolf, l'astronome qui l'avait découverte au télescope, la vit, le premier, à l'œil nu. Maintenant, tous pouvaient la voir : ceux qui en avaient entendu parler sans l'avoir jamais vue, et ceux qui, enfants, l'avaient déjà vue en 1835 et se retrouvaient, âgés mais en bonne santé, devant le nouveau retour. Nous avons déjà rencontré W. G. Todd. Pris de passion pour l'astronomie en voyant la comète à 14 ans, il l'attendait en 1910, à 89 ans, avec son réflecteur de 75 mm. Les revues et journaux de l'époque rappellent aussi d'autres vétérans, dont le géographe Parmentier, membre fondateur de la Société astronomique de France, et l'astronome Lewis Swift, explorateur du ciel et observateur de comètes. Au cours de sa longue vie, Swift en avait découvert quinze, dont une, que Tuttle repéra de son côté et qui devait devenir célèbre grâce à une grande découverte de Schiaparelli.

Quand, enfin, la comète apparut aux yeux de tous, y compris ceux qui n'avaient pas de télescope, elle n'était pas très brillante. Vers la mi-avril, sa tête était de 2,5 m environ, un peu plus faible que l'Étoile polaire. Sa queue n'était que de 10° à peine. On la voyait mal, ou pas du tout, depuis les grandes villes : nous n'étions plus en 1835 et, en plus de soixante-dix ans, les villes s'étaient considérablement développées, l'industrialisation avait accru les fumées et les brouillards, l'éclairage électrique rendait le ciel nocturne trop clair pour qu'on y distingue les objets de faible luminosité. Pourtant, cet objet insignifiant, que les habitants des grandes villes ne pouvaient même pas discerner, provoqua à nouveau la peur. Comme dans certains retours du passé, il se mit à engendrer d'étranges sensations qui allaient de l'attente inquiète à la crainte exagérée, et même à la terreur.

Cette fois, la raison était scientifiquement fondée : en effet, en calculant l'orbite sur la base des premières observations, on s'aperçut que la date du 16,6 avril, prévue par Cowell et Crommelin pour le passage au périhélie, était erronée, qu'il se produirait plus tard, le 20 avril à 3 h 40. On considéra alors les parcours de la comète et de la Terre au cours de la phase de rapprochement maximum au Soleil (fig. 4.36) et on estima que la comète passerait par le nœud ascendant le 18 janvier, et par le nœud descendant dans la nuit du 18 au 19 mai, à 2 heures. A ce moment-là, la Terre se trouverait exactement alignée au Soleil et à la tête de la comète. Si la comète était assez grande, on la verrait passer comme un point obscur sur le disque solaire. A l'opposé on trouverait la queue, et comme à ce moment-là, la distance entre la tête de la comète et la Terre serait de 26 millions de kilomètres, la queue, si elle était plus longue, viendrait heurter la Terre.

Camille Flammarion, le célèbre vulgarisateur d'astronomie, fondateur de la Société astronomique de France, publia un article sur le sujet dans le *Bulletin* mensuel de la Société, en janvier 1910. La nouvelle qui, jusque-là, n'était qu'un objet de curiosité discuté entre astronomes, fut reprise par la grande presse qui la transforma en une menace de fin du monde, la diffusa et déclencha la panique.

Ce n'était pas la première fois qu'une comète annonçait la fin du monde. Mais il y avait, cette fois, une vraie raison physique — ou, du moins, le croyait-on. L'article de Flammarion, bien qu'il fût écrit sur le ton de l'hypothèse simple, était d'ailleurs alarmiste. Après avoir affirmé qu'il était peu probable que l'humanité soit empoisonnée par les gaz mortels de la queue, il poursuivait en décrivant les différentes façons dont les hommes pourraient mourir. Si l'oxygène de l'atmosphère terrestre se combinait avec l'hydrogène de la queue, ils mourraient rapidement par suffocation. Si, en revanche, il y avait une diminution de l'azote, une soudaine sensation d'activité physique se manifesterait dans les cerveaux, et l'espèce humaine finirait dans un paroxysme de joie, de délire et de folie univer-

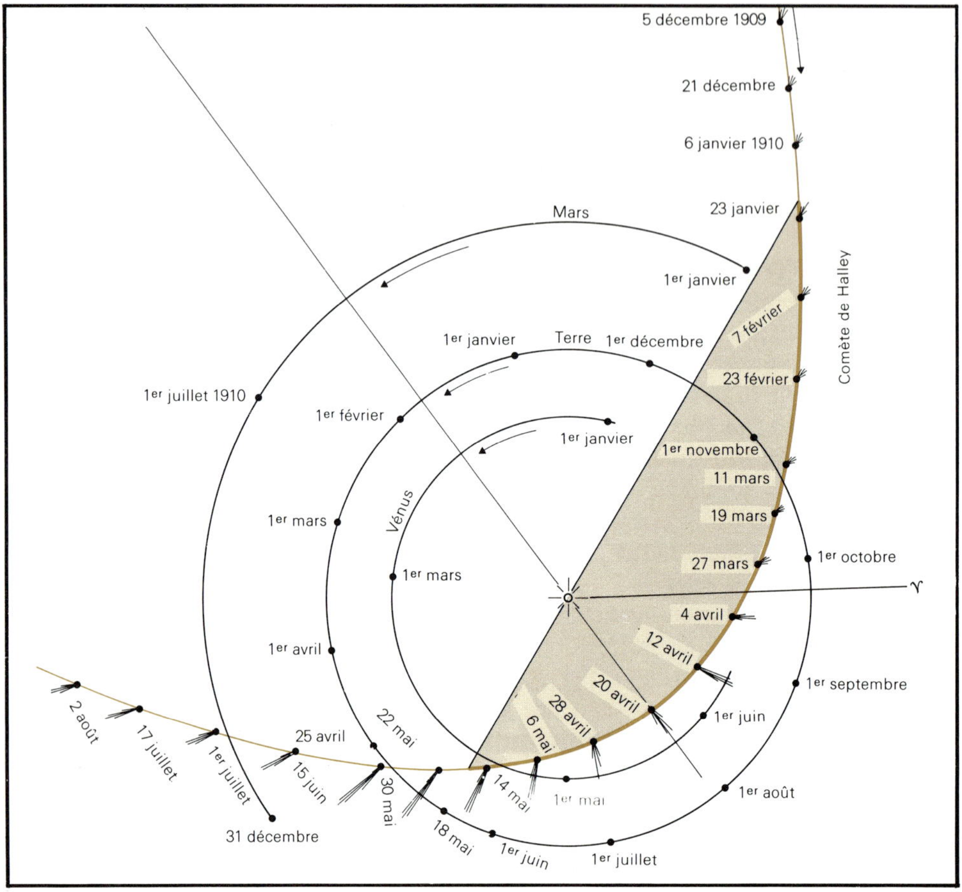

Fig. 4.36 Parcours de la comète de Halley, de Vénus, de la Terre et de Mars, du 5 décembre 1909 au 2 août 1910. Les deux arcs d'orbite de la comète, en clair, sont au-dessous du plan de la feuille, et le central, comprenant le périhélie, est au-dessus. De cette nouvelle orbite, calculée sur la base des premières observations faites après que l'on a retrouvé la comète, on déduisit que la comète passerait au périhélie le 20 avril 1910 et traverserait le plan de l'orbite terrestre le 18 janvier et le 18 mai.

selles. L'oxyde de carbone, lui, pouvait provoquer une intoxication. On ne savait pas quelles molécules dominaient dans les queues cométaires, mais on y trouvait très fréquemment des hydrocarbures azotés.

Flammarion poursuivait en rappelant que les queues des comètes sont très légères mais comme notre atmosphère est comparativement très dense, elle protégerait la vie sur la Terre. La rencontre serait comparable à celle d'une locomotive très rapide traversant une nappe de brouillard. Il n'y avait donc pas lieu de s'inquiéter. Par ailleurs, la Terre avait déjà traversé des queues cométaires, en 1819 et 1861 et, dans sa conclusion de l'article, Flammarion disait : « Espérons qu'il en sera de même cette fois encore », ajoutant que, de toutes les façons, il était inutile de s'inquiéter car si le danger venait à se réaliser, personne n'y échapperait, il n'y aurait aucun moyen d'en sortir vivant.

A peine cet article était-il publié qu'une comète surgit, que l'on n'attendait pas. Découverte à l'œil nu le 12 janvier dans les mines de diamants du Transvaal, on la vit jusqu'au 5 février. On la photographia au télescope jusqu'au 15 juillet. Elle était très brillante et on pouvait la voir à la lunette en plein jour. Elle passa au périhélie le 17 janvier et, ce jour-là, bien qu'elle ne fût qu'à 2,7° seulement du bord du Soleil, E. Millosevich réussit à la voir de l'observatoire du Collège romain, un peu avant midi.

Dans la nuit du 29 au 30 janvier, le spectacle fut superbe : beaucoup crurent qu'il s'agissait de la comète Halley et que la fin du monde était plus proche que prévu. Les Chinois tentèrent de la chasser en tirant des pétards et en allumant des feux et des feux d'artifice. En Hongrie, la population, prise de folie, se déversa sur les routes. Un veilleur de nuit se retourna même contre les autorités et se plaignit de la comète qui compliquait son travail. « Les gens terrorisés parcourent les routes toutes les nuits » : il priait donc le ministère de l'Intérieur d'intervenir auprès de l'Institut météorologique pour qu'il « éloigne cette dangereuse comète des abords de la Hongrie ».

Étonné autant que désolé des réactions que son article avait suscitées, Flammarion en écrivit un autre, qui parut dans le numéro de janvier du *Bulletin.* Il y déclarait explicitement, en gras : « La fin du monde n'arrivera pas le 19 mai prochain. »

Mais les raisons qu'il donnait n'étaient pas rassurantes et l'argument astronomique restait, plus ou moins, celui de l'article précédent. Ce second article fut donc loin de neutraliser les effets déchaînés par le premier.

Pendant ce temps, notre comète se rapprochait et elle devint visible à l'œil nu : la menace était là, dans le ciel, presque palpable, défiant tous les regards. Le télescope de Monte-Wilson, alors le plus grand du monde, la montra, splendide (fig. 4.37). Sa queue, dans laquelle la Terre allait s'immerger, devint cha-

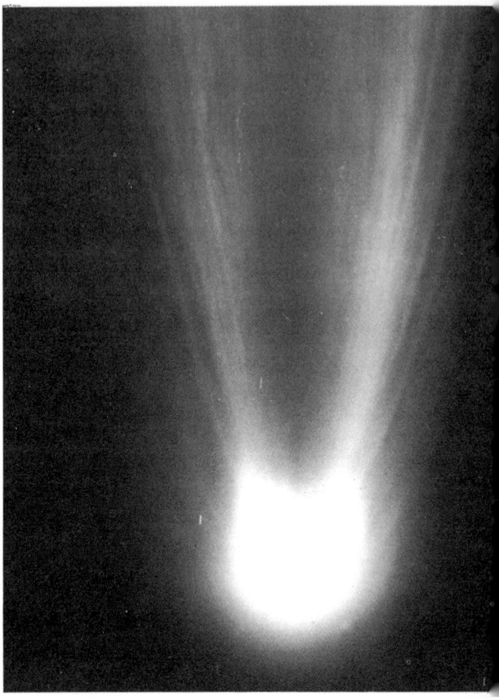

Fig. 4.37 La comète de Halley photographiée au télescope de 1,50 m du mont Wilson, la nuit du 8 mai 1910 *(Hale Observatories).*

que nuit plus visible. Les mesures montrèrent qu'elle dépassait toujours 33 millions de kilomètres au cours de la dernière décade d'avril. Son extrémité arriverait donc bien au-delà de la distance de la Terre à la tête. Notre planète allait-elle la heurter ? Qu'allait-il se passer ? Quelle sorte de mort attendait les hommes ? En vain, les astronomes tentèrent de calmer les esprits en rappelant que personne ne pouvait affirmer que la Terre traverserait bien la queue, en utilisant un argument sérieux et habituel qui est l'extrême raréfaction de la queue, et en faisant remarquer que, de toute façon, les gaz toxiques se trouvaient dans la tête.

L'inquiétude croissait. Certains n'eurent même pas le courage d'attendre. En Hongrie, par exemple, un propriétaire terrien se suicida, affirmant qu'il préférait mettre fin à ses jours plutôt que d'être tué par une étoile. A Benzenbourg, en Allemagne, une mère terrorisée jeta son enfant de six mois dans un puits. En Russie méridionale, la panique était partout. Dans les églises et monastères, on priait pour le salut des hommes, et des gens sans scrupules exploitèrent les superstitions des paysans : ils leur soutirèrent de l'argent pour faire dire des messes spéciales au cours du terrible mois de mai. Il y eut d'autres cas de ce type : au sud des États-Unis, on confectionna des pilules spéciales qu'on vendit aux Noirs, censées les protéger des dangereux effets de la comète.

D'aucuns adoptèrent même un mode plus « scientifique » pour préserver la santé publique : au cours de l'assemblée du 2 mars de la Société astronomique de France, C. E. Guillaume, directeur-adjoint de l'Office des poids et mesures, proposa une méthode pour relever la présence éventuelle de gaz cométaires dans l'atmosphère terrestre. Il s'agissait de pratiquer des analyses répétées d'échantillons d'air liquéfié prélevés après le passage de la Terre dans la queue. Pour conclure sa relation où il exposait sa méthode d'isolement et d'élimination des éventuels gaz toxiques, il rappela que, selon les astronomes, le cyanogène soustrait à la comète par notre atmosphère serait, de très loin, inférieur au minimum nécessaire pour empoisonner. Et, sans doute pour faire un bon mot, il ajouta imprudemment : « Mais, s'il n'en était pas ainsi, on s'en protégerait très aisément en organisant les habitations de telle sorte que l'air fût débarrassé à l'entrée de tout le gaz vénéneux. Pour y parvenir, on n'a que l'embarras du choix : combustion, décomposition par l'étincelle électrique, liquéfaction, etc. Cette donnée admet des développements très suggestifs. »

Flammarion, fondateur et secrétaire de la Société, reçut des tombereaux de lettres et de télégrammes, émanant surtout de pharmaciens auxquels on demandait des informations sur l'appareil adapté à cette fonction. Et puisqu'il n'existait pas, beaucoup se replièrent sur les bombonnes d'oxygène qui, profitant de l'excellente publicité, promettaient en tout cas de pouvoir respirer pendant les heures critiques.

L'événement étant imminent, on ne comptait plus les phénomènes d'hystérie collective. En Italie, en France, en Espagne, ailleurs dans l'Europe catholique, les prêtres ne savaient plus où donner de la tête devant le nombre de fidèles accourus pour se confesser. Dans le Minnesota, des milliers de personnes fuyaient, terrorisés à l'idée d'un raz de marée provoqué par la comète.

La nuit fatale arriva. Certains s'enfermèrent dans leurs maisons et leurs caves, condamnant soigneusement toutes les ouvertures. D'autres pensèrent qu'il valait mieux, au contraire, mourir à l'air libre. Et puis, sait-on jamais, peut-être ne mourrait-on pas ? Peut-être même assisterait-on à un phénomène insolite, d'intenses lumières aurorales ou une gerbe d'étoiles filantes ? De nombreux savants, qui pensaient que tout était possible, ne s'étaient-ils pas préparés à l'observation ? Pourquoi en profiteraient-ils seuls s'il se passait quelque chose ?

Voici comment l'astronome Mentore Maggini [1] raconta plus tard, à sa fille, cette nuit tant attendue, tant redoutée :

« Il était 20 heures, et j'étais à l'observatoire de Jimenez à Florence. Le directeur de cet observatoire, mon regretté maître bien-aimé, le père Alfani, avait organisé, avec d'autres physiciens connus, un plan des observations, purement scientifiques bien sûr. J'étais chargé de l'observation astronomique. Nous étions dans les coupoles et sur les terrasses. Au-dessous de nous, dans les rues, nous entendions les bruits, les rires et chants des Florentins. Chargés de fiasques de vin et de provisions, ils se rendaient au Piazzale Michelangelo pour assister de là-haut... à la fin du monde. C'était une seconde Festa del Grillo. Nous avons travaillé toute la nuit. L'aube arriva : la fin du monde n'avait pas eu lieu. Les observations que nous avions faites nous apprendraient plus tard si, oui ou non, la Terre était bien passée à travers quelque chose d'insolite.

« Le directeur et les autres astronomes allèrent se reposer. Moi, habitué à ne pas dormir, je restai là et m'appuyai au muret de la terrasse d'où l'on domine tout le panorama de la ville fleurie. En bas, sous l'observatoire, le bourdonnement des groupes reprit. Ils revenaient, les fiasques vides et l'estomac plein, du Piazzale Michelangelo, contents d'être encore en vie mais déçus de ne pas avoir assisté à un spectacle d'Apocalypse. Dans la faible lumière de l'aube, l'un d'eux leva les yeux vers l'observatoire, donc vers moi puisque ma tête dépassait de la terrasse. Un sifflet passa alors dans l'air calme du matin et une voix s'éleva, qui se fit l'interprète de tous :

" O mon Père, quel beau fiasco vous nous avez fait faire ! "

« Ils m'avaient pris pour le père Alfani. »

Chaque observatoire, chaque ville pourrait raconter son histoire. Toutes seraient différentes, mais toutes se ressembleraient quand même parce qu'elles expriment toutes la curiosité, le désir d'être un témoin oculaire de l'insolite, et la joie de se

---

1. Mentore Maggini, *Il libro di Urania*, Milan, 1943, pp. 216-217.

Fig. 4.38 Publicité pour les bouteilles d'air pur qui protègent des miasmes de la comète de Halley, parue dans le *Corriere della Sera* du 17 mai 1910 (aimablement prêté par le *Corriere*).

trouver en compagnie au moment du Jugement dernier. Cette nuit-là, les lieux publics, et les restaurants — surtout à ciel ouvert — firent sûrement des affaires *.

Mais le monde entier ne veillait pas. Dans l'autre hémisphère, il faisait jour. On aurait dû, là-bas aussi, assister à un phénomène spectaculaire : la tête de la comète passant devant le disque solaire. On savait désormais que le noyau lumineux, que l'œil voit à chaque passage, n'était pas le vrai noyau solide de la comète, dont les dimensions étaient sûrement bien plus réduites. Mais s'il était assez grand et opaque, on devait le voir projeté sur le disque solaire, comme un point noir. On avait déjà observé un phénomène de ce type quand Mercure ou Vénus passaient devant le Soleil. Les astronomes avaient calculé l'heure où ce point noir serait visible, et les positions sur le disque solaire. Des centaines d'instruments furent pointés vers le Soleil mais, en dehors d'une observation sérieusement contestée, personne ne vit rien. Le noyau solide de la comète

* Eiffel avait invité Camille Flammarion et les astronomes à venir observer la comète du sommet de sa tour. (N.d.É.)

avait sans nul doute un diamètre inférieur à une vingtaine de kilomètres, sinon on l'aurait vu.

On avait entrepris de nombreuses observations géophysiques, pour tenter de recueillir d'éventuelles anomalies atmosphériques ou magnétiques provoquées par le passage de la Terre à travers la queue. G. Claude fit la recherche proposée par Guillaume, à l'aide d'un appareillage installé à Boulogne-sur-Seine. Le résultat fut négatif. Aucun phénomène atmosphérique — les brouillards lumineux, les anneaux ou les halos solaires, les lumières aurorales, etc. — ne dépassa, en nombre ou en intensité, la norme. Il ne s'était rien passé de remarquable, et l'humanité se retrouva, le matin du 19 mai, à la fois heureuse et déçue. On se remit à vivre tranquillement et, très vite, la comète et ses menaces furent oubliées.

L'astre, lui, s'éloignait non seulement du Soleil, mais de la Terre (fig. 4.39). Les astronomes le suivirent autant qu'ils purent. Le 23 et le 26 mai, puis le 6 juin, le noyau manifesta des phénomènes de type explosif. Dans la seconde moitié de juin, la comète redevint invisible à l'œil nu. Le 24 juin, au télescope, Barnard l'estima à 8^m. Le 28, on obtenait le dernier spectre avec le prisme objectif.

La queue sembla plus réduite : le 1er juillet, elle était encore

Fig. 4.39 L'une des dernières observations de la comète de Halley à l'œil nu, selon un dessin de L. Rudeaux. C'est le début du mois de juin 1910 et la comète va disparaître (A. Berget, Le Ciel).

visible à 5° du noyau ; le 4, elle semblait longue de 2,5° et le 7, de 1° environ. A cette date-là, selon des observations faites en Afrique du Sud, sa tête était encore très active.

Entre-temps, la comète se rapprochait rapidement de sa seconde conjonction avec le Soleil et se perdit dans ses rayons pendant plusieurs mois. Le 11 novembre, Barnard la retrouva au réfracteur de Yerkes. Elle semblait de magnitude 11 environ, cent fois plus faible que les étoiles les plus faibles visibles à l'œil nu, et on ne trouvait plus trace de noyau. Le 11 décembre, Barnard encore l'estima à 12. On la suivit quelques nuits, jusqu'au 30 décembre, date de la dernière observation de 1910.

Le 3 janvier 1911, Barnard l'estima à 13 et, par la suite, toujours plus faible jusqu'à la nuit du 26 février où elle était entre 13,5 et 14,5. Mais le 28 février, elle sembla plus brillante : sans doute n'était-elle pas inférieure à 13. Cette augmentation imprévue de sa luminosité fut constatée par d'autres astronomes. Alors qu'elle était à 658 millions de kilomètres du Soleil, soit presque au-delà du faisceau des astéroïdes, sa tête était encore active. Mais, très vite, elle recommença à faiblir. La nuit du 19 mars, Wolf l'estima à 14, Barnard à 13,5. Le 26 avril, Barnard donna une magnitude comprise entre 15 et 16, avec un diamètre compris entre 5″ et 10″. Le 26 mai, il la vit encore dans le réfracteur de Yerkes : c'était un petit flocon à peine perceptible, démontrant un diamètre compris entre 15″ et 30″. Ce fut la dernière observation visuelle.

La plaque photographique l'enregistra encore, très faible, dans la nuit du 15 juin 1911. Et ce fut, cette fois, le dernier enregistrement du passage de 1910.

On l'avait observée pendant près de 22 mois, ce qui ne s'était jamais produit jusque-là. C'est H. D. Curtis, de l'observatoire de Lick, qui la suivit plus que tous les autres : il la photographia dès le lendemain de la découverte jusqu'à vingt-trois jours après que Barnard la vit pour la dernière fois grâce au réfracteur le plus grand du monde. Et la comète de Halley ne fut plus photographiée jusqu'à la nuit du 16 octobre 1982.

Au cours des deux ans d'observation, on l'étudia comme jamais. La recherche la plus complète est celle que N. T. Bobrovnikoff publia en 1931, fondée sur 438 photographies obtenues à l'observatoire de Lick ou dans des annexes, 271 reproductions de photographies obtenues dans des observatoires du monde entier, et 77 spectrogrammes. Ces derniers ont permis de connaître enfin la nature chimique de la comète

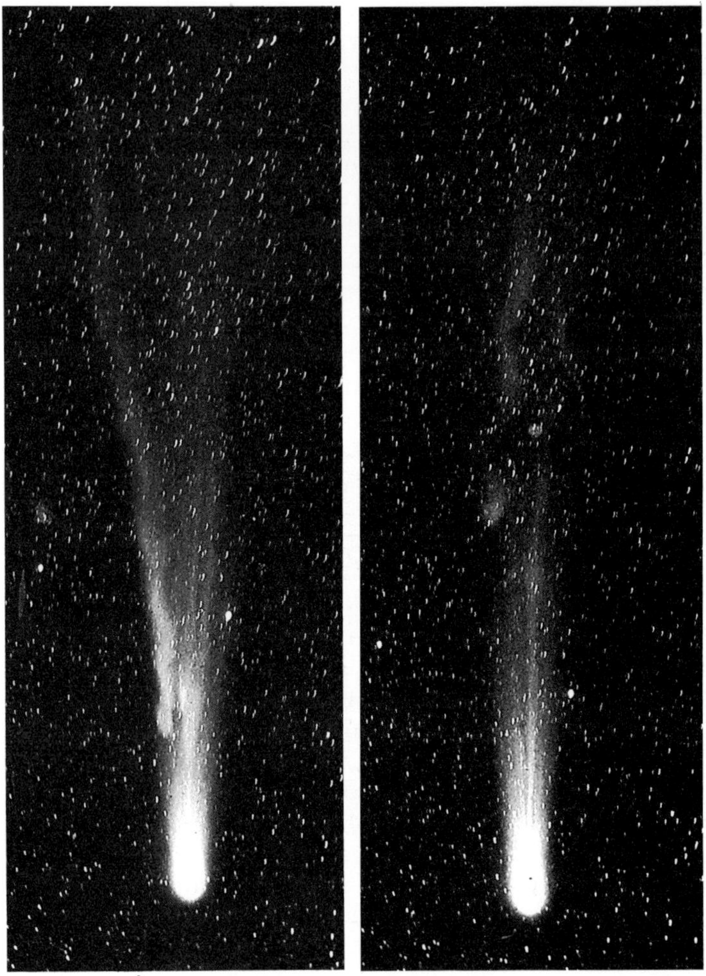

Fig. 4.40 Configurations en mouvement rapide de la queue de la comète de Halley, photographiées à l'Observatoire de Lick. Ces images ont été prises dans les nuits des 6 et 7 juillet 1910, très exactement à vingt-quatre heures d'intervalle *(Lick Observatory).*

de Halley, guère différente de celle des autres comètes. Le premier spectre, nous l'avons dit, a été obtenu à l'observatoire de Lick le 22 octobre 1909. Il était très faible, mais on pouvait déjà suspecter la présence de bandes de CN et de carbone. Les mois suivants, les bandes de CN, C_2, C_3 et CH, les raies de sodium et, bien sûr, le spectre continu dû à la lumière solaire réfléchie, se développèrent, permettant une meilleure définition. Toutes les molécules se trouvaient dans la tête. Dans la queue, au contraire, le CO ionisé dominait. On l'observa surtout dans quelques condensations qui s'échappaient de la tête et s'en éloignaient dans un mouvement rapide (fig. 4.40).

On ne découvrit aucune rotation du noyau. Sa masse fut estimée à un dixième de milliard de la masse terrestre environ. A des époques diverses, des noyaux secondaires apparurent, qui avaient les mêmes caractéristiques que le noyau principal, à savoir des jets, des courants et des halos qui se répandaient à des vitesses comprises entre cent mètres et quelques kilomètres à la seconde. Le diamètre du noyau (optique) et de la tête varièrent continuellement, atteignant la valeur minimale de cinq à six semaines après le passage au périhélie.

Ces mêmes jours, la queue rejoignit en revanche sa longueur maximale. L'estimation de sa longueur est très délicate, car elle dépend des conditions d'observation, la transparence atmosphérique ou le fond du ciel, plus ou moins obscur, et bien sûr, de l'œil de l'observateur. On rencontre les mêmes difficultés et d'autres encore, dans les estimations faites à partir de photographies. J. Holetschek recueillit et commenta un grand nombre d'observations et en réalisa un cadre assez complet. On peut ainsi voir que la longueur apparente de la queue va de 12° le 21 avril au maximum de 150° le 19 mai, retombant ensuite à 20° le 11 juin et à 9° le 12 (fig. 4.41). Mais la grande variation de la longueur apparente ne doit pas nous tromper, car la queue d'une comète apparaît plus ou moins longue selon la perspective où l'on se place, et semble d'autant plus petite qu'elle est lointaine. En prenant ces deux éléments en compte, il résulta des calculs que sa longueur maximale réelle fut de 52 millions de kilomètres mais que, du 21 avril au 12 juin, elle ne descendit jamais au-dessous de 30 millions de kilomètres. En particulier pour le jour fatidique du 19 mai, on trouva une longueur de 52 millions de kilomètres : exactement le double de la distance de la Terre à la tête.

Mais notre planète heurta-t-elle vraiment la comète ? Après tant de prévisions, de calculs, d'observations et de discussions, la réponse est définitivement : non. E. Millosevich à Rome, A. Antoniazzi à Padoue l'avaient déjà prévu quand ils avaient observé la queue au cours des jours précédant la rencontre présumée, et relevé que, bien qu'elle se trouvât dans le plan de l'orbite cométaire, la queue n'était pas orientée dans la direction exactement opposée au Soleil et n'entrerait donc pas en contact avec la Terre. Tous deux avaient communiqué ce premier résultat à la presse, espérant couper court aux rumeurs.

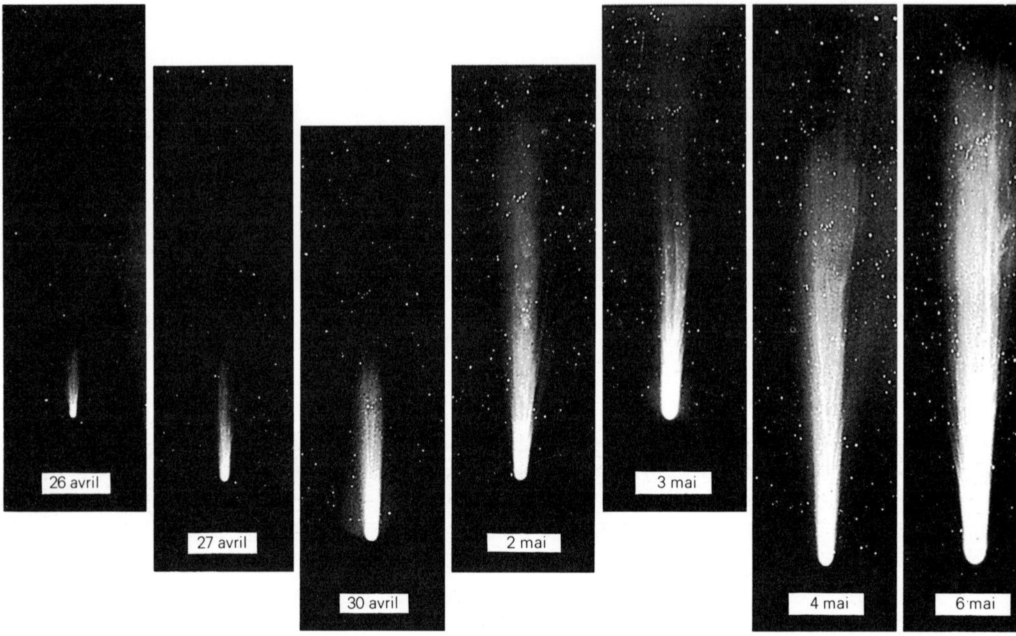

Fig. 4.41 Comment apparut la queue de la comète après le passage au périhélie, du 26 avril au 11 juin 1910 (*Hale Observatories*).

Antoniazzi exposa et discuta ensuite toutes ses observations du 21 avril au 24 juin, dans un vaste travail qui se terminait par ces mots : « Il est tout à fait exclu que la Terre ait pénétré, même de peu, dans la queue de la Comète. »

E. Esclangon, auteur de nombreuses observations, réalisa une autre recherche importante. En réunissant les enregistrements d'autres astronomes, il nota qu'il y avait très peu d'observations précises de la queue au cours des nuits des 20, 21 et 22 mai. Celles qui existaient étaient discordantes. Esclangon écrivit qu'à son avis, après la nuit fatidique, l'intérêt de la plupart des astronomes était retombé, comme celui du public. C'est peut-être vrai, mais nous verrons sous peu que la confusion a peut-être une autre cause. En tout cas, Esclangon, comme Antoniazzi, conclut que la queue était sûrement située dans le plan de l'orbite, mais qu'elle était inclinée par rapport au prolongement du rayon reliant le Soleil à la tête de la comète. Bref, elle n'était pas exactement opposée au Soleil. Et il concluait son long rapport par les phrases suivantes : « Si,

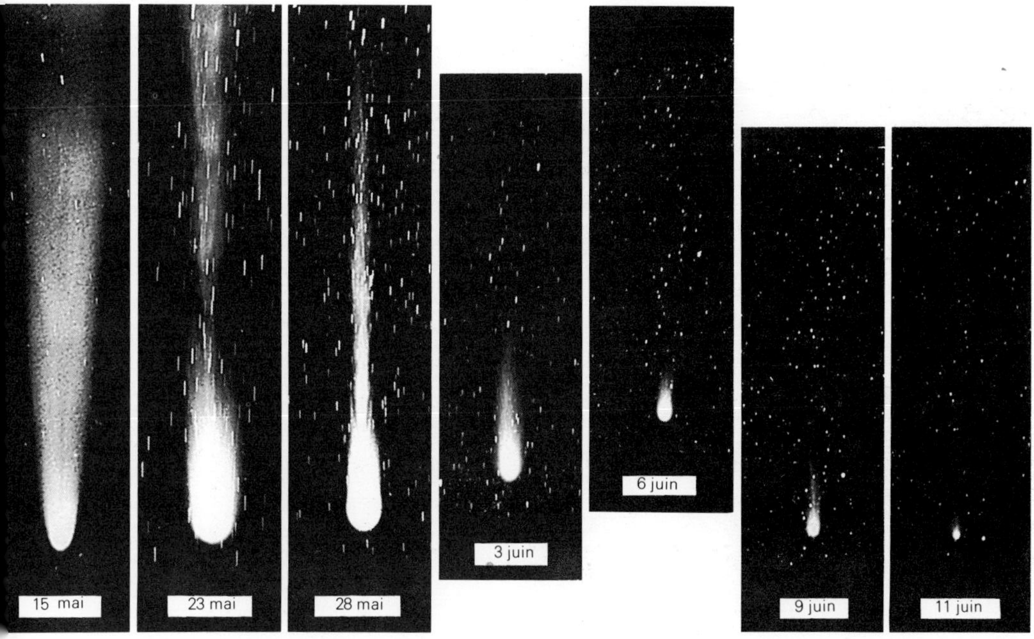

après cette discussion, quelqu'un, brutalement, me posait la question suivante : “ Enfin, oui ou non, concluez-vous à la rencontre par la Terre de la queue de la comète de Halley ? ” et s'il exigeait une réponse catégorique, je lui répondrais résolument : Non. »

Mais il ajoutait que si son interlocuteur se montrait conciliant, il compléterait sa réponse en disant que, par exemple, les bords d'une comète sont indéfinissables, que la queue était peut-être plus étendue qu'elle ne semblait, et qu'en ce cas, on ne pouvait exclure que la Terre traverse cette « région limite » entre le 21 et le 22 mai.

L'explication la plus convaincante, apparue par la suite, semble être celle que Bobrovnikoff exposa dans son rapport. Il recueillit et confronta toutes les observations et constata que, quand elle passa entre le Soleil et la Terre, la comète de Halley avait deux queues : l'une, presque droite, sillonnée de filaments ; l'autre, d'aspect diffus, courbe. Les deux queues devinrent visibles dès le 4 mai, on les voit fort bien dans une photo-

Fig. 4.42 Photographie de la comète de Halley prise à l'Observatoire de Lowell le 5 mai 1910. On voit clairement qu'à cette époque déjà, la comète avait deux queues (*Lowell Observatory,* Flagstaff, Arizona).

graphie obtenue à l'observatoire Lowell le soir du 5 mai * (fig. 4.42). Dans les photographies, c'est la queue droite qui semblait la plus brillante. Au cours de l'observation visuelle, c'est au contraire la courbe qui l'était. Pour les observateurs de visu, cette dernière semblait donc la principale, d'autant qu'à l'œil, elle apparaissait plus longue, plus large, et surtout beaucoup plus lumineuse. C'est la raison pour laquelle on fit une confusion lorsqu'on confronta les observations vers le 19 mai : en parlant de la queue, les observateurs ne voyaient pas tous la même. Après le passage de la comète devant le Soleil, une

* Cette photo illustre la couverture du présent ouvrage. (N.d.É.)

queue réapparut à l'ouest, mais on put observer l'autre pendant deux jours, à l'est.

Les deux queues se trouvaient dans le plan orbital de la comète (fig. 4.43), mais la droite était, elle aussi, sensiblement inclinée par rapport au prolongement de la ligne reliant le Soleil à la Terre, si bien que la Terre passa, pour ainsi dire, au-dessous de celle-ci, traversant tout au plus quelques filaments détachés. L'autre queue était très incurvée, et la Terre n'aurait pu la traverser que le 22 mai. A cette date, la tête de la comète (comme le montre la figure 4.43) était déjà assez loin, au-dessous du plan de l'orbite terrestre. Pourtant, en revoyant récemment toutes les observations de la queue faites autour du 19 mai 1910, Z. Sekanina estima que la Terre manqua de très

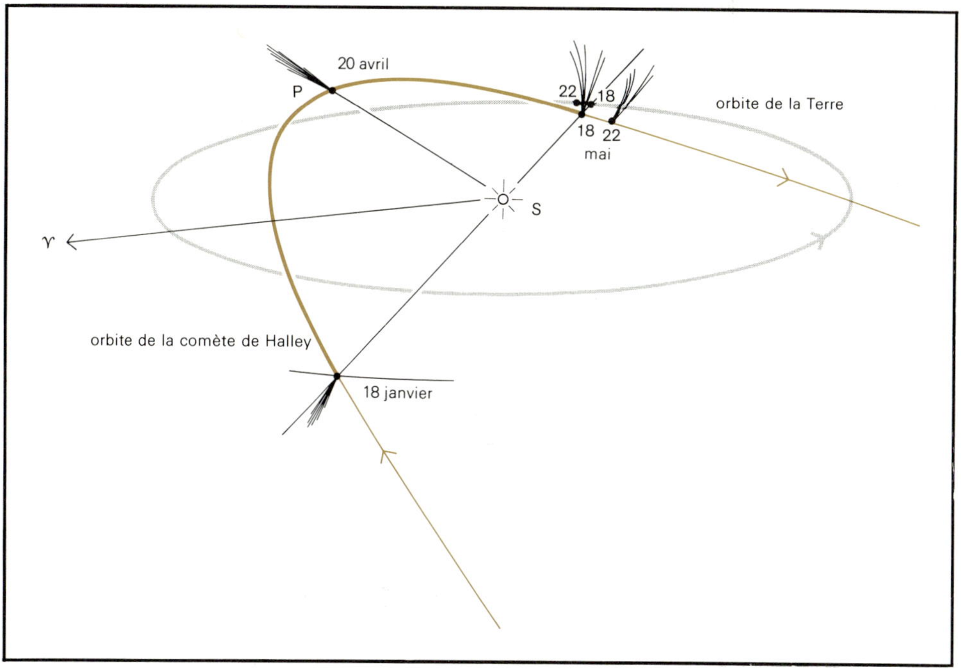

Fig. 4.43 Positions de la comète et de la Terre les 18 et 22 mai. Vers la première date, alors que la tête de la comète, en se plaçant entre nous et le Soleil, passe devant le disque solaire, la Terre pouvait passer à travers la queue. En réalité, bien que la comète ait eu deux queues, cela ne se produisit pas parce que la queue droite n'était pas parfaitement sur la ligne reliant le Soleil à la Terre, et la seconde coupa l'orbite terrestre quand la Terre et la comète s'étaient déjà éloignées.

peu la rencontre avec la seconde queue, passant à peine à 400 000 kilomètres du bord le 20 mai à 7 heures.

Dans l'euphorie et la peur, à la grande satisfaction des astronomes, la comète était revenue et s'en était allée, accomplissant une autre révolution autour du Soleil. Elle avait vécu une autre de ses années, aussi longue qu'une longue vie d'homme. Mark Twain naquit en 1835, au retour de la comète. Pour dire qu'il entendait vivre longtemps et arriver à ses 75 ans, il avait coutume de dire que puisqu'il était arrivé au monde en même temps qu'elle, il ne voyait pas pourquoi il ne repartirait pas avec elle. Il mourut en 1910, après le passage au périhélie de la comète de Halley.

De 1835 à 1910 aussi, se déroula la vie d'un grand astro-

TAB. 4.IV - CONDITIONS DE VISIBILITÉ DE LA COMÈTE DE HALLEY AU COURS DES VINGT-NEUF DERNIERS PASSAGES

Année	Apparition	Passage au périhélie	Disparition	Ciel (1)
240 a.C.	avant le 24 mai	25,12 mai (calc.)	entre le 9 et le 21 juin	B
164 a.C.	?	12,57 novembre (calc.)	?	
87 a.C.	entre le 10 août et le 8 septembre	2,50 août	?	B — a
12 a.C.	26 août	5,50 octobre	20 octobre	B — a
66	20 février (31 janvier?)	26,50 janvier	11 avril	E
141	27 mars	22,35 mars	mai	B
218	entre le 13 avril et le 12 mai	17,50 mai	début juin	B
295	début mai	20,50 avril	fin juin	B
374	4 mars	17,40 février	début mai	E — a
451	10 juin	24,50 juin	mi-août	B
530	29 août	26,70 septembre	27 septembre	B — a
607	18 avril?	13,00 mars	27 juillet?	B
684	6 septembre (31 août : observ. japonaise)	28,50 septembre	24 octobre	B — a
760	16 mai	22,50 mai	9 juillet?	B
837	22 mars	28,27 février	28 avril (7 mai, selon sources européennes)	B
912	12 juillet?	9,50 juillet	après le 28 juillet?	B

nome : Giovanni V. Schiaparelli. Né le 14 mars 1835, il avait un peu moins de cinq mois quand on découvrit la comète de Halley. En avril 1910, quand elle réapparut, il aurait pu la voir s'il n'avait, hélas ! perdu la vue et renoncé, depuis une dizaine d'années déjà, à ses observations qui lui avaient valu tant de succès. Il mourut le 4 juillet.

La comète s'était évanouie depuis moins d'un mois dans le ciel du soir. Pour la revoir, il fallait attendre une autre de ses longues années qui, cette fois, correspondrait à soixante-seize ans.

(Antoniazzi, Barnard, Bobrov, Crom-Smart, Curtis, Esclangon, Flammarion I, II, III, IV, V, Foresta Martin, Halley 1910 I, II, III, Holetschek II, Polank, Ricco, Rigge, Sekanina, Shaw.)

TAB. 4.IV - CONDITIONS DE VISIBILITÉ DE LA COMÈTE DE HALLEY AU COURS DES VINGT-NEUF DERNIERS PASSAGES

Année	Apparition	Passage au périhélie	Disparition	Ciel (1)
989	12 août (28 juillet, selon sources européennes.)	9,00 septembre	11 septembre	B
1066	2 avril	23,50 mars	7 juin	B
1145	15 avril (obs. europ.) 24 avril (sig. japon)	21,25 avril	9 juillet	B
1222	3 septembre 15 août (obs. europ.)	30,80 septembre	23 octobre	B — a
1301	14 septembre	24,53 octobre	31 octobre	B — a
1378	26 septembre	9,02 novembre	10 novembre	B — a
1456	27 mai	9,10 juin	8 juillet	B
1531	1er août	25,80 août	8 septembre	B
1607	21 septembre	27,06 octobre	5 novembre	B — a
1682	23 août	14,80 septembre	20 septembre	B
1759	25 décembre 1758 (26 mars 1759)	13,06 mars	22 juin 1759 (22 mai)	A — b
1835	5 août 1835 (23 sept. 1835)	16,44 novembre	19 mai 1836 (18 fév. 1836)	B — a
1910	24 août 1909 (11 fév. 1910)	20,18 avril	15 juin 1911 (8 juil. 1910)	B — a

(1) B = apparition dans le ciel boréal ; A = apparition dans le ciel austral ; E = apparition dans le ciel équatorial
La majuscule indique l'hémisphère dans lequel elle est restée le plus longtemps ou celui où elle apparut dans les meilleures conditions de visibilité.

Regard sur vingt-neuf passages

Grâce au travail de tant d'hommes et aux moyens techniques des deux derniers siècles, nous avons pu reconstituer le visage de la comète de Halley au cours de ses vingt-neuf derniers passages. Même si quelques-uns gardent encore des lacunes, tous nous ont montré combien elle a semblé différente d'un retour à l'autre, selon les circonstances astronomiques du moment et les hommes qui la regardaient.

A l'aide du tableau 4.IV et de la figure 4.44, nous pouvons maintenant embrasser du regard la durée et les conditions de tous les retours, et les confronter entre eux. Pour chaque passage, le tableau rapporte la date où on la vit pour la première fois, celle du passage au périhélie calculée à partir des observations, la date de disparition, et dans quel hémisphère céleste elle se trouvait dans sa période de visibilité à l'œil nu. Pour la première et la troisième date, nous n'avons parfois, pour quelques passages anciens, que des indications approximatives. La figure 4.44 illustre la durée de la visibilité, montre si celle-ci survenait après ou vers le passage au périhélie, et l'influence possible de la Lune sur les observations. Les observations incertaines sont signalées par des traits plus clairs. Les bords effrangés indiquent qu'on n'a pu préciser le jour de la première ou de la dernière observation. La représentation graphique n'est possible qu'à partir du passage de 12 avant J.-C. car, pour les trois passages précédents, les informations pour définir les deux extrêmes de la période de visibilité sont soit insuffisantes, soit manquantes.

Nous voyons ainsi qu'au cours des 2 150 ans qui viennent de s'écouler, la comète est apparue presque exclusivement dans l'hémisphère boréal, que la plus longue période de visibilité à l'œil nu eut lieu à l'occasion de 1835-1836 (elle dura cent quarante-huit jours, soit près de cinq mois). Il est clair que ce record a été atteint parce qu'on a pu regarder le point exact du ciel où l'astre apparaîtrait grâce aux éphémérides calculées, ou à l'indication de direction donnée par le télescope pointé. Mais ces éléments valent aussi pour 1910 et 1759 et pourtant, ces années-là, on ne la vit à l'œil nu, respectivement, que cent vingt-trois jours et à peine cinquante-sept. Il y eut aussi de longues périodes de visibilité en 1145 (soixante-dix-neuf jours au moins), 1222, 1066 et 66. Parmi les passages où on ne la vit que

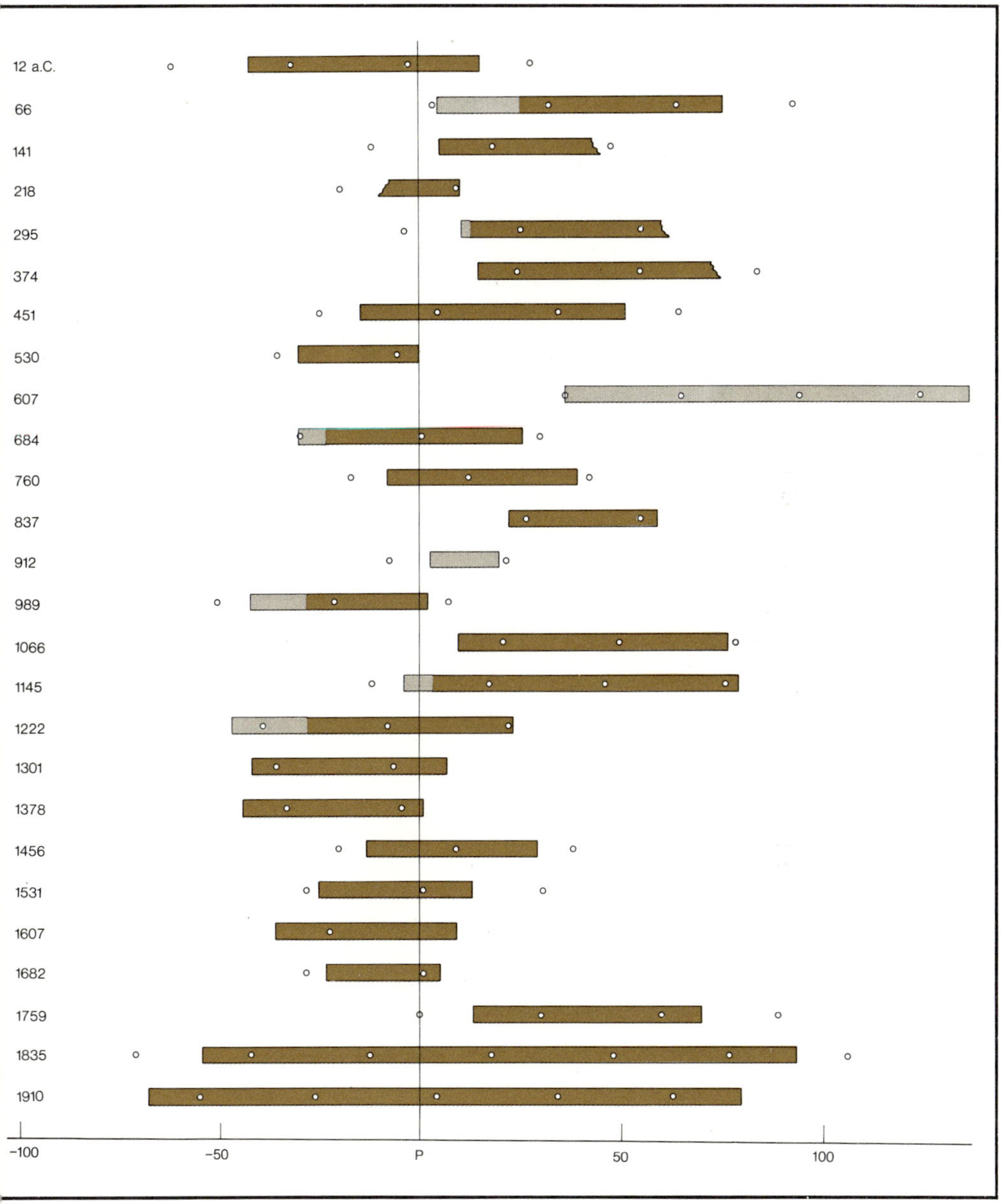

Fig. 4.44 Nombre de jours avant et après le passage au périhélie P au cours desquels la comète de Halley fut observée de la Terre à l'œil nu, à l'occasion de chacun de ses derniers 26 passages, depuis 12 av. J.-C. Les traits plus clairs correspondent à des signalements incertains. Les petits cercles blancs indiquent les jours de pleine Lune.

quelques jours, nous pourrions rappeler 912 et 87 avant J.-C. ; encore n'avons-nous aucune certitude que les archives disent vrai, tant il se peut que nous soyons victimes de la pauvreté de notre documentation.

Assurément, la durée des observations augmente notablement si l'on considère également celles faites au télescope, rendues possibles dès 1758. Déjà, à cette époque, on suivit la comète pendant près de six mois. En 1835, avec des instruments plus puissants, pendant neuf mois et demi et, en 1910, avec l'introduction de la photographie, pendant vingt-deux mois, soit un an et dix mois. Mais ce record est déjà largement battu par 1986 : en effet, depuis le mois d'octobre 1982, les plus grands télescopes du monde suivent et photographient la comète de Halley. Et grâce aux télescopes installés dans l'espace, nous sommes sans doute arrivés à l'époque où on pourra la suivre sans interruption sur toute sa trajectoire.

CHAPITRE V

De la comète de Halley dans l'histoire à l'histoire de la comète de Halley

HISTOIRE RÉCENTE DE LA COMÈTE DE HALLEY

Notre longue excursion dans le passé nous a permis de retrouver la comète tout au long de ses passages au cours des deux derniers millénaires, et d'en reconstituer — de nous y essayer du moins — les observations astronomiques. Nous avons lu les chroniques de ses apparitions. Nous avons vu ce qui se passait sur la terre, dans les lieux et à l'occasion de retours pour lesquels nous ne disposons d'aucune chronique. Car toutes les chroniques de son passage n'ont pas été écrites, toutes celles qui l'ont été ne nous sont pas parvenues, et toutes celles qui nous sont parvenues ne sont pas encore retrouvées. Parfois ses apparitions ont eu des conséquences sur notre vie quotidienne, ou sur nos mœurs. Mais la comète a, elle aussi, une histoire. Nous en avons perçu un aspect à propos des variations de son orbite. Toutefois cette histoire s'est-elle toujours répétée de la même façon ? Les apparitions d'il y a 3000, 4000 ou 5000 ans ont-elles été une anticipation des plus récentes, plus ou moins selon le même modèle, ou la comète, en ces temps lointains, a-t-elle connu des vicissitudes différentes ? La voyait-on ? Et s'il y eut une époque où on ne la voyait pas, quand a-t-elle commencé à apparaître en circulant autour du Soleil sur son orbite habituelle ? Et pourquoi ? Dans le passé, était-elle plus lumineuse, ou plus faible qu'aujourd'hui ? Ces questions, et d'autres encore, peuvent se résumer à trois, essentielles : quelle est l'origine de la comète de Halley ? Quelle est son histoire ? Quand et comment finira-t-elle ?

Nous savons déjà que, d'un passage à l'autre, elle a souvent semblé très différente. C'était dû au fait que les positions réciproques de la Terre et de la comète par rapport au Soleil, et sa distance à la Terre variaient en fonction des moments où elle était visible. D'une apparition à l'autre, il est donc difficile de savoir si les variations furent réelles, et ce qu'elles furent. Dans ce domaine, c'est surtout l'estimation de l'intensité lumineuse de la tête qui a donné les résultats les plus probants.

Variations d'éclat

Si l'on compare l'éclat de la tête à celui des étoiles ou des planètes, on arrive assez bien à déterminer la magnitude apparente de la comète. Il y eut d'ailleurs, dans le passé, des confrontations de ce type dont nous possédons les enregistrements. Bien sûr, la magnitude apparente dépend des conditions d'observation qui varient d'un retour à l'autre. En 837, nous avons vu que si sa tête apparut très brillante, c'est parce qu'elle passa tout près de la Terre.

Mais si l'éclat intrinsèque demeurait toujours le même, l'éclat apparent ne devrait plus dépendre que de la distance à la Terre et au Soleil, autant de faits géométriques que l'on peut déduire des éphémérides. Que l'éclat change en fonction de la distance à la Terre, c'est-à-dire du point de l'espace où nous observons, c'est tout à fait prévisible. Chacun sait qu'une source lumineuse quelconque, une lampe par exemple, semble plus intense quand on en est proche et toujours plus faible à mesure qu'on s'en éloigne. La physique nous enseigne aussi selon quelle règle elle semble s'affaiblir : dans une proportionnalité inverse au carré de la distance.

En fonction de cette loi, l'éclat de la comète devrait se modifier selon sa distance au Soleil si, comme une planète, elle était un corps solide qui ne fait que réfléchir la lumière solaire. Mais ce n'est pas le cas des comètes qui irradient aussi leur propre lumière sous l'action du vent solaire et de la radiation, souvent invisible, provenant du Soleil*. De plus, si une planète conserve toujours le même diamètre, les comètes développent une chevelure plus ou moins grande en fonction de la distance au Soleil : le nombre des particules qui la forment augmente quand elle se rapproche du Soleil et diminue quand elle s'en éloigne. Enfin les phénomènes qui provoquent l'éclat de la comète sont différents selon la nature de la comète et l'activité solaire.

On peut résoudre cet enchevêtrement de causes diverses et diversement influentes par le calcul et les observations. La clef est donnée par une formule très simple qui relie entre elles Δ, distance comète-Terre, r, distance comète-Soleil, et m, magnitude apparente de la comète vue de la Terre quand elle se trouve aux distances Δ et r. Voici la formule :

$$m = m_0 + 5 \log \Delta + 2{,}5\, n \log r.$$

Les valeurs m_0 et n, qui restent à définir, sont le fil d'Ariane qui va nous aider à sortir du labyrinthe et, surtout, nous permettre de mieux caractériser chaque comète.

Commençons par m_0 dite « magnitude absolue ». C'est la valeur qu'aurait la magnitude apparente d'une comète vue de la Terre si elle se trouvait à la distance de 1 UA de la Terre comme du Soleil, c'est-à-dire si Δ et r étaient, chacun, égaux à 1. La valeur de m_0 est caractéristique de chaque comète. Si toutes les comètes étaient égales, m_0 devrait être la même pour toutes. Or, les observations montrent qu'il n'en est rien, on peut donc affirmer que les valeurs différentes de m_0 nous indiquent les différences entre deux comètes.

Cela est vrai aussi pour n, un nombre qui détermine la façon dont l'éclat de la comète varie en fonction de sa distance au Soleil. Si l'éclat variait selon la loi optique de la pure réflexion qui est valable pour une planète**, nous aurions $n = 2$. Mais

* En dehors de son rayonnement dont une partie importante, l'ultraviolet, est invisible à nos yeux, le Soleil émet également un flot de particules chargées, le vent solaire, qui s'échappent en permanence de sa surface. Le long de son orbite, la comète est donc soumise à la double action du rayonnement et du vent solaire, qui résulte en un échauffement notable du noyau. Les gaz chauds qui s'en échappent, produisent en se refroidissant un rayonnement propre qui s'ajoute au rayonnement solaire, réfléchi par les poussières de la comète. (N.d.É.)

** Il faut entendre ici, dans le cas où la lumière du Soleil reçue par la comète serait réfléchie sans modification de la forme ni de la nature de celle-ci. Cette condition, valable pour les planètes, n'est en général pas réalisée

nous savons qu'il n'en est rien. n est donc un autre paramètre physique à calculer. Ce n'est pas difficile.

En connaissant l'orbite, on peut calculer les distances Δ et r. Il suffit d'avoir deux magnitudes m de la comète observée au cours de deux nuits distinctes pour calculer les valeurs m_0 et n. En effet si l'on remplace dans la formule les deux groupes de valeurs relatives à m, Δ et r au cours des deux nuits, on obtient deux équations dont la solution nous donne justement m_o *et* n. En pratique on obtiendra un résultat beaucoup plus précis en calculant plusieurs valeurs de m et en comparant ensuite les résultats.

En appliquant cette formule à plusieurs comètes, on trouve, comme il fallait s'y attendre, que n varie de l'une à l'autre. Mais en calculant plusieurs fois les valeurs de m_0 et de n au cours d'une même apparition, on trouve que n peut parfois varier d'un jour à l'autre pour une même comète. Par conséquent, comme ce fut le cas de la comète de Cunnigham apparue à la fin de 1940 ou, de façon encore plus évidente, de celle de Kohoutek à la fin de 1973, il arrive parfois que les prévisions des astronomes sur la luminosité que devrait avoir une comète à son maximum soient démentis par la réalité. En effet, une fois calculées les valeurs de m_0 et n, la même formule permet de calculer la magnitude m que la comète doit développer en chaque point de son orbite.

Or, si la valeur de n est élevée quand la comète est encore éloignée, cela peut vouloir dire qu'elle sera très brillante au voisinage de la Terre et du Soleil. Mais si, avec le temps, n diminue sensiblement, quand la comète sera proche du Soleil, au lieu d'augmenter, elle peut aller jusqu'à disparaître, comme ce fut le cas de la comète Westphal en 1913 et, en 1954, de la Pajdusakova. Les astronomes qui la suivent et déterminent sans cesse n, en constatant la diminution de sa valeur, rectifient les prédictions de son éclat maximal sur la base des nouvelles observations et les communiquent régulièrement. Mais comment réussir à faire admettre qu'il faudra renoncer à voir cette splendide comète, déjà annoncée par les médias et orchestrée par la société de consommation, pour autant qu'une comète puisse l'être ?

---

pour les comètes, puisque le rayonnement solaire provoque l'évaporation de leur noyau et une modification notable de leur aspect par l'apparition de la chevelure et des queues. (N.d.É.)

D'ailleurs, ces cas sont assez exceptionnels. Il arrive plus souvent que la valeur de n reste au contraire constante, pour une même comète au moins, auquel cas, en calculant aussi m_0, elle est parfaitement caractérisée.

Supposons maintenant que la valeur de n soit constante. Si, pour une comète périodique, celle de m_0 était aussi constante à chaque apparition, cela signifierait qu'elle reste toujours égale à elle-même. Vers le milieu des années vingt, l'astronome S.K. Vsekhsvyatskii analysa un grand nombre d'observations de plusieurs comètes, faites aussi à des distances notables au Soleil. Il arriva à la conclusion qu'on pouvait dire normalement que $n = 4$. En général cette valeur représentait assez bien la variation de l'éclat d'une comète en fonction de sa distance au Soleil. Selon Vsekhsvyatskii, seules des difficultés d'observation et des modifications de l'influence solaire pouvaient entraîner d'éventuels écarts. Mais récemment, D. D. Meisel et C. S. Morris ont remarqué que la valeur de n est déterminée par une combinaison complexe d'au moins huit processus, qu'ils énumèrent. La plupart sont liés à l'activité solaire mais certains dépendent de la nature de la comète. En outre, d'après les résultats obtenus sur 121 comètes, avant et après le passage au périhélie, n ne varie de 3,5 à 4,5 que dans 21 % des cas seulement. L'affirmation de Vsekhsvyatskii n'est donc qu'une première approximation. Pourtant, quand il calcula les valeurs de m_0 pour toutes les comètes à partir d'observations de la magnitude apparente, ces résultats semblaient tout à fait acceptables.

Pour la comète de Halley en particulier, il calcula la magnitude absolue à l'occasion de divers passages dès 451. On considéra que le résultat de sa recherche était significatif et, comme le montre la figure 5.1 a) qui donne les valeurs de m_0 pour les 16 passages des derniers 1500 ans, la comète ira en s'affaiblissant.

Le phénomène a été vérifié à partir d'observations plus précises, toutes faites à l'époque moderne sur une autre comète périodique, celle de Encke, qui revient tous les trois ans et trois mois et a donc été observée au cours de cinquante-deux passages. La figure 5.1 b) montre qu'elle aussi, comme la comète de Halley, s'affaiblit toujours plus, comme si elle se consumait continuellement. Sur cette diminution de l'éclat de la comète de Encke, et d'autres comètes à courte période, les avis des astronomes sont partagés. Le débat porte non pas sur la diminution, mais sur la vitesse à laquelle elle se produit : certains acceptent une décroissance de 3 magnitudes par siècle comme on le voit dans la figure 5.1 b) alors que d'autres estiment sa valeur beaucoup plus basse, guère supérieure à 1 magnitude par siècle.

Récemment, différents astronomes ont encore utilisé les observations anciennes de la comète de Halley, mais en appliquant des techniques nouvelles. D.W. Hughes, en 1983, et I. Ferrin, en 1984, sont arrivés à la conclusion qu'au cours des deux derniers millénaires, sa magnitude absolue a sûrement diminué, même si ce n'est pas au rythme déterminé par Vsekhsvyatskii. Le premier a trouvé une décroissance moyenne de 0,02 magnitude pour chaque apparition ; le second, de 0,05 (fig. 5.2). En conclusion, si, pour chacune des vingt-neuf dernières apparitions, nous nous étions placés à un point distant d'1 UA de la comète au moment où elle repassait à la distance d'1 UA du Soleil, nous l'aurions vue réapparaître chaque fois plus faible.

De la comète aux étoiles filantes

L'affaiblissement progressif des comètes de Halley et de Encke donne l'impression qu'elles se consument lentement mais sûrement. Nombreux sont ceux qui pensent que la cause de cet affaiblissement n'est pas là, et ils l'expliquent de façon différente [1]. Pourtant, l'idée qu'une comète perd un peu de sa masse, c'est-à-dire se consume peu à peu, n'est pas fausse. Nous savons que les comètes sont des blocs de matières solides mais volatilisables, et que chaque fois qu'elles passent près du Soleil, sous son action, une petite part de matière se disperse dans l'espace interplanétaire. Bien que la masse soustraite soit infime par rapport à la masse totale, ce processus influe peut-être indirectement sur la luminosité. En tout cas, il conduit directement à un autre phénomène.

---

1 L'explication serait la suivante : chaque fois qu'une comète passe près du Soleil, alors que la glace sublime, les gaz qui s'évaporent du noyau de glace, sali par les poussières, entraînent la poussière. Une grande partie de cette poussière ne se disperse pourtant pas dans l'espace, mais se trouve chassée vers l'arrière sous la pression de la radiation solaire. C'est ainsi que se forment des couches de poussière qui deviennent plus denses chaque fois que la comète passe près du Soleil. Ces strates obscurcissent la comète qui, à chaque passage, paraît plus faible.

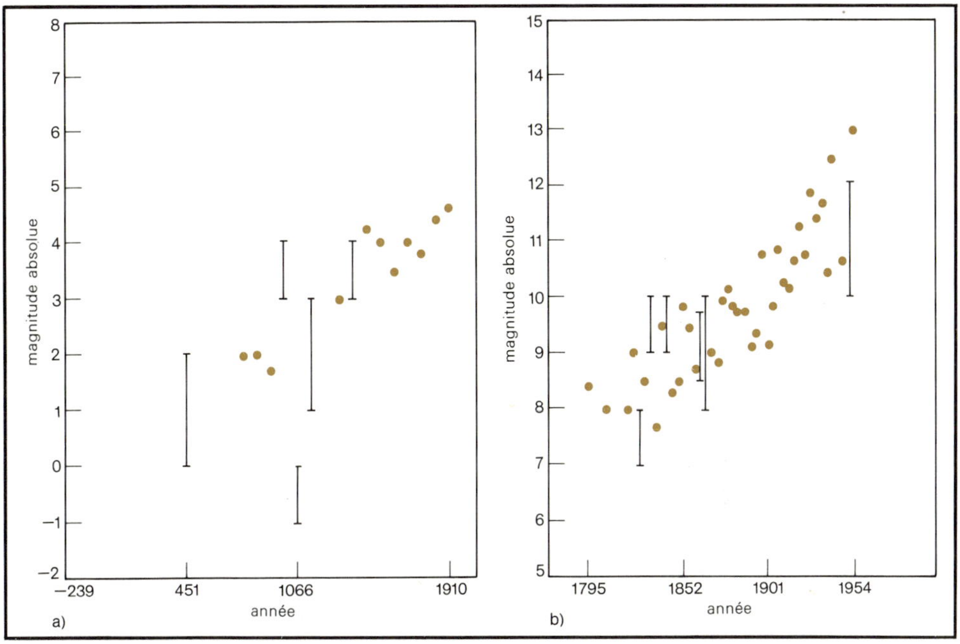

Fig. 5.1 a) regroupe les variations de la magnitude absolue de la comète de Halley de 451 à 1910 selon Vsekhsvyatskii. b) donne les variations de la magnitude absolue de la comète de Encke de 1795 à 1954 selon le même astronome.

Tout le monde connaît les étoiles filantes. Ce sont des traces lumineuses qui sillonnent le ciel, parfois rapides et imperceptibles, parfois lentes et brillantes, et leur sillage persiste jusqu'à quelques secondes après l'apparition. Comme on le sait désormais, ce sont des particules pesant quelques grammes ou fractions de grammes qui, en circulant dans l'espace interplanétaire, arrivent dans la sphère de notre planète, sont attirées et tombent vers la Terre. Au contact avec les strates les plus extérieures de l'atmosphère, elles « brûlent » en devenant visibles sur un parcours qui peut aller de 7 à 20 kilomètres, et se dissolvent. Ce sont de petits fragments de matière qui voyagent incognito dans l'espace pendant des temps que l'on ne peut préciser et ont une existence bien plus obscure et inerte que le caillou d'un torrent, sauf à leur mort où elles accèdent alors à la célébrité. Tout œil exercé, par une nuit quelconque pourvu qu'elle soit suffisamment obscure, en voit, en moyenne, de 6 à

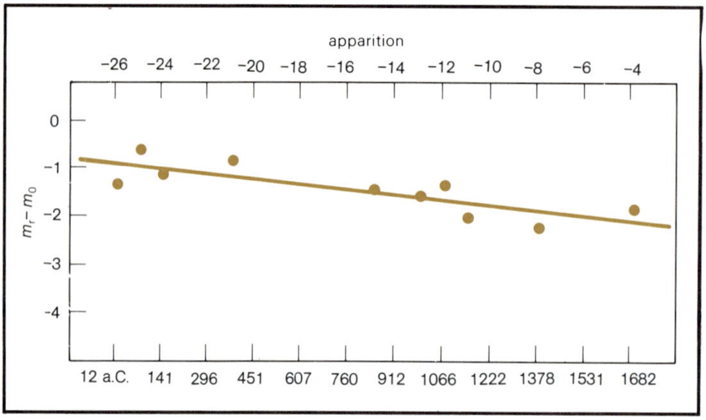

Fig. 5.2 Diminution de la luminosité de la comète de Halley, de 12 av. J.-C. à 1682. En abcisse sont reportées les années, en ordonnée la différence entre la magnitude au moment de la réapparition (m_r) et la magnitude absolue (m_0).Pour la première, on a tenu compte de l'effet de la lumière de la Lune et de celle du crépuscule (adapté par *Astron. and Astrophys.).*

8 à l'heure. Mais il y a dans l'année des moments où on en voit plus.

On connaît bien lesdites « larmes de San Lorenzo », ces étoiles filantes qui sont particulièrement nombreuses et brillantes vers le 12 août. On les voit pendant cinq à six nuits et, dans la nuit du 12 où elles apparaissent plus nombreuses, on arrive à en compter une cinquantaine à l'heure. A ce moment-là, la Terre rencontre un véritable essaim de ces corps. Mais ce n'est pas le seul moment. Si l'essaim du 12 août est l'un des plus importants, il bénéficie de l'époque de l'année où les nuits sont douces et pures et, comme ce sont les vacances, on s'attarde plus longtemps à regarder le ciel qu'au cours des froides nuits d'hiver. En réalité, il y a d'autres périodes plus importantes : le début et la fin du mois de juin, octobre, novembre et décembre.

Si on regarde attentivement les sillages ou, mieux encore, si on les trace sur une carte céleste, on note qu'ils semblent tous provenir d'une même zone du ciel. C'est un phénomène de perspective dû au mouvement de la Terre au milieu des sillages, semblable à celui que démontrent les flocons au cours d'une tempête de neige. Si nous les regardons à travers le pare-brise d'une voiture en mouvement, ils semblent tous venir du même point vers nous et fuir sur les côtés. Le point d'où les étoiles filantes semblent diverger s'appelle « radian », et c'est la constellation au milieu de laquelle il se situe qui donne son nom à l'essaim. Les étoiles filantes que l'on voit au début et à la fin juin, qui proviennent de deux essaims distincts avec des radians distincts, s'appellent les Ariétides (du Bélier) et les Draconides (du Dragon), celles de novembre, les Léonides (du Lion), et celles de décembre, les Géminides (des Gémeaux).

Les particules météoriques qui sont à l'origine des étoiles filantes ne circulent pas chaotiquement. Cela ne surprendra peut être pas, mais rares sont ceux qui savent que pour chaque particule éphémère, inconnue jusqu'au moment où elle se consume dans l'atmosphère, les astronomes peuvent reconstruire l'orbite qu'elle parcourait dans le système solaire avant de se dissoudre en tombant sur la Terre. Ainsi, quelques essaims parcourent des orbites très semblables à celles de cer-

Fig. 5.3 Tronçon d'orbite de la comète Swift-Tuttle le long de laquelle se déplace l'essaim météorique des Perséides. Les chiffres le long de l'orbite terrestre montrent la position occupée par la Terre le premier jour de chacun des mois correspondants : 1 correspondant à janvier, 2 à février, ainsi de suite.

taines comètes. G. V. Schiaparelli, qui découvrit cette relation en 1866-1867, trouva que les Perséides, les fameuses « larmes de San Lorenzo », sont associées à la comète Swift-Tuttle (fig. 5.3), passée au périhélie le 23 août 1862 et visible à l'œil nu dans la seconde moitié du mois, avec une tête lumineuse comme l'Étoile polaire [1]. Schiaparelli affirma encore que l'essaim des Léonides est associé à la comète de Tempel-Tuttle, passée au périhélie le 11 janvier 1866. Cette comète circule autour du Soleil avec une période de trente-trois ans mais, en six siècles, on ne l'a observée que quatre fois, dont la dernière en 1965.

Les essaims météoriques connus sont une trentaine et, pour un tiers d'entre eux, on sait à quelles comètes ils sont associés. En connaissant la nature de ces dernières, il est facile de comprendre comment ils sont produits. Quand la comète est au voisinage du Soleil, les particules et les gaz qui s'échappent du noyau forment la chevelure et la queue qui se renouvellent continuellement avec de la matière provenant du noyau, alors que celle qui est déjà expulsée se disperse. A l'œil, on a l'impression que chevelure et queue se dissolvent, mais la matière qui les forme ne se détruit pas : elle disparaît en se répartissant en un essaim de particules qui continuent à se déplacer sur des orbites très semblables à celle du noyau cométaire, mais non identiques, car elles prennent leur origine dans la queue et les forces gravitationnelles des planètes les perturbent plus que le noyau, et différemment.

Il semble que deux gerbes d'étoiles filantes soient associées à la comète de Halley, les η Aquarides (du Verseau) qui apparaissent du 2 au 8 mai avec un maximum vers le 5, et les Orionides, visibles aux alentours du 19 au 23 octobre avec une pointe maximale le 21. La première gerbe, avec un rythme moyen de 20 météores à l'heure, se place au 9e rang parmi toutes celles de l'année ; la seconde, avec 30 météores à l'heure, est plus importante et se place au 7e rang [2]. En revanche elles

1. En parcourant une orbite elliptique avec une période de 120 ans, cette comète aurait dû repasser au périhélie vers 1982 (le 30 juin 1981 selon les calculs de Yeomans, le 17 septembre de la même année selon ceux de Marsden) ; mais elle n'a pas été retrouvée.

2. Selon les observations par radar faites par les Observatoires de Springhill et de Ondrejov, on observe 300 à 500 météores à l'heure pour les η Aquarides, et 240 à 560 météores/h pour les Orionides.

sont toutes les deux à la 2e place derrière les Léonides pour la vitesse à laquelle elles rencontrent la Terre (avant, bien sûr, d'être accélérées par le champ gravitationnel terrestre) : les η Aquarides avec 65,5 km/s, les Orionides avec 66,4 km/s. Dans la Chine ancienne on avait déjà observé ces deux pluies d'étoiles filantes : les Orionides depuis 288, les η Aquarides depuis 74 avant J.-C...

On a beaucoup discuté de la relation entre ces deux pluies et la comète de Halley car les ressemblances orbitales ne sont pas si évidentes. Les deux pluies sont sans doute provoquées par un même essaim météorique que la Terre rencontre deux fois par an, quand elle passe à proximité des deux points où l'orbite de la comète (donc l'essaim) coupe le plan de l'orbite terrestre. Mais elle rencontre les deux essaims à des points assez distants de l'orbite de la comète de Halley : les Orionides à 22,5 millions

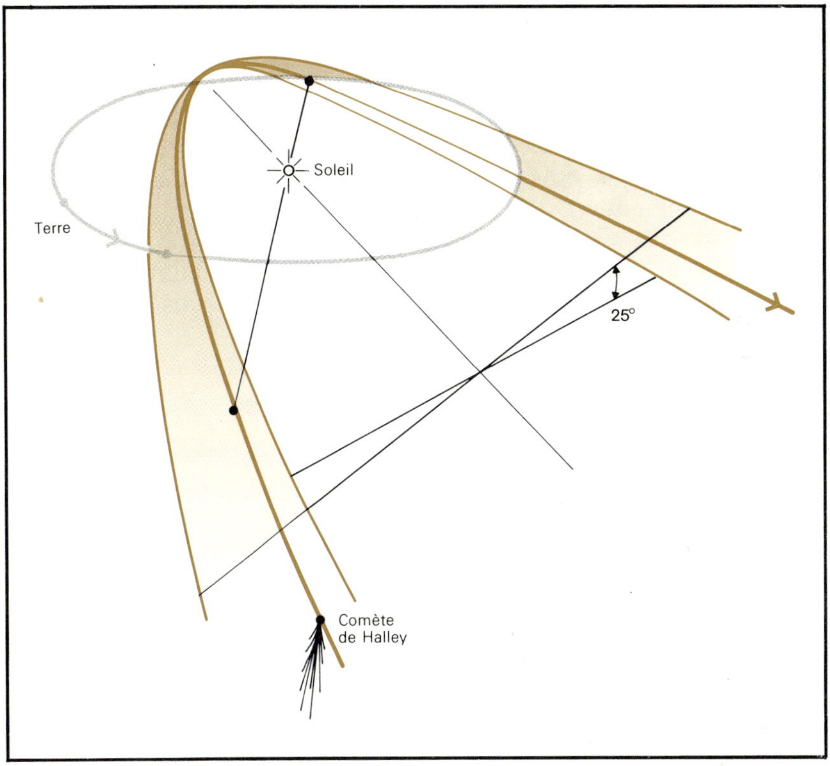

Fig. 5.4 Représentation schématique (zone colorée) de l'essaim associé à la comète de Halley selon McIntosh et Hajduk *(Monthly Notices of the R.A.S.).*

de kilomètres, les η Aquarides, à 9,7. Ceci constitue donc une difficulté. Pourtant, A. Hajduk, qui se consacre au problème depuis le début des années 70, est arrivé à l'expliquer. Il a étudié avec d'autres astronomes des milliers de météores des deux essaims et, récemment, il est arrivé avec B. A. McIntosh à des conclusions très détaillées, et à la construction d'un modèle convaincant.

En tenant compte des variations orbitales de la comète de Halley depuis 1404 avant J.-C., calculées par Yeomans et Kiang, les deux astronomes ont découvert que l'essaim s'est formé selon un ample faisceau au fil des passages de la comète, en parcourant des orbites toujours plus déplacées. Il doit donc être très large et, dans la région la plus proche du Soleil et de la Terre, la matière doit se distribuer comme le montre, schématiquement, la figure 5.4. Les incertitudes dues aux coïncidences non parfaites des éléments orbitaux semblent donc dépassées par cette dernière explication, qui se trouve même en harmonie avec les variations orbitales de la comète au cours des trois derniers millénaires.

En conclusion, chaque année, en mai et en octobre, des fragments de la comète de Halley tombent sur la Terre. Nous les voyons quand ils s'incendient au contact de notre atmosphère, dernier vacillement de particules qui composèrent peut-être la chevelure que Giotto, ou Aetius, ou Attila virent. Ils ne sont plus, depuis longtemps, comète ; et dès qu'ils laissent au ciel une traînée aussitôt disparue, ils ne sont même plus poussière.

HISTOIRE ANTIQUE DE LA COMÈTE DE HALLEY

Le fait que les comètes perdent continuellement de la masse nous amène à une conclusion importante et ouvre la perspective de découvertes et de théories fort intéressantes. Il résulte de l'étude des perturbations planétaires que les masses des comètes n'atteignent jamais les 10^{21} grammes. Mais on peut faire une évaluation moyenne plus précise. Disons que la densité d'un amas de glace et de matériaux non volatils, comme c'est le cas des comètes, est environ celle de l'eau, 1 g/cm^3 : en se fondant sur les diamètres et la magnitude des têtes des comètes les plus brillantes, on trouve des masses comprises entre 10^{15} et 10^{18} g., qui correspondent à des diamètres du noyau de 1 à 10 kilomètres. On a trouvé ces mêmes valeurs par d'autres voies [1].

A travers l'étude de la comète de Encke et des essaims météoriques qui lui sont associés, on sait que chaque fois qu'une comète passe près du Soleil, elle perd une masse d'au moins 10^{13} grammes.

Supposons maintenant que la comète de Halley ait eu au début la valeur maximale de sa masse et qu'à chaque retour, elle ait perdu une masse correspondant au minimum de 10^{13} grammes. Il faudrait 100 000 retours pour qu'elle s'éteigne, soit, en admettant son orbite actuelle pour orbite, 7 millions et 700 mille ans. Même si elle avait eu une masse 100 fois supérieure au début, valeur jamais trouvée à ce jour pour aucune planète, elle durerait, toujours avec son orbite actuelle, 770 millions d'années. Un âge semblable, pour aussi énorme qu'il paraisse, prouve que la comète de Halley n'a pas pu exister dès l'époque de la formation du système solaire, il y a 4 600 millions d'années, ou du moins qu'elle n'a pas pu circuler autour du Soleil sur son orbite actuelle depuis ces temps-là. Donc, aux temps les plus reculés du système solaire, quand la Terre et les autres planètes étaient déjà formées, son histoire a dû être différente de ce qu'elle est aujourd'hui. Il n'est d'ailleurs même pas prouvé qu'elle existait déjà.

Vieilles comètes et comètes nouvelles

Ces réflexions avaient déjà été faites sur la comète de Halley et on en avait conclu que toutes les comètes étaient appelées à s'éteindre dans des temps bien plus courts que la Terre et le système solaire. A moins de croire que les comètes constituent une phénomène temporaire limité à quelques millions d'années, et que ce laps de temps est justement celui que nous vivons, nous sommes donc contraints de penser qu'il y a un continuel renouvellement de comètes « nouvelles ».

Les astronomes appellent « nouvelles » les comètes qui passent pour la première fois au voisinage du Soleil et de la Terre, c'est-à-dire à travers la partie la plus interne du système solaire. On les reconnaît facilement à la forme de l'orbite. Une comète qui se déplace selon une ellipse parcourt un circuit fermé et,

1. Selon les observations faites au cours de l'hiver 1983, après les « retrouvailles », le diamètre du noyau de la comète de Halley serait de six kilomètres.

Fig. 5.5. Les deux queues de la comète Mrkos (1957) : la droite, de plasma, et la courbe, de poussières. La photographie a été prise par l'auteur avec un objectif Tessar de 10,5 cm de longueur focale, en même temps que la première de la fig. 3.8 qui montre la tête et la zone adjacente agrandie et très détaillée puisqu'elle a été photographiée avec un miroir de 60 cm.

tôt ou tard, elle finira par revenir. 40 % de l'ensemble des comètes observées suivent des orbites de ce type et par conséquent on les a vues plusieurs fois. Celle de Encke cinquante deux fois, dès 1786 ; celle de Halley vingt-neuf fois, dès 240 avant J.-C. ; la comète Grigg-Skiellerup quatorze fois, dès 1902 ; celle de Pons-Winnecke dix-huit fois, dès 1851. C'est pourquoi on les appelle « vieilles ». Elles méritent bien cette appellation : car soit elles font depuis longtemps partie de la suite du Soleil, soit ce sont de vieilles connaissances des astronomes qui les ont déjà vues, reconnues, photographiées, et attendent leur retour comme on attend celui d'un ami en voyage avec qui on a déjà fixé le prochain rendez-vous*.

---

* Au sens astronomique, la comète de Halley n'est pourtant pas considérée comme « vieille » mais plutôt comme « intermédiaire ».

C'est en effet la plus brillante et la plus active des comètes à courte durée de révolution (moins de 200 ans), ce qui semble montrer que son passage au voisinage du Soleil ne date que d'un passé récent. Elle a donc sans doute gardé une grande partie des caractéristiques « primordiales » des comètes jeunes dont la durée de révolution est, en général, beaucoup plus longue. (N.d.É.)

En revanche, pour les comètes qui parcourent des orbites ouvertes, c'est-à-dire des paraboles ou des hyperboles, il peut s'agir de leur premier passage qui restera unique si l'orbite, même après la traversée du système solaire, continue à rester ouverte. Ce sont là les « nouvelles » comètes qui constituent 60 % des 710 comètes observées jusqu'à mai 1982.

Les comètes nouvelles diffèrent des vieilles à cause du type d'orbite qui sert à les définir, mais aussi à cause de quelques caractéristiques physiques, liées au fait qu'il s'agit de leur premier rapprochement au Soleil.

Comme nous l'avons dit, les passages répétés autour du Soleil provoquent la formation de strates de poussière autour du noyau, lesquelles entraînent la diminution progressive de l'éclat cométaire. A leur premier passage, elles doivent donc être au maximum de leur luminosité. En effet, dans les mêmes conditions d'observation, les comètes nouvelles semblent en général plus lumineuses que les vieilles.

De plus, en les observant directement, on a constaté qu'elles présentent souvent deux queues (fig. 5.5). L'une est l'habituelle queue de plasma, rectiligne, qui s'échappe de la tête à la vitesse d'environ 400 km/s sous l'action du vent solaire. L'autre est une queue courbe, composée de particules de poussière qui s'éloignent de la tête beaucoup plus lentement. La queue courbe ne contient pas de gaz qui émettent de la lumière par eux-mêmes, et n'apparaît lumineuse que parce qu'elle reflète la lumière solaire. Son spectre est donc tout simplement celui du Soleil. Dans la chevelure des comètes nouvelles, où se mêlent

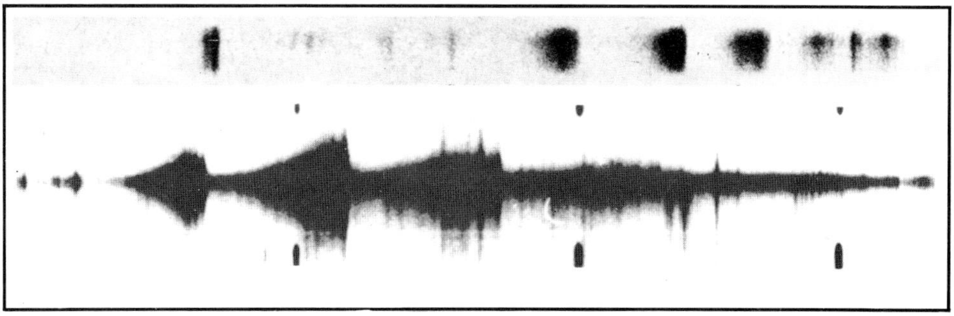

Fig. 5.6 Spectres des têtes de deux comètes. Au-dessus, une « vieille » comète, celle de Encke, à son passage de 1961. En bas, une comète « nouvelle », la comète de Kohoutek, observée en janvier 1974. Le premier ne révèle que les raies dues aux composés moléculaires, le second présente un continu très intense, dû à la lumière solaire réfléchie par les poussières.

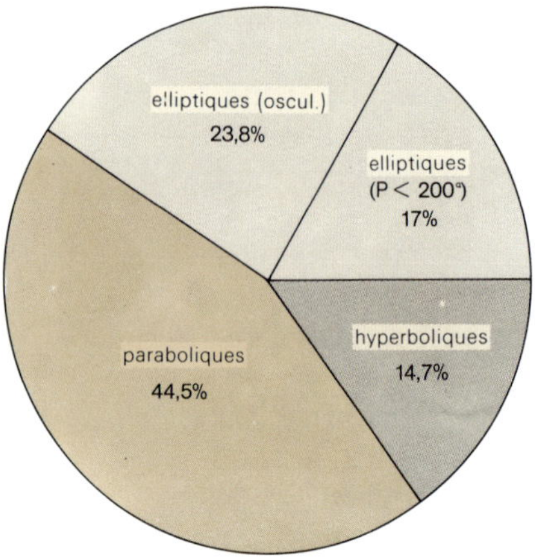

Fig. 5.7 Distribution en pourcentages des orbites des comètes dans les trois types de courbes : elliptiques, paraboliques et hyperboliques. Pour 23,8 %, les elliptiques apparaissent comme telles par la courbe osculatrice à proximité du périhélie, mais ce sont des courbes très amples, correspondant à des périodes de 200 ans, qui pourraient même ne pas être des ellipses. Les courbes paraboliques semblent constituer la majorité, mais leur nombre est certainement surestimé car l'orbite parabolique représente un cas limite, qui n'existe peut-être pas dans la nature.

encore les gaz et les poussières échappés du noyau, on est en présence des deux spectres : le spectre des raies dû à l'excitation des gaz, et le spectre continu, provoqué par la poussière. Les chevelures des comètes anciennes sont en revanche très pauvres en poussières, leurs spectres montrent des raies intenses mais un continu très faible, quand il n'est pas totalement absent. La figure 5.6 montre cette différence par comparaison avec le spectre de la comète Encke, — la « vieille », suivie pendant un nombre maximum de passages — et celui de la comète Kohoutek, une « nouvelle » qui passa au périhélie pour la première et la dernière fois le 28 décembre 1973. Les comètes nouvelles peuvent donc se révéler comme telles même si on n'en connaît pas l'orbite, à travers des observations spectroscopiques, voire par leur aspect à l'œil nu.

Puisqu'il y a des comètes nouvelles, et nous savons qu'elles sont nécessaires pour remplacer celles qui s'éteignent, nous nous demandons d'où elles viennent, si elles sont produites sans discontinuer, ou pourquoi, si elles existent depuis longtemps déjà, elles disparaissent, ou commencent à apparaître à un moment qui n'est pas le même pour toutes.

D'où viennent les comètes ?

Pour trouver une réponse, il nous faut considérer plusieurs choses. Commençons par une statistique des orbites. La figure 5.7 montre les pourcentages des orbites de différents types, selon le catalogue publié par Marsden en 1982. Nous voyons aussitôt que les orbites fermées (40 %) sont en moindre nombre que les orbites ouvertes (60 %).

Du point de vue dynamique, les caractéristiques des orbites paraboliques et hyperboliques sont très significatives. L'orbite parabolique est celle que décrit un corps qui gravite autour d'un autre de masse supérieure, et qui arrive d'une distance infinie où il avait une vitesse nulle. L'orbite hyperbolique est, au contraire, celle d'un corps qui, à l'infini, avait une vitesse supérieure à zéro. En pratique, cela revient à dire que, dans les deux cas, la comète vient d'un lieu suffisamment éloigné pour ne pas ressentir l'attraction solaire, et qu'elle avait à l'origine, respectivement, une vitesse nulle ou supérieure à zéro. Le second cas correspond à une comète qui entre dans la sphère d'action solaire en arrivant à une certaine vitesse des espaces interstellaires, alors que le premier représente un cas limite.

Que l'orbite parabolique constitue un cas limite, la géométrie des trois courbes le démontre aussi. Pour les orbites elliptiques, l'excentricité est inférieure à 1 ; pour les paraboliques, elle est égale à 1 et, pour les hyperboliques, elle est supérieure à 1. Le premier et le dernier cas donnent lieu à des courbes toutes différentes les unes des autres, qui correspondent aux valeurs que peut prendre l'excentricité. Si la valeur de l'excentricité d'une orbite elliptique ou hyperbolique n'est pas exacte, il est presque sûr qu'une fois corrigée, elle correspondra encore à une ellipse ou à une hyperbole. Mais si la courbe devient une parabole dans laquelle $e = 1$, il suffit que derrière la virgule après le 1, il y ait un chiffre significatif différent de zéro, même à la vingtième ou à la millième place, pour que la courbe ne soit plus une parabole.

Par ailleurs, les tronçons d'orbite étudiés ont toujours été ceux qui étaient très proches du Soleil. Ce n'est que récemment que les distances maximales auxquelles nous avons réussi à suivre une comète ont augmenté grâce à la puissance des instruments. Mais il s'agit de quelques très rares cas isolés. Près du Soleil, comme le montre la figure 5.8, des tronçons d'orbites hyperboliques, paraboliques ou elliptiques aux différentes excentricités peuvent coïncider. La différence entre une orbite parabolique et une orbite elliptique peut devenir si petite qu'elle entre dans les limites de l'erreur. Dans ce cas, il n'est pas facile de savoir, à partir des seules observations de cette partie de l'orbite, si la comète suit un parcours ouvert qui la

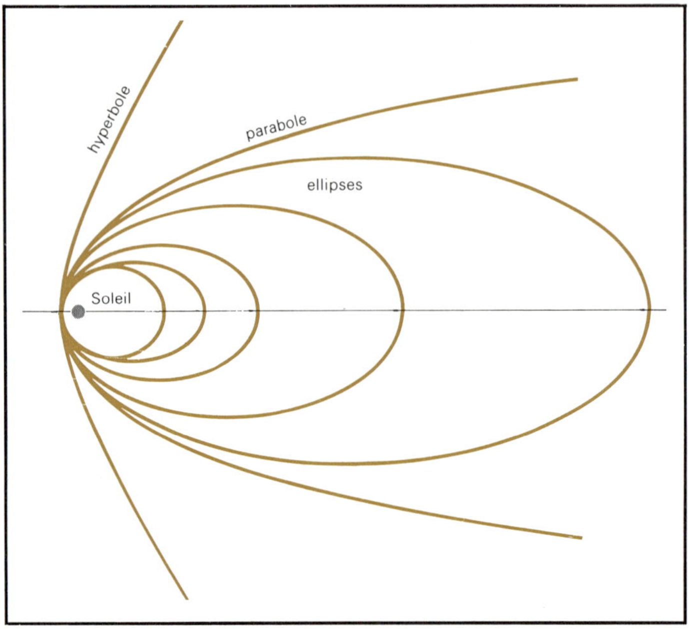

Fig. 5.8 Exemples d'orbites elliptiques à diverses excentricités, une orbite parabolique et une hyperbolique. Noter à quel point, à proximité du Soleil, les orbites sont presque identiques.

fait s'échapper du système solaire, ou une énorme orbite elliptique. Si l'orbite est elliptique, la comète s'éloignera à des distances des dizaines de fois supérieures aux dimensions du système solaire, mais comme elle reste toujours liée au Soleil, elle reviendra dans un futur lointain, voire des dizaines de milliers d'années, dans la partie la plus interne du système.

Prenons l'exemple de la comète Kohoutek (1973 XII). D'après le catalogue de Marsden, elle se déplace sur une orbite hyperbolique, avec $e = 1{,}000008$, qui n'admet pas de retour. Dans les premiers calculs, on avait adopté l'approximation parabolique et certains disaient même qu'elle suivait une orbite elliptique énorme qui la ferait revenir après des dizaines de milliers d'années. Quand elle disparut, en combinant toutes les observations positionnelles relatives à un long arc de son parcours, on réussit à affirmer que son orbite était hyperbolique. Une fois de plus, le compromis de l'orbite parabolique avait été utile pour les premiers calculs. Et là, comme dans tant d'autres cas, on eut la preuve qu'elle ne correspondait pas à la réalité. Pour conclure, disons que les orbites paraboliques constituent un cas limite, dynamiquement non plausible, et presque certainement inexistant.

Le cas des hyperboliques est différent. Comme nous l'avons vu, elles représentent une minorité qui est peut-être encore plus faible qu'il n'apparaît si on sait que, pour 6 d'entre elles seulement, on a $e \geqslant 1{,}004$. Mais c'est un cas qui doit sûrement exister dans la nature. Prenons, par exemple, la comète Bowell, celle sur laquelle on a découvert, pour la première fois, de la glace. A cause d'un rapprochement trop étroit avec Jupiter, survenu en décembre 1980, elle a été déviée par cette planète sur une orbite hyperbolique où $e = 1{,}057$, de loin la plus haute connue jusqu'ici, qui l'emportera hors du système solaire pour ne plus jamais revenir. Cette comète, même si elle est née dans le système solaire, parcourt désormais les espaces interstellaires, et un jour peut-être, si elle pénètre dans la sphère d'action d'une autre étoile, elle sera capturée et entrera dans un autre système planétaire. Pourquoi, alors, l'inverse ne se produirait-il pas, pourquoi quelque comète, provenant d'autres systèmes, ne tomberait-t-elle pas dans le nôtre ? Nous ne pouvons exclure le cas des comètes sur orbite hyperbolique arrivant de l'extérieur du système solaire, même s'il est apparemment fort rare.

Il nous reste toujours à expliquer d'où proviennent les comètes aux orbites paraboliques ou elliptiques, dont la seule existence constitue un problème. De toutes les théories proposées, celle de Oort est la mieux acceptée aujourd'hui. En 1950, l'astronome hollandais J.H. Oort étudia les comètes à très longue période avec des orbites elliptiques énormes et les orbites dites « presque paraboliques ». Il constata que leurs aphélies se situaient à des distances du Soleil comprises entre 30000 UA et 100000 UA, avec une fréquence maximale autour de 50000 UA. De telles comètes proviennent donc d'une zone qui, dans sa partie la plus dense, est 1250 fois plus éloignée du Soleil que Pluton, la planète la plus lointaine*. La limite externe de cette zone est presque à mi-distance entre nous et l'étoile la plus proche, éloignée de 280000 UA (fig. 5.9).

Cet énorme « nuage de Oort » est distribué selon une strate sphérique qui constitue un véritable réservoir de comètes que le Soleil garde sous sa domination même si, à cette distance, sa force d'attraction doit parfois s'opposer à celle des étoiles comme nous le verrons sous peu. A partir du nombre de

* Des théories récentes semblent cependant montrer que la région située à une distance comprise entre 1000 et 30000 UA du Soleil est également fortement peuplée de comètes. (N.d.É.)

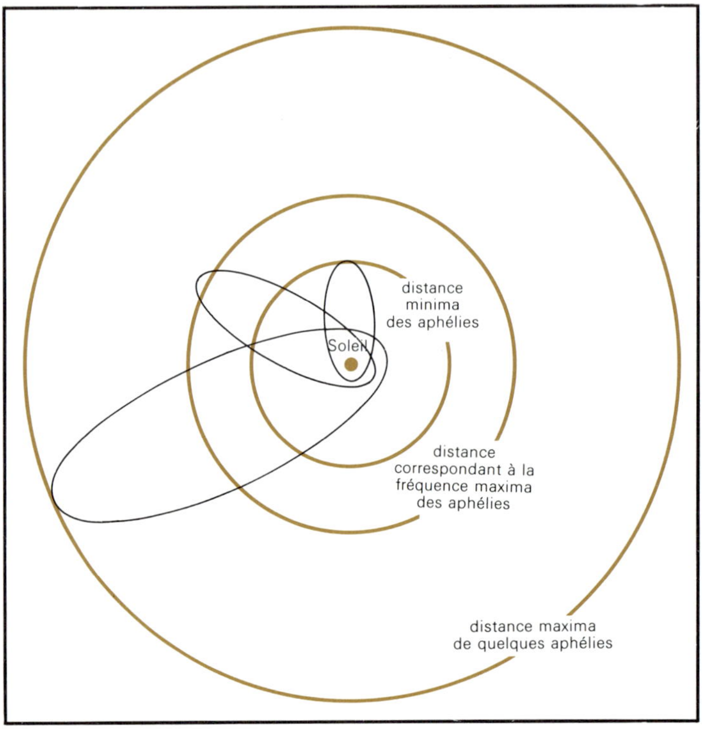

Fig. 5.9 Le banc de comètes d'Oort. Les aphélies des orbites cométaires examinés par Oort tombent dans une région comprise entre 30 000 UA et 100 000 UA du Soleil environ, avec un maximum autour de 50 000 UA. On estime que le banc est constitué de 100 à 2 000 milliards de comètes. Seules les orbites relatives à trois d'entre elles ont été représentées ici, à titre d'exemple de celles qui ont des aphélies à des distances minimes, moyennes et maximales. La distribution réelle est sur un volume et cette figure est considérée comme une section avec un plan passant par le Soleil (qui n'est pas à l'échelle). A cette échelle, l'orbite de Pluton devrait être un cercle de moins d'un dizième de millimètre de diamètre. Il est donc clair que les périhélies des orbites ne tombent pas dans le système solaire.

comètes nouvelles apparues au cours des derniers siècles, et en tenant compte des effets de sélection — l'arc d'orbite observable est très petit par rapport au parcours entier, et de nombreuses comètes, à hautes distances périhéliques, ne se rapprochent pas assez de nous et du Soleil pour être visibles, etc., — on estima que le nombre total de comètes présentes dans le nuage de Oort devait être d'environ 100 milliards. Mais les estimations les plus récentes ont conduit à des valeurs plus élevées : de 1 200 à 2 000 milliards.

Ce sont des chiffres énormes, supérieurs à celui des étoiles qui forment la Galaxie. Pourtant, leur masse globale est très petite. En faisant la somme des masses de toutes les comètes, on arrive plus ou moins à la valeur de la masse de la Terre. Car au fond, ce ne sont que de gros blocs de glace sale qui, d'ailleurs, ne font pas penser le moins du monde aux comètes que nous connaissons. Ces corps tournent, sans chevelure ni queue, inertes et obscurs, dans l'obscurité de la nuit, en équilibre instable entre le Soleil qui les retient et l'espace interstellaire qui pourrait les avaler à n'importe quel moment, et pour toujours.

Avec la découverte de ce réservoir de comètes, nous avons résolu le problème du lieu d'où peuvent provenir les comètes aux orbites presque paraboliques. Mais l'existence des comètes à courte et moyenne période reste toujours inexpliquée. Elles existent et ne semblent même pas provenir de ce réservoir puisqu'elles n'arrivent jamais à s'éloigner dans l'espace jusqu'à des distances aussi grandes. L'origine de la comète de Halley reste donc inexplicable, elle qui, à sa plus grande distance au Soleil, dépasse à peine l'orbite de Neptune.

L'instabilité des comètes

Jupiter — nous l'avons vu — peut déformer une orbite au point de jeter une comète hors du système solaire. La chose s'explique facilement, comme le montre la figure 5.10, par un mécanisme très simple : une comète décrit une orbite ouverte, par exemple parabolique. En la suivant, elle devrait passer une seule fois près du Soleil et ne plus jamais revenir. Si elle traverse l'orbite de Jupiter quand la planète se trouve en un point éloigné, il ne se passe rien ; mais si elle passe tout près de la planète, cette dernière peut l'attirer au point de transformer l'orbite en une ellipse, c'est-à-dire en une orbite fermée. Dans ce cas, on dit que la comète a été capturée par Jupiter.

Imaginons, dans la même figure, une comète qui parcourt son orbite elliptique en sens inverse : on a alors le cas contraire, c'est-à-dire qu'elle est introduite sur une orbite parabolique et expulsée du système solaire. C'est un cas semblable à celui de la comète Bowell.

Quand une comète est capturée, l'aphélie de la nouvelle orbite va tomber à proximité de l'orbite de la planète capteuse et à partir du moment où, le temps passant, diverses comètes se trouvent dans le même cas, il se forme une famille entière de comètes qui ont toujours leur aphélie près de l'orbite de la dite planète. La planète qui a capturé le plus de comètes est Jupiter, avec une famille de 52 comètes. Mais les autres planètes plus lointaines contribuent elles aussi notablement à la capture

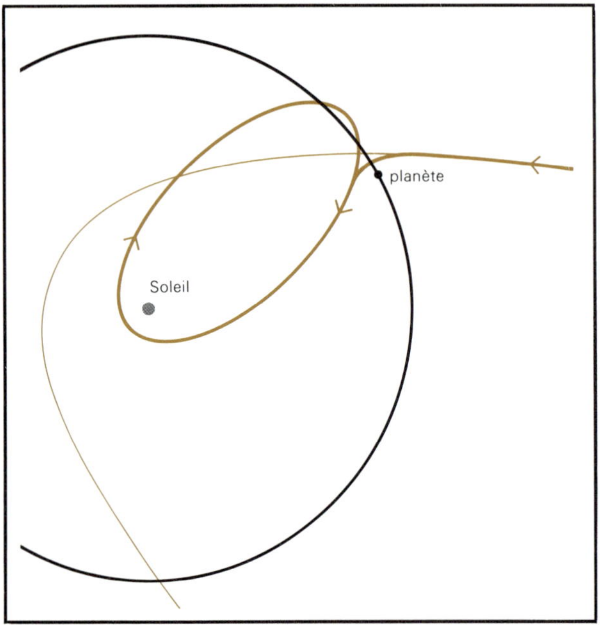

Fig. 5.10 Transformation d'une orbite qui, de parabolique, devient elliptique sous l'action de Jupiter. La transformation se produirait en sens inverse pour une comète qui se déplacerait, sur l'orbite elliptique de la figure, en sens contraire.

car, nous l'avons vu, les diamètres des sphères d'action ne dépendent pas seulement de la masse planétaire, mais de la distance au Soleil, en ce sens que plus cette distance croît, moins son influence se fait sentir. C'est pourquoi même Pluton, en dépit de sa très petite masse, a une sphère d'action considérable et contribue, comme il peut, à la capture de quelques comètes.

Ce que nous avons vu représente le cas extrême. En réalité, les plus grandes planètes ne se contentent pas de capturer ou d'expulser les comètes, elles les dominent continuellement, surtout sur les longs arcs orbitaux où les comètes sont à la fois le plus loin du Soleil et le plus près des planètes. L'Institut d'astronomie théorique de Leningrad a clairement montré comment cela se produit, par des reconstructions d'orbites à l'aide d'un ordinateur, en partant de faits d'observation et en se déplaçant en avant et en arrière dans le temps au moyen de méthodes déjà appliquées pour la méthode de Halley. Les figures 5.11, 5.12 et 5.13 nous présentent trois cas, choisis parmi les dizaines de comètes dont on a reconstruit les orbites pendant quatre siècles, de 1660 à 2060.

La comète Brooks, dans les années 1660-1733, parcourait

une orbite très large, son périhélie se situait près de l'orbite de Jupiter et son aphélie, au-delà de celle de Saturne (fig. 5.11). A cette époque, on ne pouvait donc l'observer de la Terre. En 1733, elle passa à une distance de 0,86 UA de Jupiter ; ce passage eut pour conséquence d'allonger son parcours en déplaçant l'aphélie à mi-chemin environ entre l'orbite de Saturne et celle d'Uranus. Elle resta ainsi pendant plus d'un siècle et demi mais, vers 1885, Jupiter se rapprocha toujours plus de la comète, déplaçant chaque fois plus l'aphélie de l'orbite de la comète vers celle d'Uranus. En avril 1886, la comète appartenait donc décidément à la famille d'Uranus. Mais la comète ne décrivit cette nouvelle et vaste orbite que sur un bref tronçon car, en 1886, elle entra profondément dans la sphère d'activité de Jupiter, jusqu'à 0,00096 UA de la planète à peine. Pareil rapprochement eut un effet catastrophique. Le nœud ascendant et le nœud descendant changèrent de position, de sorte que le tronçon orbital qui était d'abord au-dessus du plan moyen du système solaire alla finir au-dessous, et inversement. L'orbite s'amenuisa tellement que l'ancien périhélie de la comète devint le nouvel aphélie, et la nouvelle distance du périhélie, c'est-à-dire la plus petite distance au Soleil, descendit de 5,45 UA à 1,95 UA. La période de révolution, d'abord supérieure à 40 ans, tomba à 7 ans. C'est à cause de cette transformation radicale de son orbite, survenue en septembre 1886, que la comète se mit à passer beaucoup plus près de la Terre et put être découverte par W. R. Brooks dès sa première aproche, en 1889. C'est ainsi aussi que la comète Brooks passa de la famille d'Uranus à celle de Jupiter, où elle reste et restera encore, sauf variations mineures de l'orbite, au moins pour toute la période calculée, c'est-à-dire jusqu'en 2060. Mais la position de l'aphélie à proximité de l'orbite de Jupiter ne garantit pas du tout la stabilité et, tôt ou tard, une nouvelle rencontre avec la grosse planète transbordera à nouveau la comète sur une orbite complètement différente de celle qu'elle parcourt actuellement.

Le second cas est encore plus intéressant. Le 14 juin 1770, Messier découvrit une comète qui, à la fin juin, devint si lumineuse qu'elle fut parfaitement visible à l'œil nu. De nombreuses observations furent recueillies au cours de la période de visibilité et enfin, on procéda au calcul de l'orbite. Comme nous le savons, à cette époque, la seule comète connue comme sûrement périodique, avec une orbite clairement elliptique,

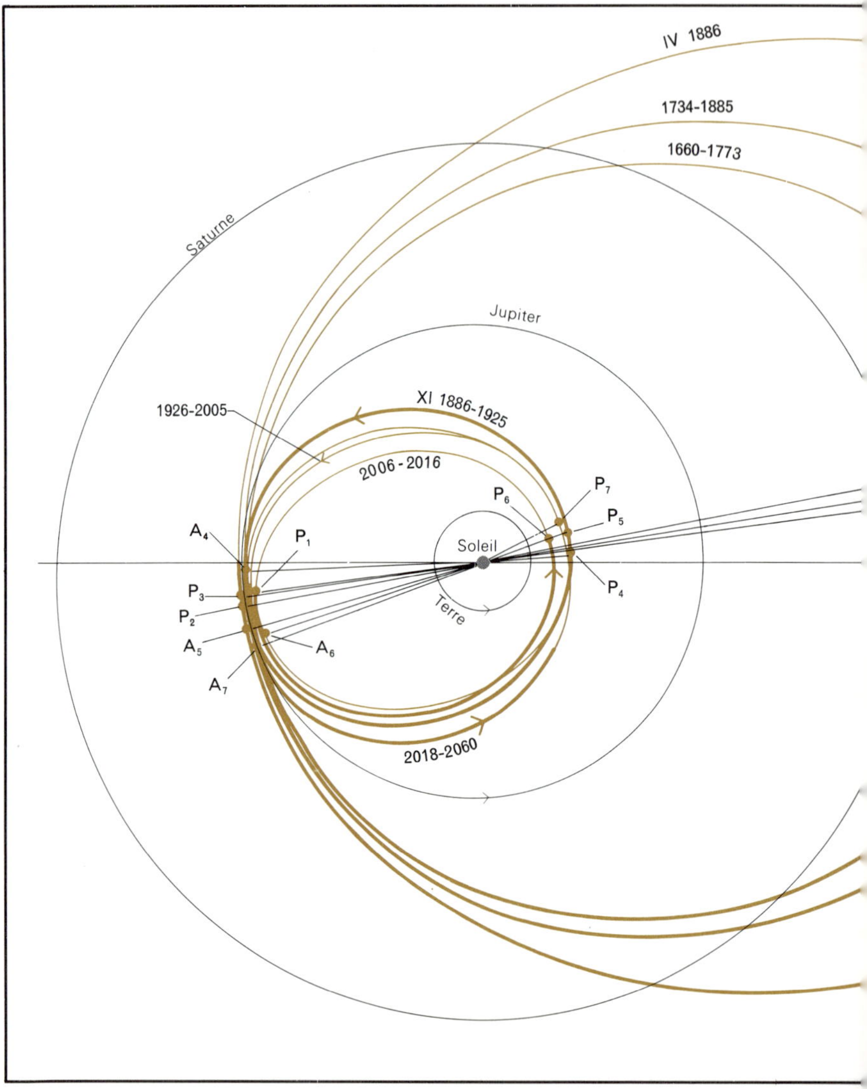

était celle de Halley. Les calculs des autres orbites cométaires étaient obtenus par approximation des observations avec les orbites paraboliques et, jusque-là, les résultats avaient été bons. Les observations de la nouvelle comète ne se satisfaisaient d'aucune orbite parabolique, alors qu'elles s'adaptaient fort

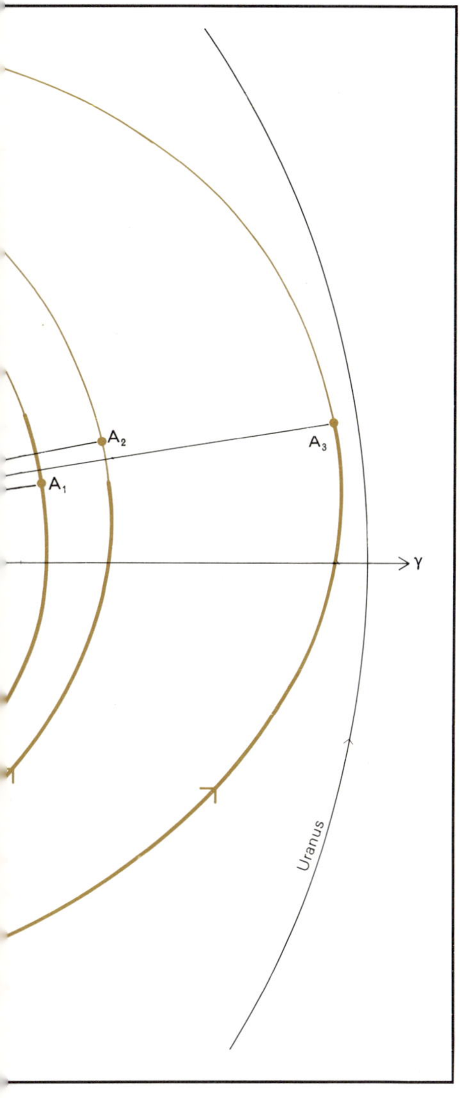

Fig. 5.11 Reconstruction de l'orbite de la comète de Brooks pendant 400 ans *(L'Astronomie).*

bien à une orbite elliptique que A. Lexell trouva, et dont la période était de 5 à 6 ans. Cette solution déconcerta les astronomes, un peu parce qu'elle était originale, mais surtout parce qu'on ne s'expliquait pas pourquoi, si la comète avait une période aussi courte et arrivait à être bien visible à l'œil nu, on

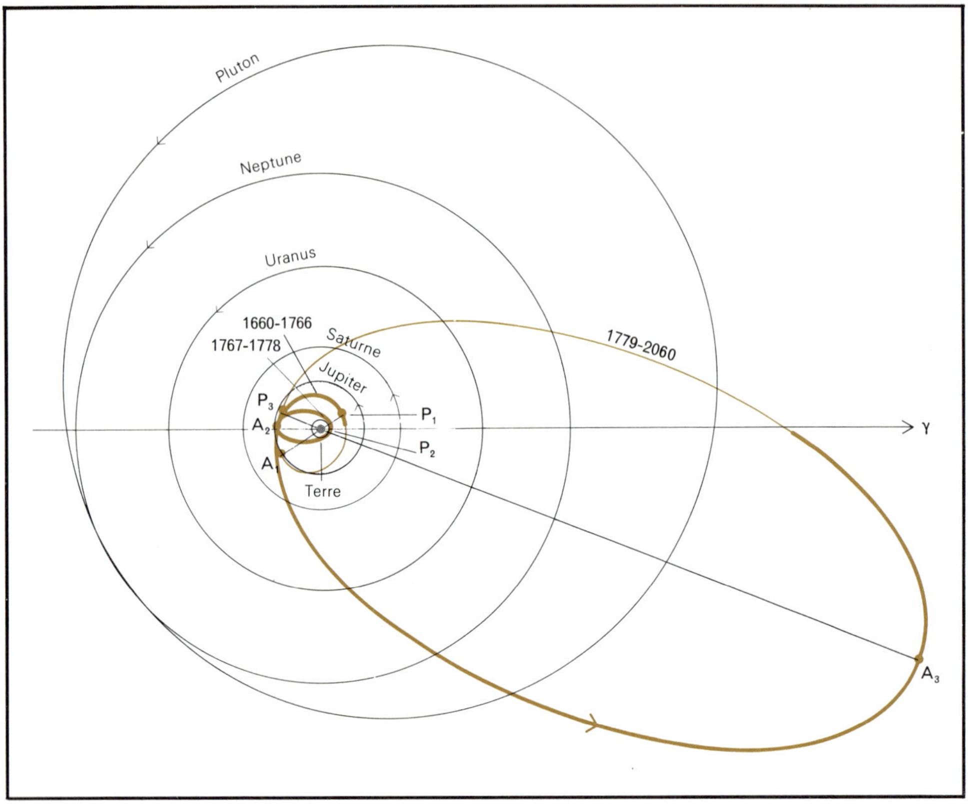

Fig. 5.12 Reconstruction de l'orbite de la comète de Lexell pendant 400 ans *(L'Astronomie).*

ne l'avait pas découverte au cours de l'un de ses précédents passages au périhélie. Après une analyse soignée, Lexell répondit aussi à cette objection. En 1767, la comète avait rencontré Jupiter qui avait considérablement réduit son orbite. Avant cette année-là, la distance périphélique était de 3 UA et on ne pouvait voir la comète de la Terre, même à sa distance minimale au Soleil. Mais en 1767, l'orbite ayant été réduite, la distance périhélique était tombée à 0,7 UA à peine, et on avait pu découvrir la comète depuis la Terre. En 1776, à son retour, les conditions d'observation n'étaient pas favorables et, trois ans après, lors d'une seconde rencontre avec Jupiter, la comète fut expédiée sur une autre orbite, si loin de la Terre qu'on ne pouvait plus l'observer. Ces idées révolutionnaires n'étaient pas en harmonie avec les connaissances générales de l'époque, elles furent critiquées et discutées pendant plus d'un siècle. La nouvelle recherche, faite par Kazimirtchak-Polonskaya sur quatre siècles, a pleinement donné raison à Lexell (fig. 5.12) et la comète porte aujourd'hui son nom, même si elle fut découverte par Messier.

La comète Schwassmann-Wachmann 3, découverte le 2 mai 1930 à l'Observatoire de Hambourg, est un troisième cas intéressant. C'était un objet de magnitude 9, seize fois plus faible que les étoiles les plus faibles visibles à l'œil, mais il frappa les astronomes car à partir du calcul de son orbite, ils constatèrent que la comète passerait à 9 millions de kilomètres de la Terre au début du mois de juin. Sa période étant de 5,3 ans, on devait donc la revoir à la fin de 1935. En réalité, on ne la revit plus pendant près d'un demi-siècle. La raison en est simple : c'était un petit objet, dont le diamètre était inférieur à un demi-kilomètre, qu'on ne pouvait voir que quand son mouvement et celui de la Terre l'entraînaient à se rapprocher plus que de coutume de notre planète. En 1979, les conditions furent à nouveau réunies et, le 13 août, on la retrouva. Mais la reconstruction de son orbite (fig. 5.13) a démontré que ces rapprochements ne sont possibles que depuis 1886, c'est-à-dire depuis que Jupiter l'a soustraite à la famille de Saturne, dont elle faisait partie, pour la faire entrer dans la sienne. Si cela ne s'était pas produit, nous ne l'aurions jamais vue.

A voir les grandes transformations orbitales qui se produisent sous l'effet des perturbations planétaires, on peut penser que le déplacement de comètes hors du nuage de Oort vers les régions les plus internes du système solaire peut suivre le même mécanisme. Comme on l'a vu dans ce nuage, les distances maximales des comètes au Soleil sont comparables à celles des étoiles les plus proches. Si, au cours du mouvement du Soleil dans l'espace, une étoile vient à croiser le système solaire d'assez près, son action gravitationnelle peut se faire sentir au point d'altérer les orbites cométaires. Celles-ci, comme nous l'avons vu en découvrant le réservoir de comètes, sont des ellipses si amples qu'elles ressemblent à des paraboles. Le périhélie de beaucoup d'entre elles peut se situer aux abords du système planétaire, mais tellement au-delà de l'orbite de Pluton que, même quand elles décrivent le tronçon orbital le plus interne, elles ne sont pas visibles et ne subissent même pas l'action du Soleil, trop éloigné, même à la distance minimum.

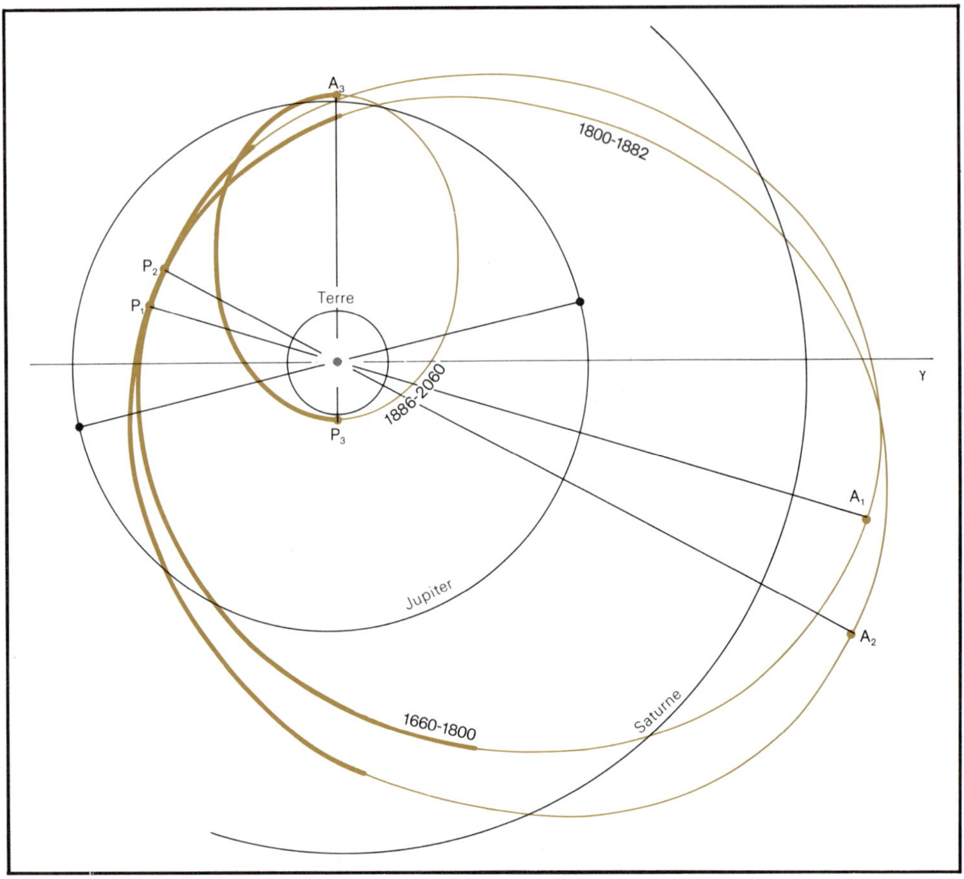

Fig. 5.13 Reconstruction de l'orbite de la comète Schwassmann-Wachmann 3 pendant 400 ans ***(The study of comets).***

Elles restent donc ces blocs de glace sale, inertes, qui sont dans le réservoir. C'est là que les comètes passent la plus grande partie de leur temps car, selon la deuxième loi de Kepler, à mesure qu'elles remontent vers le réservoir, elles se déplacent toujours plus lentement, jusqu'à devenir quasiment immobiles quand elles sont dans l'arc autour de l'aphélie. Du coup, la condition des orbites presque paraboliques se trouve satisfaite puisque, dans la parabole, à l'infini (en pratique, à une très grande distance), la vitesse doit être nulle.

On calcule qu'une comète du banc de Oort parcourt son

orbite en 4 millions d'années. Sur les 4, elle en passe un à proximité de l'aphélie. La statistique stellaire montre qu'un million d'années correspondent à une période de temps assez longue pour que plus d'une étoile vienne à passer à une distance minimum du Soleil moindre que celle de α du Centaure, l'étoile actuellement la plus proche. L'étoile de passage per-

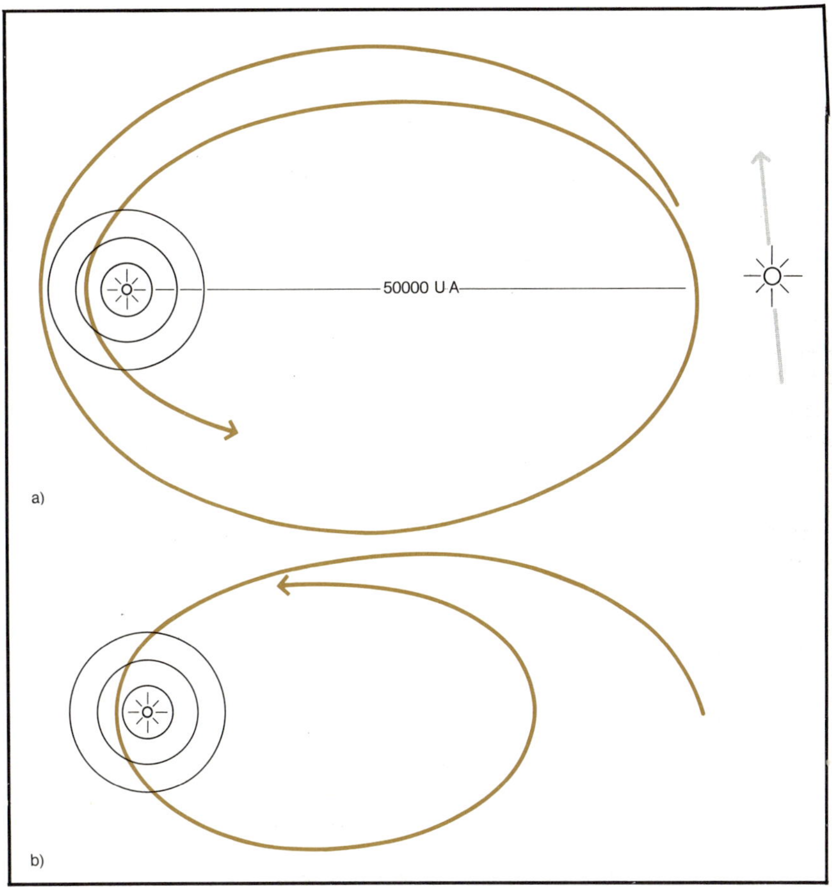

Fig. 5.14 Premières phases du transbordement d'une comète depuis le réservoir d'Oort sur une orbite elliptique à l'intérieur du système planétaire. Dans a), la perturbation d'une étoile passant aux abords du système solaire agit près de l'aphélie d'une orbite cométaire dont le périhélie se situait au-delà de l'orbite de Pluton ; en conséquence, elle déplace le périhélie qui va tomber à l'intérieur du système solaire. Dans b), les perturbations planétaires agissent au voisinage du périhélie de l'orbite et en conséquence, elles en changent l'aphélie. Ainsi, l'orbite de la comète est appelée à se rétrécir progressivement en se rapprochant toujours plus du Soleil *(L'Astronomie).*

turbe les orbites par son attraction. Plusieurs comètes sont soustraites à l'influence du Soleil et entraînées vers les espaces interstellaires, mais certaines sont poussées sur une orbite plus étroite, où le périhélie et l'aphélie sont moindres. En ce cas, si le périhélie se situe à l'intérieur du système planétaire, les perturbations des planètes pourront resserrer encore plus l'orbite et soustraire pour toujours la comète au réservoir d'Oort (fig. 5.14).

Ce processus a été discuté et développé mathématiquement dans la « théorie de la diffusion », énoncée par K.A. Steins entre 1961 et 1967, puis développée à l'Institut d'astronomie théorique de Leningrad.

La théorie part du nuage cométaire de Oort, à orbite presque parabolique, dans la périphérie de la sphère d'action solaire. La première phase est celle des perturbations stellaires qui n'altèrent pas sensiblement les dimensions des orbites, mais peuvent déplacer les périhélies vers des zones plus proches du Soleil. Dans la seconde phase, les comètes commencent à ressentir des perturbations planétaires qui raccourcissent surtout les dimensions des orbites : de presque paraboliques, elles deviennent elliptiques et, par la suite, presque circulaires. Au cours de cette phase, l'inclinaison diminue elle aussi toujours plus, et la comète se déplace sur un plan toujours plus voisin de celui de l'ecliptique, aux abords de laquelle toutes les planètes circulent. Sur une telle orbite, proche de celles des planètes extérieures de grande masse, la comète se déplace lentement, ce qui contribue à prolonger son rapprochement avec les planètes. Elles ont alors tendance à la capturer et l'obligent, par des transformations successives de l'orbite, à aller vers des régions toujours plus internes jusqu'à la famille de Jupiter. C'est ainsi que, peu à peu, quelques comètes du nuage se rapprochent du centre du système solaire et, en resserrant leurs trajectoires sur des orbites toujours plus elliptiques, restent plus ou moins liées aux zones internes et deviennent visibles à nos yeux.

La figure 5.15 montre cette dernière phase, selon les calculs de E. Everhart.

Origine des comètes

Nous savons d'où proviennent les comètes et comment elles deviennent ces astres chevelus que nous voyons dans le ciel depuis des temps immémoriaux. Mais nous ignorons si ce

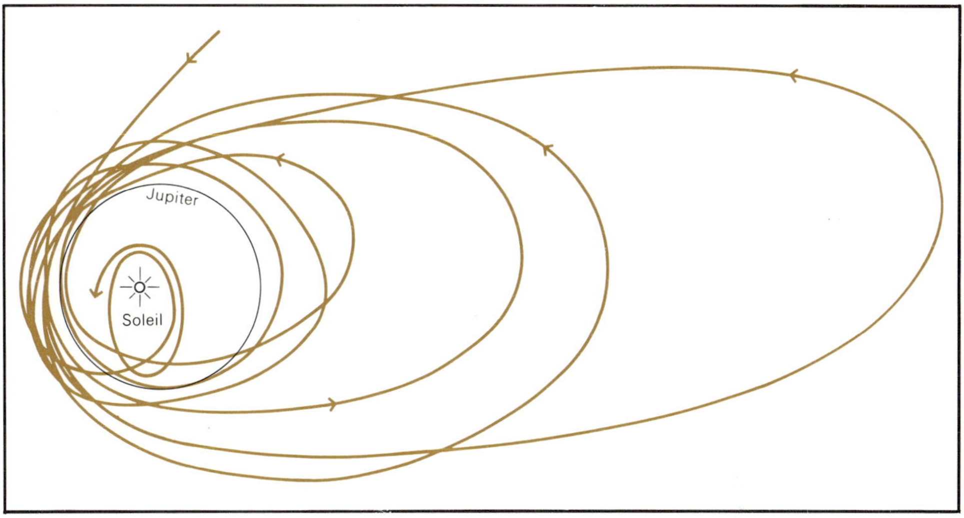

Fig. 5.15 Transformations orbitales, selon E. Everhart, d'une comète qui entre dans le système planétaire en suivant un parcours parabolique, puis devient plus étroite aux abords du Soleil. Le parcours a été simplifié : en réalité, le parcours entier aurait demandé des centaines de révolutions avant de se placer dans l'orbite la plus étroite *(The study of comets).*

réservoir de Oort est le seul endroit de l'espace où les comètes prennent leur origine, et nous ne savons pas comment il est alimenté. Il existe une théorie et diverses variantes sur son origine, mais toutes sont d'accord pour dire qu'il s'est formé en même temps que le système solaire et que sa population de comètes fut générée avec tous les autres corps.

Il y a plusieurs évidences qui prouvent que le Soleil et les planètes se sont formées il y a environ 4 600 millions d'années, d'un nuage cosmique composé de gaz (de l'hydrogène et de l'hélium surtout) et d'un très petit pourcentage d'éléments lourds, comme le carbone, le silicium et le fer, dont une fraction était agrégée en poussières minuscules. En se contractant, le nuage a formé une sphère qui devint toujours plus chaude jusqu'à s'allumer en un Soleil qui nous chauffe et nous éclaire, et un disque de gaz et de poussières aussi étendu que l'actuel système planétaire.

On a calculé qu'à l'époque où le Soleil commença à avoir sa température actuelle, celle de l'espace, à la distance de la Terre, devait être d'environ 0°C. A cette température, les corpuscules solides étaient formés d'agrégats de métaux, de silicates et de glaces. Dans cette région du futur système solaire et, bien sûr, dans toute celle qui est au voisinage du Soleil, il y avait déjà moins d'hydrogène, d'hélium, et de gaz nobles, expulsés par le vent solaire vers des zones où Jupiter, Saturne et les autres planètes les plus éloignées circulent aujourd'hui. A ces distances, par ailleurs, la température devait être inférieure à — 200°C. Tous les composants volatils comme l'eau, l'anhydride carbonique, le méthane, l'ammoniac, devaient se trouver à l'état de glaces et former des corpuscules solides qui se mélangeaient aux métaux et silicates. Mais nulle part dans la nébuleuse, la température ne fut assez basse pour solidifier l'hydrogène et l'hélium, dont le point de congélation est très proche du zéro absolu.

Le disque proto-planétaire prit ainsi l'aspect d'un tore, dont une partie, la plus étendue, était constituée d'hydrogène, et l'autre était une mince strate centrale de corpuscules (fig. 5.16). A proximité du Soleil, la nébuleuse était quasiment inexistante et les corpuscules étaient composés de métaux, silicates et glace d'eau. Là où Jupiter et Saturne allaient se former, l'hydrogène et l'hélium étaient abondants et leur densité, notable, alors que les particules solides du disque étaient composées de cristaux de glace de méthane, d'ammoniac et d'anhydride carbonique. Toute cette matière circulait autour du Soleil non pas comme un disque rigide, mais suivant les lois de Kepler. Bref, chaque particule, même minuscule, se comportait comme une planète microscopique.

Vu le nombre important de particules et d'orbites adjacentes, de très nombreux corpuscules s'agrégèrent pour en former d'autres. Ils étaient assez massifs pour attirer les corps les plus petits dans leurs parages et les faire tomber sur eux. Ainsi, peu à peu, quelques corps virent leur masse et leur volume augmenter aux dépens des petits voisins. On a appelé ces corps plus grands des « planétésimales ». Chacune balayait l'espace autour d'elle, le nettoyant à nouveau de tous les corps plus petits à mesure qu'elle croissait aux dépens de ceux qu'elle avait déjà capturés. Ainsi, la planétésimale a fini par former autour du Soleil une bande circulaire relativement « vide » de matière. Avec le temps, des corps plus grands se sont formés que l'on appelle embryons parce qu'ils furent justement les embryons des planètes actuelles.

A partir d'eux, les processus de formation des planètes ont été différents. Pour Mercure, Vénus, la Terre et Mars, on a

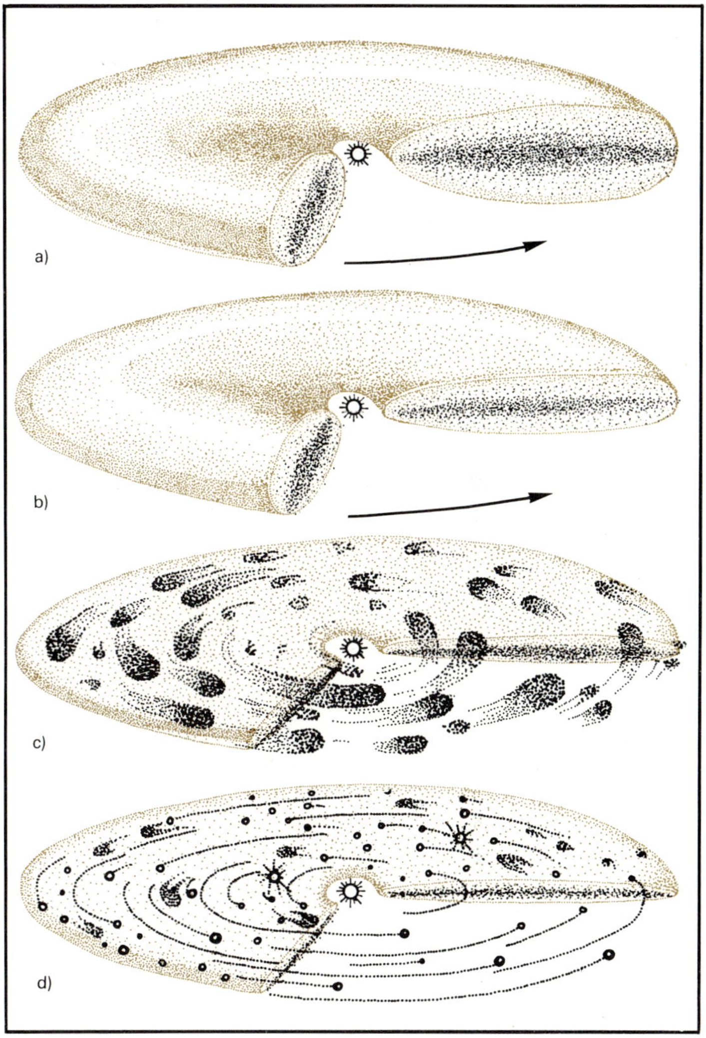

Fig. 5.16 Formation des planètes à partir d'un gaz distribué de façon toroïdale, et par une couche fine de poussières. En a), la première distribution toroïdale résultant de l'écrasement du nuage cosmique qui a formé le Soleil (au centre). La séparation de la poussière et du gaz, dans cette phase, est à peine commencée. En b), le tore s'est ultérieurement écrasé et la poussière est désormais en sédimentation dans le plan équatorial. En c), les premiers essaims composés de particules déjà assez grandes se forment. En d), les planétésimales deviennent peu à peu toujours plus grandes, mais aussi moins nombreuses, et vont former les embryons des futures planètes.

assisté à un accroissement progressif selon le mécanisme déjà vu pour les planétésimales. Quand l'embryon de chacune de ces quatre planètes, balayant sa bande d'espace autour du Soleil, a recueilli tous les petits corps qui étaient venus pénétrer dans sa sphère d'action au cours du mouvement, le processus d'accroissement s'est arrêté. Les quatre planètes, formées de particules de métaux, de silicates et de glace, n'avaient quasiment pas de gaz originels : à l'époque où l'accroissement s'accomplit, ils étaient déjà expulsés vers des régions plus éloignées du Soleil.

Dans les cas de Jupiter et Saturne, les corps solides ont atteint des masses deux à trois fois supérieures à celle de la Terre grâce à l'apport de particules de glace de type différent, et ils dépassèrent la limite d'une masse critique au-delà de laquelle ils commencèrent à attirer l'hydrogène et l'hélium à l'état gazeux, abondamment présents dans l'espace environnant. A mesure que leur masse augmentait grâce à la capture de certains gaz, leur sphère d'action s'élargissait et les deux planètes réussissaient à capturer de la matière nouvelle. Enfin, quand les deux régions du disque proto-planétaire balayées par les planètes furent entièrement « vidées », le processus prit fin.

Les cas d'Uranus et Neptune sont encore différents. Ils se sont formés beaucoup plus lentement que les autres planètes, car les planétésimales ont mis bien plus longtemps pour « vider » leurs bandes alentour en raison de leur mouvement très lent de révolution autour du Soleil. De plus, la quantité de gaz disponible à ces distances était moindre. En effet, entretemps, une grande partie de l'hydrogène et de l'hélium expulsés du Soleil avait été capturée par les noyaux de Jupiter et Saturne, plus rapides pour balayer leurs orbites, et pendant qu'Uranus et Neptune tournaient paresseusement autour du Soleil, ces gaz avaient quitté le système solaire pour se disperser dans l'espace. Uranus et Neptune réussirent quand même à capturer une certaine quantité d'hydrogène et d'hélium, mais peu. Ceci expliquerait pourquoi ils sont moins riches de ces deux éléments qu'a contrario, de glace.

Cette lenteur employée à balayer leurs espaces a pu favoriser la formation et la survivance de corps mineurs, composés en substance de la même matière que les deux planètes. Ces corps sont nos comètes. Formées de cette matière résiduelle qui avait échappé aux deux planètes et s'était agrégée en petits blocs, elles ont été projetées très loin du Soleil sous l'action des planètes extérieures, selon les mécanismes d'expulsion que nous avons déjà vus.

C'est ainsi que le nuage de Oort se forma. Depuis, le mécanisme des rapprochements stellaires renvoie ces blocs vers les régions internes du système solaire, et ils apparaissent depuis les temps les plus reculés, sous l'aspect de comètes. Elles se consument continuellement, mais sont continuellement remplacées par d'autres comètes, nouvelles. Pour une comète qui est poussée vers le Soleil, beaucoup d'autres sont soustraites au nuage de Oort par des étoiles de passage. D'ailleurs, ce nuage n'a pas perdu ses comètes par ce seul mécanisme, mais, également sous l'action des planètes, par un mécanisme inverse à celui de la capture. Depuis sa création, le nuage d'Oort n'a donc jamais cessé de se réduire. Selon les estimations les plus récentes, à l'époque de sa formation, sa masse totale devait être 2 à 6 fois supérieure à sa masse actuelle. La plupart des corps qui le formaient à l'origine l'ont abandonné, quittant à jamais le système solaire.

Des milliards de petits fragments du système solaire originel voyagent donc depuis quelques milliards d'années dans le cosmos. Peut-être l'un d'entre eux, en pénétrant dans la sphère d'action d'une autre étoile entourée de planètes, est-il devenu une comète ? L'une de nos comètes y serait ainsi allée tourner et se consumer autour d'un autre Soleil, resplendissant sur d'autres cieux pour des yeux de non-terrestres. Cette réflexion nous en inspire immédiatement une autre, qui est la suivante.

Si, comme on le croit désormais, d'autres systèmes planétaires se sont formés et se forment encore autour d'autres étoiles*, les mêmes mécanismes ont sans doute provoqué l'expulsion d'un grand nombre de comètes potentielles. Et il n'est pas impossible que l'une d'elles, pénétrant dans la sphère d'action du Soleil, ait été capturée. Les grands vides des espaces interstellaires étant ce qu'ils sont, les rencontres et les captures de ce type sont tout à fait improbables. Elles doivent donc être très rares. Mais les corps célestes disposent de temps très longs et, à l'occasion, il se peut que l'une de ces comètes tombe dans notre système. Peut-être en avons-nous déjà vu une ? Peut-être l'une de ces comètes périodiques que nous suivons depuis longtemps en même temps que les « nôtres » n'est-elle rien d'autre qu'un fragment échappé d'un autre système planétaire ? Cela ressemble à un conte de fées : nous

* Le premier satellite infrarouge IRAS (InfraRed Astronomical Satellite) a découvert en 1983, que l'étoile Vega, l'étoile la plus brillante de la constellation de la Lyre, éloignée de 26 années-lumière, est entourée d'un disque de poussières qui pourrait constituer un système pré-planétaire. Un autre disque de poussières a également été découvert en 1984 autour de l'étoile RR Pic (N.d.É.)

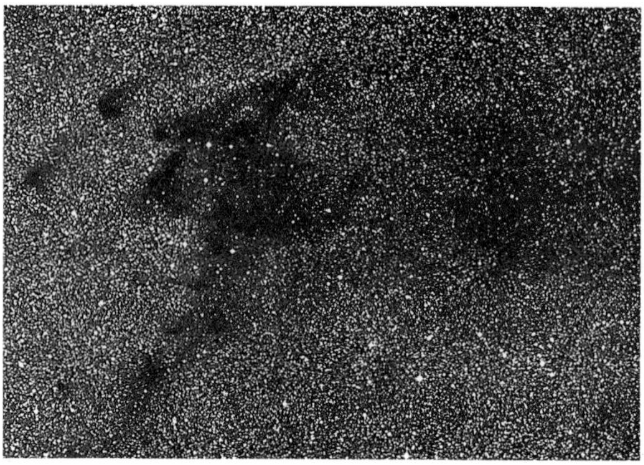

Fig. 5.17 Un nuage obscur, dans la constellation du Compas, constitué de poussières et de molécules interstellaires, bien visible car il se projette contre les étoiles du fond. Les étoiles qui apparaissent sur le nuage sont presque toutes plus proches de nous ; seule une petite partie est constituée d'étoiles derrière le nuage, mais elles sont si brillantes qu'une partie de leur lumière réussit à le traverser. Dans les nuages de ce type, plusieurs molécules de chimie organique ont été découvertes. Selon quelques astronomes, quand le Soleil les traverse, il pourrait capturer une partie de la matière qui se condenserait sous forme de comètes. La photographie a été obtenue au télescope Schmidt de 1 m de diamètre de l'Observatoire européen austral (ESO).

aurions sous les yeux un corps en provenance d'un « lieu » dont nous cherchons, en vain, à prouver l'existence.

A ces deux théories sur l'origine des comètes, nous devons en ajouter une troisième. Nombreux sont ceux qui pensent que les comètes pourraient provenir de l'espace interstellaire, sans être pour autant originaires d'autres systèmes planétaires. Le plan équatorial de la Galaxie, où se déplace le Soleil, est semé d'énormes nuages de matière interstellaire tout à fait visible quand, par exemple, elle apparaît projetée sur des champs riches d'étoiles (fig. 5.16, 5.17). De temps à autre, le Soleil traverse quelques-uns de ces nuages. Selon certains astronomes, nous nous dirigeons actuellement vers celui de la région Ophiucus-Scorpion et nous commencerons à y entrer dans un millier d'années. En balayant les particules de matière de ces nuages qui tombent à l'intérieur de sa sphère d'action, le Soleil rassemblerait une certaine quantité de matière qui irait s'amasser derrière lui, le long de la trajectoire parcourue. Là, des agglomérats se formeraient, sur le type des « boules de neige sale » que l'on trouve dans le réservoir de Oort. D'autres comètes potentielles se formeraient par vagues successives à partir des matériaux interstellaires, et leur composition serait celle desdits matériaux. S'il en allait ainsi, les comètes nous permettraient d'avoir « à portée de main » la matière des obscurs nuages cosmiques. A ce sujet, les recherches ont conduit à d'extraordinaires découvertes à partir desquelles la théorie qui s'est développée ressemble à la science-fiction.

Les nuages interstellaires sont essentiellement composés de gaz et de minuscules grains de poussière, carbones et silicates. C'est la matière qui compose aussi, nous l'avons vu, le système solaire. Mais depuis une vingtaine d'années, la radio-astronomie nous a permis de découvrir quelque chose d'encore plus important : ces nuages contiennent aussi un grand nombre de molécules de notre chimie organique, et d'autres molécules, inorganiques mais étroitement liées au monde vivant. En 1968, on découvrit que de nombreux nuages interstellaires contenaient de l'ammoniac. En 1969, on a trouvé dans de nombreux corps célestes, certaines étoiles comprises, de la vapeur d'eau ; dans d'autres, de la formaldéhyde. Depuis 1970, le nombre des molécules organiques décelées dans l'espace s'élève à une cinquantaine. On a trouvé l'alcool éthylique et l'alcool méthylique, l'acide formique, le méthylammine, très important car, en réaction avec l'acide formique, il peut former la glycine, le plus simple des aminoacides, à partir desquels se forment les protéines, l'un des composants essentiels des cellules. Bref, les molécules de base de notre monde organique sont largement répandues dans l'univers, justement là où naissent les étoiles.

Une météorite est tombée le 28 septembre 1969*. Nous avons pu en analyser les restes avant qu'ils ne soient sérieusement contaminés par la matière terrestre : on y trouva 18 aminoacides et 2 pyrimidines. Parmi les premiers, 6 sont du type normalement présent dans les protéines, alors que les 12 autres n'ont aucune fonction dans la vie terrestre. Les deux pyrimidines ne sont pas non plus du type de ceux que l'on trouve dans l'organisme. Cela prouve que les molécules trouvées n'étaient pas le résultat d'une contamination terrestre et cette découverte démontra que des molécules organiques existent dans l'espace, mais aussi de véritables molécules pré-biotiques,

* Il s'agit de la météorite découverte près de Murchison dans la province de Victoria en Australie (N.d.É.)

formées à partir de molécules organiques comme les aminoacides et les pyrimidines, qui peuvent donner naissance aux macromolécules de la vie comme les protéines, l'ADN, les polysaccharides, etc. Bref, il y a, dans l'espace, les briques nécessaires à la construction de la vie, une vie qui pourrait ressembler à la vie terrestre, fondée, comme elle, sur la chimie du carbone.

Il y a quelques années, F. Hoyle et C. Wickramasinghe, sur la base de ces résultats et d'autres identifications qu'ils firent (mais elles furent contestées), ont développé une théorie tout à fait excitante, même si elle est discutable. Ils sont partis des résultats de l'analyse des météorites et de leurs identifications de macromolécules dans la matière interstellaire et ont affirmé qu'on ait retrouvé dans les météorites et dans l'espace, les composants essentiels de la vie, comme les polysachharides, les aminoacides, les acides nucléiques, les enzymes et la chlorophylle. On les retrouve d'ailleurs dans les zones mêmes où se forment les étoiles. Mais l' « allumage » d'une étoile détruit la matière pré-biotique dans les régions qui lui sont proches, et elle la propulse partiellement vers des régions où se forment peut-être d'autres étoiles. Ainsi, un seul agglomérat de molécules peut être projeté en avant et en arrière plusieurs fois, entre les régions les plus denses, lieux de genèse des étoiles. Au cours de ce va-et-vient entre diverses régions dans des conditions physiques très différentes, une évolution de type darwinien semble inévitable, et les structures moléculaires qui résistent le mieux aux conditions hostiles du milieu interstellaire arriveraient à émerger.

Quand le système solaire est né, les molécules pré-biotiques, unies aux matières qui formèrent les planètes les plus proches du Soleil (Mercure, Vénus, la Terre et Mars) furent détruites et Hoyle et Wickramasinghe estiment qu'il ne se forma même pas d'atmosphère terrestre primitive avec les gaz libérés par les roches en voie de refroidissement, à l'exception du néon, du crypton et du xénon. Toutefois, les molécules pré-biotiques émigrèrent vers les zones les plus extérieures du système solaire, où elles furent englobées dans des amas de matériaux glacés sur lesquels allaient se développer des formes de vie primitive. Ces blocs étaient les comètes qui, comme nous l'avons vu, furent expulsées vers le nuage d'Oort d'où, peu à peu, elles reviennent.

Quand elles commencèrent à se rapprocher du Soleil, elles

tombèrent en grande partie sur la Terre, encore exempte d'atmosphère et sans vie, et une atmosphère s'est développée à partir de leurs matériaux, qui devait rendre toujours plus délicate l'arrivée des comètes suivantes. Mais ces dernières réussirent à apporter les premiers organismes jusqu'à la surface de la Terre, sans qu'ils soient détruits par la chaleur développée dans la violence de l'impact.

Selon Hoyle et Wickramasinghe, la vie se conserve donc dans la glace des comètes, même si c'est dans les formes les plus primitives comme les virus. Les deux savants ne se contentent pas, en effet, d'expliquer l'origine de la vie sur Terre et, éventuellement, sur d'autres planètes adaptées pour la recevoir. Ils soutiennent que, quand les comètes arrivent jusqu'à nous, elles continuent à nous apporter des virus, en particulier ceux qui provoquent les épidémies de grippe commune, extrêmement répandue. Leur théorie est, pour l'instant, très discutée. Mais la découverte de molécules pré-biotiques hors de la Terre reste un point important et on ne peut exclure que les comètes contiennent ces molécules, et peut-être d'autres aussi, encore plus proches des êtres vivants les plus simples*.

En ce sens, la découverte du radical formique (HCO) et de la formaldéhyde (H_2CO) que Cosmovici et Ortolani ont faite sur la comète IRAS-Araki-Alcock qui passa en 1982, est très importante. Car la formaldéhyde est une des molécules prébiotiques les plus importantes et, avec l'acide formique (dont on ne sait pas encore s'il est présent dans les comètes) et quelques rares autres, elle constitue l'une des bases de l'évolution biologique. Donc l'étude des comètes et, si possible, l'examen et l'analyse des matières qui les composent, devraient être

* Cette théorie de l'apport de la vie depuis des régions extérieures au système planétaire (voire d'un système planétaire à un autre) est dite de la « panspermie ». Née au XIXe siècle, elle a été particulièrement développée au début de ce siècle, par l'Allemand Arrhenius. Elle continue de susciter d'intéressantes contreverses, notamment sur la faculté des organismes vivants à résister aux conditions hostiles (froid et rayonnement ultraviolet) qui règnent dans le milieu interstellaire.

Contrairement aux prédictions les plus pessimistes, qui prévoyaient que toute forme de vie serait rapidement détruite dans l'espace, des travaux récents en laboratoire viennent de montrer que certains spores de bactéries (Bacillus subtilis) résistent remarquablement aux températures très basses et à un fort rayonnement ultraviolet. Une sur dix d'entre elles pourrait ainsi résister pendant plus d'un million d'années. (N.d.É.)

d'une importance extrême dans la recherche de l'origine de la vie. D'autant que, puisque des comètes formées dans d'autres systèmes solaires, ou par la matière interstellaire, peuvent arriver jusqu'à nous, nous aurions ainsi à notre disposition des échantillons de vie formée dans des régions différentes de la Galaxie. Peut-être les comètes seront-elles ces vaisseaux spatiaux qui nous amèneront les premiers extraterrestres ? Et si Hoyle et Wickramasinghe avaient raison, peut-être ces extraterrestres sont-ils déjà « physiquement » parmi nous ?

D'où vient la comète de Halley ?

En cherchant le lieu d'origine des comètes, nous en avons trouvé trois. Lequel des trois nous a envoyé la comète de Halley ? Le nuage d'Oort ? L'espace interstellaire ? Un autre système planétaire ? Puisque les trois théories ne s'excluent pas mais peuvent coexister et qu'il n'y a pas, pour l'instant en tout cas, de critères sûrs pour distinguer les différents cas, tentons d'évaluer la probabilité selon laquelle la comète de Halley entre dans l'un ou l'autre de ces trois cas.

Commençons par le dernier : si elle était arrivée d'un autre système planétaire, elle aurait eu les caractéristiques d'un corps qui vient de l'infini (en pratique, d'un lieu très lointain), avec une vitesse initiale supérieure à 0. Comme nous l'avons vu, du point de vue de la dynamique, cela correspondrait à une orbite hyperbolique. La probabilité est donc indiquée par le pourcentage d'orbites hyperboliques qui constituent 14,7 % des orbites connues. Mais cette valeur est encore trop grande. Les orbites ne sont pas sûrement hyperboliques, et le pourcentage réel doit donc être beaucoup plus bas. Ensuite, comme nous le savons, l'orbite de la comète de Halley n'est pas hyperbolique mais elliptique. Pour cette seconde raison, il ne pourrait s'agir que d'une comète entrée dans le système solaire avec une orbite hyperbolique, transformée en elliptique par une rencontre planétaire ; et la planète aurait été capable de la capturer à cette seule occasion. Ceci n'est pas impossible, mais reste très improbable.

Il est plus difficile de préciser si, oui ou non, elle s'est formée à partir de la matière interstellaire. D'abord parce que nous ne savons pas si ce mécanisme de formation opère réellement. Ensuite, nous ignorons dans quelle condition il pourrait agir.

En tout cas, il faut considérer que la théorie de la diffusion peut autant s'appliquer aux comètes de cette origine, qu'à celles du nuage d'Oort. Et ce dernier, accepté aujourd'hui par la quasi-totalité des astronomes, nous offre la solution la plus plausible pour déterminer l'origine des comètes.

Il est donc plus probable que nous trouverons l'origine de la comète de Halley dans le mécanisme de la planétésimale, largement décrit plus haut. Traçons le cadre de son origine en nous situant dans cette hypothèse.

Quand le système solaire s'est formé, la comète s'est éloignée et, en même temps que des milliards d'autres blocs de matériaux servant à la formation des planètes et des satellites, elle est allée finir dans le nuage d'Oort. Un jour, perturbée par une étoile de passage, elle a commencé à parcourir une orbite elliptique qui, selon la théorie de la diffusion, s'est rapprochée toujours plus des régions les plus internes du système solaire jusqu'à devenir celle que nous connaissons. Depuis quelque temps, elle se rapproche périodiquement du Soleil et, à chaque passage, elle se consume. Elle finira par disparaître complètement. Cela peut durer des milliers et des milliers d'années, peut-être moins. Nous sommes sûrs d'une chose : elle doit se consumer en un temps plus court que celui qu'elle employa à parcourir un seul tour quand son orbite, alors énorme, n'était pas encore à l'intérieur du système planétaire. C'est pourquoi nous sommes sûrs qu'elle a dû commencer à passer près du Soleil il y a quelques millions d'années, mais pas plus. Elle n'est sûrement jamais apparue dans le ciel terrestre quand notre planète n'était encore qu'un ensemble d'océans et de roches désertes. Les animaux les plus préhistoriques ne l'ont jamais vue, il n'y avait pas encore de dinosaures à l'époque. Elle a commencé à s'approcher grandement beaucoup plus tard. Presque sûrement, cela se passa pas il y a moins de 3 à 4 millions d'années, quand les premiers hommes apparurent à la surface de la Terre. En étudiant l'essaim météorique qui lui est associé, McIntosh et Hajduk en ont conclu qu'elle avait parcouru son orbite actuelle 1 500 fois. Donc, même si elle commença à apparaître antérieurement, à intervalles très longs quand son orbite était très ample, ses premiers passages au rythme actuel remonteraient à un peu plus de 100 000 ans. En ces temps-là, nos ancêtres ont dû la voir, tout à fait splendide dans le ciel sombre de leurs nuits.

En 1984, Hajduk, par une extrapolation de ses résultats sur

l'oscillation de la ligne des nœuds pendant trois cycles, a trouvé que la distance maximale du nœud ascendant avait rejoint l'orbite de Jupiter il y a environ 8 à 10 cycles, ce qui correspondrait à 2800 révolutions, soit, en chiffres ronds, 200000 ans ou à peu près. Selon cet astronome, c'est à ce moment-là, ou à peine plus récemment, que la comète fut capturée par Jupiter et amenée à circuler régulièrement à l'intérieur du système solaire.

Le cadre dans lequel se situait cette histoire, au départ, nous ne savions pas l'expliquer. Nous l'avions accepté parce que nous faisions confiance à ceux qui le connaissaient. Rappelons-le : une nuit, que nous ne savons pas dater, dans un temps fort éloigné, une splendide comète apparut pour la première fois.

Nous savons désormais qu'il y eut un début, car il n'y a pas si longtemps que la comète revient dans notre ciel et quand elle apparut les premières fois, elle dut être très brillante.

Notre récit se termine ici.

CHAPITRE VI

Le prochain passage

LA COMÈTE REVIENT

Notre récit est fini, mais l'histoire continue. Depuis la plus haute époque de son apparition, nous avons suivi la comète de Halley et analysé ses rapports avec l'homme, jusqu'à la grande peur de 1910. Mais elle est encore là, sur son orbite, et des astronomes la suivent dans sa course autour du Soleil. Combien de temps reviendra-t-elle encore avant de disperser les derniers restes de son vieux noyau dans un essaim désagrégé ? Nous ne le savons pas. Ce qui est sûr, c'est qu'il n'en est rien pour le moment, qu'elle reviendra encore et que l'homme continuera à la voir et à l'étudier.

Rapprochement et redécouverte

Après son apparition de 1910, la comète de Halley s'est à nouveau éloignée et, en 1948, elle a rejoint son aphélie. Dès lors, elle a recommencé à se rapprocher du Soleil, dévorant l'espace à la vitesse de 910 mètres/seconde (vingt fois notre vitesse quand nous roulons à 150 km/h sur une autoroute). Mais, pour la comète, c'est l'arc où elle circule le plus lentement et, à cette vitesse, elle aurait employé plus de deux siècles pour arriver au voisinage du Soleil. Or, selon la deuxième loi de Kepler, son mouvement s'accélère à mesure qu'elle se rapproche du Soleil. Mais l'accélération est lente et, ajoutée au fait

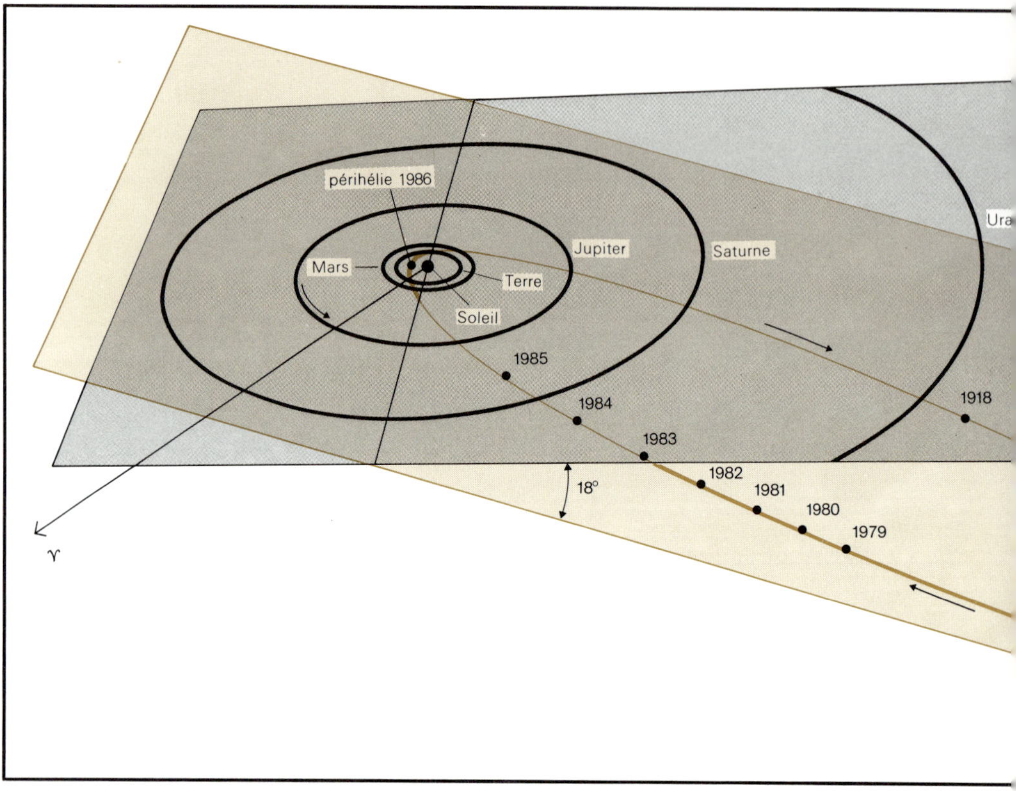

que les orbites des planètes les plus lointaines sont très distantes l'une de l'autre, cette lenteur a eu pour conséquence que, au début de 1981, la comète n'avait pas encore rejoint l'orbite d'Uranus (fig. 6.1).

Quand elle fut à peu près à mi-chemin entre les orbites d'Uranus et de Saturne, on la redécouvrit. Dès la fin 1977, déjà, des astronomes la cherchaient, et tout était mis en œuvre pour la retrouver : les techniques d'enregistrement les plus sophistiquées, les télescopes les plus grands du monde. Mais elle était encore trop éloignée et trop faible pour laisser sur les révélateurs une trace perceptible. Enfin, dans la nuit du 16 octobre 1982, D.C. Jewitt et G.E. Danielson qui, avec six autres astronomes, cherchaient à repérer la comète, la redécouvraient grâce à une caméra CCD, au télescope de 5 mètres du

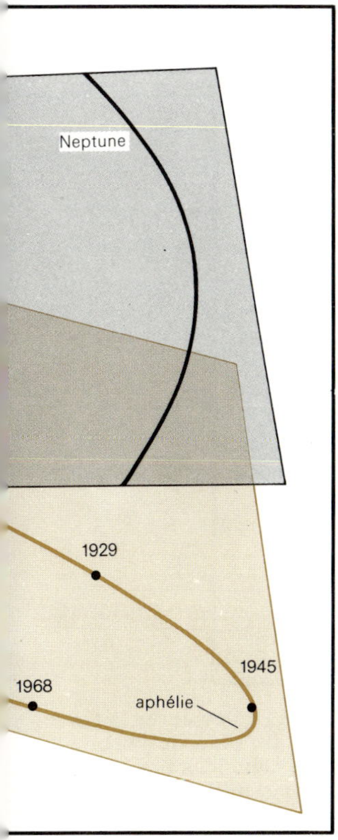

Fig. 6.1 Orbite de la comète de Halley dans l'espace, tout entière. Depuis son passage à l'aphélie, en 1948, elle se rapproche, toujours plus rapidement, du Soleil et de la Terre. Elle passera au périhélie le 9 février 1986 (*Le Scienze,* juillet 1979).

mont Palomar*. Elle semblait de magnitude très faible, 24,2, soit 700 millions de fois plus faible que l'Étoile polaire et trois fois plus faible que prévu. Mais elle était à 11,04 UA, soit 1 651 580 000 kilomètres, distance à laquelle on n'avait encore jamais observé aucune comète. Sa position coïncidait presque avec celle que D. K. Yeomans avait calculée : l'écart n'était que de 8″, soit, à cette distance, à peine 60 000 kilomètres. En 1909,

* La Caméra CCD (Charge-Coupled-Device), utilisée par D.G. Jewitt et G.E. Danielson, est un détecteur électronique bi-dimensionnel dont l'usage est maintenant extrêmement répandu en astronomie. Grâce à un rendement très élevé, proche de 90 %, il permet d'obtenir une image du ciel, révélant des étoiles environ 30 fois plus faibles que celles détectées par une plaque photographique dans les mêmes conditions. (N.d.É.)

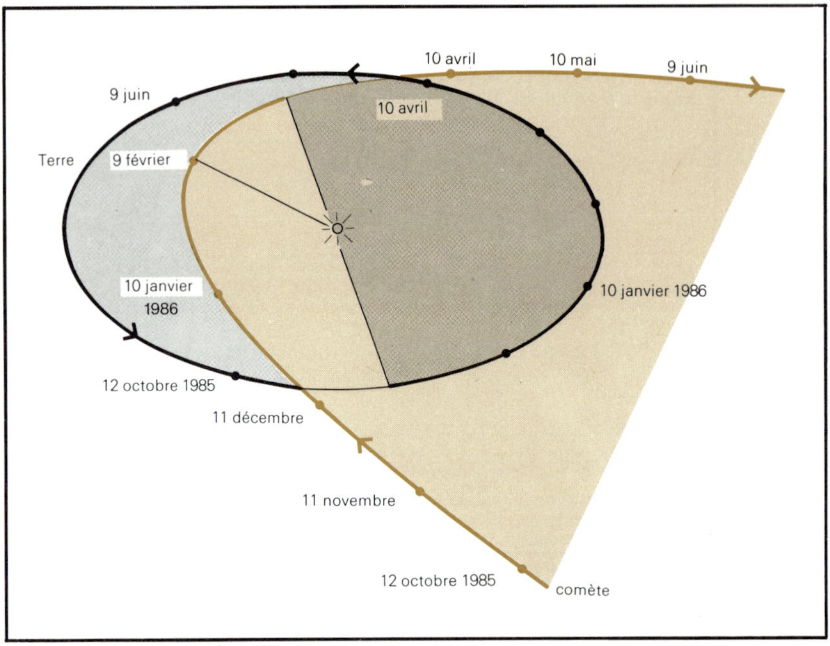

Fig. 6.2 Dessin en perspective de l'orbite de la comète de Halley entre la fin 1985 et le début 1986, vue d'un point situé 35° au-dessus du plan de l'orbite terrestre. Les positions de la Terre et de la comète sont signalées pour certaines dates, du 12 octobre 1985 au 9 juin 1986 (*Mercury,* juillet-août 1982, p. 129).

on l'avait retrouvée à 10′ de la position calculée, soit un écart 75 fois supérieur. On était en droit de considérer comme exceptionnelle cette découverte de 1982. Jamais elle n'avait été retrouvée à une telle distance, ni avec un telle précision.

Quelque temps après, d'autres observatoires la repéraient également et, depuis, tous la suivent régulièrement. Elle n'a assurément pas encore l'aspect cométaire que l'on connaît. Elle n'a ni queue, ni chevelure, ni même une mince enveloppe nébuleuse. Si loin du Soleil, elle est froide et se réduit à son seul noyau de glace dont, d'après les estimations fondées sur la luminosité relative apparente et le pouvoir réfléchissant présumé, le diamètre doit être d'à peine 6 kilomètres. Voilà donc notre comète quand elle est si loin de nous et du Soleil.

Dans les parages du Soleil et de la Terre

Mais sa course continue à un rythme accéléré. Au début de

l'année 1985, elle était encore entre l'orbite de Saturne et celle de Jupiter, mais la voilà, à la fin de l'année, à proximité de l'orbite terrestre. Pour mieux la suivre, regardons le dessin de la figure 6.2. Le 19 novembre 1985, elle a traversé le plan de l'orbite terrestre, et débouché dans cette région de l'espace où se situe le pôle Nord de la Terre. A 270,7 millions de kilomètres du Soleil, elle continue à se rapprocher et passera au périhélie le 9 février 1986, sa plus petite distance du Soleil, à 87 829 500 kilomètres, à la vitesse de 54,55 km/s, soit 60 fois sa vitesse à l'aphélie. Alors, elle commencera à s'éloigner à nouveau. Le 11 mars, elle traversera à nouveau le plan de l'orbite terrestre et continuera sa course dans cette partie de l'espace que nous, habitants de l'hémisphère Nord, avons tendance à appeler « le dessous » de la Terre. Alors que la plus petite distance comète-Soleil ne sera atteinte qu'une seule fois, la distance Terre-comète sera minimale par deux fois : en effet, pendant que la comète circule autour du Soleil, la Terre se déplace également et occupe successivement, par rapport à la comète, les positions de la fig. 6.2. Le premier rapprochement a eu lieu le 27 novembre 1985 et correspond à 92 750 000 kilomètres. Le second se produira le 11 avril 1986, à 62 830 000 kilomètres. La comète n'est restée aussi loin de la Terre, ou plus encore, que huit autres fois au cours des deux derniers millénaires. La

Fig. 6.3 La distance de la comète de Halley au Soleil (*r*) et à la Terre (Δ), du 2 octobre 1985 au 20 juin 1986. Noter que pendant que la distance au Soleil rejoint une seule fois un minimum (correspondant au passage au périhélie), la distance à la Terre sera, à deux reprises, minimale (en novembre et en avril), en raison de la combinaison de son mouvement avec celui de notre planète (*Mercury*, juillet-août 1982, p. 130).

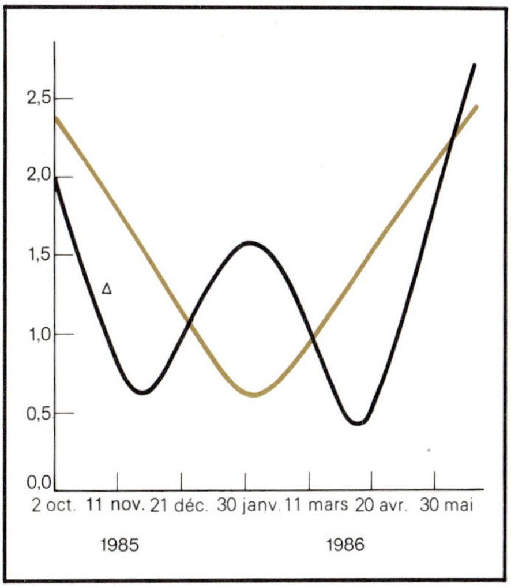

fig. 6.3. montre la variabilité des distances comète-Soleil (courbe *r*) et comète-Terre (courbe Δ), du 2 octobre 1985 au 20 juin 1986. Les distances sont exprimées en unités astronomiques.

La reconstruction de l'orbite et des circonstances nous permet de tracer la trajectoire de la comète sur la voûte céleste et de prévoir dans quelles conditions on la verra de la Terre. Cette fois encore, on l'observera et on l'étudiera, mais dans des conditions jamais égalées, que personne, au temps de ses précédents passages, n'aurait osé imaginer.

LES PROCHAINES OBSERVATIONS

Importance actuelle de la comète de Halley

Depuis longtemps, on savait que la comète de Halley reviendrait en 1986. Dès le début des années soixante, des astronomes toujours plus nombreux se préparaient à l'observer, car bien qu'elle nous ait déjà beaucoup donné, nous attendons encore beaucoup d'elle. Les comètes, disait Kepler, sont « aussi nombreuses que les poissons dans l'océan », et chacune peut aider à mieux comprendre l'ensemble. Mais ceci est encore plus vrai pour la comète de Halley. Et ce, pour plusieurs raisons. Des comètes de ce type apparaissent fréquemment, mais elles sont « nouvelles », arrivent à l'improviste, et nous ne déterminons leur orbite qu'au moment où elles sont passées au périhélie, voire même quand elles y sont déjà passées. En revanche, comme nous pouvons prévoir longtemps à l'avance le passage de la comète de Halley, nous pouvons donc repérer sa trajectoire dans l'espace et nous préparer dans les meilleures conditions aux observations.

Sa distance au périhélie reste, nous l'avons vu, assez élevée. Parce qu'elle ne se rapproche jamais excessivement du Soleil, elle ne perd donc pas beaucoup de masse et demeure assez active malgré ces retours répétés depuis des siècles. De toutes les comètes qui circulent autour du Soleil avec des périodes inférieures à 200 ans, c'est la plus lumineuse, et à son passage au périhélie, elle produit cent fois plus de poussières et de gaz que n'importe quelle autre comète de sa catégorie. Bref, c'est l'une des comètes les plus « fraîches » et les plus actives de sa classe et elle allie l'intérêt des comètes nouvelles à celui, prévisionnel, des périodiques.

Enfin et surtout, on connaît la comète de Halley depuis bien longtemps, deux mille ans au cours desquels on l'a observée vingt-huit fois. Ses passages nous ont fourni une multitude d'éléments sur les variations orbitales et, depuis les trois derniers siècles en particulier, sur sa physique. Il n'existe aucune autre comète qui offre, comme elle, la possibilité de confronter autant d'observations anciennes et modernes.

La comète de Halley présente donc les conditions idéales d'observation dans l'espace. Son activité, constatée à plusieurs reprises, promet une moisson fertile en résultats, et son orbite, si parfaitement connue, est une véritable provocation. Si nous n'explorions pas une comète aussi idéale en ce retour de 1986, quand retrouverions-nous une occasion aussi favorable dans un futur proche ? Il n'y en aurait qu'une : en 2062, quand notre comète reviendra.

Nous sommes prêts à relever le défi, avec l'aide de tous ces instruments, construits et mis au point, dans la fièvre de l'attente, un peu partout dans le monde.

Les observations spatiales

Quand on parle d'observation cométaire dans l'espace, il ne s'agit pas de recherches faites grâce à des télescopes, à bord de satellites artificiels placés sur orbite au voisinage de la Terre (du moins, il ne s'agit pas que de cela) mais, surtout, d'envoyer une sonde* vers une ou plusieurs comètes, et de les étudier grâce aux images obtenues in situ et en prélevant des échantillons de la matière.

Une sonde cométaire peut opérer de deux façons. Se rapprocher de la comète qui décrit son orbite, la rejoindre, se placer flanc à flanc sur un long arc de sa trajectoire, l'observer sans discontinuer à mesure de son rapprochement au Soleil, de façon à ne rien perdre des transformations qu'elle subit sous l'action de sa lumière et de sa chaleur. Mais elle peut tout simplement la croiser, en allant couper un point de son orbite le plus près possible du moment où elle va y passer. Dans ce cas, le rapprochement est progressif et, après avoir atteint la dis-

---

* Le terme de « sonde » spatiale s'applique à un vaisseau naviguant dans l'espace interplanétaire, par opposition au terme de « satellite » désignant un vaisseau (plus généralement tout corps) en orbite autour d'une planète. La première sonde spatiale fut Vénus 1, lancée le 12 février 1961, d'Union soviétique vers Vénus. (N.d.É.)

tance minimum, la sonde et la comète s'éloignent, chacune sur sa propre orbite. Dans le jargon astronautique, l'opération du premier type s'appelle un rendez-vous, celle du second type, un survol[1].

Le rendez-vous est plus utile que le survol pour l'étude de la comète, il est aussi moins risqué. Prenons l'exemple de deux voitures qui roulent à la même vitesse sur deux files d'autoroutes : le risque de collision est, là, presque nul, et si la course se déroule sans secousses brusques (comme c'est le cas des corps célestes), les occupants des deux véhicules peuvent se donner la main ou se passer un objet quelconque. Ce n'est possible que parce que la vitesse relative est nulle, ou presque nulle. Il en va tout autrement quand deux voitures se frôlent à un croisement, même sans que ce soit à angle droit. Ce cas de figure correspond à un survol.

Les comètes, nous le savons, ne sont pas des corps solides aux contours bien définis mais, en dehors du noyau, des nuages de plasma et de poussières. Dans une mission à distance rapprochée, une partie de cette matière vient envelopper la sonde. Quand les deux corps voyagent parallèlement, leur vitesse relative est presque nulle et les impacts des particules cométaires contre la sonde ne produisent aucun dégât. Si, en revanche, comète et sonde se croisent selon un certain angle, la vitesse à laquelle les particules de la chevelure viennent heurter la sonde est le résultat de la combinaison de leurs vitesses respectives quand elles se déplacent sur leurs orbites, ce qui peut se calculer en dizaines de kilomètres/seconde. Il y a donc un très gros risque que la sonde soit endommagée, ou même détruite. Il suffit, pour se rendre compte de l'impact, de savoir qu'une particule de 0,1 g lancée à une vitesse de 70 km/s environ peut traverser 8 cm d'aluminium.

Le rendez-vous est donc, sans aucun doute, préférable au survol. Mais, hélas, une mission de ce type présente une difficulté pratique énorme que l'on n'a pas pu maîtriser à temps pour cette mission. Chaque planète se déplace sur un plan proche de l'écliptique. Pour atteindre la comète, on peut exploiter la vitesse de la Terre au moment du lancement et,

1 Il nous semble que cette terminologie serait plus adaptée aux opérations correspondantes si c'était le contraire, parce qu'un rendez-vous peut indiquer aussi une rencontre très brève, alors que « survol » suggère tout à fait l'idée d'un vol effectué pendant un certain temps à une distance rapprochée.

parfois, s'aider du champ gravitationnel d'autres planètes que la sonde rencontre sur son parcours. Grâce à cette technique, l'énergie nécessaire au lancement n'est pas très élevée. En revanche, les orbites des comètes, nous l'avons vu, sont en général très inclinées par rapport au plan de l'orbite terrestre. Pour rejoindre une comète en un point de son orbite, il faut donc sortir du plan de l'écliptique, ce qui nécessite une énergie considérable. Pour y parvenir, il aurait fallu projeter et construire des moteurs spéciaux, encore jamais réalisés, ou utiliser des techniques nouvelles, coûteuses et non encore expérimentées *.

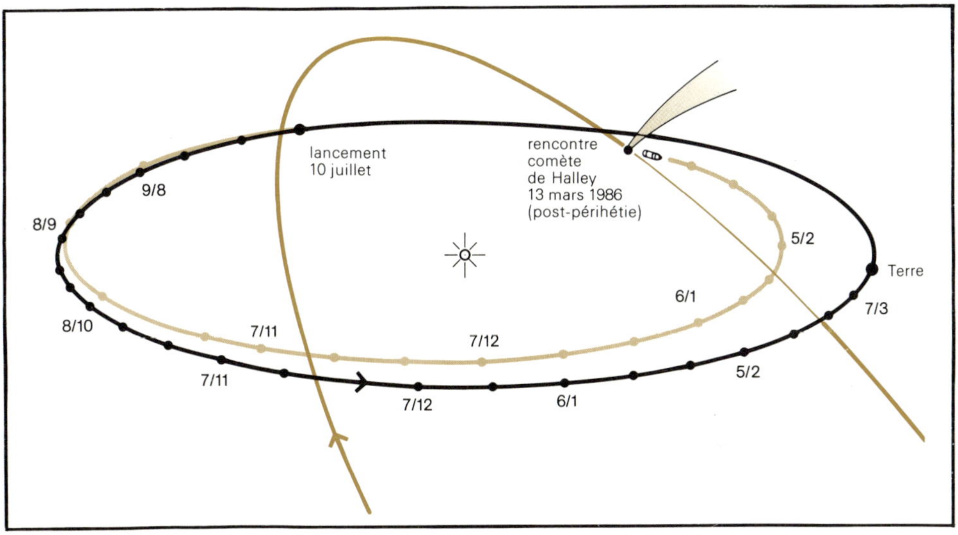

Fig. 6.4 Trajectoire de la sonde Giotto depuis le jour du lancement (2 juillet 1985) jusqu'au jour de la rencontre avec la comète (13 mars 1986), et positions de la Terre à diverses dates correspondantes. La trajectoire de la sonde repose complètement dans le plan de l'orbite terrestre, tandis que la comète ne la coupe que le 9 novembre 1985 et le 11 mars 1986.

* Les premiers projets de la NASA (agence spatiale américaine) prévoyaient notamment l'utilisation de « voiles solaires » pour propulser la sonde. Une structure de 800 m² de surface devait être déployée en orbite pour capter la pression de radiation du Soleil et orienter le mouvement de la sonde. Aucune expérience de ce type de propulsion « économique » n'a pu encore être effectuée, mais un groupe d'amateurs poursuit l'idée d'une course à la voile de la Terre à la lune qui devrait avoir lieu dans quelques années. (N.d.É.)

Les États-Unis décidèrent les premiers d'une mission spatiale vers la comète de Halley. Ils firent un excellent projet auquel l'Europe, par l'intermédiaire de l'A.S.E. (Agence Spatiale européenne) se trouva associée. Il s'agissait de réaliser, en une seule mission, un survol de la comète de Halley, le 28 novembre 1985, suivi d'un rendez-vous avec la comète Tempel 2, prévu du 16 juillet 1988 au 14 janvier 1989. Au cours de cette seconde phase, la sonde se serait progressivement rapprochée de Tempel 2 jusqu'à heurter le noyau pour en évaluer la masse et la consistance. Hélas, on a dû renoncer à ce projet, comme à d'autres moins coûteux, pour des raisons budgétaires. L'Europe décida alors de prendre entièrement à sa charge le coût d'une mission vers la comète de Halley, réalisée sur le projet de Giuseppe Colombo, professeur de mécanique à l'université de Padoue et collaborateur de la NASA.

Cette mission requiert une très faible énergie de lancement. Elle est donc relativement économique. Comme nous l'avons

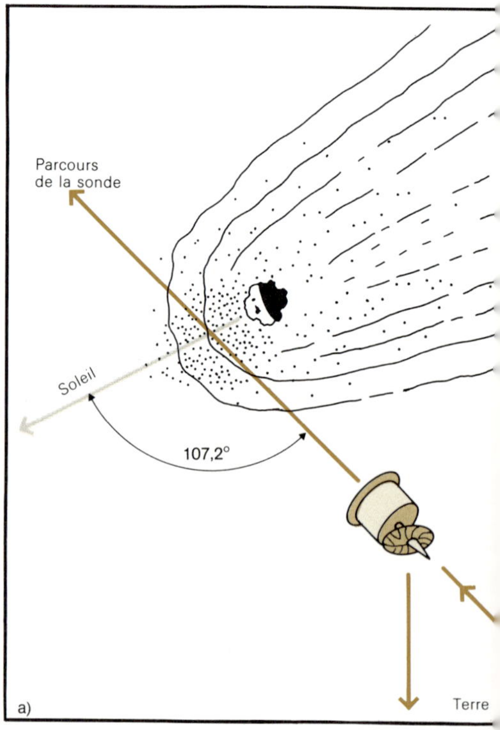

Fig. 6.5 Dans a), la sonde Giotto dans sa dernière phase d'approche de la comète de Halley. Dans b), rencontre de la sonde Giotto et de la tête de la comète de Halley.

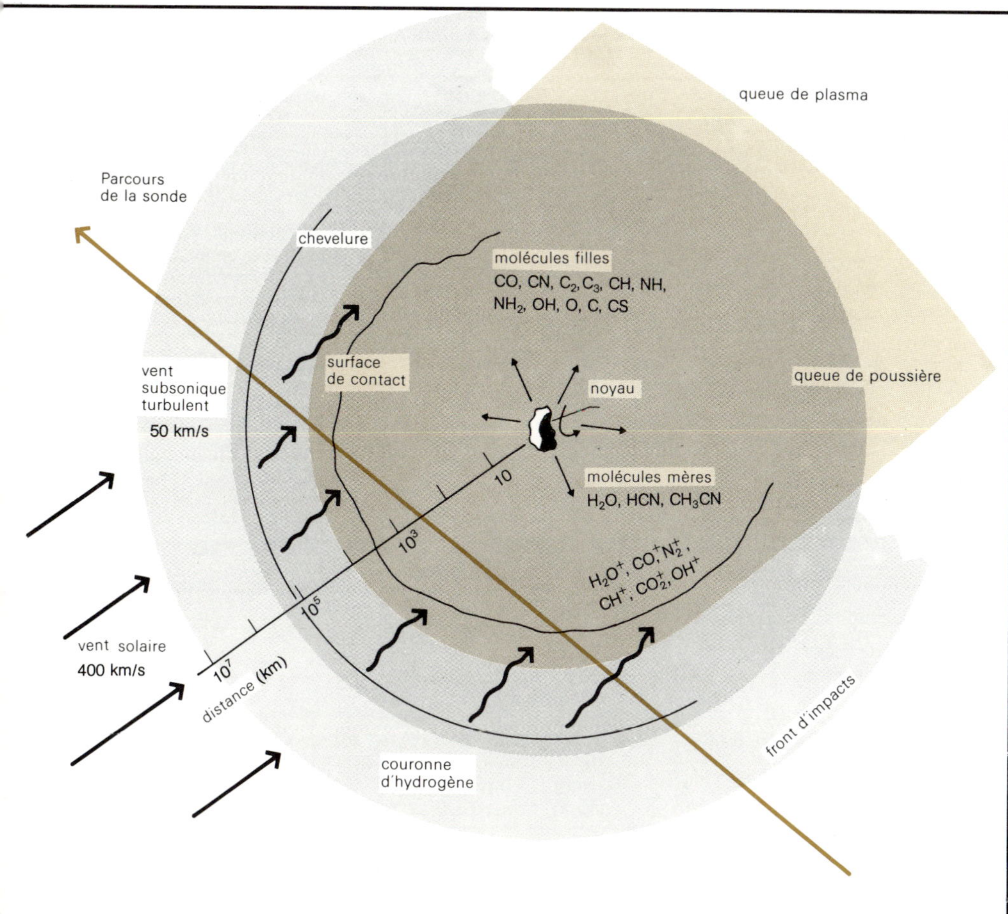

vu, si l'on veut rencontrer et suivre une comète en un point quelconque de son orbite, en général loin du plan de l'orbite terrestre, les coûts sont très élevés. Mais toute orbite cométaire croise le plan de l'écliptique en deux points, les nœuds, qu'une sonde, lancée de la Terre, peut atteindre sur une orbite qui ne se détache jamais du plan de l'écliptique. Bien sûr, dans ce cas, la rencontre se réduit à un survol. De l'élaboration de ce projet est née la mission Giotto, appelée ainsi en hommage au peintre qui, le premier, immortalisa l'apparition d'une comète telle qu'elle est réellement dans le ciel. Et cette comète fut certainement celle de Halley.

TAB. 6.I — EXPÉDITIONS SCIENTIFIQUES DE LA SONDE GIOTTO (SITUATION JUIN 1982)

Instrument expérimenté	Masse (kg)	Puis. (w)	Centre de recherche principal	Principaux collaborateurs (Instituts)
Caméra	11,48	12,2	H. U. KELLER MPI für Aeronomie, Lindau	Laboratoire de Physique Stellaire et Planétaire, Verrières-le-Buisson Institut d'Astrophysique, Liège Istituto di Astronomia, Padova DFVLR, Oberpfaffenhofen Ball Aerospace Systems Division, Boulder
Spectromètre de masse pour éléments neutres	10,94	10,1	D. KRANKOWSKY MPI für Kernphysik, Heidelberg	Physikalisches Institut, Universität, Bonn Physikalisches Institut, University of Bern Laboratoire de Géophysique Externe, CNRS, Saint-Maur The University of Texas at Dallas
Spectromètre de masse pour ions	8,76	9,5	H. BALSIGER Physikalisches Institut, University of Bern	MPI für Aeronomie, Lindau JPL, Pasadena Lockheed Palo Alto Research Laboratory
Spectromètre de masse destiné aux poussières	10,00	11,6	J. KISSEL MPI für Kernphysik, Heidelberg	
Système révélateur des impacts de poussières	2,00	1,9	J.A.M. MCDONNELL Space Sciences Laboratory, University of Kent, Canterbury	MPI für Kernphysik, Heidelberg ONERA/CERTS/DERTS, Toulouse ESA Space Science Department

Mais Giotto n'est pas la seule sonde qui rencontrera la comète de Halley. Il y en a d'autres, soviétiques et japonaises. La NASA collaborera à l'opération par une mission d'observation effectuée à bord d'une navette spatiale.

Toutes les sondes rencontreront la comète dans la première moitié de mars 1986, quand elle sera passée au périhélie depuis un mois à peine, et encore en pleine activité. Toutes pratiqueront un survol, même si les distances minimales au noyau varient considérablement d'une sonde à l'autre. Mais passons à une rapide description des satellites, de leurs orbites, de leurs caractéristiques et des buts à atteindre.

• La mission européenne Giotto : Le satellite Giotto, parti le 2 juillet 1985, a été placé sur une orbite géostationnaire par une fusée Ariane 2, lancée depuis la base de Kourou, en Guyane

TAB. 6.I — EXPÉDITIONS SCIENTIFIQUES DE LA SONDE GIOTTO (SITUATION JUIN 1982)

Instrument expérimenté	Masse (kg)	Puis. (w)	Centre de recherche principal	Principaux collaborateurs (Instituts)
Analyseur de Plasma I	4,08	4,2	A. JOHNSTONE Mullard Space Science Lab., Holmbury St. Mary	Istituto Plasma Spaziale, Frascati MPI für Aeronomie, Lindau
Analyseur de Plasma II	2,85	3,7	H. RÈME Centre d'Etude Spatiale des Rayonnements, Toulouse	MPI für Aeronomie, Lindau Space Sciences Laboratory, Berkeley
Particules énergétiques	0,50	0,7	S.M.P. MCKENNA-LAWLOR, St. Patrick's College, Maynooth	Dublin Institute for Advanced Studies MPI für Aeronomie, Lindau
Magnétomètre	1,25	1,2	F. M. NEUBAUER Institut für Geophysik und Meteorologie, Braunschweig	Laboratory for Extraterrestrial Physics NASA/GSFC Istituto di Fisica, Università di Roma
Expérience optique sur la lumière diffuse	1,1	1,2	A.C. LEVASSEUR-REGOURD, Service d'Aéronomie du CNRS, Verrières-le-Buisson	Laboratoire d'Astronomie Spatiale, Marseille Space Astronomy Laboratory, University of Florida, Gainesville
TOTAL	52,96	56,3		

française. Après quelques révolutions autour de la Terre, l'allumage d'un moteur l'a entraîné loin de notre planète et l'a mis sur une orbite de transfert en direction de la comète de Halley. Il coupera la route de la comète le 13 mars 1986 (fig. 6.4). Il passera entre 500 et 1 000 kilomètres du noyau et traversera la chevelure interne, une zone très dense de gaz et de poussières qui le frapperont à la vitesse de 68 km/s, correspondant à la vitesse relative sonde-comète (fig. 6.5). On ne sait jusqu'à quand la sonde pourra résister à ce bombardement, mais on espère qu'elle pourra poursuivre ses observations et ses transmissions jusqu'à la plus petite distance au noyau. Tout a été mis en œuvre pour réduire au maximum les effets des impacts de poussières. Protégée par un bouclier, la sonde est équipée de batteries de sécurité qui transmettront les observations au cas où les batteries solaires, extérieures, seraient détruites. La sonde est stabilisée par rotation autour d'un axe, comme un gyroscope (pl. X).

Dès la phase d'approche, elle transmettra des observations, c'est-à-dire au cours des cinq jours qui précèdent la rencontre. Mais c'est surtout pendant les quatre heures où elle passera dans la chevelure de la comète, quatre heures essentielles, que seront collectés les renseignements et les échantillons qui, depuis cinq ans, ont excité tant d'industries, de laboratoires scientifiques et d'instituts astronomiques. Les observations et les expériences sont de tous ordres. Il faut découvrir les différents éléments qui forment la partie volatile de la chevelure cométaire et chercher à identifier les molécules-mères et, surtout, les éventuelles molécules organiques. Il faut aussi définir la nature des processus physiques et la composition chimique des atmosphères et ionosphères cométaires ; déterminer la composition des particules de poussière ; mesurer à quel rythme sont éjectés les gaz et les poussières libérés du noyau ; étudier les interactions du plasma cométaire avec le vent solaire.

Pour toutes ces recherches, plusieurs groupes, en Europe et aux États-Unis, ont étudié et construit neuf instruments différents (tab. 6.1). Mais c'est le télescope qui accomplira la partie la plus spectaculaire de l'opération (pl. XI). Cet instrument, relativement petit, de 1 mètre de diamètre avec un champ de 2°3, est extrêmement sophistiqué. Contrairement aux habitudes, on ne l'utilisera pas dans le calme serein de nos nuits. Le miroir principal et le tube pare-soleil, construits en Italie, seront directement exposés au bombardement des particules de poussière et, comme l'a dit C. Barbieri qui en a supervisé la construction, ils se situeront dans « un particularisme opérationnel ambiant qui ressemblera plus à un champ de bataille qu'à un paisible vide spatial ». Le miroir de télescope et le pare-soleil seront très vraisemblablement endommagés, voire détruits, mais ils ont été construits pour donner les meilleures images, le plus longtemps possible. Ils émettront quelques milliers d'images, au rythme d'une toutes les quatre secondes. Si tout va bien, si la densité du halo de poussière dans les parties les plus internes de la comète ne cache pas la visibilité du noyau, ce télescope nous transmettra pour la première fois l'image exceptionnelle du noyau. Enfin, nous verrons cette « boule de neige sale », *deus ex machina* minuscule mais essen-

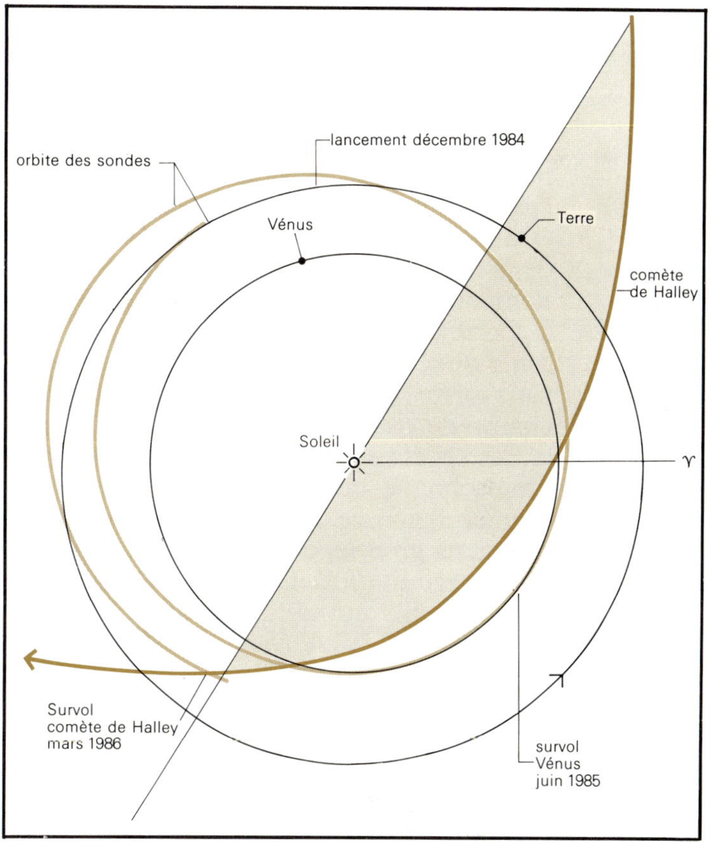

Fig. 6.6 Les deux sondes soviétiques Vega. Lancées en décembre 1984, elles passeront près de Vénus en juin 1985 et rencontreront la comète de Halley en mars 1986 après avoir accompli une révolution et demie autour du Soleil.

tiel des chevelures, des queues, de la comète tout entière, dans tout son éclat. Et nous pourrons même distinguer les détails avec une résolution de l'ordre de 20 mètres.

• La mission soviétique Vega : elle aussi a un caractère international, puisqu'en dehors de l'Union soviétique, la France, la Hongrie, la Tchécoslovaquie et la Pologne y participent. Cette mission consiste en deux expéditions dont chacune a un double objectif : la planète Vénus et la comète de Halley. Dans un premier temps, la mission s'appelait d'ailleurs Venera-Halley, du double nom de ses objectifs*. Les deux sondes lan-

* La mission s'appelle toujours du nom de ses deux objectifs. Le terme VEGA ne désigne pas, en effet, l'étoile brillante de nos cieux d'été, mais est une contraction de Vénus-Halley, soit en russe VEnera-GAlley. (N.d.É.)

cées les 15 et 21 décembre 1984, ont contourné Vénus en juillet 1985 et, en utilisant l'assistance gravitationnelle de la planète, elles iront survoler la comète de Halley (fig. 6.6). Elles la rejoindront les 6 et 9 mars 1986, passant à une distance minimale du noyau de 10 000 kilomètres environ. Les deux sondes se maintiendront donc à une distance de sécurité qui leur interdira l'exploration du noyau, mais leur permettra de photographier et d'explorer de tout près les zones immédiatement adjacentes de la chevelure, et de découvrir ainsi des structures et des phénomènes jamais observés à ce jour sur aucune comète (pl. XII).

Contrairement à Giotto, stabilisée par rotation selon une seule direction, les sondes Vega sont stabilisées selon trois axes. Cela offre l'avantage de pouvoir garder le noyau dans son champ de visée pendant tout le survol, et permet des imageries et des spectroscopies complexes, mais sa résolution spatiale est moins bonne que celle de Giotto. Avantage et inconvénient d'une mission de ce type, à très grande distance. Chaque sonde fera deux groupes d'images : l'une à grand champ (4°), l'autre à champ réduit (30′). De plus, elle est équipée d'un spectromètre tricanal TKS qui obtiendra des spectres de la chevelure dans l'ultraviolet (UV), le visible et l'infrarouge (IR), avec une résolution de 5Å pour l'UV à 120 Å pour l'IR. Enfin, quatre autres groupes d'instruments étudieront le noyau, les poussières et les molécules-mères, sans compter, bien sûr, les interactions du vent solaire avec la comète.

• La mission japonaise Planet A : La sonde japonaise est la plus petite et la plus modestement équipée de toutes, puisqu'elle n'est dotée que d'une caméra UV et d'un détecteur d'ions et d'électrons du vent solaire. Comme Giotto, sa rotation la stabilisera. Lancée le 18 août 1985 du centre spatial de Kagoshima et mise directement sur l'orbite qui la fera rencontrer la comète, avec une fusée à trois étages Mu-3U (fig. 6.7), elle passera à la plus petite distance de la comète de Halley le 8 mars 1986. Étant donné le caractère tout à fait imprécis de ce système de lancement, il n'est pas possible d'évaluer dès à présent sa plus petite distance au noyau, prévue entre 10 000 et 100 000 kilomètres. Elle restera donc beaucoup plus loin du noyau que les autres sondes.

Les programmes scientifiques sont, eux aussi, différents. Planet A observera la comète plus longtemps que toutes les autres, et suivra l'évolution des phénomènes sur une plus grande échelle. Grâce à la caméra travaillant à la longueur

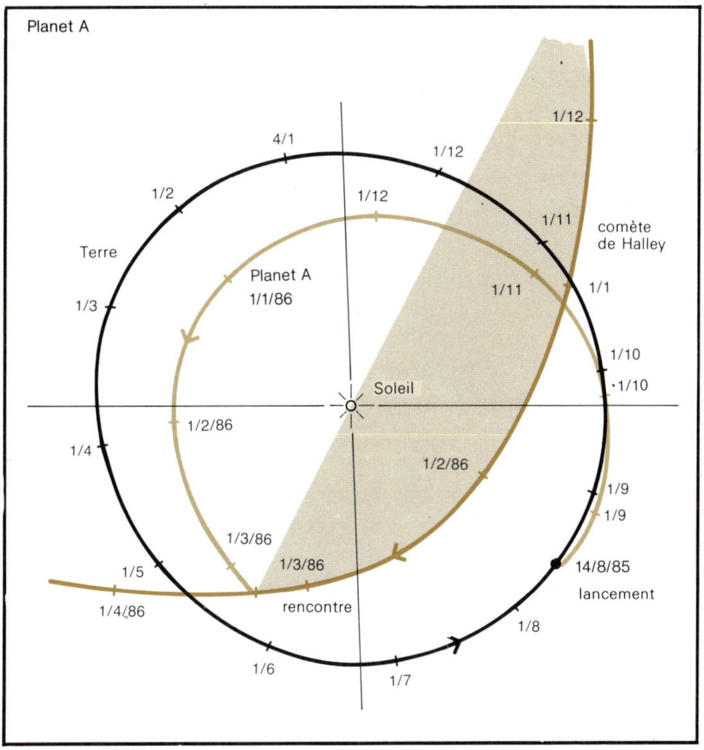

Fig. 6.7 Parcours de la sonde japonaise Planet A lancée le 14 août 1985. Elle passera près de la tête de la comète de Halley le 8 mars 1986.

d'onde de la raie Ly-α de l'hydrogène, elle tentera de cartographier l'émission de l'énorme halo d'hydrogène, observable depuis l'espace seulement. Ce halo a été décelé pour la première fois en 1970, autour de la comète Tago-Sato-Kosaka, à partir d'un satellite artificiel. Il n'a donc jamais été observé pour la comète de Halley. La sonde mesurera aussi l'intensité du flux permanent du vent solaire, et étudiera la structure de l'onde de choc qui développe les turbulences de la chevelure et de la queue de plasma cométaire*.

• La mission ICE : aux quatre sondes qui ont pour mission de rencontrer et d'explorer la comète de Halley, s'en ajoute une

* Planet A a été baptisée Suisei (comète en japonais).

Une deuxième sonde japonaise baptisée « Sakigake » (ou pionnier) a été également lancée le 7 janvier 1985 à destination de Halley. Elle passera le 11 mars 1986, à environ plus d'un million de kilomètres de la comète pour étudier plus particulièrement sa queue ionisée (N.d.É.)

cinquième, qui fonctionne depuis longtemps pour d'autres recherches et devait, dans un second temps, être déroutée. A l'origine, elle s'appelait ISEE-3, la troisième International Sun-Earth Explorer et faisait partie d'un vaste projet d'exploration spatiale financé par la NASA et l'ASE. Lancée le 12 août 1978, elle étudiait depuis quatre ans déjà le vent solaire et, surtout, son interaction avec la magnétosphère terrestre quand, en été 1982, on décida qu'elle décrirait une orbite plus étroite qui la mènerait au voisinage de la Lune. Là, le 23 décembre 1983, elle « frôla » l'hémisphère opposé à la Terre en passant à une hauteur d'à peine 118 kilomètres de la surface. En exécutant cette manœuvre, elle alla s'échouer contre la comète Giacobini-Zinner et changea de mission. Depuis, elle s'appelle ICE (International Comet Explorer).

L'ICE a étudié la comète Giacobini-Zinner pendant une centaine de jours et dans la première décade de septembre 1985, elle est passée à la distance minimum au noyau de 3000 kilomètres environ*. Elle doit ensuite explorer la comète de Halley au cours de deux rencontres à très grandes distances. La première a eu lieu le 31 octobre 1985, à la distance minimale de 138 millions de kilomètres ; la seconde se produira le 28 mars 1986, à la distance minimale de 31 millions de kilomètres.

• La collaboration internationale. Tout ce que l'on a vu suffit pour démontrer que le programme de chaque sonde viendra enrichir et compléter celui des autres. Le tableau 6.II montre comment se distribuent les instruments en fonction des sondes. Dans certains cas, on note une superposition, mais cela n'aura que des avantages. En effet, une sonde, ou un groupe d'instruments, pourrait ne pas fonctionner et même si, comme tous le souhaitent, tout va bien pour toutes les sondes, la confrontation des observations sera d'autant plus utile et intéressante que, les sondes opérant à des distances différentes, les régions observées seront différentes et se compléteront.

La collaboration entre les agences spatiales sera donc très utile. Elle est même, pour certaines raisons, tout simplement indispensable. Citons-en une.

---

* La sonde ICE a traversé la queue de la comète Giacobini-Zinner, le 11 juillet 1985 à 13 h (heure française), en passant à environ 7800 kilomètres du noyau. Elle a, en particulier, découvert dans la queue, l'existence de particules chargées éjectées à très grande vitesse par la comète. (N.d.É.)

TAB. 6.II — TABLEAU COMPLET DES RECHERCHES SPATIALES SUR LA COMÈTE DE HALLEY EN 1986

		Vega (stabilisées selon 3 axes)	Giotto, Planet A (stabilisées par rotation)		Toutes les sondes
Observations à distance	Caméra grand champ	X			X
	Caméra champ étroit	X	X		X
	Caméra UV			X	X
	Sondeur IR	X			X
	Photopolarimètre		X		X
	Spectromètre tricanal	X			X
Mesures in situ	Spectromètre de masse (éléments neutres)	X	X		X
	Spectromètre de masse (pour ions)	X	X		X
	Spectromètre de masse (poussières)	X	X		X
	Révélateur d'impacts	X	X		X
Plasma	Ions du vent solaire	X	X	X	X
	Électrons	X	X	X	X
	Ondes de plasma	X			X
	Particules énergétiques	X	X		X
	Magnétomètre	X	X		X

Étudier une comète avec une sonde, c'est non seulement très dangereux, mais beaucoup plus difficile que s'il s'agissait d'une planète. N'importe quelle comète, aussi grande soit-elle, a une masse infinitésimale par rapport à celle d'une planète, qu'elle soit petite comme la Terre, ou grande comme Mars. En conséquence, son orbite est soumise à des perturbations qui lui infligent des variations continues. On mesure aujourd'hui ces variations avec un risque d'erreur qui peut paraître infime, mais qui est à l'échelle astronomique. Expliquons-nous. Quand la comète est à 100 millions de kilomètres, si la distance varie de 30 000 kilomètres, l'erreur est de 0,03 %. C'est comme si on se trompait d'une centaine de mètres dans le calcul de la distance Paris-Lyon : on pourrait estimer que la mesure est très précise. Mais quand on lance une sonde avec l'intention de la faire passer à moins de 500 kilomètres d'un noyau cométaire, si l'écart est de 30 000 kilomètres, on a tout simplement manqué son but.

Ce n'est pas tout. Deux autres éléments peuvent nous le faire manquer : le premier est l'action des forces non gravitationnelles. L'effet-fusée, nous l'avons vu, est capable d'altérer la période de la comète de quatre jours environ pour chaque passage au périhélie. Il peut donc déplacer le noyau de façon imprévisible, au dernier moment, par rapport à l'orbite calculée pourtant avec la plus grande précision, qui tient compte des observations et de toutes les perturbations. Ces forces non gravitationnelles agissent surtout vers le passage au périhélie qui n'aura eu lieu que depuis un mois quand les sondes passeront au voisinage de la comète. L'autre difficulté réside dans notre ignorance de la position exacte du noyau solide à l'intérieur de la chevelure de gaz et de poussières. Le point lumineux que l'on voit à l'œil nu ou au télescope n'est qu'un « faux » noyau à l'intérieur duquel se trouve le vrai, beaucoup plus petit, dont on ne connaît pas la position exacte.

Pour surmonter toutes les difficultés, il faut que les premières sondes qui passeront, c'est-à-dire la japonaise et les soviétiques, fonctionnent en éclaireur et que toutes les agences spatiales concernées échangent immédiatement les informations communiquées afin de permettre les corrections de trajectoire nécessaires. C'est encore plus vrai pour la sonde Giotto, qui passera la dernière et se rapprochera plus que les autres du noyau.

Les deux premières sondes sont aussi utiles à la solution de ce problème qu'elles le seront en communiquant aux autres toutes les informations imprévues, imprévisibles même, qu'elles collecteront pour la première fois dans l'histoire de l'humanité et des sciences. Par ailleurs, l'ASE pourra aussi relever dans ses stations australes les positions des deux premières sondes qu'on ne pourra pas rejoindre depuis l'hémisphère boréal au cours de la dernière phase de rapprochement, et les communiquer aussitôt, afin d'optimiser les chances de succès.

Entre le 13 et le 15 septembre 1981, les représentants des agences spatiales qui participent à ces missions se sont rencontrés à Padoue et sont convenus d'une étroite collaboration et de l'échange d'informations, en particulier au cours des jours de survol. Par la suite, cet accord s'est vu confirmé et amélioré, et une rencontre est déjà fixée aux 3 et 4 novembre 1986 à Padoue, où les participants se retrouveront pour commenter tous les résultats.

Les observations au sol

Pendant que les sondes exploreront la comète de près, de nombreux astronomes la suivront depuis la Terre. Ils recevront et interpréteront ce que les sondes transmettront, ou observeront directement à l'aide d'instruments de surface, des télescopes, des radiotélescopes, etc. Au cours des jours du survol, les observations s'intensifieront et se dérouleront suivant des programmes spécialement élaborés pour soutenir les recherches dans l'espace. Il faudra, dans la mesure du possible, interpréter au mieux les résultats obtenus. Mais tout cela ne représente que le point culminant de l'effort soutenu pendant tout l'intervalle où la comète sera observable au sol.

Fin 1982, on ne pouvait la suivre qu'avec les plus grands télescopes du monde et les techniques les plus sophistiquées. Mais à mesure qu'elle devient plus accessible et qu'elle se rapproche du Soleil, les instruments pointés vers notre comète ne cessent de se multiplier.

Pour susciter, coordonner, recueillir, archiver et discuter l'énorme quantité d'observations effectuées dans le monde entier à l'occasion de ce passage, on a mis en place l'International Halley Watch (I.H.W.), un vaste programme qui a pour but la « Surveillance Internationale de Halley ». C'est L. Friedman, alors au Jet Propulsion Laboratory en Californie, qui en conçut l'idée au cours de l'été 1979 et proposa le projet à la NASA. Le but principal de l'I.H.W. est d'obtenir les meilleurs résultats scientifiques à partir des recherches, au sol ou dans l'espace. Cette initiative a remporté le succès qu'elle méritait, elle s'est associée à d'autres initiatives du même genre, consolidée et étendue, et elle a reçu l'approbation enthousiaste de la Commission 15 (étude physique des comètes, des petites planètes et des météorites) de l'Union astronomique internationale. Courant 1981, elle a pris sa forme définitive et choisi deux sièges : l'un à Pasadena, sous la direction de R. Newburg, soutenu par la NASA, l'autre à Bamberg, dirigé par J. Rahe et financé par la République fédérale allemande. Le personnel se répartit en sept sections principales qui embrassent toutes les méthodes d'approche et tous les types de recherche accomplis sur la comète de Halley. L'International Halley Watch, que l'on connaît désormais sous son sigle I.H.W., a aussi son insigne (fig. 6.8) et, depuis août 1982, elle publie un bulletin, l'*I.H.W. Newsletter,* édité par S. J. Edberg au Jet Propulsion Laboratory. A la fin de l'année 1983, elle a publié un manuel pour les astronomes non professionnels, dont d'ailleurs une section spéciale coordonnera et recueillera toutes les observations.

Fig. 6.8 Le sigle de l'International Halley Watch, qui caractérise une grande partie de l'activité de cette organisation.

Mais voyons enfin, sur la base des groupes de recherche de l'I.H.W., de quoi seront faites les observations pour ce retour. Comme toujours, les plus étendues dans le temps seront les observations positionnelles classiques. Ce sont celles que nous avons transcrites avec le plus de bonheur depuis l'antiquité et qui, jusqu'en 1835, ont permis de réaliser les plus grandes découvertes, dont celle de la périodicité, aux retombées scientifiques et culturelles immenses. Avec le temps, leur importance ne s'est jamais démentie, au contraire. Les projets de mission spatiale et leur réalisation exigent une connaissance toujours plus précise de l'orbite. Et l'orbite effectivement parcourue doit être précisée à chaque instant pour pouvoir étudier les forces non gravitationnelles dues à l'effet-fusée.

Quand on enregistre l'image de la comète, on détermine, en plus de sa position, sa magnitude. A grande distance du Soleil, la comète se réduit à un bloc solide unique, et la magnitude permet d'évaluer le diamètre et de déceler, par ses variations éventuelles, si elle est soumise à une quelconque activité, qu'on étudiera surtout aux alentours du périhélie. Un réseau spécial d'expérimentateurs enregistreront les différents phénomènes qui se dérouleront dans les abords immédiats du noyau. En même temps, par des télescopes à grand champ (Schmidt, astrographes, etc.), on étudiera aussi les phénomènes à grande échelle, comme la forme et la longueur de sa queue (ou de ses queues), les variations d'un soir à l'autre, les formations en mouvement rapide.

Nous avons d'autres moyens pour étudier les détours du noyau, la chevelure et la queue : la spectroscopie et la spectrophotométrie dans le visible, la spectroscopie et la radiométrie dans l'infrarouge, en radiation polarisée, et, enfin, les radiotélescopes.

Les observations de la navette spatiale

L'étude de la comète, au-delà des instruments au sol ou dans l'espace proche de la Terre, se fera aussi à partir de l'espace proche de la Terre. Au cours de la période où les sondes rencontreront la comète, une navette spatiale sera mise en orbite, équipée d'instruments adaptés pour l'observation. Il s'agit de trois télescopes pour l'observation de l'ultraviolet (UV) et de deux caméras à grand champ pour le visible. Les caméras fourniront des images assez classiques de la comète alors que, sur les trois télescopes, des équipements spéciaux permettront des opérations plus complexes : l'un sera doté d'un intensificateur d'images qui enregistrera l'aspect de la comète dans l'UV, le deuxième sera équipé d'un spectrographe pour l'UV lointain, et le troisième fournira l'image de la comète à un spectropolarimètre.

Cette mission, appelée Astro-I, a plus ou moins pour but celui de certaines observations faites au sol ou dans l'espace. Mais elle sera importante parce qu'elle assurera le lien entre les deux groupes d'observations. Les instruments, modestes, seront plus du type de ceux qui équipent les sondes que des grands télescopes à terre. Mais ils se trouveront dans l'espace, hors des limites de l'atmosphère terrestre. Ils ne seront pas au voisinage de la comète, ni bien sûr dans sa tête, mais à la même distance que les appareils au sol. Ils constitueront donc un raccord optimum entre les observations dans l'espace et sur Terre.

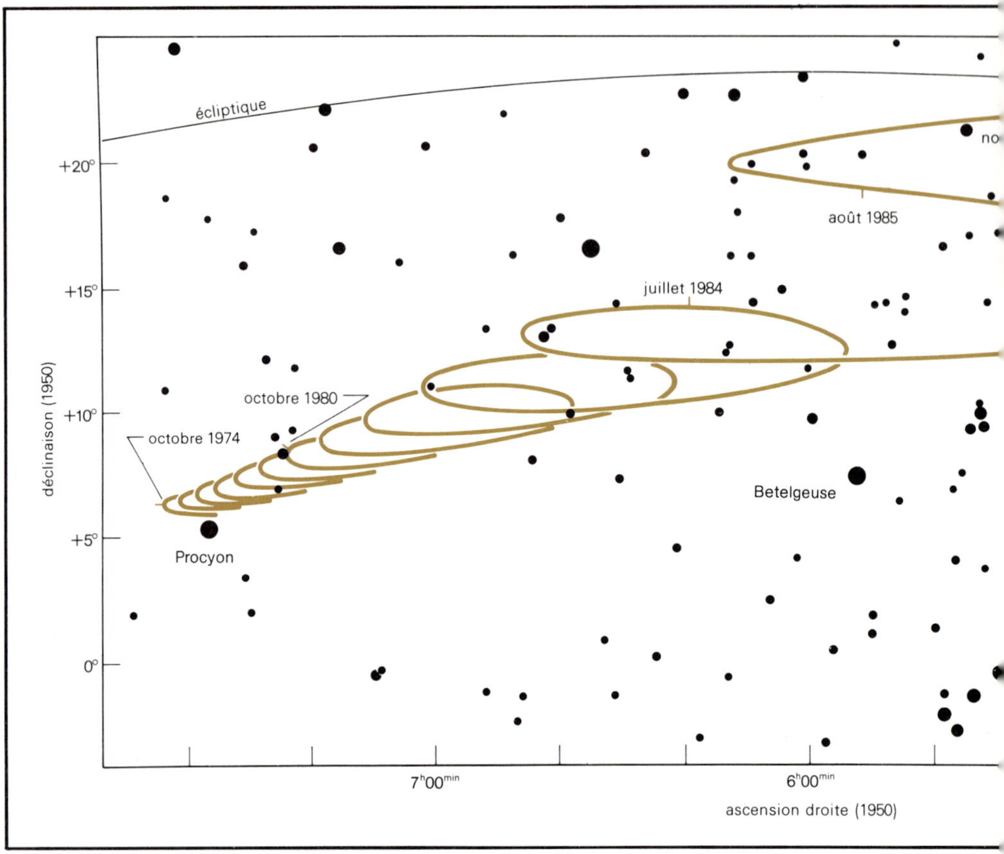

Le vol, sur une orbite comprise entre 300 et 350 kilomètres d'altitude, durera de 7 à 9 jours. Une semaine au cours de laquelle quelques hommes pourront admirer la comète de Halley comme personne ne pourra la voir de la Terre. Comme aucun homme au monde n'avait jamais réussi à la voir jusque-là.

COMMENT NOUS VERRONS LA COMÈTE

La position de l'équipage de la navette est, certes, privilégiée. Mais la majorité des hommes pourront voir la comète, et pas

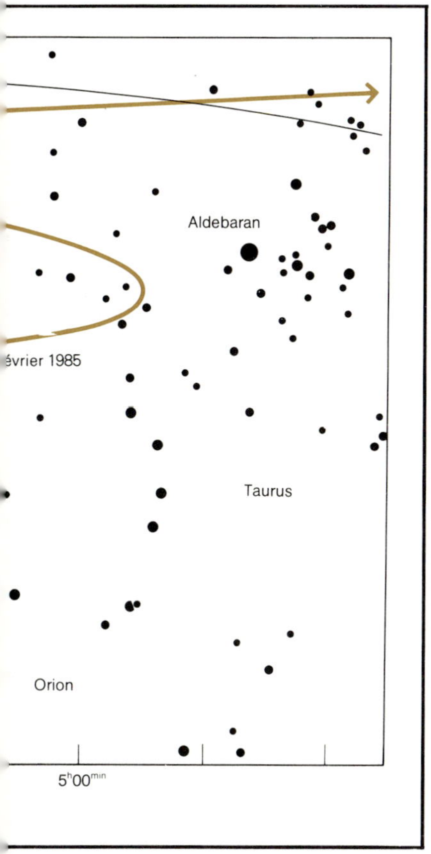

Fig. 6.9 Position apparente de la comète de Halley, dans le ciel, d'octobre 1974 à novembre 1985. La comète semble parcourir un œillet chaque fois que la Terre, d'où on l'observe projetée sur la voûte céleste, accomplit un tour autour du Soleil. Chaque œillet reflète donc le mouvement de la Terre autour du Soleil en une année. Les œillets semblent toujours plus grands à mesure que la distance diminue et glissent vers l'ouest (à droite), à une vitesse croissante proportionnelle au mouvement accéléré qui entraîne la comète au voisinage du Soleil et de la Terre. (*Sky and Telescope,* février 1981, p. 123).

seulement ceux qui travaillent sur les grands télescopes, ou ceux qui observent sur écran les images transmises par les sondes. Mais comment et quand la verra-t-on ? La réponse à cette question n'est ni simple ni unique, car tout dépend du lieu où nous nous trouverons, du moyen que nous utiliserons pour l'étudier et, enfin, de l'époque où nous l'observerons.

Les positions dans le ciel

Procédons de la façon la plus simple, et voyons dans quelle région du ciel la comète se trouve, et se trouvera, pour ce

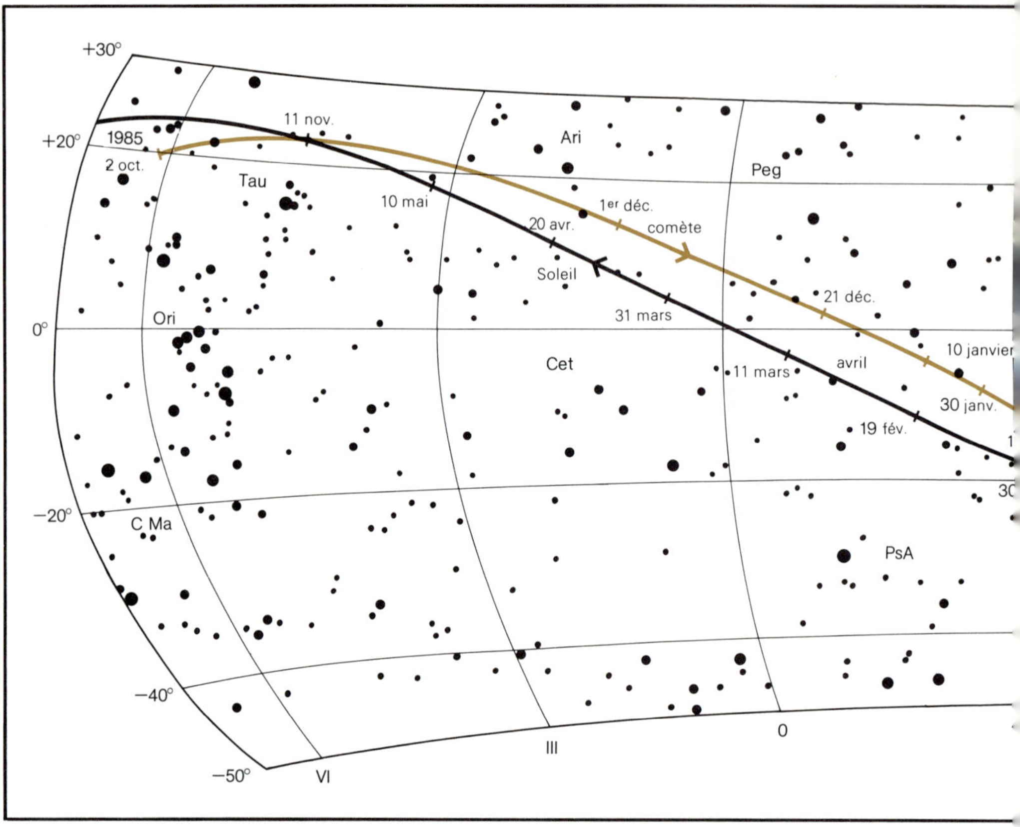

Fig. 6.10 Parcours de la comète de Halley sur la voûte céleste du 2 octobre 1985 au 10 mai 1986, en trait coloré. Pour la même période, on a indiqué, en noir, le parcours du Soleil. En examinant les positions des deux astres aux mêmes dates, on trouve l'explication des diverses conditions de visibilité et

retour. La figure 6.9 montre son parcours apparent sur la sphère céleste pendant onze ans, d'octobre 1974 à novembre 1985. Au début, trop éloignée et inaccessible même aux plus grands télescopes du monde, elle est légèrement au nord de l'étoile Procyon ; les petites ellipses qu'elle décrit ne reflètent que le mouvement de la Terre autour du Soleil. En revanche, le déplacement continu du centre de l'ellipse vers la droite correspond, en projection, à son déplacement réel suivant l'arc parabolique effectivement parcouru dans l'espace, et vu en perspective depuis la Terre. Les années passent, et l'ellipse s'amplifie toujours plus puisque la comète est de plus en plus

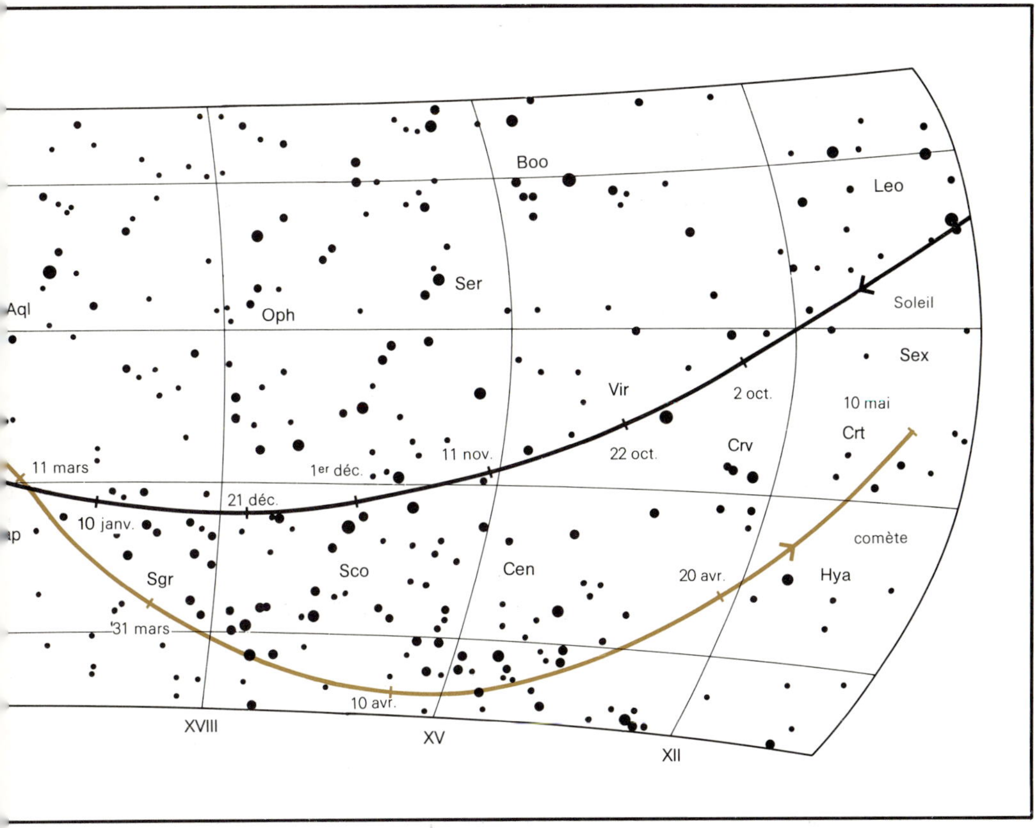

les époques où il est impossible d'observer la comète car elle est trop proche du Soleil. Si l'on tient compte aussi des valeurs de la déclinaison, on voit quand elle sera bien visible de notre hémisphère ou de l'hémisphère austral (*Mercury,* juillet-août 1982, p. 130).

proche. Enfin, au mois de septembre 1985, son parcours apparent cesse d'être rétrograde et la comète se déplace résolument vers la droite. En huit mois, elle parcourt la presque totalité du ciel. Ceci se produit dès qu'elle décrit l'arc de sa trajectoire le plus voisin de la Terre et du Soleil : les orbites des deux corps se croisent, et tandis qu'elle décrit son arc autour du Soleil, la Terre se déplace et projette la comète contre le ciel (fig. 6.2). Le parcours apparent, jusqu'au 10 mai 1986, est contenu dans la figure 6.10, en même temps que celui du Soleil.

A la lecture de cette figure, trois faits semblent évidents. D'abord, le Soleil et la comète accomplissent leur parcours en sens inverse. Il y a donc une période, vers la fin du mois de janvier 1986, où les deux astres seront apparemment voisins ; on ne pourra donc pas observer la comète puisqu'elle sera dans le ciel pendant la journée, en même temps que le Soleil. Précédemment, elle était surtout dans l'hémisphère céleste boréal, donc tout à fait observable depuis nos latitudes. En revanche, elle pénétrera ensuite profondément dans l'hémisphère céleste austral jusqu'à rejoindre une distance de 42,5° du pôle Sud (le 10 avril) et, à cette époque, on ne la verra que très peu dans la plupart de nos régions. Son passage au périhélie aura lieu le 9 février ; après cette date elle devrait donc apparaître plus lumineuse et plus visible.

C'est, en tout cas, la règle pour toutes les comètes. Mais cette règle connaît des exceptions. Rappelons-nous l'apparition de 1835 au cours de laquelle, avant le passage au périhélie, elle démontra une belle queue qui se réduisit progressivement à mesure que la comète se rapprochait du Soleil, et disparut complètement pendant toute la période après le passage au périhélie, alors que la tête était encore bien visible. Mais dans l'hypothèse où son comportement se rapprocherait de la normale, on peut établir des éphémérides qui permettront de préciser ultérieurement les conditions de visibilité. Le tableau 6.V donne un extrait de celles que D. K. Yeomans a publiées, et que nous expliquerons mieux par la suite, où sont reportées les distances de la comète au Soleil et à la Terre. A partir de ces distances, et en appliquant la formule de la p. 359, on peut calculer, jour après jour, la magnitude apparente même si c'est avec une certaine marge d'incertitude (voir chapitre V). Les valeurs m_o et n ont été calculées par plusieurs astronomes à partir des observations de la comète effectuées dans le passé. Yeomans a adopté celles de C. S. Morris et D. W. E. Green pour ses éphémérides, qui ont trouvé, à partir des observations de 1019 : m_o 5,47 n = 4, 44 (prépérihélie) ; m_o = 4,94 n_o 3, 07 (postpérihélie).

A partir de ces éphémérides, Yeomans a exprimé les meilleures conditions de visibilité et d'observation à travers une série de dessins qui donnent, pour chaque jour, sa position dans le ciel : quand s'achève le crépuscule astronomique, quand la comète se trouve dans le ciel du soir, ou dans le ciel du matin. Cela correspond, respectivement, de 70 à 90 minutes après le coucher du Soleil, et de 70 à 90 minutes avant son lever. Les figures 6.11 à 6.15 reproduisent les dessins de

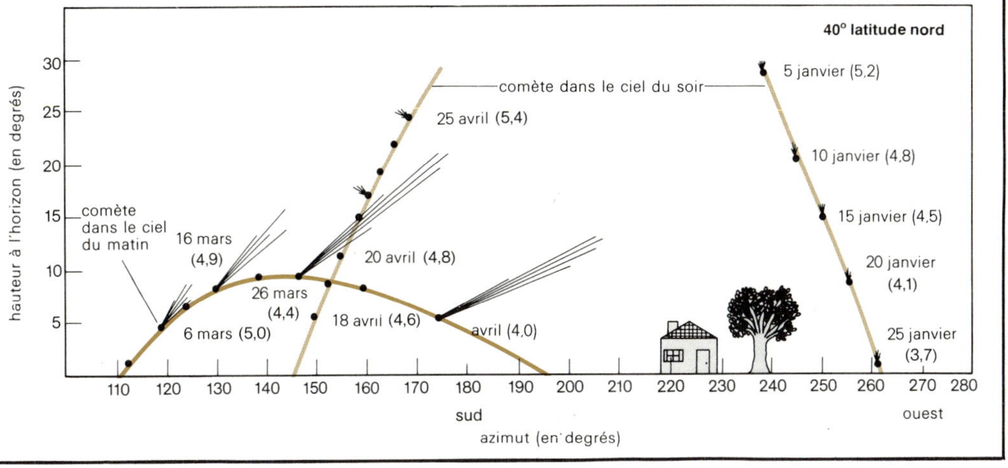

Fig. 6.11 Conditions de visibilité de la comète de Halley pour un observateur situé à 40° de latitude nord (Oristan, Sapri, Gallipoli, Ankara, Pékin, Philadelphie). Les positions correspondent au moment où se termine le crépuscule du soir, ou qui marque celui du crépuscule du matin. Près de la date, entre parenthèses, la magnitude apparente prévue pour la tête est indiquée. Pour avoir une idée de la hauteur sur l'horizon, qu'on se rappelle que 20° correspondent, en général, à la paume d'une main vue à la distance du bras tendu (D. K. Yeomans, *The comet Halley Handbook*).

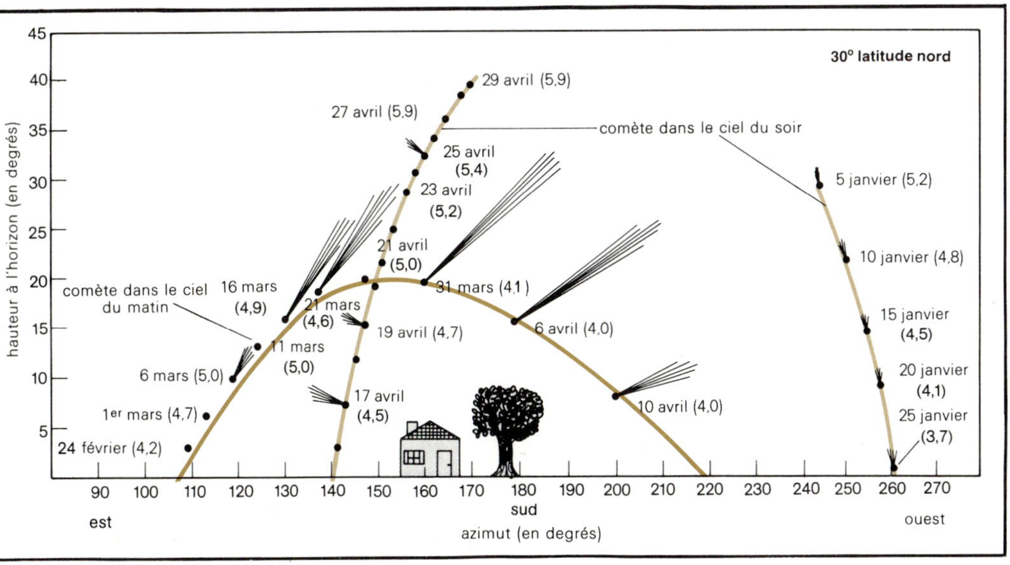

Fig. 6.12 Conditions de visibilité de la comète de Halley pour un observateur situé à la latitude de 30° nord (Le Caire, Lhasa, Hang Chou, Houston, New Orleans).

Yeomans selon des observateurs placés à diverses latitudes terrestres. Outre les positions sur l'horizon, données en hauteur et azimut, on trouve, pour certaines dates, le développement de la queue et, exprimées entre parenthèses, les magnitudes présumées apparentes de la tête.

On le voit tout de suite, le meilleur moment se situera entre la fin mars et le début avril 1986. Mais pour un observateur situé à une latitude moyenne de notre hémisphère, la tête apparaîtra à peine au-dessus de l'horizon. Quand, un mois plus tard, elle sera un peu plus haute dans l'hémisphère sud, elle aura atteint sa limite de visibilité à l'œil nu.

Prévisions

Avec ces éphémérides et la connaissance des autres phénomènes célestes qui se produiront au cours de la période, nous pouvons tenter de prévoir de façon plus détaillée l'apparition de la comète, entre août 1985 et mai 1986. Les seules inconnues restent l'éclat de sa tête et la longueur et l'activité de sa queue, qui dépendent de l'activité solaire.

Aux mois d'août et septembre 1985, elle était de magnitude 13 à 12, donc les instruments trop modestes ne l'ont pas vue. En octobre, elle a commencé son déplacement rétrograde vers la constellation du Taureau (fig. 6.9), elle est de magnitude 10 et on commence à voir un début de queue avec les grands télescopes. En novembre, elle sera déjà plus brillante, de magnitude 7, et si l'on exclut les premiers et les derniers jours du mois à cause du clair de Lune trop éclatant, on pourra retrouver sa trace, même avec des instruments modestes (voir, un peu plus loin, les conseils pratiques). Entre le 16 et le 17 novembre, elle passera à 2° à peine des Pléiades. Le 27, elle rejoindra sa première distance minimale à la Terre (92 750 000 kilomètres), mais elle sera de magnitude 6,4, encore au-dessous de la limite de visibilité à l'œil nu. Dans la première moitié de décembre, pourtant, si vous la cherchez attentivement et assidûment dans un ciel très sombre, vous pourrez avoir la satisfaction d'être le premier, ou l'un des premiers, à la revoir directement après plus de soixante-quinze ans d'absence au ciel. Pendant quelques semaines, son éclat n'augmentera pas beaucoup et, tout en continuant à se rapprocher du Soleil, la comète s'éloignera de la Terre. Il se peut que, vers la fin du mois de janvier, sa queue soit visible à la jumelle. A cette date, elle

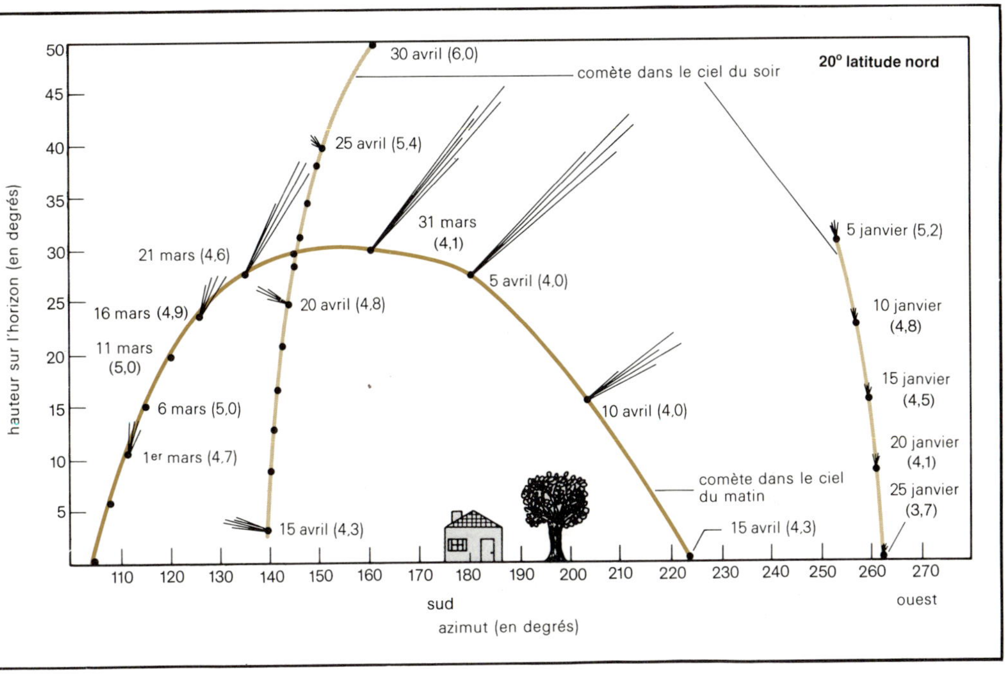

Fig. 6.13 Conditions de visibilité d'un observateur situé à la latitude de 20° nord (Mexico, Port-Soudan, Bombay).

devrait apparaître de magnitude 4 environ. Mais dans son déplacement apparent sur la voûte céleste, elle s'approchera toujours plus du Soleil et, vers le 25 janvier, elle disparaîtra pendant un mois environ dans la lumière du crépuscule.

Jusqu'à cette époque, on aura pu l'observer de notre hémisphère. Les premiers jours de mars, quand elle réapparaîtra au milieu des rayons solaires, elle aura presque certainement deux belles queues, l'une de gaz, l'autre de poussière, mais sa tête sera plus faible, de magnitude 5 environ, et très basse, ou même au-dessous de l'horizon pour la plupart des régions d'Europe. De la fin mars au début avril pourtant, son éclat croîtra car, le 11 avril, la comète rejoindra à nouveau sa plus petite distance à la Terre et elle frôlera même le minimum absolu : 62 832 000 kilomètres. Les premiers jours d'avril, elle paraîtra toujours très basse, rarement visible pour nos régions (dans les zones les plus septentrionales, elle sera sous l'horizon), mais on la verra à son maximum dans l'hémisphère sud.

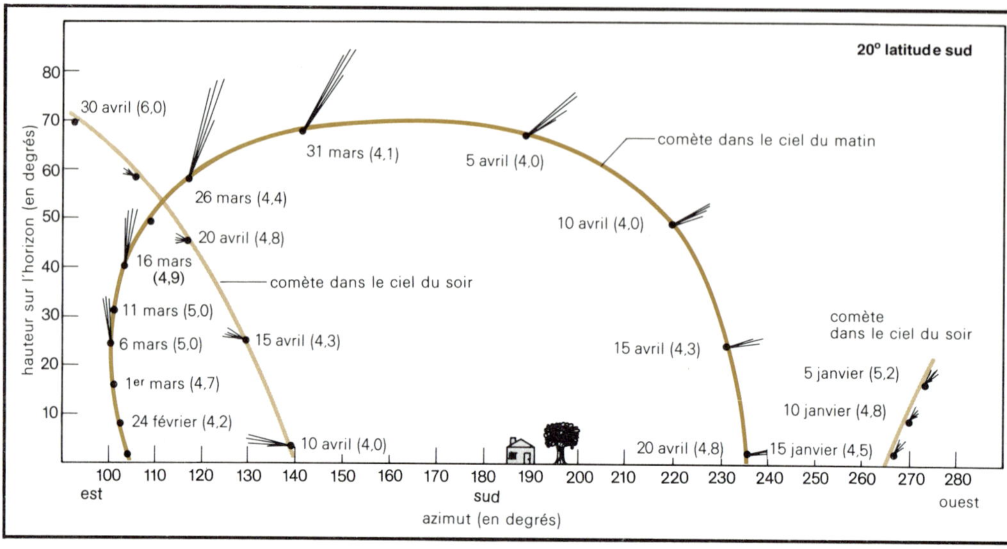

Fig. 6.14 Conditions de visibilité de la comète de Halley pour un observateur situé à la latitude de 20° sud (Sofala, Antsirabé, Australie septentrionale, Belo Horizonte).

D'Afrique du Sud, d'Australie méridionale ou de l'observatoire européen du Chili, elle sera visible pendant une semaine environ, à moins de 20° du zénith, au sommet du ciel.

Dans la seconde moitié d'avril, elle se lèvera toujours plus sur l'horizon de l'hémisphère boréal, mais continuera à s'éloigner du Soleil et de la Terre, et son éclat diminuera progressivement. La lumière du croissant de Lune la fera, chaque soir davantage, disparaître de la voûte céleste. Puis, dans la nuit du 24 avril, la Lune s'éclipsant totalement, la comète émergera du fond du ciel, éphémère. Mais l'éclat lunaire la fera disparaître plusieurs soirs de suite et quand, enfin, il ne sera plus gênant, la comète de Halley aura disparu de notre vue. Bien sûr, on pourra continuer à la voir avec un télescope, même modeste, en mai et en juin.

Les prévisions de sa luminosité et de son aspect ne sont que de principe, et on peut imaginer que la comète se comporte différemment. Les prévisions de Yeomans, nous l'avons dit, sont fondées sur les paramètres photométriques calculés à partir du passage de 1910. Par la suite, J. E. Bortle et C. S. Morris, après un nouvel examen des passages anciens, ont conclu

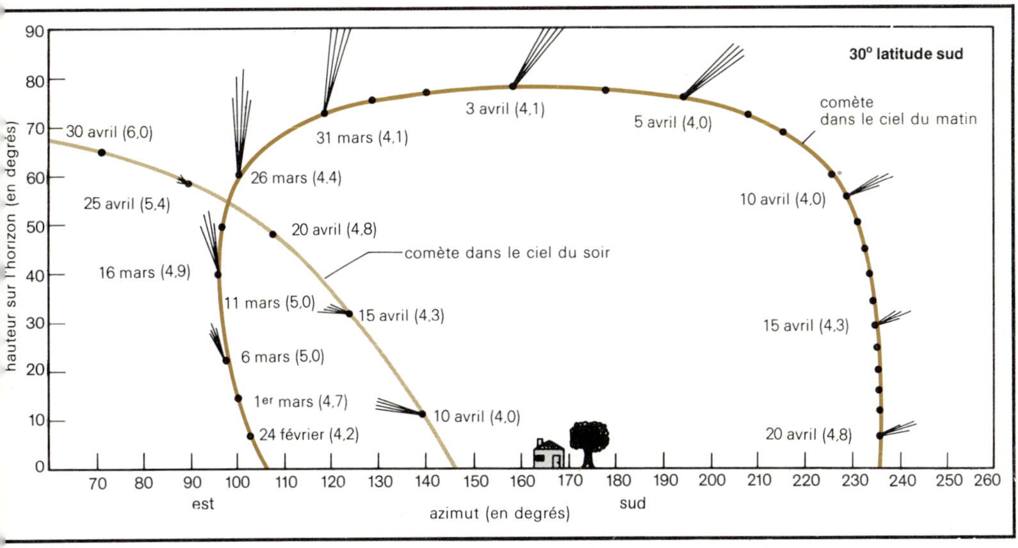

Fig. 6.15 Conditions de visibilité de la comète de Halley pour un observateur situé à la latitude de 30° sud (Bloemfontain, Australie du Sud, La Serena).

qu'elle pourrait apparaître plus brillante de 2 magnitudes environ. Il est donc possible qu'elle soit plus lumineuse que prévu. Mais mieux vaut se préparer au pire et considérer que la comète de Halley sera peu visible en général, sauf d'un lieu très sombre ou, principalement, de l'hémisphère austral. Bref, selon les prévisions les plus réalistes, on la verra peu et mal à l'œil nu, bien avec des jumelles, très bien avec des instruments plus perfectionnés mais, quel que soit le type d'observation, ce sera une vision tout à fait suggestive.

Pour un être superficiel, seules les choses spectaculaires ont de l'importance et méritent qu'on s'y attarde. Plus les lumières sont éclatantes et colorées, plus les sons sont intenses, plus ils sont beaux. La fluorescence d'un éclairage urbain s'impose plus qu'un ver luisant, le fracas rythmique d'une batterie plus que le son d'un violon. Souvent, pourtant, celui qui parle à voix basse exprime plus de choses que celui qui hurle. Il en va ainsi du ciel : la Lune, Vénus, Jupiter embellissent notre voûte céleste et attirent tous les regards. Mais que d'émotions dégage ce faible point nébuleux de la galaxie d'Andromède, à peine visible à l'œil nu, quand on sait que ce petit flocon renferme des centaines de milliards de soleils, de planètes et, presque sûrement, un nombre incalculable d'être vivants ! Que de sentiments naissent quand on sait que la lumière perçue en ce moment même a été émise il y a plus de deux millions et demi d'années, alors que notre planète n'était pas ce qu'elle est aujourd'hui, et que, sur sa surface, nos plus lointains ancêtres commençaient à errer, si différents de nous ! Pendant que l'homme vivait l'histoire de son irrésistible ascension sur cette Terre, les rayons de lumière que nous voyons aujourd'hui parcouraient le vide immense qui nous sépare, témoin de ce qu'était alors cette galaxie. Quand on dit à ceux qui voient briller Arcturus dans un ciel d'été que cette étoile est née avec l'univers et qu'elle ne brille que momentanément pour nous car elle est de passage dans la partie de la galaxie où se situe la Terre, ils sont tout surpris. Il y a un demi-million d'années, on ne la voyait pas et, dans un autre demi-million d'années, on ne la verra plus.

Notre comète, même si elle est faible, ne peut pas laisser indifférent celui qui la regarde et réfléchit. Celui qui se souvient de ses multiples retours au cours desquels elle a involontairement participé à tant d'événements historiques. Celui qui sait que Giotto l'a vue et que, depuis, nous la retrouvons dans nos crèches de Noël. Celui qui sait aussi qu'elle nous a libérés de toutes ces superstitions qui lui étaient associées. Nos pères, nos grands-pères l'ont vue. Nous ne la reverrons peut-être plus, mais nos enfants, ou leurs enfants, la reverront, et nous leur en aurons parlé. Que celui qui veut à tout prix du spectacle ne se donne même pas la peine de la chercher ; mais que tous ceux qui veulent éprouver une émotion vraie, qui monte du fond de la conscience, la cherchent et la suivent au cours des quelques jours où elle sera visible. Ils s'apercevront avec le temps qu'elle a marqué leur mémoire. Ils ne l'oublieront plus. Oublie-t-on le personnage de grande valeur rencontré un jour, simplement parce qu'on l'a vu de loin ? Il faut la montrer aux enfants, à l'œil nu ou au télescope, et leur dire que s'ils vivent longtemps, ils la reverront encore. Quand ils seront vieux, bien plus vieux que leurs parents qui, aujourd'hui leur ont montré la comète, peut-être la reverront-ils et se souviendront-ils alors, avec émotion, de leurs parents, jeunes, en cette nuit de 1986 si lointaine déjà !

Conseils pratiques

Puisque les conditions de visibilité de la comète sont si défavorables, il faut multiplier les efforts pour optimiser les chances de la voir. Là où l'homme ne peut utiliser sa force, il fait appel à son intelligence : pour aider son œil à mieux voir, il a inventé le télescope. Voyons donc ce que nous pourrons faire pour la voir le mieux possible.

Il faut, avant tout, chercher un lieu très sombre, le plus sombre possible, où les étoiles apparaissent bien contrastées sur le fond du ciel noir. Il faut donc éviter et les lumières proches qui gênent la vision, et les lumières lointaines qui illuminent le ciel. Rappelons que les poussières des villes et le brouillard des plaines absorbent la lumière des astres, et diffusent des lumières parasites qui, en augmentant la clarté du fond céleste, masquent les corps les plus faibles et les plus estompés, du type des comètes. Cet effet vaut à l'œil nu comme au télescope.

La lumière lunaire est une lumière parasite qui peut occulter complètement la comète au moment où elle est pleine. On ne peut, bien sûr, y échapper, mais on peut le prévoir et s'arranger pour, autant que possible, observer la comète avant le lever et après le coucher de la Lune. Ce sera, hélas, impossible à l'époque de la pleine Lune, quand elle éclaire le ciel toute la nuit. Le tableau 6.III donne les dates des pleines Lune dans les périodes de meilleure visibilité de la comète.

Si l'on veut voir la comète à son éclat maximum, il faut se

TAB. 6.III — PLEINES LUNES DANS LA PÉRIODE DE MEILLEURE VISIBILITÉ DE LA COMÈTE DE HALLEY

1985				
Juillet	31^d	21^h	41^m	50^s
Août	30	9	28	03^s
Septembre	29	0	9	21
Octobre	28	17	38	25
Novembre	27	12	42	37
Décembre	27	7	31	11
1986				
Janvier	26	0	31	56
Février	24	15	3	7
Mars	26	3	2	41
Avril	24	12	47	16
Mai	23	20	45	39
Juin	22	3	42	41

TAB. 6.IV – MAGNITUDE LIMITE D'UN TÉLESCOPE EN FONCTION DE SON OUVERTURE

Ouverture (cm)	Magnitude visuelle
6	10,5
8	11,0
10	12,0
15	13,4
20	13,9
25	14,2
32	14,7
40	15,5

placer le plus au sud possible ou, mieux encore, dans l'hémisphère sud. Ceux qui auront la curiosité de la voir dans sa phase d'approche ou d'éloignement du Soleil pourront le faire assez bien depuis nos latitudes. Dans le premier cas, on peut juger opportun d'utiliser de bonnes jumelles, ou un télescope. Dans le second, c'est indispensable. Les observations à la jumelle améliorent déjà celles qui sont faites à l'œil nu : de bonnes jumelles, à grand champ et haute luminosité, peuvent faire d'une image un vrai spectacle, alors que nos pauvres yeux la perçoivent à peine. Pour voir la comète quand elle est éloignée, ou pour déceler des détails dans la structure de la tête, il n'y a qu'un seul moyen : le télescope. L'instrument doit être monté solidement et, si la monture est de type équatorial, équipée d'un mouvement horaire, on pourra alors, en cours d'observation, garder la comète fixe dans le champ. Mais, même dans ce cas, quand la comète se rapprochera, son mouvement apparent entre les étoiles sera plus sensible et il sera parfois nécessaire de refaire le point.

Quand la comète se sera éloignée et deviendra invisible à l'œil nu, seule la puissance du télescope utilisé permettra, ou non, de la voir. Le tableau 6.IV indique la magnitude limite qu'il est possible de rejoindre selon le diamètre de l'objectif et du miroir de télescope. Les valeurs rapportées concernent des objets célestes ponctuels, comme les étoiles. Les comètes ont, elles, un aspect étendu qui diminue les possibilités de tout instrument. Au cours des jours où la comète semblera de magnitude 8, elle sera difficilement visible, même avec un instrument qui atteint la magnitude 9. Il faudra utiliser le grossissement le plus bas, qui a aussi l'avantage d'un champ plus large, pour retrouver l'objet quand il est plus faible, et voir aussi une partie de la queue quand la comète est plus proche et brillante. On n'utilisera de grossissement plus important que si l'on veut une meilleure résolution de quelque structure au voisinage du noyau.

Il ne nous reste plus qu'à connaître la position de la comète sur la voûte céleste afin de la chercher et de la regarder. Le tableau 6.V est un extrait des éphémérides que Yeomans a calculées après qu'on a retrouvé la comète. Elles donnent les positions en coordonnées équatoriales (ascension droite et déclinaison), jour après jour, du 1er août 1985 au 31 octobre 1986. Les coordonnées sont réduites à l'équinoxe correspondant aux dates pour lesquelles elles sont données, de façon qu'on puisse les utiliser pour pointer le télescope sans avoir besoin de procéder à une correction. Si on veut les utiliser pour reporter la position de la comète sur un atlas céleste, il faut procéder à la précession des équinoxes, dont la quantité est à calculer suivant l'équinoxe de référence de l'atlas utilisé. Le tableau donne en outre les distances comète-Terre (Δ) et comète-Soleil *(r)*, les magnitudes apparentes prévues *(m)*, et, enfin, les angles Soleil-Terre-comète et comète-Terre-Lune, qui indiquent à quel point le Soleil et la Lune seront des obstacles, ou empêcheront franchement les observations par leur présence dans le ciel au voisinage de la comète. Pour avoir une idée de ce que cela signifie, rappelons encore que 20° correspondent, à peu près, à la paume de la main vue à la distance du bras tendu.

On peut utiliser les positions données en coordonnées équatoriales de deux façons. Celui qui possède un télescope à monture équatoriale doit faire le point dans la direction indiquée en lisant les coordonnées sur la monture [1]. Si le point est bon, la comète se trouvera au centre du champ. Celui qui a un instrument plus modeste, monté différemment, peut indiquer sur un atlas céleste la position de la comète à partir des éphémérides,

1 La déclinaison est indiquée directement. L'autre coordonnée indiquée sur l'instrument est l'angle horaire qui varie d'un instant à l'autre à cause de la rotation de la sphère céleste. Elle est calculée, par simple soustraction, en connaissant l'ascension droite et le temps sidéral au moment de l'observation. Si on ne dispose pas de ce temps, on peut le déduire, par différence, en pointant une étoile d'ascension droite connue et en lisant sur l'instrument l'angle horaire à ce même moment.

et chercher à l'identifier dans le ciel au milieu des étoiles de la région signalée par la carte. Ce système vaut surtout quand on cherche la comète à l'œil nu ou à la jumelle. Il y faut, bien sûr, deux conditions : avoir un atlas céleste, et une certaine connaissance du ciel. De nos jours, on trouve le premier facilement, d'autant qu'un atlas modeste suffit pourvu que les coordonnées soient reportées. Quant à la seconde, il est possible de l'acquérir en quelques jours, avec l'aide du premier, ne serait-ce qu'en étudiant les étoiles de la Grande Ourse, que tout le monde connaît.

LE TRENTIÈME PASSAGE

Tout au long de cette excursion dans le temps passé, nous avons reconstruit vingt-neuf passages de la comète de Halley et embrassé du regard les trois derniers millénaires. Mais comment ce retour de 1986 s'inscrit-il dans tous les autres ?

Les conditions de visibilité seront, nous le savons, défavorables. R. P. Broughton a précisé cet aspect : il a examiné les positions de la Terre et de la comète par rapport au Soleil vers l'époque du passage au périhélie et trouvé que jamais, au cours de ces derniers deux mille ans, les conditions n'ont été aussi défavorables. A cela s'ajoute que, jamais autant qu'aujourd'hui, l'atmosphère terrestre n'a été si opaque en raison de la pollution, ni si illuminée artificiellement, surtout dans les régions les plus peuplées où se concentrent la majorité de l'humanité.

Pourtant, même si ce passage apparaît à l'œil comme le pire, il sera le plus important pour les moyens mis en œuvre. Déjà, la date des « retrouvailles » au télescope a devancé de 1003 jours celle de 1910 qui, avec ses 239 jours, était déjà un record. En 1909, quand on l'a retrouvée, elle était à 3,4 UA du Soleil. En 1982, elle était à 11,04 UA, plus de trois fois plus.

Ce n'est pas tout. Pour la première fois, on observe la comète depuis l'espace. Pour la première fois aussi, des sondes l'exploreront, qui nous fourniront de précieuses données, peut-être inattendues. Car toutes n'échoueront pas. Même Giotto, qui est considérée comme une mission à haut risque (« une sonde kamikaze », comme l'a surnommée la revue anglaise *Nature*) peut espérer en sortir partiellement indemne. Quant aux autres, les probabilités d'échec, du moins celles qui seraient dues aux dangers du rapprochement, sont presque nulles.

Quel que soit le résultat, positif ou négatif, il sera en tout cas précieux pour ceux qui répéteront l'entreprise lors du prochain retour, en 2062. Si l'humanité réussit à sortir de la crise qui la secoue, si le progrès technologique ne s'arrête pas, la postérité nous remerciera de nos efforts. Les générations à venir utiliseront nos expériences accumulées, et nos résultats. Et les astronomes d'aujourd'hui auront ajouté un nouvel anneau, très important, à la chaîne des collaborations qui relie l'un à l'autre les retours de la comète.

Mais il y a, dans cette entreprise spatiale, un aspect humain qu'on ne saurait négliger. Une foule de savants, de toutes nationalités, ont coordonné leurs efforts et mis en place une collaboration désintéressée pour que cette occasion — unique avant longtemps — d'observer au plus près cette grande comète dans l'espace qu'elle sillonne ne soit pas perdue. Ils se sont communiqué des informations sur les échecs éventuels des premières sondes afin d'optimiser le succès des suivantes, lancées par d'autres nations. La comète de Halley a pris un nouveau visage : en rapprochant les hommes qui l'étudient, elle est devenue un symbole de paix qui indique à tous la voie de la seule collaboration spatiale possible, pour le bien de l'humanité.

TAB. 6.V — ÉPHÉMÉRIDES DE LA COMÈTE DE HALLEY DU 1er AOÛT 1985 AU 31 OCTOBRE 1986(1)

Date		Position A.D.	Position Déc.	Δ	r	m	Δ⊙	Δ☾
Août 1985	1	5 54.240	+ 18 53.31	3.81	3.10	13.8	40.3	138
	2	5 54.859	+ 18 54.29	3.78	3.09	13.8	41.1	125
	3	5 55.474	+ 18 55.26	3.76	3.08	13.8	41.9	112
	4	5 56.085	+ 18 56.22	3.73	3.07	13.7	42.7	100
	5	5 56.692	+ 18 57.17	3.71	3.05	13.7	43.5	88
	6	5 57.295	+ 18 58.11	3.69	3.04	13.7	44.3	76
	7	5 57.893	+ 18 59.04	3.66	3.03	13.6	45.1	64
	8	5 58.487	+ 18 59.96	3.64	3.02	13.6	45.9	53
	9	5 59.076	+ 19 87	3.61	3.01	13.6	46.7	41
	10	5 59.661	+ 19 1.77	3.58	3.00	13.5	47.6	30
	11	6 239	+ 19 2.66	3.56	2.98	13.5	48.4	19
	12	6 813	+ 19 3.55	3.53	2.97	13.5	49.2	9
	13	6 1.380	+ 19 4.42	3.51	2.96	13.4	50.0	10
	14	6 1.941	+ 19 5.30	3.48	2.95	13.4	50.8	21
	15	6 2.496	+ 19 6.16	3.45	2.94	13.4	51.7	34
	16	6 3.045	+ 19 7.03	3.43	2.92	13.3	52.5	47
	17	6 3.586	+ 19 7.88	3.40	2.91	13.3	53.3	60
	18	6 4.120	+ 19 8.74	3.37	2.90	13.2	54.1	74
	19	6 4.646	+ 19 9.59	3.35	2.89	13.2	55.0	88
	20	6 5.164	+ 19 10.44	3.32	2.87	13.2	55.8	102
	21	6 5.674	+ 19 11.28	3.29	2.86	13.1	56.7	117
	22	6 6.176	+ 19 12.13	3.26	2.85	13.1	57.5	131
	23	6 6.668	+ 19 12.98	3.24	2.84	13.0	58.3	144
	24	6 7.152	+ 19 13.83	3.21	2.83	13.0	59.2	158
	25	6 7.627	+ 19 14.68	3.18	2.81	13.0	60.0	169
	26	6 8.091	+ 19 15.53	3.15	2.80	12.9	60.9	169
	27	6 8.545	+ 19 16.39	3.12	2.79	12.9	61.7	158
	28	6 8.989	+ 19 17.26	3.09	2.78	12.8	62.6	145
	29	6 9.422	+ 19 18.13	3.06	2.76	12.8	63.5	132
	30	6 9.643	+ 19 19.01	3.03	2.75	12.8	64.3	120
	31	6 10.253	+ 19 19.90	3.01	2.74	12.7	65.2	107
Sept.	1	6 10.650	+ 19 20.80	2.98	2.73	12.7	66.1	95
	2	6 11.035	+ 19 21.70	2.95	2.71	12.6	66.9	83
	3	6 11.407	+ 19 22.63	2.92	2.70	12.6	67.8	71
	4	6 11.765	+ 19 23.56	2.89	2.69	12.5	68.7	60
	5	6 12.109	+ 19 24.51	2.86	2.68	12.5	69.6	48
	6	6 12.438	+ 19 25.47	2.83	2.66	12.5	70.5	36
	7	6 12.753	+ 19 26.46	2.80	2.65	12.4	71.4	25
	8	6 13.051	+ 19 27.46	2.77	2.64	12.4	72.3	14
	9	6 13.332	+ 19 28.48	2.74	2.63	12.3	73.2	8
	10	6 13.597	+ 19 29.52	2.70	2.61	12.3	74.1	14
	11	6 13.843	+ 19 30.59	2.67	2.60	12.2	75.0	26
	12	6 14.071	+ 19 31.69	2.64	2.59	12.2	75.9	39
	13	6 14.279	+ 19 32.81	2.61	2.58	12.1	76.8	52
	14	6 14.467	+ 19 33.96	2.58	2.56	12.1	77.7	66
	15	6 14.633	+ 19 35.14	2.55	2.55	12.0	78.7	81
	16	6 14.778	+ 19 36.36	2.52	2.54	12.0	79.6	95
	17	6 14.899	+ 19 37.61	2.49	2.53	11.9	80.6	110
	18	6 14.997	+ 19 38.89	2.46	2.51	11.9	81.5	124
	19	6 15.070	+ 19 40.22	2.42	2.50	11.8	82.5	139
	20	6 15.118	+ 18 41.59	2.39	2.49	11.8	83.4	153
	21	6 15.138	+ 19 43.00	2.36	2.47	11.7	84.4	165
	22	6 15.131	+ 19 44.46	2.33	2.46	11.6	85.4	171
	23	6 15.094	+ 19 45.97	2.30	2.45	11.6	86.4	162
	24	6 15.027	+ 19 47.53	2.27	2.43	11.5	87.4	150
	25	6 14.928	+ 19 49.15	2.23	2.42	11.5	88.4	137
	26	6 14.797	+ 19 50.82	2.20	2.41	11.4	89.4	124
	27	6 14.630	+ 19 52.56	2.17	2.40	11.4	90.4	112
	28	6 14.428	+ 19 54.35	2.14	2.38	11.3	91.4	100
	29	6 14.186	+ 19 56.21	2.10	2.37	11.2	92.5	87
	30	6 13.908	+ 19 58.15	2.07	2.36	11.2	93.5	75
Oct.	1	6 13.587	+ 20 15	2.04	2.34	11.1	94.6	63
	2	6 13.223	+ 20 2.22	2.01	2.33	11.1	95.6	52
	3	6 12.814	+ 20 4.38	1.98	2.32	11.0	96.7	40
	4	6 12.357	+ 20 6.61	1.94	2.30	10.9	97.8	28
	5	6 11.851	+ 20 8.94	1.91	2.29	10.9	98.9	17
	6	6 11.292	+ 20 11.34	1.88	2.28	10.8	100.0	8

	Date	A.D.	Position Déc.	Δ	r	m	Δ⊙	Δ☾
	7	6 10.678	+ 20 13.84	1.85	2.26	10.7	101.1	11
	8	6 10.006	+ 20 16.44	1.81	2.25	10.7	102.3	22
	9	6 9.272	+ 20 19.13	1.78	2.24	10.6	103.5	35
	10	6 8.475	+ 20 21.92	1.75	2.22	10.5	104.6	48
	11	6 7.610	+ 20 24.82	1.72	2.21	10.5	105.8	62
	12	6 6.673	+ 20 27.83	1.69	2.20	10.4	107.0	76
	13	6 5.661	+ 20 30.94	1.65	2.18	10.3	108.3	91
	14	6 4.570	+ 20 34.17	1.62	2.17	10.3	109.5	106
	15	6 3.395	+ 20 37.51	1.59	2.16	10.2	110.8	121
	16	6 2.131	+ 20 40.97	1.56	2.14	10.1	112.1	136
	17	6 774	+ 20 44.55	1.53	2.13	10.0	113.4	151
	18	5 59.318	+ 20 48.24	1.50	2.11	10.0	114.7	166
	19	5 57.757	+ 20 52.06	1.46	2.10	9.9	116.1	172
	20	5 56.086	+ 20 56.00	1.43	2.09	9.8	117.4	162
	21	5 54.297	+ 21 06	1.40	2.07	9.7	118.9	148
	22	5 52.383	+ 21 4.24	1.37	2.06	9.6	120.3	135
	23	5 50.338	+ 21 8.52	1.34	2.05	9.6	121.8	122
	24	5 48.152	+ 21 12.91	1.31	2.03	9.5	123.3	109
	25	5 45.818	+ 21 17.40	1.28	2.02	9.4	124.8	96
	26	5 43.325	+ 21 21.98	1.25	2.00	9.3	126.4	83
	27	5 40.664	+ 21 26.63	1.22	1.99	9.2	128.0	71
	28	5 37.824	+ 21 31.33	1.19	1.98	9.1	129.7	58
	29	5 34.794	+ 21 36.07	1.16	1.96	9.0	131.4	46
	30	5 31.561	+ 21 40.82	1.13	1.95	9.0	133.1	33
	31	5 28.113	+ 21 45.55	1.10	1.93	8.9	134.9	21
Nov.	1	5 24.435	+ 21 50.22	1.07	1.92	8.8	136.8	9
	2	5 20.513	+ 21 54.78	1.05	1.91	8.7	138.7	6
	3	5 16.331	+ 21 59.18	1.02	1.89	8.6	140.6	18
	4	5 11.874	+ 22 3.36	99	1.88	8.5	142.7	31
	5	5 7.124	+ 22 7.25	96	1.86	8.4	144.7	44
	6	5 2.065	+ 22 10.74	94	1.85	8.3	146.9	58
	7	4 56.679	+ 22 13.75	91	1.84	8.2	149.2	72
	8	4 50.946	+ 22 16.15	89	1.82	8.1	151.5	87
	9	4 44.854	+ 22 17.80	86	1.81	8.0	153.9	103
	10	4 38.382	+ 22 19.56	84	1.79	7.9	156.4	119
	11	4 31.516	+ 22 18.25	82	1.78	7.8	158.9	135
	12	4 24.241	+ 22 16.67	80	1.76	7.7	161.6	152
	13	4 16.547	+ 22 13.62	78	1.75	7.6	164.4	169
	14	4 8.426	+ 22 8.86	76	1.73	7.5	167.2	173
	15	3 59.875	+ 22 2.16	74	1.72	7.4	170.1	156
	16	3 50.895	+ 21 53.26	72	1.71	7.3	173.1	139
	17	3 41.493	+ 21 41.91	70	1.69	7.2	176.0	123
	18	3 31.686	+ 21 27.86	69	1.68	7.1	177.7	107
	19	3 21.495	+ 21 10.89	67	1.66	7.1	175.9	92
	20	3 10.952	+ 20 50.80	66	1.65	7.0	172.8	76
	21	3 096	+ 20 27.44	65	1.63	6.9	169.3	61
	22	2 48.975	+ 20 71	64	1.62	6.8	165.7	47
	23	2 37.645	+ 19 30.59	63	1.60	6.8	162.0	32
	24	2 26.168	+ 18 57.13	63	1.59	6.7	158.3	18
	25	2 14.609	+ 18 20.48	62	1.57	6.6	154.5	5
	26	2 3.037	+ 17 40.86	62	1.56	6.6	150.7	12
	27	1 51.522	+ 16 58.58	62	1.54	6.5	146.9	26
	28	1 40.129	+ 16 14.01	62	1.53	6.5	143.0	41
	29	1 28.920	+ 15 27.56	62	1.51	6.4	139.2	55
	30	1 17.953	+ 14 39.69	63	1.50	6.4	135.5	70
Déc.	1	1 7.275	+ 13 50.87	63	1.48	6.4	131.7	85
	2	0 56.926	+ 13 1.54	64	1.47	6.3	128.1	100
	3	0 46.940	+ 12 12.14	65	1.45	6.3	124.5	115
	4	0 37.339	+ 11 23.07	66	1.44	6.3	121.0	130
	5	0 28.138	+ 10 34.68	67	1.42	6.3	117.6	145
	6	0 19.347	+ 9 47.25	68	1.41	6.3	114.3	159
	7	0 10.967	+ 9 1.04	69	1.39	6.3	111.1	169
	8	0 2.996	8 16.23	70	1.38	6.2	108.0	162
	9	23 55.425	+ 7 32.97	72	1.36	6.2	105.0	147
	10	23 48.244	+ 6 51.36	73	1.35	6.2	102.1	131
	11	23 41.439	+ 6 11.45	75	1.33	6.2	99.2	114
	12	23 34.994	+ 5 33.27	77	1.32	6.2	96.5	97
	13	23 28.893	+ 4 56.83	79	1.30	6.2	93.9	81
	14	23 23.118	+ 4 22.09	80	1.28	6.2	91.3	65
	15	23 17.652	+ 3 49.02	82	1.27	6.2	88.8	50

	Date	A.D.	Position Déc.	Δ	r	m	Δ☉	Δ☾
	16	23 12.475	+ 3 17.57	84	1.25	6.2	86.4	35
	17	23 7.572	+ 2 47.67	86	1.24	6.2	84.1	22
	18	23 2.924	+ 2 19.25	88	1.22	6.2	81.8	12
	19	22 58.515	+ 1 52.25	90	1.21	6.1	79.6	14
	20	22 54.330	+ 1 26.58	92	1.19	6.1	77.5	24
	21	22 50.353	+ 1 2.18	94	1.18	6.1	75.4	36
	22	22 46.571	+ 0 38.96	96	1.16	6.1	73.4	48
	23	22 42.969	+ 0 16.86	98	1.15	6.1	71.4	61
	24	22 39.535	− 0 4.20	1.00	1.13	6.1	69.5	73
	25	22 36.257	− 0 24.28	1.02	1.11	6.0	67.6	86
	26	22 33.124	− 0 43.45	1.04	1.10	6.0	65.7	98
	27	22 30.125	− 1 1.77	1.06	1.08	6.0	63.9	111
	28	22 27.251	− 1 19.31	1.08	1.07	6.0	62.1	124
	29	22 24.492	− 1 36.12	1.10	1.05	5.9	60.4	136
	30	22 21.839	− 1 52.25	1.12	1.04	5.9	58.7	149
	31	22 19.285	− 2 7.75	1.14	1.02	5.9	57.0	160
Janv.	1	22 16.822	− 2 22.68	1.16	1.01	5.8	55.3	167
1986	2	22 14.442	− 2 37.08	1.18	99	5.8	53.7	162
	3	22 12.138	− 2 50.99	1.20	98	5.7	52.0	150
	4	22 9.905	− 3 4.46	1.22	96	5.7	50.4	137
	5	22 7.737	− 3 17.52	1.24	95	5.7	48.9	123
	6	22 5.627	− 3 30.22	1.25	93	5.6	47.3	108
	7	22 3.571	− 3 42.58	1.27	92	5.6	45.7	94
	8	22 1.564	− 3 54.65	1.29	90	5.5	44.2	79
	9	21 59.599	− 4 6.45	1.31	89	5.5	42.7	64
	10	21 57.674	− 4 18.02	1.32	87	5.4	41.2	49
	11	21 55.783	− 4 29.39	1.34	86	5.4	39.7	35
	12	21 53.923	− 4 40.58	1.36	84	5.3	38.2	22
	13	21 52.088	− 4 51.64	1.37	83	5.3	36.7	12
	14	21 50.277	− 5 2.58	1.39	81	5.2	35.2	15
	15	21 48.484	− 5 13.44	1.40	80	5.1	33.7	25
	16	21 46.707	− 5 24.23	1.42	79	5.1	32.3	37
	17	21 44.943	− 5 34.99	1.43	77	5.0	30.8	50
	18	21 43.188	− 5 45.74	1.44	76	4.9	29.4	62
	19	21 41.440	− 5 56.50	1.46	75	4.9	27.9	74
	20	21 39.697	− 6 7.29	1.47	73	4.8	26.5	86
	21	21 37.956	− 6 16.14	1.48	72	4.8	25.1	98
	22	21 36.214	− 6 29.07	1.49	71	4.7	23.6	110
	23	21 34.471	− 6 40.10	1.50	70	4.6	22.2	122
	24	21 32.724	− 6 51.25	1.51	69	4.6	20.8	134
	25	21 30.972	− 7 2.54	1.52	68	4.5	19.4	147
	26	21 29.213	− 7 13.98	1.53	67	4.4	18.0	158
	27	21 27.446	− 7 25.59	1.54	66	4.4	16.7	167
	28	21 25.671	− 7 37.40	1.54	65	4.3	15.3	164
	29	21 23.887	− 7 49.40	1.55	64	4.3	14.0	153
	30	21 22.094	− 8 1.62	1.55	63	4.2	12.7	140
	31	21 20.292	− 8 14.06	1.56	62	4.1	11.4	127
Fév.	1	21 18.482	− 8 26.74	1.56	62	4.1	10.2	113
	2	21 16.663	− 8 39.66	1.56	61	4.1	9.1	99
	3	21 14.837	− 8 52.83	1.56	60	4.0	8.1	84
	4	21 13.004	− 9 6.27	1.56	60	4.0	7.3	70
	5	21 11.167	− 9 19.96	1.56	60	3.9	6.8	55
	6	21 9.326	− 9 33.92	1.56	59	3.9	6.5	41
	7	21 7.482	− 9 48.14	1.56	59	3.9	6.6	27
	8	21 5.638	− 10 2.63	1.55	59	3.9	7.0	15
	9	21 3.794	− 10 17.39	1.55	59	4.1	7.7	11
	10	21 1.954	− 10 32.42	1.54	59	4.1	8.6	20
	11	21 118	− 10 47.71	1.54	59	4.1	9.7	32
	12	20 58.288	− 11 3.26	1.53	59	4.1	10.9	45
	13	20 56.466	− 11 19.07	1.52	59	4.1	12.1	58
	14	20 54.652	− 11 35.15	1.51	60	4.1	13.4	70
	15	20 52.849	− 11 51.48	1.50	60	4.1	14.7	83
	16	20 51.056	− 12 8.08	1.49	60	4.1	16.1	95
	17	20 49.275	− 12 24.94	1.48	61	4.1	17.5	107
	18	20 47.506	− 12 42.08	1.46	62	4.2	18.9	119
	19	20 45.748	− 12 59.49	1.45	62	4.2	20.3	132
	20	20 44.002	− 13 17.18	1.43	63	4.2	21.7	144
	21	20 42.266	− 13 35.17	1.42	64	4.2	23.1	156
	22	20 40.539	− 13 58.48	1.40	65	4.2	24.6	167
	23	20 38.819	− 14 12.10	1.38	66	4.2	26.0	169
	24	20 37.106	− 14 31.08	1.37	67	4.3	27.4	159

	Date	A.D.	Position Déc.	Δ	r	m	Δ⊙	Δ☾
	25	20 35.396	— 14 50.42	1.35	68	4.3	28.9	146
	26	20 33.687	— 15 10.16	1.33	69	4.3	30.3	132
	27	20 31.976	— 15 30.32	1.31	70	4.3	31.8	118
	28	20 30.259	— 15 50.93	1.29	71	4.4	33.3	103
Mars	1	20 28.534	— 16 12.03	1.27	72	4.4	34.7	88
	2	20 26.794	— 16 33.67	1.25	74	4.4	36.2	74
	3	20 25.037	— 16 55.87	1.22	75	4.4	37.7	59
	4	20 23.257	— 17 18.70	1.20	76	4.4	39.2	45
	5	20 21.447	— 17 42.21	1.18	77	4.4	40.7	31
	6	20 19.602	— 18 6.45	1.16	79	4.5	42.2	17
	7	20 17.714	— 18 31.49	1.13	80	4.5	43.7	6
	8	20 15.777	— 18 57.40	1.11	82	4.5	45.3	13
	9	20 13.781	— 19 24.25	1.09	83	4.5	46.8	27
	10	20 11.718	— 19 52.12	1.06	84	4.5	48.4	40
	11	20 9.578	— 20 21.10	1.04	86	4.5	50.0	54
	12	20 7.348	— 20 51.30	1.01	87	4.5	51.6	67
	13	20 5.018	— 21 22 80	99	89	4.5	53.2	80
	14	20 2.573	— 21 55.74	96	90	4.5	54.9	93
	15	19 59.997	— 22 30.23	94	92	4.5	56.6	105
	16	19 57.274	— 23 6.40	91	93	4.5	58.4	118
	17	19 54.384	— 23 44.40	89	95	4.5	60.1	131
	18	19 51.303	— 24 24.38	86	96	4.5	62.0	143
	19	19 48.009	— 25 6.50	84	98	4.5	63.8	156
	20	19 44.470	— 25 50.96	81	99	4.5	65.8	169
	21	19 40.655	— 26 37.92	79	1.01	4.4	67.8	176
	22	19 36.526	— 27 27.58	76	1.02	4.4	69.8	163
	23	19 32.038	— 28 20.14	73	1.04	4.4	71.9	149
	24	19 27.142	— 29 15.80	71	1.05	4.4	74.1	134
	25	19 21.777	— 30 14.74	69	1.07	4.3	76.5	119
	26	19 15.876	— 31 17.14	66	1.09	4.3	78.9	103
	27	19 9.359	— 32 23.12	64	1.10	4.3	81.4	87
	28	19 2.133	— 33 32.77	61	1.12	4.2	84.0	71
	29	18 54.089	— 34 46.06	59	1.13	4.2	86.8	55
	30	18 45.102	— 36 2.85	57	1.15	4.2	89.7	39
	31	18 35.029	— 37 22.80	55	1.16	4.1	92.7	23
Avr.	1	18 23.709	— 38 45.29	53	1.18	4.1	96.0	11
	2	18 10.964	— 40 9.35	51	1.19	4.1	99.4	16
	3	17 56.608	— 41 33.57	49	1.21	4.0	102.9	30
	4	17 40.460	— 42 55.96	48	1.22	4.0	106.7	46
	5	17 22.367	— 44 13.89	46	1.24	4.0	110.6	61
	6	17 2.240	— 45 24.11	45	1.26	4.0	114.7	77
	7	16 40.098	— 46 22.83	44	1.27	3.9	118.8	93
	8	16 16.119	— 47 6.01	43	1.29	3.9	123.1	108
	9	15 50.676	— 47 29.88	42	1.30	3.9	127.3	123
	10	15 24.332	— 47 31.52	42	1.32	4.0	131.5	137
	11	14 57.785	— 47 9.47	42	1.33	4.0	135.5	147
	12	14 31.767	— 46 24.08	42	1.35	4.0	139.2	152
	13	14 6.931	— 45 17.48	42	1.36	4.1	142.4	148
	14	13 43.765	— 43 53.15	43	1.38	4.2	145.2	137
	15	13 22.556	— 42 15.33	44	1.39	4.3	147.3	125
	16	13 3.412	— 40 28.40	45	1.41	4.4	148.7	111
	17	12 46.302	— 38 36.38	47	1.42	4.5	149.3	97
	18	12 31.105	— 36 42.66	48	1.44	4.6	149.3	83
	19	12 17.651	— 34 49.90	50	1.45	4.7	148.7	69
	20	12 5.757	— 33 05	52	1.47	4.8	147.7	56
	21	11 55.239	— 31 14.45	54	1.48	4.9	146.4	43
	22	11 45.926	— 29 33.93	56	1.50	5.0	144.8	33
	23	11 37.664	— 27 58.95	59	1.51	5.2	143.0	29
	24	11 30.318	— 26 29.67	61	1.53	5.3	141.2	34
	25	11 23.770	— 25 6.06	64	1.54	139.3	5.4	44
	26	11 17.918	— 23 47.97	66	1.56	5.5	137.5	57
	27	11 12.676	— 22 35.14	69	1.57	5.6	135.6	72
	28	11 7.968	— 21 27.30	72	1.59	5.8	133.8	86
	29	11 3.731	— 20 24.13	74	1.60	5.9	132.0	100
	30	10 59.910	— 19 25.30	77	1.62	6.0	130.2	114
Mai	1	10 56.457	— 18 30.52	80	1.63	6.1	128.5	127
	2	10 53.333	— 17 39.48	83	1.65	6.2	126.9	139
	3	10 50.502	— 16 51.89	86	1.66	6.3	125.2	148
	4	10 47.933	— 16 7.49	89	1.68	6.4	123.7	154
	5	10 45.600	— 15 26.04	92	1.69	6.5	122.1	153
	6	10 43.480	— 14 47.31	96	1.71	6.6	120.6	147

	Date	Position A.D.	Position Déc.	Δ	r	m	Δ☉	Δ☾
	7	10 41.552	— 14 11.09	99	1.72	6.7	119.2	138
	8	10 39.799	— 13 37.19	1.02	1.74	6.8	117.8	127
	9	10 38.205	— 13 5.44	1.05	1.75	6.9	116.4	116
	10	10 36.756	— 12 35.67	1.08	1.76	7.0	115.0	105
	11	10 35.439	— 12 7.75	1.11	1.78	7.1	113.7	94
	12	10 34.243	— 11 41.53	1.15	1.79	7.2	112.4	82
	13	10 33.159	— 11 16.90	1.18	1.81	7.3	111.1	71
	14	10 32.177	— 10 53.75	1.21	1.82	7.4	109.9	60
	15	10 31.290	— 10 31.97	1.24	1.84	7.4	108.7	49
	16	10 30.490	— 10 11.46	1.28	1.85	7.5	107.5	38
	17	10 29.771	— 9 52.15	1.31	1.87	7.6	106.3	28
	18	10 29.127	— 9 33.96	1.34	1.88	7.7	105.1	22
	19	10 28.553	— 9 16.81	1.37	1.89	7.8	104.0	22
	20	10 28.043	— 9 64	1.41	1.91	7.8	102.9	25
	21	10 27.594	— 8 45.39	1.44	1.92	7.9	101.8	40
	22	10 27.201	— 8 31.00	1.47	1.94	8.0	100.7	53
	23	10 26.861	— 8 17.41	1.51	1.95	8.1	99.6	67
	24	10 26.571	— 8 4.59	1.54	1.96	8.1	98.6	81
	25	10 26.327	— 7 52.49	1.57	1.98	8.2	97.5	96
	26	10 26.126	— 7 41.06	1.60	1.99	8.3	96.5	110
	27	10 25.966	— 7 30.27	1.64	2.01	8.3	95.5	124
	28	10 25.845	— 7 20.09	1.67	2.02	8.4	94.5	137
	29	10 25.760	— 7 10.48	1.70	2.03	8.5	93.5	149
	30	10 25.710	— 7 1.41	1.74	2.05	8.5	92.5	157
	31	10 25.692	— 6 52.85	1.77	2.06	8.6	91.5	160
Juin	1	10 25.705	— 6 44.79	1.80	2.08	8.7	90.5	155
	2	10 25.747	— 6 37.19	1.83	2.09	8.7	89.6	146
	3	10 25.817	— 6 30.04	1.87	2.10	8.8	88.6	136
	4	10 25.913	— 6 23.31	1.90	2.12	8.8	87.7	125
	5	10 26.034	— 6 16.98	1.93	2.13	8.9	86.7	114
	6	10 26.179	— 6 11.04	1.96	2.14	8.9	85.8	103
	7	10 26.347	— 6 5.46	2.00	2.16	9.0	84.9	92
	8	10 26.536	— 6 24	2.03	2.17	9.1	83.9	81
	9	10 26.746	— 5 55.36	2.06	2.18	9.1	83.0	69
	10	10 26.975	— 5 50.79	2.09	2.20	9.2	82.1	58
	11	10 27.222	— 5 46.54	2.13	2.21	9.2	81.2	47
	12	10 27.487	— 5 42.58	2.16	2.22	9.3	80.3	36
	13	10 27.769	— 5 38.91	2.19	2.24	9.3	79.4	26
	14	10 28.066	— 5 35.50	2.22	2.25	9.4	78.6	19
	15	10 28.379	— 5 32.36	2.25	2.26	9.4	77.7	18
	16	10 28.706	— 5 29.47	2.28	2.28	9.5	76.8	25
	17	10 29.047	— 5 26.82	2.32	2.29	9.5	76.0	35
	18	10 29.401	— 5 24.40	2.35	2.30	9.6	75.1	48
	19	10 29.768	— 5 22.21	2.38	2.32	9.6	74.2	61
	20	10 30.147	— 5 20.23	2.41	2.33	9.7	73.4	75
	21	10 30.538	— 5 18.46	2.44	2.34	9.7	72.5	90
	22	10 30.939	— 5 16.88	2.47	2.36	9.8	71.7	104
	23	10 31.351	— 5 15.50	2.50	2.37	9.8	70.8	118
	24	10 31.773	— 5 14.30	2.53	2.38	9.9	70.0	132
	25	10 32.205	— 5 13.28	2.56	2.40	9.9	69.2	145
	26	10 32.645	— 5 12.43	2.59	2.41	9.9	68.3	156
	27	10 33.095	— 5 11.76	2.62	2.42	10.0	67.5	162
	28	10 33.553	— 5 11.24	2.65	2.44	10.0	66.7	160
	29	10 34.020	— 5 10.88	2.68	2.45	10.1	65.9	151
	30	10 34.494	— 5 10.67	2.71	2.46	10.1	65.0	141
Juil.	1	10 34.976	— 5 10.61	2.74	2.47	10.2	64.2	130
	2	10 35.466	— 5 10.70	2.77	2.49	10.2	63.4	119
	3	10 35.962	— 5 10.92	2.80	2.50	10.2	62.6	108
	4	10 36.465	— 5 11.28	2.83	2.51	10.3	61.8	97
	5	10 36.975	— 5 11.77	2.86	2.53	10.3	61.0	85
	6	10 37.491	— 5 12.39	2.89	2.54	10.4	60.2	74
	7	10 38.012	— 5 13.13	2.92	2.55	10.4	59.4	63
	8	10 38.539	— 5 14.00	2.94	2.56	10.4	58.6	52
	9	10 39.072	— 5 14.98	2.97	2.58	10.5	57.8	40
	10	10 39.610	— 5 16.07	3.00	2.59	10.5	57.0	30
	11	10 40.152	— 5 17.27	3.03	2.60	10.5	56.2	20
	12	10 40.699	— 5 18.59	3.06	2.62	10.6	55.4	15
	13	10 41.250	— 5 20.00	3.08	2.63	10.6	54.6	19
	14	10 41.806	— 5 21.52	3.11	2.64	10.6	53.8	29
	15	10 42.365	— 5 23.13	3.14	2.65	10.7	53.0	41
	16	10 42.928	— 5 24.85	3.16	2.67	10.7	52.2	54

	Date	A.D.	Position Déc.	Δ	r	m	Δ☉	Δ☾
	17	10 43.495	— 5 26.65	3.19	2.68	10.7	51.4	67
	18	10 44.065	— 5 28.55	3.22	2.69	10.8	50.7	81
	19	10 44.638	— 5 30.53	3.24	2.70	10.8	49.9	95
	20	10 45.214	— 5 32.60	3.27	2.72	10.8	49.1	109
	21	10 45.793	— 5 34.75	3.30	2.73	10.9	48.3	123
	22	10 46.375	— 5 36.98	3.32	2.74	10.9	47.6	137
	23	10 46.959	— 5 39.29	3.35	2.75	10.9	46.8	150
	24	10 47.545	— 5 41.68	3.37	2.77	11.0	46.0	160
	25	10 48.134	— 5 44.15	3.40	2.78	11.0	45.3	164
	26	10 48.724	— 5 46.68	3.42	2.79	11.0	44.5	158
	27	10 49.317	— 5 49.29	3.45	2.80	11.1	43.7	148
	28	10 49.912	— 5 51.97	3.47	2.81	11.1	43.0	137
	29	10 50.509	— 5 54.72	3.50	2.83	11.1	42.2	126
	30	10 51.107	— 5 57.54	3.52	2.84	11.2	41.4	115
	31	10 51.707	— 6 43	3.54	2.85	11.2	40.7	104
Août	1	10 52.308	— 6 3.38	3.57	2.86	11.2	39.9	92
	2	10 52.910	— 6 6.39	3.59	2.88	11.2	39.2	81
	3	10 53.514	— 6 9.47	3.61	2.89	11.3	38.4	70
	4	10 54.119	— 6 12.60	3.64	2.90	11.3	37.7	58
	5	10 54.724	— 6 15.80	3.66	2.91	11.3	36.9	47
	6	10 55.331	— 6 19.05	3.68	2.92	11.3	36.2	36
	7	10 55.937	— 6 22.36	3.70	2.94	11.4	35.4	25
	8	10 56.545	— 6 25.72	3.73	2.95	11.4	34.7	17
	9	10 57.152	— 6 29.14	3.75	2.96	11.4	34.0	15
	10	10 57.760	— 6 32.60	3.77	2.97	11.5	33.2	23
	11	10 58.368	— 6 36.12	3.79	2.98	11.5	32.5	34
	12	10 58.976	— 6 39.69	3.81	3.00	11.5	31.8	46
	13	10 59.584	— 6 43.31	3.83	3.01	11.5	31.0	59
	14	11 192	— 6 46.98	3.85	3.02	11.6	30.3	73
	15	11 799	— 6 50.69	3.87	3.03	11.6	29.6	86
	16	11 1.406	— 6 54.45	3.89	3.04	11.6	28.9	100
	17	11 2.012	— 6 58.25	3.91	3.06	11.6	28.2	114
	18	11 2.618	— 7 2.09	3.93	3.07	11.7	27.4	128
	19	11 3.223	— 7 5.97	3.95	3.08	11.7	26.7	141
	20	11 3.827	— 7 9.89	3.97	3.09	11.7	26.0	153
	21	11 4.429	— 7 13.86	3.99	3.10	11.7	25.3	163
	22	11 5 031	— 7 17.86	4.01	3.12	11.7	24.7	164
	23	11 5.632	— 7 21.90	4.02	3.13	11.8	24.0	156
	24	11 6.232	— 7 25.97	4.04	3.14	11.8	23.3	146
	25	11 6.830	— 7 30.08	4.06	3.15	11.8	22.6	134
	26	11 7.428	— 7 34.23	4.08	3.16	11.8	22.0	123
	27	11 8.024	— 7 38.42	4.09	3.17	11.9	21.3	112
	28	11 8.618	— 7 42.64	4.11	3.19	11.9	20.7	100
	29	11 9.211	— 7 46.89	4.13	3.20	11.9	20.0	89
	30	11 9.802	— 7 51.18	4.14	3.21	11.9	19.4	78
	31	11 10.391	— 7 55.49	4.16	3.22	11.9	18.8	66
Sept.	1	11 10.978	— 7 59.84	4.17	3.23	12.0	18.2	55
	2	11 11.564	— 8 4.22	4.19	3.24	12.0	17.6	43
	3	11 12.147	— 8 8.63	4.21	3.25	12.0	17.1	32
	4	11 12.728	— 8 13.07	4.22	3.27	12.0	16.5	21
	5	11 13.306	— 8 17.53	4.24	3.28	12.0	16.0	15
	6	11 13.882	— 8 22.02	4.25	3.29	12.1	15.5	17
	7	11 14.456	— 8 26.54	4.26	3.30	12.1	15.1	27
	8	11 15.027	— 8 31.08	4.28	3.31	12.1	14.6	39
	9	11 15.595	— 8 35.65	4.29	3.32	12.1	14.2	52
	10	11 16.160	— 8 40.24	4.30	3.34	12.1	13.8	65
	11	11 16.722	— 8 44.86	4.32	3.35	12.1	13.5	79
	12	11 17.281	— 8 49.49	4.33	3.36	12.2	13.2	92
	13	11 17.837	— 8 54.15	4.34	3.37	12.2	13.0	106
	14	11 18.390	— 8 58.82	4.35	3.38	12.2	12.8	119
	15	11 18.939	— 9 3.52	4.37	3.39	12.2	12.6	132
	16	11 19.485	— 9 8.23	4.38	3.40	12.2	12.5	145
	17	11 20.027	— 9 12.96	4.39	3.41	12.2	12.4	156
	18	11 20.565	— 9 17.71	4.40	3.43	12.3	12.4	164
	19	11 21.100	— 9 22.48	4.41	3.44	12.3	12.5	163
	20	11 21.630	— 9 27.26	4.42	3.45	12.3	12.6	154
	21	11 22.157	— 9 32.06	4.43	3.46	12.3	12.8	143
	22	11 22.680	— 9 36.87	4.44	3.47	12.3	13.0	131
	23	11 23.199	— 9 41.70	4.45	3.48	12.3	13.2	120
	24	11 23.713	— 9 46.54	4.46	3.49	12.4	13.5	109

Date		A.D.	Position Déc.	Δ	r	m	Δ☉	Δ☾
	25	11 24.224	— 9 51.40	4.47	3.50	12.4	13.9	97
	26	11 24.730	— 9 56.27	4.48	3.52	12.4	14.3	86
	27	11 25.231	— 10 1.15	4.49	3.53	12.4	14.7	75
	28	11 25.728	— 10 6.04	4.50	3.54	12.4	15.2	63
	29	11 26.220	— 10 10.95	4.50	3.55	12.4	15.6	52
	30	11 26.707	— 10 15.86	4.51	3.56	12.4	16.2	40
Oct.	1	11 27.189	— 10 20.79	4.52	3.57	12.5	16.7	29
	2	11 27.665	— 10 25.72	4.53	3.58	12.5	17.3	19
	3	11 28.137	— 10 30.66	4.53	3.59	12.5	17.9	14
	4	11 28.603	— 10 35.61	4.54	3.60	12.5	18.5	20
	5	11 29.064	— 10 40.56	4.55	3.62	12.5	19.1	31
	6	11 29.519	— 10 45.52	4.55	3.63	12.5	19.8	44
	7	11 29.968	— 10 50.48	4.56	3.64	12.5	20.4	58
	8	11 30.411	— 10 55.45	4.56	3.65	12.6	21.1	71
	9	11 30.848	— 11 42	4.57	3.66	12.6	21.8	85
	10	11 31.279	— 11 5.40	4.57	3.67	12.6	22.5	99
	11	11 31.704	— 11 10.37	4.58	3.68	12.6	23.2	112
	12	11 32.122	— 11 15.35	4.58	3.69	12.6	23.9	125
	13	11 32.534	— 11 20.32	4.59	3.70	12.6	24.7	138
	14	11 32.939	— 11 25.29	4.59	3.71	12.6	25.4	150
	15	11 33.337	— 11 30.26	4.59	3.72	12.6	26.2	160
	16	11 33.728	— 11 35.23	4.60	3.74	12.6	26.9	164
	17	11 34.112	— 11 40.20	4.60	3.75	12.7	27.7	159
	18	11 34.489	— 11 45.16	4.60	3.76	12.7	28.5	150
	19	11 34.859	— 11 50.12	4.61	3.77	12.7	29.3	139
	20	11 35.221	— 11 55.07	4.61	3.78	12.7	30.1	127
	21	11 35.576	— 12 02	4.61	3.79	12.7	30.9	116
	22	11 35.924	— 12 4.97	4.61	3.80	12.7	31.7	105
	23	11 36.263	— 12 9.90	4.61	3.81	12.7	32.5	93
	24	11 36.595	— 12 14.83	4.61	3.82	12.7	33.3	82
	25	11 36.919	— 12 19.75	4.61	3.83	12.7	34.1	71
	26	11 37.234	— 12 24.66	4.62	3.84	12.8	34.9	59
	27	11 37.541	— 12 29.56	4.62	3.85	12.8	35.8	48
	28	11 37.839	— 12 34.45	4.62	3.86	12.8	36.6	37
	29	11 38.129	— 12 39.32	4.62	3.88	12.8	37.4	26
	30	11 38.410	— 12 44.19	4.62	3.89	12.8	38.3	17
	31	11 38.681	— 12 49.04	4.62	3.90	12.8	39.1	16

(1) Fournies par D. K. Yeomans : l'orbite est rectifiée sur la base des observations faites après les retrouvailles de 1982. Toutes les données se réfèrent à l'heure zéro du jour indiqué (pour les explications, voir le texte).

ANNEXE I

Le ciel chinois

Comme nous l'avons vu, les étoiles ne se répartissaient pas, dans le ciel chinois, en contellations plus ou moins amples, sur le modèle des nôtres. C'étaient des astérismes, parfois formés de 3 à 4 étoiles seulement. Chaque astérisme avait son étoile déterminante, pas nécessairement la plus brillante. L'astérisme *Hsin,* par exemple, formé des étoiles α, σ et τ du Scorpion, avait pour étoile déterminante τ du Scorpion, et non pas Antarès, la plus lumineuse. Le tableau I fournit, dans l'ordre alphabétique selon le nom chinois romanisé, les astérismes et étoiles qui avaient un nom, et, en parallèle, le nom de la constellation à laquelle il correspond dans notre ciel. Les sept cartes placées à la fin de cette Annexe I permettent de retracer plus précisément chaque astérisme chinois au sein d'une ou plusieurs constellations actuelles. Le numéro de la carte est donné dans la 3e colonne. Dans la 4e, on trouve l'étoile déterminante. Les deux dernières colonnes donnent les aspects plus typiques encore du ciel chinois.

Le ciel étoilé chinois avait pour caractéristique essentielle d'être posé sur le pôle et l'équateur, contrairement au nôtre qui est « posé » sur l'écliptique. Les raisons sont exclusivement culturelles en ce sens que, chez nous, on a toujours donné une plus grande importance au Soleil qui semble se dérouler sur l'écliptique, alors qu'en Chine, on accordait toute son attention

TAB. I — ASTÉRISMES CHINOIS ET CORRESPONDANCE AVEC LE CIEL MODERNE

Étoiles ou Astérismes	Positions dans les constellations modernes	Nº de la carte	Étoile détermin.	Maison lunaire	Extension
Chang	Hydra	2,7	μ Hya	26	17°,3
Chang-Jen	Columba	6			
Chao-Yao	Bootes	3			
Che-Wei	Hydra	3			
Chen	Corvus	2	γ Crv	28	16,64
Chi	Sagittarius	3,4	γ Sgr	7	10,22
Chi-Hsin	ϰ Gem	7			
Chi-Shih	Cancer	7			
Chi-Shui	Auriga	7			
Chi-Tsu	Scorpius	3			
Chien-Pi	Scorpius	3			
Chien-Thai	Lyra	4	γ Lyr		
Chien-Hsing	Sagittarius	4	ξ Sgr		
Chih-Nü	Vega et autres	4			
Chio	Spica et ζ Vir	2	α Vir	1	11,70
Chiu-Chou	Eridanus	6			
Chiu-Chhi	Leo	7			
Chiu-Chhing	Virgo	2			
Chiu-Yu	Eridanus	6			
Chüan-Shê	Perseus	6			
Chhuan-Shê	Cassiopeia	1	ζ Per		
Chou-Ting	Coma Berenices	2			
Chu	Centaurus	2			
Chu-Hsia-Shih	Draco	1			
Chu-Wang	Taurus	6			
Chung-Thai	λ et μ UMa	2,7			
Chü-Mên	Peut-être 2 étoiles en Hydra				
Chün-Nan-Mên	Andromeda	5			
Chün-Shih	Canis Major	7			
Chhang-Chhen	Canes Venatici	2			
Chhang-Ho-Mên	Espace entre Camelopardus et γ Cep	1			
Chhang-Yuan	Leo	2			
Chhen-Chhê	Libra, Hydra	3			
Chhê-Chhi	Lupus	3			
Chhi	Aquarius	4			
Chhi-Chhen-Chiang-Chün	Lupus	3			
Chhi-Fu	Centaurus	2			
Chhi-Hsing	Hydra	7	α Hya	25	6,86
Chhi-Kuan	Lupus	3			
Chhi-Kung	Hercules, Bootes	3	β Boo		
Chhien-Niu	Capricornus	4	β Cap	9	7,90
Chhing-Chhiu	Hydra	2			
Chhu	Ara ;	3			
	Auriga aussi	6			
Chhueh-Chhiu	Monoceros	7			
Fa	Orion ;	6			
	aussi δ UMa	2			
Fang	Scorpius	3	π Sco	4	5,25
Fei			γ Leo		
Fen-Mu	Aquarius	4, 5	ζ Aqr		
Fu-Kuang	Draco	1, 4			
Fu-Yüeh	Scorpius	3			
Héng	Centaurus	2			

Étoiles ou Astérismes	Positions dans les constellations modernes	N° de la carte	Étoile détermin.	Maison lunaire	Extension
Ho-Chien	γ Her	3			
Ho-Ku	Altair et autres	4			
Ho-Shu (= Nan-Ho Pei-Ho)	Canis Minor et Gemini (α et β)	7			
Hou	Ophiuchus	3	α Oph		
Hou-Hsing	Regulus	2, 7	η Leo		
Hsi-Chung	Cygnus	4			
Hsi-Hsien	Libra	3			
Hsia-Thai	ν et ξ UMa	2	λ UMa		
Hsien-Chhih	Auriga	6			
Hsien-Yuan	Leo, Leo Minor et Lynx	2, 7			
Hsin	Scorpius	3	σ Sco	5	4,14
Hsing-Chhen	peut-être Leo	2, 7			
Hsü	Aquarius	4	β Aqr	11	9,56
Hsü-Liang	Aquarius	5			
Hsü-Nü	Aquarius	4	ε Aqr	10	11,82
Hsüan-Ko	Bootes	3			
Hu	Puppis, Canis Major	7			
Hu-Kua	Delphinus	4	ω Cas		
Hua-Kai	Cassiopeia	1			
Huan-Chê	Ophiuchus, Hercules	3			
Huan-Wei	peut-être π Cep et α Cam	1			
I	Crater	2	α Crt	27	17,81
Jen-Hsing	Pegasus	4			
Jih	ϰ Lib	3			
Kang-Hsing	Cassiopeia	1			
King-Ho	Bootes	3			
Khang	Ophiuchus	3			
Khang	Virgo	3, 2	ϰ Vir	2	8,81
Khang-Chhi	Bootes	3			
Khuci	Andromeda, Pisces	5	η And [1]	15	15,66
Ko-Tao	Cassiopeia	1			
Kou	Sagittarius	4			
Kou-Chhen	Ursa Minor	1	α UMi		
Kou-Chhien	Scorpius	3			
Kou-Hsing	Cepheus	1			
Kou-Kuo	Sagittarius	4			
Kuan	Cancer	7			
Kuan-So	Corona Borealis	3	α CrB		
Kuri	Ara	3			
Khu-Hsing	Aquarius	4			
Khu-Lou	Centaurus	2, 3			
Lang (= Thien-Lang)	Sirius	7			
Lang-Chiang	Coma Berenices	2			
Lang-Wei	Coma Berenices	2	12 Com		
Lao-Jen	Canopus	6, 7			
Lei-Pi-Chen	Capricornus, Aquarius	4, 5			
Li-Chu	Aquila	4			
Li-Kung	Pegasus	5			
Liang	δ Oph	3			
Lieh-Ssu	λ et 21 Ser	3, 4			
Ling-Thai	Leo	2	59 Leo		
Liu	Hydra	7	δ Hya	24	15,16
Lo-Yen	Capricornus	4			
Lou	Aries	5, 6	β Ari	16	10,83

Étoiles ou Astérismes	Positions dans les constellations modernes	N° de la carte	Étoile détermin.	Maison lunaire	Extension
Lu-Chia	Camelopardus	1			
Mao	Les Pléiades	6	17 Tau	18	10,44
Ming-Thang	Leo	2	Φ Leo		
Nan-Ho	Canis Minor	7			
Nan-Mên	Centaurus	2, 3			
Nan-Tou	Sagittarius	4	Φ Sgr	8	26,54
Nei-Chhieh	Ursa Major	1	π^2 U Ma		
Nei-Chhu	Draco	1			
Nei-Phing	Leo Minor	2	ν Vir		
(Nei-) Wu-Chu-Hou	Coma Berenices	2			
Nien-Tao	Cygnus, Lyra	4	13 Lyr		
Nü-Chhuang	Hercules	3	π Her		
Nü-Shih	Draco	1			
Nü-Yü	π Leo	2			
Nü-Yü-Kung	Draco	1			
Nung-Chang-Jen	Sagittarius	4			
Pa-Ku	Camelopardus, Auriga	1, 6	β Cam		
Pa-Khuei	Cetus	5			
Pai-Kua	Delphinus	4	β Del		
Pei-Chi	Ursa Minor	1	γ U Mi		
Pei-Ho	Gemini	7			
Pei-Lo-Ssu-Mên	Piscis Austrinus	5			
Pei-Tou	Ursa Major	1, 2	α U Ma		
Pi	Taurus	6	ε Tau	19	17,86
Phing-Hsing	Hydra	2			
Phing-Hsing	Virgo	2			
Phing-Tao	Virgo	2			
Pieh	Corona Australis	4			
San-Kung	Canes Venatici ; Virgo aussi	2 2	24 C Vn		
San-Nêng (= San-Thai)	Ursa Major	2, 7			
San-Thai (Shang Thai + Chung Thai + Hsia Thai)	Ursa Major	2, 7			
Shang-Chiang	α Coma Berenices ; σ Leonis aussi	2 2			
Shang-Khai (= Shang-Thai)	ι et UMa	7	ι U Ma		
Shang-Hsiang	Zosma ; aussi δ Leonis	2 2			
Shang-Shu	UMa IXh 201 Piazzi	1			
Shang-Thai	ι et IMa	7			
Shang-Tsai	ι Dra	1			
Shao-Fu	ζ Dra ; 24 UMa aussi	1 1			
Shao-Tsai	η Dra	1			
Shao-Wei	Canis Minor, Leo	2			
She-Thi	Bootes	3, 2			
Shen	Orion	6	ξ Ori^2	21	6,93
Shen-Chhi	Orion	6			
Shih	Leo Minor	2			
Sun	Columba	6, 7			
Shui-Fu	Orion	6, 7			
Ssu-Fei	Equuleus	4			

Étoiles ou Astérismes	Positions dans les constellations modernes	N° de la carte	Étoile détermin.	Maison lunaire	Extension
Ssu-Fu	Camelopardus, Draco	1			
Ssu-Kuai	Orion	6			
Ssu-Tu	Monoceros	7			
Ssu-Wei	Equuleus	4			
Ta-Chhen (= Hsin)	Antares	3			
(= Shen)	Orion ;	6			
	la Polaire aussi	1			
Ta-Chio	Arcturus	3			
Ta-Huo (= Hsin)	Antares	3			
Ta-Liang	Les Pléiades	6			
Ta-Ling	Perseus	6	β Per		
Thai-I	Draco	1			
Thai-Tsun	Ursa Major	2	Ψ U Ma		
Thai-Tzu	Leo ;	2			
	γ UMi aussi	1			
Thai-Yang (= Jih)	Lib	3			
Thai-Yang-Shou	Ursa Major	2	χ U Ma		
Thai-Wei (Division)	Coma Berenices, Virgo, Leo	2			
Ti	Libra	3	α^2 Lib	3	14,46
Ti-Hsi	Bootes	3			
Ti-Tso	Hercules	3	α Her		
Thing-Shê	Lacerta, Cassiopeia, Andromeda	5, 1	α Lac		
Thien-Chi	Hercules	3			
Thien-Chi	Sagittarius	4			
Thien-Chi	Vela ;	7			
	Nan-Tou aussi (Sagittarius)	4			
Thien-Chieh	Taurus	6			
Thien-Chiang	Ophiuchus	3	36 Oph		
Thien-Chin	Cygnus	4	δ Cyg		
Thien-Chiu	Andromeda	5			
Thien-Chu	Draco, Cepheus	1			
Thien-Chhu	Draco	1	δ Dra		
Thien-Chün	Cetus	6			
Thien-Chhiang	Bootes	3, 1	ϑ Boo		
Thien-Chhuan	Perseus	6	α Per		
Thien-Chhuang	Ursa Minor, Draco	1			
Thien-Fu	Libra ;	3			
	Aquila	4	η Aql		
Thien-Hsiang	Sextans	2			
Thien-Huang	Auriga	6			
Thien-Huang-Ta-Ti	32 Dra	1			
Thien-I	Draco	1			
Thien-Kang	Piscis Austrinus	5			
Thien-Kao	Taurus	6			
Thien-Kou	Pyxis	7			
Thien-Kuan	Taurus	6			
Thien-Lang	Sirius	6			
Thien-Lao	Ursa Major	2			
Thien-Lei(-Chhêng)	Capricornus	4			
Thien-Lin	Taurus	6			
Thien-Mên	Virgo	2			
Thien-Miao	peut-être en Argo, Hydra	7			
Thien-Pien	Aquila, Scutum	4			
Thien-Phou	Draco	3, 1			
Thien-Shê	Vela	7			

Étoiles ou Astérismes	Positions dans les constellations modernes	N° de la carte	Étoile détermin.	Maison lunaire	Extension
Thien-Shih (Division)	Hercules, Aquila, Serpens Cauda, Ophiuchus, Serpens Caput	3, 4			
Thien-Ta-Chiang-Chün	Andromeda	5, 6	β Tri		
Thien-Thien	Virgo ; Capricornus aussi	2 4			
Thien-Tsun	Gemini	7	μ Gem		
Thien-Tshang	Cetus	5			
Thien-Yin	Aries	6			
Thien-Yo	Ophiuchus, Sagittarius	3			
Thien-Yuan	Eridanus	6			
Thien-Yü	μ, ω et θ Fornacis	6			
Thu-Ssu	87 et 89 Her	3			
Thu-Ssu-Khung	Cetus	5			
Tsao-Fu	Cepheux	1	δ Cep		
Tso-Chih-Fa	η Vir	2	η Vir		
Tso-Chio	ζ Vir	2			
Tso-Chhi	Sagitta	4	γ Sge		
Tso-Chhi	Auriga	7			
Tso-Hsia	Cor	2			
Tso-I-Mên	entre η et γ Vir	2			
Tso-Kêng	Aries	6			
Tso-Shê-Thi	π Boo	3	ζ Boo		
Tsui (-Hsi)	Orion	6	λ[1] Ori[3]	20	1,47
Tsung-ChÊng	Ophiuchus	3			
Tsung-Hsing	Hercules	4			
Tsung-Kuan	Leo	2			
Tsung-Jen	Ophiuchus	3			
Tung-Ching	Gemini	7	μ Gem[4]	22	32,60
Tung-Hsien	Ophiuchus	3			
Tung-Pi	Pegasus	5	γ Peg	14	8,44
Tzu	Columba	6, 7			
Tzu-Wei (Division)	Draco, Ursa Minor, Camelopardus	1			
Tzhu-Chiang	ε Vir ; ι Leo	2			
Tzhu-Fei	Leo				
Wai-Chhu	Hydra	7			
Wai-Phing	Pisces	5			
Wang-Liang	Cassiopeia	1, 5	β Cas		
Wei	Scorpius	3	μ Sco[5]	6	18,95
Wei	Pegasus	4, 5	α Aqr	12	16,64
Wei	Aries	6	41 Ari	17	15,2
Wên-Chhang	Ursa Major	1	18 U Ma		
Wu-Chu-Hou	Gemini	7	ϑ Gem		
(Nei-)Wu-Chu-Hou	Coma Berenices	2			
Wu-Chhê	Auriga	6	α Aur		
Wu-Nü (= Hsü-Nü)	Aquarius	4			
Wu-Pên	Leo	2			
Wu-Ti(-Tso)	Leo	2	β Leo		
Wu-Ti(-Nei-Tso)	Cepheus	1			
Yang-Mên	Centaurus	3			
Yeh-Chi	Canis Major	7			
Yin-Tê	Draco	1			
Ying-Shih	Pegasus	5	α Peg	13	16,52
Yu-Chio	Spica	2			
Yu-Chhi	Aquila	4	δ Aql		

Étoiles ou Astérismes	Positions dans les constellations modernes	N° de la carte	Étoile détermin.	Maison lunaire	Extension
Yu-I-Mên	espace entre β Vir et σ Leo	2			
Yu-Kêng	Piscis	5			
Yu-Shê-Thi	η, τ et υ Boo	2	η Boo		
Yu	Scorpius ;	3			
	Sagittarius	4			
Yu-Ching	Orion	6			
Yu-Kuei	Cancer	7	ϑ Can	23	4,46
Yü-Lin	Aquarius	5			
Yüch	Gemini	7			

1. L'étoile déterminante de la 15e maison lunaire fut probablement δ And avant 104 av. J.-C., sûrement ζ And de 104 av. J.-C. à 1678, η And depuis 1678.
2. Étoile déterminante : δ Ori, avant 1744.
3. Étoile déterminante : ϕ_1 Ori, avant 1744.
4. Probablement ν Gem avant le IVe siècle av. J.-C.
5. L'étoile déterminante de la 6e maison lunaire fut peut-être ϑ Sco avant le IVe siècle av. J.-C., probablement ε Sco avant 723, et sûrement μ Sco après 1050.

au seul point fixe autour duquel tourne la voûte céleste. Par conséquent, pour nous, les constellations zodiacales (et, par la suite, les signes) ont une importance considérable alors que les Chinois s'intéressaient au système des *Hsiu,* dites « maisons lunaires », dont la majorité est développée plus ou moins le long de l'équateur. Ce sont vingt-huit tronçons successifs, inégaux ; une « étoile déterminante » caractérise chaque tronçon et permet de compter, à partir d'elle, les ascensions droites exprimées en *tu.* Il est donc indispensable de connaître toutes les étoiles déterminantes, car ce n'est qu'à partir de leurs ascensions respectives droites que nous pourrons calculer celle d'un corps céleste, nouveau ou en mouvement. Si nous trouvons par exemple qu'une comète était, une nuit, à 2 degrés de *Fang* (4e maison lunaire, étoile déterminante π du Scorpion), on calcule son ascension droite en ajoutant à celle de π du Scorpion (que nous donnent les catalogues) le produit 2 × 0,9856. Mais il est évidemment impossible de le faire si nous ne savons pas que l'étoile déterminante de *Fang* est π du Scorpion. La 4e colonne du tableau I donne les étoiles déterminantes des maisons lunaires, indiquées, elles, dans la 5e colonne. Malheureusement, pour certaines d'entre elles, l'étoile déterminante n'est pas toujours restée la même. Nous avons répertorié les cas les plus sûrs que l'on trouvera dans la dernière colonne du tableau.

Il est un autre aspect important du ciel chinois : ce sont les divisions du ciel. Ce sont trois zones très étendues, qui semblent particulièrement significatives. Chacune d'elles a deux parois, l'une orientale, l'autre occidentale, formées par deux rangées d'étoiles. Quand un objet céleste comme une comète traverse une paroi, ou les deux, le passage est indiqué, ce qui simplifie aujourd'hui la localisation exacte de l'objet à un moment donné.

Voyons les caractéristiques de chacune de ces trois divisions.

Tzu Wei : c'est une région allongée autour du pôle Nord céleste, qui s'étend sur 30° × 45°. Les étoiles des deux parois portaient les noms des Offices astronomiques.

Thai-Wei : région de 20° × 20° qui contenait l'étoile β du Lion. Les étoiles de ses parois portaient aussi les noms des Offices.

Thien-Shih : ample zone, presque pentagonale, large d'environ 45° au maximum, elle comprenait α d'Hercule et α d'Ophiucus. Les étoiles des deux parois portaient des noms de régions de la Chine.

On trouvera, dans le tableau II, la liste des étoiles qui déterminaient les parois des trois divisions.

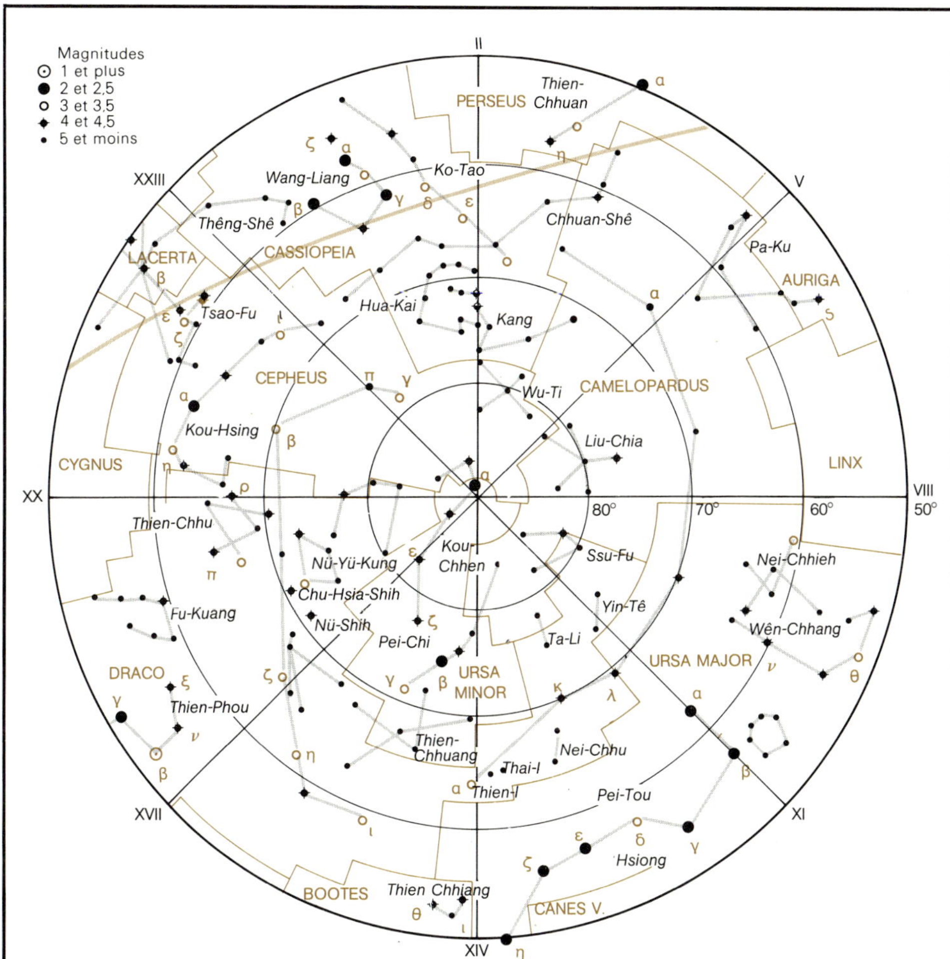
Magnitudes
1 et plus
2 et 2,5
3 et 3,5
4 et 4,5
5 et moins
PERSEUS
Thien-Chhuan
Wang-Liang
Ko-Tao
Thêng-Shê
CASSIOPEIA
Chhuan-Shê
Pa-Ku
LACERTA
AURIGA
Tsao-Fu
Hua-Kai
Kang
CEPHEUS
Wu-Ti
CAMELOPARDUS
Kou-Hsing
Liu-Chia
CYGNUS
LINX
Thien-Chhu
Kou-Chhen
Ssu-Fu
Nei-Chhieh
Nü-Yü-Kung
Chu-Hsia-Shih
Fu-Kuang
Yin-Tê
Nü-Shih
Pei-Chi
Ta-Li
Wên-Chhang
DRACO
URSA MINOR
URSA MAJOR
Thien-Phou
Thien-Chhuang
Nei-Chhu
Thai-I
Thien-I
Pei-Tou
Hsiong
BOOTES
Thien Chhiang
CANES V.
II
V
VIII
XI
XIV
XVII
XX
XXIII
80°
70°
60°
50°

CARTE 1

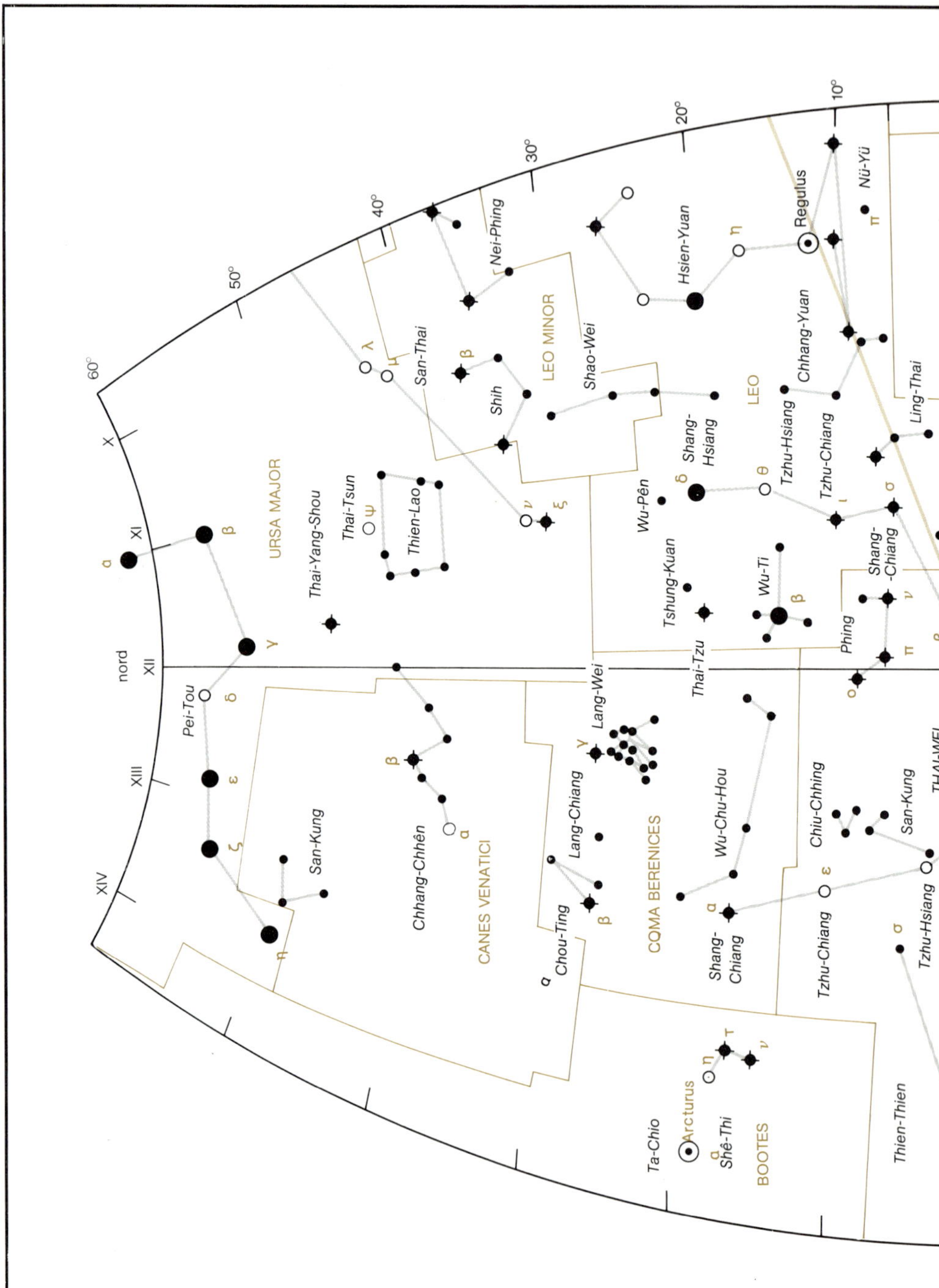

10°
20°
30°
40°
50°
60°
X
XI
XII
XIII
XIV
nord
URSA MAJOR
LEO MINOR
LEO
CANES VENATICI
COMA BERENICES
BOOTES
THAI-WEI
Regulus
Arcturus
Nü-Yü
Hsien-Yuan
Nei-Phing
San-Thai
Shih
Shao-Wei
Chhang-Yuan
Ling-Thai
Shang-Hsiang
Tzhu-Hsiang
Tzhu-Chiang
Wu-Pên
Thai-Yang-Shou
Thai-Tsun
Thien-Lao
Tshung-Kuan
Wu-Ti
Shang--Chiang
Phing
Thai-Tzu
Lang-Wei
Pei-Tou
San-Kung
Chhang-Chhên
Lang-Chiang
Chou-Ting
Wu-Chu-Hou
Chiu-Chhing
San-Kung
Shang-Chiang
Tzhu-Chiang
Tzhu-Hsiang
Ta-Chio
Shê-Thi
Thien-Thien

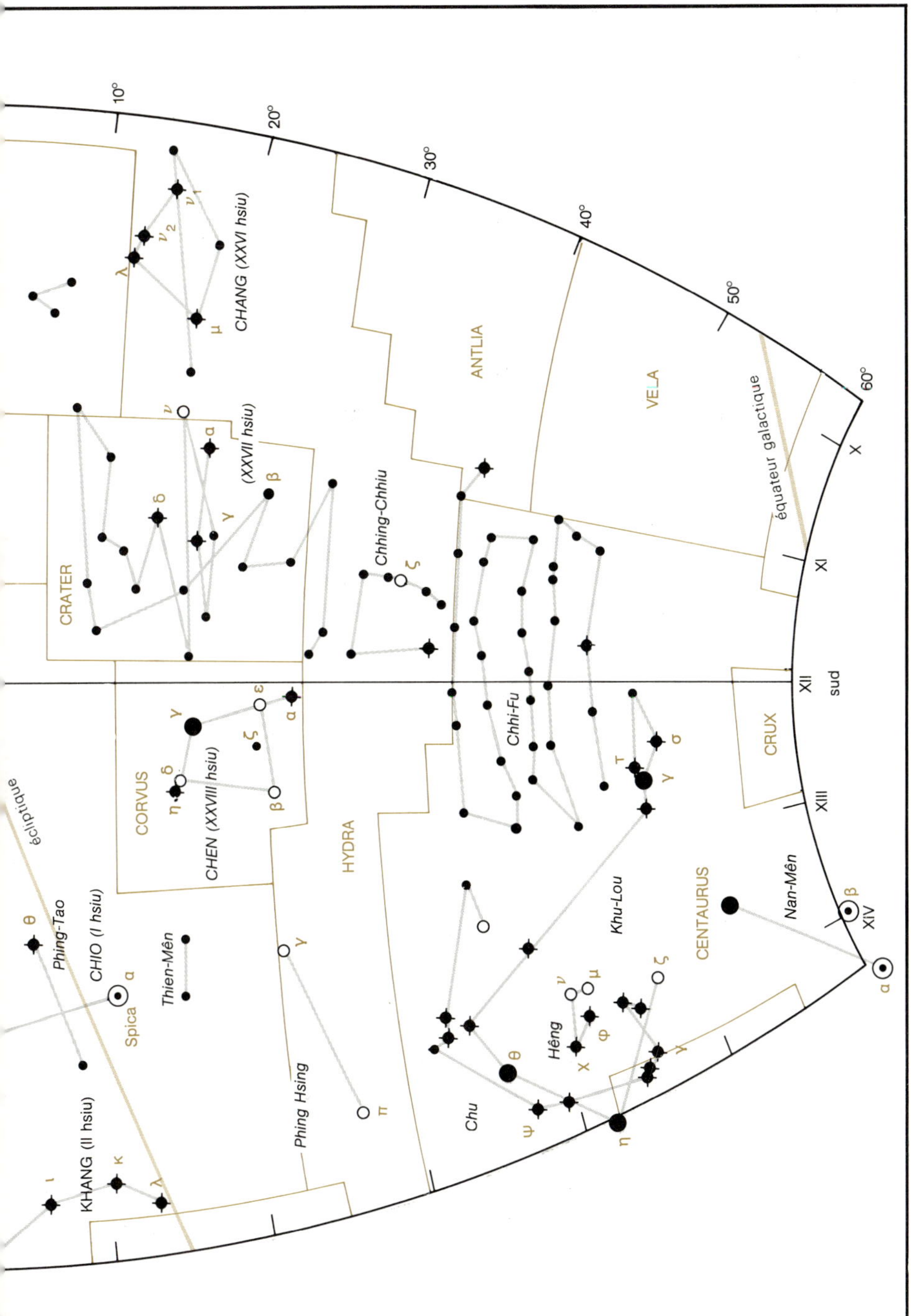
10°
20°
30°
40°
50°
60°
CHANG (XXVI hsiu)
(XXVII hsiu)
ANTLIA
VELA
équateur galactique
CRATER
Chhing-Chhiu
Chhi-Fu
X
XI
XII
sud
XIII
XIV
CRUX
CORVUS
CHEN (XXVIII hsiu)
HYDRA
CENTAURUS
Nan-Mên
Khu-Lou
écliptique
Phing-Tao
CHIO (I hsiu)
Spica
Thien-Mên
Phing Hsing
Hêng
Chu
KHANG (II hsiu)

CARTE 2

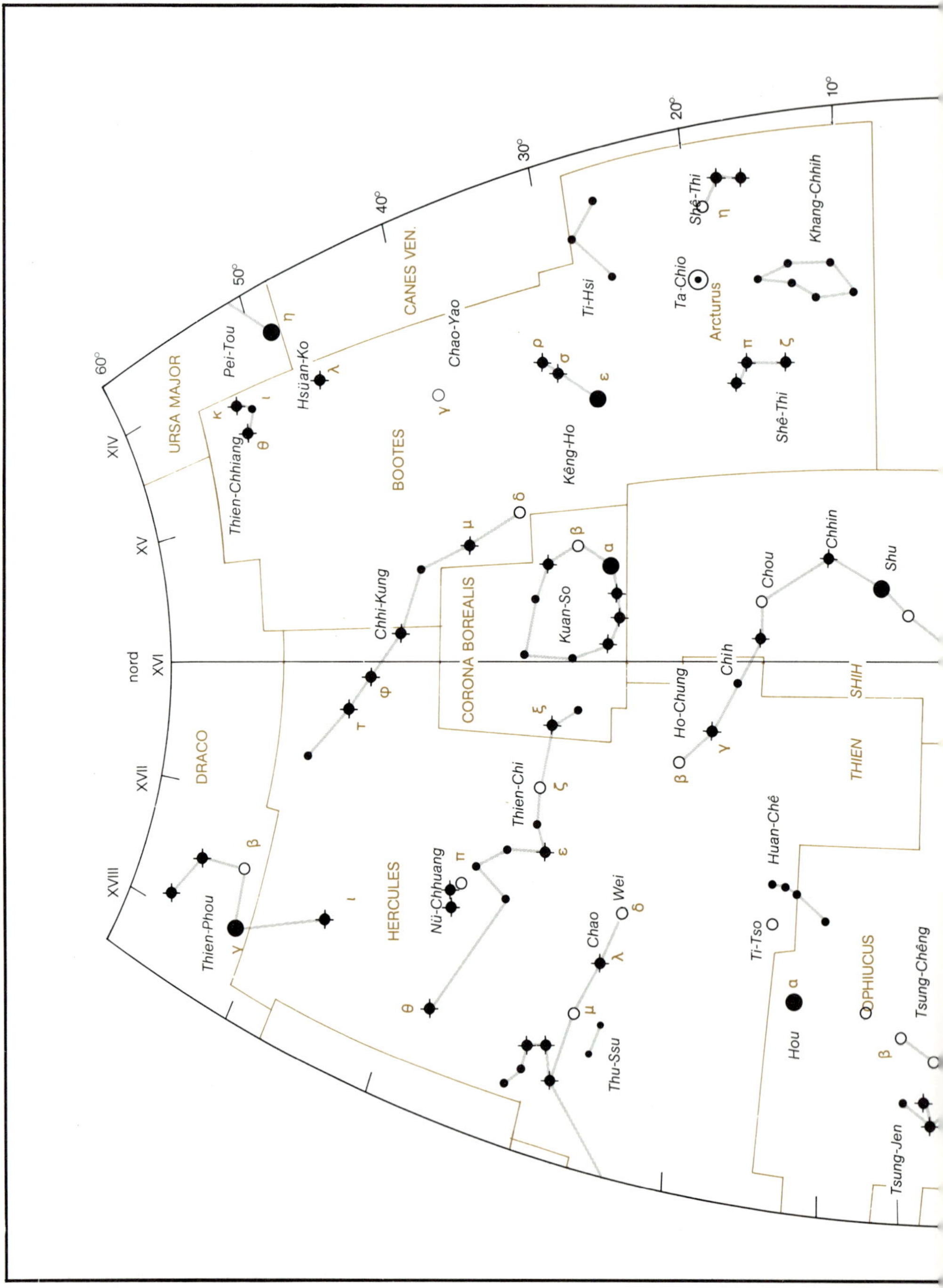
nord
XIV
XV
XVI
XVII
XVIII
60°
50°
40°
30°
20°
10°
URSA MAJOR
CANES VEN.
BOOTES
CORONA BOREALIS
DRACO
HERCULES
OPHIUCUS
SHIH
THIEN
Arcturus
Pei-Tou
Hsüan-Ko
Chao-Yao
Ti-Hsi
Ta-Chio
Shê-Thi
Khang-Chhih
Shê-Thi
Kêng-Ho
Thien-Chhiang
Chhi-Kung
Kuan-So
Chou
Chhin
Shu
Chih
Ho-Chung
Thien-Chi
Nü-Chhuang
Thien-Phou
Huan-Chê
Chao
Wei
Thu-Ssu
Ti-Tso
Hou
Tsung-Chêng
Tsung-Jen

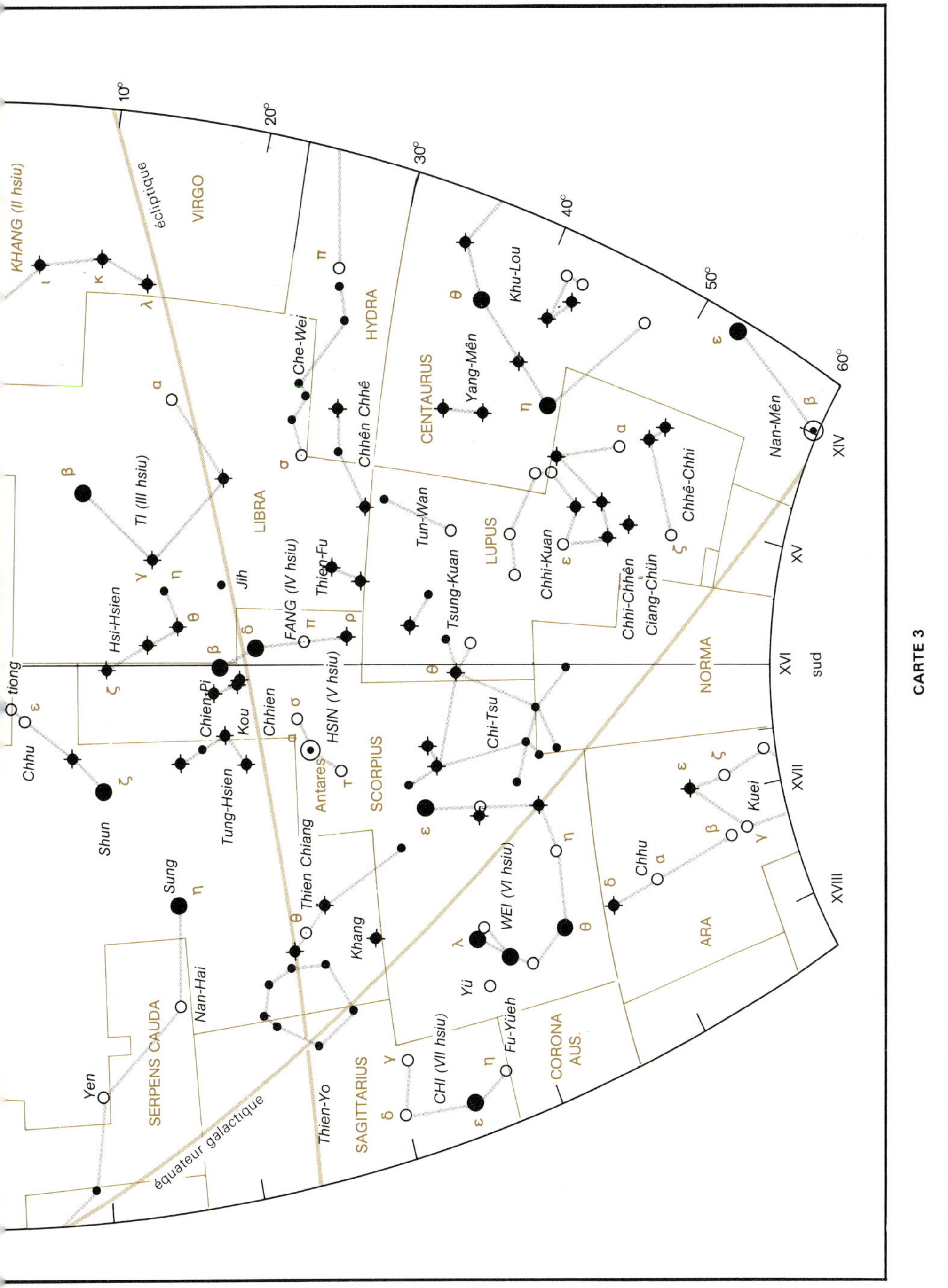
KHANG (II hsiu)
écliptique
VIRGO
HYDRA
CENTAURUS
LIBRA
LUPUS
SCORPIUS
NORMA
ARA
SAGITTARIUS
CORONA AUS.
SERPENS CAUDA
équateur galactique
TI (III hsiu)
FANG (IV hsiu)
HSIN (V hsiu)
WEI (VI hsiu)
CHI (VII hsiu)
Che-Wei
Chhên Chhê
Khu-Lou
Yang-Mên
Nan-Mên
Chhê-Chhi
Chhi-Kuan
Chhi-Chhên
Ciang-Chün
Tun-Wan
Tsung-Kuan
Thien-Fu
Jih
Hsi-Hsien
Tung-Hsien
Chien-Pi
Kou
Chhien
Antares
Chi-Tsu
Chhu
Kuei
Shun
Sung
Thien Chiang
Khang
Yü
Fu-Yüeh
Nan-Hai
Yen
Thien-Yo
tiong
sud
10°
20°
30°
40°
50°
60°
XIV
XV
XVI
XVII
XVIII

CARTE 3

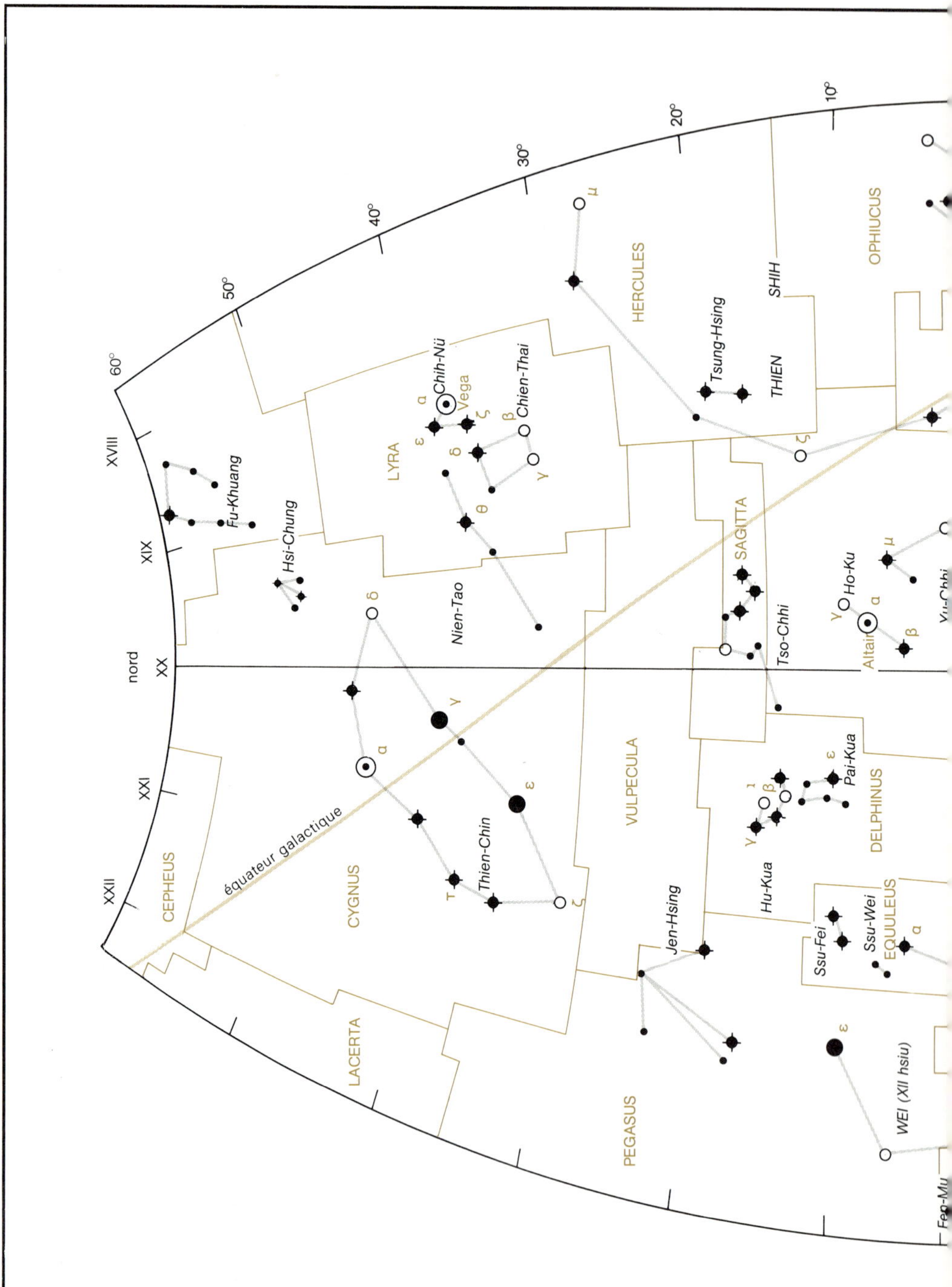

60°
50°
40°
30°
20°
10°
XVIII
XIX
nord
XX
XXI
XXII
Fu-Khuang
Hsi-Chung
Chih-Nü
Vega
Chien-Thai
LYRA
Nien-Tao
HERCULES
Tsung-Hsing
THIEN
SHIH
OPHIUCUS
SAGITTA
Ho-Ku
Altair
Tso-Chhi
CEPHEUS
équateur galactique
CYGNUS
Thien-Chin
VULPECULA
Pai-Kua
DELPHINUS
Hu-Kua
Jen-Hsing
Ssu-Fei
Ssu-Wei
EQUULEUS
LACERTA
PEGASUS
WEI (XII hsiu)

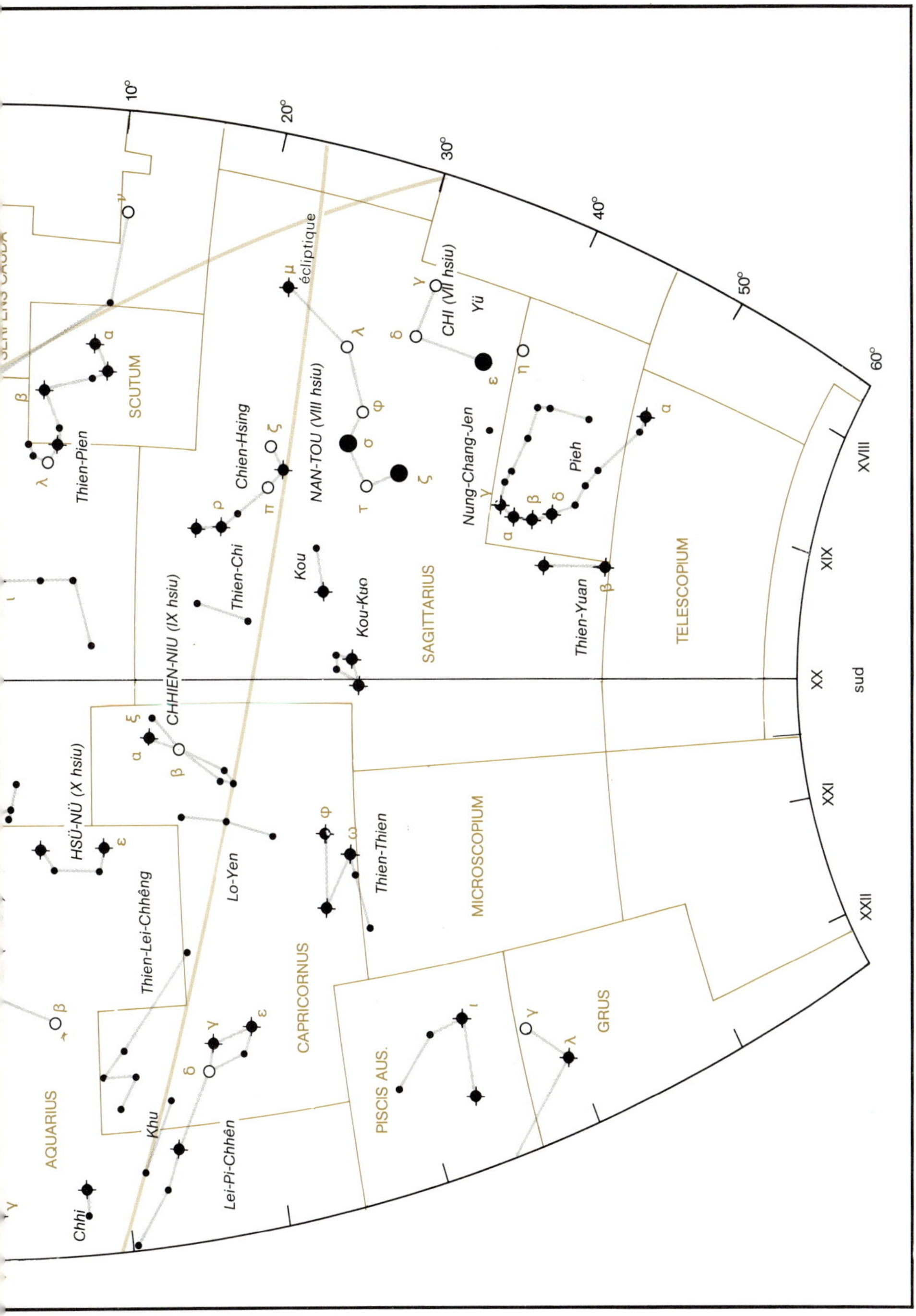
10°
20°
30°
40°
50°
60°
écliptique
SCUTUM
Thien-Pien
Chien-Hsing
NAN-TOU (VIII hsiu)
CHI (VII hsiu)
Yü
Nung-Chang-Jen
Pieh
Thien-Chi
Kou
Kou-Kuo
SAGITTARIUS
Thien-Yuan
TELESCOPIUM
CHHIEN-NIU (IX hsiu)
HSÜ-NÜ (X hsiu)
Thien-Lei-Chhêng
Lo-Yen
Thien-Thien
MICROSCOPIUM
CAPRICORNUS
AQUARIUS
Khu
Lei-Pi-Chhên
Chhi
PISCIS AUS.
GRUS
XVIII
XIX
XX
sud
XXI
XXII

CARTE 4

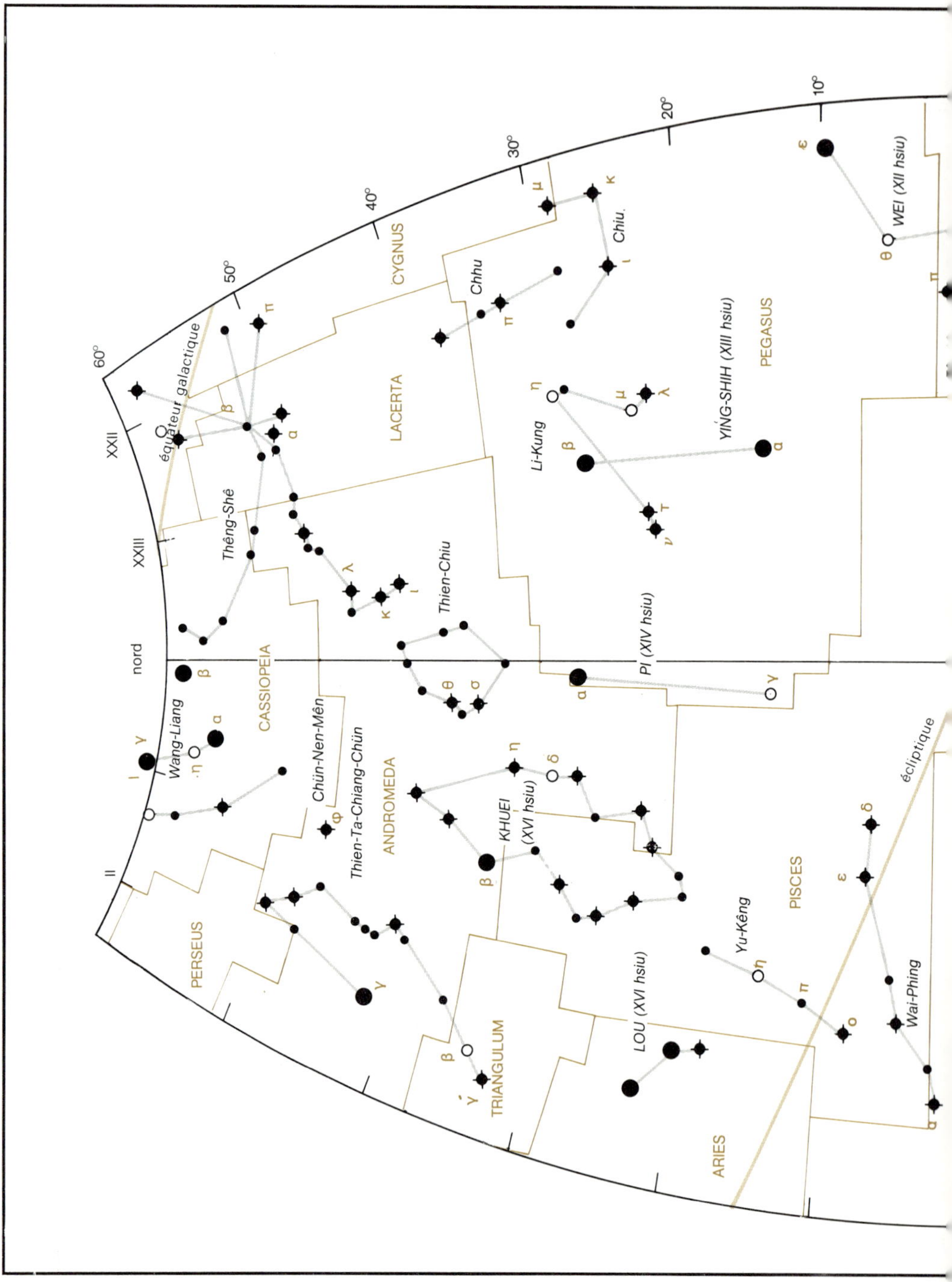

CYGNUS
LACERTA
PEGASUS
CASSIOPEIA
ANDROMEDA
PERSEUS
TRIANGULUM
ARIES
PISCES
équateur galactique
écliptique
nord
Chiu.
Chhu
YING-SHIH (XIII hsiu)
WEI (XII hsiu)
Li-Kung
Thêng-Shê
Thien-Chiu
PI (XIV hsiu)
Wang-Liang
Chün-Nen-Mên
Thien-Ta-Chiang-Chün
KHUEI (XVI hsiu)
LOU (XVI hsiu)
Yu-Kêng
Wai-Phing
XXII
XXIII
II
60°
50°
40°
30°
20°
10°

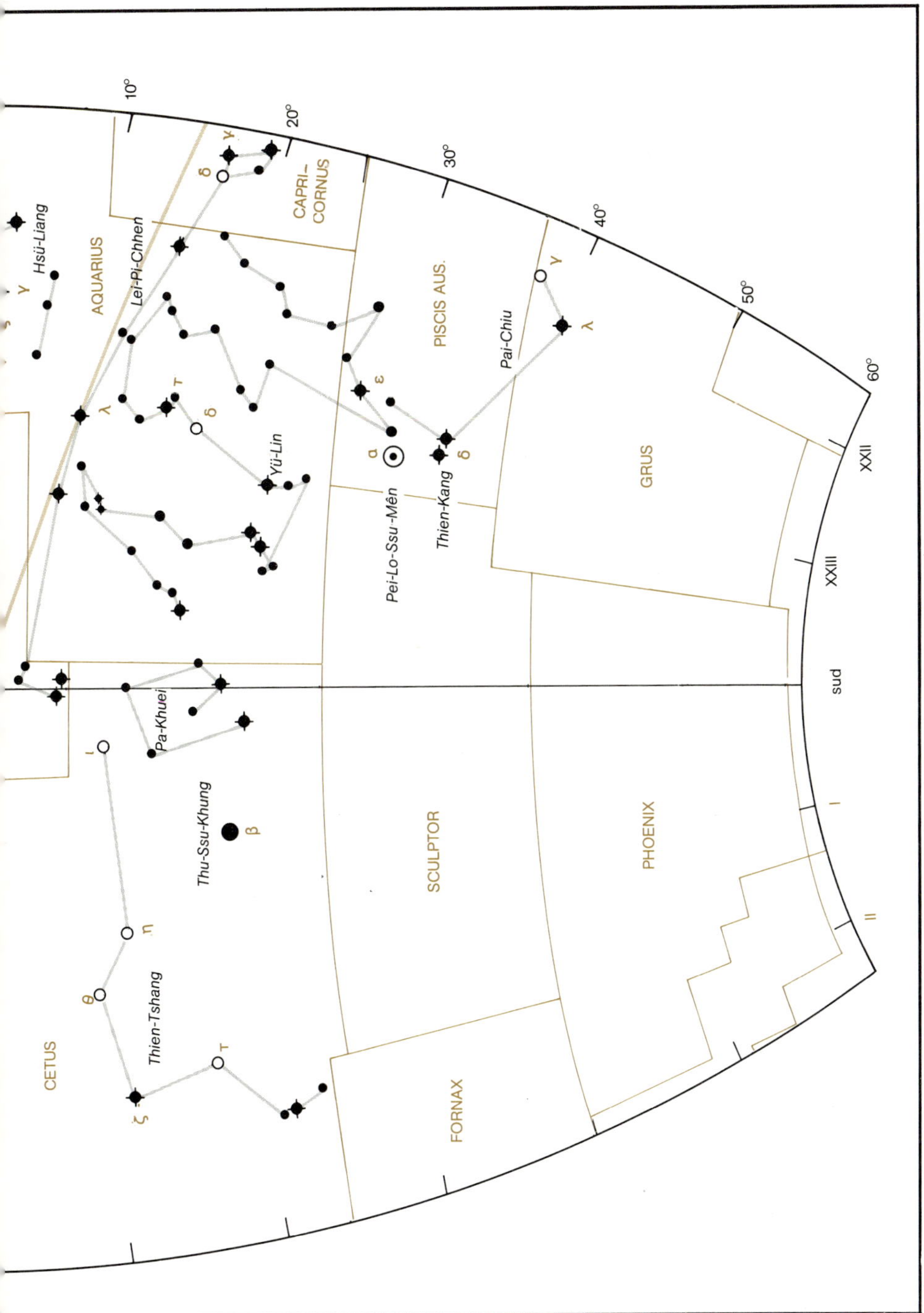
10°
20°
30°
40°
50°
60°
Hsü-Liang
AQUARIUS
Lei-Pi-Chhen
CAPRI-CORNUS
PISCIS AUS.
Pai-Chiu
Yü-Lin
Pei-Lo-Ssu-Mên
Thien-Kang
GRUS
XXII
XXIII
sud
I
II
Pa-Khuei
Thu-Ssu-Khung
SCULPTOR
PHOENIX
Thien-Tshang
CETUS
FORNAX

CARTE 5

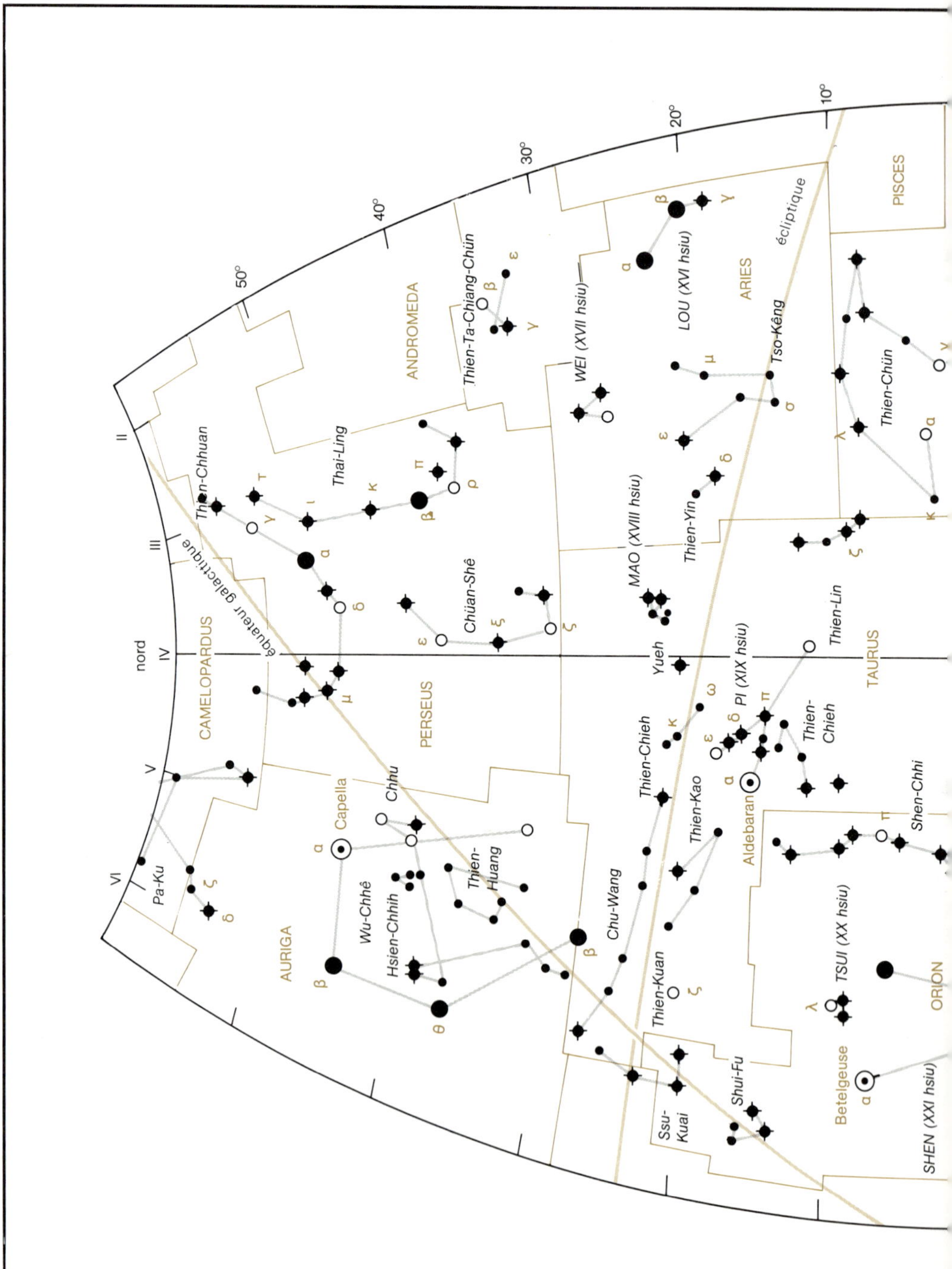
10°
20°
30°
40°
50°
II
III
IV
V
VI
nord
PISCES
ANDROMEDA
ARIES
CAMELOPARDUS
PERSEUS
TAURUS
AURIGA
ORION
écliptique
équateur galactique
Thien-Ta-Chiang-Chün
WEI (XVII hsiu)
LOU (XVI hsiu)
Tso-Kêng
Thien-Chün
Thai-Ling
Thien-Chhuan
MAO (XVIII hsiu)
Thien-Yin
Chüan-Shê
Yueh
Thien-Lin
PI (XIX hsiu)
Thien-Chieh
Thien-Chieh
Thien-Kao
Aldebaran
Shen-Chhi
Capella
Chhu
Thien-Huang
Wu-Chhê
Hsien-Chhih
Pa-Ku
Chu-Wang
TSUI (XX hsiu)
Thien-Kuan
Betelgeuse
Shui-Fu
Ssu-Kuai
SHEN (XXI hsiu)

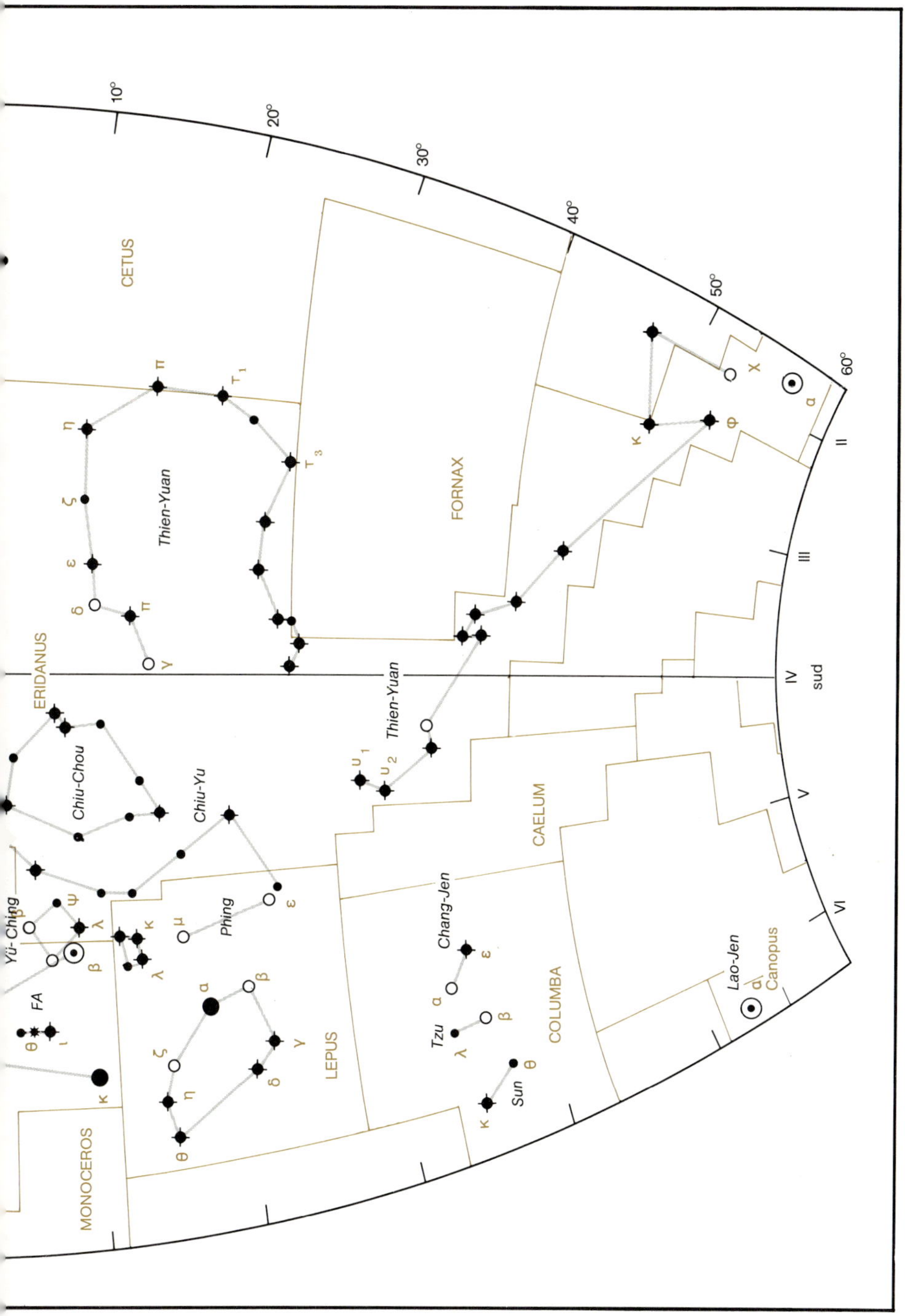
CETUS
FORNAX
ERIDANUS
CAELUM
LEPUS
COLUMBA
MONOCEROS
Thien-Yuan
Thien-Yuan
Chiu-Chou
Chiu-Yu
Yü-Ching
Phing
FA
Chang-Jen
Tzu
Sun
Lao-Jen
Canopus
10°
20°
30°
40°
50°
60°
II
III
IV
sud
V
VI

CARTE 6

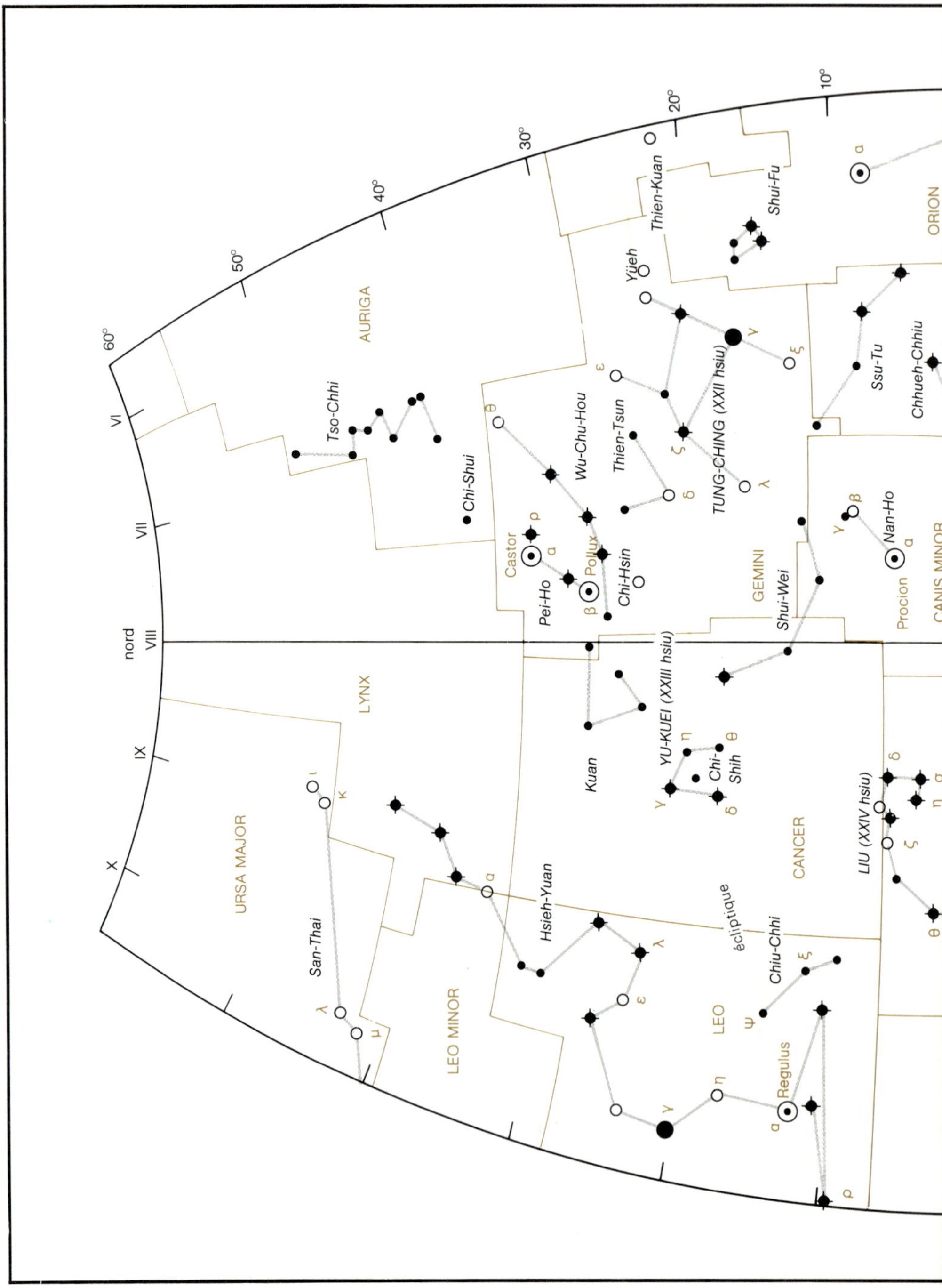
60°
50°
40°
30°
20°
10°
VI
VII
nord
VIII
IX
X
AURIGA
Tso-Chhi
Chi-Shui
Wu-Chu-Hou
Thien-Tsun
TUNG-CHING (XXII hsiu)
Yüeh
Thien-Kuan
Shui-Fu
ORION
Ssu-Tu
Chhueh-Chhiu
Castor
Pollux
Pei-Ho
Chi-Hsin
GEMINI
Shui-Wei
Nan-Ho
Procion
CANIS MINOR
LYNX
Kuan
YU-KUEI (XXIII hsiu)
Chi-Shih
CANCER
LIU (XXIV hsiu)
URSA MAJOR
San-Thai
Hsieh-Yuan
écliptique
Chiu-Chhi
LEO MINOR
LEO
Regulus

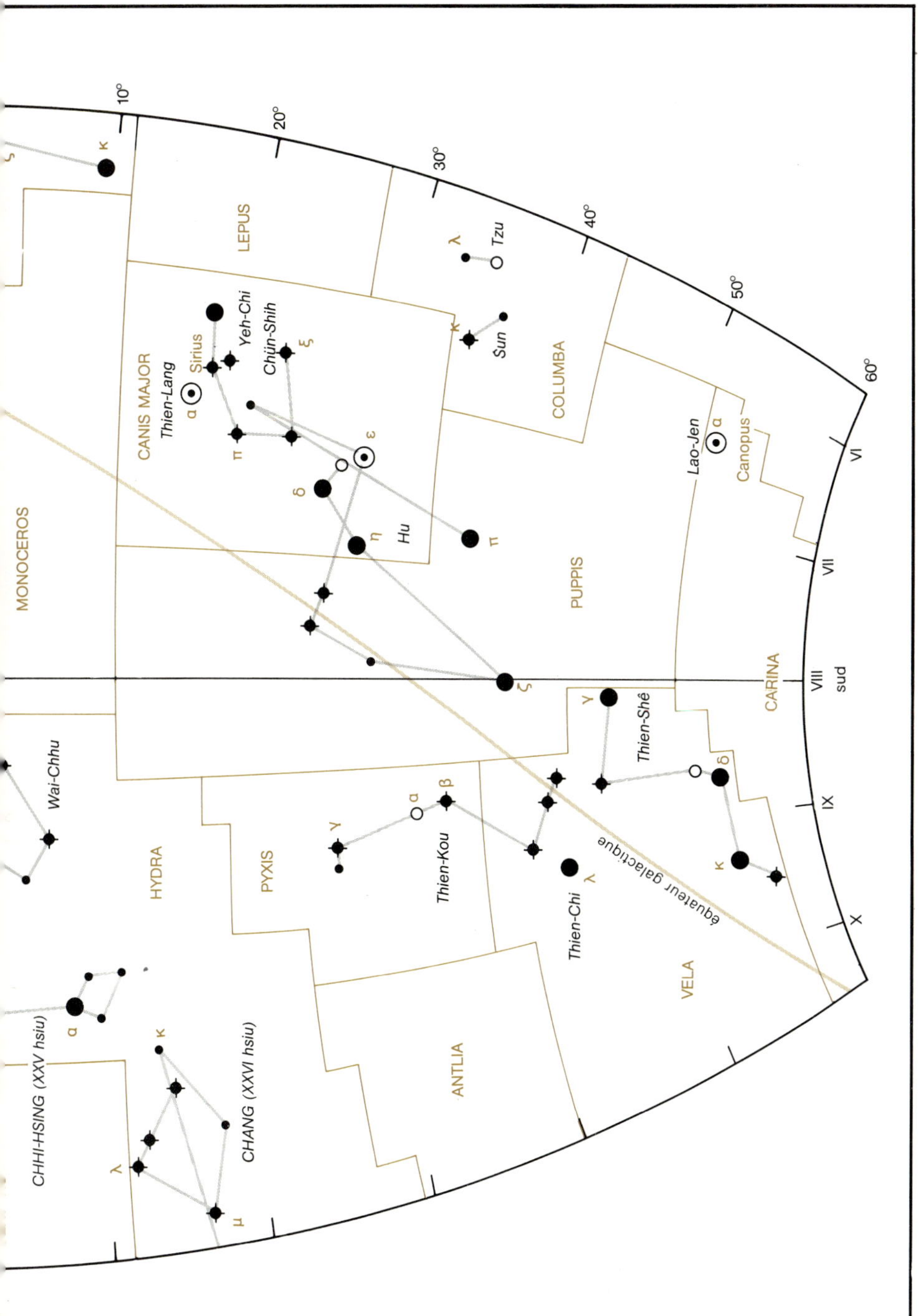
10°
20°
30°
40°
50°
60°
LEPUS
CANIS MAJOR
Thien-Lang
Sirius
Yeh-Chi
Chün-Shih
Hu
Tzu
Sun
COLUMBA
MONOCEROS
PUPPIS
Lao-Jen
Canopus
CARINA
Thien-Shê
VI
VII
VIII
sud
IX
X
Wai-Chhu
HYDRA
PYXIS
Thien-Kou
Thien-Chi
équateur galactique
VELA
ANTLIA
CHHI-HSING (XXV hsiu)
CHANG (XXVI hsiu)

CARTE 7

ANNEXE II

La comète de Halley excommuniée

Comme nous l'avons rappelé, quand la comète apparut en 1456, de nombreuses chroniques rapportent qu'elle provoqua l'anathème papal. Certains même disent que le pape Calixte III l'excommunia. Il suffit de savoir qu' « excommunier » signifie « retrancher de la communion de l'Église catholique » pour exclure une comète de toute excommunication. Toute l'histoire est fausse. Le Père J. Stein l'a démontré en publiant, en 1909, une recherche historique, détaillée et exhaustive. Nous la rappelons car cette histoire concerne la comète de Halley et ses rapports avec l'homme et qu'il est encore des gens qui la racontent. Cette histoire est exemplaire. A partir d'une information imprécise et embrouillée, on est arrivé à bâtir un faux de grande dimension.

Quand la comète de Halley apparut en juin 1456, nous l'avons vu, les Turcs envahissaient l'Europe. Les chrétiens étaient inquiets et le pape Calixte III publia une bulle qui instituait des prières et processions spéciales, accompagnées d'indulgences pour ceux qui les pratiquaient. Quelques siècles plus tard, on affirma que cette bulle était un anathème lancé contre les Turcs *et* contre la comète. Et cette affirmation se répéta et s'amplifia sur tous les modes.

Le Père Stein rechercha la bulle, la consulta mais n'y trouva nulle part mention de la comète. Il entreprit alors une recherche dans les documents et chroniques de l'époque qu'il retrouva en Italie et ailleurs et qui mentionnaient la bulle. Les uns parlaient des Turcs et des prières demandées par le pape, les autres de la comète.

Seul un document associait les deux éléments : la *Vitae Pon-*

tificum, que l'humaniste Platina écrivit sur ordre du pape Sixte IV, entre 1471 et 1475. Étant donné l'importance de ce document dans cette histoire, nous avons choisi d'en reproduire l'original (voir page 473). En voici la traduction :

« Une comète chevelue et rougeâtre apparaissant ensuite pendant quelques jours, et les mathématiciens nous prédisant une terrible peste, et des famines, et de grands malheurs, Calixte, pour détourner la colère de Dieu, ordonna que l'on fît des processions afin que s'il menaçait les hommes de quelque mal, il le fît retomber entièrement sur les Turcs, ennemis du nom de Christ. Il ordonna en outre, pour que Dieu prenne pitié devant les prières assidues, de donner à tous les fidèles un signal, à midi, en faisant sonner toutes les cloches de sorte qu'avec leurs prières, ils vinssent en aide à ceux qui combattaient les Turcs. »

Le Père Stein soumit ce texte à un examen critique et le confronta aux autres documents de l'époque. Il en conclut que les prières en question étaient bien celles que prescrivait la Bulle contre les Turcs. Mais Platina, par une extrapolation personnelle, avait commis l'erreur de faire de la comète l'inspiratrice de ladite Bulle. On peut le comprendre quand on sait que cette Bulle fut énoncée le 29 juin, alors que la comète brillait depuis déjà plus d'un mois dans le ciel, et Platina, comme beaucoup d'autres ces jours-là, a dû associer la crainte des Turcs à celle de la comète. Par ailleurs, Platina témoigne dans son écriture d'un intérêt plus marqué pour la narration que pour la rigueur historique et même si c'est inexact, on retrouve bien là l'esprit et l'atmosphère de l'époque.

Malheureusement, les historiens se contentèrent par la suite de transmettre l'événement sans se référer à la Bulle originale. Ils allèrent même jusqu'à ôter la référence aux mathématiciens, si bien que seul le pape Calixte III intervenait. Déjà, dans l'*Opus Chronologicum* de Calvisius, dont la première édition fut publiée en 1605, on peut lire : « En cette année-là apparurent deux comètes, comme il est dit dans les annales turques et autres. Au mois de juin, la seconde comète montra une longue queue. Le pape Calixte, atterré, ordonna quelques jours de prière pour détourner la colère divine, et établit que les cloches sonnent à midi dans les villes pour que tous soient informés des prières à faire contre la tyrannie des Turcs[1]. »

---

1 « Cometae bini hoc anno apparuerunt, ut habent Annales Turcici et alii,

Lubienietz reprit cette phrase en 1681, alors que E. Spondano n'en avait fait qu'une citation abrégée en 1641. Ces trois auteurs ont une même source : Platina. Et on trouve encore Platina en marge de l'écrit de J. C. Fabre, extrait de son *Histoire ecclésiastique* de 1726, dont nous reproduisons quelques lignes :

« Après que Calixte III eut été élevé au sommet pontifical, il employa tous ses soins pour réunir les princes chrétiens contre les Turcs, et arrêter les progrès de Mahomet II. Pendant qu'il sollicitait ainsi toute la chrétienté à se liguer contre cet Empereur, on vit au ciel une comète chevelue, qui paraissait tout en feu.

Le peuple, naturellement crédule, craignait que ce phénomène ne fût le signe de quelque grand malheur, et le Pape saisit ce moment d'effroi pour l'engager à la prière et à la pratique des bonnes œuvres. Afin, disait-il, s'il y avait quelque malheur à craindre, que le ciel en préservât les chrétiens. Il indiqua des prières et des processions publiques ; il ordonna qu'on sonnât tous les jours les cloches vers le midi, afin d'avertir les peuples de prier dans cette intention, et accorda des indulgences à tous ceux qui réciteraient alors trois fois l'oraison dominicale et la salutation angélique. »

Après Fabre, l'histoire est racontée par les modernes qui, eux, ne citent plus Platina, sans doute parce que chaque auteur puise chez les précédents en y ajoutant, parfois, une invention de son cru.

Le premier fut Laplace. Dans son *Exposition du Système du monde*, écrite à la fin du XVIIIe siècle, il dit à propos de la comète de Halley :

« Remarquons à l'avantage des progrès de l'esprit humain, que cette comète, qui dans ce siècle a excité le plus vif intérêt parmi les géomètres et les astronomes, avait été vue d'une manière bien différente, quatre révolutions auparavant, en 1456. La longue queue qu'elle traînait après elle y répandit la terreur dans l'Europe déjà consternée des succès rapides des Turcs qui venaient de détruire l'empire grec. Le pape Calixte ordonna à ce sujet une prière par laquelle on conjurait la

---

posterior fuit mense iunio procerae caudae : quibus papa Calixtus territus ad avertendam Dei iram aliquot dierum supplicationes indixit, constituitque in urbitus, ut in meridie campanae pulsarentur, ut omnes de precibus contra Turcarum tyrannidem fundendis admonerentur. » (Platina)

comète et les Turcs : dans ces temps d'ignorance, on était loin de penser que le seul moyen de connaître la nature est de l'interroger par l'observation et le calcul. Suivant que les phénomènes arrivaient et se succédaient avec régularité ou sans ordre apparent, on les faisait dépendre des causes finales ou du hasard ; et lorsqu'ils offraient quelque chose d'extraordinaire et semblaient contrarier l'ordre naturel, on les regardait comme autant de signes de la colère divine [1]. »

Le Père Stein pense que Laplace s'est largement inspiré de ce que disait Fabre. Mais il y a un élément nouveau : le Pape n'est plus seulement inspiré par la comète pour inciter à la prière contre les Turcs, il jette sur les uns *et* sur l'autre l'anathème. Dans son *Essai philosophique sur les Probabilités,* Laplace répéta cette même expression. P.A.N.B. Daru, dans un poème sur l'astronomie écrit ces années-là, raconte lui aussi les faits sous un jour très sombre et utilise la phrase de Laplace, « jette l'anathème sur la comète » (par une extrapolation de la phrase de Laplace : « conjurait la comète »). Mais Arago, le célèbre astronome, physicien et homme politique, va encore plus loin et, dans un article sur les comètes paru dans l'*Annuaire du Bureau des Longitudes* de 1832, il écrit : « Lorsqu'en 1456, on vit paraître l'éclatante comète qui doit revenir dans le mois de novembre 1835, le pape Calixte en fut si effrayé, qu'il ordonna pour un certain temps des prières publiques, dans lesquelles, au milieu de chaque jour, on excommuniait à la fois la comète et les Turcs ; et afin que personne ne manquât à ce devoir, il établit l'usage, qui depuis s'est conservé, de sonner à midi les cloches des églises.

Arago fut donc le premier à oser « l'excommunication de la comète ». Il raconte encore l'histoire dans sa célèbre *Astronomie Populaire* (Vol. II, pp. 368 et 464) en utilisant là, toutefois, le verbe « conjurer ». D'après le Père Stein, c'est sur l'autorité reconnue de Arago que se fondèrent les écrivains suivants.

Dans son travail, le Père Stein cite C. L. Littrow, W. H. Smyth, R. Grant, J. Babinet, G. F. Chambers, C. Flammarion, J. W. Draper, S. Newcomb, J. Jamin, A. D. White, F. W. Henkel, J. C. Dean, E. Millosevitch. Nous ne rappellerons ici que les extraits les plus significatifs de quatre auteurs, qui suffisent

---

1 Comme on le voit, la phrase exacte est : « On conjurait la comète et les Turcs. » Selon le *Petit Larousse,* « conjurer » signifie : « Écarter par des pratiques religieuses ».

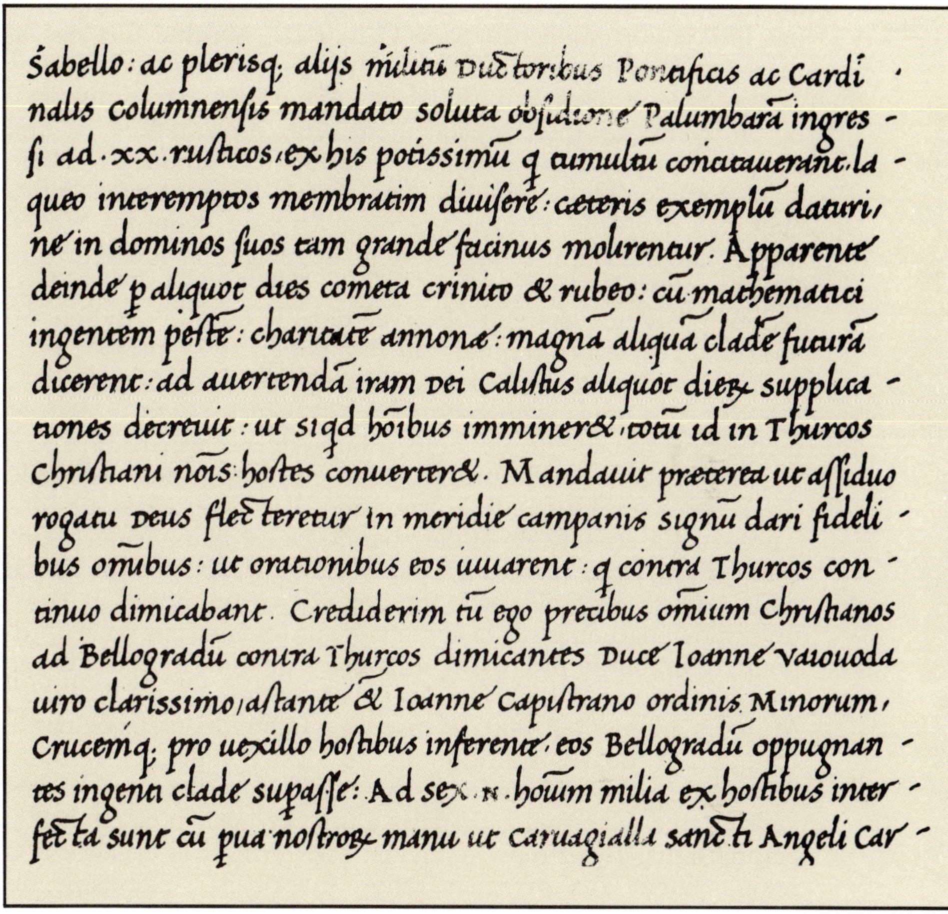
sabello: ac plerisq; aliis militu ductoribus Pontificis ac Cardi-
nalis columnensis mandato soluta obsidione Palumbara ingres-
si ad xx rusticos, ex his potissimu q tumultu concitauerant, la-
queo interemptos membratim diuisere: ceteris exemplu daturi,
ne in dominos suos tam grande facinus molirentur. Apparente
deinde p aliquot dies cometa crinito & rubeo: cu mathematici
ingentem peste: charitate annone: magna aliqua clade futura
dicerent: ad auertenda iram dei Calistus aliquot dieru supplica-
tiones decreuit: ut siqd hoibus immineret, totu id in Thurcos
christiani nois hostes conuerteret. Mandauit preterea ut assiduo
rogatu deus flecteretur in meridie campanis signu dari fideli-
bus omibus: ut orationibus eos iuuarent: q contra Thurcos con-
tinuo dimicabant. Crediderim tn ego precibus omium christianos
ad Bellogradu contra Thurcos dimicantes Duce Ioanne Vaiouoda
uiro clarissimo, astante & Ioanne Capistrano ordinis Minorum,
Crucemq; pro uexillo hostibus inferente, eos Bellogradu oppugnan-
tes ingenti clade supasse: Ad sex n. hoium milia ex hostibus inter-
fecta sunt cu pua nostroru manu ut caruagialla sancti Angeli Car-

Reproduction de la page de l'ouvrage de Platina qui contient le passage concernant l'apparition de la comète de Halley en 1456, et les prières ordonnées par le pape Calixte III pour combattre le danger turc.

à démontrer à quel point les faits étaient colorés et torturés. Commençons par le vice-amiral W. H. Smyth qui, selon Chambers, fut le premier Anglais qui évoqua cette histoire. Dans *Cycle of Celestial Objects,* publié en 1844, il écrivit : « En 1456, elle [la comète] arrive avec une queue longue de 60° et un vif éclat ; sa traîne magnifique fit trembler l'Europe et répandit la consternation partout. Les succès rapides de Mahomet II, qui menaçait alors toute la chrétienté, furent versés au compte de ses influences malignes. La crainte générale fut amplifiée par le comportement du pape Calixte III, homme fort habile mais mauvais astronome : il ordonna que sonnent les cloches de toutes les églises, à midi, en des Ave Maria extraordinaires, et on composa tout spécialement une protestation et une excommunication qui exorcisait à la fois le Démon, les Turcs et la comète. Incidemment, alors que la *Cometa monstrifera* était encore visible, Hunyadi, général du pape, vainquit Mahomet et le contraignit à lever le siège de Belgrade, souvenir que Calixte immortalisa en ordonnant que la Fête de la Transfiguration soit religieusement observée dans le monde chrétien. »

Dans la description qu'en fait Babinet en 1853, publiée dans la *Revue des Deux Mondes,* d'autres détails apparaissent : « Voyons de quels événements elle (la comète) était témoin et même presque acteur, en 1456, à l'une de ses apparitions. Les musulmans, avec Mahomet II à leur tête, assiégeaient Belgrade défendue par Hunyadi, surnommé l' « Exterminateur des Turcs ». La comète de Halley paraît, et les deux armées sont prises d'une égale crainte. Le pape Calixte III, frappé lui-même de la terreur générale, ordonne des prières publiques et lance un timide anathème sur la comète et sur les ennemis de la chrétienté. Il établit la prière dite « Angelus de midi », dont l'usage continue encore dans toutes les églises catholiques. Les Frères Mineurs amènent 40 000 défenseurs à Belgrade, assiégée par le conquérant de Constantinople, le destructeur de l'empire d'Orient. Enfin, la bataille se livre : elle dure deux jours sans désemparer. Une mêlée de deux jours fait périr plus de 40 000 combattants. Les Frères Mineurs, sans armes, le crucifix à la main, étaient aux premiers rangs, invoquant l'exorcisme du pape contre la comète et détournant sur l'ennemi la colère céleste, dont personne ne doutait alors qu'elle ne fût une manifestation. Quels rudes astronomes ! Enfin, Mahomet II, grièvement blessé, se retire. »

En 1908, quelque temps avant que la comète ne soit redécouverte, J. C. Dean publia dans la revue *Popular Astronomy* un article consacré à la comète. Voici ce qu'il écrivait : « Au retour de cette comète en 1456, une terreur plus grande que jamais s'empara du monde. Ceux qui la virent la décrivirent comme un objet de dimensions inouïes, avec une queue qui s'étendait sur plus d'un tiers du ciel. Toutes classes réunies, on croyait généralement que la comète détruirait la Terre et que le jour du Jugement dernier était imminent. Trois ans plus tôt, les

Turcs, victorieux, avaient conquis Constantinople. Cette année-là, Mahomet II, surnommé « le Conquérant », traversa l'Hellespont avec son armée et menaça de dévaster toute l'Europe. La terreur était telle que les gens semblaient ne plus s'intéresser au présent : seul l'avenir les angoissait. Ils abandonnaient toute espérance et se préparaient au pire. Et le peuple terrifié déposa un trésor incalculable à la Chambre apostolique. Le pape Alphonse Borgia, du nom de Calixte III, ordonna de répéter l'Ave Maria trois fois par jour et non deux, et d'ajouter aux prières : « Seigneur, sauve-nous du Diable, des Turcs et de la comète. » Il ordonna que les cloches des églises sonnent à midi, ce qui est à l'origine de la pratique encore commune dans les pays chrétiens.

Enfin, la comète de feu commença à diminuer. On avait vaincu le démon au firmament, et les Turcs à Belgrade, grâce à Hunyadi. Mais la tranquillité ne revint complètement qu'à la disparition totale de la comète. »

L'année suivante, enfin, Elia Millosevitch, directeur de l'observatoire du Collège romain, qui devait tant faire pour rassurer la population à l'occasion du passage de 1910, écrivit ce qui suit dans la *Rivista di Astronomia* :

« ... Nous voici au passage au périhélie du 8 juin 1456... Depuis plus d'un an, un pape espagnol porte la tiare de Saint-Pierre, Calixte III, successeur de Nicolà V... Mahomet II, déjà patron de Byzance depuis trois ans, assiège Belgrade. Entre-temps, la comète apparaît, splendide. Les armées chrétienne et turque sont terrorisées. Le pape, épouvanté aussi, ordonne des prières publiques et jette l'anathème et sur la comète et sur les ennemis de la chrétienté. Il remet même en vigueur la prière spéciale, *Angelus domini,* Angelus du midi, prière qui, aujourd'hui encore, est dite dans les églises catholiques et que l'on doit à Sainte Bonaventure.

Le 9 août 1456, la grande bataille eut lieu sous les murs de Belgrade. Elle dura deux jours. Au cours de la nuit qui séparait les deux jours, la comète de Halley brilla et terrorisa de sa seule présence les armées des deux camps. 40 000 combattants moururent, mais la victoire resta au héros hongrois Jean Giovanni Hunyadi, qui chassa hors des murs de Belgrade le conquérant de Constantinople. »

Ces citations sont parmi les plus significatives, et données dans l'ordre chronologique. Donnons quelques éclaircissements quant aux principales erreurs commises.

Il est faux de dire que la comète a été si imposante qu'elle terrorisa le monde entier, et la chrétienté en particulier. Nous le savons grâce aux observations chinoises et à celles de Toscanelli, et nous savons aussi que la comète fut considérée comme un mauvais présage pour les Turcs. Peut-être n'était-ce qu'une façon de conjurer le sort ? Pourtant, dans la lettre de l'astrologue Avogario que nous avons citée plus haut (voir le chapitre IV), les termes sont clairs : « ... et quia apparet ex parte orientis, significat quod rex Turcarum timebit de inimicis. » Dean, Millosevitch et tant d'autres exagérèrent donc ultérieurement les chroniques européennes de l'époque, déjà exagérées.

L'Angelus de midi aurait-il été introduit à cette époque-là ? C'est sans doute faux. La Bulle papale dit explicitement que les cloches devaient sonner avant celles des vêpres et, plus précisément, *inter nonas et vesperas* (c'est-à-dire entre 15 heures et le coucher du Soleil). On devait alors réciter par trois fois le *Paster Noster* et l'Ave Maria.

Quant à l'invocation « Sauve-nous Seigneur, du Diable, des Turcs et de la comète », elle est fausse. Comme on le voit dans l'original de la Bulle, la prière prescrite par Calixte III était l'habituelle prière de la *Missa contra paganos*, contenue dans le Missel romain [1]. M. Pastor a trouvé une autre prière, mais rien

---

1 Pour la commodité du lecteur, voici le passage de la Bulle concernant l'argument :

« Vos igitur... monemus, hortamur in Domino, atque... Mandamus et praecipimus, ut omnes et singuli sacerdotes... quatenus cum eos celebrare contingat, commemorationem faciant et *orationem dicant contra paganos* institutam, videlicet : « Omnipotens sempiterne Deus, in cuius manu sunt omnium potestates ac omnium iura regnorum, respice in auxilium Christianorum, ut gentes paganorum, quae de sua feritate confidunt, dexterae tuae potentia conterantur. »

« Et ut omnis populus cuiuscunque sexus et generis orationum et indulgentiarum huiusmodi particeps esse possit, praecipimus et mandamus, ut in singulis ecclesiis quaruncunque civitatum, terrarum et locorum *inter nonas et vesperas,* videlicet ante pulsationem vesperorum seu ei propinquae saltem per intervallum mediae horae, *singulis diebus tribus vicibus una campana vel plures* sonorae, ut bene audiantur, *pulsentur,* quemadmodum pro angelica salutatione de sero pulsari consuevit, et tunc *quilibet dominicam orationem* videlicet " Pater Noster ", *et angelicam salutationem,* videlicet " Ave Maria gratia plena ", etc., *tribus vicibus dicere debeat,* quibus semel quadraginta, tribus autem vicibus dicentibus genibus flexis, 100 dies indulgentiarum misericorditer in Domino elargimur.

« Mandamus insuper atque praecipimus, quatenus in singulis civitatibus, terris, castris et villis, sive locis vestrarum dioecesum, aut administrationum,

ne prouve son authenticité. En tout cas, elle ne contient aucune allusion à la comète. Cette phrase de Dean s'applique à l'apparition de 1577, et nous la retrouvons d'ailleurs dans des écrits et sur des médailles de l'époque, témoignant de la crainte populaire.

Plusieurs auteurs datent l'apparition de la comète à la bataille de Belgrade, le 22 juillet. C'est très suggestif sans doute, mais sans fondement astronomique. En effet, au cours de la bataille, la comète avait déjà disparu. Selon les calculs faits par le Père Stein sur la base des éléments orbitaux de Celoria, à Belgrade, le 21,5 juillet 1456, la comète de Halley se couchait 2 heures et 25 minutes après le coucher du Soleil. Elle n'était plus visible car elle était déjà à 1,057 UA de la Terre, et 1,061 UA du Soleil. Comme nous l'avons vu, les Chinois l'enregistrèrent jusqu'au 6 juillet, les Japonais affirmèrent qu'elle avait disparu le 3 juillet, et Toscanelli l'enregistra jusqu'au 8 juillet. Le Père Stein affirme qu'il n'a trouvé aucune allusion à la comète dans aucun des écrits faits par ceux qui avaient participé à la bataille. Cette nuit-là, c'est l'éclat de la Lune qui devait illuminer le ciel puisqu'elle fut pleine jusqu'au 17 juillet.

Nous nous sommes contentés de rappeler les erreurs qui demandaient des éclaircissements ou des précisions. Il n'est pas difficile de trouver les autres. C'est ainsi qu'avec le temps et l'évolution, les erreurs s'ajoutent aux erreurs jusqu'à donner le faux absolu. Cette histoire nous fait penser à celle de l'ordre donné par un capitaine qui veut que ses hommes assistent à l'éclipse de Soleil prévue pour le lendemain. Il donne un ordre clair et motivé. Mais au fil des transmissions verbales des officiers et sous-officiers, l'ordre arrive aux hommes sous une forme aussi incompréhensible que ridicule. Nous avons tous tendance à faire de cette histoire une satire de la vie militaire.

---

sive iurisdictionum, *omnibus primis Dominicis singulorum mensium processiones generales fieri faciatis,* ad quas omnis populus conveniat, et clerici sive saeculares sive regulares, sive mendicantes et non mendicantes, exempti et non exempti, qui extra aut intra moenia civitatum, terrarum, castrorum atque villarum sive locorum existant, aut in suburbiis, religiosi vero qui in solitudine degunt, quique ad huiusmodi processiones quando in civitatibus, terris, castris et villis sive locis fieri solent, convenire non consueverunt, non compellantur, sed eisdem diebus ipsi aut intra claustrum monasteriorum suorum, aut in circuitu eorum, aut ad aliquam proximan Basilicam se conferentes, prout eis maior devotio, fuerit processiones faciant... »

Mais à voir ce que des savants à l'indiscutable valeur ont fait d'une histoire toute simple, nous pouvons en déduire qu'il en va ainsi chaque fois qu'une information est privée d'un mot essentiel, ou augmentée d'inventions pittoresques : on arrive à un faux.

Cette histoire nous incite une fois de plus à ne faire confiance qu'aux sources originales ou, le cas échéant, à des informations dûment corrigées et accompagnées d'une bibliographie qui permette de remonter aux sources. Elle nous rappelle aussi la responsabilité de ceux qui « font » l'information, et de ceux qui, par légèreté, ou par goût de l'effet journalistique, déforment la vérité et installent l'erreur, si facile à diffuser mais si difficile à corriger.

REMERCIEMENTS

Je remercie très vivement tous ceux qui m'ont aidé tout au long de l'élaboration de cet ouvrage et, en particulier :

Vincenzo Cappelletti, Aldo Kranjc, Alvio Renzini, Leonida Rosino qui ont bien voulu m'ouvrir les portes des Instituts qu'ils dirigent et me permettre d'accéder à des documents, bibliographiques et iconographiques, essentiels,

Cesare Barbieri, Alessandro Braccesi, Bruno Cester, P. George Coyne, Salvatore Cristaldi, Sandro d'Odorico, Paolo Galluzzi, Anton Heiduk, Carlo Maccagni, Vittorio Manno, Giovanni Strazzulla, Werner Zeilinger, qui m'ont apporté leur concours pour repérer les sources et obtenir les originaux et duplicatas, partageant parfois avec moi l'échec de la recherche.

Enfin, Cristiano B. Cosmovici, Teo Kiang et Giuseppe Monache, dont les avis et les conseils m'ont été précieux et m'ont incité à faire, à certains moments de la rédaction de cet ouvrage, des améliorations et des mises à jour indispensables.

Je voudrais aussi remercier ici tous ceux qui ont contribué à améliorer la connaissance historique de cette comète en me signalant d'éventuels oublis ou erreurs, et en me communiquant des documents inédits à ce jour et des observations cométaires anciennes à des époques où la comète de Halley passa.

Paolo MAFFEI

Bibliographie

CHAPITRE 1

ARISTOTE, *Météorologie,* Livre I, 6.7.
BOLL F., Bezold C., Gundel W., *Storia dell'Astrologia,* Bari (1977).
CELORIA B., *Sulle osservazioni di comete fatte da Paolo dal Pozzo Toscanelli e sui lavori astronomici suoi in generale,* in Pub. R. Oss. Astr. di Brera in Milano, N.55 (1921).
DREYER J. L. E., *Tycho Brahe,* New York (1963) (1re Éd. 1890).
GINGERICH O., *Copernico e Tycho Brahe,* dans *Le Scienze* (mars 1974).
HELLMANN C. D., *The comet of 1577 : its place in the history of astronomy,* New York (1971) (1re éd. 1944).
PINGRÉ A. G., *Cométographie ou Traité historique et théorique des comètes,* vol. I, Paris (1783).
PLINE, *Naturalis Historia,* livre II, 22-23.
SÉNÈQUE, *Naturales quaestiones,* livre VII.
PTOLÉMÉE, *Tetrabiblos,* livre II, chap. X.
VÉRON Ph., RIBES J.C., *Les comètes de l'antiquité à l'ère spatiale,* Paris (1979).

CHAPITRE 2

ARMITAGE A., *Edmond Halley,* Londres (1966).
CLAIRAUT A. C., *Théorie du mouvement des comètes,* Paris (1760).
COHEN I. B., *La rivoluzione newtoniana,* Milan (1982).
DELAMBRE J. B. J., *Histoire de l'astronomie moderne,* vol. II, Paris (1821).
EULER L., *Opuscula varii argumenti,* Berlin (1746).
HALLEY E., *Astronomiae cometicae synopsis,* in Philosophical Trans, 24, 1882 (1705). La première traduction du latin en anglais se trouve dans Harris J., *Lexicon Technicum,* vol. II, Londres (1710). Rééditions et autres traductions dans : vol. I de la *Miscellanea Curiosa,* Londres (1708) ; Gregory D., *Astronomiae physi-*

cae et geometricae elementa, vol. II, Genève (1726) ; Lemonnier P. Ch., *Théorie des comètes,* Paris (1743) ; Lambert J. H., *Cosmologische Briefe über die Einrichtung des Weltbaues,* Augsburg (1761) et dans les traductions de cet ouvrage.

HALLEY E., *Tabulae Astronomicae, etc.,* Londres (1749).

RONAN C., *Edmond Halley genius in eclipse,* New York (1969).

CHAPITRE 3

BIOT E., *Recherches faites dans la grande collection des historiens de la Chine, sur les anciennes apparitions de la comète de Halley,* dans *Connaissance des Temps* pour 1846, Paris, p. 69. Le même volume contient (pp. 44 et 60) les deux catalogues d'observations chinoises anciennes de comètes (de 134 av. J.-C. à 1609) du même auteur.

BRADY J. L., CARPENTER E., *The orbit of Halley's comet,* in Astr. J., **72,** 365 (1967).

BRADY J. L., CARPENTER E., *The orbit of Halley's comet and the apparition of 1986,* in Astr. J., **76,** 728 (1971).

BRADY J. L., *The effect of a trans-Plutonian planet on Halley's comet,* in Pub. Astr. Soc. Pacific, **84,** 314 (1972).

BRADY J. L., *Halley's comet : AD 1986 to 2647 BC,* in J. of Brit. Astr. Assoc., **92,** 209 (1982).

CHANG Y.C., *Halley's comet : tendencies in its orbital evolution and its ancient history,* in Chinese Astronomy, **3,** 120 (1979).

CLARK D. H., STEPHENSON F. R., *The historical supernovae,* Oxford (1977).

COWELL P. H., CROMMELIN A. C. D., *The perturbations of Halley's comet,* in Mont. Not. of R. Astr. Soc., **67,** 174, 386, 511 (1907).

COWELL P. H., CROMMELIN A. C. D., *The perturbations of Halley's comet in the past : First Paper — The Period 1301 to 1531,* in Pont. Not. of R. Astr. Soc., **68,** 111 (1907) ; *Second Paper — The apparition of 1222,* in Mont. Not. of R. Astr. Soc., **68,** 173 (1908) ; *Third Paper — The period from 1066 to 1301,* in Mont. Not. of R. Astr. Soc., **68,** 375 (1908) ; *Fourth Paper — The period 760 to 1066,* in Mont. Not. of R. Astr. Soc. **68,** 510 (1908) ; *Fifth Paper — The period BC 240 to AD 760,* in Mont. Not. of R. Astr. Soc., **68,** 665 (1908).

COWELL P. H., CROMMELIN A. C. D., *Note on the time of perielion passage of Halley's comet,* in Mont. Not. of R. Astr. Soc., **70,** 3 (1909).

CROMMELIN A. C. D., *Note on the approaching return of Halley's comet,* in Mont. Not. of R. Astr. Soc., **67,** 137 (1906).

CROMMELIN A. C. D., SMART D., *Report on Halley's comet,* in Mem. of Brit. Astr. Assoc. **19,** 1.

D'ELIA P. M., *Frammenti di due antiche carte cinesi presso l'osservatorio Astronomico di Bologna,* in Coelum, **26,** 41 (1958).

GOLDREICH P., WARD A. R., *The case against Planet X,* in Pub. Astr. Soc. Pacific, **84,** 737 (1972).

HIND J. R., *On the past history of the comet of Halley,* in Mont. Not. of R. Astr. Soc., **10,** 51 (1850).

HO PENG YOKE, *Ancient and mediaeval observations of comets and novae in chinese sources,* in Vistas in Astronomy, **5,** 127 (1962).

HO PENG YOKE, *Modern scholarschip on the history of chinese astronomy,* Camberra (1977).

HSI TSE TSONG, *The cometary atlas in the silk book of the Han tomb at Ma Wang Tui,* in Cinese Astronomy an Astrophysics, **8,** 1 (1984).

KAMIENSKI P., *Researches on the periodicity of Halley's comet, Part I. — Determination of the average period of its revolutions,* in Bull. de l'Acad. Polon. des Sciences et des Lettres, Série A, Sciences Mathématiques, Cracovie (1949), p. 135 ; *Part II. — The past of Halley's comet (Preliminary Results),* in Bull. de l'Acad. Polon. des Sciences et des Lettres, Série A, Sciences Mathématiques, Cracovie (1951), p. 35 ; *Part III. — Revised list of ancient perihelion passages of the comet,* in Acta Astr., 7, 111 (1956).

KAMIENSKI M., *The probable apparition of Halley's comet in 2320 BC,* in Acta Astr., **6,** 3 (1952).

KAMIENSKI M., *Halley's comet and early chronology,* in J. of Brit., Astr. Assoc., **66,** 127 (1956).

KAMIENSKI M., *Comet Halley in 1163 BC and the fall of Troy,* in Acta Astr., **8,** 62 (1957).

KAMIENSKI M., *Halley's comet in the time of Hammurabi,* in J. of Brit. Astr. Assoc., **70,** 304 (1960).

KAMIENSKI M., *Unknown comet about 2008 BC was probably Halley's comet,* in J. of Brit. Astr. Assoc., **70,** 314 (1960).

KAMIENSKI M., *Orientational chronological table of modern and ancient perihelion passages of Halley's comet 1910 AD — 9541 BC,* in Acta Astr., **11,** 223 (1961).

KAMIENSKI M., *Preliminary determination of the time of the next perihelion passage of Halley's comet in 1986,* in Acta Astr., **12,** 227 (1962).

KANDA S., *Matériaux astronomiques dans l'histoire japonaise* (en japonais), Tokyo (1935).

KANDA S., *Matériaux astronomiques et météorologiques dans l'histoire japonaise* (en japonais), Tokyo (1947).

KIANG T., *The past orbit of Halley's comet,* in Mem. of R. Astr. Soc., **76,** 27 (1972).

KIANG T., WAYMAN P. A., *The orbit of Halley's comet,* in Nature **241,** 520 (1973).

KIANG T., *Notes on traditional chinese astronomy,* in Observatory, **104,** 19 (1984).

KUNIJI SAITO, *Glimpses of ancient japanese astronomy,* in Sty and Telescope, **58,** 108 (1979).
LAUGIER P. E., *Note sur l'apparition de la comète de Halley en 1378,* in C. R., **16,** 1003 (1843).
LAUGIER P.E., *Mémoire sur quelques anciennes apparitions de la comète de Halley, inconnues jusqu'ici,* in C.R., **23,** 183 (1846).
MARSDEN B. G., SEKANINA Z., YEOMANS D. K., *Comets and non gravitational forces V,* in Astr. J., **78,** 211 (1973).
NAKAYAMA S., *A history of Japanese astronomy,* Cambridge (1969).
NEEDHAM J., *Science and civilisation in China,* vol. I, Cambridge (1954).
NEEDHAM J., *Science and civilisation in China,* vol. III, Cambridge (1959).
PINGRÉ A. G., *Cométographie ou Traité historique et théorique des comètes,* vol. I, chap. I, Paris (1783).
PONTÉCOULANT T. (de), *Notice sur la comète de Halley et ses apparitions successives de 1531 à 1910,* in C.R., **58,** 706, 766, 825 (1864).
SCHOVE J., *Halley's comet in Kamienski's formula,* in J. of Brit. Astr. Assoc., **66,** 131 (1956).
SEIDELMANN P. K., MARSDEN B. G., GIGLAS H. L., *Note on Brady's hypothetical trans-Plutonian planet,* in Pub. Astr. Soc. Pacific, **84,** 858 (1972).
STEPHENSON F. R., Clark D. H., *Ancient astronomical records from the orient,* in Sky and Telescope, **53,** 84 (1977).
WHIPPLE F. L., *La natura delle comete,* in Le Scienze, (mai 1974).
YEOMANS D. K., *Comet Halley — the orbital motion,* in Astr. J., **82,** 435 (1977).
YEOMANS D. K., KIANG T., *The long term motion of comet Halley,* in Mont. Not. R. Astr. Soc., **197,** 633 (1981).

CHAPITRE 4

ADDEO A., *La cometa d'Halley dell'anno 1066 in un documento dell' Archivio della cattedrale di Viterbo,* Viterbe (1910).
ANTONIAZZI A., *Posizione del nucleo e direzione della coda della cometa di Halley, nell'attuale sua apparizione osservate alla Specola di Padova,* in Atti R. Ist. Ven., **69,** 1213.
Barnard E. E., *Visual observations of Halley's comet in 1910,* in Astrophys. J., **39,** 373 (1914).
BARRETT A. A., *Observations of comets in greek and roman sources before AD 410,* in J. of R. Astr. Soc. Canada, **72,** 81 (1978).
BESSEL I. — BESSEL F. W., *Beobachtungen über die physische Beschaffenheit des Halley'schen Cometen und dadurch veranlasste Bemerkungen,* in Astr. Nachr., **13,** 185 (1835).

BESSEL II. — BESSEL F. W., *Populäre Vorlesungen über wissenschaftliche Gegenstände von F. W. Bessel nach dem Tode des Vervassers herausgegeben von H.C. Schumacher,* Hamburg (1848).

BIOT I. — BIOT E., *Catalogue des étoiles extraordinaires observées en Chine depuis les temps anciens jusqu'à l'an 1203 de notre ère,* in Connaissance des Temps pour 1846, Paris, p. 60.

BIOT II. — BIOT E., *Catalogue des comètes observées en Chine depuis l'an 1230 jusqu'à l'an 1640 de notre ère,* in Connaissance des Temps pour 1846, Paris, p. 44.

BIOT III. — BIOT E., *Recherches faites dans la grande collection des historiens de la Chine, sur les anciennes apparitions de la comète de Halley,* in Connaissance des Temps pour 1846, Paris, p. 69.

BOBROV-BOBROVNIKOV N. T., *Halley's comet in its apparition of 1909-1911,* in Pub. Lick. Obs., **17,** 309 (1931).

CARL Ph., *Repertorium der Cometen Astronomie,* Munich (1864).

CELORIA G., *Sulle osservazioni di comete fatte da Paolo dal Pozzo Toscanelli e sui lavori astronomici suoi in generale,* in Pub. R. Oss. Astr. die Brera à Milan, nº 55 (1921).

CHAMBERS G. F., *Halley's comet in 1301,* in J. of Brit. Astr. Assoc., **24,** 263 (1914).

CHANG Y. C., *Halley's comet : tendencies in its orbital evolution and its ancient history,* in Chinese Astronomy, **3,** 120 (1979).

CLASSEN J., *Halley's comet in 1682,* in Sky and Telescope, **39,** 102 (1970).

COELUM — *Un ritorno della cometa d'Halley (1066) ricordato in due codici cassinesi contemporanei,* in Coelum, **3,** 65 (1933).

COW. et CR. I. — COWELL P. H., CROMMELIN A. C. D., *The perturbations of the Halley's comet in the past — First Paper — The period 1301 to 1531,* in Mont. Not. of R. Astr. Soc., **68,** 111 (1907).

COW. et CR. II. — COWELL P. H., CROMMELIN A. C. D., *The perturbations of Halley's comet in the past — Second Paper — The apparition of 1222,* in Mont. of R. Astr. Soc., **68,** 173 (1908).

COW. et CR. III — COWELL P. H., CROMMELIN A. C. D., *The perturbations of Halley's comet in the past — Third Paper — The period from 1066 to 1301,* in Mont. Not. of R. Astr. Soc., **68,** 375 (1908).

COW. et CR. IV. — COWELL P. H., CROMMELIN A. C. D., *The perturbations of Halley's comet in the past — Fourth Paper — The period 760 to 1066,* in Mont. Not. of R. Astr. Soc., **68,** 510 (1908).

COW. et CR. V. — COWELL P. H., CROMMELIN A.C.D., *The perturbations of Halley's comet in the past — Fifth Paper — The period BC 240 to AD 760,* in Mont. Not. of R. Astr. Soc., **68,** 665 (1908).

CROM. et SMART — CROMMELIN A. C. D., SMART D., *Report on Halley's comet,* in Mem. of Brit. Astr. Assoc., **19,** 1.

CURTIS H. D., *Photographs of Halley's comet made at the Lick Observatory,* in Pub. Astr. Soc. Pacific, **22,** 117 (1910).

DELAMBRE J. B. J., *Histoire de l'Astronomie moderne,* vol. I, Paris (1821).

DELISLE J. N., *Sur la comète de 1759, ou le retour de celle de 1682,* in Mem. de l'Acad. Royale des Sciences, **2,** 380 (1760).

EDDINGTON A. S., *Halley's observations on Halley's comet, 1682,* in Nature, **83,** 372 (1910).

ESCLANGON E., *Étude sur l'orientation de la queue de la comète de Halley. Sa rencontre avec la Terre en mai 1910,* in Ann. Obs. de Bordeaux, **15,** 1.

FAVARO A., *La cometa di Halley nel carteggio galileiano,* in Riv. di Astro., **4,** 304 (1910).

FLAMMARION I. — FLAMMARION C., *Rencontre probable de la comète de Halley avec la Terre,* in Bull. Soc. Astr. France, **24,** 27 (1910).

FLAMMARION II. — FLAMMARION C., *La rencontre de la comète,* in Bull. Soc. Astr. de France, **24,** 57 (1910).

FLAMMARION III. — FLAMMARION C., *La rencontre de la comète avec la Terre,* in Bull. Soc. Astr. de France, **24,** 249 (1910).

FLAMMARION IV. — Flammarion C., *Le passage de la comète de Halley dans le voisinage de la Terre,* in Bull. soc. Astr. de France, **24,** 297 (1910).

FLAMMARION V. — FLAMMARION C., *Histoire réelle de la comète de Halley* in Bull. Soc. Astr. de France, **25,** 3 (1911).

FLAMMARION VI. — FLAMMARION C., *La comète de Halley dans l'histoire,* in Bull. Soc. Astr. de France, **24,** 221 (1910).

FORESTA MARTIN F., *Le comete,* Florence (1982).

GALLE J. C., *Verzeichniss der Elemente der bischer berechneten Cometenbahnen,* Leipzig (1894).

HALLEY 1910 I. — *Observations astronomiques :* C.R., **150,** 1406, 1407, 1409, 1492, 1496, 1497, 1576, 1579 (1910) ; **151,** 41, 44, 151, 265, 290, 291 (1910) ; Riv. di Astro., **4,** 414, 462, 491 (1910) ; Astr. Nachr., **185,** 136, 195, 229, 233, 241, 267 (1910), **187,** 1 (1911) ; Ciel et Terre, **31,** 313 (1910) ; J. of R. Astr. Soc. Canada, **4,** 204, 224 (1910) ; Mont. Not. of R. Astr. Soc., **70,** 610, 615 (1910) ; Pop. Astr., **18,** 369, 426 (1910) ; **27,** 281 (1919).

HALLEY 1910 II. — *Passage de la comète devant le Soleil,* C.R., **150,** 1578 (1910) ; Astr. Nachr. **185,** 138, (1910) ; Mont. Not. of R. Astr. Soc., **70,** 612, 614, 653 (1910).

HALLEY 1910 III. — *Passage à travers la queue. Observations terrestres ;* C.R., **150,** 1295, 1311, 1371, 1372, 1373, 1404, 1494, 1575 (1910) ; Ciel et Terre, **31,** 289, 381 (1910).

HAWKS E., *Halley's comet in 1682,* in J. of Brit. Astr. Assoc., **20,** 491 (1910).

HIND J. R., *On the past history of the comet of Halley,* in Mont. Not. of R. Astr. Soc., **10,** 51 (1850).

HIRAYAMA I. — HIRAYAMA K., *Halley's comet in japanese history,* in Observatory, **33,** 130 (1910).

HIRAYAMA II. — HIRAYAMA K., *On the comets of AD 373 and 374,* in Observatory, **34,** 193 (1911).

Histoire A.R. — *Sur le retour de la comète de 1682, observée en 1759, et sur les différents ouvrages qu'elle a occasionnés,* in Histoire de l'Acad. Royale des Sciences 1759, vol. I, p. 214, Paris, (1777).

HO PENG YOKE, *Ancient and Mediaeval Observations of Comets and Novae in Chinese Sources,* in Vistas in Astronomy, **5,** 127 (1962).

HOLETSCHEK I. — HOLETSCHEK J., *Untersuchungen über die Grösse und Helligkeit der Kometen und ihres Schweife. I Die Kometen bis zum jahre 1760,* in Denkschriften des Kaiserlichen Akademie der Wissenschaften, Math. Naturwissensch. Classe, **63,** 317 (1896).

HOLETSCHEK II. — HOLETSCHEK J., *Untersuchungen über die Grösse und Helligkeit der Kometen und ihre Schweife. IV Die Helleren periodischen Kometen,* in Denkschriften der kaiserliche Akademie der Wissenschaften, Math. Naturwissensch. Classe, **93,** 202 (1917).

KIANG T., *The past orbit of Halley's comet,* in Mem. of R. Astr. Soc., **76,** 27 (1972).

LALANDE J. F., *Mémoire sur le retour de la comète de 1682, observée en 1759,* in Histoire de l'Acad. Royale des Sciences 1759, vol. II, p. 1, Paris (1777).

LAUGIER I. — LAUGIER P. A. E., *Note sur la première comète de 1301,* in C.R., **15,** 949 (1842).

LAUGIER II. — LAUGIER P. A. E., *Note sur l'apparition de la comète de Halley en 1378,* in C.R., **16,** 1003 (1843).

LAUGIER III. — LAUGIER P. A. E., *Mémoire sur quelques anciennes apparitions de la comète de Halley inconnues jusqu'ici,* in C.R., **33,** 183 (1846).

LEDGER E., *Halley's comet in 1682,* in J. of Brit. Astr. Assoc., **20,** 491 (1910).

L.W.T., *Halley's comet,* in Observatory, **31,** 179 (1908).

LYNN I. — LYNN W. C., *Halley's comet, in 1835,* in Observatory, **32,** 175 (19).

LYNN II. — LYNN W. C., *Halley's comet,* in Observatory, **33,** 175 (1910).

MESSIER Ch., *A Memoir containing the history of the return of the famous comet of 1682, with observations made in Paris, etc.,* in Philosophical Trans., 294 (1765).

MUCKE H., *Helle Kometen von — 86 bis + 1950, Ephemeriden und Kurzbescreibungen,* Vienne (1972).

OLBERS H. W. M., *Einige Bemerkungen über den herühmten Halleyschen Kometen,* in Berliner Astr. Jahrbuch für den Jahr 1828, p. 144.

OLSON R. J. M., *La cometa di Halley dipinta da Giotto,* in Le Scienze, juillet 1979.

PINGRÉ I. — PINGRÉ A. G., *Cométographie ou Traité historique et théorique des comètes,* vol. I, Paris (1783).

PINGRÉ II. — PINGRÉ A. G., *Cométographie ou Traité historique et théorique des comètes,* vol. II, Paris (1784).

POLAK N., *La forme des queues de la comète de Halley* (1910, II) (en russe), Saratov (1923).

RICCO A., *Osservazioni astrofisiche della cometa di Halley,* in Mem. Soc. Spettr. It. **1,** 97.

RIGGE W. F., *The apparent path of Halley's comet in the sky,* in Pop. Astr., **18,** 165 (1910).

ROSENBERGER O. A., *Elemente des Halleyschen Cometen bei seiner vorletzten Erscheinung im Jahre 1682,* in Astr. Nachr., **9,** 53 (1830).

SCHWABE H. S., *Der Kalley'sche Komet,* in Astr. Nachr., **13,** 145 (1836).

SEKANINA Z., *Properties of dust particules in comet halley from observations made in 1910 during its encounter with the Earth,* in E.S.A. S.P.-174, p. 55 (1981).

SHAW H. K., *Observations of Halley's comet made at the Khedivial Observatory,* Helwan, Le Caire (1911).

STEIN I. — STEIN J., *Un documento inedito del 1066 sulla cometa di Halley,* in Riv. di Astr., **4,** 268 (1910).

STEIN II. — STEIN J., *Callixte III et la comète de Halley,* in Specola Astronomica Vaticana II, Rome (1909).

TROILI D., *Dissertazione sopra le comete,* in Atti dell'Academia delle Scienze di Siena detta de'Fisiocritici, vol. IV, p. 41 (1771).

VSEK-VSEKHSVYATSKII S. K., *Physical characteristics of comets,* Jerusalem (1964).

WEN SHION TSU, *The observations of Halley's comet in chinese history,* in Pop. Astr., **42,** 191 (1934).

WILLIAMS J., *Observations of comets from BC 611 to AD 1640 extracted from the chinese annals,* translated with remarks, Londres (1871).

YE et K. — YEOMANS D. K., KIANG T., *The long term motion of the comet Halley,* in Mont. Not. of R. Astr. Soc., **197,** 633 (1981).

CHAPITRE 5

CEBOTAREV G. A., KAZIMIRCHAK-POLONSKYA E. I., MARSDEN B. G., *The motion, evolution of orbits and origin of comets,* Dordrecht (1972).

FERRIN I., *Aging of comet Halley detected,* in Astr. and Astrophys., **135,** L7 (1984).

HOYLE F., WICKRAMASINGHE C., *La nuvola della vita,* Milan (1979).
HOYLE F., WICKRAMASINGHE C., *Diseases from space,* Londres (1979)
HUGHES D. W., *Temporal variations of the absolute magnitude of Halley's comet,* in Mont. Not. of R. Astr. Soc., **204,** 1291 (1983).
KAZIMIRCHAK-POLONSKAYA H. I., *Rôle des planètes extérieures dans l'évolution des orbites des comètes,* in L'Astronomie, **82,** 217, 323, 432 (1968).
KAZIMIRCHAK-POLONSKAYA H. I., *Review of investigations performed in the U.S.S.R. on close approaches of comets to Jupiter* and *the evolution of cometary orbits,* in The study of comets, vol. I, N.A.S.A. S.P.-393, Washington (1976).
MARSDEN B. G., *Catalogue of cometary orbits,* Cambridge (1982).
MCINTOSH B. A. and HAJDUK A., *Comet Halley meteor stream : a new model,* in Mont. Not. of R. Astr. Soc., **205,** 931 (1983).
MEISEL D. D., MORRIS Ch. S., *Comet brightness parameters, definition, determination and correlation,* in The study of comets, vol. I, N.A.S.A. S.P.-393, Washington (1976).
PONNAMPERUMA C. (Ed)., *Comets and the origin of life,* Dordrecht (1981).
SAFRONOV V. S., *Évolution du nuage proto-planétaire et formation de la Terre et des planètes* (en russe), Moscou (1969). Traduction anglaise : *Evolution of the protoplanetary cloud and formation of the Earth and the planets,* N.A.S.A., T.F.F., 677.
VSEKHSVYATSKII S. K., *Caractéristiques physiques des comètes* (en russe), Moscou (1958) ; traduction anglaise : *Physical characteristics of comets,* Jerusalem (1964).
WEISSMANN P. R., *Dynamical history of the Oort cloud,* in Comets, Tucson (1982).

CHAPITRE 6

A.A.-V.V., *Giotto-Comet Halley Flyby,* E.S.A. S.C.I. (80) 4 (1980).
A.A.-V.V. *Scientific and experimental aspects of the Giotto Mission,* E.S.A. S.P.-169 (1981).
A.A.-V.V., *Space mission to Halley's comet and related activities,* in E.S.A. Bulletin, n° 29 (février 1982).
BORTLE J. E., MORRIS C. H., *Brighter prospects for Halley's comet,* in Sky and Telescope, **67,** 9 (1984).
BROUGHTON R. P., *The visibility of Halley's comet,* in J. of R. Astr. Soc. Canada, **73,** 24 (1979).
EDBERG S. J., *International Halley Watch-Amateur observer Manual for scientific comets studies,* Hillside et Cambridge (1983).
MORRIS C.S., GREEN D. W. E., *The light curve of periodic comet Halley 1910 II,* in Astr. J., **87,** 918 (1982).

VÉRON P., FESTOU M., KYÄR (Ed.), *The need for coordinated ground-based observations of Halley's comet,* Garching (1982).

APPENDICE II

ARAGO F., *Des comètes en général,* etc., in Ann. Bureau Long. pour 1832, p. 244. Voir aussi : *Astronomie populaire,* **2,** 368, 464, Paris (1855).

BABINET J., *Les comètes du dix-neuvième siècle,* in Revue des deux mondes, **4,** 831 (1853).

CALVISIUS S., *Opus chronologicum,* 4e éd., p. 888, Francfort (1650).

DEAN J. C., *The story of Halley's Comet,* in Pop. Astr., **16,** 334 (1908).

LAPLACE S., *Exposition du système du monde,* 2, 55, Paris (1796). Voir aussi : *Essai philosophique sur les probabilités,* 3e éd., p. 5, Paris (1826).

MILLOSEVICH E., *La cometa di Halley,* in Riv. di Astr. **3,** 239 (1909).

SMYTH W. H., *Cycle of celestial objects,* p. 231 (1844)

SPONDANO E., *Annalium Baronii continuatio per Henricum Spondanum,* **2,** 507 (1641).

STEIN J., *Callixte III et la comète de Halley,* in Specola Astronomica Vaticana II, Rome (1909).

Index*

* L'astérisque précédant certains mots renvoie au glossaire de l'édition française.

TABLE DES MATIÈRES

L'impression de ce livre
a été réalisée sur les presses
des Imprimeries Aubin
à Poitiers/Ligugé

pour le compte de la librairie Arthème Fayard
75, rue des Saints-Pères à Paris

ISBN 2-213-0169-09
35-10-74-63-01

N° d'édition, 7228. - N° d'impression, L 20737
Dépôt légal : novembre 1985

Imprimé en France

35-7463-3